공학도를 위한

재료결정학

저자 소개

김윤기
국립한밭대학교 신소재공학과 교수

박덕용
국립한밭대학교 신소재공학과 교수

공학도를 위한
재료결정학

초판 발행 2025년 4월 30일

지은이 김윤기, 박덕용
펴낸이 류원식
펴낸곳 **교문사**

편집팀장 성혜진 | **책임진행** 전보배 | **디자인** 김도희 | **본문편집** 크리에이티브 마중

주소 10881, 경기도 파주시 문발로 116
대표전화 031-955-6111 | **팩스** 031-955-0955
홈페이지 www.gyomoon.com | **이메일** genie@gyomoon.com
등록번호 1968.10.28. 제406-2006-000035호

ISBN 978-89-363-2647-0 (93560)
정가 29,000원

공학도를 위한

재료결정학

CRYSTALLOGRAPHY OF MATERIALS FOR ENGINEERS

김윤기, 박덕용 지음

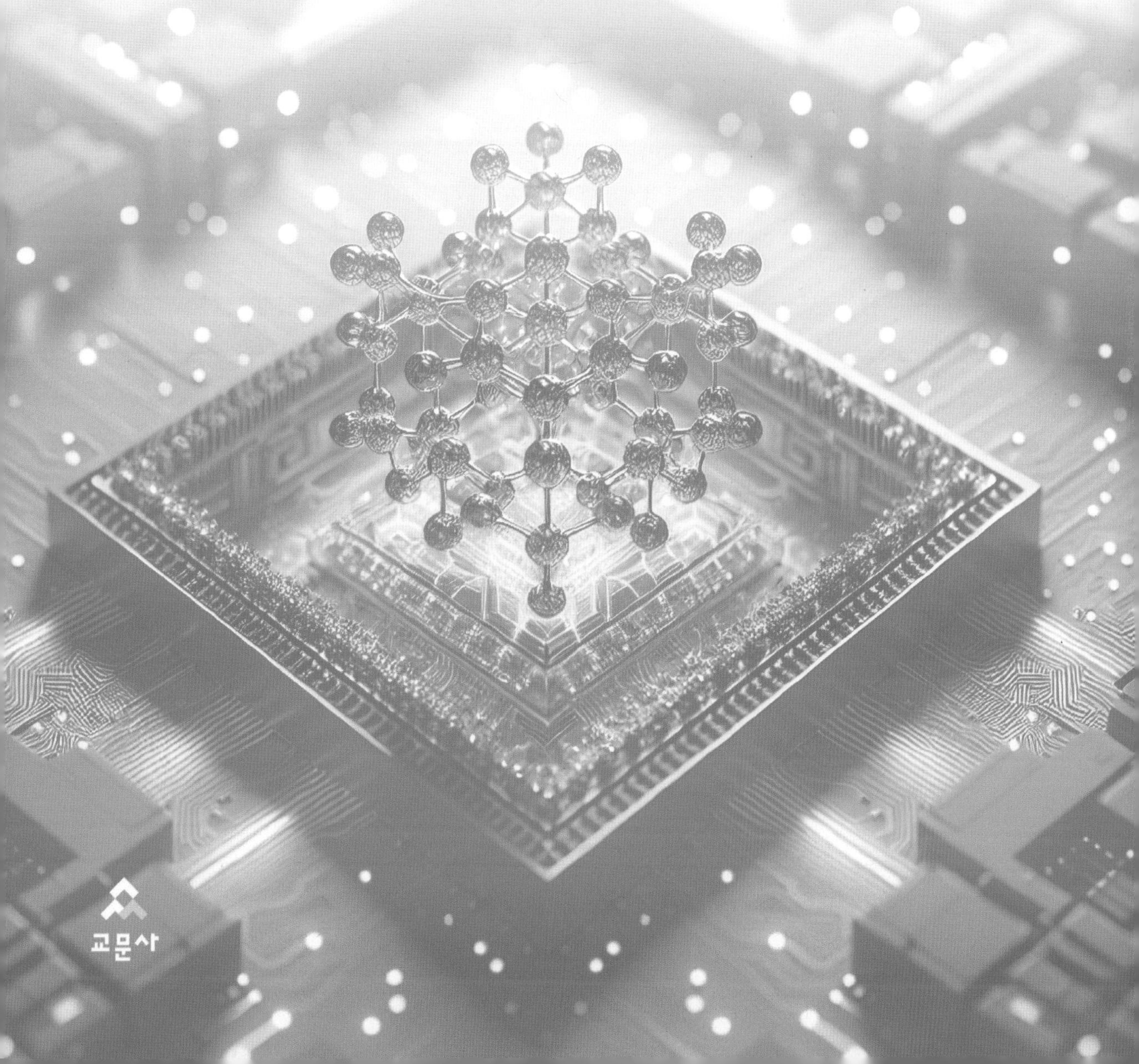

교문사

머리말

인류의 역사는 구석기, 신석기, 청동기, 철기시대로 구분되며, 이는 재료가 사회에 미치는 영향이 지대함을 보여준다. 우리가 일상적으로 접하고 사용하는 물건 대부분은 재료의 지속적인 발전이 없었다면 존재할 수 없었을 것이다. 따라서 신소재를 개발하고 기존 소재의 성능을 향상시키려면 재료의 성질을 깊이 이해하는 것이 필수적이다.

재료의 성질은 단순히 그것을 구성하는 원자들뿐만 아니라, 원자 간의 결합 방식과 배열에 의해 크게 좌우된다. 특히, 고체를 이루는 원자들의 배열인 결정 구조를 이해하고 해석하는 것은 재료의 특성을 규명하는 데 매우 중요한 역할을 한다.

『공학도를 위한 재료결정학』은 소재 관련 학과의 학부 과정에서 활용할 수 있도록 구성된 교재로, 결정학의 기초부터 고체의 구조 및 결함 그리고 X-선 회절법의 기초와 응용까지 세 개의 영역으로 나누어 서술하였다.

첫 번째 영역인 '결정학 기초'에서는 결정과 격자, 결정의 면과 방향, 평사 투영, 역격자를 다룬다. 두 번째 영역인 '고체의 결정 구조 및 결함'에서는 원자의 구조와 결합, 결정질 고체의 구조 그리고 결정 결함을 설명한다. 마지막으로 'X-선 회절법 기초와 응용'에서는 빛의 회절과 X-선 회절, X-선 회절법 및 그 응용에 대해 다룬다.

시중에는 결정학, 고체의 구조 및 결함 그리고 X-선 회절에 관한 다양한 전문 서적과 교재가 출간되어 있지만, 학부생이 이해하기에는 다소 어려운 부분이 많아 보다 쉽게 접근할 수 있는 교재의 필요성이

꾸준히 제기되어 왔다. 이에 본서는 전공 학습을 시작하는 2학년 학생을 주요 대상으로 삼아, 20년 이상 재료결정학을 강의해 온 저자들의 경험을 바탕으로 집필되었다. 학생들의 이해를 돕기 위해 가능한 한 다양한 그림을 최대한 활용하여 내용을 시각적으로 구성하였으며, 소재 관련 학과뿐만 아니라, 소재를 활용하는 공학계열 학과의 학생들도 폭넓게 활용할 수 있도록 자세히 설명하였다.

이 책이 소재 관련 분야를 공부하는 학생들에게 유용한 길잡이가 되기를 바라며, 출판을 위해 애써 주신 교문사 관계자 여러분께 깊이 감사드린다.

2025년 4월

저자 일동

차 례

Chapter 3

결정의 면과 방향

Chapter 4

평사 투영

Chapter 5

역격자 93

Chapter 6

원자 구조와 원자 결합 115

chapter 1

서론

신소재공학(금속공학 또는 재료공학)은 우리가 흔히 사용하는 주요한 5가지의 재료를 다루는 학문이다. 즉, 금속 재료, 세라믹 재료, 전자 재료(반도체 재료), 폴리머 재료, 복합 재료 등이 이에 해당된다. 금속 재료와 세라믹 재료는 주로 구조 재료로 사용되어 왔으며, 오랫동안 전통적으로 사용되어 왔다. 1990년대 이후, 오늘날까지 눈부시게 발전한 컴퓨터 산업의 영향으로 전자 재료가 신소재공학 분야에 가장 중요한 분야가 되어 있음은 누구도 부정할 수 없을 것이다. 2000년대 이후 고분자 재료(플라스틱 또는 폴리머)의 급격한 사용으로 인해 신소재공학에서도 관련 분야를 가르치고 있다. 또한 복합 재료는 항공기 산업의 발전과 함께 국내에서는 비교적 최근인 2000년대 초반부터 중요시되는 분야로 성장하고 있다.

한국에서 신소재공학과의 역사를 살펴보면, 그림 1-1과 같이 국내에서 신소재공학 관련 산업이 발전하기 시작한 시점은 대략 1940년대라고 할 수 있다. 1940년대와 1950년대에는 신소재공학의 경우 주로 광석을 채광하여 금속 원소를 추출해내는 채광학과, 이들 금속 원소로부터 여러 가지 합금을 만들어내는 금속공학 등이 대학교에 개설되었다. 이후 1970년대부터 1990년대까지 국내의 제조산업이 기존의 금속 재료로부터 벗어나, 세라믹 재료와 전자 재료와 같은 여러 분야로 비약적으로 발전함에 따라, 여러 대학에 재료공학과가 개설되었다. 또한 1980년대의 후반에 일어난 세라믹 재료에 대한 관심에 따라 신소재공학과가 무기재료공학과 또는 세라믹공학과라는 이름으로 개설되었다. 향후 신소재공학과는 우주 · 항공 분야와 관련된 재료, 전자 재료, 바이오 재료, 에너지 재료와 관련된 분야로 성장할 것으로 예측된다.

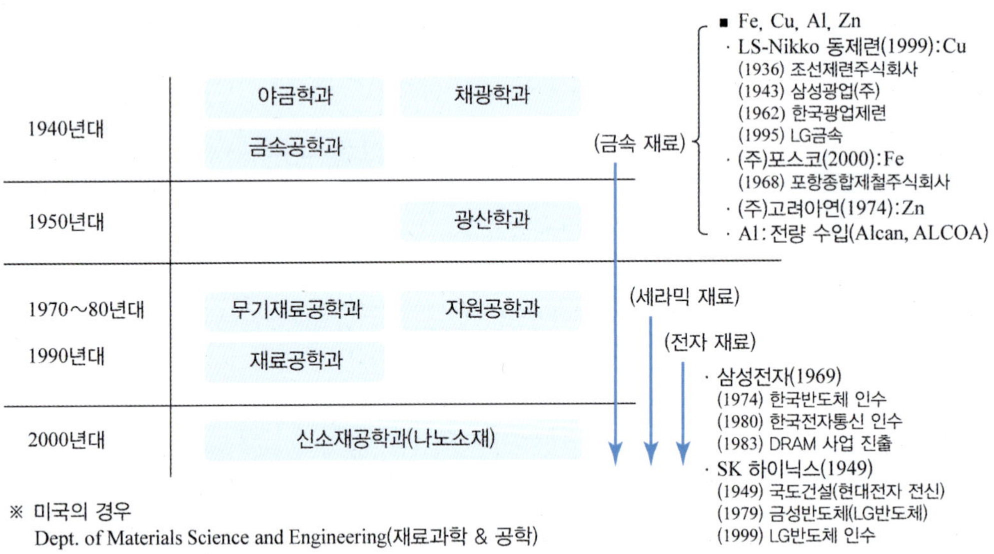

그림 1-1 신소재공학과의 학과명 변천사

앞에서 소개한 5가지 재료는 기본적으로 모두 고체로 구성되어 있으며, 이 고체를 적절한 방법을 사용하여 가공하고, 재료의 응용 분야 및 목적에 따라 적절한 재료를 선택하여 사용하고 있다.

재료공학(신소재공학)에서 다루는 물질을 크기의 관점에서 살펴보면, 그림 1-2(a)와 같이 큰 크기를 가지고 있는 벌크(bulk) 재료로부터 상대적으로 작은 크기를 가지고 있는 원자(또는 전자)까지 생각해 볼 수 있다. 재료공학의 경우, 원자에 대한 기본적인 사항으로부터 벌크 재료의 범위까지에 주로 관심이 있으며, 원자(또는 전자) 이하의 크기(아원자입자)는 물리학의 관심 분야로 판단된다. 1 cm^3 정육면체 금(Au)에는 다음 식에 의해, 이론적으로 5.90×10^{22} 금(Au) 원자들이 존재한다.

$$\text{Density of Au}\left(\frac{g}{cm^3}\right) \times \frac{1\text{ mole}}{\text{atomic weight of Au}(g)} \times \frac{6.02 \times 10^{23}\text{ atoms}}{1\text{ mole}}$$

$$= 19.32\frac{g}{cm^3} \times \frac{1\text{ mole}}{196.97\text{ g}} \times \frac{6.02 \times 10^{23}\text{ atoms}}{1\text{ mole}} = \frac{5.90 \times 10^{22}\text{ atoms}}{cm^3}$$

재료의 응용 관점에서 판단해보면, 벌크 재료는 화학적 특성보다 기계적 성질, 물리적 성질 등이 더 중요하다. 벌크 재료의 특성들은 재료과학, 강도학, 물리화학, 재료역학과 같은 여러 재료공학 교과목에서 다루고 있으며, 이 책에서는 다루지 않을 것이다.

정육면체 구리(Cu)를 사용하고자 하는 장비에 따라 적절한 방법을 통해 시료를 준비한 후, 투과 전자 현미경(TEM, Transmission Electron Microscope), STM(Scanning Tunneling Microscope) 또는 AFM (Atomic Force Microscope)과 같은 장비를 통해 그림 1-2(b)와 같은 수많은 규칙적인 원자 배열을 관찰할 수 있다.

이들 규칙적인 원자 배열들은 재료를 구성하는 원소에 따라, 가장 단순한 규칙성을 가지는 결정 격자(FCC, BCC 또는 HCP 등)로 다양하게 구분할 수 있다. 이들 결정 격자들은 단위포(단위정, unit cell)라고 알려져 있으며, 몇 개의 원자들로 구성되어 있다. 이에 대한 내용은 2장에서 상세하게 설명하였다. 원자들이 3차원적으로, 규칙적으로 배열되어 있는 고체를 결정이라고 한다. 이러한 결정은 주기적인 규칙성으로 인해 대칭을 이루게 된다. 결정 내에는 병진대칭, 회전대칭, 반영대칭, 경영대칭과 같은 여러 가지 대칭이 존재한다. 대칭과 관련된 내용은 2장에서 상세하게 다루고 있다.

어떤 결정의 구조를 연구하기 위해서는 격자면과 방향에 대한 기초 지식이 필수적이며, 이에 대해서는 3장에서 소개하였다. 또한 어떤 결정의 구조를 연구하기 위해 격자면, 방향, 대칭 등을 평면에 투영하여 표시한다. 결정은 3차원으로, 규칙적으로 배열되어 있기 때문에 3차원 구의 표면에 있는 점을 평면에 투사하는 방법들이 도입되었다. 정사도법(orthographic projection), 심사도법(gnomonic projection), 평사도법(stereographic projection)의 3가지 방법이 있다. 이 방법 중에서 면간 각을 정확히 측정할 수 있고, 면들 사이의 관계를 잘 나타낼 수 있는 그림은 평사투영(stereographic projection) 방법이다. 이에 대한 내용은 4장에서 다루었다.

(a)

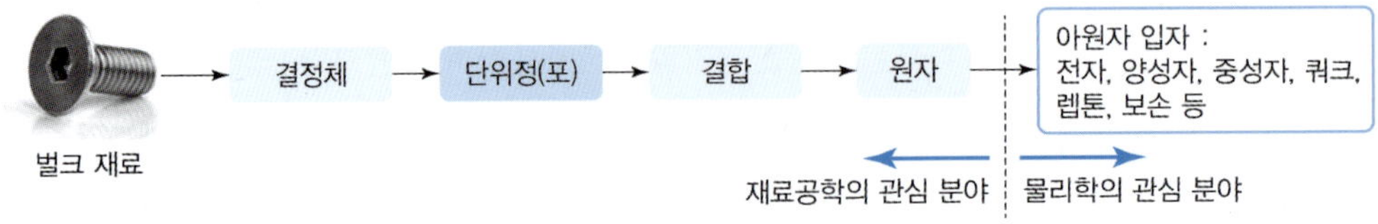

(b)

- 결정체(벌크 재료) : 구리(Cu) 덩어리(정육면체)

1 cm^3의 구리(Cu) 덩어리에 있는 구리 원자의 수 : 8.376×10^{22} 구리 원자

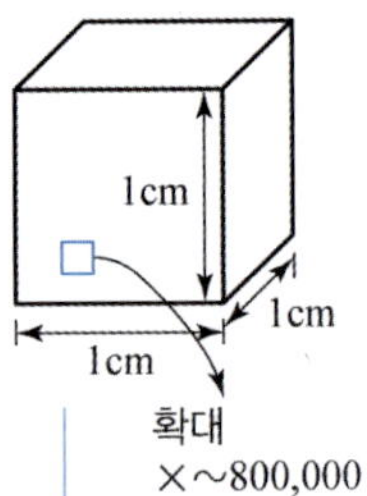

주사 터널링 현미경(STM) 또는 원자힘 현미경(AFM)에 의해
Cu 정육면체를 확대

- 단위정 : 원자들의 3차원 배열

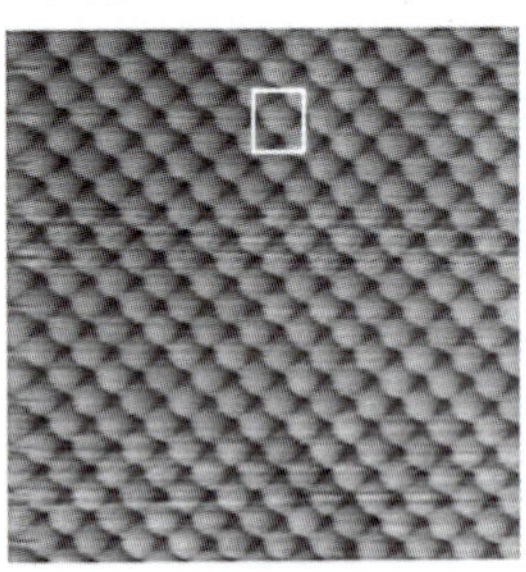

– 원자크기로 확대된 STM :
  Cu(100) 표면
– 스캔 영역 5×5 nm
출처 : http://www-ipcms.u-strasbg.fr/stmipcms/

- 단위정의 분류
  – 7개의 결정시스템(계)
  – 14개의 Bravais 격자

BCC (Body–Centered Cubic)

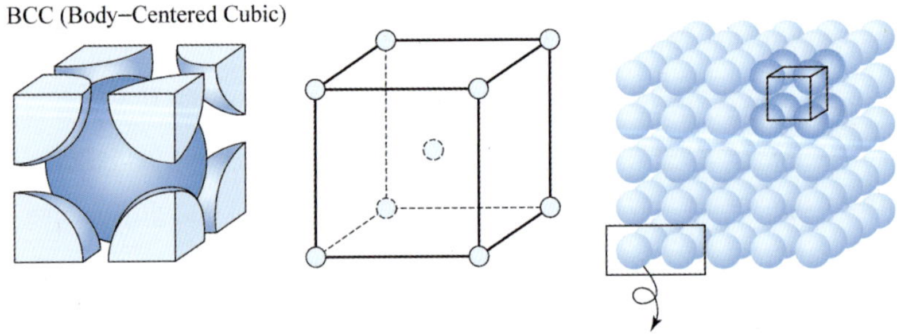

(계속)

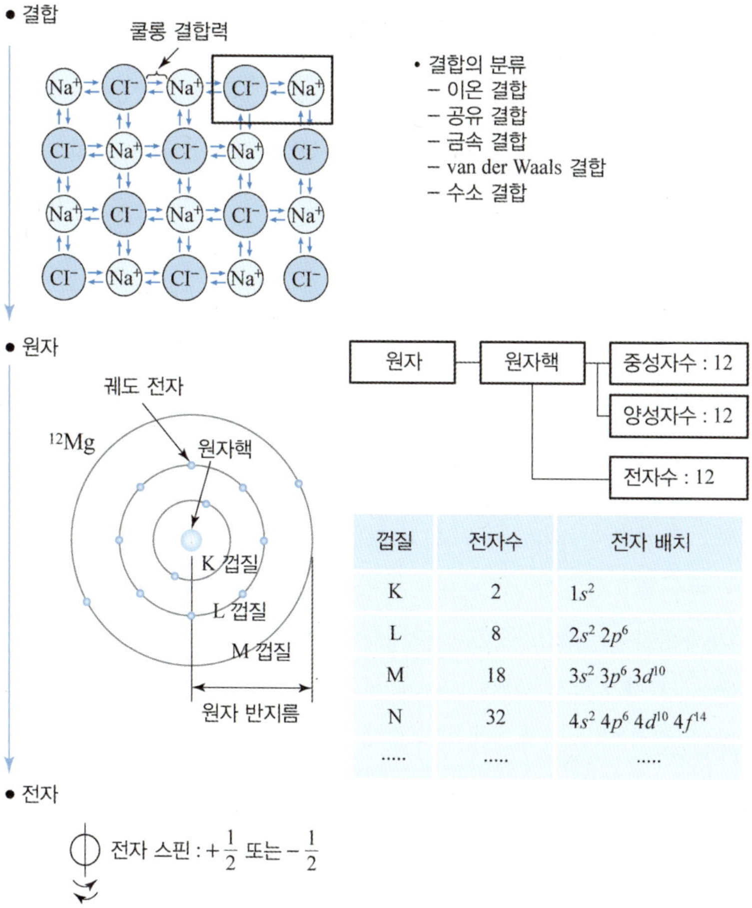

껍질	전자수	전자 배치
K	2	$1s^2$
L	8	$2s^2\ 2p^6$
M	18	$3s^2\ 3p^6\ 3d^{10}$
N	32	$4s^2\ 4p^6\ 4d^{10}\ 4f^{14}$
.....	.....	.....

그림 1-2 신소재공학과에서 다루는 재료의 크기 범위
(a) 벌크 재료로부터 아입자(예 전자)까지
(b) 재료 크기에 따른 구조

3차원 결정 내에 있는 여러 가지 격자(lattice)들의 배열을 알기 위해서는 결정의 회절상을 얻어야 한다. 결정 구조를 분석하기 위해서는 실제 결정에 X-선 또는 전자 빔(electron beam)을 입사시켜 회절상[X-선 회절법에 의한 X-ray patterns 또는 TEM(투과전자현미경)의 전자빔에 의한 spot patterns]을 얻어야 한다. 회절상에서 결정의 격자는 역격자(reciprocal lattice)로 나타난다. 따라서 실제 결정의 격자와 회절상에서 나타난 역격자 사이의 관계를 알아야 한다. 이에 대한 내용은 5장에서 설명하였다.

2장에서 언급된 단위정(포)을 구성하고 있는 여러 개의 원자 중에서 2개의 원자만의 결합을 고려하면, 5가지 결합으로 분류할 수 있다. 이들 원자 사이의 결합은 금속 결합, 공유 결합, 이온 결합, 반데르발스 결합, 수소 결합으로 알려져 있다. 이들 결합을 구성하는 한 개의 원자만을 고려하면, 개개의 원자는 원자핵과 원자핵 주위를 공전하는 전자들로 구성되어 있다. 원자핵은 중성자(neutron)와 양성자(proton)로 구성되어 있으며, 이들은 원자의 중앙 부위에 존재한다. 반면에 원자핵 주위를 돌고 있는 전자들은 원자핵으로부터 전자껍질(electron shell: K 각, L 각, M 각 등)로 알려져 있는 불연속적인 거리에 존재한다. 전자들은 원자핵 주위를 공전운동을 하는 동시에, 또한 자전운동을 한다. 마치 태양의 주위를 돌고 있는 지구가 공전운동을 하는 동시에 자전운동을 하는 것과 동일한 개념이다. 전자(− 입자)들은 원자핵을 구성하고 있는 양성자(+ 입자)와 쿨롱 인력(Coulombic force)에 의해 서로 잡아당기고 있기 때문에, 전자가 속해 있는 각각의 전자껍질로부터 벗어나지 않고, 속박되어 일정한 거리(궤도, orbital)를 돌게 된다. 이 궤도는 핵으로부터 떨어진 거리에 따라, K 각, L 각, M 각 등으로 알려져 있으며, 불연속적인 값을 가진다. 원자 내에서 각각의 궤도에 있는 전자들이 원자핵들과 당기는 힘을 위치에너지(PE, Potential Energy)라고 한다. 또한 이러한 특정한 궤도를 돌고 있는 전자들은 원자핵 주위를 공전하는 운동에너지(KE, Kinetic Energy)를 가지고 있다. 원자 내에 있는 어떤 한 전자가 가지는 총에너지(TE, Total Energy)는 이 전자가 가지고 있는 위치에너지와 운동에너지의 합으로 표현된다($TE = KE + PE$). 원자핵 주변을 돌고 있는 각각의 전자가 가지는 에너지를 규정하기 위해서는 4개의 양자수가 필요하다. 이들 4개의 양자수는 주양자수(the principle quantum number, n), 부양자수(the orbital angular quantum number, l), 자기 양자수(the magnetic quantum number, m), 스핀 양자수(the spin quantum number, m_S)로 알려져 있다. 이에 대해서는 6장에서 자세하게 설명하였다. 재료의 결정 구조를 분석하기 위해 범용적으로 사용하는 X-선(X-ray) 회절법을 이해하기 위해서는 원자의 구조에 대한 상세한 지식이 필수적이다. 따라서 6장의 내용을 잘 이해하기를 강력히 추천한다.

6장에서 언급된 5가지 결합을 가지고 있는 실제 결정의 예 및 이 외에 신소재공학에서 배우게 되는 주요한 재료들의 구조를 7장에서 설명하였다. 실제 결정은 완전한 결정(perfect crystal)으로 존재하는 경우는 거의 없고, 결정 내에 여러 가지 종류의 결함을 가지고 있다. 이들 결정에 존재하는 결함에 대해 8장에서 소개하였다.

재료의 결정 구조 해석에 사용되는 X-선 회절법을 이해하기 위해서는 빛의 성질과 빛의 회절을 이해할 필요가 있다. 이에 대한 소개는 9장에서 다루었다. 결정 구조의 분석에 가장 널리 사용되는 X-선 회절법과 X-선 회절법의 몇 가지 응용에 대한 내용은 10장과 11장에서 다루었다.

chapter 2

결정과 격자

2.1 격자

1) 격자

결정(crystal)은 원자, 이온, 분자와 같은 단위 요소가 특정한 규칙적인 배열로 무한히 많이 모여 있는 집합체이다. 따라서 결정 구조를 이해한다는 것은 단위 요소가 어떤 주기적인 규칙으로 배열하고 있는가를 아는 것이다. 결정질 고체는 단위 요소가 주기적인 3차원 배열로 놓여 있지만, 이해하기 쉽게 2차원 배열을 우선 생각해보자.

그림 2-1은 ♣를 기본 요소로 하여 나타낼 수 있는 여러 패턴 중 하나이다. 이 패턴이 평면에 무한히 넓게 펼쳐져 있다고 가정하고 각각의 패턴별로 어떤 ♣를 선택하여도 그 주위에 놓여 있는 다른 ♣들의 배열이 모두 같음을 알 수 있다. 이와 같이 주위 환경이 모두 같은 상태로 규칙적으로 배열되어 있는 ♣의 위치를 하나의 점으로 표시할 수 있으며, 이 점을 격자점(lattice point)이라고 한다. 격자(lattice)는 주위 환경이 모두 동일한 점의 공간 배열로 정의된다. 여기서 주위 환경은 어떤 하나의 격자점을 기준으로 둘러싼 주변 점들의 공간 분포와 방향을 의미한다.

그림 2-2는 그림 2-1의 패턴을 격자점으로 표시한 2차원 격자이다. 격자점은 주위 환경이 모두 같으므로 주기적으로 반복되는 배열에서 평행 이동에 의해 중첩될 수 있다. 따라서 격자점은 모두 동일한 위치로 생각할 수 있다. 2차원에서는 이와 같은 동일한 환경을 가지는 점들이 배열되어 망목(mesh) 또는 망(net)을 구성한다. 1차원에서는 이 점들은 열(row)을 구성한다. 격자 또는 공간 격자(space lattice)는 동일한 환경을 가지는 점들의 3차원 배열을 나타낸다. 이 책에서는 2차원의 규칙적인 점의 배열도 격자로 혼용해서 기술한다.

그림 2-1 동일 기본 요소의 배열 규칙에 따른 서로 다른 패턴

그림 2-2 그림 2-1의 패턴을 격자점으로 표시한 2차원 격자

2) 단위포

그림 2-2의 격자점들을 직선으로 연결하면 그림 2-3과 같이 2차원 공간을 평행사변형으로 나눌 수 있다. 이 평행사변형을 하나의 격자점에서 다른 격자점으로 평행 이동을 반복하여 전체 망(3차원에서는 격자)을 만들 수 있다. 격자점을 연결하여 만든 이 평행사변형을 단위포(unit cell)라고 한다. 단위포인 평행사변형의 크기와 모양은 그림 2-4(a)와 같이 두 변의 길이 a, b와 두 변이 만드는 사잇각 γ로 결정된다. 3차원에서 단위포는 평행육면체이며, 그 크기와 모양은 그림 2-4(b)와 같이 서로 평행하지 않은 세 변의 길이 a, b, c와 그 변들이 만드는 사잇각 α, β, γ로 정의된다. 이 세 변의 길이 a, b, c를 격자상수(lattice parameter)라고 하고, 사잇각 α, β, γ를 축각(axial angle)이라고 한다. 이는 뒤에서 다루는 7결정계(crystal system)를 분류하는 데 사용된다.

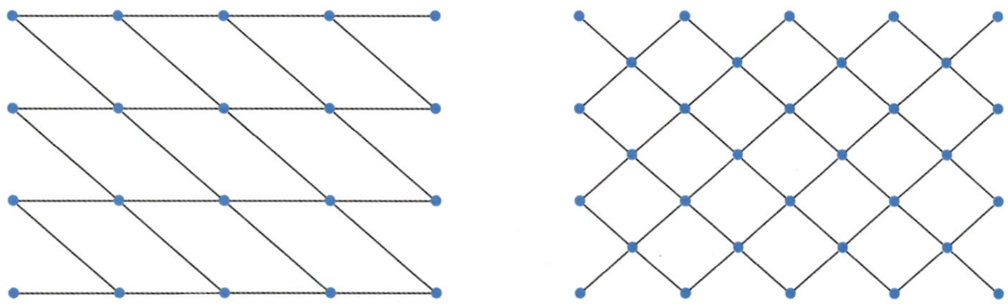

그림 2-3 격자점의 직선 연결에 의해 만들어진 평행사변형들과 단위포

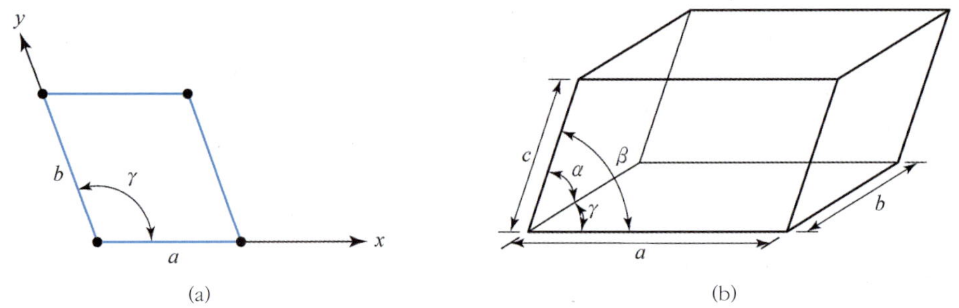

그림 2-4 (a) 2차원 단위포, (b) 3차원 단위포

그림 2-5에 하나의 격자에서 그릴 수 있는 다양한 평행사변형 중 일부를 나타냈다. 각각의 평행사변형들은 평행 이동에 의해 전체 면적을 빈틈없이 채울 수 있으므로 모두 단위포에 해당한다. 이 중 (a), (b), (c)와 같이 평행사변형의 꼭짓점에만 격자점이 있어서 단위포 내에 격자점이 1개만 있는 것을 단격자 단위포(primitive unit cell)라고 한다. (d), (f)는 변의 중심에 격자점이 있으며, (e)는 내부에 격자점이 있어 단위포 내에 격자점이 2개이다. 이와 같이 단위포 내에 격자점이 2개 이상인 단위포를 다격자 단위포(nonprimitive unit cell)라고 한다.

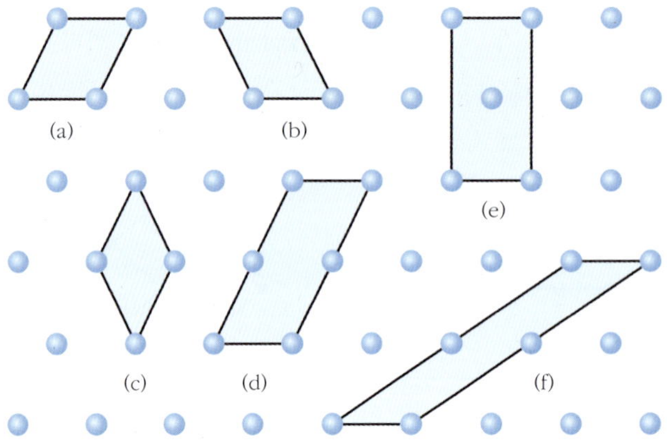

그림 2-5 여러 가지 단위포의 예시

3) 결정의 표시

격자는 단순히 격자점으로 전체 공간을 표현하는 것으로, 이 격자점에 원자, 이온, 분자와 같은 어떤 단위 요소가 놓이게 되면 결정(crystal)이 된다. 모든 격자점에 놓이는 같은 단위 요소를 기저(basis 또는

motif)라고 한다. 그림 2-6은 격자점의 간격이 a만큼 일정하게 놓여 있는 정사각형 형태의 격자이다. 그림에 표시한 단위포는 꼭짓점에만 격자점을 가지는 단격자 단위포이다. 기저가 큰 원과 작은 원이 일정한 간격만큼 떨어져 있는 집단이라면, 이 기저를 모든 격자점에 위치시키면 그림 2-6의 오른쪽 결정이 된다. 따라서 격자와 기저를 이용하여 결정을 표시할 수 있다.

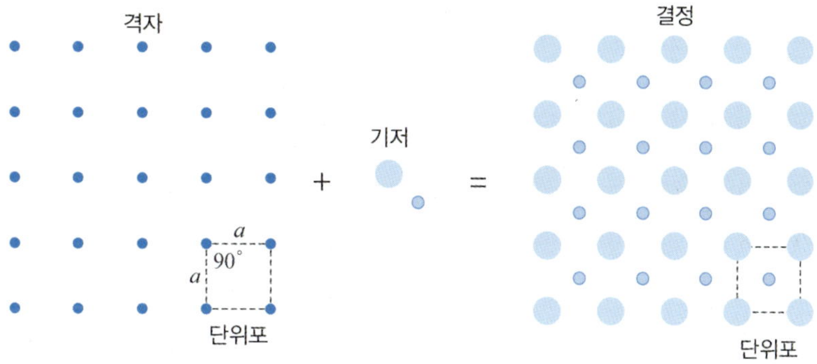

그림 2-6 격자와 기저를 이용한 결정 표시

결정을 표시하는 다른 방법은 단위포의 형태와 포 내의 원자 종류와 위치를 나타내는 것이다. 그림 2-7의 결정에서 단위포는 두 변의 길이가 a로 같고 그 사잇각이 90°인 정사각형이다. 큰 원의 원자는 단위포의 꼭짓점인 (0,0)에 위치하며, 작은 원의 원자는 단위포의 중심인 $(\frac{1}{2}, \frac{1}{2})$에 위치한다. 단위포의 꼭짓점인 (1,0), (0,1), (1,1)은 (0,0)의 원자를 단위포를 구성하는 변의 길이만큼 평행 이동하면 중첩되므로 (0,0)과 동등한 위치이다.

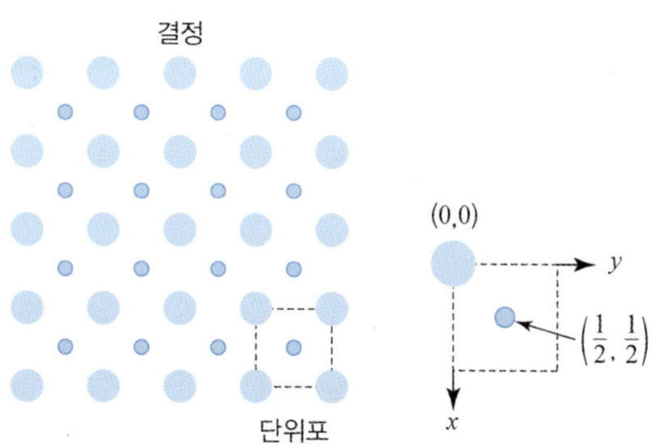

그림 2-7 단위포의 형태와 포 내의 원자 종류와 위치로 결정 표시

2.2 격자에서의 대칭 요소

일상생활에서도 많이 사용하고 있는 '대칭(symmetry)'이 무엇을 의미하는지는 잘 알 것이다. 사물이나 그림이 어떤 형태의 움직임을 한 후에도 이동 전의 초기 상태와 구분할 수 없다면, 그 사물이나 그림을 대칭이라고 한다. 즉, 대칭이란 주위 환경이 어떤 작동(operation)을 한 후에도 변화 없이 작동 전과 동일한 상태가 되는 것을 의미한다. 결정은 원자, 이온, 분자와 같은 단위 요소가 규칙적인 배열로 반복되므로 대칭 요소를 이해하는 것은 중요하다.

대칭 요소에는 경영대칭(mirror symmetry) 또는 반사대칭(reflection symmetry), 회전대칭(rotational symmetry), 반영대칭(inversion symmetry)의 3가지 요소가 있다. 병진 작동(translation operation)을 병진대칭(translation symmetry)에 포함하면 4가지 대칭 요소가 있으며, 어떤 반복 작동이라도 이 4가지 요소로 나타낼 수 있다.

1) 병진대칭

어떤 점을 임의의 방향으로 직선 이동시키는 작동이 점을 이동한 후에도 그 점의 주위 환경을 이동 전과 일치되게 하면 이 점들은 병진대칭 요소를 가진다. 사실 격자는 주위 환경이 모두 동일한 점의 공간 배열이므로 병진대칭 요소가 반드시 존재한다. 그림 2-8은 1, 2, 3차원 격자에서 병진대칭을 나타낸 것이다. 그림 2-8(a)의 1차원 격자에서 임의의 격자점을 이웃한 격자와의 거리인 a의 정수배만큼 이동시키면 다른 격자점에 위치하게 되어 주위 환경이 같게 된다. 이와 같은 병진 작동을 벡터로 나타내면

$$\vec{r} = u\vec{a}_1 \tag{2.1}$$

이다. 여기서 u는 정수이다. a_1은 이웃한 격자점 사이의 거리로 1차원 격자의 격자상수이다. 따라서 $\vec{a}_1$은 병진 작동의 크기와 방향을 나타내는 벡터 중에서 크기가 가장 작은 기본 병진 벡터(fundamental translation vector)이다. 그림 2-8(b)의 2차원 격자는 $\vec{a}_1$과 $\vec{a}_2$ 두 개의 기본 병진 벡터를 가지고 격자 병진 벡터 $\vec{r}$은 $\vec{a}_1$과 $\vec{a}_2$의 정수배 합으로 표현된다.

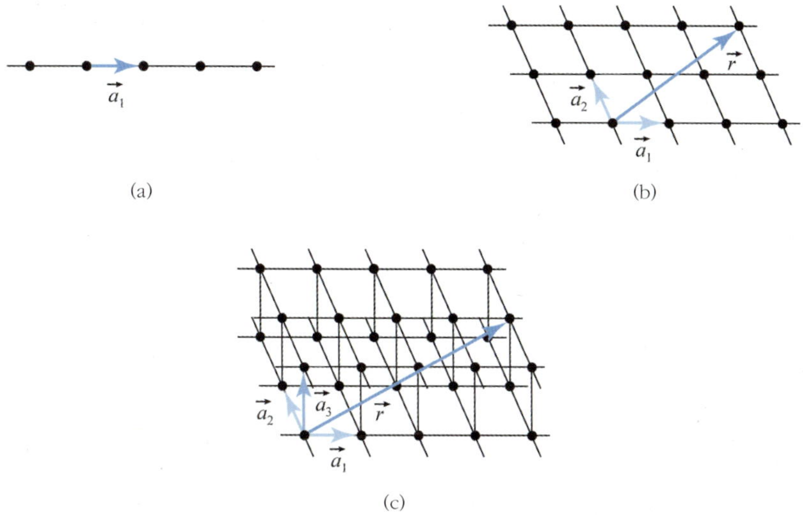

그림 2-8 1, 2, 3차원 격자에서 병진대칭

$$\vec{r} = u\vec{a}_1 + v\vec{a}_2 \tag{2.2}$$

여기서, $\vec{a}_1$과 $\vec{a}_2$는 서로 평행하지 않으며 v는 정수이다. 그림 2-8(b)에서 $\vec{r} = 3\vec{a}_1 + 2\vec{a}_2$이다. 마찬가지로 3차원 격자에서도 $\vec{a}_1$, $\vec{a}_2$, $\vec{a}_3$ 세 개의 기본 병진 벡터의 정수배 합으로 격자 병진 벡터가 표현된다.

$$\vec{r} = u\vec{a}_1 + v\vec{a}_2 + w\vec{a}_3 \tag{2.3}$$

여기서 $\vec{a}_3$는 $\vec{a}_1$, $\vec{a}_2$와 같은 평면에 있지 않으며, w는 정수이다. 그림 2-8(c)에서 $\vec{r} = 4\vec{a}_1 + 1\vec{a}_2 + 1\vec{a}_3$이다.

2) 회전대칭

그림 2-9의 $ABCD$는 평행사변형이고, 직선 $X-Y$는 면 $ABCD$에 수직이다. 직선 $X-Y$를 회전축으로 하여 평행사변형을 시계 방향 또는 반시계 방향으로 180° 또는 360° 회전시키면 그 모양이 회전하기 전과 일치한다. 이와 같이 어떤 점을 하나의 축을 중심으로 일정한 각도로 회전시켰을 때 회전 후에도 그 주위 환경이 회전하기 전과 일치되게 만드는 대칭 요소를 회전대칭이라고 한다.

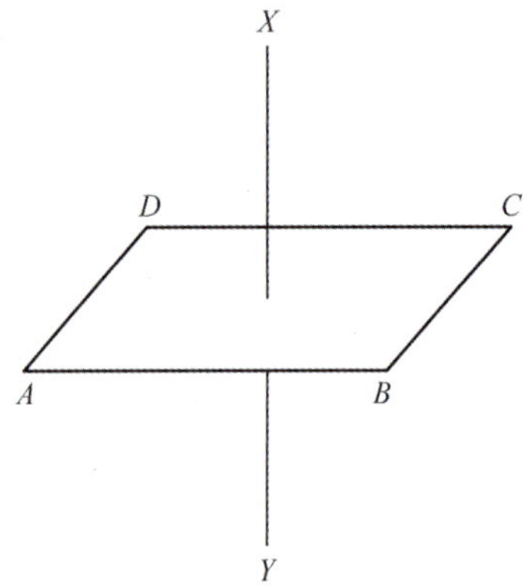

그림 2-9 회전대칭과 대칭축

평행사변형은 회전을 시켜 모양이 일치하는 최소 각도가 180°가 되므로 360° 회전하는 동안 모양이 2회 일치된다. 만약 평행사변형을 정사각형으로 대체하면, 회전하여 모양이 일치하는 최소 각도는 90°가 되며, 이후 90°씩 추가로 회전될 때마다 모양이 일치하게 되어 총 4회 일치하게 된다. 이처럼 360° 회전 동안 n회 모양이 일치되면 이 회전대칭의 축은 n-중(n-fold) 회전축이라고 하며, $n = 360/\theta$가 되고 θ는 모양이 일치하는 최소 회전각도이다.

그림 2-10은 1-중부터 6-중 회전대칭을 나타낸 것이고, 표 2-1에는 격자를 회전 후 회전 전과 일치하도록 하는 회전각을 각각 나타냈다. 1-중 회전대칭은 360° 회전해야만 본래의 모양과 일치하는 불규칙한 형태의 물체에 존재하는 회전대칭이다. 2-중 회전대칭(⬬)은 180° 회전마다, 3-중 회전대칭(▲)은 120° 회전마다, 4-중 회전대칭(■)은 90° 회전마다, 6-중 회전대칭(⬣)은 60° 회전마다 본래의 모양과 일치한다.

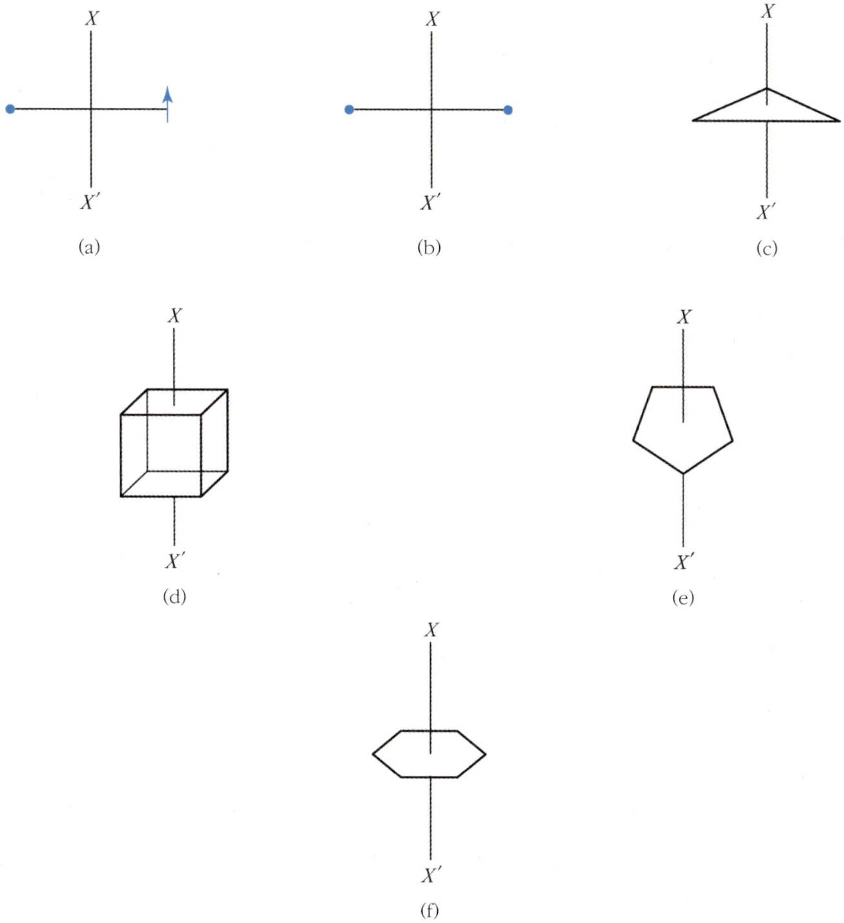

그림 2-10 $n=1, 2, 3, 4, 5, 6$에 해당하는 회전대칭

표 2-1 2차원 또는 3차원 격자에서 가능한 회전대칭

회전각(θ)	$360^\circ/\theta$	대칭축	숫자 기호 (Hermann-Mauguin)
360°	1	1-중	1
180°	2	2-중	2
120°	3	3-중	3
90°	4	4-중	4
72°	5	5-중	5*
60°	6	6-중	6

* 5-중 회전대칭은 격자에서 존재하지 않음

예외적으로 그림 2-10(e)의 5-중 회전대칭은 기하학적으로 72° 회전마다 본래의 모양과 일치하나, 그림 2-11과 같이 정오각형을 단위포로 하여 어떤 형태로도 규칙적인 평면을 만들 수 없다. 따라서 규칙적인 격자에서는 5-중 회전대칭은 불가능하다. 7-중 이상의 회전대칭은 평면을 만들 수 있는 특정한 단위포를 만들 수 없거나, 1-중에서부터 6-중 회전대칭 중의 어느 하나의 반복으로 표현된다. 기하학에서는 하나의 도형만을 생각하여 모든 자연수에 해당하는 n-중 회전대칭이 가능하다. 예를 들어, 정십이각형은 30° 회전마다 본래의 모습과 일치하므로 12-중 회전축이 존재한다. 그러나 결정 격자에서는 단위포의 규칙적인 배열로 중첩이나 빈틈없이 전체 공간이 채워져야 하므로 1-중, 2-중, 3-중, 4-중, 6-중 회전대칭만 가능하다.

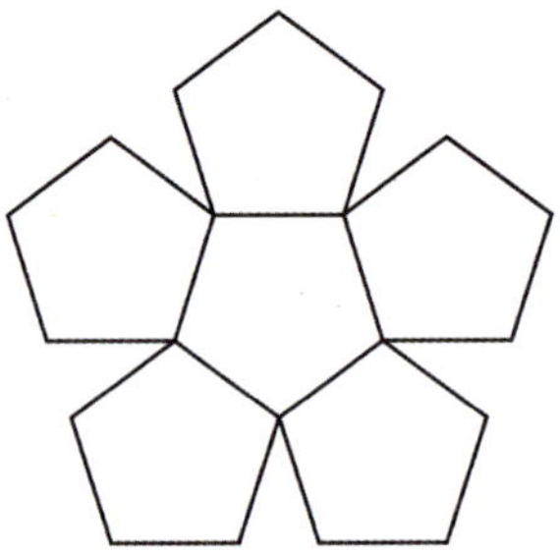

그림 2-11 5-중 회전대칭을 가지는 정오각형만으로는 중첩이나 빈틈없이 평면을 채울 수 없음

3) 경영대칭

그림 2-12는 경영대칭의 예를 나타낸 것이다. 경영대칭은 헤르만-마우구인(Hermann-Mauguin) 표기(symbol)로 m으로 표시되며, 흔히 미술에서 많이 사용하는 데칼코마니에서 반으로 접었다 폈을 때 접힌 선이 m에 해당한다. 3차원 격자를 2개로 나누는 면으로 나누어진 두 부분이 이 면에 대해서 서로 거울상(mirror image)이라면 이 면은 거울면(mirror plane)이 되고 경영대칭 요소를 가진다. 즉, 경영대칭은 어떤 점을 임의의 면에 대해 그 면까지의 거리만큼 면의 반대쪽으로 이동시켰을 때, 이동 후에도 그 점의 주위 환경이 이동 전과 일치되게 만드는 대칭 요소이다. 그림 2-13과 같이 경영대칭은 2차원에서는 선에 대해서 대칭이고, 3차원에서는 면에 대해서 대칭이다.

그림 2-12 데칼코마니의 경영대칭 예

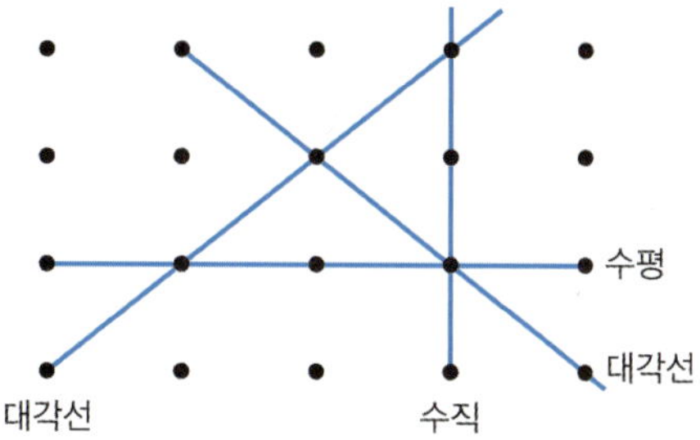

그림 2-13 격자에서 경영대칭의 4가지 예
2차원 격자에서는 대칭선(mirror line), 3차원 격자에서는 거울면(mirror plane)이 된다.

4) 반영대칭

반영대칭(inversion symmetry)은 임의의 점에서 일정 거리만큼 떨어진 어떤 점을 그 임의의 점을 통과하여 반대쪽으로 같은 거리만큼 이동시켰을 때, 이동 후에도 그 점의 주위 환경을 이동 전과 일치되게 만드는 대칭 요소를 말한다. 그 임의의 점을 대칭 중심(center of symmetry)이라고 한다.

그림 2-14는 점 P가 반영대칭 중심인 불규칙 다면체를 나타낸 것으로, 대칭 중심 P에 대해 다면체를 구성하는 모든 점이 반영대칭을 하고 있다. 격자에서 모든 단위포는 중앙에 대칭 중심을 가지며, 또 모든 격자점은 대칭 중심이 될 수 있다. 따라서 결정 격자에서 그림 2-15와 같이 직교좌표의 원점이 대칭 중심이라면 좌표 (u, v, w) 격자점의 반영대칭은 $(-u, -v, -w)$ 좌표인 격자점이 된다.

반영대칭은 헤르만-마우구인(Hermann-Mauguin) 표기법으로 $\bar{1}$로 표시하거나, 쇤플리스(Schönflies) 표기법으로 i로 표시한다. 반영대칭은 대칭 중심점에 2-중 회전대칭축을 놓고 180° 회선시킨 후 대칭 중심점을 포함하면서 그 회전대칭축에 수직한 면에 대해 경영대칭을 했을 때의 결과와 같다. 따라서 반영대칭은 2-중 회전대칭과 경영대칭의 조합으로 표시할 수 있어 엄밀히 말하면 독립적인 대칭 요소는 아니다.

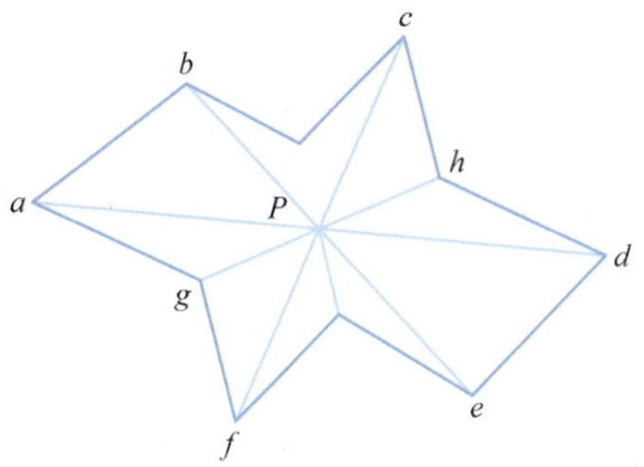

그림 2-14 점 P에 대칭 중심을 가지는 불규칙 다면체 a–d, b–e, c–f, g–h는 대칭 중심 P에 대해 각각 반대 방향으로 같은 거리에 위치한다.

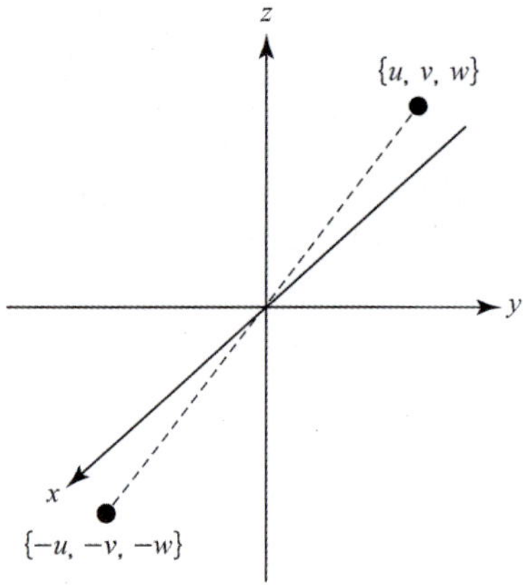

그림 2-15 직교좌표에서 원점을 대칭 중심으로 좌표 (u, v, w) 점의 반영대칭은 좌표 $(-u, -v, -w)$ 점이다.

2.3 2차원(면) 격자

모든 격자에는 단위포의 반복으로 전체 공간을 중첩과 빈틈없이 채울 수 있으므로 병진대칭이 있다. 또한 격자에는 항상 반영대칭이 존재한다. 따라서 격자에서는 병진대칭과 반영대칭이 공존하는 경우 어떠한 제한도 받지 않는다. 그러나 격자에서 회전대칭 및 경영대칭의 존재는 반드시 병진대칭을 동시에 만족하는 경우만 가능하다. 즉, 격자에서는 병진대칭으로 인해 회전대칭과 경영대칭이 제한을 받는다.

그림 2-16은 병진대칭이 회전대칭을 제한하는 것을 보여주는 것으로, 이러한 제한으로 인해 n-중 회전대칭 중 격자에서 가능한 대칭은 1-중, 2-중, 3-중, 4-중, 6-중 회전대칭뿐이다. 그림 2-16에서 점 A와 점 D에 종이면에 수직한 n-중 회전축의 작동으로 점 B는 점 B'을, 점 C는 점 C'을 만든다. 격자에서 회전대칭을 만족하기 위해서는 회전 전과 후의 주위 환경이 동일해야 하므로 점 B'과 점 C'도 격자점이 되어야 한다. 따라서 점 B'과 점 C'의 거리는 격자상수 a의 정수배가 되어야 하므로, $B'C' = la$로 나타낼 수 있다, 이때 l은 정수이다. 또한 점 A와 점 D도 격자점이므로 A와 D의 거리도 격자상수의 정수배로 $AD = ma$이며, m은 정수이다.

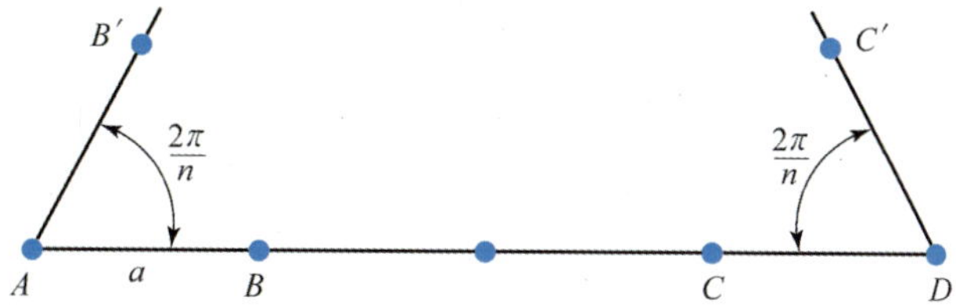

그림 2-16 격자에서 회전대칭의 병진대칭에 의한 제한

$$B'C' = AD - 2a\cos\frac{2\pi}{n} \tag{2.4}$$

$$la = ma - 2a\cos\frac{2\pi}{n}$$

$$l = m - 2\cos\frac{2\pi}{n}$$

$$\cos\frac{2\pi}{n} = \frac{m-l}{2} \tag{2.5}$$

$\cos\frac{2\pi}{n}$는 -1과 $+1$ 사이의 값이고, m, l이 정수이므로

$$\cos\frac{2\pi}{n} = -1, \quad n=2, \quad \frac{2\pi}{n} = 180°$$

$$\cos\frac{2\pi}{n} = -\frac{1}{2}, \quad n=3, \quad \frac{2\pi}{n} = 120°$$

$$\cos\frac{2\pi}{n} = 0, \quad n=4, \quad \frac{2\pi}{n} = 90°$$

$$\cos\frac{2\pi}{n} = \frac{1}{2}, \quad n=6, \quad \frac{2\pi}{n} = 60°$$

$$\cos\frac{2\pi}{n} = 1, \quad n=1, \quad \frac{2\pi}{n} = 0° \text{ 또는 } 360°$$

이다. 이와 같이 격자에서 n-중 회전대칭 중 가능한 대칭은 1-중, 2-중, 3-중, 4-중, 6-중 회전대칭의 5가지뿐이다.

회전대칭과 경영대칭 요소로 인해 2차원에서는 10개의 2차원 결정 점군(point groups)이 있다. 그림 2-17은 기저를 R로 하는 10가지 가능한 배열을 나타낸 것이다. 여기서 회전축은 종이면에 수직이고, 대칭선(mirror line)은 종이면에 있으며 회전축이 지나는 점을 지난다. (a), (c), (e), (g), (i)는 각각 1-중, 2-중, 3-중, 4-중, 6-중 회전대칭이다. (b)는 수직으로 대칭선이 있는 경우로, 오른손 R이 반사되어 대칭으로 왼손 Я이 만들어진다. (d)는 (b)에 수평으로 대칭선을 추가한 경우로, 3개의 R이 추가되었으며, 두 대칭선의 조합은 자동적으로 두 대칭선이 만나는 점에 수직으로 2-중 회전축을 생성한다. 이처럼 두 개의 대칭 요소가 만나서 제3의 대칭 요소를 만드는 것은 일반적이다. (f)는 (e)의 3-중 회전축에 수직 대칭선을 추가한 것이다. 3개의 왼손 Я이 추가로 생성되며, 동시에 R들은 수직 대칭선뿐만 아니라, 60°로 기울어진 두 개의 선에 대해서도 경영대칭이 된다. 두 대칭 요소가 만나서 제3의 대칭 요소를 만드는 또 다른 예이다. (h)는 (g)에, (j)는 (i)에 수직 대칭선을 추가하면, 각각 90°와 60°에 대칭선이 만들어질 뿐만 아니라 각각 45°와 30°에도 대칭선이 만들어진다.

이렇게 회전대칭 1, 2, 3, 4, 6과 경영대칭 m의 조합으로 만들어진 2차원 점군은 그림 2-17과 같이 1, m, 2, $2mm$, 3, $3m$, 4, $4mm$, 6, $6mm$의 10개이다. 여기서 추가적인 m은 경영대칭선의 중간에 대칭선이 추가로 있는 경우를 나타낸다.

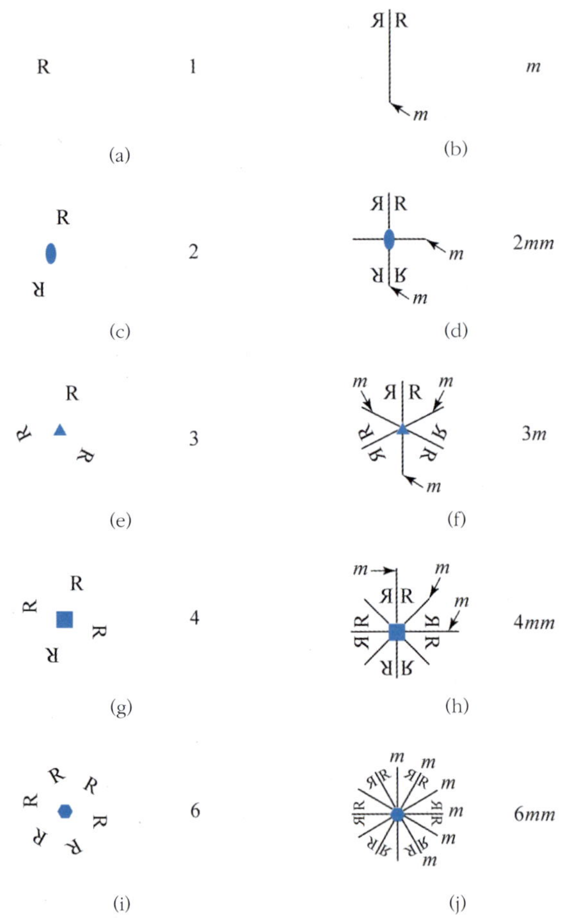

그림 2-17 기저를 비대칭형인 R로 하는 10개의 평면 점군과 점군 표기

2차원에서 기저(motif)가 가질 수 있는 대칭성이 그림 2-17에 나타낸 10가지라는 것으로부터 2차원 격자는 그림 2-18과 같이 다섯 종류가 있다. 2차원 격자는 평면 점군인 10가지 대칭성을 가지는 기저들로부터 어떤 패턴을 구축하되, 단일 기저가 가지는 대칭 요소가 전체 패턴에 걸쳐 확장되어야 한다. 그림 2-17(a)의 비대칭 기저 R은 고려할 대칭 요소가 없으므로 2차원에서 격자점이 가장 비대칭적인 평행사변형 단위포를 가지는 패턴에서 반복될 수 있다.

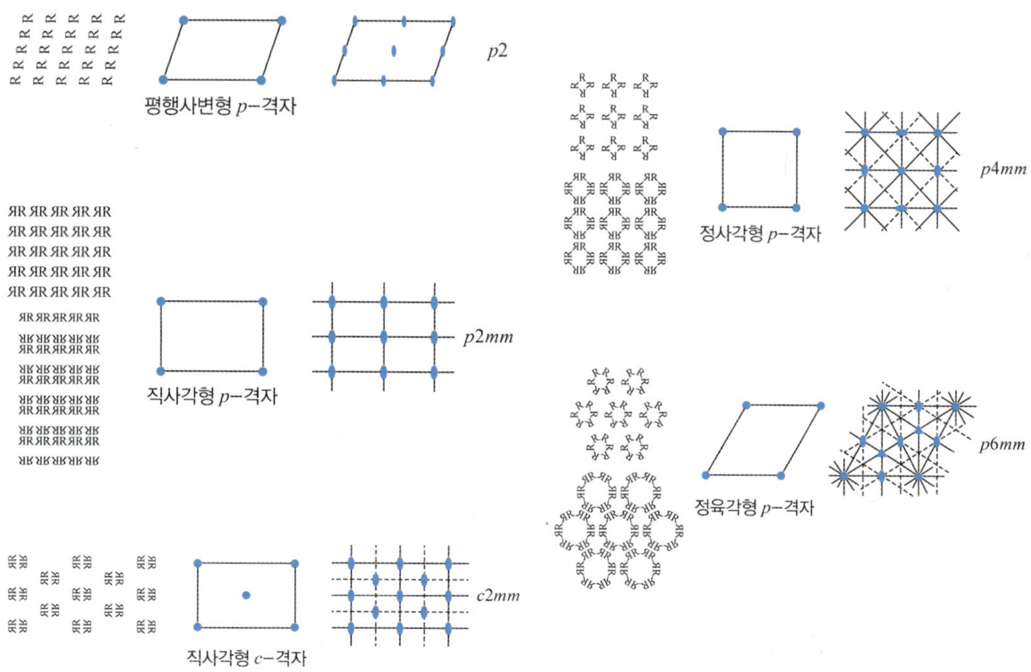

그림 2-18 그림 2-17의 기저에 의한 5개의 2차원 격자 단위포의 대칭 요소 및 해당되는 평면 점군 심벌

수직 대칭선을 대칭 요소로 가지는 그림 2-17(b)는 기저의 경영대칭이 전체 패턴에 걸쳐 확장되어야 하므로 격자의 모양은 직사각형이 되어야 한다. 이 조건을 만족시킬 수 있는 직사각형 형태의 격자는 그림 2-18과 같이 직사각형과 중심직사각형의 두 가지가 있다. 이 직사각형 형태의 격자는 직사각형이므로 수평 대칭선 또한 가지고 있어, 그림 2-17(d)와 같이 대칭선이 2개인 세트의 기저에 해당한다.

4-중 회전대칭을 가지는 그림 2-17의 (g)와 (h)의 기저는 전체로 확장하기 위해서는 정사각형 패턴으로 배열되어야 하므로 정사각형 격자를 만든다. 마찬가지로 6-중 회전대칭을 가지는 그림 2-17의 (i)와 (j)의 기저는 전체로 확장하기 위해 육각형 패턴으로 배열되어야 하므로 정육각형 격자를 만든다. 앞

에서 설명한 것 외에 그림 2-17의 나머지 기저들에 의해 만들어지는 패턴은 그림 2-18의 5가지 격자와 중첩된다. 그림 2-18에서 p는 단격자 단위포를 의미하며, c는 단위포 중앙에 격자점이 있는 다격자 단위포를 의미한다. 또한 그림 2-18의 오른쪽에 도시한 것처럼 추가적인 대칭 요소가 격자점 사이에 만들어진다. 예를 들어, 정사각형 격자에서는 단위포 격자점에 4-중 회전대칭뿐만 아니라 중앙에 4-중 회전대칭과 각 변의 중심에는 2-중 회전대칭이 추가로 만들어진다. 또한 수직, 수평, 대각선 경영대칭이 추가로 만들어짐을 알 수 있다.

모든 2차원 패턴은 그림 2-18의 5가지 격자에만 기초하여 만들어지며, 다른 가능한 격자는 없다. 반면, 단위포는 그림 2-18 외에도 다양한 형태가 가능하다. 그러나 다양한 형태의 단위포로 나타낸 격자점의 패턴은 2차원 격자 5가지 중의 하나에 해당한다. 그림 2-19와 같이 중심직사각형 격자의 단위포를 마름모(rhombic)의 단격자 단위포로도 나타낼 수 있다.

이 5개 2차원 격자의 단위포인 평행사변형을 만드는 두 변과 사잇각에 따라 평행사변형, 직사각형, 정사각형, 육각형의 4가지로 분류할 수 있으며, 이를 2차원 결정계(crystal system)라고 한다. 직사각형은 단격자 단위포인 직사각형 격자와 다격자 단위포인 중심직사각형 격자가 있다.

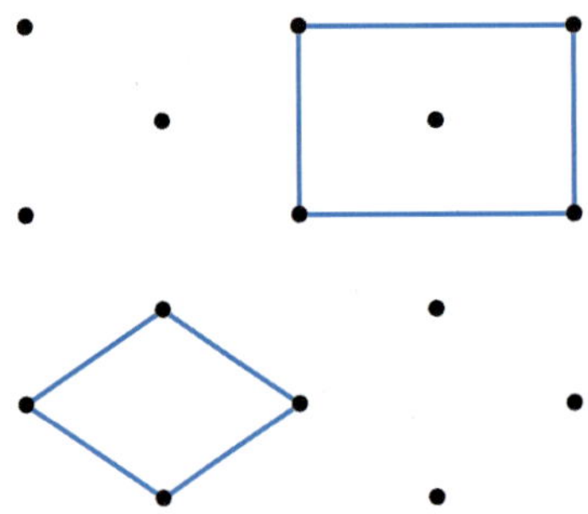

그림 2-19 중심직사각형 격자의 서로 다른 형태의 단위포

2.4 3차원 격자의 대칭

3차원 공간 격자에서도 2차원의 면 격자에서 가능했던 병진, 회전, 경영, 반영대칭 요소들이 모두 유지되어야 한다. 3차원에서는 2차원보다 하나의 차원이 추가되기 때문에 회반대칭(rotation-inversion symmetry) 작동이 추가된다. 회반대칭 작동은 격자점을 순수한 회전대칭 효과와 순수한 반영대칭 효과를 결합한 작동으로, 작동 전과 작동 후의 격자점 주위 환경을 동일하게 하는 것이다. 회반대칭 작동은 표 2-2와 같이 나타낼 수 있다.

표 2-2 공간 격자에서 회반대칭

1 (1-중 회전) $+\bar{1}=\bar{1}$*
2 (2-중 회전) $+\bar{1}=\bar{2}$
3 (3-중 회전) $+\bar{1}=\bar{3}$
4 (4-중 회전) $+\bar{1}=\bar{4}$
6 (6-중 회전) $+\bar{1}=\bar{6}$

1-중 회반대칭($\bar{1}$)은 격자점을 1-중 회전대칭을 한 후 반영대칭을 하는 것으로, 단순히 반영대칭과 같다. 2-중 회반대칭($\bar{2}$)은 그림 2-20(a)와 같이 a를 180° 회전시키면 a'이 되고 반영대칭 하면 a''이 되는데, 이는 회전축에 수직인 면($ABCD$)을 경영면으로 하여 단순히 경영대칭 하는 것과 같아진다. 따라서 $\bar{1}$, $\bar{2}$는 공간 격자에서 독립된 대칭 요소에 포함하지 않는다. 그림 2-20(b)는 4-중 회반대칭으로, A를 90° 회전 후 반영대칭 하여 B의 위치로 이동하게 된다. 이 4-중 회반대칭으로 B는 C로, C는 D로, D는 A로 이동하게 된다. 3-중, 4-중, 6-중 회반대칭은 다른 대칭 요소와 중복되지 않으므로 공간 격자에서의 대칭 작동이다.

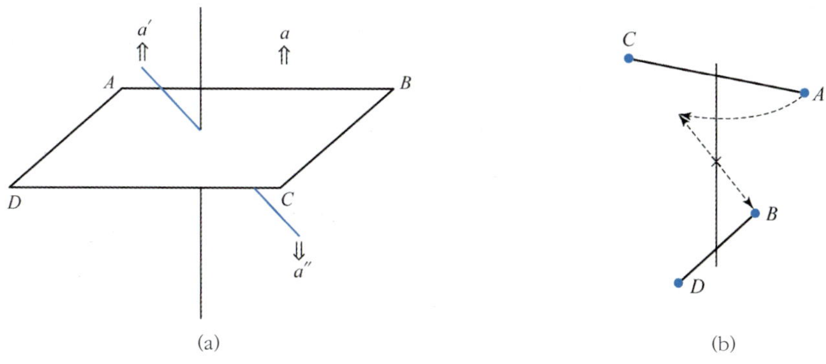

그림 2-20 (a) 2-중 회반대칭($\bar{2}$)은 단순히 경영대칭과 같다.
(b) 4-중 회반대칭으로, A는 B로, B는 C로, C는 D로, D는 A로 이동한다.

표 2-3에 정리한 것처럼, 공간 격자에서의 대칭 요소는 회전대칭 1, 2, 3, 4, 6, 반영대칭 $\bar{1}$, 회반대칭 $\bar{3}$, $\bar{4}$, $\bar{6}$ 및 경영대칭 m으로 총 10가지 요소가 있다. 이 대칭 요소의 조합은 매우 다양하지만, 공간 격자에서의 적합성을 분석하는 것은 이 책의 범위를 넘어서므로 여기서는 상세한 설명을 생략한다. 이 10가지 대칭 요소는 공간 격자에서 단독 또는 둘 이상의 조합으로 나타날 수 있으며, 32가지가 가능하여 이를 대칭의 32점군(point group)이라고 한다.

표 2-4는 32점군의 헤르만-마우구인(Hermann-Mauguin) 표기법과 간단한 설명이다.

표 2-3 공간 격자에서 대칭 요소와 심벌 및 대칭 요소의 개수

대칭 작동	대칭 요소 헤르만-마우구인 표기	합계
경영대칭	m 또는 $\bar{2}$	1
반영대칭	$\bar{1}$	1
회전대칭	1, 2, 3, 4, 6	5
회반대칭	$\bar{3}, \bar{4}, \bar{6}$	3

표 2-4 32점군의 헤르만-마우구인 표기법과 간단한 설명

번호	헤르만-마우구인 표기	대칭 요소
1	1	1-중 회전축(대칭 없음)
2	$\bar{1}$	대칭 중심(center of symmetry)
3	2	2-중 회전축
4	$m(\bar{2})$	단일 경영면
5	$\frac{2}{m}$	축에 수직한 경영면을 가지는 2-중 회전축
6	222	서로 직각인 3개의 2-중 회전축
7	$2mm$	경영면의 교차선을 따라 2-중 회전축이 있는 서로 직각인 2개의 경영면
8	$\frac{2}{m}\frac{2}{m}\frac{2}{m}$	3개의 경영면이 만드는 3개의 교차선을 따라 2-중 회전축이 있는 서로 직각인 3개의 경영면
9	3	3-중 회전축
10	$\bar{3}$	3-중 회반
11	$3m$	3-중 회전축을 따라 교차하는 서로 120° 각도의 3개의 경영면
12	32	서로 120°에서 교차하는 3개의 2-중 회전축의 교차점을 수직으로 통과하는 3-중 회전축
13	$\bar{3}\frac{2}{m}$	회반에 직각이고, 경영면의 중간에 있는 3개의 2-중 회전축과 함께 3-중 회반축을 따라 교차하는 서로 120°에 있는 3개의 경영면
14	4	4-중 회전축
15	$\bar{4}$	4-중 회반

(계속)

번호	헤르만-마우구인 표기	대칭 요소
16	$\frac{4}{m}$	축에 수직한 경영면을 가지는 4-중 회전축
17	422	서로 45°에서 교차하는 4개의 2-중 회전축의 교차점을 수직으로 통과하는 4-중 회전축
18	$4mm$	경영면의 교차선을 따라 4-중 회전축이 있는 서로 45°에 있는 4개의 경영면
19	$\frac{4}{m}\frac{2}{m}\frac{2}{m}$	4-중 회전축을 따라 서로 45° 각도로 교차하는 4개의 경영면이 있고, 4-중 축에 직각인 추가 경영면이 4개의 2-중 회전축을 따라 다른 경영면과 교차
20	$\bar{4}2m$	회반에 직각이고, 경영면의 중간에 있는 2개의 2-중 회전축과 함께 4-중 회반을 따라 교차하는 2개의 경영면
21	6	6-중 회전축
22	$\bar{6}$	6-중 회반
23	$\frac{6}{m}$	축에 수직한 경영면을 가지는 6-중 회전축
24	$6mm$	경영면의 교차선을 따라 6-중 회전축이 있는 서로 30°에 있는 6개의 경영면
25	622	서로 30°에서 교차하는 6개의 2-중 회전축의 교차점을 수직으로 통과하는 6-중 회전축
26	$\bar{6}2m$	6-중 회반을 따라 교차하는 서로 60°에 있는 세 경영면으로, 각 경영면은 회반축에 직각인 2-중 회전축을 포함
27	$\frac{6}{m}\frac{2}{m}\frac{2}{m}$	6-중 회전축을 따라 교차하는 서로 30° 각도에 있는 6개의 경영면으로, 각 경영면은 6-중 회전축과 수직인 2-중 회전축을 포함하며, 이 2-중 회전축은 6-중 축에 직각인 경영면에도 놓임
28	23	4개의 3-중 회전축이 입방체(cube)의 체대각선(body diagonal)에 평행하게 (즉, 서로 70°32′으로 교차) 있으며, 입방체의 모서리(edge)에 평행하게 서로 직각으로 있는 3개의 2-중 회전축
29	$\frac{2}{m}\bar{3}$	4개의 3-중 회반이 입방체의 체대각선에 평행하고, 세 경영면이 입방체의 면에 평행하면서 입방체의 모서리에 평행한 3개의 2-중 회전축을 따라 교차
30	$\bar{4}3m$	4개의 3-중 회전축이 입방체의 체대각선에 평행하고, 6개의 경영면이 각각 면대각선(face diagonal)을 포함하는 입방체의 모서리에 평행한 3개의 4-중 회반
31	432	4개의 3-중 회전축이 체대각선에 평행하고, 6개의 2-중 회전축이 면대각선에 평행한 입방체의 모서리에 평행한 3개의 4-중 회전축
32	$\frac{4}{m}\bar{3}\frac{2}{m}$	4개의 3-중 회반이 체대각선에 평행하고, 6개의 2-중 회전축이 면대각선에 평행하며, 9개의 경영면 중 3개는 면에 평행하고 6개는 면대각선을 포함하는 입방체 모서리에 평행한 3개의 4-중 회전축

표 2-4의 32점군을 각 그룹별로 하나의 공통된 대칭 요소를 가지도록 정리하면 7개 그룹으로 재배치할 수 있다. 이 7개의 그룹이 잘 알려진 7결정계(crystal systems)이다. 표 2-5는 7결정계의 이름과 각각 공통되는 필수 대칭 요소를 나타낸다.

표 2-5 7결정계

그룹	점군	공통의 필수 대칭 요소	결정계
1	1, $\bar{1}$	1개의 1-중 회전축 (필수 대칭 요소 없음)	삼사정
2	2, m, $\frac{2}{m}$	1개의 2-중 회전축	단사정
3	222, 2mm, $\frac{2}{m}\frac{2}{m}\frac{2}{m}$	서로 수직인 3개의 2-중 회전축	사방정
4	3, $\bar{3}$, 3m, 32, $\bar{3}\frac{2}{m}$	1개의 3-중 회전축	삼방정
5	4, $\bar{4}$, $\frac{4}{m}$, 422, 4mm, $\frac{4}{m}\frac{2}{m}\frac{2}{m}$, $\bar{4}2m$	1개의 4-중 회전축	정방정
6	6, $\bar{6}$, $\frac{6}{m}$, 6mm, 622, $\bar{6}2m$, $\frac{6}{m}\frac{2}{m}\frac{2}{m}$	1개의 6-중 회전축	육방정
7	23, $\frac{2}{m}\bar{3}$, $\bar{4}3m$, 432, $\frac{4}{m}\bar{3}\frac{2}{m}$	서로 70°32′으로 교차하는 4개의 3-중 회전축	입방정

2.5 결정계

3차원에서 모든 결정의 단위포는 평행육면체이며, 이 평행육면체가 빈틈없이 차곡차곡 쌓여 전체 결정을 만든다. 평행육면체는 각각 마주 보는 한 쌍의 평행사변형 면이 서로 평행한 세 쌍의 면, 즉 여섯 개의 평행사변형 면으로 구성되어 있다. 가장 일반적인 형태의 평행육면체는 그 중심에 반영대칭($\bar{1}$)이 있으며, 그 외에 다른 대칭 요소는 없다.

그림 2-21(a)는 이 평행육면체로 세 모서리의 길이가 서로 다른 a, b, c이고, 모서리들 사이의 각도도 서로 다른 α, β, γ이며, 어느 것도 직각이 아니다. 통상적으로 α는 b와 c의 사잇각을, β는 c와 a의 사잇각을, γ는 a와 b의 사잇각으로 한다. 중심에 반영대칭 이외에 어떠한 대칭도 없는 단위포의 결정을 삼사정(triclinic)이라고 한다. 삼사정은 단위포의 세 모서리가 서로서로 기울어져 있다.

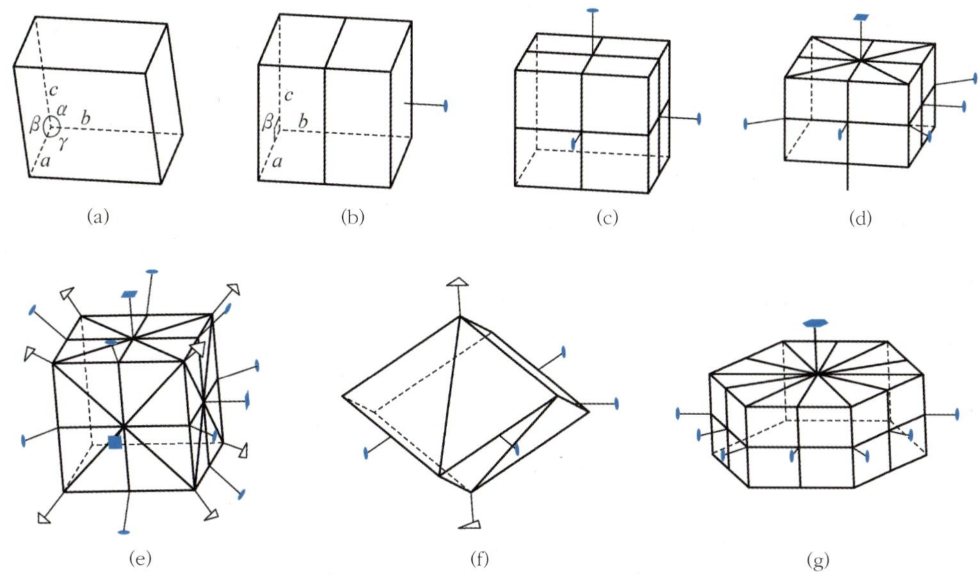

그림 2-21 7결정계 단위포의 대칭축
(a) 삼사정, (b) 단사정, (c) 사방정, (d) 정방정, (e) 입방정, (f) 삼방정, (g) 육방정의 두 개의 단위포와 두 개의 반쪽 단위포의 조합

그림 2-21(b)와 같이 4개의 평행한 모서리 b에 수직하게 경영면을 삽입하면 더 대칭적인 평행육면체를 만들 수 있다. 다른 모서리 a와 c는 경영면에 평행하게 되므로 α와 γ는 90°가 된다. 경영면 추가로 이 평행육면체에는 모서리 b에 평행하게 2-중 회전축이 존재하게 되었다. 이 외에 더 높은 수준의 대칭 요소가 없는 단위포의 결정을 단사정(monoclinic)이라고 한다. 단사정은 단위포가 1개의 기울어진 각을 가지고 있다.

그림 2-21(c)와 같이 두 번째 경영면을 다른 평행한 4개의 모서리 c에 수직하게 삽입하면 단위포의 세 모서리는 모두 90°를 만든다. 두 번째 경영면의 삽입은 나머지 평행한 4개의 모서리 a에 수직하게 자동적으로 세 번째 경영면을 만든다. 서로 직각으로 교차하는 3개의 경영면이 존재하므로 2-중 회전축이 각각 모서리 a, b, c에 평행하게 존재하게 된다. 따라서 3개의 2-중 회전축은 직각으로 교차한다. 이 외에 더 높은 수준의 대칭 요소가 없는 단위포의 결정을 사방정(orthorhombic)이라고 하며, 단위포의 모든 면은 직사각형이다.

지금까지 대칭 요소의 추가는 모서리 길이에는 영향을 주지 않고 단위포의 각도들에만 영향을 주었다. 이제 사방정 단위포에서 3개의 2-중 회전축 중 하나를 4-중 회전축으로 변경해보자. 여기서는 편의상 c축에 평행한 2-중 회전축을 4-중 회전축으로 변경한 것을 그림 2-21(d)에 나타냈다. 2-중 회전축이 4-중 회전축으로 변경되면 90° 회전마다 동일한 형태가 되어야 하므로 모서리 a와 모서리 b의 길이가 같아야 한다. 따라서 ab면은 정사각형이 되어야 한다. 이렇게 되면 4-중 회전축에 평행하면서 45°의 대각선 위치에 두 개의 경영면이 자동으로 만들어진다. 자동으로 만들어진 대각선 위치의 두 경영면에 수직하게 각각 2-중 회전축이 있다. 이 외에 더 높은 수준의 대칭 요소가 없는 단위포의 결정을 정방정(tetragonal)이라고 한다.

사방정 단위포의 대칭 요소를 유지하면서 체대각선(body diagonal)을 따라 3-중 회전축을 추가하면 세 모서리는 120° 회전마다 동일한 형태가 되어야 하므로 $a=b=c$가 되어 단위포는 정육면체가 된다. 4개의 체대각선을 따라 있는 3-중 회전축은 실제로는 3-중 회반($\bar{3}$)축이다. 평행육면체는 내재적으로 중심대칭(centrosymmetric)을 가지고 있기 때문이다. 모든 면이 정사각형이므로 그림 2-21(e)와 같이 사방정의 3개의 2-중 회전축이 4-중 회전축으로 변경된다. 따라서 대각선 방향으로 6개의 경영면이 추가되고, 이 경영면에 수직으로 2-중 회전축이 생기므로 총 6개의 대각선 방향 2-중 회전축이 있다. 이것이 단위포가 가질 수 있는 가장 높은 대칭이며, 이 단위포의 결정을 입방정(cubic)이라고 한다.

삼사정에서 출발하여 직교성을 점진적으로 증가시키고, 직교성을 유지하면서 대칭 요소를 추가하여 5개의 결정계를 만들었다. 7결정계의 나머지 두 개를 다른 방향에서 독립적으로 만들어보자. 삼사정 단위포의 체대각선 중 하나를 따라서 3-중 회전축을 넣어보자. 3-중 회전축을 추가하면 세 모서리는 120° 회전마다 합동이 되어야 하므로 세 모서리의 길이가 $a=b=c$로 모두 같고, 모서리 사이의 각도도 $\alpha=\beta=\gamma$로 같아야 한다. 단, 세 각도는 직각이 아니어야 한다(세 각이 직각이면 입방정이 된다). 이 단위포는 마치 입방정을 체대각선의 한 방향으로 잡아당기거나 눌러서 찌그러트린 모양이다. 그림 2-21(f)와 같이 3-중 회전축에 120°로 교차하는 3개의 경영면이 있고, 3개의 2-중 회전축이 마름모꼴의 서로 마주 보는 반대쪽 모서리(세 면의 대각선에)의 중간을 지나는 위치에 있다. 이 단위포를 삼방정(rhombohedral)이라고 한다.

6-중 회전대칭은 평행육면체에 적용할 수 없으나, 단사정 단위포의 두 기울어진 모서리와 그 두 모서리가 만드는 면의 짧은 대각선의 길이가 모두 같다면, 대칭관계를 이루게 되어 단사정 단위포를 모아 6-중 회전대칭을 형성할 수 있다. 이 경우 수직인 모서리를 편의상 c로 취하면 $a=b\neq c$이며, $\alpha=\beta=90°$이고, $\gamma=120°$이다. 그림 2-21(g)에 나타낸 6-중 회전대칭체는 단위포가 아니라 대칭관계에 있는 6개의 $\frac{1}{2}$ 단위포가 더해진 것이다. 이 단위포를 육방정(hexagonal)이라고 한다. 대칭 요소로는 6-중 회전축과 이 축에 수직한 경영면이 있으며, 프리즘면의 중심을 관통하는 것과 수직 모서리의 중점을 지나는 6개의 2-중 회전축이 있고, 이 6개의 2-중 회전축에 각각 수직한 경영면이 있다.

표 2-6에 7결정계 단위포의 축 길이, 사잇각 및 필수 대칭 요소를 정리하였다. 결정이 어떤 결정계인지를 결정하기 위해서는 필수 대칭 요소의 존재 여부를 확인해야 한다. 예를 들어, 어떤 결정의 단위포가 정육면체일지라도 그 단위포에 70°32′으로 교차하는 4개의 3-중 회전축이 존재하지 않는다면 입방정이 아니다.

표 2-6 7결정계 평행육면체 단위포의 축 길이, 축 사잇각 및 필수 대칭 요소

결정계	축 길이	축 사잇각	필수 대칭 요소
삼사정	$a \neq b \neq c$	$\alpha \neq \beta \neq \gamma \neq 90°$	없음
단사정	$a \neq b \neq c$	$\alpha = \gamma = 90° \neq \beta$	2-중 회전축 1개
사방정	$a \neq b \neq c$	$\alpha = \beta = \gamma = 90°$	서로 수직인 2-중 회전축 3개
정방정	$a = b \neq c$	$\alpha = \beta = \gamma = 90°$	4-중 회전축 1개
입방정	$a = b = c$	$\alpha = \beta = \gamma = 90°$	체대각선 방향 3-중 회전축 4개
삼방정	$a = b = c$	$\alpha = \beta = \gamma \neq 90°$	3-중 회전축 1개
육방정	$a = b \neq c$	$\alpha = \beta = 90°,\ \gamma = 120°$	6-중 회전축 1개

2.6 3차원(공간) 격자

단위포의 대칭 요소를 유지하면서 공간에서 서로 다른 격자를 만드는 것이 가능하다. 대칭 요소를 유지한다는 것은 단위포의 모양에 변화를 주지 않는 것이다. 이미 2차원 격자에서 단위포는 직사각형으로 동일하지만, 단격자 단위포인 직사각형 격자와 다격자 단위포인 중심직사각형 격자의 두 가지가 가능함을 확인하였다. 3차원 격자에서도 단위포의 모양은 유지하면서 단위포에 격자점을 추가하여 서로 다른 격자를 만드는 것이 가능하다. 단위포에 격자점을 추가하는 방법은 다음과 같다.

단위포의 꼭짓점에만 격자점이 있는 단순 격자(primitive lattice, P), 꼭짓점과 체심에 격자점이 있는 체심 격자(body-centered lattice, I), 꼭짓점과 모든 면의 중심에 격자점이 있는 면심 격자(face-centered lattice, F), 그리고 꼭짓점 및 마주 보는 한 쌍의 면의 중심에 격자점이 있는 저심 격자(base-centered lattice)가 있다. 평행육면체에서 6면 중 마주 보는 한 쌍은 세 가지가 있으므로 저심 격자는 각각 A-중심, B-중심, C-중심으로 표시할 수 있다. 따라서 그림 2-22와 같이 P, I, F, A, B, C의 총 6가지 격자 형태가 가능하다.

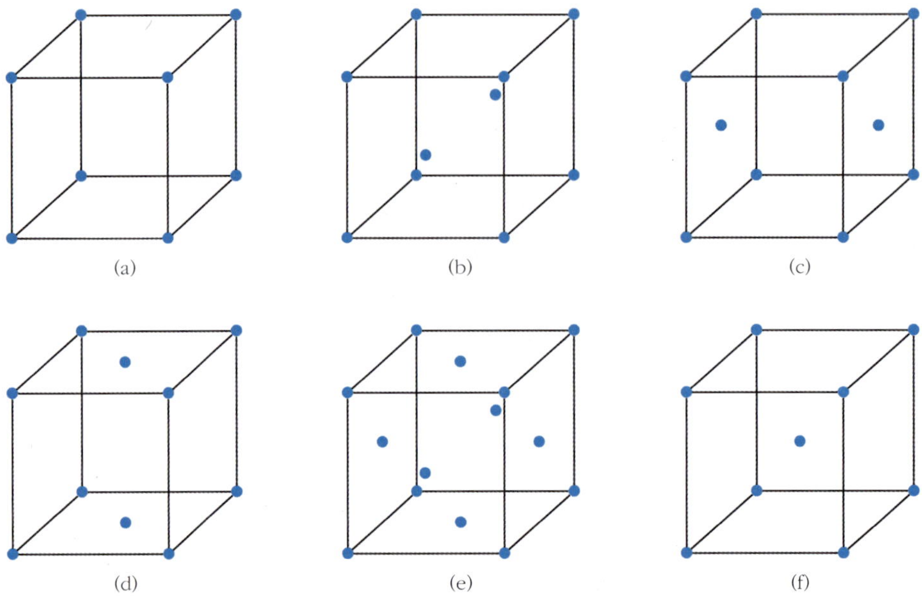

그림 2-22 6가지 격자 형태
(a) P, (b) A, (c) B, (d) C, (e) F, (f) I

7결정계마다 6가지 격자 형태가 가능하므로, 총 $7 \times 6 = 42$개의 공간 격자를 만들 수 있다. 그러나 A, B, C 3종의 저심 격자는 하나로 표현이 가능하여 통상적으로 C-중심 격자만으로 표기한다. 따라서 가능한 격자는 총 $7 \times 4 = 28$개다. 그런데 이 중 14개의 격자는 중첩된다.

그림 2-23에 중첩되는 격자의 몇 가지 예를 나타냈다. 그림 2-23(a)는 2개의 C-중심 입방정으로, 굵은 선으로 표시한 새로운 단위포인 평행육면체를 만들 수 있다. 이 평행육면체는 4-중 회전축이 있고 $a = b \neq c$, $\alpha = \beta = \gamma = 90°$로 정방정의 조건을 모두 만족하고 있으며, 꼭짓점에만 격자점이 있으므로 단순 정방정이다. 따라서 C-중심 입방정은 단순 정방정으로 나타낼 수 있으므로 독립적인 공간 격자가 아니다. (b)는 2개의 C-중심 정방정으로, (a)와 마찬가지로 중앙에 새로운 단위포인 평행육면체가 단순 정방정이다. 따라서 C-중심 정방정도 불필요하다. (c)는 2개의 면심 정방정으로, 굵은 선으로 표시한 새로운 단위포인 평행육면체도 (a), (b)와 마찬가지로 정방정의 조건을 만족하고 있다. 다만, 이 평행육면체는 꼭짓점과 체심에 격자점이 있으므로 체심 정방정이다. 따라서 면심 정방정은 체심 정방정과 동일하므로 마찬가지로 불필요하다. (d)는 굵은 선으로 표시한 새로운 평행육면체가 단순 삼방정이므로 면심 삼방정은 불필요하다. (e)는 단순 삼방정으로 체심 삼방정을 나타낼 수 있고, (f)는 단순 단사정으로 C-중심 단사정을 나타낼 수 있고, (g)는 C-중심 단사정으로 체심 단사정을 나타낼 수 있으며, (h)는 C-중심 단사정으로 면심 단사정을 나타낼 수 있음을 보여주고 있다. 이처럼 중첩되는 것을 제외하면 단지 14개만 독립적인 격자이며, 이를 브라베(Bravais) 격자라고 한다.

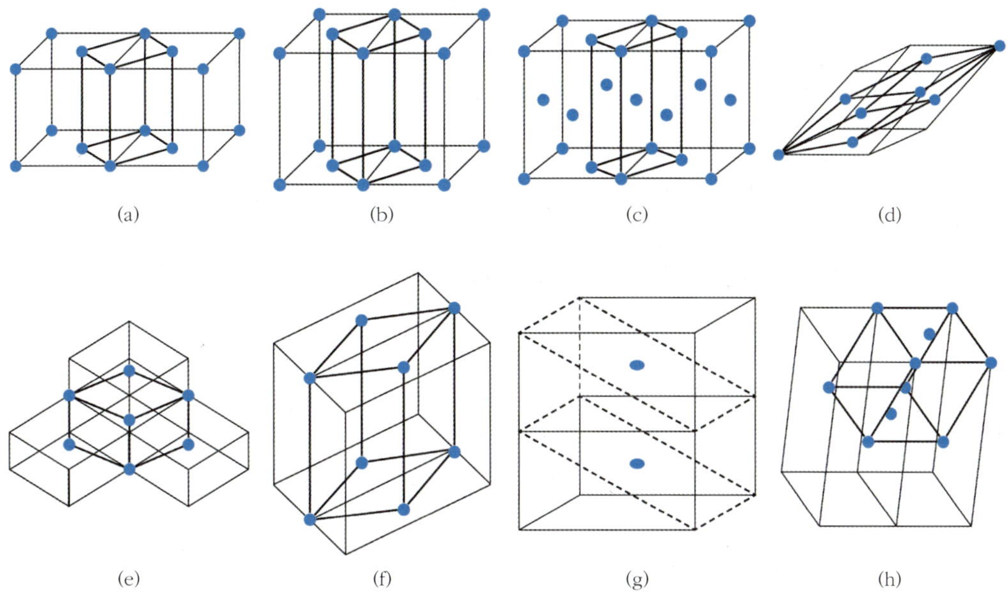

그림 2-23 중첩되어 불필요한 공간 격자의 예
(d)부터는 꼭짓점의 격자점을 모두 표시하지 않았다.

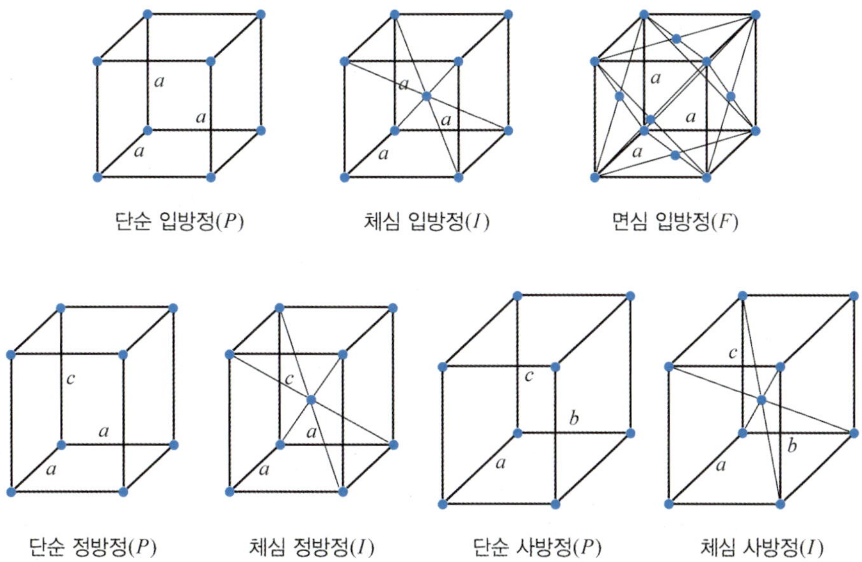

(계속)

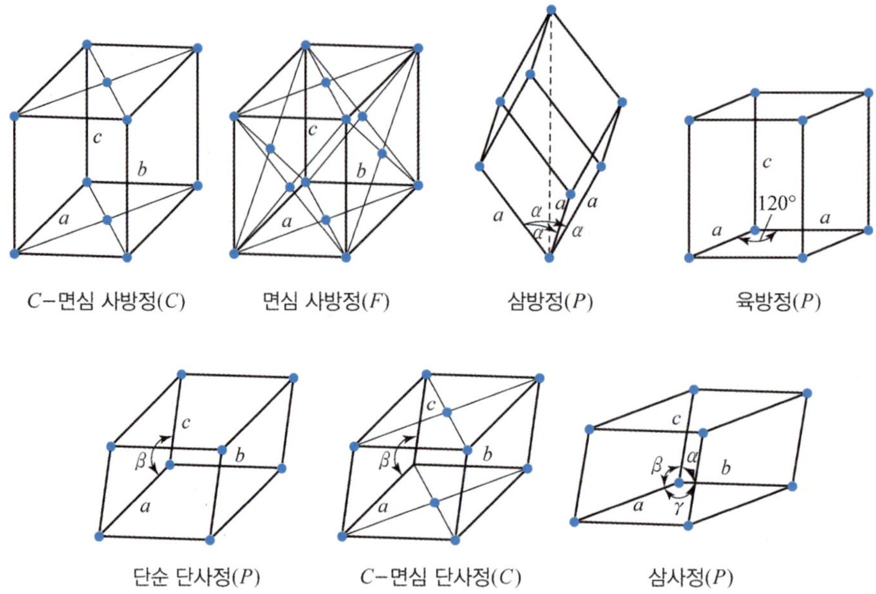

그림 2-24 결정에서 가능한 14개의 브라베 격자

그림 2-24에 공간에서 가능한 14개의 브라베 격자를 나타냈다. 단위포에 있는 격자점의 수 N은

$$N = 1 + \frac{1}{2}f + b$$

이다. 여기서 f는 단위포에서 면의 중심에 있는 격자점의 개수이고, b는 체심에 있는 격자점의 개수이다. 면의 중심에 있는 격자점은 이웃한 단위포와 공유하고 있으므로 $\frac{1}{2}$만 단위포에 포함된다. 단위포에서 꼭짓점에 있는 격자점은 이웃하고 있는 8개의 단위포와 공유하고 있으므로 실제로는 $\frac{1}{8}$만 단위포에 포함된다. 따라서 모든 단위포에서 꼭짓점에 의한 격자점의 수는 $8 \times \frac{1}{8} = 1$로 1개다. 체심 입방정은 f가 0이고 b는 1이므로 단위포의 격자점은 2개이고, 면심 입방정은 f가 6이고 b는 0이므로 단위포의 격자점은 4개다. 따라서 체심 입방정이나 면심 입방정은 단위포가 2개 이상의 격자점을 가지는 다격자 단위포다.

물론 그림 2-25와 같이 체심 입방정과 면심 입방정도 각각 단격자 단위포로 나타낼 수 있다. 체심 입방정은 체심과 꼭짓점을 연결하는 선을 세 축으로 하고, 축간 각도가 109.47°인 삼방정이 단격자 단위포다. 면심 입방정은 면심과 꼭짓점을 연결하는 선을 세 축으로 하고, 축간 각도가 60°인 삼방정이 단격자 단위포다. 그러나 이 단격자 단위포는 잘 사용하지 않는다. 축간 각도가 직각으로 편리한 90°가 아니며, 입방정의 대칭 요소를 명확하게 보여주지 않기 때문이다.

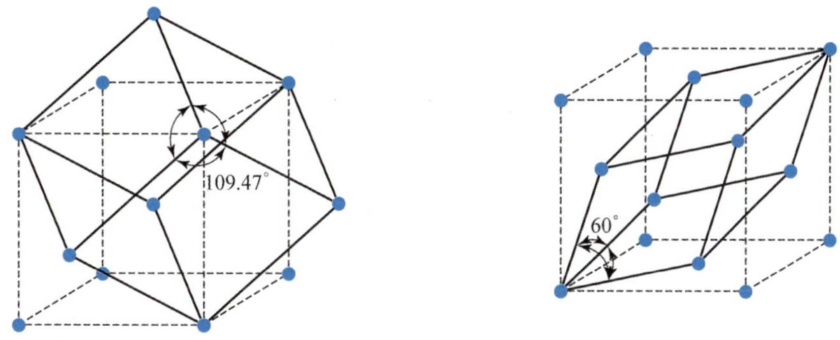

(a) (b)

그림 2-25 (a) 체심(I) 입방정, (b) 면심(F) 입방정의 브라베 격자(점선)와 각각에 해당되는 삼방정 단격자 단위포(실선)

표 2-7은 몇 가지 중요한 재료들의 브라베 격자를 나타낸 것이다.

표 2-7 여러 가지 물질의 결정계과 브라베 격자

결정계	브라베 격자	물질 예
삼사정	단순	황산구리(copper sulfate), 황산수소나트륨(sodium bisulfate)
단사정	단순	공작석(malachite), 남동석(azurite)
	C-면심	석고(gypsum), 운모(mica)
사방정	단순	황옥(topaz), 아라고나이트(aragonite)
	C-면심	염소(chlorine), 요오드(iodine)
	체심	사불화토륨(thorium tetrafluoride)
	면심	황(sulfur), 플루토늄(plutonium)
정방정	단순	금홍석(rutile), 석석(cassiterite)
	체심	주석(tin), 인듐(indium)
입방정	단순	폴로늄(polonium), 염소산나트륨(sodium chlorate)
	체심	철(iron), 크롬(chromium), 나트륨(sodium), 칼륨(potassium), 텅스텐(tungsten), 바나듐(vanadium)
	면심	구리(copper), 은(silver), 금(gold), 다이아몬드(diamond), 염화나트륨(sodium chloride)
삼방정	단순	석영(quartz), 전기석(tourmaline), 안티몬(antimony), 비소(arsenic)
육방정	단순	아연(zinc), 티탄(titanium), 마그네슘(magnesium), 카드뮴(cadmium)

2.7 공간군

결정 격자에서 규칙적인 격자점의 배열은 회전대칭, 반영대칭, 경영대칭 및 그 조합으로 만들어지며, 32점군으로 분류된다. 여기에 실제 결정에서는 원자나 분자인 기저의 자세한 배열과 관련해서 두 가지 대칭 요소의 추가가 필요하다. 이 대칭 요소들은 X-선, 전자 또는 중성자 회절에 의한 기저의 내부 배열 연구에 의해서만 식별할 수 있으므로 미시 대칭 요소라고도 한다. 추가 대칭 요소 중 하나는 경영대칭과 병진대칭의 조합인 미끄럼면(glide plane) 대칭이고, 다른 하나는 회전대칭과 병진대칭의 조합인 나사축(screw axis) 대칭이다.

미끄럼면 대칭은 그림 2-26, 그림 2-27과 같이 경영면에 대한 경영 작동과 경영면에 평행한 방향으로 병진 작동을 반복하는 것이다. 그림 2-26에서 a축의 단위 병진 벡터가 a이고, 종이면에 수직한 경영면이 g라면 기저는 경영 작동과 $a/2$의 병진 작동을 반복한다. 이 경우 미끄럼면의 기호는 단순히 a로 나타내며, 마찬가지로 미끄럼이 b 또는 c축과 평행하면 각각에 대해 b와 c의 기호로 나타낸다. 그림 2-28과 같이 미끄럼 방향이 면의 대각선과 평행한 대각선 미끄럼(diagonal glide)은 n으로 표기하며, $(a+b)/2$, $(b+c)/2$ 또는 $(c+a)/2$의 병진 작동이다. 결정계 중 정방정, 삼방정, 입방정은 체대각선 미끄럼 방향에 대해 $(a+b+c)/2$가 가능하다. 다이아몬드 미끄럼(d로 표기)은 $(a \pm b)/4$, $(b \pm c)/4$ 또는 $(c \pm a)/4$ 및 정방정과 입방정에 대해서는 $(a \pm b \pm c)/4$의 병진 작동을 가진다. 결정계와 연관된 부분은 결정계의 구조를 알면 쉽게 이해할 수 있다.

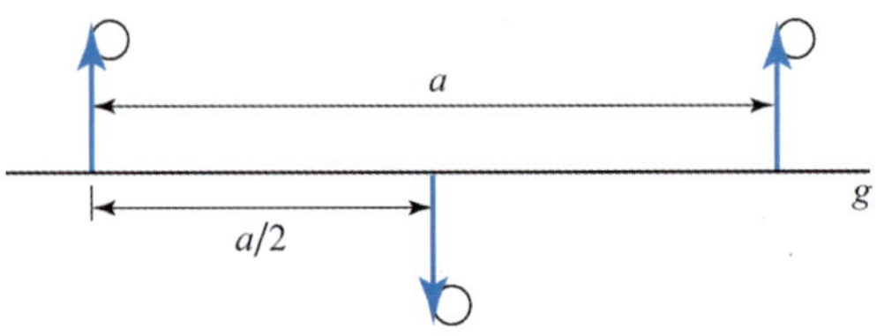

그림 2-26 미끄럼면 대칭, 경영면에 대한 경영 작동과 경영면에 평행한 방향으로 병진 작동의 반복

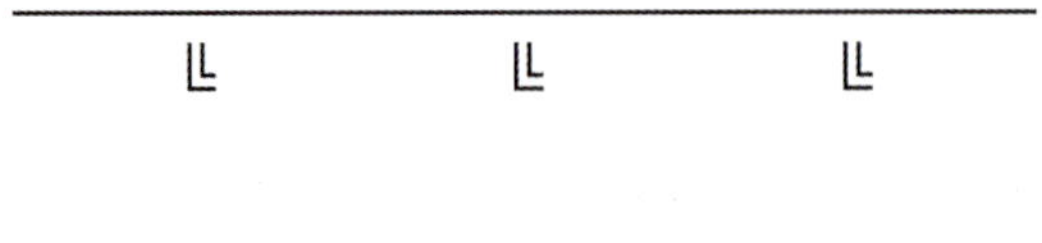

그림 2-27 단순한 미끄럼면 대칭을 보여주는 경계

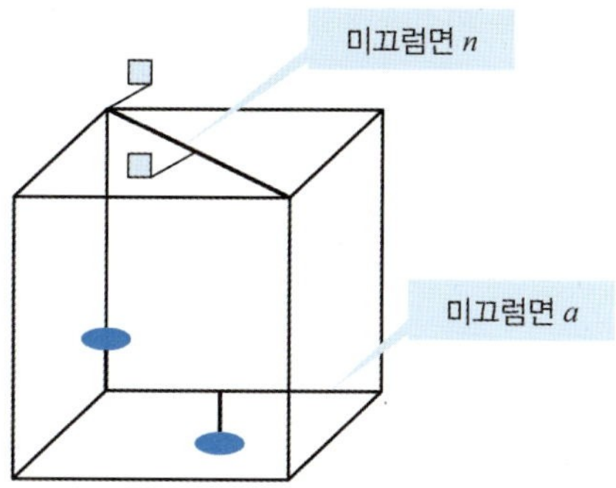

그림 2-28 경영대칭과 a 방향을 따라 $\frac{1}{2}$ 병진대칭의 a 미끄럼면 대칭과 면의 대각선 방향 미끄럼인 n 미끄럼면 대칭

미끄럼면 대칭의 실제 사례로 결정 구조에서 설명할 면심 입방 격자(FCC)에서 ABC...와 같이 조밀면(closed packed plane)의 원자층 적층 순서(stacking sequence)를 볼 수 있다. 원자를 강구(hard sphere ball)로 생각할 때, 그림 2-29와 같이 강구를 조밀하게 배치하려면 구와 구 사이에 다른 구가 놓여야 한다. 구의 한 층 위에 또 다른 층이 올 때도 안정한 구조가 되려면 아래층을 이루는 구와 구 사이에 놓여야 한다. 이 배열에서 구가 놓여 있는 평면상에서 어떤 하나의 구가 미끄럼면 대칭 요소를 가지게 된다. 또한 동시에 3차원으로 윗면과도 미끄럼면 대칭 요소를 가진다.

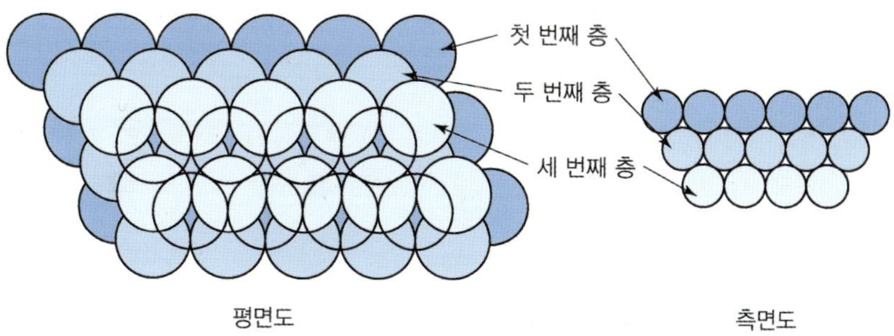

그림 2-29 강구의 조밀 적층에서 첫 번째, 두 번째, 세 번째 층은 그 윗면에 대해 미끄럼면 대칭이다. 빈 원은 첫 번째 층의 반복이다.

나사축 대칭은 회전 작동 및 병진 작동의 조합 효과로 기저의 배열을 스스로 일치하도록 하는 대칭 요소이다. 그림 2-30의 회전축은 회전 나사축 대칭(screw axis of rotational symmetry) 또는 나사축 대칭이라고 한다. 공간 격자에서 가능한 모든 회전대칭축에 대해서 회전 작동에 축과 평행한 방향으로 단위 병진 거리의 일부분의 병진 작동이 더해져 나사축 대칭이 된다. 나사축 대칭의 표기는 n_p로 하며, 이는 회전을 $2\pi/n$ 라디안 또는 $360°/n$ 한 후 회전축에 평행한 방향으로 p/n 병진 작동하는 것을 의미한다. 다시 강조하지만 독립적인 회전 작동이나 병진 작동으로는 동일한 환경이 되지 않지만 두 작동은 각각 전체 나사축 대칭 작동의 부분 작동이다. 예를 들어 그림 2-30(a)처럼 2_1 축은 180° 회전 후 회전축에 평행한 방향으로 단위 길이의 $\frac{1}{2}$만큼 병진 작동하는 나사축 대칭이다. 3_1 축은 120° 회전 후 단위 길이의 $\frac{1}{3}$만큼 병진 작동하며, 3_2 축은 120° 회전 후 $\frac{2}{3}$만큼 병진 작동한다. 그 외 나사축은 4_1, 4_2, 4_3, 6_1, 6_2, 6_3, 6_4, 6_5가 있다. 표 2-8은 결정에서 11개 나사축과 기호를 정리한 것이다.

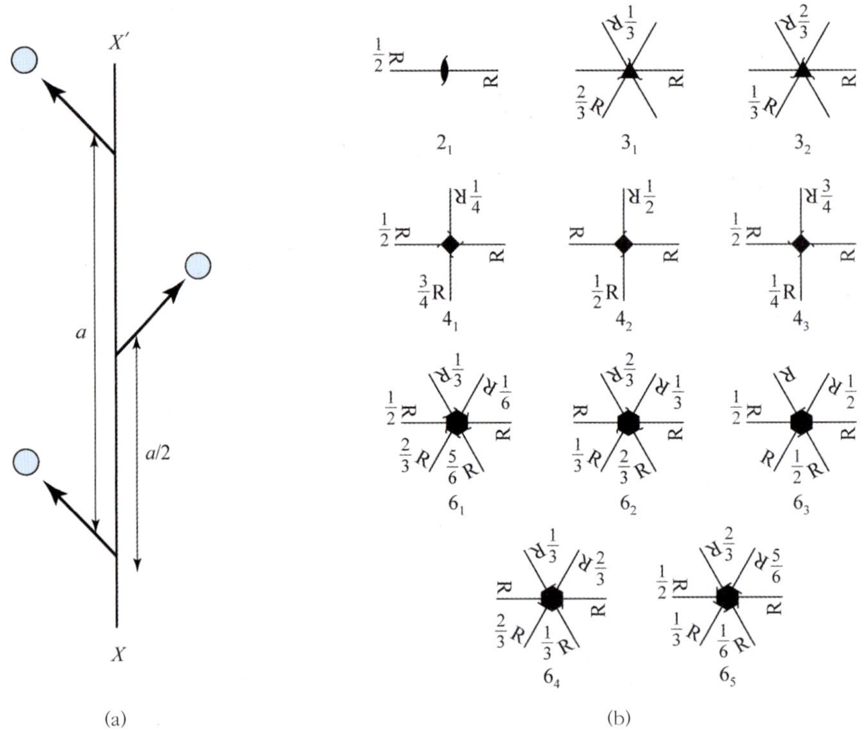

그림 2-30 (a) 회전축 XX'를 따라서 2-중 회전과 $a/2$ 병진 작동; 2_1로 표기
(b) 비대칭 기저 R에서 나사축의 작동. 반복 거리에 대한 분수는 각 기저의 높이다.

표 2-8 결정에서 11개 나사축과 기호

이름	기호	그림 기호	격자상수 단위로 표시한 축방향으로의 나사 이동
2-중 나사축	2_1		$\frac{1}{2}$
3-중 나사축	3_1		$\frac{1}{3}$
	3_2		$\frac{2}{3}$
4-중 나사축	4_1		$\frac{1}{4}$
	4_2		$\frac{2}{4}=\frac{1}{2}$
	4_3		$\frac{3}{4}$
6-중 나사축	6_1		$\frac{1}{6}$
	6_2		$\frac{2}{6}=\frac{1}{3}$
	6_3		$\frac{3}{6}=\frac{1}{2}$
	6_4		$\frac{4}{6}=\frac{2}{3}$
	6_5	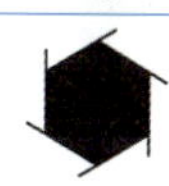	$\frac{5}{6}$

결정에서 병진 작동의 단위 길이는 격자상수로 미끄럼면 대칭과 나사축 대칭에서 병진 작동 거리는 수 Å 정도로 매우 짧다. 이 두 대칭 요소는 결정의 외형(외부 결정면)에는 영향을 주지 못하며, 결정(3차원 패턴) 내부 기저의 세밀한 배열에만 관계된다. 예를 들어, 거시적으로 3_1 나사축을 가지는 결정의 외형이나 물리적 성질을 측정하면 3-중 회전축, 즉 3을 가지는 결정과 구분되지 않는다. 이처럼 나사축은 거시적으로 회전축으로 나타난다. 마찬가지로 미끄럼면을 가지고 있는 결정도 거시적으로 경영대칭면을 가지고 있는 결정과 구분되지 않는다. 즉, 거시적으로 미끄럼면은 경영대칭면으로 나타난다.

결정 구조의 대칭 요소를 표 2-9와 같이 정리할 수 있다. 결정에서 원자나 분자 전체 배열의 대칭 특성에 관한 상세한 정보는 미세 병진대칭에 의해 수정된 점군인 격자점에서의 대칭성과 그 격자점들의 공간 분포의 결합으로만 얻을 수 있다. 이러한 관계를 그림 2-31에 도식화하였다. 이 결합으로 결정에 존재하는 대칭 요소를 완벽하게 나타낼 수 있으며, 이를 공간군(space group)이라고 한다. 결정에는 230가지의 공간군이 있다.

표 2-9 거시적 대칭 요소와 미시적 대칭 요소

구분	대칭 종류	대칭 요소
거시적 대칭 요소	경영	m
	반영	$\bar{1}$
	회전	1, 2, 3, 4, 6
	회반	$\bar{3}, \bar{4}, \bar{6}$
미시적 대칭 요소	미끄럼면	a, b, c, n, d
	나사축	$2_1, 3_1, 3_2, 4_1, 4_2, 4_3, 6_1, 6_2, 6_3, 6_4, 6_5$

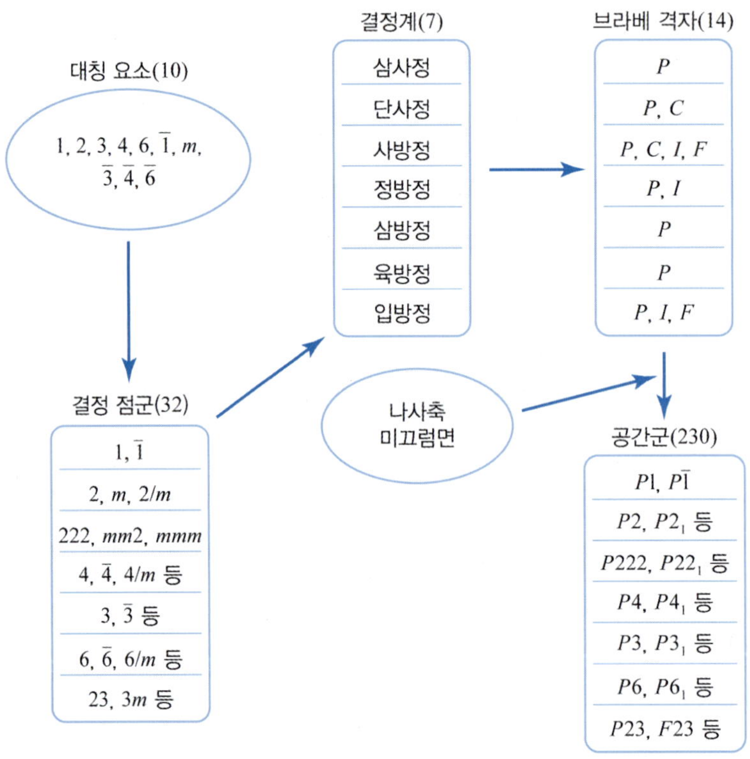

그림 2-31 결정에서의 대칭 요소와 분류 및 상호 관계

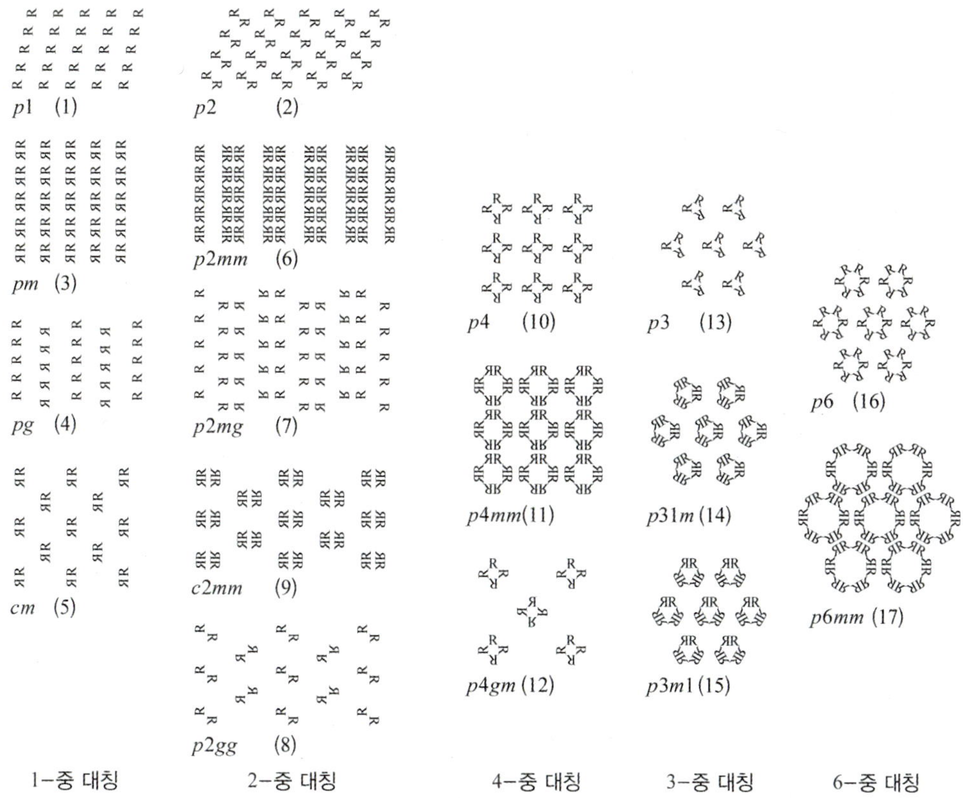

(a)

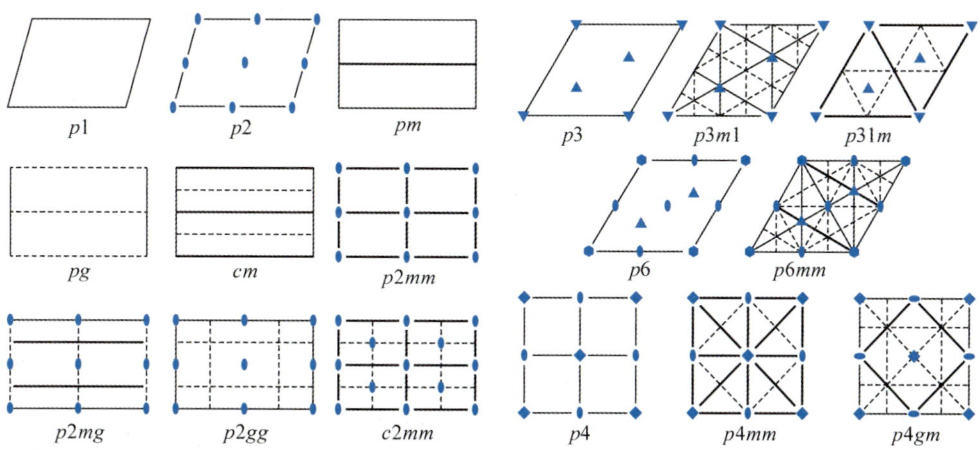

(b)

그림 2-32 (a) 17개 면군, (b) 17개 면군의 단위포 내의 대칭 요소(굵은 실선은 경영대칭선, 점선은 미끄럼선)

3차원의 230개 공간군의 이해를 위해 우선 2차원에서 면군(plane group)에 대해 살펴보자. 그림 2-17과 그림 2-18에서 2차원에서 점군은 10가지, 격자는 5가지가 있음을 알았다. 3차원의 미끄럼면처럼 2차원에서는 미끄럼선(glide line)에 의해 그림 2-32와 같이 4개의 추가적인 패턴(pg, pmg, pgg, $p4g$)이 만들어져서 총 17개의 면군이 존재한다. 그림 2-32(a)에 17개의 면군을 나타냈다. 간단한 표기법은 격자의 종류(p는 단순 격자, c는 중심 격자)와 대칭 요소의 존재를 나타낸다. 예를 들어 m은 경영대칭선, g는 미끄럼선, 4는 4-중 회전 등을 나타낸다. 그림 2-32(b)는 단위포 내에서 대칭 요소를 나타낸 것이다.

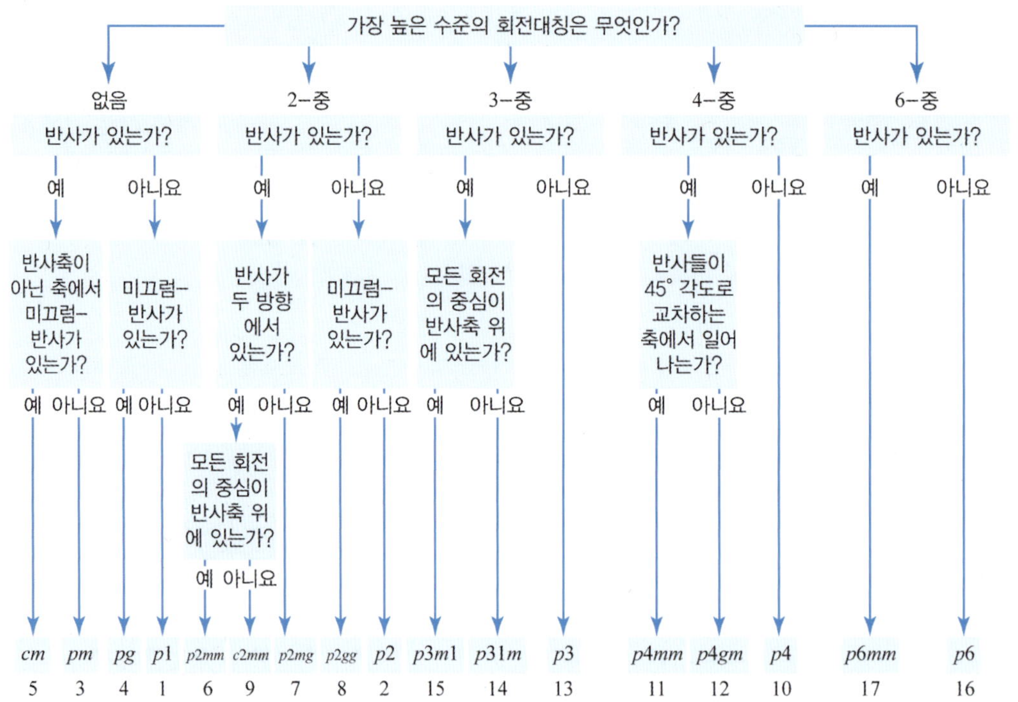

그림 2-33 17개 면군의 식별 흐름도

공간군도 그림 2-31과 같이 가능한 모든 대칭 요소의 조합이다. 어떤 결정의 헤르만-마우구인 공간군 표기법은 두 부분으로 구성된다. 첫 부분은 P, I, F, R, C 등으로 결정이 속하는 브라베 격자를 구분하며, 두 번째 부분은 원자들의 대칭적 배열, 즉 대칭 요소를 구분한다. 삼방정의 경우 단순 격자를 R(rhombohedral)로도 나타낸다. 예를 들어 $Pmmm$은 단격자 단위포, 서로 수직 관계인 세 경영대칭면을 의미한다. $Pnma$에서 P는 단순 격자, n은 a축에 수직한 미끄럼면인 $\frac{1}{2}$ 대각선면 $(b/2+c/2)$, m은

b축에 수직한 경영대칭면, a는 c축에 수직한 $a/2$ 병진 작동의 미끄럼면을 의미한다. 방향이 다른 동일한 공간군은 $Pnam, Pbnm, Pcmn, Pmnb, Pmcn$일 수 있다. $Fm3m$은 면심 격자, a축을 따라 경영대칭면, b축을 따라 3-중 회전축, c축을 따라 또 다른 경영대칭면을 의미한다.

삼사정에서 공간군을 찾아보자. 삼사정은 단순 격자만 있다. 삼사정은 1-중 회전과 대칭 중심만 대칭 요소이므로 표 2-5에 나타낸 것처럼 삼사정의 점군은 1과 $\bar{1}$의 2개다. 따라서 브라베 격자와 점군의 조합으로 $P1$과 $P\bar{1}$가 삼사정계의 두 공간군이다.

단사정의 브라베 격자는 단순 격자(P)와 c-중심 격자(C)가 있고 2, m, $2/m$의 3개의 점군이 있다. 그리고 거시적 경영대칭면 m은 미시적 미끄럼면 c로 될 수 있고, 거시적 2-중 회전축은 미시적 2_1 나사축이 될 수 있다. 가능한 대칭 요소들을 조합하면 다음과 같다.

❶ 단순 격자와 c-중심 격자에서 2-중 회전축: $P2$, $C2$
❷ 단순 격자와 c-중심 격자에서 2_1 나사축: $P2_1$, $C2_1$
❸ 단순 격자와 c-중심 격자에서 경영대칭면: Pm, Cm
❹ 단순 격자와 c-중심 격자에서 미끄럼면: Pc, Cc
❺ 단순 격자와 c-중심 격자에서 2-중 회전축과 경영대칭면: $P2/m$, $C2/m$
❻ 단순 격자와 c-중심 격자에서 2_1 나사축과 경영대칭면: $P2_1/m$, $C2_1/m$
❼ 단순 격자와 c-중심 격자에서 2-중 회전축과 미끄럼면: $P2/c$, $C2/c$
❽ 단순 격자와 c-중심 격자에서 2_1 나사축과 미끄럼면: $P2_1/c$, $C2_1/c$

그러나 위의 16개 조합 중 $C2$와 $C2_1$는 동일하고, $C2_1/c$와 $C2/c$도 동일하다. 따라서 동일한 배열을 제외하면 13개의 서로 다른 대칭 요소의 조합이 존재하여 단사정계에는 13개 공간군이 있다.

이와 같이 7결정계에서 14브라베 격자와 32점군 및 미끄럼면과 나사축을 고려한 대칭 요소의 조합에서 원자 배열의 중복을 제외하고 서로 다른 대칭 요소의 조합만을 모두 더하면, 230개 공간군을 얻을 수 있다. 표 2-10은 결정계별 공간군의 개수를 나타낸다. 모든 결정의 원자 배열은 반드시 230개 공간군 중의 하나에 속한다.

표 2-10 7결정계에서 가능한 공간군의 개수

결정계	공간군의 개수
삼사정	2
단사정	13
사방정	59
삼방정	25
육방정	27
정방정	68
입방정	36
합계	230

연습문제

1. 다음 여러 가지 2차원 패턴이 무한하다고 가정하자. 다음 중 2차원 격자는 어느 것이며, 그 이름은 무엇인가?

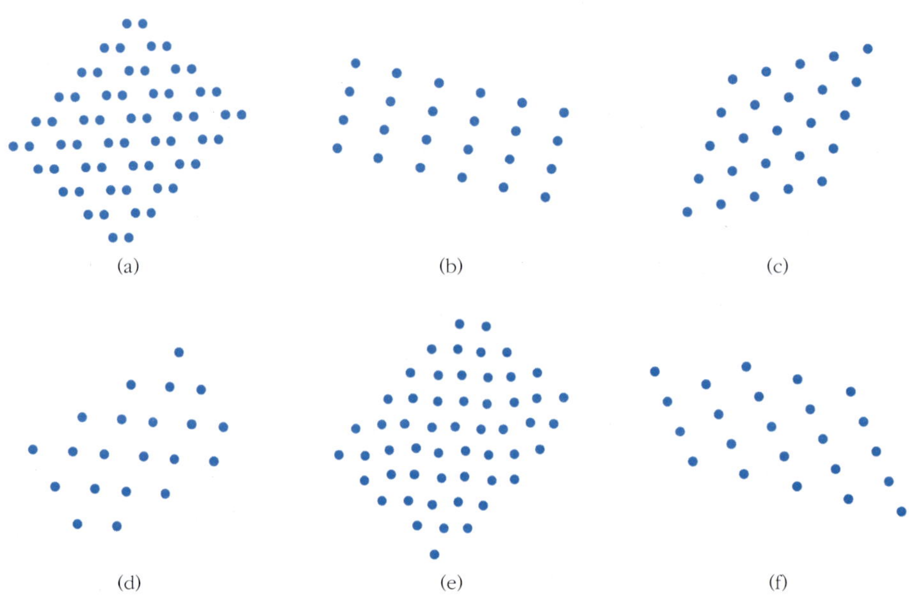

2. 다음 그림에서 분자에 존재하는 대칭 요소는 무엇이며, 이 분자가 속하는 점군은 무엇인가? (단, 분자들은 3차원이 아니고 정확하게 그림과 같은 평면이라고 가정한다.)

(a) 오각형, C_5H_5, (b) 선형, CS_2, (c) 삼각형, SO_2, (d) 사각형, XeF_4, (e) 평면, C_4H_4

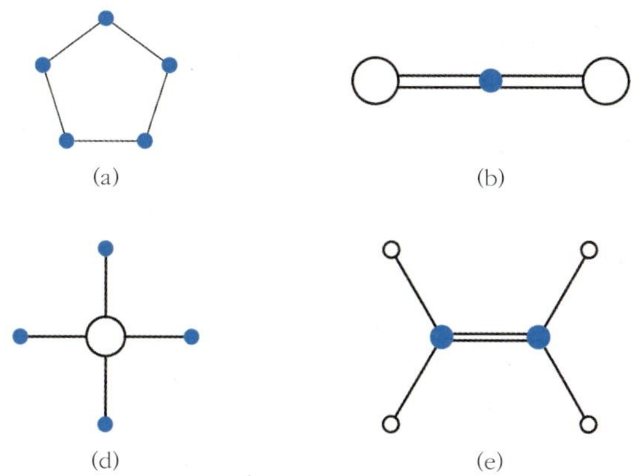

3. 다음 패턴의 평면 점군은 무엇인가?

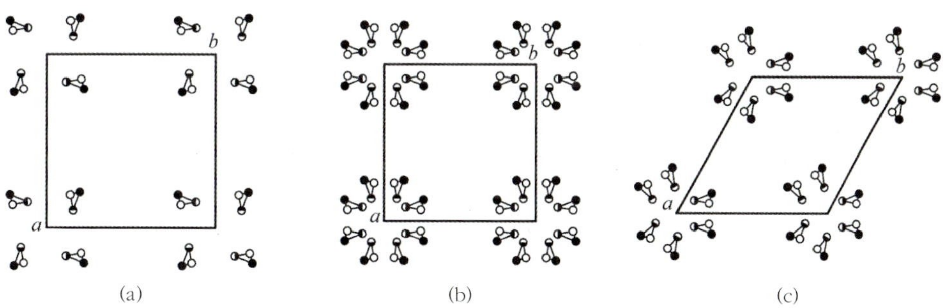

4. 다음의 대칭 요소들을 모두 나열하시오.

(a) 정팔면체

(b) 정사면체

(c) 정사각형 밑면의 피라미드

(d) 화살표 머리

5. 면심 정방정과 면심 삼방정에 해당하는 브라베 격자는 각각 무엇인지 나타내고, 그 이유를 설명하시오.

정답

1. (a) 격자가 아님, (b) 직사각형, (c) 육각형, (d) 중심직사각형, (e) 격자가 아님, (f) 평행사변형
2. (a) 5, m (각각의 꼭짓점을 지나는); $5m$, (b) 2, m (수평), m (수직), 대칭 중심; $2mm$, (c) m (수직); m, (d) 4, m (수평), m (수직), 대칭 중심; $4mm$, (e) 2, m (수평), m (수직), 대칭 중심; $2mm$
3 (a) $p4$, (b) $p4mm$, (c) $p31m$
4. (a) 마주하는 꼭짓점을 지나는 3개의 4-중 축, 마주하는 면의 중심을 지나는 4개의 3-중 축, 마주하는 모서리의 중심을 지나는 6개의 2-중 축, 4-중 축에 수직한 3개의 경영면, 2-중 축에 수직한 6개의 경영면, 하나의 대칭 중심(이는 3-중 축을 $\bar{3}$-중 축으로 변환할 수 있음)

   (b) 꼭짓점과 반대면의 중심을 지나는 4개의 3-중 축, 마주하는 변의 중심을 지나는 3개의 $\bar{4}$-중 축, 변 하나를 포함하고 마주하는 변의 중심을 지나는 6개의 경영면

   (c) 피라미드 꼭짓점을 수직으로 지나는 4-중 축, 바닥면에서 마주하는 두 꼭짓점을 지나는 두 개의 수직한 경영면, 바닥면에서 마주하는 변의 중심을 지나는 두 개의 수직한 경영면

   (d) 화살표 축에 평행한 2-중 축, 2-중 축을 포함하는 두 개의 수직한 경영면
5. 체심 정방정, 단순 삼방정

chapter 3

결정의 면과 방향

이전 장에서 결정의 대칭과 공간 격자인 브라베 격자에 대해 알아보았다. 앞서 살펴본 대칭면 또는 대칭축은 각각 결정에서 면과 방향에 해당한다. 결정 격자는 격자점이 규칙적으로 배열되어 있어 특정 방향이나 면에서 격자점의 밀도가 서로 다르다. 결정에서 격자점은 원자나 분자로 생각할 수 있으며, 방향이나 면에 따라 원자나 분자의 밀도가 다르면 결과적으로 탄성계수 등 여러 가지 물리적 성질에 차이가 나타난다. 따라서 3장에서는 결정 방향과 결정면을 표기하는 방법을 소개한다.

3.1 점 좌표

14브라베 격자는 모두 평행육면체로 세 모서리를 각각 x, y, z축으로 하여 격자점의 위치를 좌표로 표기할 수 있다. 결정을 구성하는 임의의 격자점의 위치가 각각 x, y, z축의 좌표인 Q_x, Q_y, Q_z라면

$$Q_x = ua$$
$$Q_y = vb$$
$$Q_z = wc$$

이다. 여기서 a, b, c는 격자에서 x, y, z축 방향에서 격자점 간의 최소 거리인 격자상수이고, u, v, w는 실수이다. 이 격자점의 좌표는 Q_x, Q_y, Q_z를 각각 x, y, z축에 대응하는 격자상수로 나눈 uvw로 나타낸다. 그림 3-1은 단위포에서 격자점을 점 좌표로 나타낸 예시이다. x, y, z축이 교차하는 원점의 좌표는 000이고 원점에서 체대각선 방향의 꼭짓점의 좌표는 111이다. 이 단위포의 중심(체심)은 x, y, z축 방향으로 각각 $\frac{a}{2}$, $\frac{b}{2}$, $\frac{c}{2}$만큼의 위치이므로 격자상수로 나누면 체심의 좌표는 $\frac{1}{2}\frac{1}{2}\frac{1}{2}$이다. 결정에서 점 좌표는 숫자 사이에 쉼표(,)를 사용하지 않는 것에 주의하자.

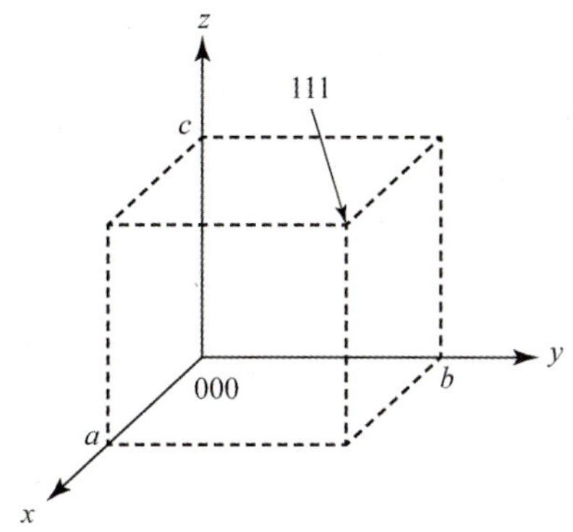

그림 3-1 결정에서 점 좌표

3.2 격자 방향

결정에서 격자점 2개를 연결하면 격자 방향(lattice direction)이다. 격자 방향은 결정에서의 방향이므로 결정 방향(crystallographic direction)이라고도 한다. 격자 방향은 밀러 지수(Miller index)로 나타내는데, 다음과 같은 방법으로 3개의 방향 지수를 결정한다.

❶ 단위포의 모서리를 따라 x, y, z 좌표계를 정하고, 편의상 원점을 단위포의 꼭짓점으로 한다. 좌표계는 x축에서 y축 방향으로 회전하면 전진하는 방향이 z축이 되도록 설정한다.

❷ 격자점 Q_1과 Q_2를 연결하는 방향 벡터를 정한다. 예를 들어, 벡터의 시작에 해당하는 격자점 Q_1의 좌표는 x_1, y_1, z_1이고, 벡터의 끝에 해당하는 격자점 Q_2의 좌표는 x_2, y_2, z_2라고 한다.

❸ 벡터의 끝점 Q_2 좌표에서 시작점 Q_1의 좌표를 뺀 후, 각각을 좌표계에 해당 되는 격자상수로 나눈다. 즉, $\frac{x_2-x_1}{a}$, $\frac{y_2-y_1}{b}$, $\frac{z_2-z_1}{c}$ 의 3개의 값을 구한다.

❹ 필요하면 이 3개의 값이 가장 작은 정수가 되도록 조정한다.

❺ 정수로 조정된 3개의 수를 대괄호 [ ] 안에 넣고 쉼표는 삭제한다.

즉, 방향 지수 $[uvw]$의 3개의 정수는

$$u = n\left(\frac{x_2 - x_1}{a}\right)$$

$$v = n\left(\frac{y_2 - y_1}{b}\right)$$

$$w = n\left(\frac{z_2 - z_1}{c}\right)$$

이 된다. 여기서 n은 u, v, w를 가장 작은 정수화하기 위한 공통 지수다.

예를 들어, 그림 3-2의 OL 방향은 끝점인 P의 좌표가 $\frac{1}{2}a, 0, 1c$이고 시작점의 좌표는 원점으로 0, 0, 0이다. 끝점에서 시작점을 뺀 후 각각 격자상수 a, b, c로 나누면 $\frac{1}{2}$, 0, 1이다. 가장 간단한 정수로 하기 위해 2를 곱하고 대괄호 안에 넣고 콤마를 삭제하면 [102]이다. 같은 방법으로 SN 방향은 끝점 G의 좌표가 a, 0, 0이고 시작점 S의 좌표가 0, b, 0이므로 끝점에서 시작점을 뺀 후 각각 격자상수 a, b, c로 나누면 1, -1, 0이다. 음수는 숫자 위에 막대(bar)를 표시하여 $[1\bar{1}0]$로 나타낸다. x축, y축, z축 방향은 각각 [100], [010], [001]이고, $-x$축, $-y$축, $-z$축 방향은 각각 $[\bar{1}00]$, $[0\bar{1}0]$, $[00\bar{1}]$이다.

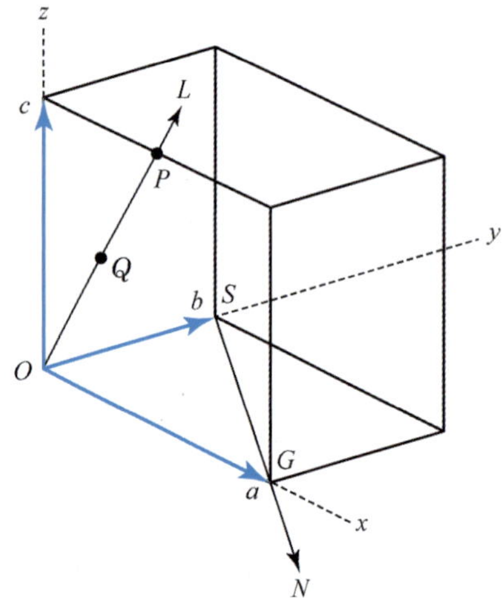

그림 3-2 격자상수 a, b, c인 단위포에서 OL과 SN의 방향은 각각 [102], $[1\bar{1}0]$이다.

결정 구조의 대칭성으로 인해 서로 다른 방향 지수를 가지는 평행하지 않은 방향들이 실제로는 동등한(equivalent) 경우가 있다. 이는 각 방향으로 격자점 간 거리가 같은 것을 의미한다. 예를 들어, 4개의 3-중 대칭축이 필수 대칭 요소인 입방정에서는 [100], $[\bar{1}00]$, [010], $[0\bar{1}0]$, [001], $[00\bar{1}]$은 대칭으로 모두 동등한 방향이다. 편의상 동등한 방향들을 족(family)이라고 하며, ⟨100⟩처럼 화살괄호로 표시한다. 입방정의 높은 대칭성으로 지수의 차례나 부호와 관계없이 같은 족의 지수를 가지는 방향은 모두 동등하다. 예로 [123]과 $[\bar{3}12]$는 동등하다. 그러나 7결정계마다 대칭성이 다르므로 이 관계는 다른 결정계에는 적용되지 않는다. 예를 들어, 정방정에서는 4-중 대칭축에 의해 [100], $[\bar{1}00]$, [010], $[0\bar{1}0]$은 동등한 방향으로 ⟨100⟩으로 표시한다. 또 4-중 대칭축에 수직한 2-중 대칭축에 의해 [001]과 $[00\bar{1}]$은 동등한 방향으로 ⟨001⟩로 표시한다. 정방정은 격자상수 관계가 $a = b \neq c$로, z축 방향의 격자상수가 x축, y축과 다르기 때문이다. 따라서 정방정에서 ⟨100⟩과 ⟨001⟩은 동등한 방향이 아니다.

육방정은 밀러 지수로 표시한 결정학적으로 동등한 방향이 같은 족의 방향 지수를 가지지 않는 경우가 생긴다. 이러한 문제를 해결하기 위해 그림 3-3과 같이 4개의 축을 이용하는 밀러-브라베(Miller-Bravais) 지수를 사용한다. 3개의 a_1, a_2, a_3축은 하나의 바닥면(basal plane)에서 서로 120° 간격으로 있으며, z축은 이 바닥면에 수직하다. 밀러-브라베 지수는 4개의 수를 이용하여 $[uvtw]$로 표시되며, u, v, t는 각각 a_1, a_2, a_3축의 좌표와 관련된 지수이고, w는 z축과 관련된다.

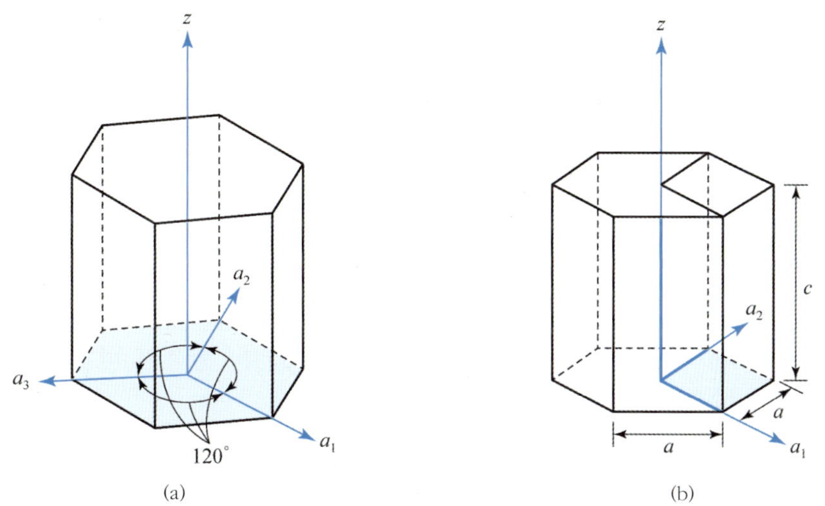

그림 3-3 육방정계의 좌표계 (a) 4축 (b) 3축

육방정계에서 격자점 Q_1과 Q_2를 연결하는 방향 벡터의 시작점 Q_2를 원점에 두자. 그러면 이 방향 벡터는 $\vec{r} = u_1\vec{a_1} + v_1\vec{a_2} + t_1\vec{a_3} + w_1\vec{c}$로 표시할 수 있다. 여기서 u_1, v_1, t_1, w_1는 각각 a_1, a_2, a_3, z축의 좌푯값에 해당한다. 또한 $\vec{a_1}$, $\vec{a_2}$, $\vec{a_3}$는 서로 독립적이지 않아 $u_1 + v_1 = -t_1$이 되어야 한다. u_1, v_1, t_1, w_1을 가장 간단한 정수로 변환하고 대괄호에 넣은 $[uvtw]$가 육방정계의 밀러-브라베 지수다.

예를 들어, 그림 3-4에 나타낸 a_3축 반대 방향의 밀러-브라베 지수를 구해보자. 방향 벡터의 시작점이 원점이므로 방향 벡터의 끝점에서 각 축에 수선을 내려 만나는 지점의 값이 각 축의 벡터 성분이 된다. a_1, a_2축과는 $\frac{1}{2}$, a_3축과는 -1, z축과는 0에서 만나므로 u_1, v_1, t_1, w_1는 각각 $\frac{1}{2}$, $\frac{1}{2}$, -1, 0이 된다. 이를 가장 작은 정수로 변환하면 1, 1, -2, 0이 되어 밀러-브라베 지수는 $[11\bar{2}0]$이다.

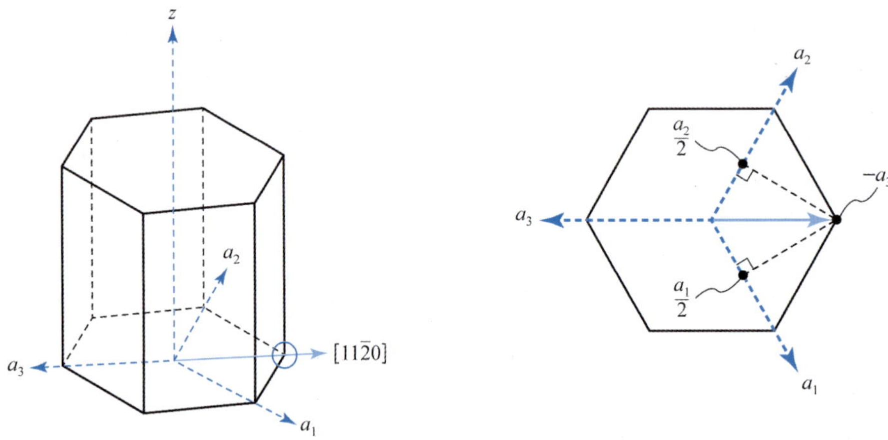

그림 3-4 육방정계에서 4축 좌표계를 이용하여 결정 방향의 밀러-브라베 지수 구하기

그러나 방향 벡터의 각 축의 벡터 성분을 직관적으로 쉽게 알아내기 어려운 경우가 많으므로 그림 3-3(b)의 육방정계 단위포를 이용하는 3축 좌표계를 이용하여 밀러 지수를 구한 후, 다음 관계를 이용하여 밀러-브라베 지수를 구하는 것이 편리하다.

$$
\begin{aligned}
[u'v'w'] \quad &\rightarrow \quad [uvtw] \\
u &= \frac{1}{3}(2u' - v') \\
v &= \frac{1}{3}(2v' - u') \\
t &= -(u+v) \\
w &= w'
\end{aligned}
$$

이 관계를 이용하면 [110]은 $[11\bar{2}0]$이 되고, a_1축인 [100]은 $[2\bar{1}\bar{1}0]$이 된다. 같은 방법으로, a_2, a_3축은 각각 [010], $[\bar{1}\bar{1}0]$이고 $[\bar{1}2\bar{1}0]$, $[\bar{1}\bar{1}20]$이 된다. 6-중 대칭에 의해 [100], [110], [010], $[\bar{1}00]$, $[\bar{1}\bar{1}0]$, $[0\bar{1}0]$의 방향은 동등하지만, 같은 족의 지수로 표시하기는 어렵다. 반면, 밀러-브라베 지수로 표시하면 $[2\bar{1}\bar{1}0]$, $[11\bar{2}0]$, $[\bar{1}2\bar{1}0]$, $[\bar{2}110]$, $[\bar{1}\bar{1}20]$, $[1\bar{2}10]$로 $\langle 11\bar{2}0 \rangle$로 표시할 수 있다.

3.3 격자면

3차원에서 일직선에 존재하지 않는 3개의 점을 연결하면 그 점들로 구성되는 면이 만들어진다. 결정 격자에서 면의 밀러 지수를 찾는 방법은 다음과 같다.

❶ 지수를 구하려는 면이 원점을 지나지 않도록 단위포의 모서리를 세 축으로 위치시킨다. 즉, 좌표축을 평행 이동시키거나 면을 평행 이동시킨다.
❷ 면이 좌표축과 만나는 교점을 격자상수의 단위로 표시한다. 면과 좌표축이 평행하여 만나지 않으면 ∞ 값을 취한다.
❸ 교점값의 역수를 구하고 가장 작은 정수로 나타낸다.
❹ 정수로 나타난 값을 소괄호로 묶고, 쉼표를 제거한다.

그림 3-5는 어떤 단격자 단위포에서 결정면을 예시로 나타낸 것이다. 면 MSR의 면지수를 구해보자. 면이 원점 O를 지나지 않으므로 세 축과의 교점을 읽으면 $M=h'a$, $S=k'b$, $R=l'c$가 된다. 교점을 격자상수 단위로 표시하면 각각 h', k', l'이므로 역수를 취하면 $h=\frac{1}{h'}$, $k=\frac{1}{k'}$, $l=\frac{1}{l'}$이다. 그림에서 h', k', l'은 각각 $\frac{1}{2}$, 1, 1에 해당하므로 그 역수 $\frac{1}{h'}$, $\frac{1}{k'}$, $\frac{1}{l'}$는 각각 2, 1, 1이다. 더 이상 작은 정수로 표시할 수 없으므로 그대로 사용하며, 면지수는 (211)이다.

또 다른 예로 면 $HPGF$의 면지수를 찾아보자. 이 경우 단위포 내에 그려진 면에서는 세 축과의 교점을 찾을 수 없으므로 밖으로 확장하여 교점을 찾아야 한다. x축과의 교점은 a, y축과의 교점은 $2b$, z축과의 교점은 $2c$로 역수를 취하면 각각 1, $\frac{1}{2}$, $\frac{1}{2}$이다. 정수로 만들고 공동 인수가 없는 가장 작은 정수화를 하면 각각 2, 1, 1이 되며, 면지수는 (211)이다. 면 MSR와 $HPGF$는 면지수가 같은 등가인 면이다.

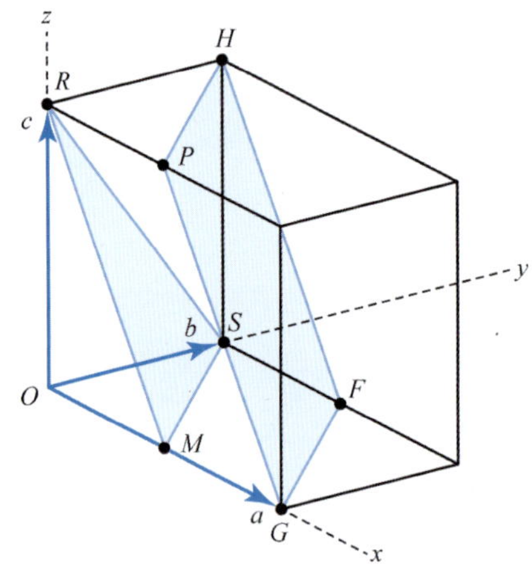

그림 3-5 단격자 단위포에서 결정면. 면 MSR와 $HPGF$는 등가면이다.

또 다른 예로 그림 3-6의 축과 평행한 면의 면지수를 표시해보자. 세 축과의 교점이 각각 $\frac{1}{2}a$, b, ∞이므로 역수를 취하면 2, 1, 0이 되며, 지수는 (210)이다. 교점이 음수면 방향 지수와 마찬가지로 지수 위에 바(bar)를 붙인다. 예를 들어, 교점의 역수가 각각 2, -1, 3이면 지수는 $(2\bar{1}3)$이다.

결정 구조의 대칭성으로 인해 서로 다른 면지수를 가지는 평행하지 않은 면들이 실제로는 등가(equivalent)인 경우가 있다. 예를 들어, 4개의 3-중 대칭축이 필수 대칭 요소인 입방정에서는 (100), (010), (001), $(\bar{1}00)$, $(0\bar{1}0)$, $(00\bar{1})$은 모두 등가면으로 {100} 또는 {010} 또는 {001}로 나타낸다. 등가면을 족이라고 하며, (hkl)과 등가인 면은 중괄호를 사용하여 $\{hkl\}$로 표시한다. 정방정에서는 4-중 대칭축에 의해 (100), $(\bar{1}00)$, (010), $(0\bar{1}0)$은 등가면이며, {010}으로 표시한다. 또 4-중 대칭축에 수직한 2-중 대칭축에 의해 (001)과 $(00\bar{1})$은 등가이며, {001}로 표시한다. 정방정에서 {010}과 {001}은 등가가 아니다.

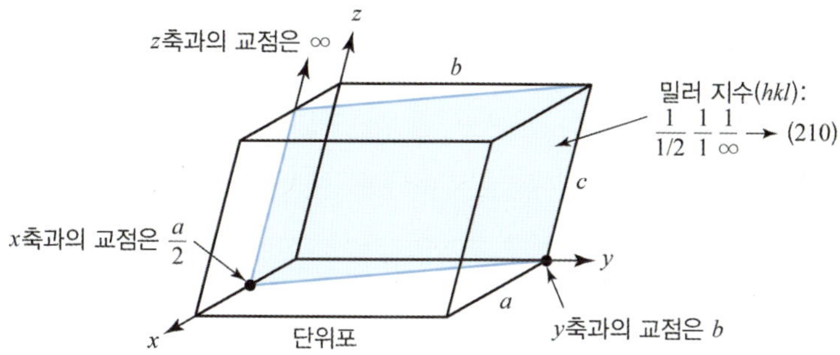

그림 3-6 z축과 평행한 면의 면지수 구하기

면의 밀러 지수를 축과의 교점에 해당하는 격자상수의 배수로 나타낸 거리를 그대로 사용하지 않고, 그 역수를 사용하는 이유는 실험적으로 결정 구조를 해석할 때 X-선이나 전자선 등의 결정에 의한 회절상이 역격자로 표현되기 때문이다. 이러한 회절점을 정수로 나타내기 위한 편의성을 제공하기 위해 역수를 사용하는 것이다. (hkl)면의 방정식은

$$\frac{hx}{a}+\frac{ky}{b}+\frac{lz}{c}=m$$

이다. 여기서 m은 정수이며, m이 0인 경우는 원점을 지나는 면이다.

육방정계는 방향 지수와 동일하게 면지수를 표시하는 데 밀러-브라베 지수를 사용하면 결정면의 등가성을 표시하기 편리하다. 4축 좌표계를 이용하므로 4개의 지수를 사용하여 $(hkil)$로 나타내며, $h+k=-i$의 관계를 가진다. 예를 들어, 그림 3-7(a)에서 표시된 면과 a_1, a_2, a_3, z축과의 교점은 각각 $-\frac{1}{2}a,\ a,\ a,\ \frac{1}{2}c$이므로 격자상수 단위로 표시하고, 역수를 취하면 $-2, 1, 1, 2$가 된다. 따라서 밀러-브라베 지수는 $(\bar{2}112)$이다. 그림 3-7(b)의 면은 원점을 지나고 있으므로 a_1축 방향으로 격자상수만큼 평행 이동하여 a_1, a_2, a_3, z축과의 교점을 찾는다. 격자상수 단위로 나타낸 각각의 교점은 $1, \infty, -1, \infty$이고, 역수를 취하면 $1, 0, -1, 0$이 되어 밀러-브라베 지수는 $(10\bar{1}0)$이다.

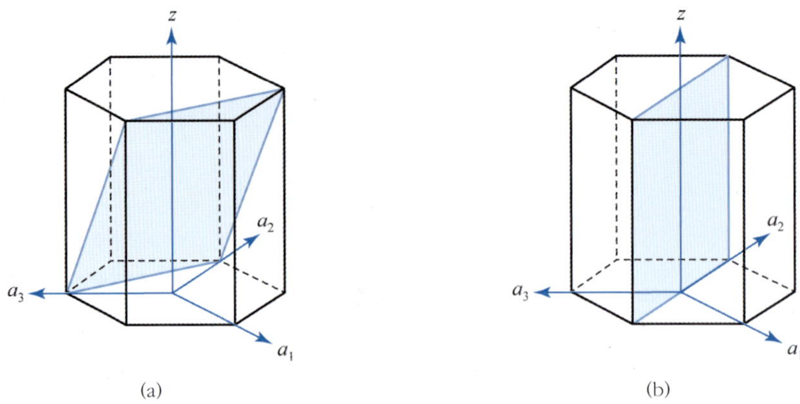

그림 3-7 육방정계에서 밀러-브라베 면지수 구하기

3.4 정대

평행하지 않은 두 면이 만나면 교차하는 지점에서 두 면에 공통으로 포함되는 하나의 선이 만들어진다. 이 직선을 두 면의 정대축(zone axis)이라고 한다. 결정에서 정대축에 평행한 모든 면을 정대면(zone plane)이라고 한다. 그림 3-8에서 굵은 선은 정대축으로 [001] 방향이고, 이 축에 나란한 (100), (010), (110), $(\bar{1}10)$ 면은 같은 정대면이다. 이 면들은 [001] 방향이 공통 방향이므로 [001] 정대면이다.
두 면 $(h_1k_1l_1)$과 $(h_2k_2l_2)$가 교차하여 만드는 직선, 즉 정대축 $[uvw]$의 지수는

$$u = k_1l_2 - l_1k_2$$
$$v = l_1h_2 - h_1l_2$$
$$w = h_1k_2 - k_1h_2$$

이다. 이 식을 쉽게 기억하는 방법은 다음과 같이 각각의 밀러 지수를 두 번 쓰고, 처음과 마지막 쌍은 버린다. 대각선으로 곱하면 $u = (+k_1l_2 - l_1k_2)$가 되며, v와 w도 같은 방식으로 구한다.

h_1	k_1		$-\ l_1$		$-\ h_1$		$-\ k_1$	l_1
h_2	k_2		$+\ l_2$		$+\ h_2$		$+\ k_2$	l_2
		u		v		w		

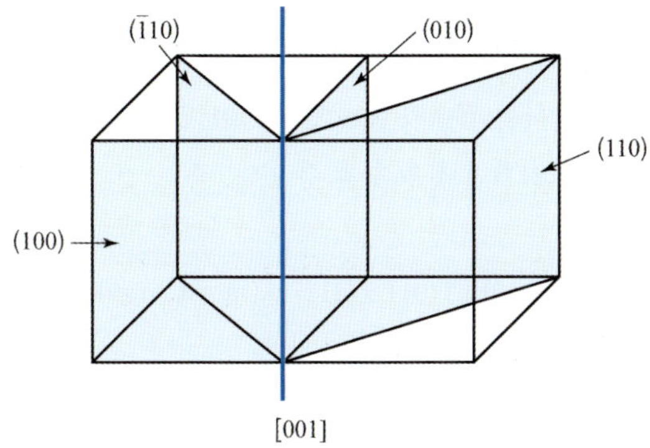

그림 3-8 정대축과 정대면

밀러 지수 (hkl)면이 $[uvw]$ 정대에 속할 조건은

$$hu + kv + lw = 0$$

이며, 이를 바이스 정대 법칙(Weiss zone law) 또는 바이스 정대식(Weiss zone equation)이라고 한다. 이것은 $[uvw]$가 (hkl)면의 법선 벡터에 수직이라는 조건이다.

두 방향 $[u_1v_1w_1]$과 $[u_2v_2w_2]$에 평행한 면을 찾는 식을 쉽게 기억하는 방법은 정대축 지수를 찾는 법과 같다. $h = (+v_1w_2 - w_1v_2)$이며, k, l도 같은 방식으로 구한다.

u_1	v_1		$-\ w_1$		$-\ u_1$		$-\ v_1$	w_1
u_2	v_2		$+\ w_2$		$+\ u_2$		$+\ v_2$	w_2
		h		k		l		

같은 정대에 두 면 $(h_1k_1l_1)$과 $(h_2k_2l_2)$가 있다. 이 두 면의 사이에 있으면서 같은 정대에 속한 또 다른 면의 지수를 (HKL)이라고 하면 지수는

$$H = (mh_1 + nh_2)$$
$$K = (mk_1 + nk_2)$$
$$L = (ml_1 + nl_2)$$

이 된다. 여기서 m, n은 작은 정수이다. 이것을 합규칙(addition rule)이라고 한다. 예를 들어, 그림 3-9의 P면은 (100)과 (011)면을 포함하는 정대와 (110)면과 (101)면을 포함하는 정대에도 속한다. 합규칙을 적용하면 쉽게 P면의 지수가 (211)인 것을 찾을 수 있다. 즉,

$$(110) + (101) = (211) \quad (m = 1,\ n = 1)$$

이고,

$$(011) + 2(100) = (211) \quad (m = 1,\ n = 2)$$

이다.

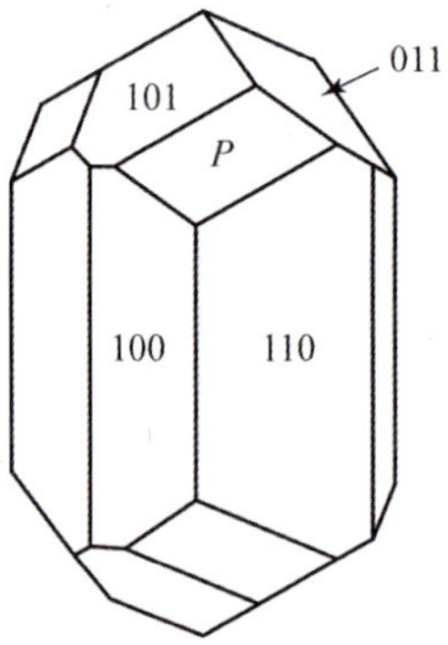

그림 3-9 단사정에서 P면이 두 정대 사이에 놓여 있다. 하나는 (101)과 (110)이고, 다른 하나는 (011)과 (100)이다.

연습문제

1. 다음 면의 정대를 구하시오.

   (a) (110), $(1\bar{1}0)$

   (b) $(\bar{2}10)$, (011)

   (c) (111), (100)

   (d) (212), $(1\bar{2}1)$

2. 다음 물음에 답하시오.

   (a) [010], [432], $[\bar{2}10]$, $[23\bar{1}]$ 방향 중 (115)면과 평행한 것은?

   (b) (112), (321), $(11\bar{2})$, $(1\bar{1}1)$면 중 $[1\bar{1}\bar{1}]$ 방향과 평행한 것은?

3. 삼사정, 단사정, 정방정에서 법선 방향지수와 면지수가 같은 면을 찾으시오.

정답

1. (a) [001], (b) $[12\bar{2}]$, (c) $[01\bar{1}]$, (d) [101]
2. (a) $[23\bar{1}]$, (b) (321)
3. 삼사정은 없음. 단사정은 (010)과 [010], 정방정은 (001), [001] 및 $(hk0)$, $[hk0]$

chapter 4

평사 투영

4.1 평사 투영과 주요 성질

결정의 모양은 성장 초기의 아주 작을 때는 결정계에 따른 대칭성이 명확하게 나타난다. 하지만 모든 면의 성장 조건은 같지 않기 때문에 어떤 면은 크게 되고, 반대로 어떤 면은 작게 되는 현상이 발생한다. 이로 인해 결정이 성장함에 따라 외관 모양만으로는 결정학적 대칭성을 정확하게 알 수 없다. 이로 인해 결정면의 크기로는 대칭에 대한 정보를 얻기 어렵지만, 결정면이 만들어진 방향은 성장에 의해 변경되지 않으므로 정확한 결정학적 대칭에 대한 정보를 제공한다. 따라서 결정면의 방향을 구형 투영(spherical projection)을 통해 결정학적 대칭성을 정확하게 나타낼 수 있다.

그림 4-1과 같이 결정을 임의의 크기로 하는 구(sphere)의 중심에 위치시키고, 각 결정면에서 수직하게 나오는 선(그 면의 법선 방향)을 그리면, 구의 표면과 만나게 되어 그 면이 점으로 표시되는 것을 구형 투영이라고 한다. 구의 표면에 표시되는 점은 각 면의 크기와는 무관하다. 따라서 이 점들의 대칭성이 곧 결정의 대칭성을 나타낸다.

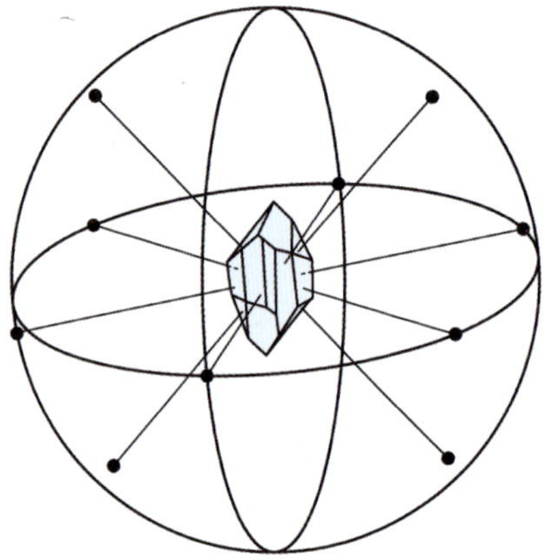

그림 4-1 결정의 구형 투영

그림 4-2의 구형 투영에서 구를 기준 구(reference sphere) 또는 투영구(projection sphere)라고 한다. 결정의 방향, 즉 격자 방향은 그 방향과 평행하면서 투영구의 중심 O를 지나는 선으로 방향선 OP와 같이 나타낸다. 결정의 모든 평면은 그 평면에 수직하며, 투영구의 중심 O를 지나는 면 법선 OP로 나타낸다. 이때 방향선 또는 면 법선이 투영구의 표면과 만나는 점 P를 극점(pole)이라고 한다. 따라서 극점은 결정의 방향 또는 면을 나타낸다.

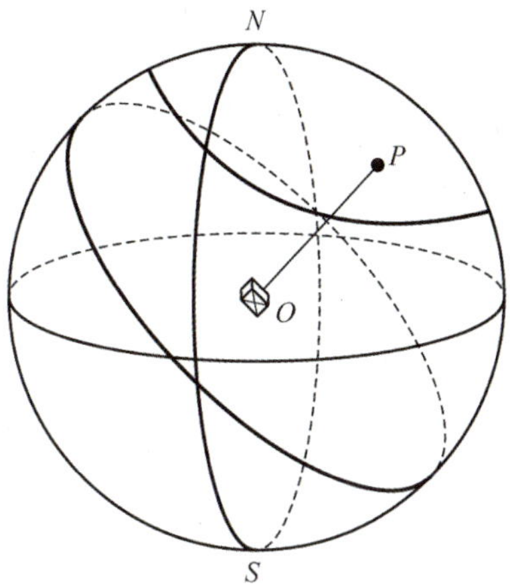

그림 4-2 구형 투영에서 투영구, 결정 방향, 결정면, 극점, 형적, 대원, 소원

결정면을 나타내는 다른 방법은 그 면에 평행하면서 원점을 지나는 면을 투영구의 표면과 만나도록 확장하는 것이다. 이때 그려지는 선을 해당 면의 형적(trace)이라고 한다. 투영구의 중심을 통과하는 평면을 직경면(diametrical plane)이라고 하며, 이 직경면과 투영구의 표면이 만나서 그려지는 원을 대원(great circle)이라고 한다. 따라서 대원은 어떤 면의 형적이기도 하다. 그리고 투영구의 중심을 지나지 않는 면이 투영구의 표면과 만나서 그리는 원을 소원(small circle)이라고 한다.

구형 투영은 정대(zone)뿐만 아니라 면과 방향들 사이의 각도 관계와 대칭 등을 정확하게 나타낼 수 있다. 그러나 곡면인 구의 표면에서 각도를 측정하는 것은 평면에서 측정하는 것보다 편리하지 않다. 그래서 곡면상의 정보를 평면에 투영하여 사용한다. 이 방법은 세계 지도를 그릴 때 지구본을 지도로 변화시키는 방법과 유사하다. 구의 표면에 있는 점을 평면에 투영하는 방법은 광원에서 나온 빛이 물체의 그림자를 만드는 원리와 같다.

그림 4-3에 세 가지 투영 방법을 나타냈다. 투영구를 지구와 같이 생각하여 N과 S를 북극과 남극이라고 하자. 그러면 NS에 수직한 직경면이 적도면이 된다. 적도면은 투영구의 중심을 지나므로 표면과 만나 대원을 그리며, 이 원이 적도가 된다. 투영면을 투영구에 접하도록 N에 위치시킨다.

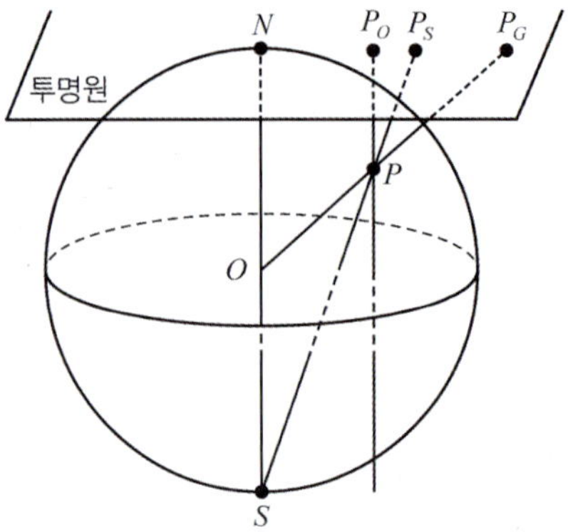

그림 4-3 구의 표면에 있는 극점을 평면에 투영하는 방법

정사도법(orthographic projection)은 투영면이 접한 N의 반대 방향인 S 방향의 무한 거리에 있는 광원에서 나온 평행한 광선을 이용하여 투영구 표면의 극점을 투영면에 수직으로 투영한다. 정사도법은 극점 P를 P_O점으로 투영한다. 정사도법은 적도에 가까이 갈수록 투영구에서 같은 거리가 투영면에서는 점점 짧게 나타난다. 심사도법(gnomonic projection)은 광원을 투영구의 중심에 위치시켜 투영의 시점이 구의 중심이 되도록 투영하는 방법으로, 극점 P를 P_G점으로 투영한다. 심사도법은 적도에 가까이 갈수록 투영구에서 같은 거리가 투영면에서는 점점 길어져 적도선상의 극점을 투영하기 위해서는 무한대 길이의 투영면이 필요해진다. 평사도법(stereographic projection)은 광원을 투영면이 접한 N의 반대 방향인 S에(투영면이 S에 접하면 광원을 N에) 위치시켜 투영의 시점이 구 표면의 한 점이 되도록 하여 투영하는 방법으로, 극점 P를 P_S점으로 투영한다. 이 경우에도 그림 4-4와 같이 투영의 시점인 N 근처의 극점을 투영하기 위해서는 매우 큰 투영면이 필요한 문제가 있다.

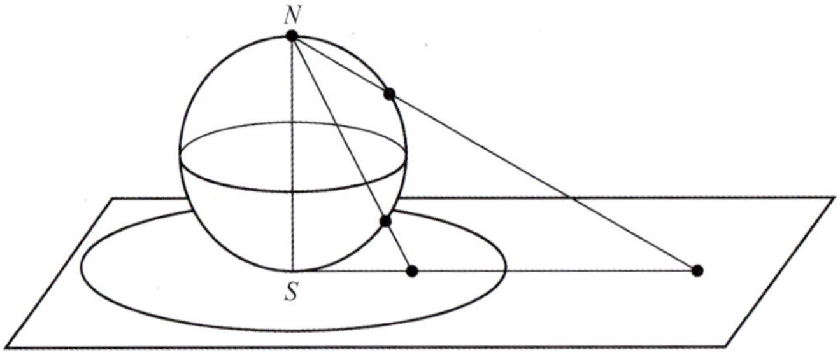

그림 4-4 평사 투영에서 극점의 위치에 따른 투영점의 위치

따라서 그림 4-5와 같이 투영면을 구에 접한 위치가 아닌 구의 중심을 지나는 면인 적도면으로 한다. 투영면과 투영구가 만나서 그리는 대원을 기본원(primitive circle)이라고 한다. 투영구를 적도면을 기준으로 북반구와 남반구로 나누고, 북반구의 극점은 투영의 시점을 S에 두고, 남반구의 극점은 투영의 시점을 N에 두어 투영하면, 위치에 상관없이 모든 극점을 기본원 내부의 면에 투영할 수 있다. 그러면 평사 투영에 의해 극점 P_1은 P_1'점으로 투영되고, 극점 P_2는 P_2''점으로 투영된다. 남반구 극점과 북반구 극점이 모두 기본원 내에 투영되므로 이를 구분하기 위해 남반구 극점 주위에 원을 그려준다.

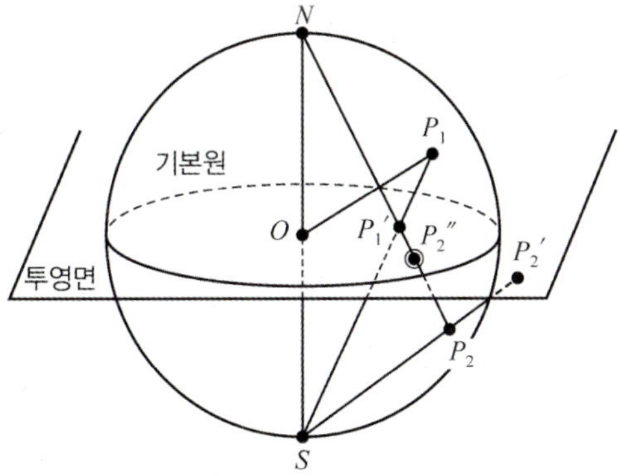

그림 4-5 평사 투영에서 남반구와 북반구 극점의 투영

투영구 위에 있는 모든 원은 평사 투영에 의해 원으로 투영되는 특징이 있어 결정의 대칭성을 인식하기가 상대적으로 쉽다. 또한 투영구 표면에서의 각도 관계가 평사 투영에서도 그대로 유지되는데, 투영구 표면의 각도는 평사 투영의 일정 길이로 표현된다. 이러한 특징을 이해하고 활용하기 위해서는 평사 투영 결과물을 읽는 연습이 필요하다.

그림 4-6에서 투영구의 경도선(meridian)은 기본원의 지름으로 투영되고, 위도선(latitude)은 기본원의 중심과 같은 중심을 가지는 원으로 투영된다. 이 투영된 원의 반지름을 알기 위해 그림 4-7(a)와 같이 투영구의 수직단면을 고려해보자. 북위 60°, 북위 30°, 남위 30°의 위도선을 남극 S에서 투영하면, 투영된 원의 반지름은 각각 OA, OB, OC가 된다. 그림 4-7(b)는 적도선을 포함하여 30° 간격의 위도선을 평사 투영한 것이다. 평사 투영에서 원 사이의 거리는 같은 30° 간격을 나타내는데, 원의 중심에서 멀어질수록 길이가 길어지고 있음을 알 수 있다.

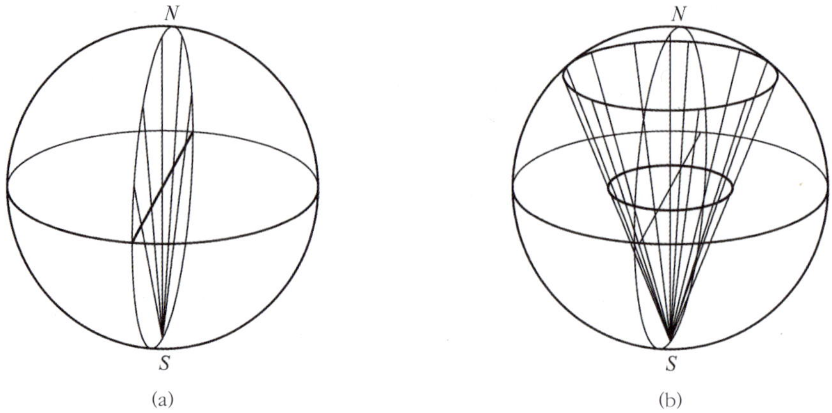

그림 4-6 (a) 경도선은 기본원의 지름으로, (b) 위도선은 기본원과 동심원으로 평사 투영된다.

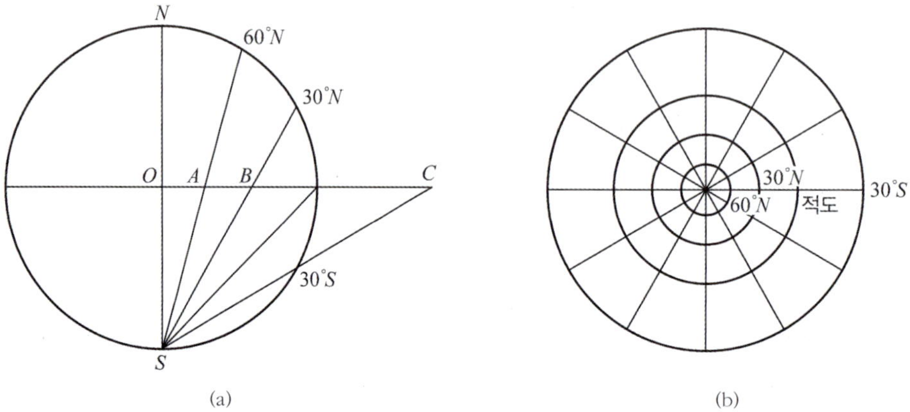

그림 4-7 (a) 북위 60°, 30° 및 남위 30° 위도선의 평사 투영 원의 반지름을 찾기 위한 구의 단면 구성
(b) 적도선을 포함한 해당 위도선의 평사 투영

같은 방법으로, 투영구의 어떤 극점 P를 중심으로 각 θ를 반지름으로 하는 소원의 평사 투영을 생각해보자. 그림 4-8(a)에 극점 P를 지나는 단면을 나타냈으며, A는 P에서 θ만큼 위도가 높고, B는 P에서 θ만큼 위도가 낮은 곳이다. 그러므로 A와 B는 극점 P를 중심으로, 각 θ를 반지름으로 하는 소원의 마주 보는 두 점이다. A, P, B를 기본원의 반지름을 따라 평사 투영하면 a, p, b가 된다. 그림 4-8(b)는 이 소원의 평사 투영과 점 a, p, b를 함께 나타낸 것이다. 투영구에서의 원은 평사 투영에서도 원으로 투영된다. 따라서 A와 B가 투영구에서 소원의 마주 보는 두 점이었으므로 평사 투영에서도 원의 마주 보는 두 점으로 표시된다. 그러나 소원의 중심 P는 평사 투영에서 명확히 원의 중심(ab 길이의 반)은 아니며, a와 b 사이에 위치한다.

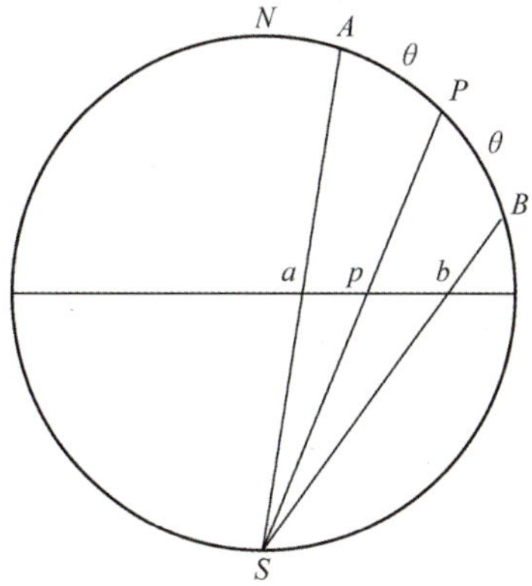

(a)

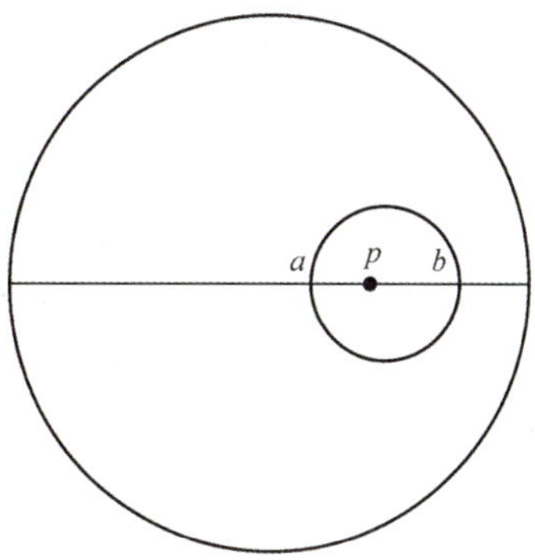

(b)

그림 4-8 (a) 극점 P를 지나는 투영구의 단면
(b) 극점 P 주위에 각도 θ를 반지름으로 하는 소원의 평사 투영

결정의 두 면이 이루는 각도가 평사 투영에서 어떻게 길이로 표시되는지 살펴보자. 그림 4-9(a)와 같이 (001)면과 (011)면의 각도 ϕ는 두 면의 법선 OQ와 OP 사이의 각도와 같다. 그림 4-9(b)와 같이 결정을 투영구의 중심에 두고 투영하면 두 면의 극점은 각각 Q와 P가 되며, 따라서 두 면이 이루는 각도는 이 두 극점을 지나는 대원에서 현 QP가 만드는 각도다.

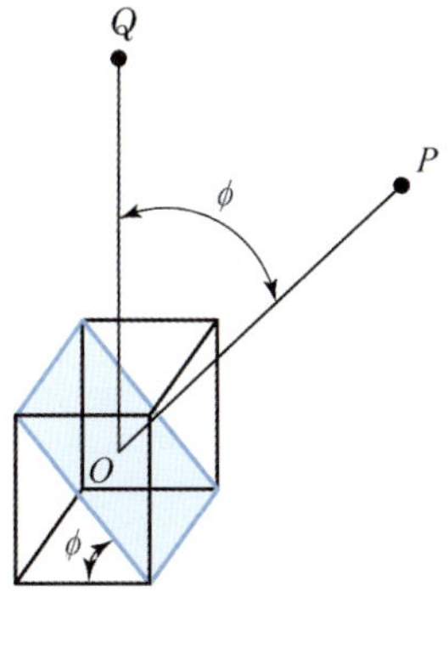

(a)

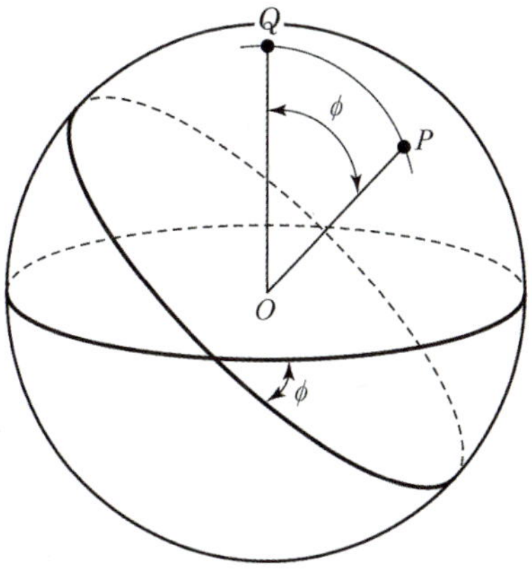

(b)

그림 4-9 투영구에서 평면이 이루는 각도

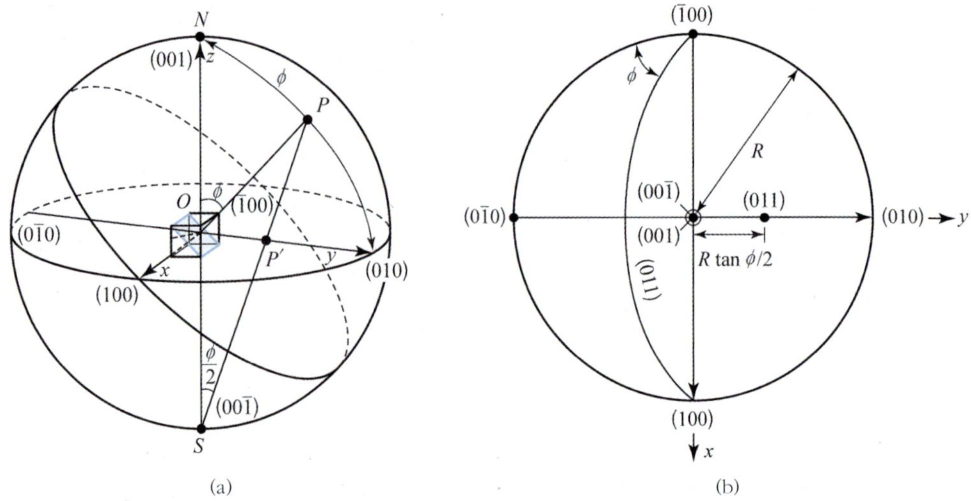

그림 4-10 입방결정의 (a) 투영구와 (b) 투영면에서 평사 투영

두 극점을 평사 투영해보자. 그림 4-10과 같이 z축이 투영구의 N극이 되도록(즉, 투영면과 z축이 수직이 되도록) 투영구의 중심에 입방결정을 위치시키면, 평사 투영 기본원의 중심은 N극이 되므로 001 극점으로 표시된다. 이와 같은 평사 투영을 001 표준 입방 투영(standard cubic projection)이라고 한다. 즉, 기본원의 중심에 있는 극점이 어떤 표준 투영인지를 표시한다. 입방결정은 $\alpha=\beta=\gamma=90°$이므로 x축의 극점 100과 y축의 극점 010은 투영면에서 기본원 위에 표시된다. $-x$축과 $-y$축의 극점은 각각 100과 010의 반대 방향에서 기본원 위에 $\bar{1}00$과 $0\bar{1}0$으로 평사 투영된다. S극인 $-z$축 방향은 $00\bar{1}$로 기본원의 중심에 투영되며, 001 극점과 구분하기 위해 원(고리)으로 표시된다.

[100] 정대에 속해 있는 모든 결정면은 투영면에서 100 극점으로부터 90°에 위치하는 대원 위에 존재한다. 그림 4-10(b)의 001 표준 입방 투영도에서 이 대원은 $0\bar{1}0$, 001, 010을 연결하는 선으로 표시된다. 따라서 (011)면은 [100] 정대에 속해 있으므로 011 극점은 100과 010을 연결하는 선 위에 표시되어야 한다. 그림 4-10(a)에서 (011)면 법선의 극점을 P라고 하면, (001)면과 (011)면이 이루는 각은 $\angle NOP$로 ϕ이다. 삼각형 POS에서 변 PO와 변 SO는 투영구의 반지름이므로 삼각형 POS는 이등변삼각형이다. 따라서 $\angle OPS$와 $\angle OSP$는 같다. 또 $\angle POS+\phi=180°$이며 $\angle OPS+\angle OSP=180°-\angle POS$이므로

$$\angle OPS=\angle OSP=\frac{\phi}{2}$$

이다. 그림 4-10(a)에서 극점 P는 평사 투영에 의해 P'으로 투영되며, 삼각형 SOP'은 직각삼각형이다. 따라서

$$\tan\frac{\phi}{2} = \frac{OP'}{OS}$$

가 된다. 투영구의 반지름과 투영면의 반지름이 같으므로 그림 4-10(b)와 같이 OS를 반지름 R로 표기하면 (011)면의 극점은 투영도의 중심에서 OP'의 길이인 $R\tan\frac{\phi}{2}$만큼 떨어진 지점에 있다.

(011)면이 투영구의 원점을 지나도록 확장하여 표면과 만나는 대원과 이를 평사 투영한 (011)면의 형적도 그림 4-10에 나타냈다. 그림 4-11(a)와 같이 면의 형적은 극점과 같은 방법으로 투영구의 표면에서 만나는 대원의 모든 점을 평사 투영하여 연결한 결과이다. 형적을 그리는 다른 방법은 극점이 면의 법선이므로 면과 90° 관계에 있음을 이용하는 것이다. 그림 4-11(b)와 같이 극점에서 90° 거리에 있는 대원이 그 극점이 나타내는 면의 형적이므로 이 대원을 따라 그리면 된다. 투영도에서 대원은 작도를 하거나 울프망(Wulff net)을 이용하여 그린다.

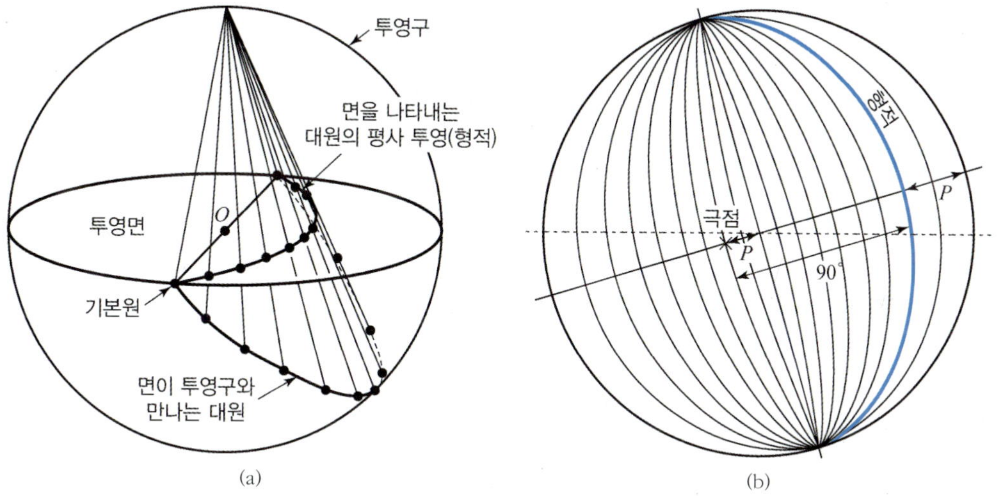

그림 4-11 형적을 (a) 면의 대원을 투영하여 그리는 방법
(b) 극점으로부터 90° 거리에 있는 대원을 이용하여 그리는 방법

4.2 입방정의 평사 투영 제작

입방정의 몇몇 면의 극점이 어떻게 평사 투영되는지 그림 4-10에서 살펴보았다. 여기서는 001 표준 입방 평사 투영도와 회전대칭축의 표시를 함께 살펴보겠다.

그림 4-12는 {100}, {110}, {111}면이 형성된 입방정 결정을 투영구의 중심에 위치시키고 투영구의 북극이 z-축이 되며, x-축과 y-축은 적도면(평사 투영면에 해당)에 놓이도록 배치한 것이다. 그림에서 각 결정면의 수선을 볼 수 있으며, 그 수선이 투영구와 만나는 점에 그 면의 {hkl} 지수가 표기되어 있다. 투영구 표면의 대원은 정대를 나타낸다. 예를 들어, (001), (101), (100), $(10\bar{1})$, $(00\bar{1})$ 면 또는 표면은 모두 [010] 정대에 속하고, 각 면의 수선은 북극과 남극을 지나는 대원인 경도선에 모두 놓여 있다. 마찬가지로 면 또는 표면 (010), (111), (101), $(1\bar{1}1)$, $(0\bar{1}0)$은 $[10\bar{1}]$ 정대에 속하고, 각 면의 수선은 북극 및 남극과 45°로 기울어진 대원에 모두 놓여 있다.

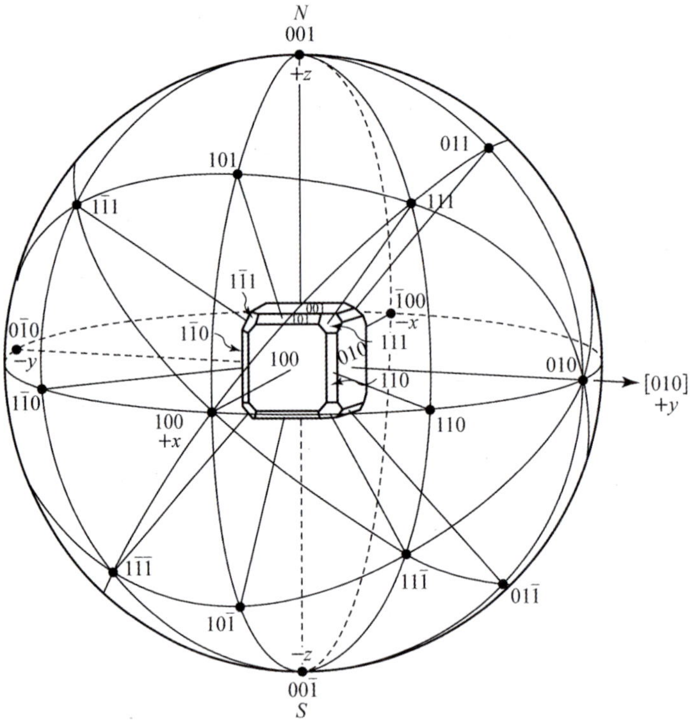

그림 4-12 {100}, {110}, {111}면으로 형성된 입방정이 중심에 놓여 있는 투영구

그림 4-13은 그림 4-12에서 대원을 삭제하고 북반구에 있는 극점과 이 점들을 적도면에 평사 투영한 극점만을 나타내 단순화한 것이다. 극점이 적도면에 어떻게 평사 투영되는지를 보여주기 위해 직선으로 표시하였고, 평사 투영된 극점에 해당되는 {*hkl*} 지수를 표기하였다. 최종적으로 그림 4-14는 평사 투영면을 표시한 것이다. 이 평사 투영도는 투영된 극점과 그 점들을 지나는 대원이 호(arc)로 표시된다. 그림 4-12의 결정에서 여러 면의 관계를 평사 투영도의 극점으로 시각화할 수 있는 것이다.

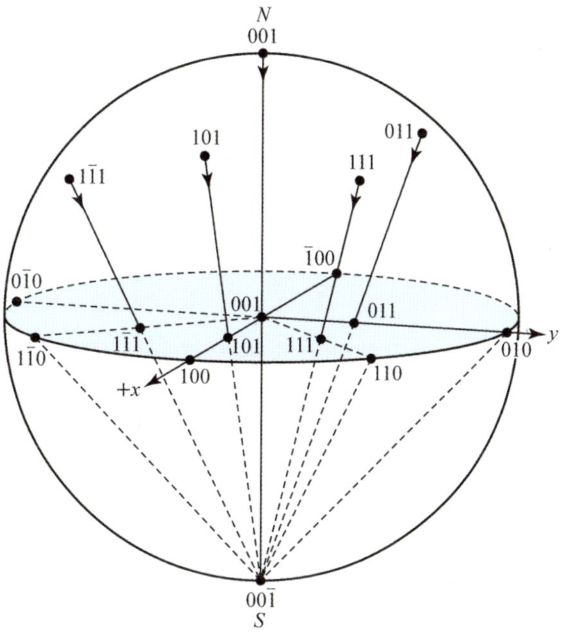

그림 4-13 그림 4-12 입방정의 북반구에 있는 극점들의 평사 투영

평사 투영에서 같은 크기의 각도가 동일한 길이로 표시되지 않기 때문에, (101)면은 (001)면 및 (100)면과 45°로 기울어져 있지만, 평사 투영도에서 101 극점과 001 극점 사이의 거리보다 101 극점과 100 극점 사이의 거리가 더 길다.

한편, $(\bar{1}11)$면과 같이 그림 4-12에서는 결정의 뒤쪽으로 가려진 면이지만, 이 면의 극점도 같은 정대에 속해 대원을 지나므로 평사 투영도에서 자동으로 정확한 위치에 표시될 수 있다. 예를 들어, (112)는 (101)과 (011) 정대와 (111)과 (001) 정대의 교차지점에 위치한다. 3.4절의 합규칙을 사용하면 (101)+(011)=(112)이고, (111)+(001)=(112)이므로, (112)면이 두 정대면 사이에 위치하며 같은 정대에 속해 있음을 쉽게 알 수 있다. 따라서 더 많은 대원을 그리고, 합규칙을 이용하면 더 큰 지수의 {*hkl*}면의 위치를 평사 투영도에 나타낼 수 있다.

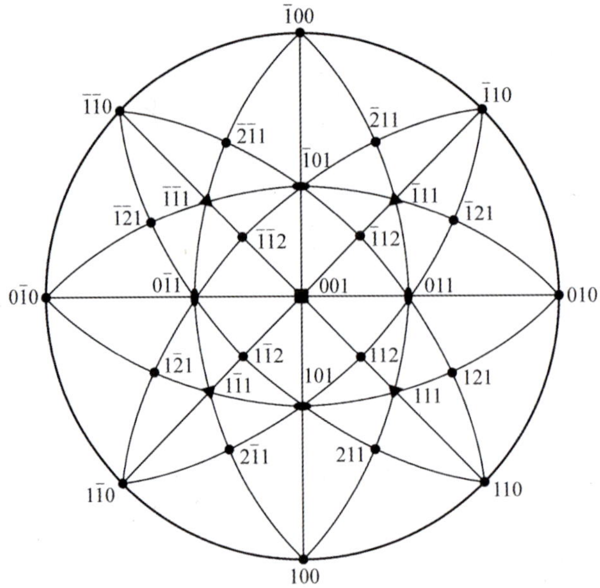

그림 4-14 그림 4-12 결정의 각 면에 대한 극점과 이 극점을 지나는 대원을 평사 투영하여 평면으로 나타낸 평사 투영도로, 회전대칭축도 함께 나타냈다.

4.3 울프망과 그 응용

1) 울프망

평사 투영을 이용하는 주목적은 결정면들이 나타내는 극점들의 대칭성을 쉽게 인지하려는 것이다. 만약 결정에서 어떤 가능한 대칭축을 찾고 있다면, 그 축으로 회전한 효과가 쉽게 상상될 수 있어야 한다. 평사 투영에서는 어떤 축을 기준으로 회전한 결과를 쉽게 시각화할 수 있다. 그림 4-7(b) 투영도에서 *NS*축(투영도의 중심)에 대해 회전시키면 투영도의 모든 점은 그 점이 위치한 위도선을 따라 이동하며, 위도선을 따르는 각거리(angular distance)는 경도선에 의해 표시되고 있다.

따라서 결정을 어떤 임의의 방향인 대칭축을 기준으로 회전시킬 때, 그림 4-15(a)처럼 그 대칭축 방향이 NS축이 되도록 기울어진 지구의 위도선과 경도선의 평사 투영도를 가지고 있으면 매우 유용할 것이다. 기울어진 지구의 투영이므로 본래의 적도면에 투영되지 않고 수평의 xy 단면에 투영된다. 이 경우 구의 가장 아랫부분이 새로운 남극이 되어 투영의 시점으로 된다. 이렇게 하여 그림 4-15(a)의 위쪽 반구의 평사 투영이 그림 4-15(b)가 된다. 그림에서 P로 표시된 축에 대해 회전이므로 투영도의 모든 점은 그 점이 위치한 위도선을 따라 이동하며, 위도선을 따르는 각거리는 경도선에 의해 표시된다.

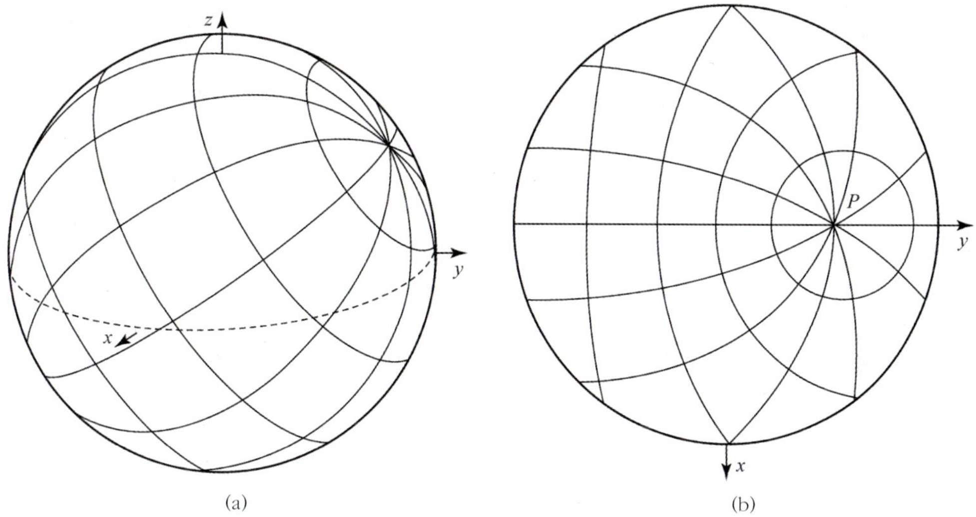

그림 4-15 (a) 기울어진 구의 위도선과 경도선, (b) xy면에서 (a)의 평사 투영

그림 4-15(b)가 기울어진 축에 의한 회전을 이해하는 데 매우 유용하지만, 결정에서 NS축에 대해 기울어져 있는 가능한 한 모든 축에 대해 이와 같은 투영도를 갖추는 것은 불가능하다. 그러나 그림 4-16과 같이 구의 NS축을 투영면의 x축이 되도록 하여 평사 투영한 투영도는 유용하게 사용된다. 이 투영도를 울프망(Wulff net)이라고 한다. 그림 4-16(a)의 투영구에서 적도선을 제외한 위도선은 소원이며, 적도선과 모든 경도선은 대원이다. 투영구의 반지름과 울프망의 반지름은 같다. 일반적으로 울프망에서 위도선과 경도선의 간격은 각각 2°로 제작된다.

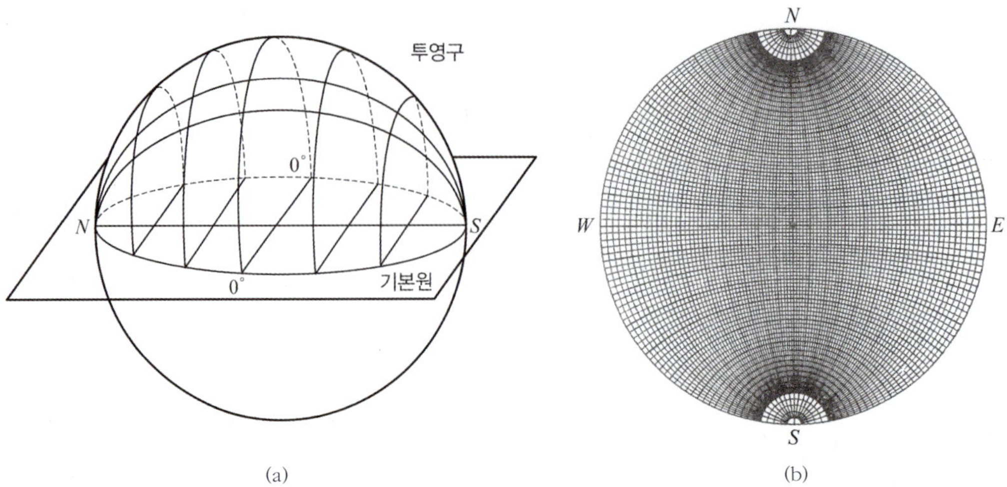

그림 4-16 (a) 울프망 제작을 위한 투영구 배치, (b) 2° 간격으로 제작된 울프망

2) 각도 측정

울프망을 이용하여 평사 투영도를 해석하려면 투영도의 기본원과 같은 크기의 울프망을 사용해야 한다. 투영도와 울프망 중 하나는 투명한 재질을 사용하고, 둘의 중심이 일치하도록 겹쳐 중심에 핀을 꽂아 자유롭게 회전할 수 있도록 한다. 극점 사이의 각도를 측정하기 위해서는 두 극점이 하나의 대원 위에 놓이도록 투영도 또는 울프망을 회전시킨다.

그림 4-17과 같이 극점을 울프망의 대원인 경도선 또는 적도선에 위치시킨다. 경도선에 위치하는 경우는 두 극점 사이의 위도선의 수를 세고, 적도선에 위치하는 경우는 경도선의 수를 세어 각도를 읽는다. 편의상 울프망의 간격을 10°로 나타냈다. 기억해야 할 것은, 두 극점 사이의 각도는 두 면의 수선 사이의 각도이지, 결정에서 두 면이 이루는 이면각(dihedral angle)이 아니라는 것이다. 그림 4-18과 같이 면 P_1과 P_2의 극점이 투영도의 대원(정대 원)에 놓여 있어 극점 사이의 각도(ϕ)와 이면각(θ)은 단순히 $\phi = 180^o - \theta$의 관계를 가진다.

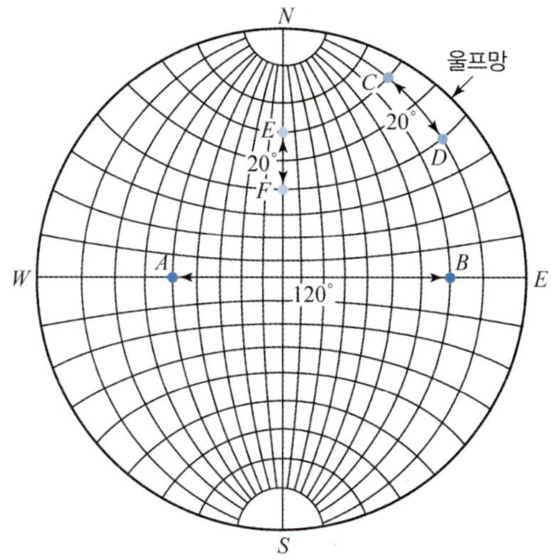

그림 4-17 울프망을 이용한 두 극점 사이의 각도 측정

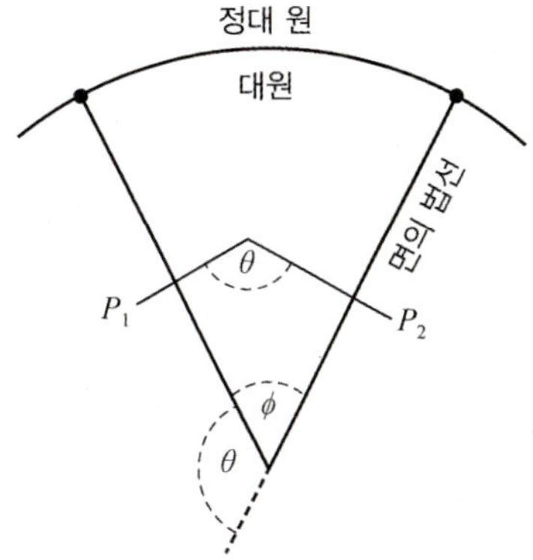

그림 4-18 두 면 P_1과 P_2가 만드는 이면각과 그 면들의 수선이 만나는 각도의 상관관계

3) 형적 그리기

면의 형적을 그리는 방법은 그림 4-11에서 설명하였다. 여기서는 울프망을 이용하여 어떤 극점이 나타내는 면의 형적을 그려보자. 그림 4-19와 같이 울프망을 겹친 후 회전시켜 극점이 적도 위에 오도록 한다. 극점에서부터 적도를 따라 경도선 수를 세어 90°가 되는 경도선(대원)을 따라 선을 긋는다. 이 선이 그 극점이 나타내는 면의 형적이다.

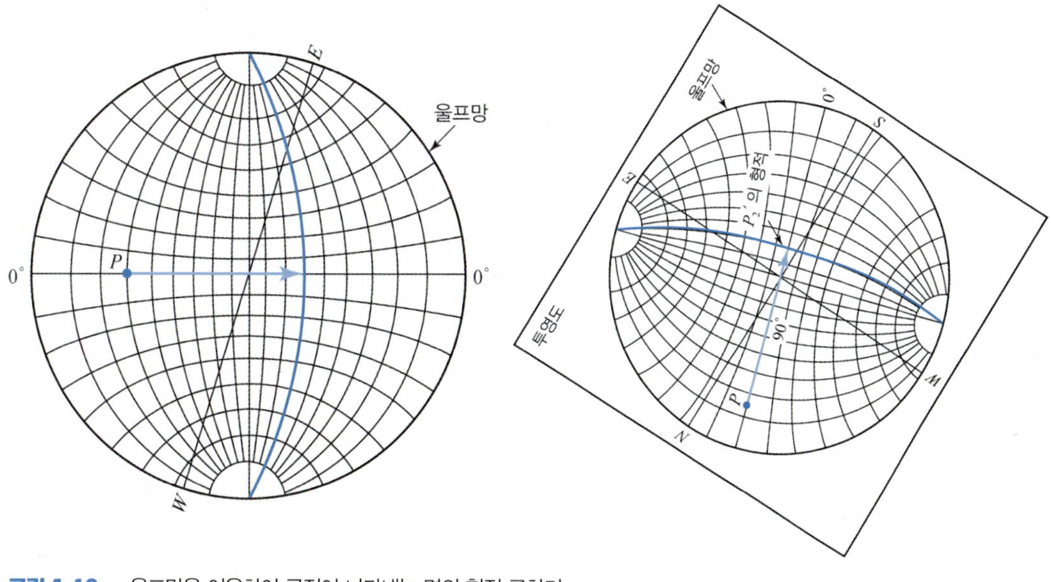

그림 4-19 울프망을 이용하여 극점이 나타내는 면의 형적 구하기

4) 극점의 회전

때로는 극점을 어떤 축에 대해 회전해야 하는 경우가 있다. 회전축에 해당하는 극점이 투영도의 기본원 위에 있으면 울프망을 투영도 위에 겹치고 회전시켜 그림 4-20과 같이 울프망의 *NS*축과 일치하도록 한다. 이후 위도선을 따라 회전 각도만큼 이동하면 된다. 예를 들어, 그림 4-20에서 *W*에서 *E* 방향으로 60° 회전하면 극점 A_1은 A_2로 위선을 따라 이동된다. 극점 B_1이 위선을 따라 이동하면 40°만 회전 표시가 가능하고 나머지 20°는 B_1'과 같이 투영도 뒤편으로 간다고 생각해야 한다.

투영도에서 이 B_1의 최종 위치는 투영도 중심에 대해 B_1'의 반대편인 B_2가 된다. 여기서 극점 A_1과 극점 A_2 사이의 각도는 60°가 아닌 것에 주의해야 한다. 극점 A_2는 극점 A_1을 *NS*축에 대해 60° 회전시킨 후 극점의 위치이지, 두 극점 사이의 각도가 60°라는 의미는 아니다. 두 극점 사이의 각도를 측정하려면 두 극점이 대원 위에 있어야 하는데, 극점 A_1과 A_2는 소원 위에 있기 때문에 소원에서 경도선의 수를 단순히 센 간격은 극점 사이의 각도가 아니다.

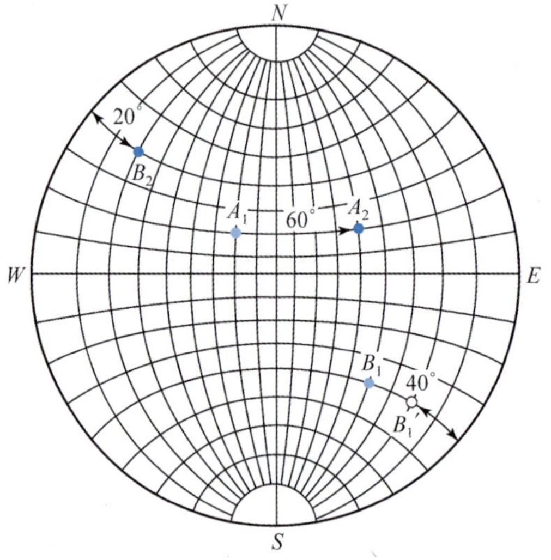

그림 4-20 기본원 위에 있는 회전축에 대한 극점의 회전

회전축인 극점이 기본원 위에 있지 않은 경우의 회전은 세 단계의 회전으로 생각할 수 있다. 첫 번째는 회전축이 투영면과 기울어져 있으므로 회전축을 투영면에 수직하게 회전하는 단계이다. 두 번째는 수직인 회전축에 대해 투상면에서 극점을 회전시키는 단계이다. 세 번째는 수직인 회전축을 원래의 기울어진 상태로 되돌리는 단계이다.

예를 들어, 그림 4-21의 극점 A_1을 극점 B_1을 회전축으로 시계 방향으로 40° 회전시킨 후의 극점의 위치를 찾아보자. 울프망을 투영도 위에 겹치고 회전시켜 극점 B_1을 적도상에 위치시킨다. 이렇게 하면 B_1을 울프망의 NS축에 대해 회전시킬 수 있다. 첫 번째로 회전축을 투영면에 수직하도록 극점 B_1을 울프망의 중심인 B_2로 48° 회전시킨다. 이때 다른 모든 극점도 회전해야 하므로 극점 A_1은 위도선을 따라 48° 회전하여 A_2로 이동해야 한다. 회전축이 투영면에 수직하게 되었으므로 두 번째 단계로 A_2를 시계 방향으로 40° 회전시킨다. A_3의 위치는 울프망을 이용하지 않고 컴퍼스 등을 이용하여 B_2에서 A_2까지의 거리를 반지름으로 하여 40° 회전시킨 위치다. 세 번째 단계는 B_2를 첫 번째 단계의 반대 방향으로 48° 회전하여 다시 B_1으로 위치시킨다. A_3 또한 위선을 따라 48° 회전하여 A_4에 위치해야 한다. 이 A_4의 위치가 극점 B_1을 회전축으로 하여 극점 A_1을 시계 방향으로 40° 회전시킨 위치이다.

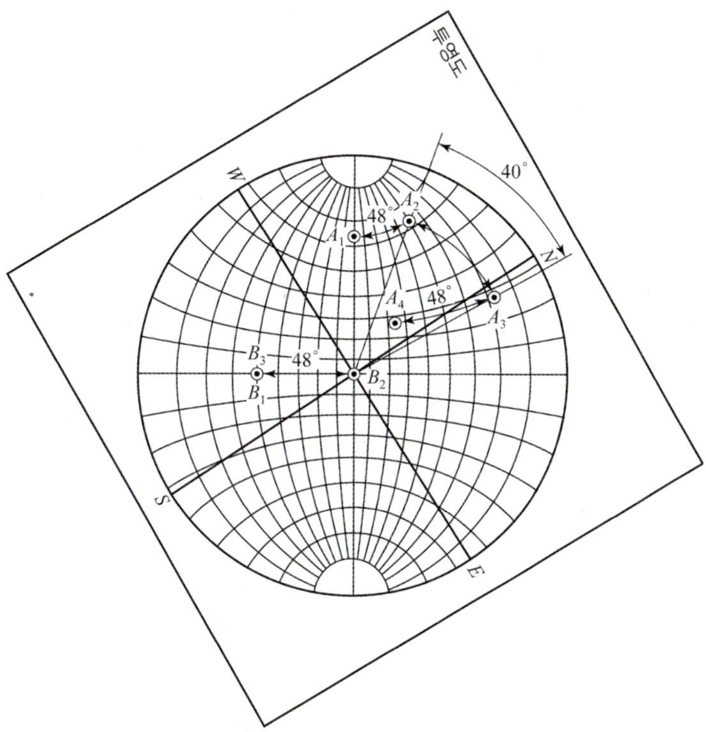

그림 4-21 기본원 위에 있지 않은 회전축(극점)에 대한 회전

결정의 방위 문제를 고찰할 때 표준 투영도(standard projection)를 이용하면 중요한 면의 상대적 방향을 직관적으로 알 수 있어 매우 유용하다. 표준 투영도를 만들 때 (100), (110), (111) 또는 (0001)과 같이 지수가 낮은 중요 결정면을 투영면으로 한다. 예로 그림 4-12부터 그림 4-14까지의 과정에서 001 표준 입방 평사 투영도를 만드는 과정을 살펴보았다. 011 표준 입방 평사 투영도도 같은 방법으로 만들 수 있으나, 001 표준 투영도의 모든 극점을 투영도의 NS축에 대해 45° 회전시켜 만들 수도 있다. 001 표준

투영도에서 011 극점을 NS 축에 대해 좌측으로 45° 회전시키면 011 극점이 투영도의 중심에 위치하기 때문이다.

5) 극점 지수 구하기

결정의 평사 투영도에서 극점의 지수를 결정해야 하는 경우도 있다. 그림 4-22(a)의 극점 A의 지수를 구해보자. 상세한 표준 투영도가 있다면 찾으려는 극점이 있는 투영도를 겹쳐서 일치하는 것을 찾아 쉽게 그 극점의 지수를 결정할 수 있다. 다른 방법은 그림 4-22(b)와 같이 극점 A의 지수가 hkl이라면 극점 A의 방향은 면(hkl)에 수직이고, 좌표축 a, b, c와 각각 ρ, σ, τ 각도로 기울어져 있다. 원점과 (hkl) 면과의 수직 거리를 d라고 하고, (hkl)면이 좌표축과 만나는 지점을 $\frac{a}{h}$, $\frac{b}{k}$, $\frac{c}{l}$이라고 하면,

$$\cos\rho = \frac{d}{\frac{a}{h}}, \quad \cos\sigma = \frac{d}{\frac{b}{k}}, \quad \cos\tau = \frac{d}{\frac{c}{l}}$$

이고,

$$h : k : l = a\cos\rho : b\cos\sigma : c\cos\tau$$

이다. 여기서 ρ, σ, τ 각도는 그림 4-22(a)의 투영도에서 측정한다.

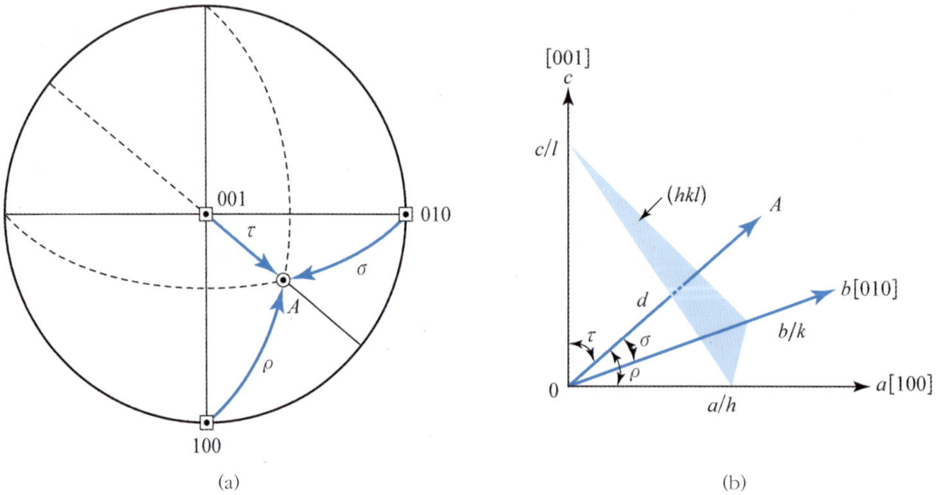

그림 4-22 평사 투영도에서 극점의 지수 결정

6) 형적을 이용하여 내부 면의 극점 구하기

결정은 쌍정(twin), 적층 결함(stacking fault), 철강의 상변태에 의한 마텐자이트판(martensite plate)과 같이 내부 평면 또는 판 모양의 특징을 포함하기도 한다. 내부 평면은 결정 표면과 만나 선으로 관찰되며, 평사 투영을 이용하여 그 면의 형적을 찾고 면지수를 알아낼 수 있다.

그림 4-23(a)에서는 두 표면 A와 B가 각도 ϕ로 만나며, 그 교차선을 POQ라고 한다. 표면 A 위에 선 MOM'이 교차선 POQ와 θ_A의 각도로 있고, 표면 B 위의 선 TOT'이 교차선 POQ와 θ_B 각도로 있을 때, 결정면 MOT의 면지수를 알아보자.

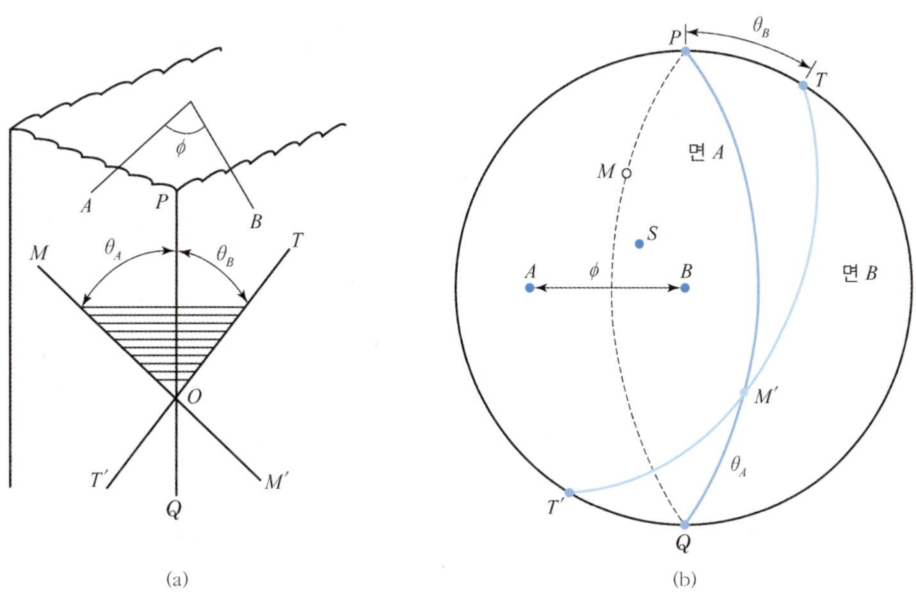

그림 4-23 내부 면이 평행하지 않은 두 표면에 선으로 표시될 때 형적을 이용하여 그 면의 극점 구하기

그림 4-23(b)와 같이 투영도를 극점 B가 중심이 되도록 그리면 기본원은 면 B의 형적에 해당한다. 울프망을 이용하여 적도선상에 극점 B에서 ϕ만큼 떨어진 위치에 극점 A를 표시하고, 극점 A에서 90° 인 대원을 이용하여 면 A의 형적을 그린다. 면 A와 B의 교차선 POQ는 두 면이 만나는 곳이므로 투영도에서는 두 면의 형적이 교차하는 지점이 된다. 면 B에서 선 TO는 선 PO를 시계 방향으로 θ_B만큼 회전시킨 위치이므로 투영도에서 극점 B를 회전축으로 하여 극점 P와 Q를 θ_B만큼 회전시키면 극점 T와 T'의 위치가 된다. 극점 T와 T'을 지나는 모든 대원은 직선 TOT'을 지나는 모든 면들의 형적이다. 이 중에서 직선 MOM'도 지나는 면을 찾아보자. 면 A에서 선 MO는 선 PO를 반시계 방향으로 θ_A

만큼 회전시킨 위치이므로 투영도에서 극점 A를 회전축으로 하여 극점 P와 Q를 θ_A만큼 회전시키면 극점 M과 M'의 위치가 된다. 울프망을 이용하여 극점 T, M', T'을 지나는 대원을 그리면 이 원이 면 MOT의 형적이 된다. 다시 울프망을 이용하여 형적으로부터 면의 극점을 찾아 표시한다(극점 S). 따라서 면 MOT의 밀러 지수는 극점 S의 지수를 찾는 것으로 그림 4-22의 방법으로 찾을 수 있다.

쌍정 등의 내부 평면을 가지는 금속의 두 면을 ϕ각도가 되도록 폴리싱하고 에칭하면 내부 평면이 표면과 만나는 부분이 에칭의 차이로 그림과 같이 MO 및 TO 직선처럼 노출된다. 결정의 X-선 회절 방법 중 라우에 후방산란법(Laue back reflection technique)으로 두 표면의 면지수를 실험적으로도 찾을 수 있다.

연습문제

1. 투영면이 적도면이 되도록 하여 팔면체의 평사투영 과정을 설명하시오.

2. 입방결정에서 두 면이 결정축과 이루는 각도가 다음과 같다. 다음 물음에 답하시오.

구분	x축	y축	z축
면 A	+36.5°	+57.5°	+74.5°
면 B	−48.2°	−70.5°	+48.2°

(a) x, y, z축을 중심으로 하는 소원들의 공통 교차들로부터 표준 투영상에서 이 면들의 위치를 찾고, 해당 면의 밀러 지수를 구하시오.

(b) 울프망을 이용하여 면 A와 면 B 사이의 각도를 구하시오. 또한 면 A와 $(\bar{1}\bar{1}1)$, 면 B와 (101), 면 B와 $(\bar{1}01)$ 사이의 각도를 구하시오.

3. 입방 결정의 (001) 표준 평사 투영도와 울프망을 이용하여 평사 투영도에 추가적인 대원을 그리고, (212)와 $(\bar{3}32)$ 위치를 표시하시오. 또한 각 면이 x, y, z축과 이루는 각도 α, β, γ를 구하고, $\cos\alpha : \cos\beta : \cos\gamma$ 비율이 $h : k : l$ 비율인지 확인하시오.

정답

1. 생략

2. (a) 면 A의 밀러 지수: (321), 면 B의 밀러 지수: $(\bar{2}\bar{1}2)$

   (b) 면 A와 면 B: 121°, 면 A와 $(\bar{1}\bar{1}1)$: 126°

   면 B와 (101): 90°, 면 B와 $(\bar{1}01)$: 19°

3. (212)가 x, y, z축과 이루는 각도 α, β, γ는 48°, 71°, 48° 그러므로 2:1:2

   $(\bar{3}\bar{3}2)$가 x, y, z축과 이루는 각도 α, β, γ는 −50°, −50°, 65° 그러므로 $\bar{3}$: $\bar{3}$: 1

chapter 5

역격자

5.1 역격자 벡터의 수학적 정의

5.2 역격자 벡터의 기하학적 정의

5.3 결정 격자의 면간 거리와 면간 각

7결정계와 14브라베 격자 및 230공간군 등은 결정 격자의 모양과 원자 배열을 구분하는 데 사용되지만, 그 크기가 매우 작아 가시적으로는 직접적으로 알 수 없다. 따라서 X-선 또는 전자를 결정에 회절시켜 회절상을 얻어 가시화하여 격자 구조를 알아낸다. 이때 회절상으로 나타나는 패턴을 역격자(reciprocal lattice)라고 한다.

5.1 역격자 벡터의 수학적 정의

어떤 결정 격자의 단격자 단위포를 정의하는 기본 벡터 $\vec{a_1}, \vec{a_2}, \vec{a_3}$가 있다면, 이 결정 격자에 해당하는 역격자의 단위포는 다음과 같이 정의되는 역격자 벡터 $\vec{b_1}, \vec{b_2}, \vec{b_3}$에 의해 나타낼 수 있다.

$$\vec{b_1} = \frac{\vec{a_2} \times \vec{a_3}}{V}, \quad \vec{b_2} = \frac{\vec{a_3} \times \vec{a_1}}{V}, \quad \vec{b_3} = \frac{\vec{a_1} \times \vec{a_2}}{V}$$

$$V = \vec{a_1} \cdot (\vec{a_2} \times \vec{a_3}) = \vec{a_2} \cdot (\vec{a_3} \times \vec{a_1}) = \vec{a_3} \cdot (\vec{a_1} \times \vec{a_2}) \tag{5.1}$$

여기서 V는 결정 격자 단위포의 체적이다. 역으로 역격자 벡터와 역격자 단위포의 체적으로부터 결정 격자 벡터가 다음과 같은 관계를 가진다는 것도 유용하다. 여기서 V^*는 역격자 단위포의 체적이다.

$$\vec{a_1} = \frac{\vec{b_2} \times \vec{b_3}}{V^*} = (\vec{b_2} \times \vec{b_3}) \cdot V$$

$$\vec{a_2} = \frac{\vec{b_3} \times \vec{b_1}}{V^*} = (\vec{b_3} \times \vec{b_1}) \cdot V$$

$$\vec{a_3} = \frac{\vec{b_1} \times \vec{b_2}}{V^*} = (\vec{b_1} \times \vec{b_2}) \cdot V$$

$$V^* = \vec{b_1} \cdot (\vec{b_2} \times \vec{b_3}) = \frac{\vec{a_2} \times \vec{a_3}}{V} \cdot \frac{\vec{a_1}}{V} = \frac{1}{V} \tag{5.2}$$

식 (5.1)의 역격자 벡터 정의로부터 역격자 벡터 $\overrightarrow{b_1}$은 결정 격자 벡터 $\overrightarrow{a_2}$와 $\overrightarrow{a_3}$가 만드는 평면에 수직인 방향이다. 따라서

$$\overrightarrow{b_1} \cdot \overrightarrow{a_2} = \frac{\overrightarrow{a_2} \times \overrightarrow{a_3}}{V} \cdot \overrightarrow{a_2} = 0$$
$$\overrightarrow{b_1} \cdot \overrightarrow{a_3} = \frac{\overrightarrow{a_2} \times \overrightarrow{a_3}}{V} \cdot \overrightarrow{a_3} = 0 \tag{5.3}$$

이다. 마찬가지로 역격자 벡터 $\overrightarrow{b_2}$는 $\overrightarrow{a_1}$과 $\overrightarrow{a_2}$가 만드는 면에 수직이며, $\overrightarrow{b_3}$는 $\overrightarrow{a_1}$과 $\overrightarrow{a_2}$가 만드는 면에 수직인 방향이다. 따라서

$$\overrightarrow{b_2} \cdot \overrightarrow{a_3} = \overrightarrow{b_2} \cdot \overrightarrow{a_1} = 0$$
$$\overrightarrow{b_3} \cdot \overrightarrow{a_1} = \overrightarrow{b_3} \cdot \overrightarrow{a_2} = 0 \tag{5.4}$$

이다. 반면,

$$\overrightarrow{b_1} \cdot \overrightarrow{a_1} = \frac{\overrightarrow{a_2} \times \overrightarrow{a_3}}{\overrightarrow{a_1} \cdot \left(\overrightarrow{a_2} \times \overrightarrow{a_3}\right)} \cdot \overrightarrow{a_1} = 1$$
$$\overrightarrow{b_2} \cdot \overrightarrow{a_2} = \overrightarrow{b_3} \cdot \overrightarrow{a_3} = 1 \tag{5.5}$$

이다. 일반적으로 역격자 벡터와 결정 격자 벡터의 내적(dot product)은

$$\overrightarrow{b_i} \cdot \overrightarrow{a_j} = \delta_{ij}$$
$$i = j \text{이면 } \delta_{ij} = 1$$
$$i \neq j \text{이면 } \delta_{ij} = 0 \tag{5.6}$$

이다.

그림 5-1은 역격자 벡터와 결정 격자 벡터의 관계를 나타낸다. 사방정, 정방정, 입방정에서는 결정 격자 벡터 $\vec{a_1}$, $\vec{a_2}$, $\vec{a_3}$가 서로 수직이므로 역격자 벡터 $\vec{b_1}$ $\vec{b_2}$, $\vec{b_3}$는 각각 $\vec{a_1}$, $\vec{a_2}$, $\vec{a_3}$에 평행하다. 즉, 역격자 벡터와 결정 격자 벡터가 평행한 방향을 가진다.

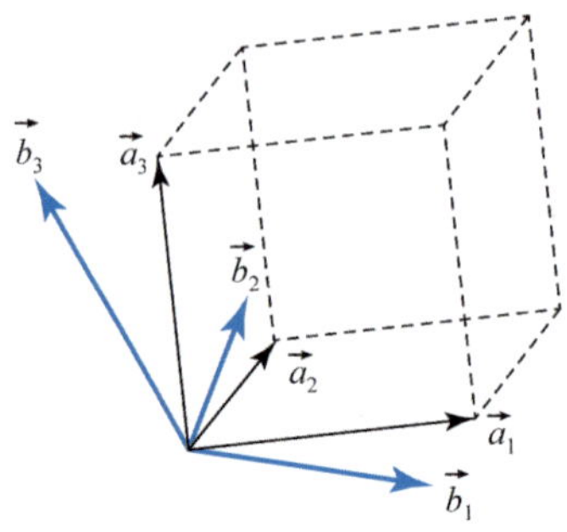

그림 5-1 결정 격자 벡터와 역격자 벡터와의 방향 관계

역격자 벡터 $\vec{b_1}$과 결정 격자 벡터 $\vec{a_1}$가 이루는 각이 θ_1이라면 식 (5.5)와 같이 두 벡터의 내적은 1이므로 역격자 벡터의 크기는

$$\vec{b_1} \cdot \vec{a_1} = |\vec{b_1}||\vec{a_1}|\cos\theta_1 = 1$$

$$|\vec{b_1}| = \frac{1}{|\vec{a_1}|\cos\theta_1} \tag{5.7}$$

가 된다. 마찬가지로 $\vec{b_2}$와 $\vec{a_2}$ 사잇각이 θ_2이고 $\vec{b_3}$와 $\vec{a_3}$ 사잇각이 θ_3이면 역격자 벡터의 크기는 각각

$$|\vec{b_2}| = \frac{1}{|\vec{a_2}|\cos\theta_2}$$

$$|\vec{b_3}| = \frac{1}{|\vec{a_3}|\cos\theta_3} \tag{5.8}$$

이다. 사방정, 정방정, 입방정에서는 역격자 벡터와 결정 격자 벡터가 평행하므로 θ_1, θ_2, θ_3는 0이다. 따라서 $\cos\theta_i = 1$이므로

$$|\vec{b_1}| = \frac{1}{|\vec{a_1}|},\quad |\vec{b_2}| = \frac{1}{|\vec{a_2}|},\quad |\vec{b_3}| = \frac{1}{|\vec{a_3}|} \tag{5.9}$$

이다. 사방정, 정방정, 입방정에서 역격자 벡터의 크기는 결정 격자 벡터 크기의 역수에 해당한다.

결정 격자에서 일반 격자 벡터를 $\vec{r} = u\vec{a_1} + v\vec{a_2} + w\vec{a_3}$로 나타내는 것과 같이, 역격자에서도 일반 역격자 벡터를 $\vec{H} = h\vec{b_1} + k\vec{b_2} + l\vec{b_3}$로 나타낸다. 그림 5-2와 같이 결정 격자에서 면지수가 (hkl)인 면 중 원점에 가장 가까이 있는 ABC를 생각해보자. 면의 밀러 지수 표시의 정의에 따라 원점에서 점 A, B, C까지의 벡터는 각각 $\vec{a_1}/h$, $\vec{a_2}/k$, $\vec{a_3}/l$이다.

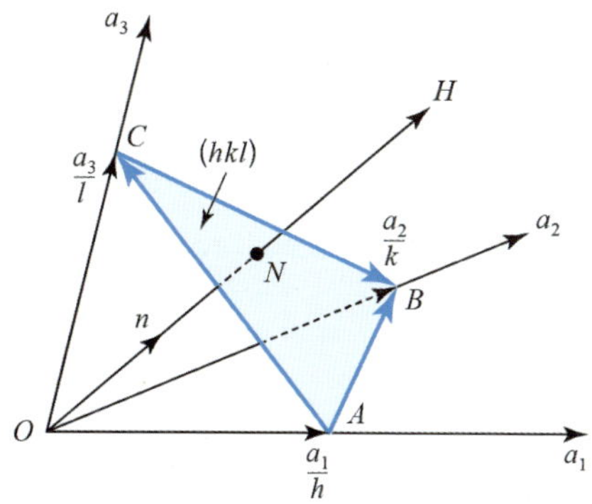

그림 5-2 결정면 (hkl)과 역격자 벡터 $\vec{H}$와의 관계

$$\frac{\vec{a_1}}{h} + \overrightarrow{AB} = \frac{\vec{a_2}}{k} \tag{5.10}$$

이므로,

$$\overrightarrow{AB} = \frac{\vec{a_2}}{k} - \frac{\vec{a_1}}{h} \tag{5.11}$$

이다. 역격자 벡터 $\vec{H}$의 방향을 알기 위해 $\overrightarrow{AB}$와 $\vec{H}$의 내적을 구하면

$$\vec{H} \cdot \overrightarrow{AB} = \left(h\vec{b_1} + k\vec{b_2} + l\vec{b_3}\right) \cdot \left(\frac{\vec{a_2}}{k} - \frac{\vec{a_1}}{h}\right) \tag{5.12}$$

이고, 식 (5.6)의 관계를 이용하여 계산하면

$$\vec{H} \cdot \overrightarrow{AB} = 1 - 1 = 0 \tag{5.13}$$

이다. 두 벡터의 내적이 0이므로 두 벡터가 이루는 각도는 90°이다. 즉, 역격자 벡터 $\vec{H}$는 $\overrightarrow{AB}$에 수직이다. 같은 방법으로 $\vec{H}$가 $\overrightarrow{AC}$에 수직인 것을 확인할 수 있다. $\vec{H}$가 (hkl)면에 있는 두 벡터와 수직이므로, 역격자 벡터 $\vec{H} = h\vec{b_1} + k\vec{b_2} + l\vec{b_3}$는 결정 격자 (hkl)면에 수직이다.

면 (hkl)에 수직한 $\vec{H}$의 방향으로 단위 벡터를 $\vec{n}$이라고 하면

$$ON = \frac{\vec{a_3}}{l} \cdot \vec{n} \tag{5.14}$$

이고,

$$\vec{n} = \frac{\vec{H}}{|\vec{H}|} \tag{5.15}$$

이다. ON은 (hkl)면의 면간 거리(d_{hkl})이므로

$$\begin{aligned} d_{hkl} = ON &= \frac{\vec{a_3}}{l} \cdot \frac{\vec{H}}{|\vec{H}|} \\ &= \frac{\vec{a_3}}{l} \cdot \frac{(h\vec{b_1} + k\vec{b_2} + l\vec{b_3})}{|\vec{H}|} \\ &= \frac{1}{|\vec{H}|} \end{aligned} \tag{5.16}$$

이다. 즉, 역격자 벡터 $\vec{H}_{hkl}$의 크기는 결정 격자에서 (hkl)면의 면간 거리(d_{hkl})의 역수에 해당한다.

5.2 역격자 벡터의 기하학적 정의

어떤 면을 기하학적으로 설명할 때는 결정에서 그 면의 방향과 면간 거리를 사용한다. 면의 방향은 그 면에 수직인 법선 방향으로 정의한다. 그림 5-3(a)는 지면에 수직한 두 개의 면 1과 2를 그린 것이다. 두 면의 면간 거리는 각각 d_1과 d_2로 다르며, 두 면은 직교하지 않는다. 그림 5-3(b)는 두 면에 각각 수직한 방향을 공통 원점으로 그린 것으로 면의 방향을 나타내지만, 면간 거리 정보는 제공하지 않는다. 그림 5-3(c)는 면의 방향과 면간 거리 정보까지 포함한 역격자 벡터 $\overrightarrow{H_1}$과 $\overrightarrow{H_2}$를 나타낸 것이다. 역격자 벡터 $\overrightarrow{H_1} = K/d_1$이고 $\overrightarrow{H_2} = K/d_2$이며, 여기서 K는 비례상수로 1이거나 X-선 또는 전자선 회절에서는 파장에 해당한다. 그림 5-3(c)에서 1과 2로 표기한 역격자 벡터의 끝점(역격자점)은 각각 면 1과 면 2에 해당하며, 화살표 대신에 사각형 점으로 나타냈다. 역격자 벡터의 차원(dimension)은 1/길이(K=1인 경우)이다.

그림 5-4는 그림 5-3에 세 번째 면을 추가한 것으로, 면 3의 법선 방향[그림 5-4(b)]과 역격자 벡터[그림 5-4(c)] $\overrightarrow{H_3}$을 나타냈다. 직관적으로 벡터 합에 의해 $\overrightarrow{H_1} + \overrightarrow{H_2} = \overrightarrow{H_3}$가 되는 것으로부터 역격자점 1, 2, 3이 격자를 만드는 것을 볼 수 있다.

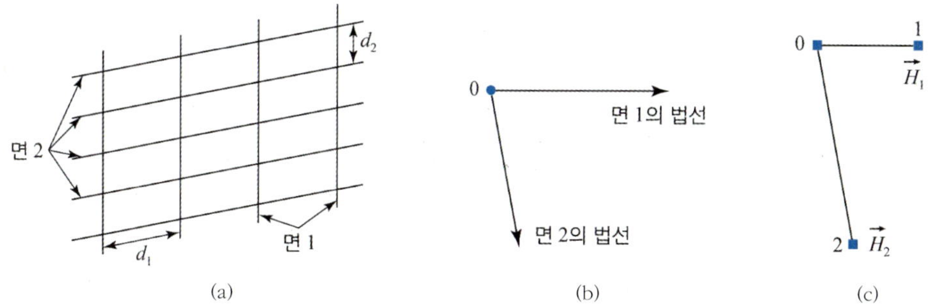

그림 5-3 (a) 지면에 수직한 면 1과 2의 세트, (b) 면 1과 면 2의 법선을 공통 원점에 대해 그린 것, (c) 역격자 벡터 $\overrightarrow{H_1}$과 $\overrightarrow{H_2}$로 1면과 2면의 정의

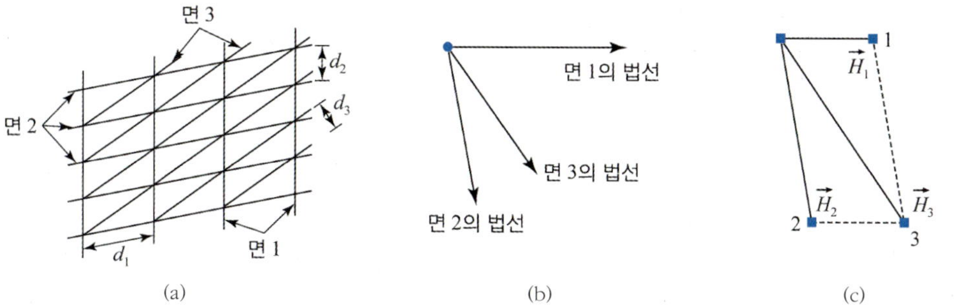

그림 5-4 그림 5-3에 (a) 면 3의 세트 추가, (b) 면 3의 법선을 공통 원점에 대해 그린 것, (c) 역격자 벡터 $\overrightarrow{H_3}$의 추가. $\overrightarrow{H_3} = \overrightarrow{H_1} + \overrightarrow{H_2}$로 역격자점들이 격자를 만듦

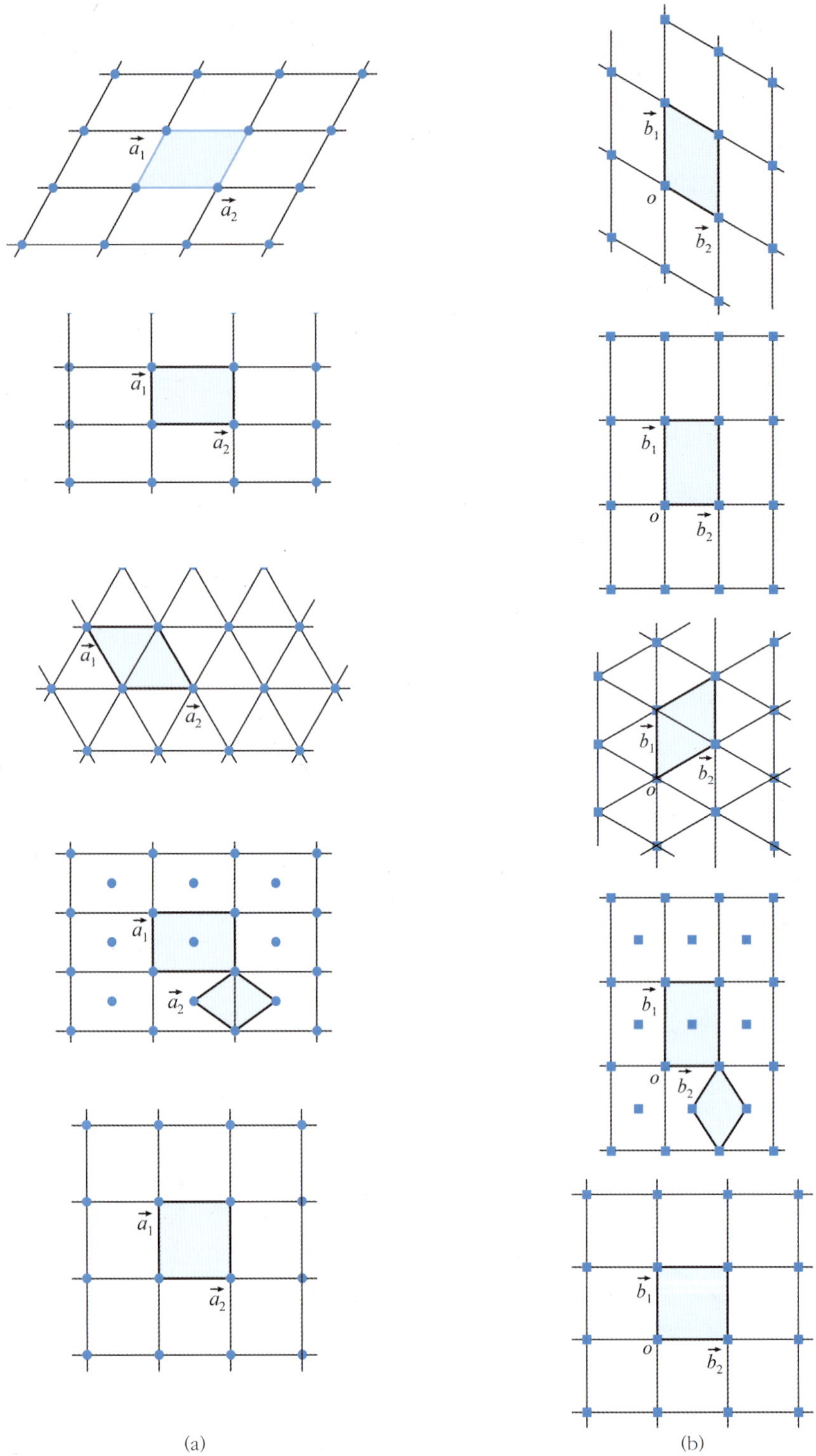

그림 5-5 (a) 2차원 격자와 단위포, (b) 해당되는 역격자와 단위포. a_1과 a_2는 결정 격자 벡터이고, b_1과 b_2는 역격자 벡터이다(중심사각형 역격자는 $\frac{1}{2}$ 크기로 나타냄).

결정 격자와 역격자와의 관계를 다양하게 볼 수 있도록, 그림 5-5에 5가지 2차원 격자에 대응하는 역격자를 나타냈다. 또한 그림 5-6에 예시로 사방정 결정 격자와 역격자의 관계를 a_3축에 수직한 평면에 나타냈다. 사방정은 결정 격자 벡터 $\overrightarrow{a_1}$, $\overrightarrow{a_2}$, $\overrightarrow{a_3}$가 서로 수직이므로 역격자 벡터 $\overrightarrow{b_1}$ $\overrightarrow{b_2}$, $\overrightarrow{b_3}$는 각각 $\overrightarrow{a_1}$, $\overrightarrow{a_2}$, $\overrightarrow{a_3}$에 평행하다. 역격자 벡터의 크기는 $|\overrightarrow{b_1}| = 1/d_{100}$, $|\overrightarrow{b_2}| = 1/d_{010}$, $|\overrightarrow{b_3}| = 1/d_{001}$이다. $(0k0)$면들의 역격자점은 $\overrightarrow{b_2}$ 방향으로 $|\overrightarrow{b_2}|$에 k배의 거리에 위치한다. 예를 들어, (020)면의 역격자점은 $\overrightarrow{b_2}$ 방향으로 $2|\overrightarrow{b_2}| = 2 \times 1/d_{010}$이다. 즉, 원점으로부터 (010)면의 역격자점보다 2배 거리에 위치한다. 마찬가지로 $(h00)$과 $(00l)$면들의 역격자점은 $\overrightarrow{b_1}$, $\overrightarrow{b_3}$ 방향으로 각각 $|\overrightarrow{b_1}|$에 h배, $|\overrightarrow{b_3}|$에 l배의 거리에 위치한다.

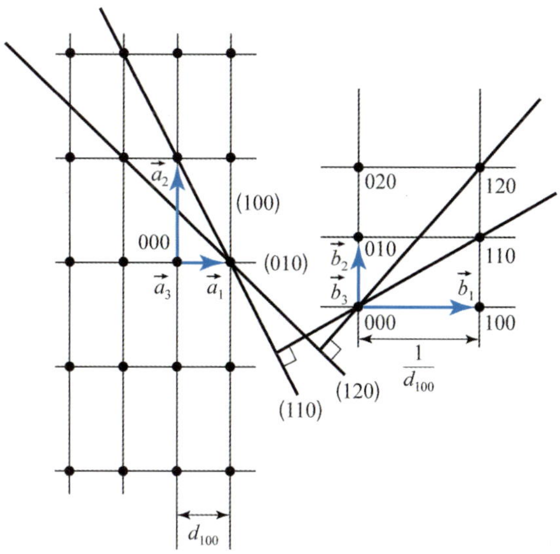

그림 5-6 결정 격자와 역격자의 상호관계

그림 5-6에서 알 수 있듯이 역격자 벡터 $\overrightarrow{H_{hkl}}$은 결정 격자의 hkl면에 수직이며, 역격자에서 격자점 hkl의 위치(position) 벡터이다. 그러므로 결정 격자에서 면의 밀러 지수인 hkl이 역격자의 격자점이다. 결론적으로 역격자는 결정 격자에서 여러 다른 면의 교차를 시각화하는 어려움을 최소화하기 위해 각각의 격자점이 결정면이고, 원점으로부터 격자점까지의 거리가 그 결정면의 면간 거리의 역수가 되는 가상의 격자라고 할 수 있다.

5.3 결정 격자의 면간 거리와 면간 각

같은 벡터의 내적은 그 벡터의 스칼라 곱과 같으므로 단순히 그 벡터 크기의 제곱이 된다. 예를 들어, $\vec{a} \cdot \vec{a} = |\vec{a}||\vec{a}| = a^2$이다. 따라서 같은 역격자 벡터를 내적하면

$$\begin{aligned}\vec{H}_{hkl} \cdot \vec{H}_{hkl} = |\vec{H}_{hkl}|^2 &= (h\vec{b_1} + k\vec{b_2} + l\vec{b_3}) \cdot (h\vec{b_1} + k\vec{b_2} + l\vec{b_3}) \\ &= h^2|\vec{b_1}|^2 + k^2|\vec{b_2}|^2 + l^2|\vec{b_3}|^2 \\ &\quad + 2\{hk(\vec{b_1} \cdot \vec{b_2}) + kl(\vec{b_2} \cdot \vec{b_3}) + lh(\vec{b_3} \cdot \vec{b_1})\}\end{aligned} \tag{5.17}$$

이다. 역격자 벡터의 크기는 면간 거리 d_{hkl}의 역수에 해당하므로

$$d_{hkl} = \frac{1}{|\vec{H}_{hkl}|} = \begin{bmatrix} h^2|\vec{b_1}|^2 + k^2|\vec{b_2}|^2 + l^2|\vec{b_3}|^2 \\ + 2\{hk(\vec{b_1} \cdot \vec{b_2}) + kl(\vec{b_2} \cdot \vec{b_3}) + lh(\vec{b_3} \cdot \vec{b_1})\} \end{bmatrix}^{-\frac{1}{2}} \tag{5.18}$$

이다.

벡터의 내적으로부터 두 벡터 사이의 각을 알 수 있다. 예를 들어, 두 벡터 사이의 각이 ϕ라면 $\vec{x} \cdot \vec{y} = |\vec{x}||\vec{y}|\cos\phi$이다. 역격자 벡터 $\vec{H}_{hkl} = h\vec{b_1} + k\vec{b_2} + l\vec{b_3}$는 결정 격자 (hkl)면에 항상 수직이므로 면 $(h_1k_1l_1)$와 면$(h_2k_2l_2)$ 사이의 각도는 $\vec{H}_{h_1k_1l_1}$와 $\vec{H}_{h_2k_2l_2}$ 사이의 각도와 같다. 두 역격자 벡터 사이의 각을 ϕ라고 하면

$$\cos\phi = \frac{\vec{H}_{h_1k_1l_1} \cdot \vec{H}_{h_2k_2l_2}}{|\vec{H}_{h_1k_1l_1}||\vec{H}_{h_2k_2l_2}|} = \frac{(h_1\vec{b_1} + k_1\vec{b_2} + l_1\vec{b_3}) \cdot (h_2\vec{b_1} + k_2\vec{b_2} + l_2\vec{b_3})}{|\vec{H}_{h_1k_1l_1}||\vec{H}_{h_2k_2l_2}|} \tag{5.19}$$

이다. 역격자 벡터 크기 역수는 식 (5.18)에 있으므로 이를 이용하여 식 (5.19)를 정리하면

$$\begin{aligned}\cos\phi = &\frac{h_1h_2|\vec{b_1}|^2 + k_1k_2|\vec{b_2}|^2 + l_1l_2|\vec{b_3}|^2 + (h_1k_2 + h_2k_1)(\vec{b_1} \cdot \vec{b_2})}{\left[h_1^2|\vec{b_1}|^2 + k_1^2|\vec{b_2}|^2 + l_1^2|\vec{b_3}|^2 + 2\{h_1k_1(\vec{b_1} \cdot \vec{b_2}) + k_1l_1(\vec{b_2} \cdot \vec{b_3}) + l_1h_1(\vec{b_3} \cdot \vec{b_1})\}\right]^{-\frac{1}{2}}} \\ &\frac{+ (k_1l_2 + k_2l_1)(\vec{b_2} \cdot \vec{b_3}) + (l_1h_2 + l_2h_1)(\vec{b_3} \cdot \vec{b_1})}{\left[h_2^2|\vec{b_1}|^2 + k_2^2|\vec{b_2}|^2 + l_2^2|\vec{b_3}|^2 + 2\{h_2k_2(\vec{b_1} \cdot \vec{b_2}) + k_2l_2(\vec{b_2} \cdot \vec{b_3}) + l_2h_2(\vec{b_3} \cdot \vec{b_1})\}\right]^{-\frac{1}{2}}}\end{aligned} \tag{5.20}$$

이다.

따라서 식 (5.17)과 (5.18)을 이용하여 7결정계의 면간 거리와 면간 각을 계산할 수 있다.

1) 입방정

입방정은 격자상수 $a=b=c$이고 $\alpha=\beta=\gamma=90°$이므로 식 (5.7)과 (5.8)로부터 $|\overrightarrow{b_1}|=|\overrightarrow{b_2}|=|\overrightarrow{b_3}|=1/a$이고, 역격자의 세 축 사이의 각도는 모두 90°이다. 따라서 $(\overrightarrow{b_1}\cdot\overrightarrow{b_2})$, $(\overrightarrow{b_2}\cdot\overrightarrow{b_3})$, $(\overrightarrow{b_3}\cdot\overrightarrow{b_1})$는 모두 0이다. 식 (5.18)로부터 입방정의 면간 거리는

$$d_{hkl}=\frac{a}{\sqrt{h^2+k^2+l^2}} \tag{5.21}$$

이다. 면간 각은 식 (5.20)으로부터

$$\cos\phi=\frac{h_1h_2+k_1k_2+l_1l_2}{\sqrt{h_1^2+k_1^2+l_1^2}\sqrt{h_2^2+k_2^2+l_2^2}} \tag{5.22}$$

이므로 각도 ϕ를 구할 수 있다.

2) 정방정

정방정은 격자상수 $a=b\neq c$이고 $\alpha=\beta=\gamma=90°$이므로 식 (5.7)과 (5.8)로부터 $|\overrightarrow{b_1}|=|\overrightarrow{b_2}|=1/a$, $|\overrightarrow{b_3}|=1/c$이고, 역격자의 세 축 사이의 각도는 모두 90°이다. 따라서 $(\overrightarrow{b_1}\cdot\overrightarrow{b_2})$, $(\overrightarrow{b_2}\cdot\overrightarrow{b_3})$, $(\overrightarrow{b_3}\cdot\overrightarrow{b_1})$는 모두 0이다. 식 (5.18)로부터 정방정의 면간 거리는

$$d_{hkl}=\frac{1}{\sqrt{\frac{h^2+k^2}{a^2}+\frac{l^2}{c^2}}} \tag{5.23}$$

이다. 면간 각은 식 (5.20)으로부터

$$\cos\phi = \frac{\dfrac{h_1h_2+k_1k_2}{a^2}+\dfrac{l_1l_2}{c^2}}{\sqrt{\dfrac{h_1^2+k_1^2}{a^2}+\dfrac{l_1^2}{c^2}}\sqrt{\dfrac{h_2^2+k_2^2}{a^2}+\dfrac{l_2^2}{c^2}}} \tag{5.24}$$

이다.

3) 사방정

사방정은 격자상수 $a \neq b \neq c$이고 $\alpha = \beta = \gamma = 90°$이므로 식 (5.7)과 (5.8)로부터 $|\overrightarrow{b_1}| = 1/a$, $|\overrightarrow{b_2}| = 1/b$, $|\overrightarrow{b_3}| = 1/c$이고, 역격자의 세 축 사이의 각도는 모두 90°이다. 따라서 $(\overrightarrow{b_1} \cdot \overrightarrow{b_2})$, $(\overrightarrow{b_2} \cdot \overrightarrow{b_3})$, $(\overrightarrow{b_3} \cdot \overrightarrow{b_1})$는 모두 0이다. 식 (5.18)로부터 사방정의 면간 거리는

$$d_{hkl} = \frac{1}{\sqrt{\dfrac{h^2}{a^2}+\dfrac{k^2}{b^2}+\dfrac{l^2}{c^2}}} \tag{5.25}$$

이다. 면간 각은 식 (5.20)으로부터

$$\cos\phi = \frac{\dfrac{h_1h_2}{a^2}+\dfrac{k_1k_2}{b^2}+\dfrac{l_1l_2}{c^2}}{\sqrt{\dfrac{h_1^2}{a^2}+\dfrac{k_1^2}{b^2}+\dfrac{l_1^2}{c^2}}\sqrt{\dfrac{h_2^2}{a^2}+\dfrac{k_2^2}{b^2}+\dfrac{l_2^2}{c^2}}} \tag{5.26}$$

이다.

4) 육방정

육방정은 격자상수 $a = b \neq c$이고 $\alpha = \beta = 90°$, $\gamma = 120°$이므로 식 (5.1)로부터

$$\begin{aligned} |\overrightarrow{b_1}| = |\overrightarrow{b_2}| &= \left|\frac{\overrightarrow{a_2}\times\overrightarrow{a_3}}{\overrightarrow{a_1}\cdot(\overrightarrow{a_2}\times\overrightarrow{a_3})}\right| = \left|\frac{bc\sin 90°}{a(bc\sin 90°)\cos 30°}\right| = \frac{2}{a\sqrt{3}} \\ |\overrightarrow{b_3}| &= \left|\frac{\overrightarrow{a_1}\times\overrightarrow{a_2}}{\overrightarrow{a_3}\cdot(\overrightarrow{a_1}\times\overrightarrow{a_2})}\right| = \left|\frac{ab\sin 120°}{c(ab\sin 120°)\cos 0°}\right| = \frac{1}{c} \end{aligned} \tag{5.27}$$

이다. 역격자의 세 축 사이의 각도를 α^*, β^*, γ^*라고 하면 $\alpha^* = \beta^* = 90°$, $\gamma^* = 120°$이므로 $(\vec{b_2} \cdot \vec{b_3})$과 $(\vec{b_3} \cdot \vec{b_1})$는 0이고

$$\vec{b_1} \cdot \vec{b_2} = \left(\frac{\vec{a_2} \times \vec{a_3}}{\vec{a_1} \cdot (\vec{a_2} \times \vec{a_3})} \right) \cdot \left(\frac{\vec{a_3} \times \vec{a_1}}{\vec{a_2} \cdot (\vec{a_3} \times \vec{a_1})} \right) = \frac{(\vec{a_2} \times \vec{a_3}) \cdot (\vec{a_3} \times \vec{a_1})}{V^2} \tag{5.28}$$

이다.

벡터의 성질에서

$$(\vec{a} \times \vec{b}) \cdot (\vec{c} \times \vec{d}) = (\vec{a} \cdot \vec{c})(\vec{b} \cdot \vec{d}) - (\vec{a} \cdot \vec{d})(\vec{b} \cdot \vec{c}) \tag{5.29}$$

이므로

$$\begin{aligned}(\vec{a_2} \times \vec{a_3}) \cdot (\vec{a_3} \times \vec{a_1}) &= (\vec{a_2} \cdot \vec{a_3})(\vec{a_3} \cdot \vec{a_1}) - (\vec{a_2} \cdot \vec{a_1})(\vec{a_3} \cdot \vec{a_3}) \\ &= (bc\cos\alpha)(ca\cos\beta) - (ba\cos\gamma)(c^2\cos 0°) \\ &= 0 - abc^2\cos 120° \\ &= \frac{abc^2}{2}\end{aligned} \tag{5.30}$$

이다. 체적 V는

$$\begin{aligned}V &= \vec{a_1} \cdot (\vec{a_2} \times \vec{a_3}) = \vec{a_1} \cdot (bc\sin\alpha\, \vec{b_1}) \\ &= abc\sin 90°\cos 30° \\ &= \frac{abc\sqrt{3}}{2}\end{aligned} \tag{5.31}$$

이므로 식 (5.28)의 $(\vec{b_1} \cdot \vec{b_2})$는 식 (5.30)과 (5.31)을 이용하여

$$\vec{b_1}\cdot\vec{b_2}=\frac{(\vec{a_2}\times\vec{a_3})\cdot(\vec{a_3}\times\vec{a_1})}{V^2}=\frac{\frac{abc^2}{2}}{\left(\frac{abc\sqrt{3}}{2}\right)^2}=\frac{2}{3ab}=\frac{1}{2}\left(\frac{2}{a\sqrt{3}}\right)^2 \tag{5.32}$$

이다. 식 (5.18), (5.27), (5.32)로부터 육방정의 면간 거리는

$$\begin{aligned} d_{hkl} &= \left[(h^2+k^2)\left(\frac{2}{a\sqrt{3}}\right)^2+l^2\left(\frac{1}{c}\right)^2+2\left\{hk\frac{1}{2}\left(\frac{2}{a\sqrt{3}}\right)^2\right\}\right]^{-\frac{1}{2}} \\ &= \frac{1}{\sqrt{\dfrac{h^2+hk+k^2}{\left(\frac{a\sqrt{3}}{2}\right)^2}+\dfrac{l^2}{c^2}}} \end{aligned} \tag{5.33}$$

이다. 면간 각은 식 (5.20), (5.27), (5.32)로부터

$$\begin{aligned} \cos\phi &= \frac{(h_1h_2+k_1k_2)\left(\frac{2}{a\sqrt{3}}\right)^2+l_1l_2\left(\frac{1}{c}\right)^2+(h_1k_2+h_2k_1)\left\{\frac{1}{2}\left(\frac{2}{a\sqrt{3}}\right)^2\right\}}{\sqrt{(h_1^2+h_1k_1+k_1^2)\left(\frac{2}{a\sqrt{3}}\right)^2+\frac{l_1^2}{c^2}}\sqrt{(h_2^2+h_2k_2+k_2^2)\left(\frac{2}{a\sqrt{3}}\right)^2+\frac{l_2^2}{c^2}}} \\ &= \frac{\dfrac{h_1h_2+k_1k_2+\frac{1}{2}(h_1k_2+h_2k_1)}{\left(\frac{a\sqrt{3}}{2}\right)^2}+l_1l_2\left(\frac{1}{c}\right)^2}{\sqrt{\dfrac{h_1^2+h_1k_1+k_1^2}{\left(\frac{2}{a\sqrt{3}}\right)^2}+\dfrac{l_1^2}{c^2}}\sqrt{\dfrac{h_2^2+h_2k_2+k_2^2}{\left(\frac{2}{a\sqrt{3}}\right)^2}+\dfrac{l_2^2}{c^2}}} \\ &= \frac{h_1h_2+k_1k_2+\frac{1}{2}(h_1k_2+h_2k_1)+\frac{3a^2}{4c^2}l_1l_2}{\sqrt{h_1^2+h_1k_1+k_1^2+\frac{3a^2}{4c^2}l_1^2}\sqrt{h_2^2+h_2k_2+k_2^2+\frac{3a^2}{4c^2}l_2^2}} \end{aligned} \tag{5.34}$$

이다.

5) 단사정

단사정은 격자상수 $a \neq b \neq c$이고 $\alpha = \beta = 90° \neq \gamma$이므로 식 (5.1)로부터

$$
\begin{aligned}
|\vec{b_1}| &= \left|\frac{\vec{a_2} \times \vec{a_3}}{V}\right| = \frac{bc\sin\alpha}{V} \\
|\vec{b_2}| &= \left|\frac{\vec{a_3} \times \vec{a_1}}{V}\right| = \frac{ca\sin\beta}{V} \\
|\vec{b_3}| &= \left|\frac{\vec{a_1} \times \vec{a_2}}{V}\right| = \frac{ab\sin\gamma}{V}
\end{aligned} \tag{5.35}
$$

이고, 단위포의 체적 V는

$$
\begin{aligned}
V = \vec{a_3} \cdot (\vec{a_1} \times \vec{a_2}) &= \vec{a_3} \cdot (ab\sin\gamma\, \vec{a_3}) \\
&= abc\sin\gamma\cos 0° \\
&= abc\sin\gamma
\end{aligned} \tag{5.36}
$$

이다. 역격자의 세 축 사이의 각도를 α^*, β^*, γ^*라고 하면 $\alpha^* = \beta^* = 90° \neq \gamma^*$이므로 $(\vec{b_2} \cdot \vec{b_3})$과 $(\vec{b_3} \cdot \vec{b_1})$는 0이다. $(\vec{b_1} \cdot \vec{b_2})$는 식 (5.30), (5.32), (5.36)을 이용하면

$$
\begin{aligned}
\vec{b_1} \cdot \vec{b_2} &= \frac{(\vec{a_2} \times \vec{a_3}) \cdot (\vec{a_3} \times \vec{a_1})}{V^2} = \frac{(bc\cos\alpha)(ac\cos\beta) - abc^2\cos\gamma}{(abc\sin\gamma)^2} \\
&= \frac{-abc^2\cos\gamma}{(abc\sin\gamma)^2} = -\frac{\cos\gamma}{ab\sin^2\gamma}
\end{aligned} \tag{5.37}
$$

이다. 식 (5.18), (5.35), (5.36)으로부터 단사정의 면간 거리는

$$
\begin{aligned}
d_{hkl} &= \left[\frac{h^2b^2c^2 + k^2c^2a^2 + l^2(ab\sin\gamma)^2}{(abc\sin\gamma)^2} - 2\frac{hkabc^2\cos\gamma}{(abc\sin\gamma)^2}\right]^{-\frac{1}{2}} \\
&= \frac{1}{\sqrt{\dfrac{A}{\sin^2\gamma} + \dfrac{l^2}{c^2}}}
\end{aligned} \tag{5.38}
$$

이고, 여기서

$$A = \frac{h^2}{a^2} + \frac{k^2}{b^2} - \frac{2hk\cos\gamma}{ab} \tag{5.39}$$

이다. 면간 각은 식 (5.20), (5.35), (5.36)으로부터

$$\begin{aligned} \cos\phi &= \frac{\dfrac{h_1h_2b^2c^2 + k_1k_2c^2a^2 + l_1l_2a^2b^2\sin^2\gamma}{(abc\sin\gamma)^2} + (h_1k_2 + h_2k_1)\left\{-\dfrac{abc^2\cos\gamma}{(abc\sin\gamma)^2}\right\}}{\dfrac{1}{d_{h_1k_1l_1}}\dfrac{1}{d_{h_2k_2l_2}}} \\ &= \frac{d_{h_1k_1l_1}d_{h_2k_2l_2}}{\sin^2\gamma}\left\{\frac{h_1h_2}{a^2} + \frac{k_1k_2}{b^2} + \frac{l_1l_2\sin^2\gamma}{c^2} - \frac{(h_1k_2 + h_2k_1)\cos\gamma}{ab}\right\} \end{aligned} \tag{5.40}$$

이다. 여기서 $d_{h_1k_1l_1}$와 $d_{h_2k_2l_2}$는 ϕ의 각도로 교차하고 있는 두 면의 면간 거리이다.

6) 삼사정

삼사정은 격자상수 $a \neq b \neq c$이고 $\alpha \neq \beta \neq \gamma$이다. 식 (5.1)과 식 (5.37)을 이용하면

$$\begin{aligned} \vec{b_1} \cdot \vec{b_2} &= \frac{(\vec{a_2} \times \vec{a_3}) \cdot (\vec{a_3} \times \vec{a_1})}{V^2} = \frac{(bc\cos\alpha)(ac\cos\beta) - abc^2\cos\gamma}{V^2} \\ &= \frac{abc^2(\cos\alpha\cos\beta - \cos\gamma)}{V^2} \end{aligned} \tag{5.41}$$

이다. 단위포의 체적 V를 구해보자. 그림 5-7과 같이 직교 좌표의 세 축 x, y, z에서 $\vec{a_1}$을 x축으로 하고 $\vec{a_2}$를 x-y면에 위치하도록 하면,

$$\begin{aligned} \vec{a_1} &= a_x\vec{x} \\ \vec{a_2} &= b_x\vec{x} + b_y\vec{y} \\ \vec{a_3} &= c_x\vec{x} + c_y\vec{y} + c_z\vec{z} \end{aligned} \tag{5.42}$$

로 나타낼 수 있다. 여기서 $\vec{x}$, $\vec{y}$, $\vec{z}$는 각각 x, y, z축의 단위 벡터이다. 벡터 내적 관계로부터

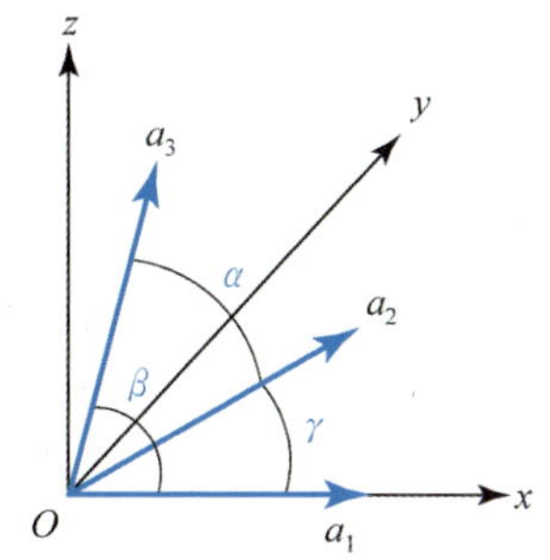

그림 5-7 직교좌표에서 a_1축을 x축으로 하고, a_2축은 x-y면에 위치하도록 하여 삼사정 단위포를 구성하는 세 축을 나타내는 그림

$$\begin{aligned}\vec{a_2}\cdot\vec{a_3} &= b_x c_x + b_y c_y + 0c_z = (b\cos\gamma)(c\cos\beta) + (b\sin\gamma)c_y \\ &= bc\cos\alpha\end{aligned} \tag{5.43}$$

이므로

$$c_y = \frac{c(\cos\alpha - \cos\gamma\cos\beta)}{\sin\gamma} \tag{5.44}$$

이다. 한편,

$$c^2 = c_x^2 + c_y^2 + c_z^2 = c^2\cos^2\beta + c^2\frac{(\cos\alpha - \cos\gamma\cos\beta)^2}{\sin^2\gamma} + c_z^2 \tag{5.45}$$

이므로

$$\begin{aligned}c_z^2 &= c^2 - c^2\cos^2\beta - c^2\frac{\cos^2\alpha - 2\cos\alpha\cos\beta\cos\gamma + \cos^2\gamma\cos^2\beta}{\sin^2\gamma} \\ &= \frac{c^2}{\sin^2\gamma}(\sin^2\gamma - \sin^2\gamma\cos^2\beta - \cos^2\alpha + 2\cos\alpha\cos\beta\cos\gamma - \cos^2\gamma\cos^2\beta) \\ &= \frac{c^2}{\sin^2\gamma}(\sin^2\gamma - \cos^2\beta - \cos^2\alpha + 2\cos\alpha\cos\beta\cos\gamma) \\ &= \frac{c^2}{\sin^2\gamma}(1 - \cos^2\gamma - \cos^2\beta - \cos^2\alpha + 2\cos\alpha\cos\beta\cos\gamma)\end{aligned} \tag{5.46}$$

가 되어

$$c_z = \frac{c}{\sin\gamma}\sqrt{1-\cos^2\gamma-\cos^2\beta-\cos^2\alpha+2\cos\alpha\cos\beta\cos\gamma} \tag{5.47}$$

이다. 따라서 단위포의 체적

$$V = \overrightarrow{a_3}\cdot(\overrightarrow{a_1}\times\overrightarrow{a_2}) = \overrightarrow{a_3}\cdot(ab\sin\gamma\,\overrightarrow{z}) = abc_z\sin\gamma \tag{5.48}$$

이고, 이를 식 (5.47)을 이용하여 정리하면

$$V = abc\sqrt{1-\cos^2\gamma-\cos^2\beta-\cos^2\alpha+2\cos\alpha\cos\beta\cos\gamma} \tag{5.49}$$

이다. 식 (5.49)와 식 (5.41)로부터

$$\overrightarrow{b_1}\cdot\overrightarrow{b_2} = \frac{1}{ab}\frac{(\cos\alpha\cos\beta-\cos\gamma)}{(1-\cos^2\gamma-\cos^2\beta-\cos^2\alpha+2\cos\alpha\cos\beta\cos\gamma)} \tag{5.50}$$

이다. 마찬가지로

$$\begin{aligned}\overrightarrow{b_2}\cdot\overrightarrow{b_3} &= \frac{1}{bc}\frac{(\cos\beta\cos\gamma-\cos\alpha)}{(1-\cos^2\gamma-\cos^2\beta-\cos^2\alpha+2\cos\alpha\cos\beta\cos\gamma)}\\ \overrightarrow{b_3}\cdot\overrightarrow{b_1} &= \frac{1}{ca}\frac{(\cos\gamma\cos\alpha-\cos\beta)}{(1-\cos^2\gamma-\cos^2\beta-\cos^2\alpha+2\cos\alpha\cos\beta\cos\gamma)}\end{aligned} \tag{5.51}$$

이다. 식 (5.35)와 식 (5.49)에서

$$\begin{aligned}|\overrightarrow{b_1}|^2 &= \frac{(bc\sin\alpha)^2}{a^2b^2c^2(1-\cos^2\gamma-\cos^2\beta-\cos^2\alpha+2\cos\alpha\cos\beta\cos\gamma)}\\ |\overrightarrow{b_2}|^2 &= \frac{(ca\sin\beta)^2}{a^2b^2c^2(1-\cos^2\gamma-\cos^2\beta-\cos^2\alpha+2\cos\alpha\cos\beta\cos\gamma)}\\ |\overrightarrow{b_3}|^2 &= \frac{(ab\sin\gamma)^2}{a^2b^2c^2(1-\cos^2\gamma-\cos^2\beta-\cos^2\alpha+2\cos\alpha\cos\beta\cos\gamma)}\end{aligned} \tag{5.52}$$

이다. 식 (5.50), (5.51), (5.52)를 식 (5.18)에 대입하여 정리하면

$$d_{hkl} = abc\sqrt{\frac{1-\cos^2\gamma-\cos^2\beta-\cos^2\alpha+2\cos\alpha\cos\beta\cos\gamma}{s_{11}h^2+s_{22}k^2+s_{33}l^2+2s_{12}hk+2s_{23}kl+2s_{31}lh}} \tag{5.53}$$

이다. 여기서,

$$\begin{aligned}
s_{11} &= b^2c^2\sin^2\alpha \\
s_{22} &= c^2a^2\sin^2\beta \\
s_{33} &= a^2b^2\sin^2\gamma \\
s_{12} &= abc^2(\cos\alpha\cos\beta-\cos\gamma) \\
s_{23} &= bca^2(\cos\beta\cos\gamma-\cos\alpha) \\
s_{31} &= cab^2(\cos\gamma\cos\alpha-\cos\beta)
\end{aligned} \tag{5.54}$$

이다. 면간 각은 식 (5.50), (5.51), (5.52)를 식 (5.20)에 대입하여 정리하면

$$\begin{aligned}
\cos\phi = \frac{d_{h_1k_1l_1}d_{h_2k_2l_2}}{V^2}\{&s_{11}h_1h_2+s_{22}k_1k_2+s_{33}l_1l_2+s_{12}(h_1k_2+h_2k_1) \\
&+s_{23}(k_1l_2+k_2l_1)+s_{31}(l_1h_2+l_2h_1)\}
\end{aligned} \tag{5.55}$$

이다.

7) 삼방정

삼방정은 격자상수 $a=b=c$이고 $\alpha=\beta=\gamma\neq 90°$이므로 식 (5.54)에 대입하여 정리하면

$$\begin{aligned}
s_{11} &= s_{22} = s_{33} = a^4\sin^2\gamma \\
s_{12} &= s_{23} = s_{31} = a^4(\cos^2\gamma-\cos\gamma)
\end{aligned} \tag{5.56}$$

이다. 이를 식 (5.53)에 대입하여 정리하면

$$d_{hkl} = a\sqrt{\frac{1-3\cos^2\gamma+2\cos^3\gamma}{(h^2+k^2+l^2)\sin^2\gamma+2(hk+kl+lh)(\cos^2\gamma-\cos\gamma)}} \tag{5.57}$$

이다. 단위포의 체적은 식 (5.49)에서

$$V = a^3\sqrt{1-3\cos^2\gamma+2\cos^3\gamma} \tag{5.58}$$

이다. 면간 각은 식 (5.55)에 식 (5.56)을 대입하여 정리하면

$$\cos\phi = \frac{a^4 d_{h_1k_1l_1} d_{h_2k_2l_2}}{V^2}\begin{bmatrix}(h_1h_2+k_1k_2+l_1l_2)\sin^2\gamma \\ +\{(h_1k_2+h_2k_1)+(k_1l_2+k_2l_1)+(l_1h_2+l_2h_1)\}(\cos^2\gamma-\cos\gamma)\end{bmatrix} \tag{5.59}$$

이다.

연습문제

1. 다음 2차원 격자와 그 역격자를 그리시오.
   (a) 평행사변형 격자, $a=8$ nm, $b=12$ nm, $\gamma=110°$
   (b) 중심직사각형 격자, $a=10$ nm, $b=14$ nm
   (c) (b)의 단격자 단위포

2. $a=7$ nm, $c=4$ nm인 단순 정방정(primitive tetragonal) 격자와 그 역격자를 그리시오.

3. 다음 격자의 면간 거리를 구하시오.

(a) $a=0.365$ nm인 입방정 (111)

(b) $a=0.475$ nm, $c=0.235$ nm인 정방정 (210)

(c) $a=1.204$ nm, $b=0.821$ nm, $c=0.652$ nm인 사방정 (321)

(d) $a=0.981$ nm, $b=0.365$ nm, $c=0.869$ nm, $\beta=127.5°$인 단사정 (222)

(e) $a=0.693$ nm, $c=1.347$ nm인 육방정 (121)

정답

1. (a)

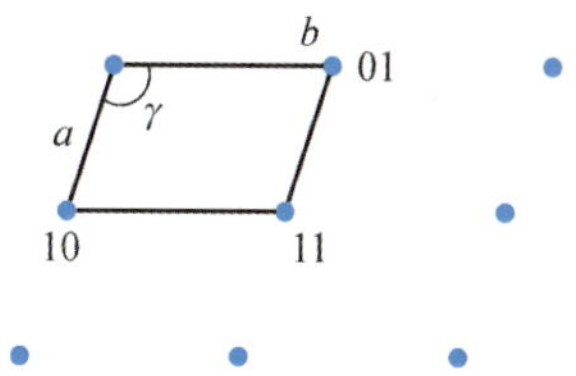

격자
a=8 nm, b=12 nm
γ=110°

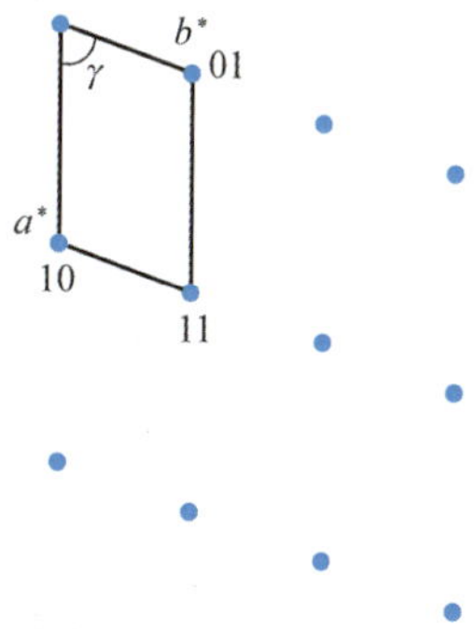

역격자
a^*=0.125 nm^{-1}, b^*=0.083 nm^{-1}
γ^*=70°

(b)

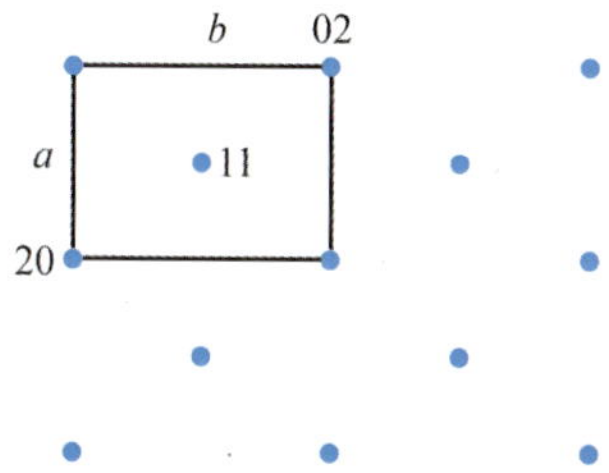

격자
a=10 nm, b=14 nm

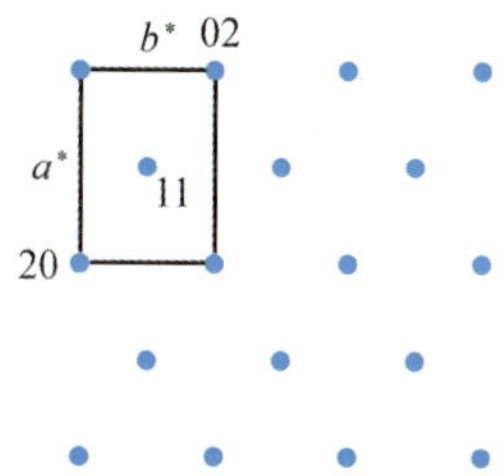

역격자
a^*=0.10 nm^{-1}, b^*=0.071 nm^{-1}

(c)

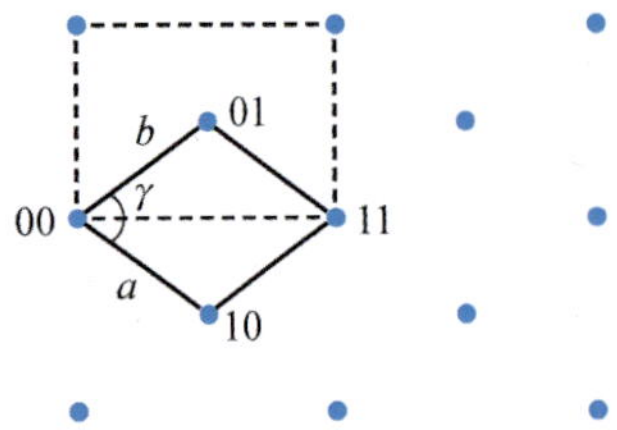

단격자

$a=b=17.2$ nm, $\gamma=71^\circ$

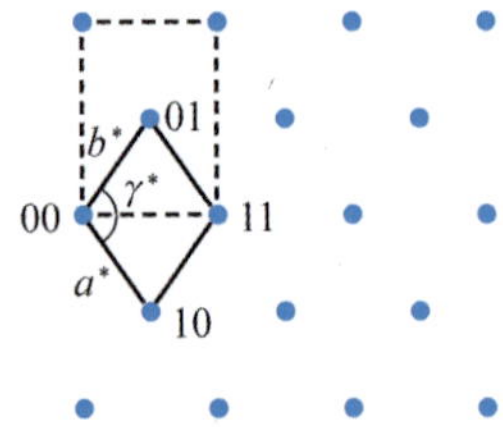

역격자

$a^*=b^*=0.058\ \text{nm}^{-1}$

$\gamma^*=109^\circ$

2.

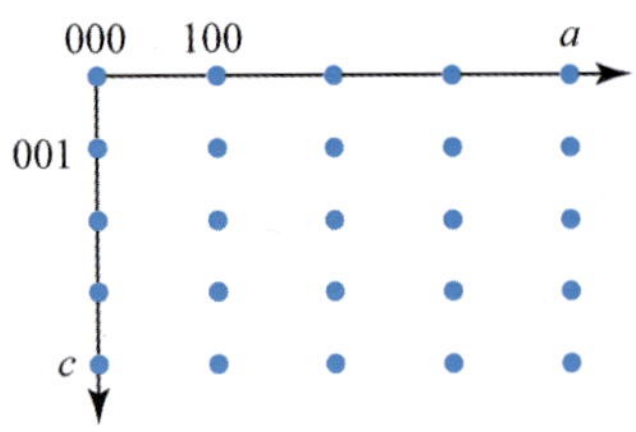

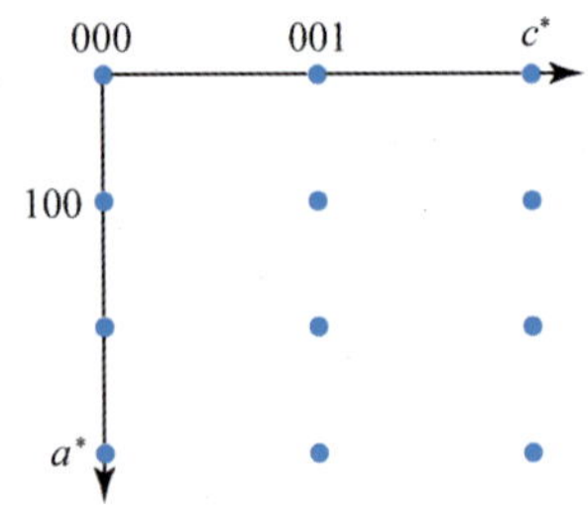

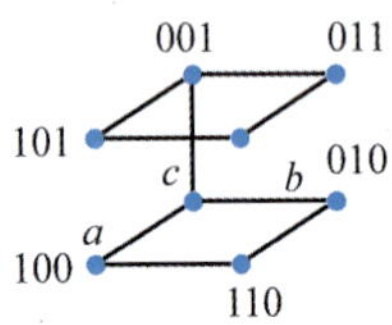

격자

$a=7$ nm, $b=7$ nm, $c=4$ nm

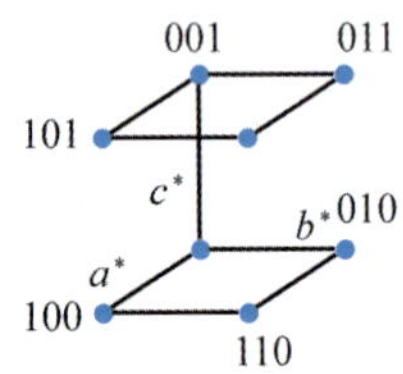

역격자

$a^*=0.143\ \text{nm}^{-1}$, $b^*=0.143\ \text{nm}^{-1}$

$c^*=0.25\ \text{nm}^{-1}$

3. (a) 0.2107 nm, (b) 0.2124 nm, (c) 0.2812 nm, (d) 0.1359 nm, (e) 0.3549 nm

chapter 6

원자 구조와 원자 결합

6.1 원자 내의 전자

6.2 원자 사이의 결합

우리 주위에서 맨눈으로 볼 수 있는 달리는 자동차나 날아가는 비행기와 같은 물체의 거동(운동)에 대해서는 일반적으로 고전역학[뉴턴(Isaac Newton) 역학]을 적용한다. 그러나 어떤 확대 장비[투과 전자현미경(TEM, Transmission Electron Microscope)이나 주사 터널링 현미경(STM, Scanning Tunneling Microscope) 등]를 사용하여 관찰할 수 있는 크기인 원자나 원자 내에 있는 전자의 거동은 고전역학을 사용할 수 없다. 특히, 원자 내에 있는 전자의 거동을 설명하기 위해 고전역학이 아닌 양자역학을 적용해야 한다.

양자역학(또는 파동역학)은 1920년대와 1930년대에 걸쳐 만들어져, 그 이론들이 확립된 원자에 관한 역학이다. 물리학의 범위인 양자역학은 범위가 방대할 뿐만 아니라, 이해하는 데도 많은 시간이 소요된다. 재료공학은 원자와 원자 내에서 거동하는 전자를 이해하면 충분하기 때문에 이 장에서는 전자의 간단한 양자역학적인 주요 특성에 대해 알아보겠다.

모든 재료는 물질로 구성되어 있으며, 물질을 구성하는 가장 기본적인 단위 중 하나인 원자의 구조를 이해하는 것이 필요하다. 물론 원자보다 작은 입자(subatomic particle)들이 여러 가지{예 중성자(neutron), 양성자(proton), 쿼크(quark), 렙톤[lepton: 전자(electron), 뮤온(muon), 타우온(tauon)] 등}가 있다. 그러나 중성자, 양성자, 전자를 제외한 원자를 구성하고 있는 다른 아원자 입자들은 물리학자들의 관심 분야이다. 재료공학자들은 원자를 구성하고 있는 원자핵(중성자와 양성자)과 전자들에 대한 지식만으로도 충분하다고 생각한다. 따라서 6장에서는 물리, 화학의 기초 지식을 바탕으로 원자 구조와 원자 결합을 이해하는 데 필요한 기본 지식에 대해 설명하기로 한다. 원자의 구조에 대한 지식은 10장 이후에 나오는 X-선을 이해하는 데도 필수적이므로 잘 학습해야 한다.

6.1 원자 내의 전자

1) 원자 모형과 전자의 거동

결정은 원자들로 구성되어 있고, 원자는 중성자(neutron)와 양성자(proton)로 이루어진 원자핵과 원자핵 주위를 공전 및 자전을 하는 전자로 구성되어 있다. 1803년 돌턴(John Dalton)이 원자의 구조를 설명하기 위한 원자 모형을 발표한 이래로, 많은 물리학자들이 원자의 모형을 발표하였다. 이후 1897년에 톰슨(Joseph J. Thomson), 1911년에 러더포드(Ernest Rutherford)가 새로운 원자 모형을 각각 발표하면서 발전해 왔다. 이들의 원자 모형에 대한 상세한 설명은 이 책의 범위를 벗어나므로 생략한다.

19세기 후반부까지 고체 내(원자)에 있는 전자들과 관련된 많은 현상들이 고전물리(고전역학)로는 설명되지 않았다. 이후 양자역학(현대물리)으로 알려진 원자(atomic) 또는 아원자(subatomic entity)를 지배하는 일련의 원리들과 법칙들이 확립되었다.

1913년에 플랑크(Max Planck)의 에너지 양자설을 도입하여 보어(Niels Bohr)가 오늘날 일반적으로 받아들여지고 있는 새로운 원자 모형을 발표하였다. 기존에 발표된 원자 모형으로 설명할 수 없었던 원자 스펙트럼의 불연속성을 보어의 원자 모형으로 설명할 수 있었다.

그림 6-1에 수소(H, 원자 번호 1번)와 마그네슘(Mg, 원자 번호 12번)에 대한 보어의 원자 모형을 나타냈다. 이 모형에서 전자들은 원자핵 주위를 불연속적인 에너지 값(K 각, L 각, M 각 등: discrete orbitals)을 가지고, 원자핵 주위를 돌고 있다. 이들 불연속적인 에너지 값들을 허용된 에너지 레벨(energy levels) 또는 에너지 상태(energy states)라고 부른다. 이 전자들의 에너지 값들은 양자화되어 있다. 즉, 전자들은 연속적인 에너지 값을 가지는 것이 아니라, 불연속적인 에너지 값의 특정한 값을 가져야 한다. 원자에 있는 각 전자의 에너지 값은 4가지 양자수에 의해 규정된다. 이 4가지 양자수들에 대한 상세한 내용은 뒤에서 다루겠다.

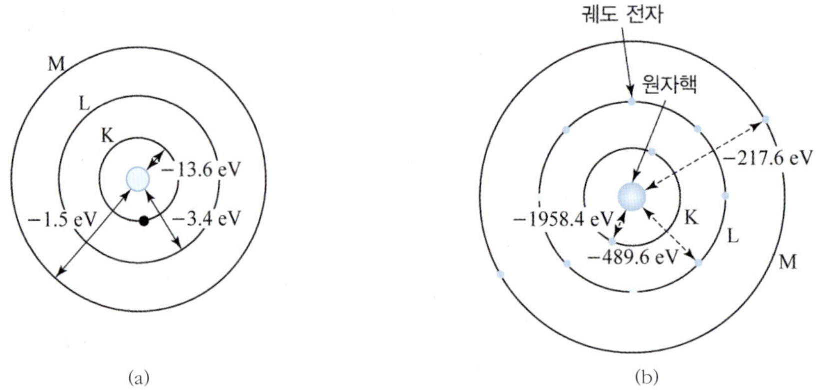

그림 6-1 보어(Bohr)의 원자 모형
(a) 수소(H) 원자, (b) 마그네슘(Mg) 원자

그림 6-2에 원자의 구조를 설명하는 데 필요한 보어의 원자 모형(고전물리 또는 고전역학)과 현재에 받아들여지고 있는 파동역학(wave-mechanical) 원자 모형(현대물리 또는 양자역학)을 비교하여 나타냈다. 보어의 원자 모형에서는 각 궤도에 위치하고 있는 전자들은 각 궤도에 해당하는 에너지 값을 가질 확률을 1(그 궤도에 해당하는 에너지 값을 가질 확률이 100%)이라고 생각하였다[그림 6-2(a)]. 그러나 그림 6-2(b)와 같이 현대의 파동역학 원자 모형에서는 어떤 궤도에 위치하고 있는 전자가 그 궤도에 해당하는 에너지 값을 1이 아닌 어떤 확률(즉, 그 궤도에 해당하는 에너지 값을 가질 최대 확률은 약 40% 이하)값으로 나타내고 있다. 이 확률값은 특정한 궤도로부터 원자핵 쪽으로 가까워지거나 원자핵으로부터 멀어질수록 낮게 나타난다. 결론적으로 고전역학은 전자의 정확한 위치(전자가 가지는 전체 에너지 값이 −13.6 eV)를 가정하였다.

반면, 파동역학은 핵으로부터 상당한 거리의 범위에서 전자를 발견할 유한한 가능성(전자가 가지는 전체에너지 값이 −13.6 eV일 확률은 약 40%)이 존재함을 의미한다. 따라서 파동역학에서는 전자가 원자핵으로부터 정확하게 어디(어떤 거리)에 있는지, 전자가 어떤 경로를 따라 움직이는지를 알 수 없다.

보어가 제시한 원자 모형 이론은 두 가지 기본 가정에 기초하고 있으며, 원자 내에 존재하는 전자의 양자역학적 가정은 다음과 같다.

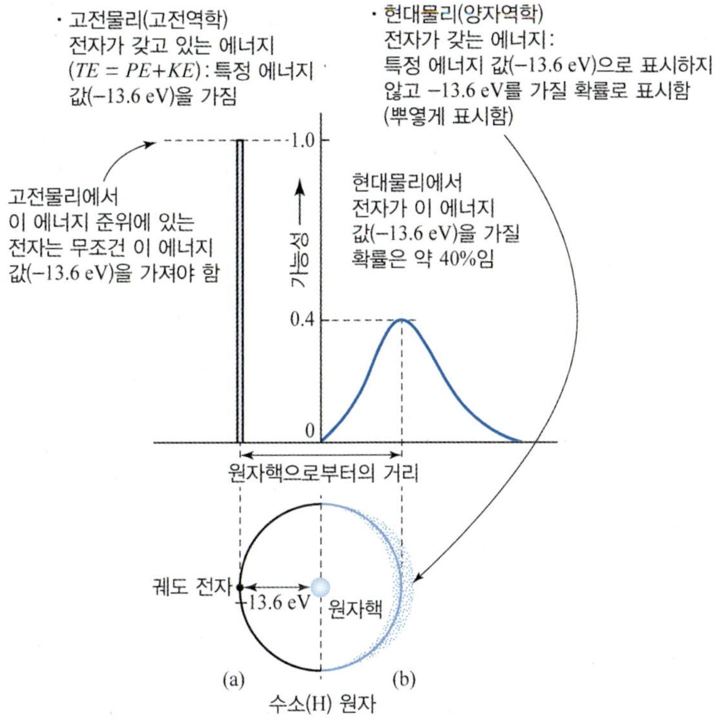

그림 6-2 수소 원자에 대한 보어 원자 모형과 파동역학의 원자 모형의 비교: 원자에서 전자의 분포의 비교

원자 내에 존재하는 전자의 양자역학적 가정

- **가정 (1)** 전자의 에너지는 양자화(quantization)되어 있다: 양자화의 의미는 원자 내에 전자가 존재할 때, 불연속적인 어떤 특정한 에너지 값을 가진 채 원자핵 주위를 공전 및 자전을 한다는 의미이다. 반면에 고전역학을 따르는 입자는 연속적인 값을 가져, 모든 값의 에너지를 가질 수 있다. 고전역학을 원자 내의 전자에 적용하는 경우, 원자 스펙트럼의 불연속성을 설명할 수 없기 때문에 양자역학이 적용되어야 한다.
- **가정 (2)** 전자가 하나의 에너지 상태에서 다른 에너지 상태로 이동(천이, transition)할 때에는 이 두 가지 에너지 상태의 차이값에 해당하는 에너지 값을 가지고 있는 전자기파(전자파, 또는 전자기복사: electromagnetic radiation)를 흡수하거나 방출(방사)한다. 원자 내에 존재하는 전자는 불연속적인 어떤 특정 궤도(K 각, L 각, M 각 등)에만 존재한다. 이 상태에서는 전자가 전자기파를 방출하거나 흡수하지 않으며, 이때 원자는 정상(기저) 상태(ground state)에 있다고 한다.

원자 내에 있는 전자가 가지는 에너지의 양자화[가정 (1)]를 이해하기 위해 1913년에 보어가 제시한 수소(H) 원자의 원자 모형과 파동역학에 의해 설명되는 원자 모형을 비교하여 살펴보자(그림 6-3). 수소 원자 모형으로 설명하는 이유는 수소 원자 내에 전자가 한 개 존재하므로 상대적으로 쉽게 이해할 수 있다는 장점이 있기 때문이다. 보어는 수소 원자의 경우 중성자(neutron)와 양성자(proton)로 구성된 원자핵과 원자핵 주위를 일정한 거리에서 원형 궤도(orbit, K 각)로 돌고 있는 1개의 전자로 이루어져 있다고 가정하였다. 수소 원자의 경우, 나머지 원형 궤도(L 각, M 각 등)에는 전자가 존재하지 않는다. 수소 원자의 K 각을 따라서 돌고 있는 1개의 전자가 가지고 있는 총에너지는 위치에너지(potential energy)와 운동에너지(kinetic energy)의 합이다. 수소 원자에 대한 보어의 원자 모형에서는 K 각(−13.6 eV의 에너지 준위)에 전자가 1개 존재하며, K 각보다 높은 에너지 준위인 L 각과 M 각 등의 에너지 준위에는 전자가 존재하지 않는다. 그러나 파동역학에서 설명하는 수소 원자에는 L 각에 불연속적이고 양자화된 2개의 부껍질(2s subshell과 2p subshell)이 존재하고, M 각에는 불연속적이고 양자화된 3개의 부껍질(3s subshell, 3p subshell, 3d subshell)이 존재한다고 하였다. 만약 원자에 자기장을 가하면 2p 부껍질은 3개의 에너지 준위($2p_x$, $2p_y$, $2p_z$)들로 분리되고, 3d 부껍질은 5개의 에너지 준위($3d_{xy}$, $3d_{yz}$, $3d_{zx}$, $3d_{x^2-y^2}$, $3d_{z^2}$)들로 분리된다.

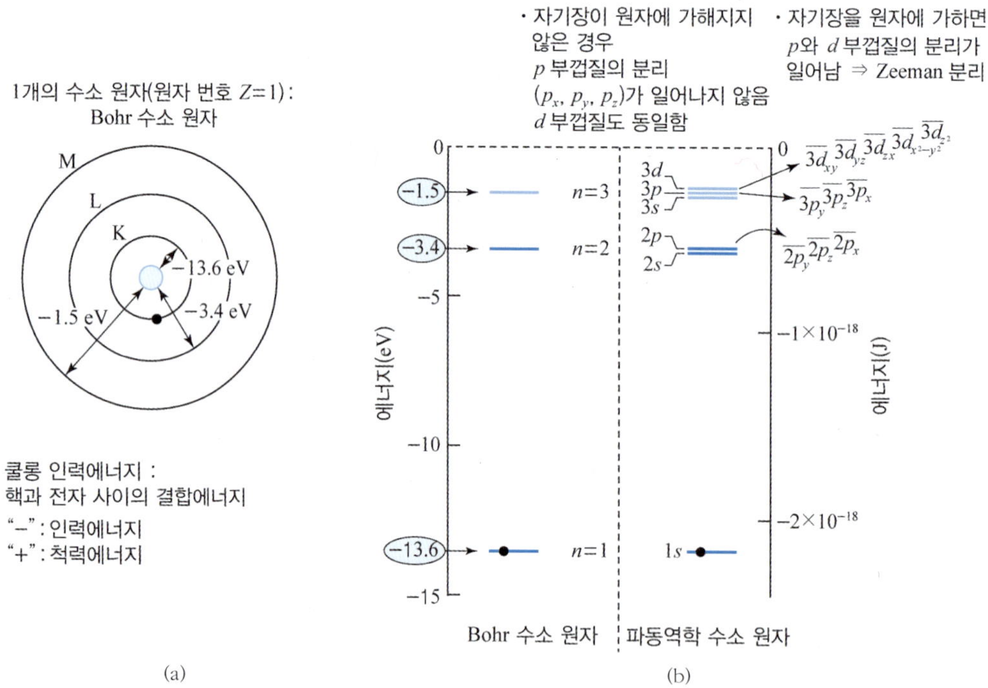

그림 6-3 수소 원자에 대한 보어 원자 모형과 파동역학의 원자 모형 비교(에너지 준위)
(a) 보어의 수소 원자 모형
(b) 파동역학의 수소 원자 모형

그림 6-3(a)에서 전자의 위치에너지(potential energy)는 전하가 '+'를 띠고 있는 원자핵과 '−'를 띠고 있는 전자 사이에 인력 때문에 발생하는 에너지이다. 즉, '+' 입자(원자핵)와 '−' 입자(전자) 사이에 작용하는 쿨롱 인력(Coulombic attraction force)이다. 쿨롱 인력, F_{Coul}은 다음 식과 같다.

$$F_{\mathrm{Coul}} = \frac{(+Ze)(-e)}{4\pi\epsilon_0 r^2} = \frac{Ze^2}{4\pi\epsilon_0 r^2} \tag{6.1}$$

여기서, Z: 원자 번호 또는 핵 내의 양성자 수(the atomic number or the number of positive charges in the nucleus),

e: 전자의 전하량(charge of electron, 1.6×10^{-19} C),

ϵ_0: 진공의 유전율(permittivity of vacuum, 8.85×10^{-12} F/m),

r: 핵 주위를 공전하는 전자의 궤도 반경(the radius of circular orbits about nucleus)

한편, 수소 원자 내를 공전하고 있는 전자의 운동에너지(kinetic energy)는 다음 식과 같이 원심력(centrifugal force), F_{centr}로 표현된다.

$$F_{\mathrm{centr}} = \frac{m_e v^2}{r} \tag{6.2}$$

여기서, m_e: 전자의 질량(the mass of electron, 9.11×10^{-31} kg),

v: 전자의 궤도 속도(the velocity of electron in the orbit)

원자 내에 있는 전자가 원자핵으로부터 멀어지지도 않고, 가까워지지도 않는 안정한 궤도를 유지한 채 공전하려면 쿨롱 인력(F_{Coul})과 원심력(F_{centr})이 서로 같아야(평형) 한다. 이를 식 (6.1)과 식 (6.2)로 정리하면

$$\frac{Ze^2}{4\pi\epsilon_0 r^2} = \frac{m_e v^2}{r}, \quad r = \frac{Ze^2}{4\pi\epsilon_0 m_e v^2} \tag{6.3}$$

이다.

전자의 운동을 파동역학으로 공식화하기 위해서는 전자의 파동성을 고려해야 한다. 1924년에 드브로이(L. de Broglie)는 입자[particle: 전자(electron), 빛(photon) 등]의 특성을 다음 식과 같은 파장을 가지는 파(wave)에 의해 표현할 수 있다고 제안하였다.

$$\lambda = \frac{h}{p} \quad \text{또는} \quad p = \frac{h}{\lambda} \tag{6.4}$$

여기서, λ: 입자의 파장(the wavelength of a particle),

h: 플랑크 상수(Planck's constant, 6.63×10^{-34} J · s),

p: 입자의 운동량(the momentum of a particle)

식 (6.4)의 왼쪽 식은 전자의 파동성(wave-like characteristics)을 나타내며, 오른쪽 식은 전자의 입자성(particle-like characteristics)을 나타내는 식으로 생각할 수 있다. 전자는 입자성뿐만 아니라 파동성을 가지고 있다. 이를 전자의 이중성(wave-particle duality of electron)이라고 한다. 전자의 입자성은 전자가 다른 입자에 자신이 가지고 있는 운동량(momentum)을 전달하기 때문에 나온 특성이다.

전자의 입자성은 1905년에 아인슈타인에 의해 설명된 광전 효과(photoelectric effect, photoemission 또는 photo electric emission)에 의해 입증되었다. 또한 파동성은 전자가 회절(diffraction)을 하기 때문에 나온 특성이다. 전자의 파동성은 1927년에 데이비슨-거머(Davisson-Germer)의 전자 회절 실험에 의해 입증되었다. 데이비슨과 거머는 전자빔(electron beam)을 니켈 결정에 입사시켜 전자회절상(electron diffraction fringes)을 얻었다. 이 회절상은 전자가 파동성을 갖기 때문에, 결정 격자에 의한 회절과 간섭에 의해 만들어진다고 하였다.

식 (6.3)에서 전자의 속도(v)를 구하기 위해, 그림 6-4와 같은 보어의 원자 모형을 생각해보자. 그림 6-4(a)와 같이 원자핵으로부터 4번째 궤도($n = 4$, N 껍질)를 어떤 전자가 돌고 있다고 가정하자. 이 전자를 파동으로 생각하고, 전자가 4번째 원 궤도를 사인 곡선(sine curve)의 파동 무늬 형태로 돈다고 가정해보자. 4번째 원 궤도의 어떤 한 지점에서 출발한 전자가 사인 곡선처럼 진동하면서 원 궤도를 한 바퀴 돌아 출발점에서 같은 파가 되려면 원주의 길이가 파장의 정수(n)배가 되어야 한다. 이는 다음 식으로 표현할 수 있다.

$$2\pi r = n\lambda \ ; \ \lambda = \frac{2\pi r}{n} \tag{6.5}$$

여기서, n: 정수(파장의 정수배를 의미),

r: 원의 반지름

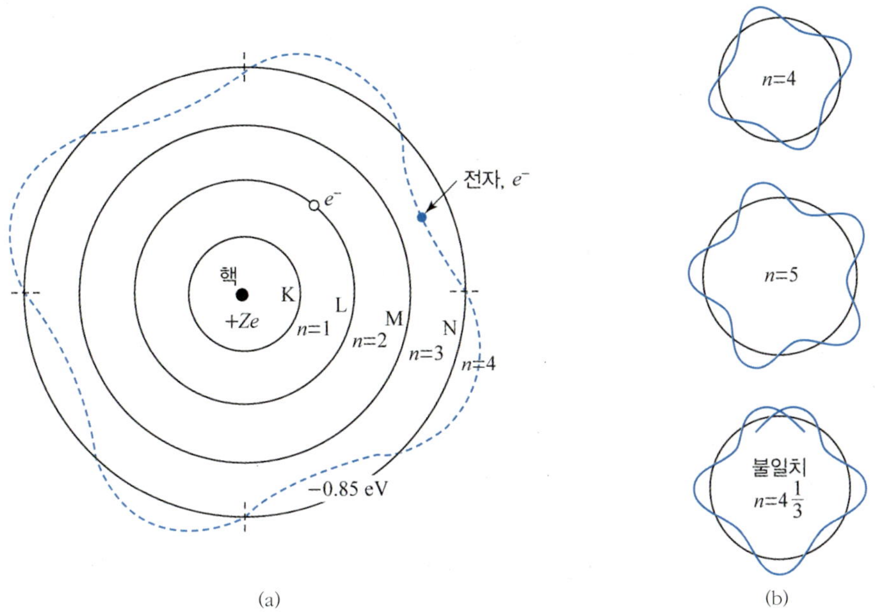

그림 6-4 보어의 원자 모형: 수소 원자에 있는 전자는 원자핵 주위를 도는 정상파로 표현할 수 있다.
(a) 파장의 4배($n=4$)로 정수배인 경우
(b) 파장의 4배($n=4$)와 5배($n=5$)로 정수배인 경우와 파장의 $4\frac{1}{3}$배$\left(n=4\frac{1}{3}\right)$로 정수배가 아닌 경우의 비교

어떤 입자의 운동량 p는 $p=mv$이므로, 전자의 운동량 p는 드브로이 식 (6.4)로부터

$$p=m_e v=\frac{h}{\lambda} \tag{6.6}$$

이다.

식 (6.5)를 식 (6.6)에 대입하면, 전자의 속도 v는

$$v=\left(\frac{h}{m_e}\right)\left(\frac{n}{2\pi r}\right) \tag{6.7}$$

이다.

식 (6.7)을 식 (6.3)에 대입하여, 궤도 반경 r_n을 다음과 같이 구할 수 있다.

$$r = r_n = \frac{h^2 \epsilon_0}{\pi e^2 m_e} \frac{n^2}{Z} \tag{6.8}$$

여기서 궤도 반경은 $n=1, 2, 3, \cdots$에 따라서 값을 가지는 양자화된 궤도($n=1$: K 각, $n=2$: L 각, $n=3$: M 각 …)를 도는 원자 반경이다.

수소 원자의 경우, 원자 번호는 $Z=1$이고, n의 변화에 따른 양자화된 궤도 반경 r_n을 구해보면,

$$r_n = 0.529 \times 10^{-10} \times n^2 \ \ [\text{m}] \tag{6.9}$$

$$n=1\text{일 때}, \ r_1 = 0.0529 \ \text{nm}$$

$$n=2\text{일 때}, \ r_2 = 0.2116 \ \text{nm}$$

$$n=3\text{일 때}, \ r_3 = 0.4761 \ \text{nm}$$

$$n=4\text{일 때}, \ r_4 = 0.8464 \ \text{nm}$$

등이 된다. 따라서 수소 원자에서 $n=1$일 때, 전자의 최소 궤도 반경은 $r_1 = 0.0529$ nm(0.529 Å)이다. 이것이 수소 원자의 보어 반경(Bohr radius)에 해당된다. 식 (6.9)에서 $n=1, 2, 3, \cdots$인 경우에 대한 수소 원자의 궤도 반경을 그림 6-5에 나타냈다.

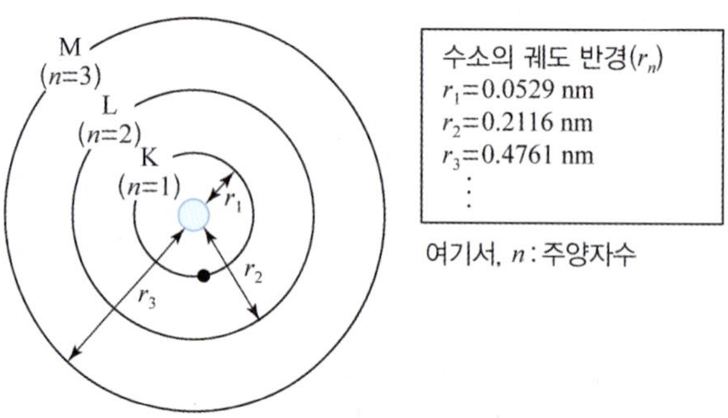

그림 6-5 수소 원자에서 궤도(K 껍질, L 껍질, M 껍질) 반경

한편, 그림 6-4에서 n번째 궤도를 돌고 있는 전자가 가지고 있는 에너지를 구해보자. 이 전자와 원자핵 사이에 작용하고 있는 쿨롱 인력에 의한 위치에너지(PE, E_p)와 궤도를 공전하는 전자의 운동에너지(KE, E_k)가 서로 균형을 이루고 있기 때문에, 전자가 가지고 있는 전체에너지 E는

$$E = E_p + E_k \tag{6.10}$$

이다. 궤도 운동을 하고 있는 전자의 운동에너지는

$$E_k = \frac{1}{2} m_e v^2 \tag{6.11}$$

이다.

식 (6.3)의 오른쪽 식에서 양변에 $\frac{1}{2}$을 곱하여 운동에너지 $\frac{1}{2}m_e v^2$을 구하고, 원자 내에 존재하는 공전궤도(K 껍질, L 껍질 등) r에 대하여 일반화하면($r \rightarrow r_n$), 다음 식을 얻는다.

$$E_k = \frac{1}{2} m_e v^2 = \frac{Ze^2}{8\pi\epsilon_0 r_n} \tag{6.12}$$

원자핵에 의해 만들어지는 전계(electric field)를 생각하여 무한 원점의 전위를 0이라고 하면 핵으로부터 r_n만큼 떨어진 점(전자)의 위치에너지 E_p는

$$E_p = \int_{\infty}^{r_n} F dr \tag{6.13}$$

이다. 즉, 원자에서와 같은 쿨롱 퍼텐셜(Coulomb potential) 속에 있는 한 전자의 퍼텐셜에너지(potential energy, 위치에너지)는

$$E_p = -\frac{Ze^2}{4\pi\epsilon_0 r_n} \tag{6.14}$$

이다. 원자에서 전자가 가지고 있는 전체에너지는 식 (6.10), 식 (6.11) 및 식 (6.14)에 의해

$$E = E_p + E_k = -\frac{Ze^2}{4\pi\epsilon_0 r_n} + \frac{1}{2} m_e v^2 \tag{6.15}$$

이다. 식 (6.12)를 식 (6.15)에 대입하면,

$$E = -\frac{Ze^2}{4\pi\epsilon_0 r_n} + \frac{Ze^2}{8\pi\epsilon_0 r_n} = -\frac{Ze^2}{8\pi\epsilon_0 r_n} \tag{6.16}$$

이다. 식 (6.16)에 식 (6.8)의 궤도 반경을 대입하면 다음과 같은 양자화된 에너지 값을 얻는다.

$$E = E_n = -\frac{e^4 m_e}{8h^2\epsilon_0^2} \cdot \frac{Z^2}{n^2} = -13.6\frac{Z^2}{n^2}\ [\text{eV}] \tag{6.17}$$

식 (6.17)은 수소 원자에서 n(주양자수)값의 변화에 따라 그 궤도를 돌고 있는 전자가 가지고 있는 전체에너지 값을 나타낸다. 식 (6.17)에서 음(−)의 부호는 전자가 핵에 속박되어 있다는 것을 의미한다. 즉, 원자핵과 전자 사이에 작용하는 인력에너지(attraction energy)를 뜻한다. 수소 원자의 원자 번호는 $Z=1$이며, $n=1, 2, 3 \cdots$의 변화에 따라 전자가 가지고 있는 전체에너지 값을 계산하면

$$E_n = -\frac{13.6}{n^2}\ [\text{eV}] \tag{6.18}$$

이고,

$n=1$일 때, $E_1 = -13.6$ eV

$n=2$일 때, $E_2 = -3.40$ eV

$n=3$일 때, $E_3 = -1.51$ eV

$n=4$일 때, $E_4 = -0.85$ eV

이다. n값들이 1, 2, 3, 4⋯로 변함에 따라, 에너지 값은 −13.6 eV, −3.40 eV, −1.51 eV, −0.85 eV의 불연속(discrete)적인 값들을 가지며, 그 사이의 값은 가질 수 없다. 여기서, $n=1, 2, 3\cdots$ 값은 주양자수를 의미하며, $n=1$인 경우의 전자껍질(각)은 K 껍질, $n=2$는 L 껍질, $n=3$은 M 껍질, $n=4$는 N 껍질, $n=5$는 O 껍질, $n=6$은 P 껍질 등을 의미한다. 원자 내에서 전자가 $n=1$인 궤도에 있을 때가 가장 낮은 에너지 상태이며, 이 에너지 상태를 원자가 기저 상태(ground state)에 있다고 한다.

수소 원자의 K 껍질에서 원자핵에 대해 돌고 있는 전자의 위치에너지는 −27.2 eV로 계산된다. 이 전자는 운동에너지를 가지고 있으며, 13.6 eV로 계산된다. 따라서 수소 원자 내에 있는 전자가 가지고 있는 전체에너지는 다음과 같은 비리얼 법칙(Virial theorem)에 의해 −13.6 eV가 된다.

$$TE = PE + KE \tag{6.19}$$

$$KE = -\frac{1}{2}PE \tag{6.20}$$

여기서, TE: 전자가 가지는 전체에너지(total energy),
PE: 전자가 가지는 위치에너지(potential energy),
KE: 전자가 가지는 운동에너지(kinetic energy)

보어가 제시한 전자의 천이[가정 (2)]에 대해 살펴보자. 전자가 낮은 에너지 상태에서 높은 에너지 상태로 천이하여 여기 상태(excited state)로 될 때(예 K 껍질 → L 껍질), 2가지 에너지 상태의 차이값에 해당하는 에너지 값을 가지고 있는 전자기파(photon, 광양자 또는 빛)를 흡수한다. 반대로 전자가 높은 에너지 상태에서 낮은 에너지 상태로 천이하여 기저 상태(ground state)로 될 때(예 L 껍질 → K 껍질), 2가지 에너지 상태의 차이값에 해당하는 에너지 값을 가지고 있는 전자기파를 방출한다.

원자에 있는 전자가 보다 높은 에너지 준위로 여기(excitation)되기 위한 방법은 전자기파(광양자 또는 빛)를 흡수하는 것(광 전리) 외에도 다음과 같이 2가지(충돌 전리, 열 전리)가 더 있다. 보어의 원자 모형에서 원자에 가한 에너지가 1개의 전자가 보다 높은 에너지 준위로 여기되는 데(원자로부터 떼어내는 데) 필요한 에너지보다 크면, 그 전자는 원자로부터 완전히 분리된다. 이 현상을 전리(이온화, ionization)라고 하며, 원자는 전자 1개분의 양전하를 가진 양이온(cation)이 된다.

❶ 입자(예 전자 빔)를 가속하여 전자에 충돌시키는 방법(충돌 전리): 질량이 m인 어떤 입자를 속도 v로 가속시켜, 원자 내의 어떤 궤도에 있는 전자에 충돌시키면, 궤도에 있던 전자는 $\frac{1}{2}mv^2$의 운동에너지를 얻게 되며[식 (6.11)], 전자가 높은 에너지 준위로 여기(excitation)된다.

❷ 원자가 존재하는 물질의 온도를 높여주는 방법(열 전리): 물질의 온도를 높이면, 가전자대(VB, valence band)의 가장 높은 에너지 준위에 있는 전자가 원자를 벗어날 확률이 증가하여 여기된다.

❸ 빛(photon)을 가하는 방법(광 전리): 물질에 가한 빛(전자기파, photon)의 파장이 전자가 원자로부터 벗어날 만큼 큰 경우에 전자가 원자로부터 떨어져 나온다. 즉, 어떤 빛의 진동수 ν를 가지는 빛은 $h\nu$에 해당하는 에너지를 가지기 때문에 전자를 원자로부터 벗어나게 할 수 있다.

전자가 전자기파의 흡수/방출로 인한 에너지의 변화 ΔE는 아인슈타인 방정식에 의해 방사/흡수하는 빛(photon)의 진동수(주파수, frequency) ν에 의해 결정된다.

$$\Delta E = h\nu \tag{6.21}$$

여기서, ν: 흡수/방사하는 빛의 진동수(radiation frequency of photon)

즉, 에너지 차이는 플랑크 상수 h의 배수로 양자화되어 있다. 한 에너지 준위(energy level)에서 다른 어떤 가능한 에너지 준위로 바뀌는 것을 양자 점프(quantum jump)라고 한다. 에너지 변화 ΔE가 $\Delta E < 0$일 때는 전자가 높은 에너지 준위에서 낮은 에너지 준위로 천이하면서 방사에너지(radiation energy)를 방출하는 과정이다. 반면, $\Delta E > 0$일 때는 전자가 낮은 에너지 준위에서 높은 에너지 준위로 천이하면서 방사에너지를 흡수하는 과정이다.

전자가 $n = i$인 높은 에너지 궤도로부터 $n = j$인 낮은 에너지 궤도로 천이할 경우(예 L 껍질 → K 껍질)의 에너지 차이는 다음과 같다.

$$\Delta E = E_i - E_j = h\nu \tag{6.22}$$

예를 들어, 수소 원자에서 $n = 2$의 궤도(L 껍질)에 있던 전자가 $n = 1$의 궤도(K 껍질)로 에너지 준위를 바꾸었다면, 두 전자껍질 사이의 에너지 차이는 식 (6.18)로부터

$$\begin{aligned} \Delta E &= -13.6Z^2\left(\frac{1}{1^2} - \frac{1}{2^2}\right) \text{ [eV]} \\ &= -10.2Z^2 \text{ [eV]} \end{aligned} \tag{6.23}$$

이다. 위 식에서 수소 원자의 경우 $Z = 1$이다.

또한 진동수 ν는 다음 식으로 표현되며,

$$\nu(i \to j) = \frac{E_i - E_j}{h} = \frac{m_e e^4}{8\epsilon_0^2 h^3}\left(\frac{1}{j^2} - \frac{1}{i^2}\right)Z^2 \quad (\text{단, } i > j) \tag{6.24}$$

진동수 $\nu(i \to j)$를 가지는 단색광(monochromatic ray)이 방출된다. 이때의 파장 λ는

$$\lambda \cdot \nu = c = 2.998 \times 10^8 \text{ [m/sec] (광속)} \tag{6.25}$$

의 관계로부터, 리드베리-리츠(Rydberg-Ritz) 공식이 다음 식으로 표현된다.

$$\frac{1}{\lambda} = \frac{\nu}{c} = \frac{m_e e^4}{8\epsilon_0^2 h^3 c}\left(\frac{1}{j^2} - \frac{1}{i^2}\right) = R\left(\frac{1}{j^2} - \frac{1}{i^2}\right) \tag{6.26}$$

여기서, $R = 1.09737316 \times 10^7$ [m^{-1}] $= 10.97373$ [μm^{-1}]: 리드베리(Rydberg) 상수

2) 슈뢰딩거의 파동 방정식(Schrödinger's wave equation)

원자 내에서 원자핵의 주위를 돌고 있는 전자는 이중성(입자성 및 파동성)을 가지고 있다. 1926년, 슈뢰딩거는 전자의 파동성으로부터 진동하고 있는 줄(string)에서 파(wave)를 기술하는 방법과 유사한 파동 방정식(wave equation)으로 원자 내에 있는 전자의 운동을 기술할 수 있다고 제안하였다.

슈뢰딩거는 원자 내에 있는 전자의 운동을 파의 운동을 나타내는 식과 유사한 미분 방정식을 사용하여 나타냈다. 원자 내 전자의 양자화된 에너지 준위나 양자 상태가 각각 다른 수의 파 마디(wave node)를 지닌 정상파(standing wave)에 대응한다고 가정하였다. 이는 그림 6-4(a)와 같이 $n=4$인 궤도를 도는 전자를 그림 6-6에 나타낸 것처럼, 정상파(standing/stationary wave) 또는 진행파(traveling wave)로 나타낼 수 있다는 것이다. 여기서 파의 마디(node)는 파동의 진폭이 0인 지점을 의미하며, 파의 반마디(antinode)는 파동의 진폭이 최대인 지점(A)을 말한다.

그림 6-6(a)에서 정상파(실선)는 4개의 마디에서 진폭이 0으로 고정되어 sin 함수[정현파(sinusoidal wave) 또는 사인파(sine wave)] 형태로 진동하는 파이며, 시간에 따라 위치가 변화하지 않는 파를 말한다. 반면, 진행파(점선)는 그림 6-6(b)와 같이 시간에 따라 위치를 바꾸어 x 방향으로 진행하는 파를 말한다.

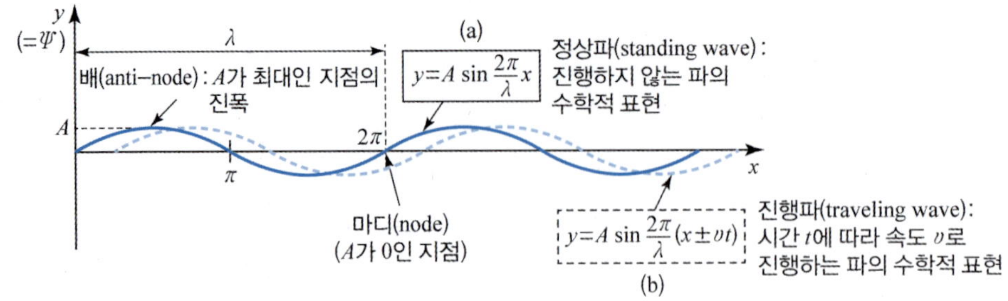

그림 6-6 양쪽 끝이 고정되어 있고, 그 사이를 진동하는 바이올린의 진동을 나타내는 파

그림 6-6(a)와 같이 양 끝은 고정되어 있고 4개의 마디를 가지고 진동하는 정상파는 다음 식으로 표현한다.

$$y = A\sin\frac{2\pi}{\lambda}x \tag{6.27}$$

여기서, y: 변위 또는 진폭(displacement),

A: 파의 최대 진폭(amplitude),

$\frac{2\pi}{\lambda}x$: 파의 위상(phase),

λ: 파장(wavelength),

x: 줄(string) 방향으로의 거리

또한 그림 6-6(b)와 같이 속도 v로 진행하는 파를 시간 t로 나타내면, 진행파는 다음 식으로 표현된다.

$$y = A\sin\frac{2\pi}{\lambda}(x \pm vt) \tag{6.28}$$

x 방향으로 진행하지 않는 속도가 없는 정상파인 식 (6.27)을 x에 대해 미분하면,

$$\frac{\partial y}{\partial x} = \frac{2\pi}{\lambda}A\cos\frac{2\pi}{\lambda}x \tag{6.29}$$

이다. 식 (6.29)를 x에 대해 한 번 더 미분하면,

$$\frac{\partial^2 y}{\partial x^2} = -\frac{4\pi^2}{\lambda^2} A \sin\frac{2\pi}{\lambda} x \tag{6.30}$$

이다. 식 (6.30)은 식 (6.27)을 이용하여 정리하면

$$\frac{\partial^2 y}{\partial x^2} + \left(\frac{2\pi}{\lambda}\right)^2 y = 0 \tag{6.31}$$

가 된다.

드브로이가 제안한 식 (6.4)를 식 (6.31)에 대입하면, 다음 식으로 표현된다.

$$\frac{\partial^2 y}{\partial x^2} + \left(\frac{2\pi p}{h}\right)^2 y = 0 \tag{6.32}$$

전자의 운동량(momentum)은 $p = m_e v$이므로,

$$\frac{\partial^2 y}{\partial x^2} + \frac{4\pi^2 m_e^2 v^2}{h^2} y = 0 \tag{6.33}$$

이다. 원자 내에 있는 전자가 가지고 있는 전체에너지는 식 (6.10)에 의해 $E = E_p + E_k$이고, 운동에너지는 식 (6.11)에 의해 $E_k = \frac{1}{2} m_e v^2$이므로,

$$\frac{\partial^2 y}{\partial x^2} + \frac{8\pi^2 m_e E_k}{h^2} y = 0$$

$$\frac{\partial^2 y}{\partial x^2} + \frac{8\pi^2 m_e}{h^2}(E - E_p) y = 0 \tag{6.34}$$

이다. 여기에 변위 y 대신 파동 함수 ψ를 사용하면, 다음 식과 같은 1차원(전자가 x 방향으로 움직인다고 가정)에서 시간 독립 슈뢰딩거 파동 방정식(time-independent Schrödinger's wave equation)이 만들어진다.

$$\frac{\partial^2\psi}{\partial x^2}+\frac{8\pi^2 m_e}{h^2}(E-E_p)\psi=0 \qquad (6.35)$$

이 식에서 파동 함수 ψ는 그림 6-7과 같이 원자 내에서 원자핵 주위를 돌며 이동하는 전자가 가지고 있는 전체에너지 값을 나타낸다. 편의상 파동 함수 ψ의 의미를 그림 6-7과 같은 수소 원자의 보어 모형으로 생각해보자. 식 (6.18)에 의해 수소 원자의 K 껍질($n=1$), L 껍질($n=2$), M 껍질($n=3$), N 껍질($n=4$)의 에너지 값은 -13.6 eV, -3.4 eV, -1.51 eV, -0.85 eV로 각각 계산되었다. L 껍질 위의 궤도를 따라서 돌고 있는 전자가 정확히 L 껍질 위의 어떤 점 A에 위치하고 있다고 가정하면, 이 위치에서 전자가 가지고 있는 전체에너지는 그림 6-7(a)와 같이 -3.4 eV이다. 만약 전자가 정현파 또는 사인파 형태로 진동하며 N 껍질을 따라 x 방향으로 돌고 있다고 가정하면, 전자가 점 B에 있을 때(N 껍질 위에 있을 때)는 -0.85 eV의 전체에너지를 가진다. 또한 전자가 점 C에 있을 때(N 껍질보다 원자핵으로부터 먼 바깥쪽에 위치할 때)에는 전자가 점 B에 위치할 때보다 높은 어떤 에너지 값(예 -0.60 eV)을 가진다. 또한 전자가 점 D에 있을 때(N 껍질보다 원자핵에 가까운 안쪽에 위치할 때)에는 전자가 점 B에 위치할 때보다 낮은 어떤 에너지 값(예 -1.00 eV)을 가진다는 의미이다.

즉, 점 B에 있는 전자보다 핵으로 멀리 떨어져 있는 점 C에 전자가 존재할 때는 원자핵과 전자 사이에 작용하는 쿨롱 인력이 점 B보다는 작다는 의미이다. 또한 점 B에 있는 전자보다 핵 쪽으로 가까이 있는 점 D에 전자가 존재할 때는 원자핵과 전자 사이에 작용하는 쿨롱 인력이 점 B보다는 크다는 의미이다.

따라서 슈뢰딩거 파동 방정식에 있는 파동 함수 ψ는 원자핵의 주변을 돌고 있는 전자가 가지고 있는 운동에너지와 위치에너지를 합한 전체에너지($TE=KE+PE$)의 크기를 의미한다. x는 원자 내(보어 모형)에서는 원래 원형 궤도이지만, 쉽게 이해하기 위해 직선 궤도라고 가정하면, 그림 6-7(b)와 같이 생각할 수 있다.

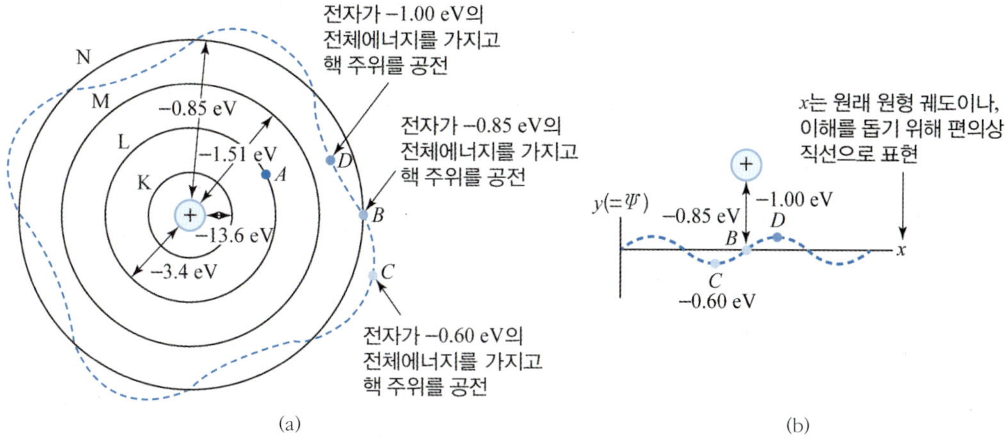

그림 6-7 수소 원자의 K, L, M, N 껍질에서 전자가 운동하는 경우라고 가정한 보어의 원자 모형
(a) 파장의 4배($n=4$)로 정수배인 경우, (b) 파동 함수의 의미

식 (6.35)는 전자가 x 방향으로만 움직인다고 가정했기 때문에 1차원 $\dfrac{\partial\psi}{\partial x}$ 에서 x의 변화에 따른 파동 함수 ψ의 변화를 나타낸다. 그러나 원자 내에 있는 전자는 3차원적(x, y, z 방향)으로 움직이므로 식 (6.35)를 3차원으로 확장하면

$$\left(\frac{\partial^2\psi}{\partial x^2}+\frac{\partial^2\psi}{\partial y^2}+\frac{\partial^2\psi}{\partial z^2}\right)+\frac{8\pi^2 m_e}{h^2}(E-E_p)\psi=0 \quad \textbf{(6.36)}$$

이 된다. 식 (6.36)에 다음의 라플라시안 연산자[Laplacian operator, 식 (6.37)]를 사용하면,

$$\nabla=\frac{\partial}{\partial x}+\frac{\partial}{\partial y}+\frac{\partial}{\partial z},$$

$$\nabla^2=\frac{\partial^2}{\partial x^2}+\frac{\partial^2}{\partial y^2}+\frac{\partial^2}{\partial z^2} \quad \textbf{(6.37)}$$

여기서, ∇: 벡터의 미분 연산자(a linear differential vector operator), 델(del)이라고 부름

다음 식이 만들어진다.

$$\nabla^2\psi + \frac{8\pi^2 m_e}{h^2}(E - E_p)\psi = 0 \qquad \textbf{(6.38)}$$

$$-\nabla^2\psi + \frac{8\pi^2 m_e}{h^2}E_p\psi = \frac{8\pi^2 m_e}{h^2}E \qquad \textbf{(6.39)}$$

식 (6.39)의 양변에 $\dfrac{h^2}{8\pi^2 m_e}$ 을 곱하면, 3차원에서 시간 독립 슈뢰딩거 파동 방정식인 식 (6.40)이 만들어진다.

$$\left(-\frac{h^2\nabla^2}{8\pi^2 m_e} + E_p\right)\psi = E\psi \qquad \textbf{(6.40)}$$

이 식의 오른쪽 항($E\psi$)에 있는 E는 원자 내에서 궤도 운동을 하는 전자가 가지고 있는 전체에너지이다. 왼쪽 항$\left(-\dfrac{h^2\nabla^2}{8\pi^2 m_e}\psi\right)$에서 $-\dfrac{h^2\nabla^2}{8\pi^2 m_e}$는 전자의 운동에너지 E_k에 해당되며, 또한 왼쪽 항($E_p\psi$)에서 E_p는 전자의 위치에너지에 해당된다. 따라서 식 (6.40)은 전자가 가지고 있는 전체에너지가 전자의 위치에너지와 운동에너지의 합이라는 의미이다.

식 (6.40)을 만족하는 전자가 일정한 체적 내에 있으면, 그 해(solution)는 한 세트의 정상파로 이루어진다. 즉, 미분 방정식인 식 (6.40)의 일반해는 다음 식과 같이 $+x$ 방향으로 움직이는 진행파(the forward traveling wave)와 $-x$ 방향으로 움직이는 진행파(the backward traveling wave)로 이루어진다.

$$\psi = Ae^{ikx} + Be^{-ikx} \qquad \textbf{(6.41)}$$

여기서, k: 파동 벡터(the wave vector),

Ae^{ikx} : $+x$ 방향으로 진행하는 진행파(the forward traveling wave in $+x$ direction),

Be^{-ikx} : $-x$ 방향으로 진행하는 진행파[the backward traveling wave in $-x$ direction(the reflected wave)]

또한 식 (6.40)의 미분 방정식에 경계 조건(boundary condition)들을 대입하고, 이 경계 조건을 만족하는 각 해(파동 함수, ψ)는 고유 함수(eigenfunction) 또는 고유 상태(eigenstate)라고 한다. 각 고유 함수는 그것에 해당하는 에너지 E_n, 즉 고윳값(eigenvalue)을 가지고 있다. 앞에서 언급된 식 (6.17)이 그 예이다. 수소 원자의 경우 식 (6.40)의 한 가지 해는 다음과 같고, 전자는 이 고윳값이라는 특정한 에너지 값에 대해서만 존재한다.

$$E_n = -\frac{e^4 m_e}{8h^2\epsilon_0^2}\frac{Z^2}{n^2} = -13.6\frac{Z^2}{n^2} \text{ [eV]} \tag{6.42}$$

이러한 형태의 방정식을 고윳값 방정식(eigenvalue equation)이라고 한다.

1차원에서 시간 독립 슈뢰딩거 파동 방정식(time-independent Schrödinger's wave equation)인 식 (6.35)는 다음과 같은 1차원에서 시간 의존 슈뢰딩거 파동 방정식(time-dependent Schrödinger's wave equation)으로 변환될 수 있다.

$$-\frac{\hbar^2}{2m_e}\frac{\partial^2}{\partial x^2}\Psi(x,t) + E_p(x)\Psi(x,t) = i\hbar\frac{\partial}{\partial t}\Psi(x,t) \tag{6.43}$$

위 식에서 왼쪽 첫째 항이 원자 내에 있는 전자가 가지고 있는 운동에너지이고, 왼쪽 두 번째 항이 전자의 위치에너지이며, 오른쪽 항이 전자의 전체에너지에 해당된다. 위 식은 ∇^2을 이용하여 다음 식과 같이 간단하게 쓸 수 있다.

$$-\frac{\hbar^2}{2m_e}\nabla^2\Psi + E_p\Psi = i\hbar\frac{\partial\Psi}{\partial t} \tag{6.44}$$

여기서, m_e: 전자의 무게(the electronic mass),

∇^2: $\frac{\partial^2}{\partial x^2}$ (1차원에서),

Ψ: 전자의 파동 함수(the wave function of the electron),

$\Psi(x;t)$ (1차원에서) ; $\Psi(x,y,z;t)$ (3차원에서),

E_p: 전자의 위치에너지(the potential energy of the electron)

식 (6.44)의 시간 의존 슈뢰딩거 파동 방정식을 식 (6.45)에 나타낸 것처럼 공간(x, y, z)과 시간(t)의 변수 분리를 통해 시간 독립 슈뢰딩거 파동 방정식으로 바꾸어보자.

$$\Psi(r;t) = \psi(r) \cdot w(t), \quad \frac{\partial\Psi}{\partial t} = \psi(r)\frac{\partial w}{\partial t} \tag{6.45}$$

여기서, r: 공간 변수(x, y, z: 3차원 공간)(all the spatial variables),

t: 시간

식 (6.44)는 공간(x,y,z)과 시간(t)의 변수 분리를 통하여 다음과 같이 된다.

$$-\frac{\hbar^2}{2m_e}\nabla^2\psi(r)w(t)+E_p\psi(r)w(t)=i\hbar\psi(r)\frac{\partial w}{\partial t} \quad \textbf{(6.46)}$$

양변을 $\psi(r)w(t)$로 나누고, $\psi(r)$을 ψ, $w(t)$를 w로 간단히 표현하면 다음 식을 얻는다.

$$-\frac{\hbar^2}{2m_e}\frac{\nabla^2\psi}{\psi}+E_p=i\hbar\frac{1}{w}\frac{\partial w}{\partial t} \quad \textbf{(6.47)}$$

변수 분리에 의해 식 (6.47)의 왼쪽 항은 위치(r)의 함수, 오른쪽 항은 시간(t)의 함수로 분리되었다. 식 (6.47)은 양쪽 항이 각각 어떤 상수, E와 같을 때 성립할 수 있으며, 다음과 같이 쓸 수 있다.

$$E=i\hbar\frac{1}{w}\frac{\partial w}{\partial t} \quad \textbf{(6.48)}$$

$$-\frac{\hbar^2}{2m_e}\frac{\nabla^2\psi}{\psi}+E_p=E \quad \textbf{(6.49)}$$

여기서, E: 전자의 에너지(the energy of the electron)

식 (6.49)의 양변에 ψ를 곱하면 다음과 같은 시간 독립 슈뢰딩거 파동 방정식을 얻는다.

$$-\frac{\hbar^2}{2m_e}\nabla^2\psi+E_p\psi=E\psi \quad \textbf{(6.50)}$$

$\hbar=\frac{h}{2\pi}$ 이므로 식 (6.50)은 다음과 같이 되며, 이 식은 식 (6.40)의 시간 독립 슈뢰딩거 파동 방정식과 같은 식이다.

$$-\frac{h^2}{8\pi^2m_e}\nabla^2\psi+E_p\psi=E\psi \quad \textbf{(6.40)}$$

한편, 미분 방정식인 식 (6.50)의 해를 구하기 위해, 식 (6.48)을 적분하면 다음 식을 얻는다.

$$\int \frac{1}{w} dw = \int \frac{E}{i\hbar} dt \tag{6.51}$$

$$\log w = -i \frac{E}{\hbar} t \tag{6.52}$$

$$w = e^{\left(-i\frac{E}{\hbar}t\right)} = e^{-i\omega t} \tag{6.53}$$

여기서, ω: 파의 진동수(the frequency of a wave), $\omega = \frac{E}{\hbar}$

이상은 '원자 내 전자의 전체에너지가 전자의 위치에너지와 운동에너지의 합($KE = PE + KE$)과 같다'는 점을 설명한 것이다.

슈뢰딩거 파동 방정식인 식 (6.43)에서 편미분 방정식(partial differential equation)에 있는 Ψ는 파동함수(wave function)라고 한다. Ψ^2은 어떤 시간(t)에서, 전자가 존재하고 있는 부피(체적)($dx \cdot dy \cdot dz$)에서, 어떤 점 x, y, z의 바로 근처에서 전자를 발견할 확률을 의미하며, 다음과 같이 쓸 수 있다.

$$|\Psi(x, y, z; t)|^2 dx\, dy\, dz \tag{6.54}$$

3) 원자를 벗어난 자유전자의 에너지

(1) 자유전자의 에너지

자유전자(free electron)는 원자 내의 어떤 껍질(K 껍질, M 껍질, N 껍질 등)에도 속해 있지 않고, 자유롭게 고체(특히, 금속)를 구성하는 원자들 사이를 자유롭게 움직일 수 있는 전자를 말한다. 자유전자는 어떠한 원자(금속 이온)에도 속해 있지 않으므로 자유전자의 위치에너지(potential energy), E_p는 0이다($E_p = 0$).

그림 6-8(a)와 같이 길이 a인 금속 내에서 자유전자의 위치에너지(V_1)는 0이다($V_1 = 0$). 금속 내에 있는 자유전자는 외부로부터 에너지(열, 전기장, 빛 등)를 흡수하지 않으면 금속 밖으로 벗어나지 못하고 금속 내에 머무르게 된다. 편의상 금속 밖에서의 위치에너지(V_2)를 ∞로 표시하자($V_2 = \infty$). 실제로

V_2는 금속의 종류에 의해 결정되는 일함수(어떤 금속으로부터 전자를 금속 밖으로 떼어내는 데 필요한 에너지)에 해당된다. 즉, 금속 내에 있는 자유전자가 금속 밖으로 벗어나려면 일함수 이상의 에너지를 흡수해야 한다는 의미이다. 그림 6-8(b)는 자유전자의 에너지(운동에너지)와 파동 벡터 k의 관계를 나타낸다. 이는 식 (6.61)에 해당하며, 이후에 설명할 것이다.

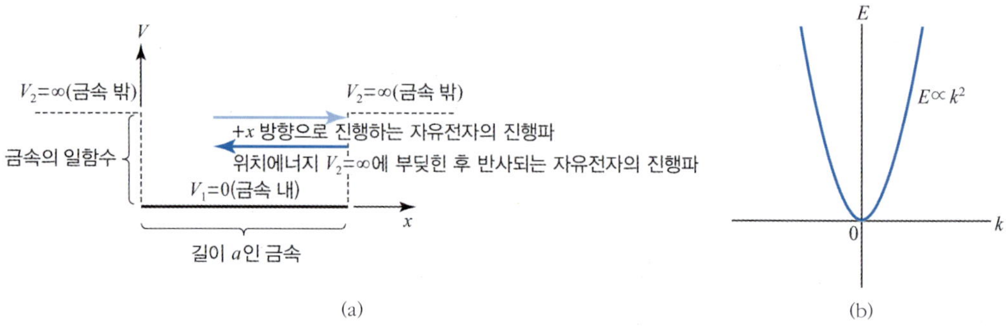

그림 6-8 길이 a인 금속 내에 존재하는 자유전자에 대한 위치에너지 V

금속 내에 있는 자유전자가 가지고 있는 전체에너지를 슈뢰딩거의 시간 독립 파동 방정식은 식 (6.50)으로부터 구해보자.

$$-\frac{\hbar^2}{2m_e}\nabla^2\psi + E_p\psi = E\psi \tag{6.50}$$

금속 내 자유전자의 위치에너지 $E_p=0$이고, 이 자유전자가 1차원(즉, x 방향으로만 이동함)으로 이동하면, 식 (6.50)은 다음과 같이 된다.

$$\frac{\hbar^2}{2m_e}\nabla^2\psi + E\psi = 0 \tag{6.55}$$

즉, 금속 내에서 자유전자는 위치에너지(E_p)를 가지지 않고, 오직 운동에너지(E_k)만을 가지고 운동한다는 의미이다. 위 식의 ∇을 다시 쓰면 다음과 같은 미분 방정식이 된다.

$$\frac{\hbar^2}{2m_e}\frac{\partial^2\psi}{\partial x^2} + E\psi = 0 \tag{6.56}$$

이 미분 방정식에 대한 일반해(general solution)는 다음과 같다.

$$\psi = Ae^{ikx} + Be^{-ikx} \tag{6.57}$$

식 (6.57)을 미분하면 다음과 같다.

$$\frac{\partial \psi}{\partial x} = A(ik)e^{ikx} - B(ik)e^{-ikx} \tag{6.58}$$

$$\frac{\partial^2 \psi}{\partial x^2} = A(i^2k^2)e^{ikx} + B(i^2k^2)e^{-ikx}$$

$$= (ik)^2\psi \tag{6.59}$$

식 (6.59)를 식 (6.56)에 대입하면 다음 식을 얻는다.

$$\frac{\hbar^2}{2m_e}(ik)^2\psi + E\psi = 0$$

$$-\frac{\hbar^2}{2m_e}k^2\psi + E\psi = 0 \tag{6.60}$$

양변을 ψ로 나누면,

$$E = \frac{\hbar^2}{2m_e}k^2 \tag{6.61}$$

이다.

식 (6.61)은 금속 내에서 $+x$ 방향 또는 $-x$ 방향으로 움직이는 자유전자의 운동에너지를 나타낸다. 즉, 금속 내 자유전자는 위치에너지가 없고($E_p = 0$), 운동에너지(E_k)만을 가지고 금속 내를 움직인다. 이 자유전자의 전체에너지[운동에너지(E_k)]의 크기는 파동 벡터 k의 제곱에 비례한다는 의미이며, 그림 6-8(b)와 같은 그래프로 그려진다. 여기서 드브로이(de Broglie) 파장에 대한 식으로부터 파동 벡터는 $k = \frac{2\pi}{\lambda}$ 이다.

(2) 자유전자의 파동 함수

금속 내를 움직이는 자유전자의 파동 함수 ψ_n을 살펴보자. 그림 6-8에서 자유전자는 어떤 금속 이온에 속해 있지 않고, 길이 a인 금속 내를 자유롭게 움직일 수 있다. 그러나 금속 밖의 영역에서는 무한한 퍼텐셜 에너지 장벽(infinite potential energy barrier)이 존재하므로 자유전자는 금속 밖을 벗어날 수 없다. 물론 외부로부터 이 금속의 일함수(work function)보다 큰 에너지를 열, 빛, 전기장 등으로부터 받는다면 자유전자가 금속 밖으로 벗어날 수 있다. 그러나 여기서는 이 경우는 생각하지 않기로 한다. 그림 6-8과 같은 경우를 무한히 깊은 퍼텐셜 우물[infinite well 또는 box model(상자 모델)]이라고 한다. 이 경우 자유전자의 파동 함수는 2가지의 경계 조건(boundary condition)으로부터 구할 수 있다.

$$\text{경계 조건 (1) } E_p = \infty\text{: } x < 0,\ x > a$$
$$\psi(x<0) = 0\text{: 편의상 } \psi(0) = 0$$
$$\psi(x>a) = 0\text{: 편의상 } \psi(a) = 0$$

여기서 경계 조건 (1)의 의미는 다음과 같다. x가 0보다 작거나 또는 a보다 큰 경우에는 위치에너지 E_p가 무한대(∞)의 값을 가진다고 가정하였다. 이 때문에 자유전자는 금속 내에서는 자유롭게 움직일 수 있으나, 금속[또는 상자(box)]의 밖으로는 절대 벗어날 수 없다. 즉, 금속 밖에서는 자유전자를 발견할 확률(ψ^2)은 0이다($\psi^2 = 0$). 즉, 파동 함수(ψ)는 0이다($\psi = 0$).

$$\text{경계 조건 (2) } E_p = 0\text{: } 0 \le x \le a$$
$$\int_0^a \psi^2(x)dx = 1$$

경계 조건 (2)의 의미는 자유전자의 위치에너지 E_p가 금속 내에서는 0이므로, 금속 내를 자유롭게 돌아다닌다는 의미이다. 따라서 $0 \le x \le a$인 금속 내에서 자유전자를 발견할 확률(ψ^2)이 1이라는 것이다. 즉, 금속 내에서 자유전자를 발견할 확률은 100%라는 의미이다.

위에 언급한 경계 조건들을 넣기 위해 자유전자에 대한 시간 독립 파동 함수는 식 (6.50)을 사용하자.

$$-\frac{\hbar^2}{2m_e}\nabla^2\psi + E_p\psi = E\psi \tag{6.50}$$

경계 조건 (2)에 의하면, x가 0과 a 사이($0 \le x \le a$)에서는 $E_p = 0$이므로 위 식은 다음과 같다.

$$-\frac{\hbar^2}{2m_e}\frac{\partial^2\psi}{\partial x^2} = E\psi \tag{6.62}$$

이 식은 식 (6.61)에 의해 다음과 같다.

$$\frac{\partial^2\psi}{\partial x^2} = -\frac{2m_e E}{\hbar^2}\psi = -k^2\psi \tag{6.63}$$

식 (6.63)의 미분 방정식에 대한 해(solution)는 다음과 같은 형태이다.

$$\psi(x) = A\sin kx, \quad \psi(x) = B\cos kx$$

따라서 식 (6.63)의 미분 방정식에 대한 일반해(general solution), 즉 파동 함수(wave function)는 다음과 같다.

$$\psi(x) = A\sin kx + B\cos kx \tag{6.64}$$

이 일반해[식 (6.64)]가 식 (6.63)을 만족하는지 여부는 다음과 같이 두 번 미분하여 확인할 수 있다.

$$\frac{\partial\psi}{\partial x} = Ak\cos kx - Bk\sin kx$$

$$\frac{\partial^2\psi}{\partial x^2} = -Ak^2\sin kx - Bk^2\cos kx = -k^2(A\sin kx + B\cos kx)$$

$$\frac{\partial^2\psi}{\partial x^2} = -k^2\psi \tag{6.65}$$

따라서 식 (6.64)는 식 (6.63)의 일반해임을 알 수 있다. 식 (6.65)는 무한히 깊은 퍼텐셜 우물(infinite well 또는 box model)에 있는 자유전자의 슈뢰딩거 파동 방정식이다.

금속 내를 움직이는 자유전자의 파동 함수를 구하기 위해 식 (6.63)에 두 가지 경계 조건을 대입해보

자. 파동 벡터는 $k=\frac{2\pi}{\lambda}$ 이므로, 무한히 깊은 에너지 우물(infinite well)에 대한 식 (6.63)은 다음과 같다.

$$\frac{\partial^2\psi}{\partial x^2}=-\left(\frac{2\pi}{\lambda}\right)^2\psi \tag{6.66}$$

식 (6.66)의 미분 방정식에 대한 일반해는 다음과 같이 쓸 수 있다.

$$\psi(x)=A\sin\left(\frac{2\pi x}{\lambda}\right)+B\cos\left(\frac{2\pi x}{\lambda}\right) \tag{6.67}$$

식 (6.67)에 경계 조건 (1)의 $\psi(x<0)=0$을 대입하면 다음과 같은 식을 얻는다.

$$\psi(x<0)=0\ ;\ \psi(0)=A\sin\left(\frac{2\pi(0)}{\lambda}\right)+B\cos\left(\frac{2\pi(0)}{\lambda}\right)=0 \tag{6.68}$$

위 식에서 $\sin 0=0$이고, $\cos 0=1$이다. 따라서 $B=0$이어야 이 식이 성립하며, 경계 조건이 만족된다. 그러나 B의 값은 상수이므로 위 식이 0이 되는 것은 불가능하다. 따라서 식 (6.67)의 $\left[B\cos\left(\frac{2\pi x}{\lambda}\right)\right]$은 일반해로부터 제거되어야 한다. 따라서 식 (6.67)의 일반해에 경계 조건 (1)을 대입하여 얻은 새로운 일반해는 다음과 같다.

$$\psi(x)=A\sin\left(\frac{2\pi x}{\lambda}\right) \text{ 또는 } \psi(x)=A\sin kx \tag{6.69}$$

또한 식 (6.69)에 경계 조건 (1)의 $\psi(x>a)=0$을 대입하면 다음과 같이 된다.

$$\psi(x>a)=0\ ;\ \psi(a)=A\sin ka=0 \tag{6.70}$$

식 (6.70)은 sine 함수이므로, ka가 π 또는 π의 정수배인 경우에만 0이 된다. 즉, 다음과 같은 조건이 되어야 한다.

$$ka=\pi \text{ 또는 } k_n a=n\cdot\pi \tag{6.71}$$

이것을 일반화하면 다음과 같다.

$$k_n = \frac{n\pi}{a} \qquad (n = 1, 2, 3, 4, \ldots) \tag{6.72}$$

여기서, n: 주양자수(principle quantum number)

식 (6.67)에 경계 조건 (1)을 모두 대입하여 얻은 일반해는 다음과 같다.

$$\psi(x) = A\sin kx = A\sin\left(\frac{n\pi x}{a}\right) \tag{6.73}$$

식 (6.73)에서 A를 얻기 위해 경계 조건 (2)를 살펴보자. 이를 위해 경계 조건 (2)에 식 (6.73)의 일반해를 대입하면 다음 식을 얻는다.

$$\int_0^a \left(A\sin\frac{2\pi x}{\lambda}\right)^2 dx = 1 \ ; \ A^2\int_0^a \sin^2\left(\frac{2\pi x}{\lambda}\right) dx = 1 \tag{6.74}$$

파동 함수에 있는 상수 A를 결정하기 위해 정규화 조건(normalization condition)에 의해 식 (6.69)에서 $\psi(x) = A\sin kx$는 다음과 같이 된다.

$$\int_{-\infty}^{+\infty} \psi_n^* \psi_n dx = \int_0^a A_n^2 \sin^2 k_n x dx = \int_0^a A_n^2 \sin^2\left(\frac{n\pi x}{a}\right) dx = 1 \tag{6.75}$$

여기서, $\psi_n^* \psi_n = \psi_n^2$: 전자를 발견할 확률

$$\int_0^a A_n^2 \sin^2\left(\frac{n\pi x}{a}\right) dx = 1 \tag{6.76}$$

식 (6.76)의 왼쪽 항을 적분하여 풀면,

$$\left|A_n^2\left(\frac{x}{2}-\frac{\sin 2\left(\frac{n\pi}{a}\right)x}{4\left(\frac{n\pi}{a}\right)}\right)\right|_0^a = A_n^2\left(\frac{a}{2}-\frac{\sin 2n\pi}{4\left(\frac{n\pi}{a}\right)}\right)-A_n^2\left(\frac{0}{2}-\frac{\sin 2\left(\frac{n\pi}{a}\right)0}{4\left(\frac{n\pi}{a}\right)}\right) \quad \textbf{(6.77)}$$

이고, 이를 정리하면 다음과 같다.

$$A_n^2\left[\frac{a}{2}-\frac{\sin 2n\pi}{4\left(\frac{n\pi}{a}\right)}\right]=1 \quad \textbf{(6.78)}$$

식 (6.78)에 $n=1,2,3,4,\cdots$를 대입하면 $\sin 2\pi$, $\sin 4\pi$, $\sin 6\pi,\cdots$가 되므로 대괄호([ ])에서 두 번째 항은 0이 된다. 따라서 n에 따른 상수 A의 값을 얻는다.

$$A_n^2 \cdot \frac{a}{2}=1 \ ; \ A_n = \sqrt{\frac{2}{a}} \quad \textbf{(6.79)}$$

식 (6.79)를 식 (6.73)에 대입하여 얻은 일반해(금속에서 자유전자의 파동 함수에 대한 일반해)는 다음과 같다.

$$\psi_n(x) = \sqrt{\frac{2}{a}}\sin\left(\frac{n\pi x}{a}\right) \quad (n=1,2,3,4,\cdots) \quad \textbf{(6.80)}$$

한편, 식 (6.70)은 다음과 같다.

$$\psi(a)=0=A\sin\left(\frac{2\pi a}{\lambda}\right) \quad \textbf{(6.81)}$$

$\frac{2a}{\lambda}$가 정수(integer)인 경우 π, 2π, 3π, $4\pi,\cdots$가 되므로 sin 함수는 0이 된다. 또는 A가 0이면 식 (6.81)은 만족된다. 그러나 $A=0$인 조건은 금속 내부 어디에서나 $\psi(x)=0$이라는 의미이며, 금속 내 어디에서도 자유전자를 발견할 수 없다는 의미이므로 $A=0$이라는 조건은 배제해야 한다. 따라서 식 (6.81)로부터 $\frac{2a}{\lambda}$가 정수인 경우만을 고려한다.

$x = a$에서

$$\frac{2a}{\lambda} = n \quad (n = 1, 2, 3, 4, \cdots) \tag{6.82}$$

이 식은 금속 내에서 자유롭게 움직이는 자유전자에 대한 파장(wavelength)들이 임의의 값(arbitrary value)을 가질 수 없고, 불연속적인 값들로 양자화되어 있다는 의미이다.

$$\lambda_n = \frac{2a}{n} \tag{6.83}$$

여기서, n: 주양자수(the quantum number associated with the discrete wavelengths)

식 (6.83)에서 $\frac{2}{\lambda} = \frac{n}{a}$이며, 이를 식 (6.80)에 대입하면

$$\psi_n(x) = \sqrt{\frac{2}{a}} \sin\left(\frac{2\pi x}{a}\right) \tag{6.84}$$

이 된다. 식 (6.84)는 금속 내를 움직이는(x를 따라서 1차원적으로 움직이는) 자유전자의 파동 함수 ψ_n을 나타낸다. 자유전자의 위치에너지는 0이므로($PE = 0$), 식 (6.84)는 자유전자의 운동에너지에 해당된다.

4) 원자의 구조

원자는 원자핵과 전자로 구성되어 있다. 원자의 구조를 슈뢰딩거 파동 방정식을 적용하여 양자역학적으로 풀어보자. 식 (6.40)에 전자의 위치에너지 E_p를 대입하여 슈뢰딩거 파동 방정식을 풀면, 그 해인 고유 함수로부터 원자 내에 있는 전자의 분포에 대한 정보를 얻을 수 있다. 즉, 전자가 가지고 있는 에너지를 알 수 있다. 원자의 중심부에 자리를 잡고 있는 원자핵과 전자 사이의 쿨롱 인력이 전자를 원자의 중심으로 끌어당기는 전기력을 제공하는 힘이다. 이 전기력이 원자에서 작용하는 위치에너지(potential energy)이다.

그림 6-9(a)와 같이 전하(charge)가 $q_1 = Ze$인 원자핵이 원점에 놓여 있고, 전하가 $q_2 = -e$인 전자가 원자핵으로부터 위치 벡터 $\vec{r}$만큼 떨어진 곳에 놓여 있다고 하자.

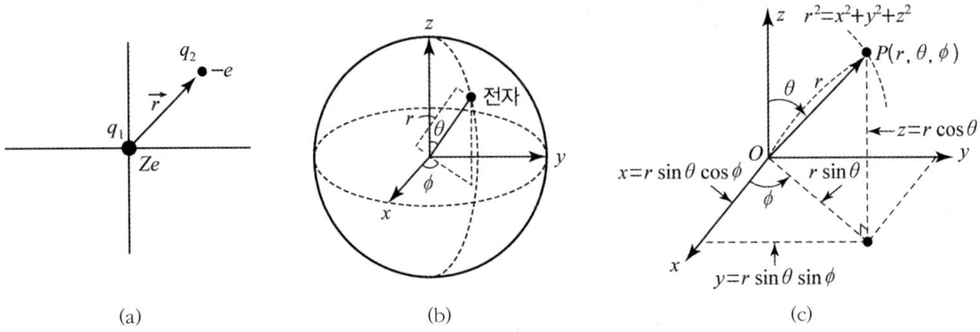

그림 6-9 원자 내의 전자를 나타내는 좌표계
(a) 원자핵과 전자, (b) 3차원에서 원자 내의 전자, (c) 구면극(r, θ, ϕ)좌표계

이때 전자의 전기력 위치에너지 E_p는 식 (6.14)와 같다. 이 식을 직교좌표계(orthogonal coordinate system)를 사용하여 다시 쓰면, E_p는 다음 식과 같다.

$$E_p = -\frac{Ze^2}{4\pi\epsilon_0\sqrt{x^2+y^2+z^2}} \tag{6.85}$$

그러나 식 (6.85)를 이용하여 3차원 슈뢰딩거 파동 방정식을 풀기에는 너무 복잡하다. 따라서 일반적으로 원자핵 주위를 도는 전자의 분포를 그림 6-9(b)와 (c)에 나타낸 것처럼 슈뢰딩거 파동 방정식에 구면극좌표계(spherical coordinate system)를 이용하여 파동 함수 $\Psi(x, y, z)$를 $\Psi(r, \theta, \phi)$로 나타낸다. 여기서 변수 x, y, z는 직교좌표계에서 변수이며, r, θ, ϕ는 구면극좌표계에서 변수이다. 구면극좌표계의 변수를 이용하여 직교좌표계의 변수 x, y, z를 나타내면 다음과 같다.

$$\begin{aligned} x &= r\sin\theta\cos\phi \\ y &= r\sin\theta\sin\phi \\ z &= r\cos\theta \end{aligned} \tag{6.86}$$

3차원 직교좌표계와 구면극좌표계는 다음과 같이 표현된다.

$$\text{직교좌표계: } \nabla^2 = \nabla \cdot \nabla = \frac{\partial^2}{\partial x^2} + \frac{\partial^2}{\partial y^2} + \frac{\partial^2}{\partial z^2} \tag{6.87}$$

$$\text{구면극좌표계: } \nabla^2 = \frac{1}{r^2}\frac{\partial}{\partial r}\left(r^2\frac{\partial}{\partial r}\right) + \frac{1}{r^2\sin\theta}\left(\sin\theta\frac{\partial}{\partial\theta}\right) + \frac{1}{r^2\sin^2\theta}\left(\frac{\partial^2}{\partial\phi^2}\right) \tag{6.88}$$

1차원 슈뢰딩거의 시간 독립 파동 방정식은 식 (6.35)와 같다. 원자의 구조를 해결하기 위해서는 1차원 슈뢰딩거 파동 방정식이 아니라, 식 (6.50)과 같은 3차원 슈뢰딩거의 시간 독립 파동 방정식으로 바꾸어 사용해야 한다.

$$-\frac{\hbar^2}{2m_e}\nabla^2\Psi(\vec{r}) + E_p(\vec{r})\Psi(\vec{r}) = i\hbar\frac{\partial}{\partial t}\Psi(\vec{r}) \tag{6.89}$$

즉, n개의 전자가 3차원 공간(원자)에서 움직이는 일반적인 경우의 슈뢰딩거 파동 방정식은 다음과 같다.

$$\begin{aligned}&-\left(\sum_{i=1}^{n}\frac{\hbar^2}{2m_{e_i}}\nabla_i^2\right)\Psi(\vec{r_1}, \vec{r_2}, \vec{r_3}, \cdots \vec{r_n}, t) + E_p(\vec{r_1}, \vec{r_2}, \vec{r_3}, \cdots \vec{r_n}, t)\Psi(\vec{r_1}, \vec{r_2}, \vec{r_3}, \cdots \vec{r_n}, t)\\ &= i\hbar\frac{\partial}{\partial t}\Psi(\vec{r_1}, \vec{r_2}, \vec{r_3}, \cdots \vec{r_n}, t)\end{aligned} \tag{6.90}$$

따라서 구면극좌표계에서 원자 내의 전자 분포 문제를 계산하는 경우에 풀어야 할 슈뢰딩거 파동 방정식은 구면극좌표계 ∇^2와 위치에너지 E_p를 식 (6.89)에 넣으면 다음과 같다.

$$\begin{aligned}&-\frac{\hbar^2}{2m_{ei}}\left[\frac{1}{r^2}\frac{\partial}{\partial r}\left(r^2\frac{\partial}{\partial r}\right) + \frac{1}{r^2\sin\theta}\left(\sin\theta\frac{\partial}{\partial\theta}\right) + \frac{1}{r^2\sin^2\theta}\left(\frac{\partial^2}{\partial\phi^2}\right)\right]\Psi(\vec{r}) - \frac{1}{4\pi^2\epsilon_0}\frac{Ze^2}{r}\Psi(\vec{r})\\ &= E\Psi(\vec{r})\end{aligned} \tag{6.91}$$

이 슈뢰딩거 파동 방정식의 독립변수는 r, θ, ϕ의 3개이기 때문에, 위 식을 풀면 파동 함수도 이들 세 가지 독립변수의 함수로 구해진다. 이 미분 방정식은 변수 분리가 가능한 형태로 되어 있으며, 변수 분리법을 통해 $\Psi(\vec{r})$은 r에만 의존하는 파동 함수 $R(r)$과 θ, ϕ에 의존하는 파동 함수 $Y(\theta, \phi)$의 곱(×)으로 나타낼 수 있다.

$$\Psi(\vec{r}) = \Psi(r, \theta, \phi) = R(r) \cdot Y(\theta, \phi) \tag{6.92}$$

$R(r)$은 원자핵으로부터 전자가 얼마나 떨어져 있는지를 나타내며, $Y(\theta, \phi)$는 전자가 원자핵과 어떤 각도를 가지고 위치하는지를 나타낸다. 식 (6.91)의 편미분 방정식을 변수 분리법을 사용하여 3개의 상미분 방정식으로 바꾸면, 다음 3개의 식을 얻을 수 있다. 이 과정은 상당히 복잡하고 우리의 수준을 넘어서기 때문에 유도 과정은 생략하고 3개의 결과식만 제시한다.

❶ r 방정식

$$-\frac{\hbar^2}{2m_e}\frac{d^2}{dr^2}[rR_{n,l}(r)] + \left(-\frac{1}{4\pi\epsilon_0}\frac{Ze^2}{r} + \frac{\hbar^2}{2m_e}\frac{l(l+1)}{r^2}\right)[rR_{n,l}(r)] = E_n[rR_{n,l}(r)] \tag{6.93}$$

❷ θ 방정식

$$\hat{L}^2 Y_{l,m}(\theta, \phi) = -\hbar^2\left[\frac{1}{\sin\theta}\frac{\partial}{\partial\theta}\left(\sin\theta\frac{\partial}{\partial\theta}\right) - \frac{m_e^2}{\sin^2\theta}\right] Y_{l,m}(\theta, \phi) = l(l+1)\hbar^2 Y_{l,m}(\theta, \phi) \tag{6.94}$$

❸ ϕ 방정식

$$\hat{L}_z Y_{l,m}(\theta, \phi) = \left(-i\hbar\frac{\partial}{\partial\phi}\right) Y_{l,m}(\theta, \phi) = m\hbar Y_{l,m}(\theta, \phi) \tag{6.95}$$

위의 3개 식을 풀면 r 방정식으로부터 에너지 고윳값(eigenvalue)인 E_n을 얻을 수 있고, θ 방정식으로부터 총 각운동량 고윳값인 l, ϕ 방정식으로부터 각운동량의 z성분의 고윳값인 m을 각각 얻을 수 있다. 여기서, n은 주양자수(the principle quantum number)이고, l은 부양자수(the orbital angular momentum quantum number)이며, m은 자기 양자수(the magnetic quantum number)이다.

5) 양자수

식 (6.93)~(6.95)는 원자 내 전자의 에너지 상태를 나타내는 4가지 양자수(n, l, m, m_s) 중에서 3가지 양자수(n, l, m)를 슈뢰딩거의 파동 방정식으로부터 수학적으로 유도했다는 데 중요한 의미를 가지고 있다. 나머지 한 가지 양자수, 즉 전자의 스핀 상태를 나타내는 스핀 양자수 m_s는 슈뢰딩거 방정식의 해로부터 나온 세 가지 양자수에는 포함되지 않은 양자수이다. 이는 전자 자체의 자기 모멘트가 $+\frac{1}{2}$ 또는 $-\frac{1}{2}$인지를 나타낸다. 스핀 양자수는 원자에 자기장(magnetic field)을 가했을 때 관찰된 원자 상태를 설명하기 위해 추가된 양자수이다. 이들을 정리하면 다음과 같이 나타낼 수 있다.

표 6-1 4가지 양자수와 각 양자수가 가질 수 있는 값

주양자수, n (principle quantum number)	$n=1, 2, 3, 4, \cdots$
부양자수, l (orbital angular momentum quantum number)	$l=0, 1, 2, 3, \cdots, (n-1)<n$
자기 양자수, m (magnetic quantum number)	$m=-l, -(l-1), \cdots, -1, 0, 1, \cdots, (l-1), l$ 또는 $\lvert m \rvert \le l$
스핀 양자수, m_s (spin quantum number)	$m_s=+\frac{1}{2}$ 또는 $-\frac{1}{2}$

여기서, 첫 번째 양자수인 주양자수 n은 앞에서 나온 것과 같이 원자 내에서 전자가 속해 있는 전자껍질을 나타낸다.

표 6-2 주양자수

n	껍질 또는 각(shell)
1	K
2	L
3	M
4	N
5	O
6	P
⋮	⋮

$n=1$인 경우의 전자껍질(각)은 K 껍질, $n=2$는 L 껍질, $n=3$은 M 껍질, $n=4$ 는 N 껍질, $n=5$는 O 껍질, $n=6$은 P 껍질 등을 의미한다. 보어의 원자 모형에서와 같이 전자가 하나인 수소 원자($Z=1$)

의 경우, 전자가 가지고 있는 전체에너지($KE = PE + KE$)는 식 (6.42)에 의해 다음과 같다.

$$E_n = -\frac{13.6}{n^2} \text{ [eV]} \tag{6.42}$$

주양자수 n은 전자의 총에너지가 어떻게 양자화되어 있는지를 나타낸다. 즉, 수소 원자의 K 껍질에 있는 전자의 전체에너지는 -13.6 eV이라는 의미이다.

두 번째 양자수인 부양자수 l은 다음과 같이 궤도 각운동량(orbital angular momentum)의 양자화된 방식을 나타낸다.

표 6-3 부양자수

l	부껍질(subshell)	기호의 유래
0	s	sharp
1	p	principal
2	d	diffuse
3	f	fundamental
⋮	⋮	⋮

l값은 0부터 $(n-1)$까지의 정수값을 가지며, 주양자수의 n과 혼동을 피하기 위해 $l=0$을 s, $l=1$을 p, $l=2$를 d, $l=3$을 f, $l=4$를 g, $l=5$을 h, $l=6$을 i, $l=7$을 k 등으로 표시한다. s, p, d, f 등은 분광학으로부터 유래한 기호들이다.

세 번째 양자수인 자기 양자수 m은 원자에 자기장을 가했을 때 가해진 자기장의 방향을 따라 나타나는 전자의 각운동량(angular momentum) 벡터의 방향을 양자화하는 양자수이다. s 부껍질, p 부껍질, d 부껍질의 경우, 원자에 자기장이 가해지지 않았을 때는 각각 1개의 에너지 준위를 나타낸다. 그러나 원자에 자기장이 가해졌을 때 그림 6-10과 같이 p 부껍질은 3개의 에너지 준위들(p_x, p_y, p_z)로 분리되고, d 부껍질은 5개의 에너지 준위들(d_{xy}, d_{yz}, d_{zx}, $d_{x^2-y^2}$, d_{z^2})로 분리된다. 원자에 가해준 자기장 벡터와 전자의 각운동량 벡터의 상호 작용을 1896년에 네덜란드의 물리학자인 지만(Zeeman)이 발견하였다. 이를 정상 지만 효과(normal Zeeman effect 또는 normal Zeeman splitting)라고 한다. 원자에 자기장을 가했을 때, l값($l=0, 1, 2, \cdots$)에 따라 $m=2l+1$ 식에 의해 m의 개수(선 스펙트럼의 개수)가 결정된다. 다음 표에 나타낸 것처럼 $l=0$일 때 $m=1$, $l=1$일 때 $m=3$, $l=2$일 때 $m=5$가 되며, 이는 홀수 개의 선 스펙트럼이 관찰되어야 함을 의미한다.

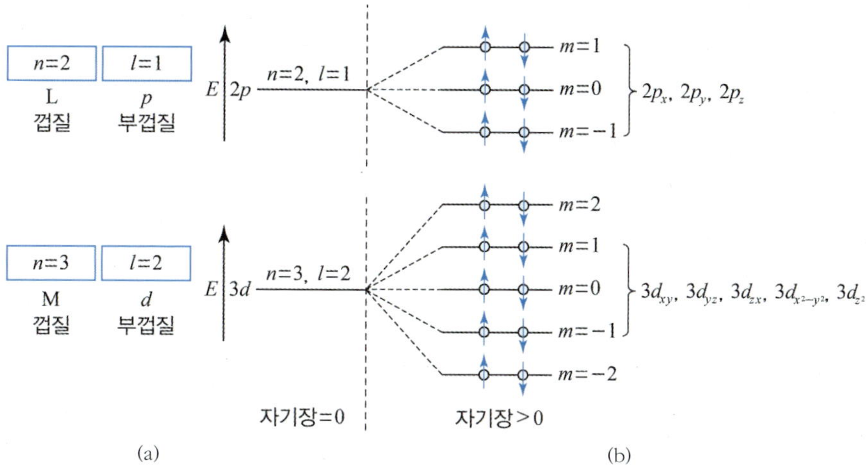

그림 6-10 자기장이 원자의 에너지 준위 $2p$, $3d$에 미치는 영향
(a) 자기장이 원자에 가해지지 않은 경우, (b) 자기장이 원자에 가해지는 경우

표 6-4 자기양자수(m)와 에너지 준위

n	l	부껍질(subshell)	m		해당 에너지 준위
			개수	값	
1	0	$1s$	1	$m=0$	$1s$
2	0	$2s$	1	$m=0$	$2s$
	1	$2p$	3	$m=\pm1$	$2p_x$, $2p_y$
				$m=0$	$2p_z$
3	0	$3s$	1	$m=0$	$3s$
	1	$3p$	3	$m=\pm1$	$3p_x$, $3p_y$
				$m=0$	$3p_z$
	2	$3d$	5	$m=\pm1$	d_{zx}, d_{yz}
				$m=\pm2$	d_{xy}, $d_{x^2-y^2}$
				$m=0$	d_{z^2}
⋮	⋮	⋮	⋮		⋮

그러나 원자에 자기장을 가한 결과 짝수개의 선 스펙트럼을 얻었으며, 이를 설명하기 위해 전자의 각 모멘트 또는 자기 모멘트와 관련이 있는 네 번째 양자수를 생각하였다. 이것을 비정상 지만 효과(anomalous Zeeman effect 또는 anomalous Zeeman splitting)라고 한다. 네 번째 양자수가 스핀 양자수 m_s이다. 각각의 m에 대해 2개의 에너지 준위가 관찰되었기 때문에 스핀 양자수는 $+\frac{1}{2}$(실제

로는 $+\frac{\hbar}{2}$)과 $-\frac{1}{2}$(실제로는 $-\frac{\hbar}{2}$)의 두 가지의 값을 가지게 되어 있다. 예를 들어, 어떤 원자에서 $n=2, l=1$인 $2p$ 에너지 준위 상태에서 m은 $-1, 0, 1$의 3개의 m 에너지 준위를 가지게 된다. 그림 6-10(a)의 왼쪽에 나타낸 것처럼 자기장이 가해지지 않은 경우, $2p$ 에너지 준위 상태가 하나의 에너지 준위($2p$)로 나타나지만, 자기장이 가해졌을 때는 하나의 에너지 준위가 아니라 3개의 에너지 준위들($2p_x$, $2p_y$, $2p_z$)로 갈라지고, 한 에너지 준위마다 2개의 스핀 양자수의 존재로 인해 총 6개의 선 스펙트럼이 나타나게 됨을 의미한다. 또한 $3d$ 에너지 준위도 자기장이 가해지지 않았을 때는 하나의 에너지 준위를 나타내지만, 자기장이 가해지면 5개의 에너지 준위로 갈라진다. 그림 6-10(b)의 왼쪽에 나타낸 것처럼 자기장이 가해지지 않은 경우, 하나의 에너지 준위($3d$)로 나타나지만, 자기장이 가해졌을 때는 하나의 에너지 준위가 아니라 5개의 에너지 준위들(d_{xy}, d_{yz}, d_{zx}, $d_{x^2-y^2}$, d_{z^2})로 갈라진다. 즉, 어떤 원자에서 $n=3, l=2$인 $3d$ 에너지 준위 상태에서 m은 $-2, -1, 0, 1, 2$의 5개의 m 에너지 준위를 가지게 된다. 한 에너지 준위마다 2개의 스핀 양자수의 존재로 인해 총 10개의 선 스펙트럼이 나타나게 됨을 의미한다.

수소 원자의 경우, 원자핵 주위를 한 개의 전자가 공전하고 있다. 이 전자는 금속 내의 자유전자(자유전자의 위치에너지, $PE=0$)와는 달리, 위치에너지가 0이 아니다($PE \neq 0$). 따라서 식 (6.85)의 위치에너지를 슈뢰딩거 파동 방정식에 대입하여 풀어야 한다. 수소 원자는 전자가 K 껍질의 $1s$ 궤도에 있으며, 구형 대칭(spherical symmetry)이다. 따라서 슈뢰딩거 파동 방정식을 그림 6-9의 구면극좌표계 (r, θ, ϕ)로 변환하여 풀 수 있다. $\psi(r, \theta, \phi)$에 대한 해(solution)는 모든 경계 조건(boundary condition)을 만족시켜야 하며, 단일값(single-value)이어야 하고, 연속적인 도함수(continuous derivative)를 가져야 한다. 변수 분리법을 사용하여 해를 구하는 것은 아주 복잡하며, 이 책의 범위를 벗어나기 때문에 생략한다. 여기서는 그 결과 중의 일부를 표 6-5에 함수 $R_{n,l}(r)$과 함수 $Y_{l,m}(\theta, \phi)$로 나타냈다. 1차원 슈뢰딩거 파동 방정식의 해는 한 가지의 양자수[줄(string) 방향의 마디(node)]로 나타나지만, 3차원 슈뢰딩거 파동 방정식의 해는 3개의 양자수(n, l, m)에 의해 나타난다.

표 6-5 전자가 하나인 원자(H, 수소)에 대한 파동 함수의 거리 및 각도 의존성

n(shell)	l(subshell)	m	궤도	전자가 핵으로부터 떨어진 거리 $R_{n,l}(r)$	핵과 전자 사이의 각도 $Y_{l,m}(\theta,\phi)$
1(K)	0	0	$1s$	$e^{-kr}(k$: 상수)	1(구형)
2(L)	0	0	$2s$	$(2-kr)e^{-\frac{kr}{2}}$	1(구형)
	1	−1, 0, +1	$2p_x$	$kr\,e^{-\frac{kr}{2}}$	$\sin\theta\cos\phi=\frac{x}{r}$
			$2p_y$	$kr\,e^{-\frac{kr}{2}}$	$\sin\theta\sin\phi=\frac{y}{r}$
			$2p_z$	$kr\,e^{-\frac{kr}{2}}$	$\cos\theta=\frac{z}{r}$
3(M)	0	0	$3s$	$(27-18kr+2k^2r^2)e^{-\frac{kr}{3}}$	1(구형)
	1	−1, 0, +1	$3p_x$	$kr(6-kr)e^{-\frac{kr}{3}}$	$\sin\theta\cos\phi=\frac{x}{r}$
			$3p_y$	$kr(6-kr)e^{-\frac{kr}{3}}$	$\sin\theta\sin\phi=\frac{y}{r}$
			$3p_z$	$kr(6-kr)e^{-\frac{kr}{3}}$	$\cos\theta=\frac{z}{r}$
	2	−2, −1, 0, +1, +2	$3d_{xy}$	$k^2r^2e^{-\frac{kr}{3}}$	$\sin\theta\cos\phi\sin\phi=\frac{xy}{r^2}$
			$3d_{yz}$	$k^2r^2e^{-\frac{kr}{3}}$	$\sin\theta\cos\theta\sin\phi=\frac{yz}{r^2}$
			$3d_{zx}$	$k^2r^2e^{-\frac{kr}{3}}$	$\sin\theta\cos\theta\cos\phi=\frac{xz}{r^2}$
			$3d_{x^2-y^2}$	$k^2r^2e^{-\frac{kr}{3}}$	$\sin^2\theta(\cos^2\phi-\sin^2\phi)=\frac{(x^2-y^2)}{r^2}$
			$3d_{z^2}$	$k^2r^2e^{-\frac{kr}{3}}$	$3\cos^2\theta-1=\frac{(3z^2-r^2)}{r^2}$

여기서, 함수 $R_{n,l}(r)$은 전자가 원자핵으로부터 떨어진 거리(K 껍질, L 껍질 등)를 나타내며, 함수 $Y_{l,m}(\theta,\phi)$는 전자가 핵으로부터 어떤 각도로 위치하는지를 나타낸다. $l=0$(s 에너지 준위 상태)에 대해 $Y_{0,0}(\theta,\phi)$의 각도 의존성이 상수인 경우($1s$, $2s$, $3s$ 등), $\psi(r,\theta,\phi)$이 원자핵에 대해 구형적으로 대칭이라는 의미이다. $l=1$(p 에너지 준위 상태) 및 $l=2$(d 에너지 준위 상태)의 경우, $Y_{1,m}(\theta,\phi)$과 $Y_{2,m}(\theta,\phi)$은 삼각함수의 값을 가진다. 이는 핵에 대한 전자의 위치가 각도 의존성을 가지고 있음을 나타낸다.

표 6-5에서 나타낸 슈뢰딩거 파동 방정식의 해에서 원자핵 주위에서 전자의 분포가 어떻게 되어 있는지를 살펴보자. 원자는 그림 6-11과 같이 구의 중심에 원자핵이 위치하며, 전자가 반경 r과 반경 $r+dr$ 사이의 부피($r+dr$에 있는 어떤 에너지 준위)에서 존재한다고 가정할 수 있다. 1926년, 본(Born)

은 전자가 임의의 체적 dV 내에서 발견될 확률은 $\Psi^2 dV$라고 제안하였다.

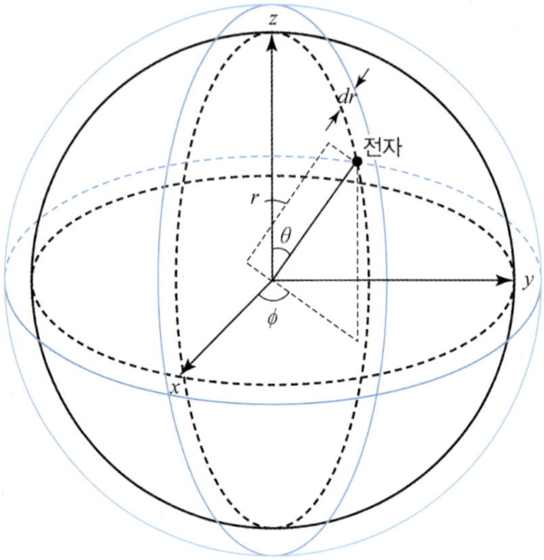

그림 6-11 3차원 원자 내에서 핵으로부터 떨어진 거리 r과 $r+dr$ 사이의 부피에서 전자를 발견할 확률을 나타내는 모식도

이러한 제안은 광학에서 빛의 강도, 즉 광자를 발견할 수 있는 확률이 광파의 진폭의 제곱에 비례한다는 사실과 비교해보면 합리적인 제안이라고 생각할 수 있다. 원자와 같이 구형 대칭인 경우에는 원자의 반경 r과 $r+dr$ 사이의 부피에서 전자가 존재할 확률은 다음과 같다. 구의 부피 V는 다음 식과 같으며, V를 r에 대해 미분하면 다음과 같이 표현된다.

$$V = \frac{4}{3}\pi r^3$$

$$\frac{dV}{dr} = 4\pi r^2 \; ; \; dV = 4\pi r^2 dr \tag{6.96}$$

식 (6.96)에 Ψ^2을 곱하면 다음 식을 얻는다.

$$\Psi^2 dV = 4\pi r^2 \Psi^2 dr \tag{6.97}$$

파동 함수를 변수 분리하여 $\Psi(r, \theta, \phi) = R(r) \cdot Y(\theta, \phi)$라고 하면, 확률 Ψ^2은 다음과 같다.

$$4\pi r^2 R^2(r)\, Y^2(\theta, \phi) \tag{6.98}$$

여기서, $R^2(r)$은 전자 분포 함수(r, θ, ϕ) 중에서 반지름(r) 방향으로 전자를 발견할 확률 인자이므로 지름 확률 인자(radial probability factor)라고 하고, $Y^2(\theta, \phi)$은 전자 분포 함수 중에서 각도(θ, ϕ)에 의존하는 인자이므로 각 의존 확률 인자(angular dependent probability factor)라고 한다.

수소 원자에는 1개의 전자가 있다. 수소 원자에서 파동 함수의 거리 및 각도 의존성을 나타낸 표 6–5로부터 $1s$ 에너지 준위의 상태(K 껍질)는 다음과 같다.

$$R_{1,0}(r) = e^{-kr},\ Y_{0,0}(\theta, \phi) = 1$$

여기서, $R_{1,0}$에서 아래첨자 1은 $n = 1$[K 껍질)], 0은 $l = 0$[s 부껍질]을 나타내어, $R_{1,0}$은 $1s$를 나타낸다. 또한 $1s$의 각도 의존성을 나타내는 $Y_{0,0}$에서 앞의 아래첨자 0은 $l = 0$[s 부껍질], 뒤 아래첨자 0은 $m = 0$($1s$의 자기 양자수)을 나타낸다. 한편, k는 상수(또는 파동 벡터, wave vector)이다.

위 식에서 전자가 원자핵으로부터 떨어진 거리[$R_{1,0}(r)$]는 지수함수로 표현되며, 원자핵과의 각도 의존성[$Y_{0,0}(\theta, \phi)$]은 1이다. 따라서 전자의 각 의존 확률 인자도 $Y_{0,0}^2(\theta, \phi) = 1$로 되어 전자 분포가 각도와 무관하게 된다. 따라서 $\Psi(r, \theta, \phi) = R(r) \cdot Y(\theta, \phi)$는 다음과 같다.

$$\Psi = R(r) \cdot 1;\ \Psi^2 = 4\pi r^2 R^2(r) \cdot 1 \tag{6.99}$$

그림 6–12에 식 (6.99)를 나타냈다. 그림 6–12(a)는 $1s$의 $R(r)$을 나타내며, 그림 6–12(b)는 $R^2(r)$을 나타낸 것이다.

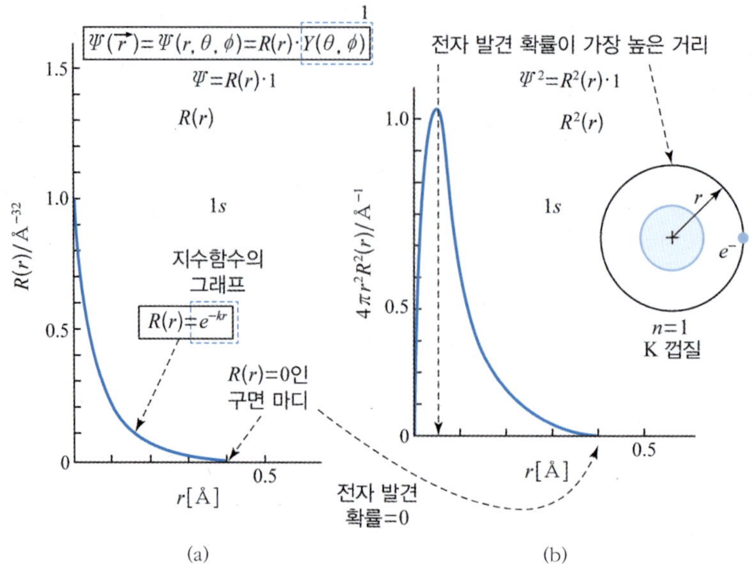

그림 6-12 원자에 전자가 1개 존재하는 경우에 궤도 파동 함수의 거리 의존성
(a) $1s$ 궤도에서 거리 의존성 $R(r)$
(b) $1s$ 궤도에서 핵으로부터 거리에 따라 전자를 발견할 확률 분포 $R^2(r)$

표 6-5로부터 $2s$ 에너지 준위의 상태(L 껍질)는 다음과 같다.

$$R_{2,0}(r)=(2-kr)e^{-\frac{kr}{2}},\ Y_{0,0}(\theta,\phi)=1 \tag{6.100}$$

그림 6-13에 식 (6.100)을 나타냈다. 여기서 $R_{2,0}$에서 아래첨자 2는 $n=2$[L 껍질], 0은 $l=0$[s 부껍질]을 나타내어, $R_{2,0}$은 $2s$를 나타낸다. 또한 $2s$의 각도 의존성을 나타내는 $Y_{0,0}$에서 앞의 아래첨자 0은 $l=0$[s 부껍질], 뒤 아래첨자 0은 $m=0$($2s$의 자기 양자수)을 나타낸다. 그림 6-13(a)는 $2s$의 $R(r)$을, 그림 6-13(b)는 $R^2(r)$을 나타낸 것이다.

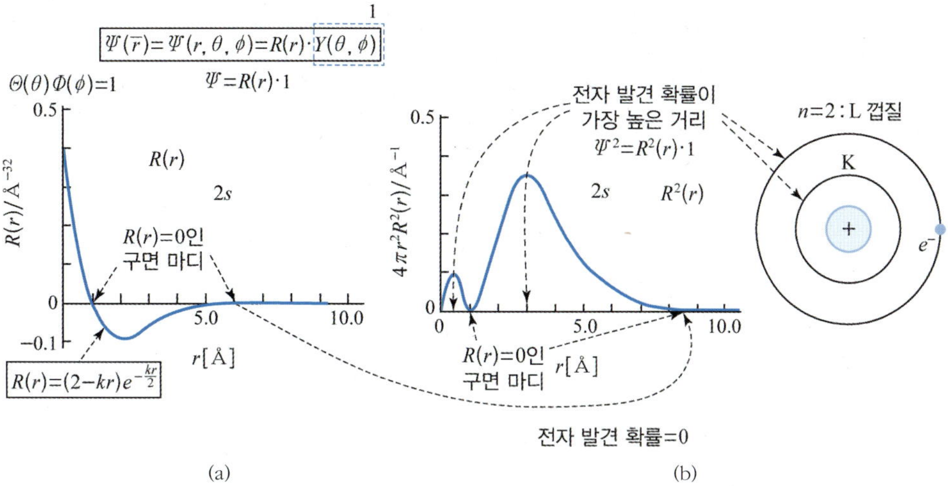

그림 6-13 원자에 전자가 1개 존재하는 경우에 궤도 파동 함수의 거리 의존성
(a) $2s$ 궤도에서 거리 의존성 $R(r)$
(b) $2s$ 궤도에서 핵으로부터 거리에 따라 전자를 발견할 확률 분포 $R^2(r)$

표 6-5로부터 $3s$ 에너지 준위의 상태(M 껍질)는 다음과 같다.

$$R_{3,0}(r)=(27-18kr+2k^2r^2)e^{-\frac{kr}{3}},\ Y_{0,0}(\theta,\phi)=1 \tag{6.101}$$

그림 6-14에 식 (6.101)을 나타냈다. 여기서, $R_{3,0}$에서 아래첨자 3은 $n=3$[M 껍질], 0은 $l=0$[s 부껍질]을 나타내어, $R_{3,0}$은 $3s$를 나타낸다. 또한 $3s$의 각도 의존성을 나타내는 $Y_{0,0}$에서 앞의 아래첨자 0은 $l=0$[s 부껍질)], 뒤 아래첨자 0은 $m=0$($3s$의 자기 양자수)을 나타낸다. 그림 6-14(a)는 $3s$의 $R(r)$을 나타내며, 그림 6-14(b)는 $R^2(r)$을 나타낸 것이다.

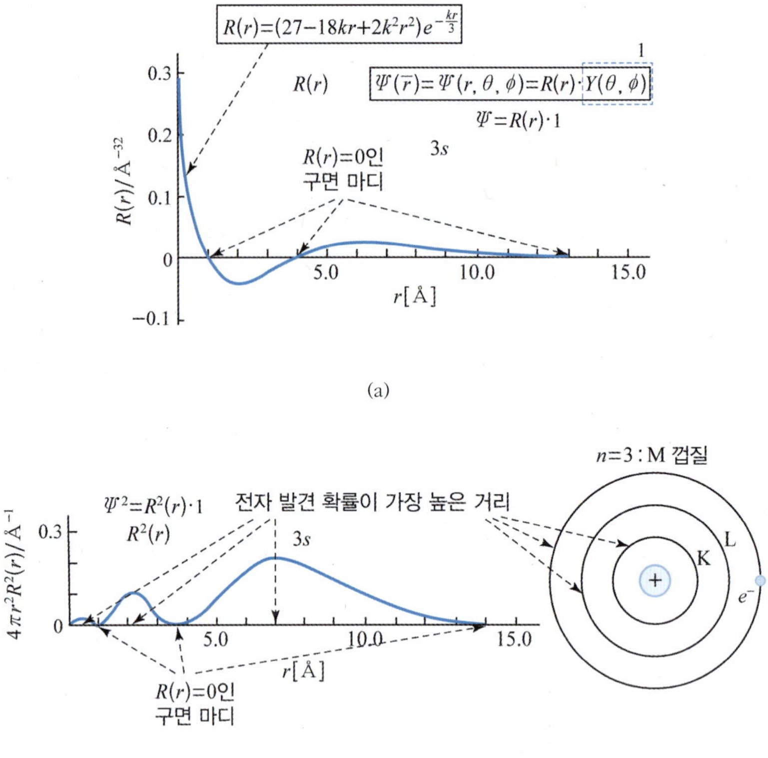

그림 6-14 원자에 전자가 1개 존재하는 경우에 궤도 파동 함수의 거리 의존성
(a) $3s$ 궤도에서 거리 의존성 $R(r)$
(b) $3s$ 궤도에서 핵으로부터 거리에 따라 전자를 발견할 확률 분포 $R^2(r)$

슈뢰딩거 방정식의 해의 마디(node)는 면으로 이루어져 있으며, 마디에서 파동 함수는 0이다. 마디는 전자가 발견되지 않는 지점으로서 전자의 발견 확률이 0인 지점이다. 마디는 방사상 마디(radial node)와 각 마디(angular node)로 구분된다. 파동 함수를 변수 분리하면, $\Psi(r, \theta, \phi) = R(r) \cdot Y(\theta, \phi)$이며, 파동 함수가 0이 되는 경우는 $R(r) = 0$, $Y(\theta) = 0$, $Y(\phi) = 0$의 세 가지이다. $R(r) = 0$인 경우에 생기는 마디면은 구면이 되므로 구면 마디[spherical node 또는 radial node(방사상 마디)]라고 하고, $Y(\theta) = 0$인 경우에 생기는 마디면은 평면이므로 평면 마디(planar node)라고 한다. $Y(\phi) = 0$인 경우에 생기는 마디면은 원추면이므로 원추 마디(conical node)라고 한다. 원추 마디는 각 마디의 일종이다. 그림 6-12(a)(즉, $1s$)에서 $R(r) = 0$의 구면 마디는 $r = \sim 0.35$ Å에서 1개가 있으며, 그림 6-13(a)(즉, $2s$)에서 $r = \sim 1$ Å와 $r = \sim 6$ Å의 2개의 구면 마디가 존재한다. 그림 6-14(a)(즉, $3s$)에서는 2차 방정식 $27 - 18k + 2k^2r^2 = 0$의 2개 해($r = \sim 1$ Å와 $r = \sim 4$ Å)와 $r = \sim 13$ Å의 1개를 합쳐 총 3개의 구면 마디

가 존재한다. 구면 마디의 개수는 주양자수 n과 같다.

그림 6-12(b), 그림 6-13(b) 및 그림 6-14(b)는 각각 $1s$, $2s$, $3s$ 궤도에서 지름 부분의 전자 발견 확률 분포 $R^2(r)$을 나타낸다. 전자를 발견할 확률은 구면 마디에서는 0이고, $r=0$인 곳(원자핵)에서도 전자의 발견 확률은 0이 된다. $r=0$과 마디가 아닌 다른 부분에서 전자의 발견 확률은 r에 따라서 변한다. $1s$의 경우[그림 6-12(b)] $r=0$과 마디 사이($r=\sim 0.4$ Å)의 어느 지점에서 최대를 나타내게 된다. 최대치를 나타내는 지점이 K 껍질에 해당하는 부분이며, 이 부분에서 전자를 발견할 확률이 가장 높다는 의미이다.

$2s$의 경우[그림 6-13(b)] $r=0$과 첫 번째 마디($r=\sim 1$ Å) 사이에서 첫 번째 언덕($r=\sim 0.4$ Å)이 존재하며, 이에 해당하는 전자 발견 확률이 존재한다. 첫 번째 마디($r=\sim 1$ Å)와 두 번째 마디($r=\sim 8.5$ Å) 사이의 어느 지점에서 두 번째 언덕($r=\sim 3$ Å)이 나타나며, 이 지점에서 전자의 발견 확률은 최대를 나타내게 된다. 첫 번째 언덕에 해당하는 지점이 K 껍질에 해당하는 부분이며, 두 번째 언덕에 해당하는 부분에서 전자를 발견할 확률이 가장 높고 이 부분이 L 껍질에 해당하는 부분이다.

$3s$의 경우[그림 6-14(b)], $r=0$과 첫 번째 마디($r=\sim 1$ Å) 사이에서 어느 정도 높은 첫 번째 언덕($r=\sim 0.4$ Å)이 존재하며, 이에 해당하는 전자 발견 확률이 존재한다. 첫 번째 마디($r=\sim 1$ Å)와 두 번째 마디($r=\sim 3.5$ Å) 사이의 어느 지점에서 두 번째 언덕($r=\sim 2.3$ Å)이 나타나며, 이에 해당하는 전자의 발견 확률이 존재한다. 두 번째 마디($r=\sim 3.5$ Å)와 세 번째 마디($r=\sim 14$ Å) 사이의 어느 지점에서 세 번째 언덕($r=\sim 7$ Å)이 나타나며, 전자의 발견 확률이 최대를 나타내게 된다. 첫 번째 언덕이 K 껍질에 해당하는 부분이며, 두 번째 언덕이 L 껍질에 해당하는 부분이다. 세 번째 언덕이 M 껍질에 해당하는 부분이며, 각각의 껍질에서 전자를 발견할 확률이 가장 높다.

$2p$, $3p$, $3d$ 궤도에 있는 전자의 경우 각 의존 확률 인자[$Y_{l,m}(\theta,\phi)$]는 1이 아니다. 따라서 전체 전자 발견 확률은 식 (6.98)에 나타낸 것과 같이 지름 확률 인자[$R_{n,l}(r)$]와 각 의존 확률 인자[$Y_{l,m}(\theta,\phi)$]의 곱으로 나타난다. 먼저 거리 r에 따른 전자 분포 함수를 살펴보자. $2p$ 궤도에 있는 전자의 경우, 표 6-5로부터

$$R_{2,1}(r) = kre^{-\frac{kr}{2}} \tag{6.102}$$

이다. 여기서 $R_{2,1}$에서 아래첨자 2는 $n=2$[L 껍질], 1은 $l=1$[p 부껍질]을 나타내어, $R_{2,1}$은 $2p$를 나타낸다. $3p$ 궤도에 있는 전자의 경우,

$$R_{3,1}(r) = kr(6-kr)e^{-\frac{kr}{3}} \tag{6.103}$$

이다. 여기서 $R_{3,1}$에서 아래첨자 3은 $n=3$[M 껍질], 1은 $l=1$[p 부껍질]을 나타내어, $R_{3,1}$은 $3p$를 나타낸다. $3d$ 궤도에 있는 전자의 경우,

$$R_{3,2}(r) = k^2r^2e^{-\frac{kr}{3}} \tag{6.104}$$

이다. 여기서 $R_{3,2}$에서 아래첨자 3은 $n=3$[M 껍질], 2는 $l=2$[d 부껍질]을 나타내어, $R_{3,2}$은 $3d$를 나타낸다. 이들의 $R(r)$과 r에 따른 전자 발견 확률 $R^2(r)$을 그림 6-15, 그림 6-16, 그림 6-17에 각각 나타냈다.

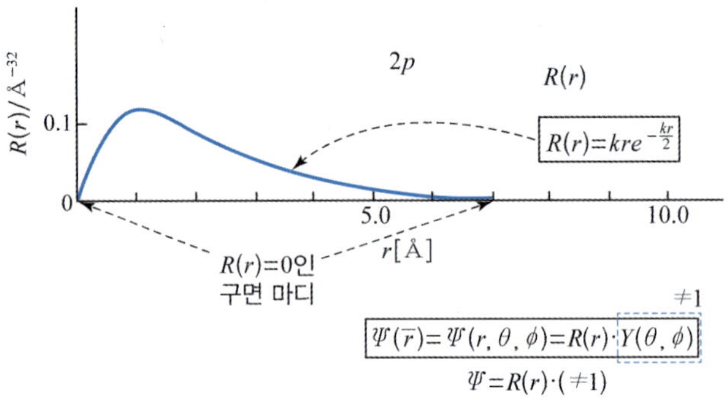

(a)

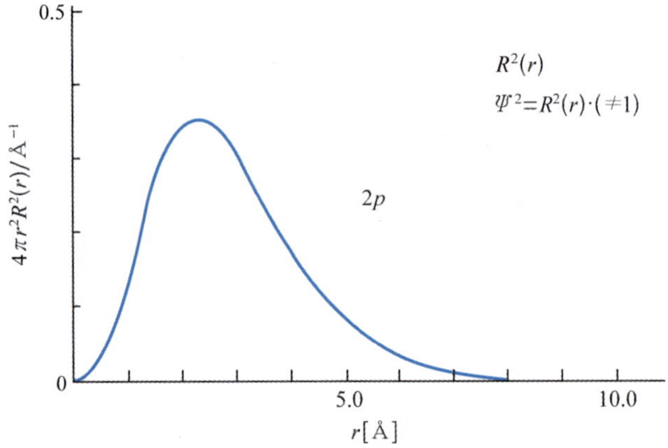

(b)

그림 6-15 원자에 전자가 1개 존재하는 경우에 궤도 파동 함수의 거리 의존성
(a) $2p$ 궤도에서 거리 의존성 $R(r)$
(b) $2p$ 궤도에서 핵으로부터 거리에 따라 전자를 발견할 확률 분포 $R^2(r)$

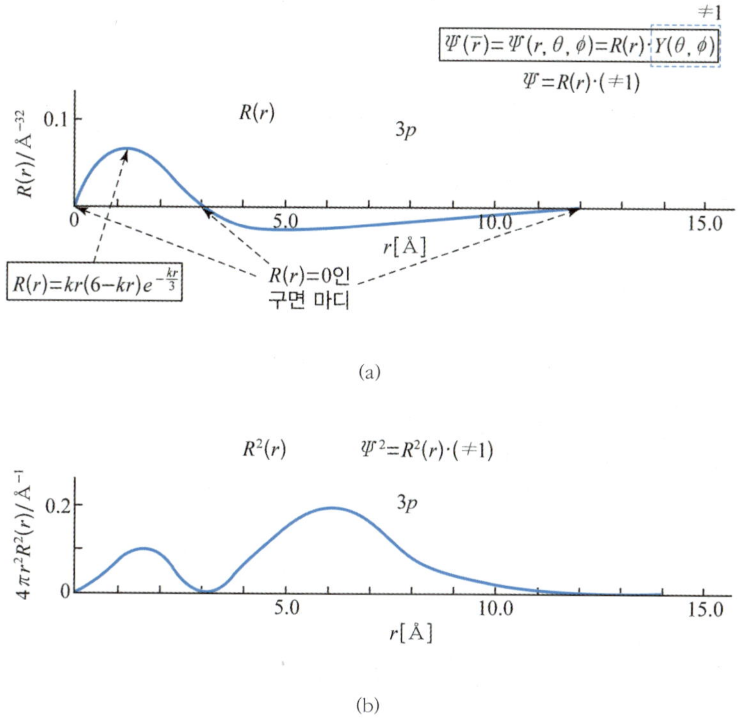

그림 6-16 원자에 전자가 1개 존재하는 경우에 궤도 파동 함수의 거리 의존성

(a) $3p$ 궤도에서 거리 의존성 $R(r)$

(b) $3p$ 궤도에서 핵으로부터 거리에 따라 전자를 발견할 확률 분포 $R^2(r)$

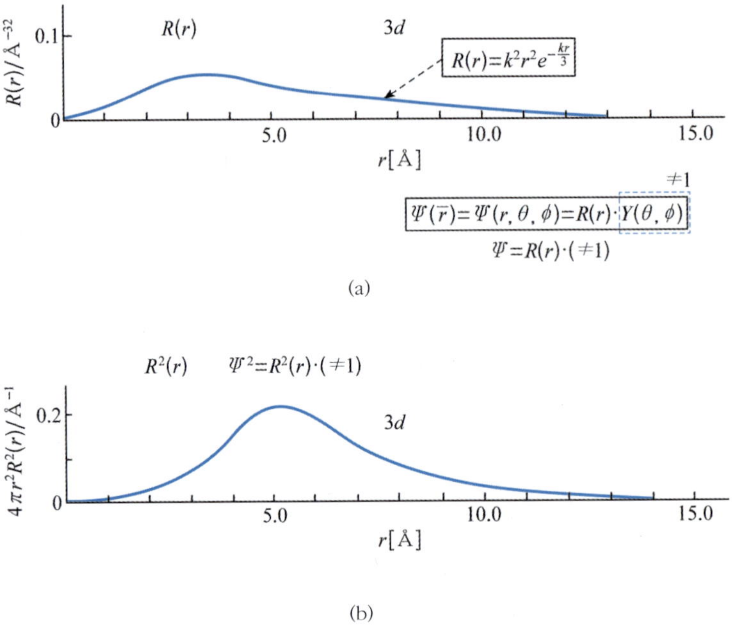

그림 6-17 원자에 전자가 1개 존재하는 경우에 궤도 파동 함수의 거리 의존성
(a) $3d$ 궤도에서 거리 의존성 $R(r)$
(b) $3d$ 궤도에서 핵으로부터 거리에 따라 전자를 발견할 확률 분포 $R^2(r)$

$2p$에 해당하는 그림 6-15(b)에서 $r=0$과 첫 번째 마디($r=\sim 8$ Å) 사이의 어느 지점에서 첫 번째 언덕($r=\sim 2.3$ Å)이 존재하며, 이 지점에서 전자를 발견할 확률이 최대가 된다(L 껍질에 해당하는 위치). 그림 6-16(b)에서 $3p$의 경우 $r=0$과 첫 번째 마디($r=\sim 3$ Å) 사이에서 첫 번째 언덕($r=\sim 1.7$ Å)이 존재하며, 이에 해당하는 전자 발견 확률이 존재한다. 첫 번째 마디($r=\sim 3$ Å)와 두 번째 마디($r=\sim 13$ Å) 사이의 어느 지점에서 두 번째 언덕($r=\sim 6.2$ Å)이 나타나며, 이 지점에서 전자의 발견 확률은 최대가 된다. 첫 번째 언덕이 L 껍질에 해당하는 위치이며, 두 번째 언덕이 M 껍질에 해당하는 위치이다. $3d$에 해당하는 그림 6-17(b)에서 $r=0$과 첫 번째 마디($r=\sim 13$ Å) 사이의 어느 지점에서 언덕($r=\sim 5$ Å)이 존재하며, 이 지점에서 전자 발견 확률이 최대가 되며, M 껍질에 해당하는 위치이다.

표 6-5에서 $2p$에 대해 $Y_{1,m}(\theta,\phi)\neq 1$이고, $2p_x$의 경우

$$\sin\theta\cos\phi=\frac{x}{r} \tag{6.105}$$

이고, $2p_y$의 경우

$$\sin\theta\sin\phi = \frac{y}{r} \tag{6.106}$$

이며, $2p_z$의 경우

$$\cos\theta = \frac{z}{r} \tag{6.107}$$

이다.

그림 6-18에 각도에 따른 세 가지 $2p$ 궤도를 나타냈다.

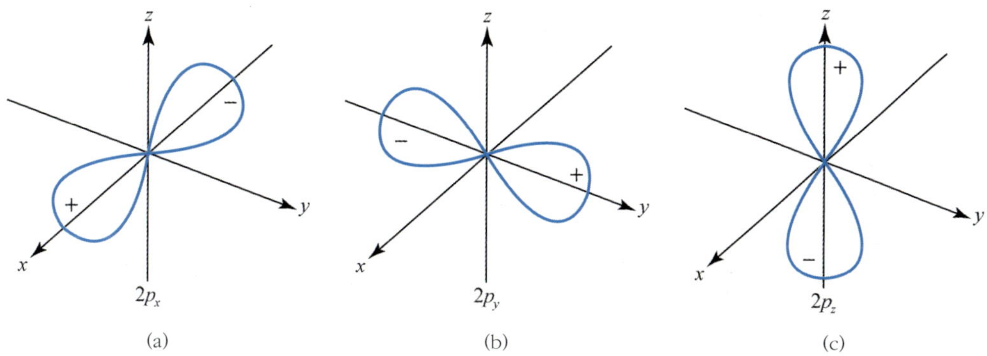

그림 6-18 $2p$ 궤도 (a) $2p_x$, (b) $2p_y$, (c) $2p_z$

$Y_{l,m}(\theta, \phi) = 0$으로 각에 의존하는 전자 분포 함수가 0이 되는 마디를 비구면 마디(nonspherical node)라고 한다. 앞에서 살펴본 평면 마디와 원추 마디가 비구면 마디에 속한다. $x = 0$인 평면($2p_x$), $y = 0$인 평면($2p_y$), $z = 0$인 평면($2p_z$)은 원점을 지나는 평면 마디로서 비구면 마디이다. 원점을 지나는 비구면 마디의 수는 부양자수 l과 같고, 1이다. 3가지 $2p$에 존재하는 전자는 각각 구면대칭이 아니며, x, y, z와 같은 특정한 방향으로 치우쳐 있기 때문에 방향성을 지니고 있다. 그러나 전자가 이 세 가지 p 궤도를 모두 채우면(6개의 전자), 그 합은 구면대칭이 되어 방향성이 없어지고, 이러한 원자들은 비방향성 결합을 하게 된다.

그림 6-19에 다섯 가지 $3d$ 궤도를 나타냈다.

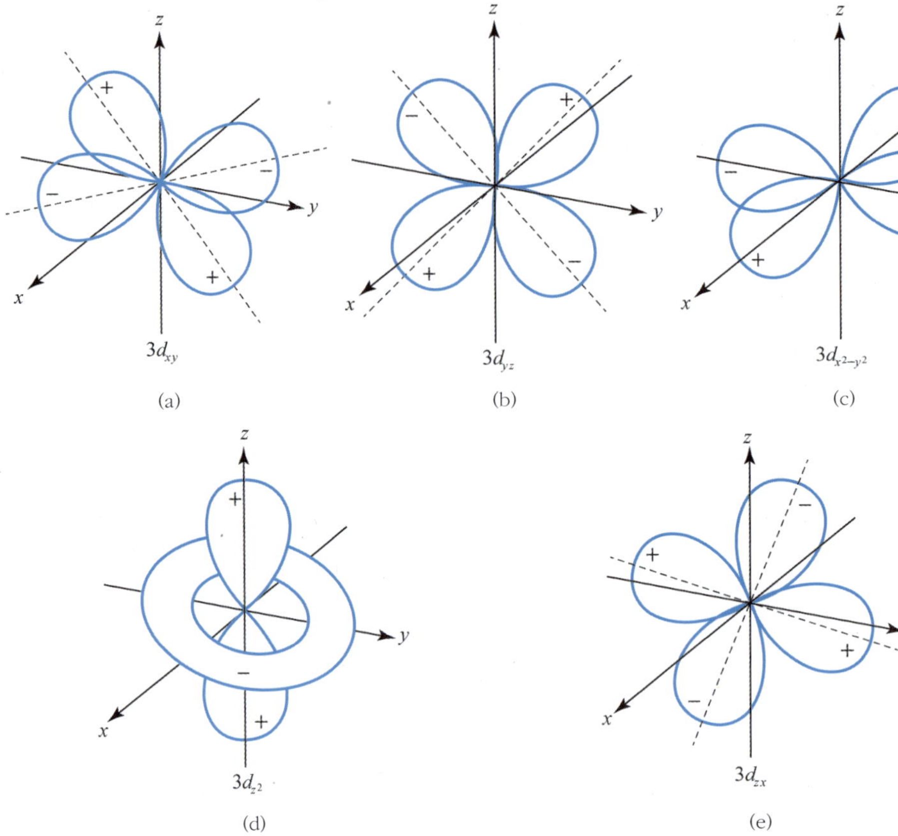

그림 6-19 $3d$ 궤도 (a) $3d_{xy}$, (b) $3d_{yz}$, (c) $3d_{x^2-y^2}$, (d) $3d_{z^2}$, (e) $3d_{zx}$

여기에서는 원점을 지나는 비구면 마디의 개수가 2개이다. $3d$ 궤도의 전자도 부양자수 l이 0이 아니기 때문에 방향성을 지니며, 원자 결합 시 방향성을 나타낸다. 그러나 $2p$ 궤도와 동일하게 이 5가지 d 궤도를 전자가 모두 채우면(10개의 전자), 그 합은 구면대칭이 되어 방향성이 없어지며, 이 원자들은 비방향성 결합을 하게 된다. 또한 7가지 f 궤도에 전자가 가득 차게 되면(14개의 전자) 구면대칭이 되며, 이 원자들은 비방향성 결합을 하게 된다.

그림 6-20은 $2p_x$ 궤도에 있는 전자의 확률 분포를 기하학적으로 나타낸 것이다. 즉, 원자 내에 있는 전체적인 분포 함수는 식 (6.98)에 의해 지름 확률 인자와 각 의존 확률 인자를 곱한 것이다. 그림 6-20(a)에 지름 확률 인자와 각 의존 확률 인자, 그림 6-20(b)에 그 곱인 전체 전자 분포를 나타냈다. 그림 6-20(b)는 xy면 위에 있는 점에서 전자를 발견할 수 있는 확률을 z축에 따른 높이로 나타낸 것이다.

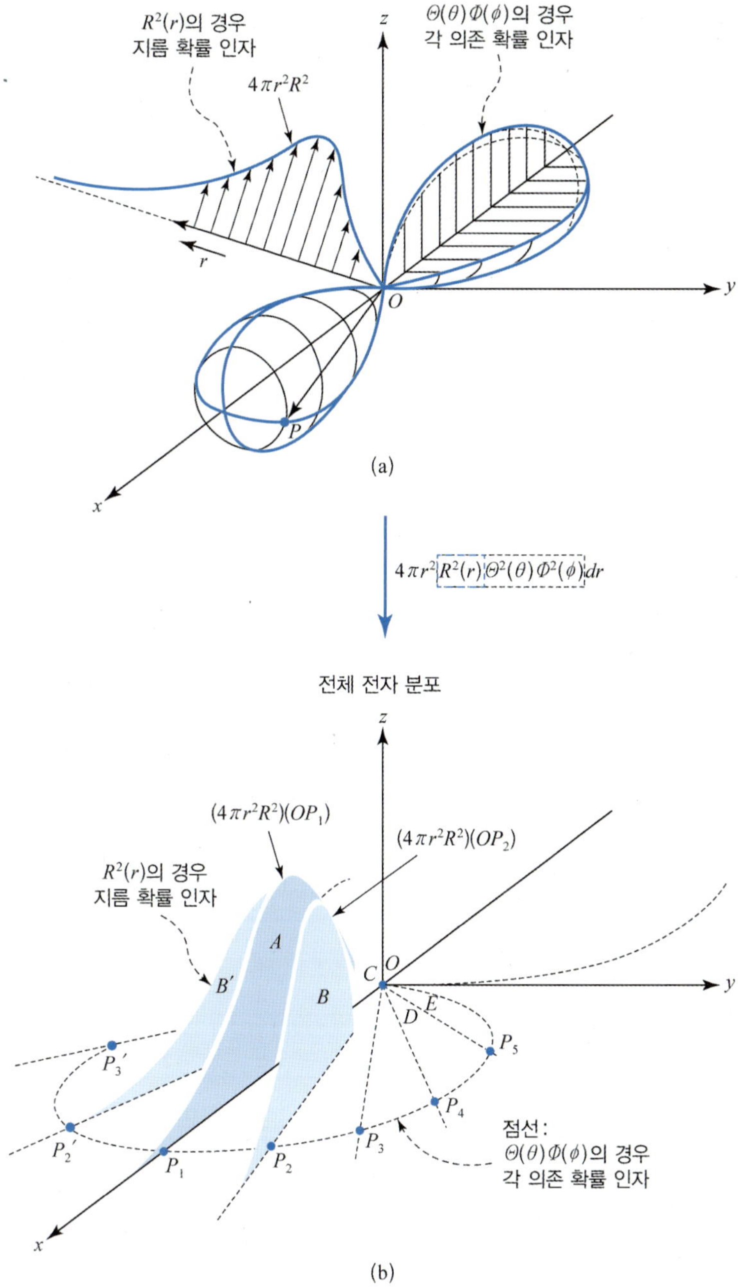

그림 6-20 $2p_x$ 궤도에서 지름 확률 인자와 각 의존 확률 인자

(a) 지름 확률 인자와 각 의존 확률 인자

(b) 지름 확률 인자와 각 의존 확률 인자를 함께 나타낸 전체 전자 분포

곡선의 종좌표는 xy면에서 단위 부피당 전자를 발견할 수 있는 확률에 비례하는 값이다. 종좌표의 비 $A : B : C : D$는 선분 길이의 비 $|OP_1| : |OP_2| : |OP_3| : |OP_4|$와 같은데, 이는 지름 확률 인자 R^2이 모든 곡선에 대해 같기 때문이다. 또한 점선으로 된 곡선은 각 의존 확률 인자 $\Theta^2(\theta)\ \Phi^2(\phi)$을 나타낸다.

6) 파울리 배타 원리(Pauli exclusion principle)

앞에서 설명한 것과 같이 원자 내에 있는 전자가 가지는 에너지 준위의 상태를 표시하기 위해서는 4가지 양자수(n, l, m, m_s)가 필요하다. 표 6-6에 $n=3$(M 껍질)까지 전자가 가질 수 있는 주양자수(n), 부양자수(l), 자기 양자수(m), 스핀 양자수(m_s)의 세트를 나타냈다.

표 6-6 4가지 양자수와 에너지 준위의 상태

<table>
<tr><th>주양자수
n(껍질)</th><th>부양자수
l(부껍질)</th><th>자기 양자수
m</th><th>스핀 양자수
m_s</th><th>껍질당
에너지 준위의 수</th></tr>
<tr><td>1(K)</td><td>0($1s$)</td><td>0</td><td>$+\frac{1}{2}$ 또는 $-\frac{1}{2}$</td><td>2</td></tr>
<tr><td rowspan="4">2(L)</td><td>0($2s$)</td><td>0</td><td>$+\frac{1}{2}$ 또는 $-\frac{1}{2}$</td><td rowspan="4">8</td></tr>
<tr><td rowspan="3">1($2p$)</td><td>−1</td><td>$+\frac{1}{2}$ 또는 $-\frac{1}{2}$</td></tr>
<tr><td>0</td><td>$+\frac{1}{2}$ 또는 $-\frac{1}{2}$</td></tr>
<tr><td>+1</td><td>$+\frac{1}{2}$ 또는 $-\frac{1}{2}$</td></tr>
<tr><td rowspan="9">3(M)</td><td>0($3s$)</td><td>0</td><td>$+\frac{1}{2}$ 또는 $-\frac{1}{2}$</td><td rowspan="9">18</td></tr>
<tr><td rowspan="3">1($3p$)</td><td>−1</td><td>$+\frac{1}{2}$ 또는 $-\frac{1}{2}$</td></tr>
<tr><td>0</td><td>$+\frac{1}{2}$ 또는 $-\frac{1}{2}$</td></tr>
<tr><td>+1</td><td>$+\frac{1}{2}$ 또는 $-\frac{1}{2}$</td></tr>
<tr><td rowspan="5">2($3d$)</td><td>−2</td><td>$+\frac{1}{2}$ 또는 $-\frac{1}{2}$</td></tr>
<tr><td>−1</td><td>$+\frac{1}{2}$ 또는 $-\frac{1}{2}$</td></tr>
<tr><td>0</td><td>$+\frac{1}{2}$ 또는 $-\frac{1}{2}$</td></tr>
<tr><td>+1</td><td>$+\frac{1}{2}$ 또는 $-\frac{1}{2}$</td></tr>
<tr><td>+2</td><td>$+\frac{1}{2}$ 또는 $-\frac{1}{2}$</td></tr>
</table>

양자수 n, l, m, m_s에서 전자가 가질 수 있는 각각의 조합은 어떤 전자의 양자수 또는 어떤 특정한 에너지 준위 상태를 규정한다. 이 양자수들은 전자 운동의 상태를 특정한 한 가지로 정한다. 이제 원자 내 전체 전자들의 구조를 규정하기 위해서는 각각의 에너지 준위 상태에 얼마나 많은 전자가 존재하는지, 어떤 전자가 얼마나 많은 사용 가능한 에너지 준위 상태들을 점유하는지를 알아야 한다. 첫 번째 질문

에 대한 답은 양자역학의 기본적인 원리 중에 하나인 파울리 배타 원리에서 찾을 수 있다. 파울리 배타 원리는 주어진 한 원자에서 2개의 전자가 동일한 양자수의 세트를 가질 수 없다는 것이다. 즉, 원자 내에 있는 전자는 이들 4개의 양자수에 의해 결정되는 에너지 준위에만 존재할 수 있으며, 한 에너지 준위에는 단 한 개의 전자밖에 들어갈 수 없다. 예를 들어, $n=1$, $l=0$, $m=0$인 $1s$ 에너지 준위에는 m_s가 $+\frac{1}{2}$인 에너지 준위에 전자가 들어가거나, $-\frac{1}{2}$인 에너지 준위에 전자가 들어갈 수 있다. 따라서 $1s$ 에너지 준위에는 스핀이 서로 다른($+\frac{1}{2}$ 또는 $-\frac{1}{2}$) 두 개의 전자가 들어갈 수 있다. 만약 $1s$에 2개의 전자가 존재한다면, 한 전자의 양자수 세트는 $n=1$, $l=0$, $m=0$, $m_s=+\frac{1}{2}$이 되고, 다른 전자의 양자수 세트는 $n=1$, $l=0$, $m=0$, $m_s=-\frac{1}{2}$이 된다. 이는 2개의 전자가 서로 다른 2개의 양자수 세트를 가지고 $1s$ 에너지 준위에 들어갈 수 있다는 의미이다.

두 번째 질문에 대한 답은 다음과 같다. 각 전자껍질($n=1$인 K 껍질, $n=2$인 L 껍질, $n=3$인 M 껍질,⋯)에 존재하는 에너지 준위의 수는 $2n^2$이다. 따라서 K 껍질에는 2개, L 껍질에는 8개, M 껍질에는 18개의 에너지 준위가 존재하며, 이에 따라 K 껍질에는 2개, L 껍질에는 8개, M 껍질에는 18개의 전자가 들어갈 수 있다.

7) 불확정성의 원리(Uncertainty principle)

1927년, 하이젠베르크(Heisenberg)는 전자(또는 입자)의 움직임을 나타내는 모든 물리량을 동시에 완전히 측정할 수 없다고 주장하였다. 이를 양자역학에서는 하이젠베르크의 불확정성의 원리라고 한다. 맞바꿈 관측 가능량(commuting observables)이 아닌 2개의 관측 가능량(observable)을 동시에 측정할 때 둘 사이의 정확도에는 물리적인 한계가 있다는 원리이다. 어떤 입자(예 전자)의 위치를 더욱 정확하게 정할수록, 입자의 운동량은 더욱 부정확하게 예측될 수 있다고 하였다. 이 불확정성 원리는 다음 식으로 표현되었다.

$$\Delta p \cdot \Delta x \sim h \qquad \textbf{(6.108)}$$

여기서, p: 입자의 운동량(the momentum of a particle), Δp: 입자의 운동량의 불확정도,
x: 입자의 위치(the position of a particle), Δx: 입자의 위치의 불확정도,
h: 플랑크 상수(Planck's constant, 6.63×10^{-34} J·s)

이 식은 1928년에 입자(예 전자)의 위치와 운동량의 표준편차(standard deviation)를 관련시킨 케너드(Kennard)와 웨일(Weyl)에 의해 다음과 같이 표현되었다.

$$\Delta p \cdot \Delta x \geq \frac{\hbar}{2} \tag{6.109}$$

여기서 $\hbar = \dfrac{h}{2\pi}$ 이다. 또한 입자(예 전자)가 가지고 있는 시간과 에너지에 대한 불확정성은 다음과 같이 표현되었다.

$$\Delta E \cdot \Delta t \geq \frac{\hbar}{2} \tag{6.110}$$

여기서, E: 입자의 에너지(the energy of a particle),

ΔE: 입자가 가지고 있는 에너지의 불확정도,

t: 입자가 에너지를 가지고 있는 시간(the time duration during which particle possesses the energy),

Δt: 입자가 에너지를 가지고 있는 시간의 불확정도

8) 원자에서 전자의 배치

원자에 전자가 채워질 때, 원자에 있는 모든 전자들은 전자껍질(K 껍질, L 껍질, M 껍질 등)과 부껍질(s, p, d, f 부껍질 등)에 있는 가능한 한 가장 낮은 에너지 준위[가장 큰 '−'값을 가지는 에너지 준위(레벨)를 의미함. 전자의 전체에너지 = 전자의 위치에너지 + 전자의 운동에너지]로부터 높은 에너지 준위들로 채워 나간다. 원자 내에 있는 전자가 가능한 가장 낮은 에너지 준위를 채웠을 때를 기저(또는 바닥) 상태(ground state)라고 한다. 따라서 수소 원자의 바닥 상태는 $n=1$, $l=0$, $m=0$, $m_s=+\frac{1}{2}$(또는 $m_s=-\frac{1}{2}$)이다. 그림 6-21에 수소(H) 원자의 에너지 준위를 나타냈다.

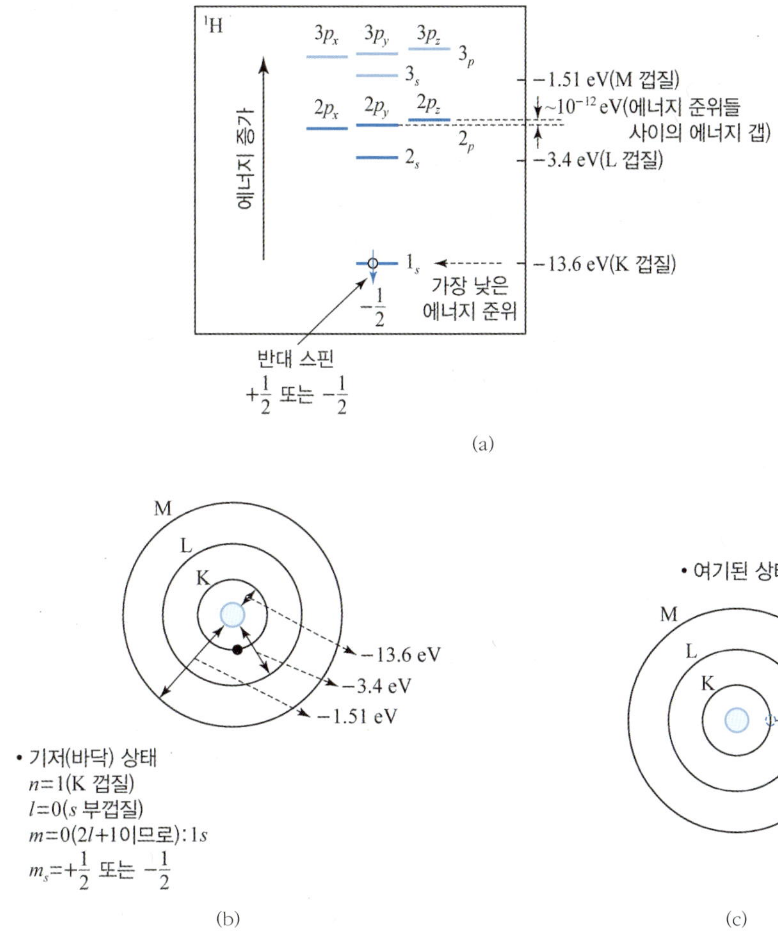

그림 6-21 수소 원자에서 에너지 준위의 상태
(a) 자기장을 가한 상태에서 수소 원자의 에너지 준위
(b) 기저(바닥) 상태에 있는 수소 원자의 보어 모형
(c) 여기 상태에서 수소 원자의 모형

수소 원자의 경우, 가장 낮은 에너지 준위는 식 (6.42)로부터 다음과 같이 계산된다. 즉, $n=1$인 K 껍질의 에너지 준위는 -13.6 eV, $n=2$인 L 껍질의 에너지 준위는 -3.4 eV, $n=3$인 M 껍질의 에너지 준위는 -1.51 eV로 각각 계산된다. 수소 원자는 전자가 하나 있으므로 가장 낮은 에너지 준위인 -13.6 eV에 있는 $1s$ 궤도에 있는 2개의 에너지 준위($m_s=-\frac{1}{2}$ 또는 $m_s=-\frac{1}{2}$) 중에서 하나를 채우게 된다. K 껍질에 있는 $1s$ 궤도 이외에 나머지 비어 있는 에너지 준위 상태들(L 껍질에 있는 $2s$, $2p$ 궤도 및 M 껍질에 있는 $3s$, $3p$, $3d$ 궤도)은 여기된 에너지 준위들이다. 즉, $1s$ 궤도에 있는 전자가 외부[열, 빛(광양자), 가속된 전자]로부터 식 (6.22)의 에너지 갭(energy gap)에 해당하는 에너지를 얻어, 보다 높은 에너지 준위 상

태로 여기된다는 의미이다. 반대로 전자가 높은 에너지 준위로부터 낮은 에너지 준위로 천이될 때도 식 (6.22)의 에너지 갭에 해당하는 에너지를 방출하고 천이된다.

전자 구조(electron configuration)는 원자에 얼마나 많은 전자가 각각의 부껍질에 들어가는지를 나타낸다. 주양자수 n에 의해 나타나는 어떤 껍질(K, L, M 등)에 있는 모든 전자들은 같은 에너지를 가지지 않는다. 한 껍질에 있는 전자들의 에너지는 서로 매우 비슷한 크기를 가지지만, 같지는 않다. 즉, 어떤 껍질에 있는 전자들이 가지고 있는 에너지의 범위는 부양자수 l에 의해 주어지는 전자 부껍질(electron subshell: s, p, d, f 등) 또는 전자 에너지 부준위(electron energy sublevels)의 존재에 기인한다. 부껍질은 껍질 내에 있으며, 어떤 부껍질에 있는 전자(2개의 전자)는 거의 같은 에너지 값을 가지는 1개의 에너지 준위(energy level)에 존재한다. 단, 스핀 양자수 m_s에 의해 주어지는 전자 스핀(electron spin, $+\frac{1}{2}$ 또는 $-\frac{1}{2}$)은 서로 반대 방향이다. 한편, $2p$ 부껍질에 해당하는 $2p_x$, $2p_y$, $2p_z$ 에너지 준위들 사이의 에너지 갭(E_g)은 $\sim 10^{-12}$ eV 정도이며, $3p$, $3d$ 등의 경우도 비슷하다.

전자의 분광학적 표시(spectroscopic designation)는 다음과 같이 나타낸다(예 $2p$ 부껍질에 있는 전자).

$$2p_x$$

여기서, 2: 주양자수 n[전자가 속해 있는 껍질(K, L, M 등)을 의미],
p: 부양자수 l[전자가 속해 있는 부껍질(s, p, d, f 등)을 의미],
x: 자기 양자수 m[부껍질에 아래첨자로 표시]

따라서 2는 주양자수 n을 나타내며, L 껍질에 해당한다. p는 부양자수 l을 나타내며, 전자가 속해 있는 p 궤도(에너지 준위)를 의미한다. x는 p 궤도의 자기 양자수 m을 나타낸다. 한 원자 내에 있는 전자 구조를 표시하기 위해 종종 세 번째 기호인 아래첨자를 생략하고, n과 l에 해당하는 궤도에 들어 있는 전자수를 표시하기 위해 다음과 같이 위첨자를 사용한다.

$$2p^3$$

위의 표시는 L 껍질에 있는 p 궤도에 3개의 전자가 들어 있다는 의미이다.

원자 내에 전자가 1개 들어 있는 경우는 $1s^1$로 표기하며, 원자에 전자가 1개 이상 들어 있는 경우는 다음과 같이 전자 구조를 쓸 수 있다.

$$1s^2\ 2s^2\ 2p^6\ 3s^2\ 3p^6\ 3d^{10}\ 4s^2\ 4p^6\ 4d^{10}\ 4f^{14}\ 5s^2\ \cdots \tag{6.a}$$

여기서 위첨자는 해당 에너지 준위에 들어갈 수 있는 최대 전자의 수를 의미한다. p 궤도의 경우 자기 양자수 $m(-1, 0, +1)$에 따라 3개의 에너지 준위(p_x, p_y, p_z)가 존재하며, 1개의 p 준위에 2개의 전자가 들어갈 수 있다. 따라서 p 궤도에는 총 6개의 전자가 들어갈 수 있다. d 궤도는 자기 양자수 $m(-2, -1, 0, +1, +2)$에 따라 5개의 에너지 준위(d_{xy}, d_{yz}, d_{zx}, $d_{x^2-y^2}$, d_{z^2})가 존재하며, 총 10개의 전자가 들어갈 수 있다. f 궤도는 자기 양자수 $m(-3, -2, -1, 0, +1, +2, +3)$에 따라 7개의 에너지 준위 ($f_{z^3-\frac{3}{5}zr^2}$, $f_{x^3-\frac{3}{5}xr^2}$, $f_{y^3-\frac{3}{5}yr^2}$, f_{xyz}, $f_{y(x^2-z^2)}$, $f_{x(z^2-y^2)}$, $f_{z(x^2-y^2)}$)가 존재하며, 총 14개의 전자가 들어갈 수 있다.

실제로 원자 내에 전자가 2개 이상 존재하는 경우 (6.a)의 전자 구조를 따라서 전자가 채워지지 않고, 그림 6-22와 같이 전자를 채운다. 이것을 Aufbau 원리라고 하며, 전자들이 이용 가능한 가장 낮은 에너지 부껍질부터 채운다는 원리이다. 이 원리를 따라서 (6.b)와 같이 전자가 부껍질을 채운다.

$$1s^2\ 2s^2\ 2p^6\ 3s^2\ 3p^6\ 4s^2\ 3d^{10}\ 4p^6\ 5s^2\ 4d^{10}\ 5p^6\ 6s^2\ 4f^{14}\ 5d^{10}\ 6p^6\ \cdots \tag{6.b}$$

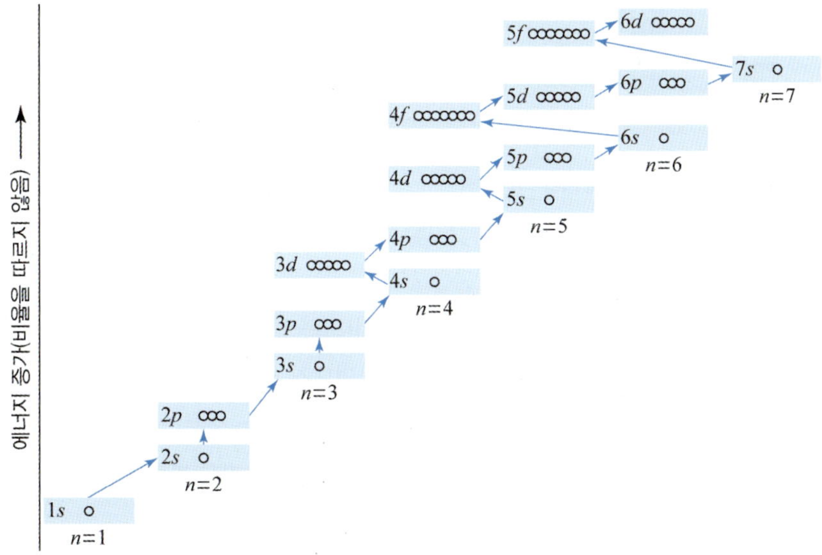

그림 6-22 에너지 준위와 전자가 부껍질을 채우는 순서

전자가 하나인 원자에 두 번째 전자를 더하게 되면(원자 번호가 2 이상인 모든 원소), 파울리 배타 원리, 스핀-스핀 상호 작용 또는 쿨롱 상호 작용 등의 전자와 전자 사이의 상호 작용으로 인해, 전자의 에너지는 전자가 하나인 경우와 다르다. 즉, 에너지 준위가 주양자수 n에만 의존하지 않는다. 2개 이상의 전자를 가지는 원자에서 정확한 슈뢰딩거의 해를 구하는 것은 불가능하나, 정성적으로 그 에너지 준위를 예측하는 방법은 양자역학 교과서에 잘 나와 있다. 원자 하나에 전자가 배치될 경우, (6.b)와 같이 전자는 낮은 에너지 준위($1s$)부터 차례대로 파울리 배타율을 만족하면서 높은 에너지 준위를 채운다.

또한 원자에서 전자가 채워질 때 따르는 또 하나의 규칙은 훈트(Hund)의 최대 다양성(maximum multiplicity)의 법칙이다. 이 규칙은 $l \neq 0$인 경우 반대 스핀의 두 번째 전자가 채워지기 전에 그 l에 해당하는 모든 궤도는 같은 스핀으로 먼저 채워져야 한다는 것이다. 그림 6-23에 탄소(C), 질소(N), 산소(O), 불소(F), 네온(Ne)의 예를 나타냈으며, C, N, O처럼 전자가 배열되면 짝(서로 반대 스핀을 가진 전자쌍)을 이루고 있지 않은 전자의 수가 최대가 된다.

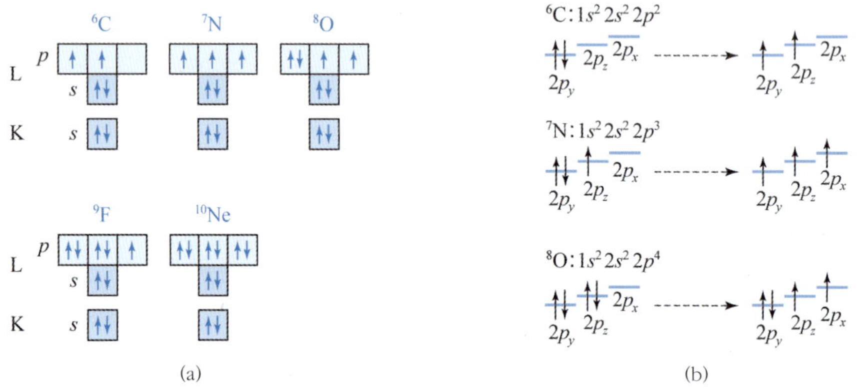

그림 6-23 (a) C, N, O, F, Ne 원자에 대한 전자 구조
(b) C, N, O 원자에서 훈트의 법칙에 의한 p 궤도에서 전자의 배치

표 6-7에 원자 번호에 따른 전자 구조를 나타냈다. 전이(또는 천이) 금속 중에서 Cr과 Cu는 파울리 배타 원리와 훈트의 다양성 법칙을 따르지 않는데, 이는 구면대칭 효과가 에너지를 낮추었기 때문이다. Nb, Ru, Rh와 같은 일부 중금속의 전자 배치는 지금까지의 설명으로는 충분하지 않으며, 이러한 예외에 대한 설명은 이 책의 수준을 벗어나므로, 다른 양자역학 책을 참고하기를 바란다.

표 6-7 원자에 대한 전자 구조

원자 번호	원소	기호	전자수																		
			1*s*	2*s*	2*p*	3*s*	3*p*	3*d*	4*s*	4*p*	4*d*	4*f*	5*s*	5*p*	5*d*	5*f*	6*s*	6*p*	6*d*	6*f*	7*s*
1	Hydrogen	H	1																		
2	Helium	He	2																		
3	Lithium	Li	2	1																	
4	Beryllium	Be	2	2																	
5	Boron	B	2	2	1																
6	Carbon	C	2	2	2																
7	Nitrogen	N	2	2	3																
8	Oxygen	O	2	2	4																
9	Fluorine	F	2	2	5																
10	Neon	Ne	2	2	6																
11	Sodium	Na	2	2	6	1															
12	Magnesium	Mg	2	2	6	2															
13	Aluminium	Al	2	2	6	2	1														
14	Silicon	Si	2	2	6	2	2														
15	Phosphorus	P	2	2	6	2	3														
16	Sulfur	S	2	2	6	2	4														
17	Chlorine	Cl	2	2	6	2	5														
18	Argon	Ar	2	2	6	2	6														
19	Potassium	K	2	2	6	2	6	–	1												
20	Calcium	Ca	2	2	6	2	6	–	2												
21	Scandium	Sc	2	2	6	2	6	1	2												
22	Titanium	Ti	2	2	6	2	6	2	2												
23	Vanadium	V	2	2	6	2	6	3	2												
24	Chromium	Cr	2	2	6	2	6	5	1												
25	Manganese	Mn	2	2	6	2	6	5	2												
26	Iron	Fe	2	2	6	2	6	6	2												
27	Cobalt	Co	2	2	6	2	6	7	2												
28	Nickel	Ni	2	2	6	2	6	8	2												
29	Copper	Cu	2	2	6	2	6	10	1												
30	Zinc	Zn	2	2	6	2	6	10	2												
31	Gallium	Ga	2	2	6	2	6	10	2	1											
32	Germanium	Ge	2	2	6	2	6	10	2	2											
33	Arsenic	As	2	2	6	2	6	10	2	3											
34	Selenium	Se	2	2	6	2	6	10	2	4											
35	Bromine	Br	2	2	6	2	6	10	2	5											
36	Krypton	Kr	2	2	6	2	6	10	2	6											
37	Rubidium	Rb	2	2	6	2	6	10	2	6	–	–	1								
38	Strontium	Sr	2	2	6	2	6	10	2	6	–	–	2								
39	Yttrium	Y	2	2	6	2	6	10	2	6	1	–	2								
40	Zirconium	Zr	2	2	6	2	6	10	2	6	2	–	2								
41	Niobium	Nb	2	2	6	2	6	10	2	6	4	–	1								
42	Molybdenum	Mo	2	2	6	2	6	10	2	6	5	–	1								
43	Technetium	Tc	2	2	6	2	6	10	2	6	5	–	2								
44	Ruthenium	Ru	2	2	6	2	6	10	2	6	7	–	1								
45	Rhodium	Rh	2	2	6	2	6	10	2	6	8	–	1								
46	Palladium	Pd	2	2	6	2	6	10	2	6	10	–	0								
47	Silver	Ag	2	2	6	2	6	10	2	6	10	–	1								

(계속)

원자 번호	원소	기호	전자수																			
			1s	2s	2p	3s	3p	3d	4s	4p	4d	4f	5s	5p	5d	5f	6s	6p	6d	6f	7s	
48	Cadmium	Cd	2	2	6	2	6	10	2	6	10	–	2									
49	Indium	In	2	2	6	2	6	10	2	6	10	–	2	1								
50	Tin	Sn	2	2	6	2	6	10	2	6	10	–	2	2								
51	Antimony	Sb	2	2	6	2	6	10	2	6	10	–	2	3								
52	Tellurium	Te	2	2	6	2	6	10	2	6	10	–	2	4								
53	Iodine	I	2	2	6	2	6	10	2	6	10	–	2	5								
54	Xenon	Xe	2	2	6	2	6	10	2	6	10	–	2	6								
55	Cesium	Cs	2	2	6	2	6	10	2	6	10	–	2	6	–	–	1					
56	Barium	Ba	2	2	6	2	6	10	2	6	10	–	2	6	–	–	2					
57	Lanthanum	La	2	2	6	2	6	10	2	6	10	–	2	6	1	–	2					
58	Cerium	Ce	2	2	6	2	6	10	2	6	10	2	2	6	–	–	2					
59	Praseodymium	Pr	2	2	6	2	6	10	2	6	10	3	2	6	–	–	2					
60	Neodymium	Nd	2	2	6	2	6	10	2	6	10	4	2	6	–	–	2					
61	Promethium	Pm	2	2	6	2	6	10	2	6	10	5	2	6	–	–	2					
62	Samarium	Sm	2	2	6	2	6	10	2	6	10	6	2	6	–	–	2					
63	Europium	Eu	2	2	6	2	6	10	2	6	10	7	2	6	–	–	2					
64	Gadolinium	Gd	2	2	6	2	6	10	2	6	10	7	2	6	1	–	2					란타넘족
65	Terbium	Tb	2	2	6	2	6	10	2	6	10	9	2	6	–	–	2					
66	Dysprosium	Dy	2	2	6	2	6	10	2	6	10	10	2	6	–	–	2					
67	Holmium	Ho	2	2	6	2	6	10	2	6	10	11	2	6	–	–	2					
68	Erbium	Er	2	2	6	2	6	10	2	6	10	12	2	6	–	–	2					
69	Thulium	Tm	2	2	6	2	6	10	2	6	10	13	2	6	–	–	2					
70	Ytterbium	Yb	2	2	6	2	6	10	2	6	10	14	2	6	–	–	2					
71	Lutetium	Lu	2	2	6	2	6	10	2	6	10	14	2	6	1	–	2					
72	Hafnium	Hf	2	2	6	2	6	10	2	6	10	14	2	6	2	–	2					
73	Tantalum	Ta	2	2	6	2	6	10	2	6	10	14	2	6	3	–	2					
74	Tungsten	W	2	2	6	2	6	10	2	6	10	14	2	6	4	–	2					
75	Rhenium	Re	2	2	6	2	6	10	2	6	10	14	2	6	5	–	2					
76	Osmium	Os	2	2	6	2	6	10	2	6	10	14	2	6	6	–	2					
77	Iridium	Ir	2	2	6	2	6	10	2	6	10	14	2	6	7	–	2					
78	Platinum	Pt	2	2	6	2	6	10	2	6	10	14	2	6	9	–	1					
79	Gold	Au	2	2	6	2	6	10	2	6	10	14	2	6	10	–	1					
80	Mercury	Hg	2	2	6	2	6	10	2	6	10	14	2	6	10	–	2					
81	Thallium	Tl	2	2	6	2	6	10	2	6	10	14	2	6	10	–	2	1				
82	Lead	Pb	2	2	6	2	6	10	2	6	10	14	2	6	10	–	2	2				
83	Bismuth	Bi	2	2	6	2	6	10	2	6	10	14	2	6	10	–	2	3				
84	Polonium	Po	2	2	6	2	6	10	2	6	10	14	2	6	10	–	2	4				
85	Astatine	At	2	2	6	2	6	10	2	6	10	14	2	6	10	–	2	5				
86	Radon	Rn	2	2	6	2	6	10	2	6	10	14	2	6	10	–	2	6				
87	Francium	Fr	2	2	6	2	6	10	2	6	10	14	2	6	10	–	2	6	–	–	1	
88	Radium	Ra	2	2	6	2	6	10	2	6	10	14	2	6	10	–	2	6	–	–	2	
89	Actinium	Ac	2	2	6	2	6	10	2	6	10	14	2	6	10	–	2	6	1	–	2	
90	Thorium	Th	2	2	6	2	6	10	2	6	10	14	2	6	10	–	2	6	2	–	2	
91	Protactinium	Pa	2	2	6	2	6	10	2	6	10	14	2	6	10	2	2	6	1	–	2	
92	Uranium	U	2	2	6	2	6	10	2	6	10	14	2	6	10	3	2	6	1	–	2	
93	Neptunium	Np	2	2	6	2	6	10	2	6	10	14	2	6	10	4	2	6	1	–	2	악티늄족
94	Plutonium	Pu	2	2	6	2	6	10	2	6	10	14	2	6	10	6	2	6	–	–	2	
95	Americium	Am	2	2	6	2	6	10	2	6	10	14	2	6	10	7	2	6	–	–	2	
96	Curium	Cm	2	2	6	2	6	10	2	6	10	14	2	6	10	7	2	6	1	–	2	

(계속)

원자 번호	원소	기호	전자수																		
			1s	2s	2p	3s	3p	3d	4s	4p	4d	4f	5s	5p	5d	5f	6s	6p	6d	6f	7s
97	Berkelium	Bk	2	2	6	2	6	10	2	6	10	14	2	6	10	9	2	6	–	–	2
98	Californium	Cf	2	2	6	2	6	10	2	6	10	14	2	6	10	10	2	6	–	–	2
99	Einsteinium	Es	2	2	6	2	6	10	2	6	10	14	2	6	10	11	2	6	–	–	2
100	Fermium	Fm	2	2	6	2	6	10	2	6	10	14	2	6	10	12	2	6	–	–	2
101	Mendelevium	Md	2	2	6	2	6	10	2	6	10	14	2	6	10	13	2	6	–	–	2
102	Nobelium	No	2	2	6	2	6	10	2	6	10	14	2	6	10	14	2	6	–	–	2
103	Lawrencium	Lr	2	2	6	2	6	10	2	6	10	14	2	6	10	14	2	6	1	–	2

악티늄족

9) 원자의 주기적 성질

원소를 원자 번호(후에 원자량으로 바뀜)에 따라 순서대로 배열하면 유사한 화학적 성질들이 주기적으로 나타난다. 이것을 1869년에 멘델레예프(Mendeleev)와 메이어(Meyer)가 각각 독립적으로 제안한 주기율(periodic law)이라고 하며, 그림 6-24에 주기율에 의해 기술된 거동을 나타낸 주기율표(periodic table)를 나타냈다.

주기율표의 가로 행(row)은 주기(period)라고 부르고, 세로 열(column)은 족(group)이라고 부른다. 수직 열은 유사한 화학적 특성들을 가지는 원소들을 포함하고 있다. 예를 들어, 원자 번호 8(O), 16(S), 34(Se), 52(Te), 84(Po)의 원소들은 16족(group 16)이고, 원자 번호 11～18(Na, Mg, Al, Si, P, S, Cl, Ar)은 3주기(period 3)라고 부른다. 전자를 받아들이려고 하는 비금속성은 대체로 주기율표의 오른쪽이 더 높고, 전자를 잃으려고 하는 금속성은 대체로 왼쪽이 더 높다. 이러한 화학적 성질은 각 원소의 전자 배치에 기인한다.

주양자수 n이 나타내는 전자껍질(K 껍질, L 껍질, M 껍질 등)을 모두 채우는 전자 구조를 가지는 원소는 안정한 원소가 된다. 즉, 표 6-8과 같이 어떤 원소가 가지는 최외각 전자껍질(the outmost electron shell)에 전자가 모두 가득 차 있을 때는 화학적으로 매우 안정한 원소가 되어, 다른 원소와 화학적으로 반응을 하지 않는다는 의미이다.

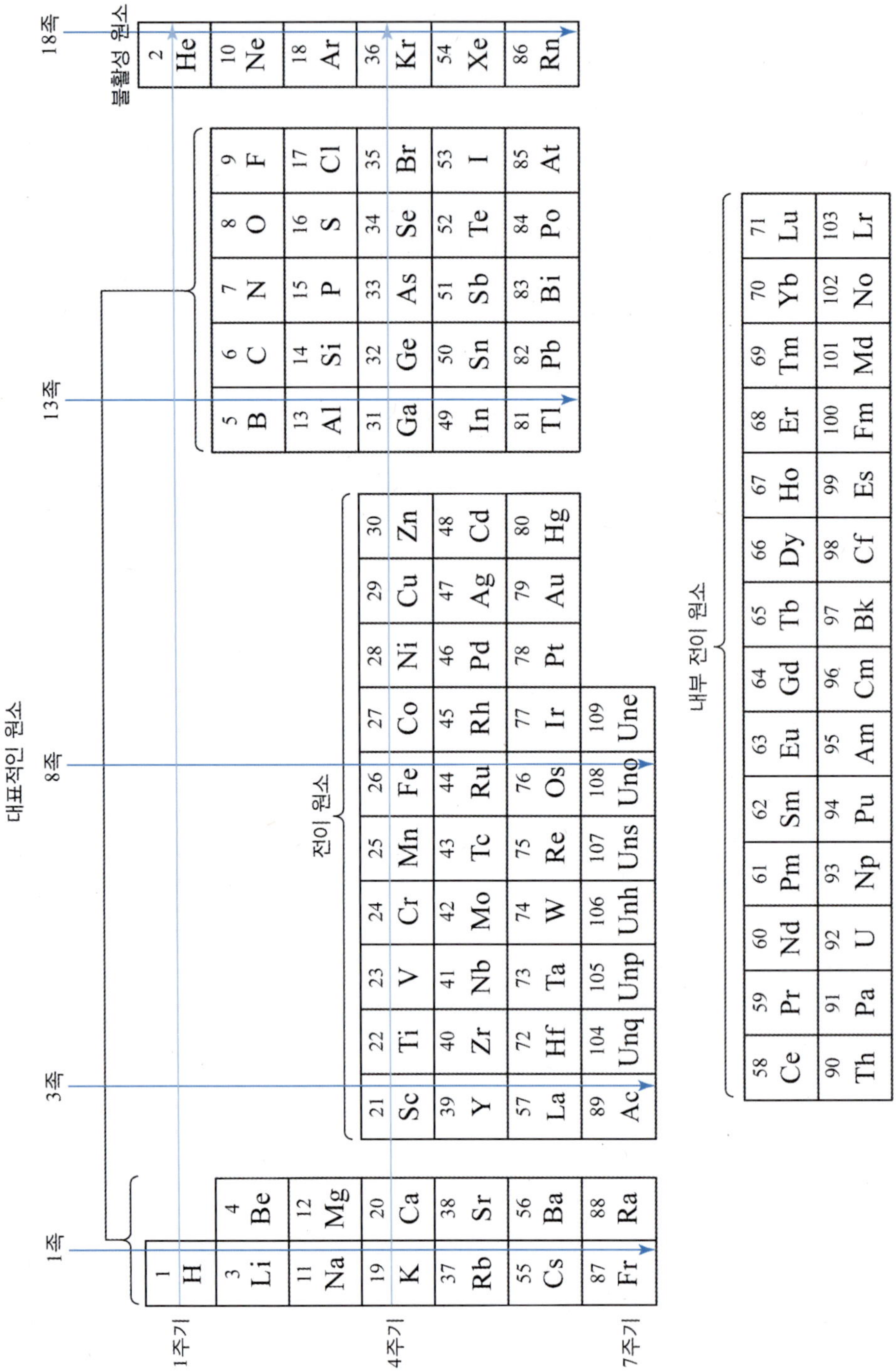
1족
3족
8족
13족
18족
대표적인 원소
불활성 원소
전이 원소
내부 전이 원소
1주기
4주기
7주기
1 H
3 Li 4 Be
11 Na 12 Mg
19 K 20 Ca
37 Rb 38 Sr
55 Cs 56 Ba
87 Fr 88 Ra
21 Sc 22 Ti 23 V 24 Cr 25 Mn 26 Fe 27 Co 28 Ni 29 Cu 30 Zn
39 Y 40 Zr 41 Nb 42 Mo 43 Tc 44 Ru 45 Rh 46 Pd 47 Ag 48 Cd
57 La 72 Hf 73 Ta 74 W 75 Re 76 Os 77 Ir 78 Pt 79 Au 80 Hg
89 Ac 104 Unq 105 Unp 106 Unh 107 Uns 108 Uno 109 Une
5 B 6 C 7 N 8 O 9 F
13 Al 14 Si 15 P 16 S 17 Cl
31 Ga 32 Ge 33 As 34 Se 35 Br
49 In 50 Sn 51 Sb 52 Te 53 I
81 Tl 82 Pb 83 Bi 84 Po 85 At
2 He
10 Ne
18 Ar
36 Kr
54 Xe
86 Rn
58 Ce 59 Pr 60 Nd 61 Pm 62 Sm 63 Eu 64 Gd 65 Tb 66 Dy 67 Ho 68 Er 69 Tm 70 Yb 71 Lu
90 Th 91 Pa 92 U 93 Np 94 Pu 95 Am 96 Cm 97 Bk 98 Cf 99 Es 100 Fm 101 Md 102 No 103 Lr

그림 6-24 주기율표

표 6-8 불활성 원소와 그 원소의 전자 구조

원자 번호	원소	전자 구조					
		K 껍질	L 껍질	M 껍질	N 껍질	O 껍질	P 껍질
2	He	$1s^2$					
10	Ne	$1s^2$	$2s^2 2p^6$				
18	Ar	$1s^2$	$2s^2 2p^6$	$3s^2 3p^6$			
36	Kr	$1s^2$	$2s^2 2p^6$	$3s^2 3p^6 3d^{10}$	$4s^2 4p^6$		
54	Xe	$1s^2$	$2s^2 2p^6$	$3s^2 3p^6 3d^{10}$	$4s^2 4p^6 4d^{10}$	$5s^2 5p^6$	
86	Rn	$1s^2$	$2s^2 2p^6$	$3s^2 3p^6 3d^{10}$	$4s^2 4p^6 4d^{10} 4f^{14}$	$5s^2 5p^6 5d^{10}$	$6s^2 6p^6$

이 표를 전자를 채우는 순서(6.b)와 비교하여 살펴보면 다음과 같다.

$$\underset{\text{He}}{1s^2} \mid \underset{\text{Ne}}{2s^2\ 2p^6} \mid \underset{\text{Ar}}{3s^2\ 3p^6} \mid \underset{\text{Kr}}{4s^2\ 3d^{10}\ 4p^6} \mid \underset{\text{Xe}}{5s^2\ 4d^{10}\ 5p^6} \mid \underset{\text{Rn}}{6s^2\ 4f^{14}\ 5d^{10}\ 6p^6} \mid \cdots \tag{6.c}$$

표 6-9 불활성 원소에서 전자를 채우는 순서에 따른 각 껍질의 전자 구조

원자 번호	원소	전자 구조					
		K 껍질	L 껍질	M 껍질	N 껍질	O 껍질	P 껍질
2	He	$1s^2$					
10	Ne	$1s^2$	$2s^2 2p^6$				
18	Ar	$1s^2$	$2s^2 2p^6$	$3s^2 3p^6$			
36	Kr	$1s^2$	$2s^2 2p^6$	$3s^2 3p^6$	$4s^2 3d^{10} 4p^6$		
54	Xe	$1s^2$	$2s^2 2p^6$	$3s^2 3p^6$	$4s^2 3d^{10} 4p^6$	$5s^2 4d^{10} 5p^6$	
86	Rn	$1s^2$	$2s^2 2p^6$	$3s^2 3p^6$	$4s^2 3d^{10} 4p^6$	$5s^2 4d^{10} 5p^6$	$6s^2 4f^{14} 5d^{10} 6p^6$

He의 경우, $1s$(K 껍질)에 2개의 전자가 채워지며, 최외각 껍질을 s^2으로 모두 전자로 채우고 있다. He를 제외한 Ne, Ar, Kr, Xe, Rn은 3개의 p 부껍질(p_x, p_y, p_z)을 6개의 전자로 채워 p^6로 끝나는 전자 구조를 가지고 있다. 이러한 전자 구조를 가지는 원소를 불활성 원소(inert element)라고 하며, 이 원소들은 표준 조건에서 단원자 기체이므로 불활성 기체(inert gas)라고 한다.

주기율표에서 1족에 속하는 원소 중에서 H를 제외한 Li, Na, K, Rb, Cs, Fr을 알칼리(alkali) 금속이라고 하며, 2족에 속하는 원소(Be, Mg, Ca, Sr, Ba, Ra)를 알칼리 토(alkali earth)금속이라고 한다. 이들 알칼리 금속과 알칼리 토금속은 원자의 최외각 껍질에 전자를 각각 1개(알칼리 금속) 및 2개(알칼리 토금속)를 가지고 있으며, 이들을 다른 원소로 주어 양이온(cation)이 되기 쉬운 성질을 나타낸다. $3d$, $4d$ 또는 $5d$ 부껍질 에너지 궤도에 1개의 전자로부터 9개의 전자를 가지고 있는 원소들을 전이(또는 천이) 원

소(transition element)라고 하며, 원자 번호 21～30(Sc, Ti,⋯, Zn), 39～48(Y, Zr,⋯, Cd), 57(La), 72～80(Hf, Ta,⋯, Hg), 89(Ac), 104～109(Unq, Unp,⋯, Une)가 포함된다. 특히, 원자 번호 58～71(Ce, Pr, ⋯, Lu), 90～103(Th, Pa,⋯, Lr)은 내부 전이 원소(inner transition element)라고 한다. 이들 중 원자 번호 57～71(La, Ce,⋯, Lu)은 란타넘(lanthanide)족이라고 하며, 희토류 원소(rare earth element)라고 부른다. La를 제외하고 모두 $4f$ 궤도에 전자를 채우는 원소들이다. 원자 번호 89～103(Ac, Th,⋯, Lr)의 원소는 악티늄(actinium)족이라고 하며, Ac와 Th를 제외하고 $5f$ 궤도를 채우는 원소들이다. 또한 주기율표의 17족 원소를 할로겐(halogen) 원소라고 한다. 이들 원자의 최외각 전자껍질에는 전자가 7개 존재하므로 다른 원소로부터 전자를 하나 받아 음이온(anion)이 되기 쉬운 성질을 가지고 있다.

다음 절에서 설명할 금속 결합, 이온 결합과 같은 원자의 화학 결합을 이해하기 위해 이온화에너지(ionization energy)와 전자친화도(electron affinity)에 대해 살펴보자. 자신이 가지고 있는 1개의 전자를 잃고 양이온(A^+)을 만드는 원소를 A라고 하고, 외부(다른 원소)로부터 1개의 전자를 얻어 음이온(X^-)을 만드는 원소를 X라고 하자. +부호로 주어지는 이온화에너지는 독립된 기체 상태의 중성 원자로부터 최외각 껍질에 있는 전자를 1개 떼어내는 데 필요한 에너지의 양으로 정의한다. 이온화 반응식은 다음과 같이 쓸 수 있다.

$$A(\mathrm{g}) + E_I \rightarrow A^+(\mathrm{g}) + e^- \qquad (6.111)$$

여기서, $A(\mathrm{g})$: 기체 상태의 중성 원자,
E_I: 이온화에너지,
A^+: 전자를 하나 잃은 양이온,
e^-: 전자

표 6-10에 원소의 이온화에너지를 나타냈다.

표 6-10 원소의 이온화퍼텐셜(이온화에너지)

원자 번호	이온화퍼텐셜 eV/전자				
	기호	I_1	I_2	I_3	I_4
1	H	13.595			
2	He	24.581	54.403		
3	Li	5.390	75.619	122.419	
4	Be	9.320	18.206	153.850	217.7
5	B	8.296	25.149	37.920	259.3
6	C	11.256	24.376	47.871	64.5
7	N	14.53	29.593	47.426	77.4
8	O	13.614	35.108	54.886	77.4
9	F	17.418	34.98	62.646	87.1
10	Ne	21.559	41.07	63.5	97.0
11	Na	5.138	47.29	71.65	98.9
12	Mg	7.644	15.031	80.12	109.3
13	Al	5.984	18.823	28.44	120.0
14	Si	8.149	16.34	33.46	45.1
15	P	10.484	19.72	30.156	51.4
16	S	10.357	23.4	35.0	47.3
17	Cl	13.01	23.80	39.90	53.5
18	Ar	15.755	27.62	40.90	59.8
19	K	4.339	31.81	46	60.9
20	Ca	6.111	11.868	51.21	67
21	Sc	6.54	12.800	24.75	73.9
22	Ti	6.82	13.57	27.470	43.2
23	V	6.74	14.65	29.31	48
24	Cr	6.764	16.49	30.95	50
25	Mn	7.432	15.636	33.69	~ 53
26	Fe	7.87	16.18	30.643	~ 56
27	Co	7.86	17.05	33.49	~ 53
28	Ni	7.633	18.15	35.16	
29	Cu	7.724	20.29	36.83	
30	Zn	9.391	17.96	39.70	
31	Ga	6.00	20.51	30.70	64.2
32	Ge	7.88	15.93	34.21	45.7
33	As	9.81	18.63	28.34	50.1
34	Se	9.75	21.5	32	43
35	Br	11.84	21.6	35.9	47.3
36	Kr	13.996	24.56	36.9	
37	Rb	4.176	27.5	40	
38	Sr	5.692	11.027	25	57
39	Y	6.38	12.23	20.5	34.33

(계속)

원자 번호	이온화퍼텐셜 eV/전자				
	기호	I_1	I_2	I_3	I_4
40	Zr	6.84	13.13	22.98	38.3
41	Nb	6.88	14.32	25.04	46.4
42	Mo	7.10	16.15	27.13	
43	Tc	7.28	15.26		
44	Ru	7.364	16.76	28.46	
45	Rh	7.46	18.07	31.05	
46	Pd	8.33	19.42	32.92	
47	Ag	7.574	21.48	34.82	
48	Cd	8.991	16.904	37.47	
49	In	5.785	18.86	28.03	54.4
50	Sn	7.342	14.628	30.49	40.72
51	Sb	8.639	16.5	25.3	44.1
52	Te	9.01	18.6	31	38
53	I	10.454	19.09		
54	Xe	12.127	21.2	32.1	
55	Cs	3.893	25.1		
56	Ba	5.210	10.001		
57	La	5.61	11.43	19.17	
72	Hf	7	14.9		
73	Ta	7.88	16.2		
74	W	7.98	17.7		
75	Re	7.87	16.6		
76	Os	8.7	17		
77	Ir	9			
78	Pt	9.0	18.56		
79	Au	9.22	20.5		
80	Hg	10.43	18.751	34.2	
81	Tl	6.106	20.42	29.8	50.7
82	Pb	7.415	15.028	31.93	42.31
83	Bi	7.287	16.68	25.56	45.3
84	Po	8.43			
85	At				
86	Rn	10.746			
87	Fr				
88	Ra	5.277	10.144		
89	Ac	6.9	12.1	20?	

예를 들어, Li의 이온화 반응식은 다음과 같이 쓸 수 있다.

$$\mathrm{Li} + 5.39\ \mathrm{eV} \longrightarrow \mathrm{Li}^{+} + e^{-} \tag{6.112}$$

즉, 원자 번호가 3인 Li 원자에 5.39 eV를 가하면 Li 원자의 최외각 껍질(L 껍질)의 $2s$ 궤도에 있는 전자를 무한대의 거리로 떼어내어 Li 이온(Li^+)과 1개의 전자로 분리할 수 있다는 의미이다. 표 6-10에서 $I_1, I_2, I_3, \cdots$의 아래첨자는 원자의 최외각에 있는 전자를 순차적으로 떼어내는 데 필요한 1차 이온화에너지, 2차 이온화에너지, 3차 이온화에너지 등을 나타낸다. 불활성 원소(He, Ne, Ar, Kr, Rn)는 안정하며, 채워진(s^2p^6) 전자 구조를 가지고 있기 때문에, 이들 원소에서 전자를 하나 제거하여 이온화하는 데는 큰 이온화에너지가 필요하다. 주기율표에서 같은 주기(period)에 있는 원소들은 불활성 원소(기체)보다 작은 이온화에너지를 가지고 있다.

수소(H)를 제외한 1족의 알칼리 금속은 최외각에 있는 전자 1개를 쉽게 내놓아 양이온 A^+로 되어 구면대칭 궤도가 된다. 예를 들어, Li^+은 구면대칭인 $1s$ 궤도가 된다. 또한 Na^+, K^+, Rb^+, Cs^+는 세 가지 p 궤도(p_x, p_y, p_z)를 6개의 전자가 모두 채우고 그 합이 구면대칭인 전자 구조를 가지게 된다. 이들 원소의 1차 이온화에너지는 표 6-11과 같이 상대적으로 작은 값을 가지고 있다.

표 6-11 수소를 제외한 알칼리 금속의 전자 구조와 이온화에너지 값

원자 번호	원소	전자 구조	이온화되는 첫 번째 전자의 궤도	이온화에너지, I_1 (eV)
3	Li	$1s^2 2s^1$	$2s$	5.390
11	Na	$1s^2 2s^2 2p^6 3s^1$	$3s$	5.138
19	K	$1s^2 2s^2 2p^6 3s^2 3p^6 4s^1$	$4s$	4.339
37	Rb	$1s^2 2s^2 2p^6 3s^2 3p^6 3d^{10} 4s^2 4p^6 5s^1$	$5s$	4.176
55	Cs	$1s^2 2s^2 2p^6 3s^2 3p^6 3d^{10} 4s^2 4p^6 4d^{10} 5s^2 5p^6 6s^1$	$6s$	3.893

이온화에너지는 원소의 전자 구조와 밀접한 관련이 있으며, 주기율표도 이러한 관계에서 만들어진 것이다. 일반적으로 주기율표(그림 6-24) 왼쪽에 있는 원소는 전자를 잃는 전자 도너(electron donor)이고, 오른쪽에 있는 원소는 전자를 받아들이는 전자 억셉터(electron acceptor)이다. 전이 원소는 주기율표의 왼쪽에 있는 원소와 유사한 전자 구조를 가지고 있기 때문에 금속이다.

무한대로 떨어져 있던 전자 하나가 기체 상태의 원자(X)에 더해져서 다음 반응식과 같이 음전하가 하나인 음이온(X^-)으로 바뀔 때 방출하는 에너지를 전자친화도(electron affinity)라고 한다.

$$X(\mathrm{g}) + e^- \rightarrow X^- + E_a \qquad (6.113)$$

여기서, $X(\mathrm{g})$: 기체상태의 중성 원자,

E_a: 전자친화도,

X^-: 전자를 하나 얻은 음이온

표 6-12에 일부 원소의 전자친화도를 나타냈다.

표 6-12 일부 원소의 전자친화도(A) 및 1차 이온화에너지(I)(0 K에서)

원자 번호	원소	이온화에너지 I_1(eV)	전자친화도 A(eV)
1	H	13.6	0.71
2	He	24.6	-
3	Li	5.4	0.5
4	Be	9.4	-
5	B	8.3	-
6	C	11.2	-
7	N	14.5	-
8	O	13.6	1.5
9	F	17.4	3.6
10	Ne	21.6	-
11	Na	5.2	0.55
16	S	10.4	2.1
17	Cl	13.0	3.7
19	K	4.3	0.5
35	Br	11.9	3.5
53	I	10.5	3.2
55	Cs	3.9	0.47

예를 들어, F의 전자를 얻는 반응식은 다음과 같이 쓸 수 있다.

$$\mathrm{F} + e^- \rightarrow \mathrm{F}^- + 3.6\ \mathrm{eV} \tag{6.114}$$

즉, 원자 번호가 9인 F 원자에 전자를 추가하여 F^- 음이온을 만들 때, 3.6 eV에 해당하는 에너지가 원자로부터 방출된다. 표 6-12에서 보면 F, Cl, Br, I 등 할로겐 원소와 O, S는 전자친화도가 크기 때문에 전자를 1개 또는 2개를 받아들여 F^-, Cl^-, Br^-, I^-, O^{2-}, S^{2-}와 같은 음이온으로 쉽게 바뀐다. 이 음이온들은 불활성 원소와 동일하게 구면대칭의 채워진(s^2p^6) 전자 구조를 가지고 있다.

전기양성적인 원소:
최외각 전자를 버리려는 경향이 큰 원자

전기음성적인 원소:
최외각에 전자를 받아들이려는 경향이 큰 원자

IA	IIA	IIIB	IVB	VB	VIB	VIIB	VIII	VIII	VIII	IB	IIB	IIIA	IVA	VA	VIA	VIIA	0
1 H 2.1																	2 He –
3 Li 1.0	4 Be 1.5											5 B 2.0	6 C 2.5	7 N 3.0	8 O 3.5	9 F 4.0	10 Ne –
11 Na 0.9	12 Mg 1.2											13 Al 1.5	14 Si 1.8	15 P 2.1	16 S 2.5	17 Cl 3.0	18 Ar –
19 K 0.8	20 Ca 1.0	21 Sc 1.3	22 Ti 1.5	23 V 1.6	24 Cr 1.6	25 Mn 1.5	26 Fe 1.8	27 Co 1.8	28 Ni 1.8	29 Cu 1.9	30 Zn 1.6	31 Ga 1.6	32 Ge 1.8	33 As 2.0	34 Se 2.4	35 Br 2.8	36 Kr –
37 Rb 0.8	38 Sr 1.0	39 Y 1.2	40 Zr 1.4	41 Nb 1.6	42 Mo 1.8	43 Tc 1.9	44 Ru 2.2	45 Rh 2.2	46 Pd 2.2	47 Ag 1.9	48 Cd 1.7	49 In 1.7	50 Sn 1.8	51 Sb 1.9	52 Te 2.1	53 I 2.5	54 Xe –
55 Cs 0.7	56 Ba 0.9	57-71 La-Lu 1.1-1.2	72 Hf 1.3	73 Ta 1.5	74 W 1.7	75 Re 1.9	76 Os 2.2	77 Ir 2.2	78 Pt 2.2	79 Au 2.4	80 Hg 1.9	81 Tl 1.8	82 Pb 1.8	83 Bi 1.9	84 Po 2.0	85 At 2.2	86 Rn –
87 Fr 0.7	88 Ra 0.9	89-102 Ac-No 1.1-1.7															

그림 6-25 전기음성도를 나타내는 주기율표

전자친화도를 정의할 때의 부호는 이온화에너지를 정의할 때 사용되는 부호와 반대이다. 즉, +의 이온화에너지(E_I)는 원자로부터 전자를 제거하는 데 에너지가 필요하다는 것을 나타내며, +의 전자친화도(E_a)는 전자가 추가될 때 에너지가 방출된다는 의미이다.

한편, 전자친화도와 유사한 개념인 전기음성도(electronegativity)가 있다. 전기음성도는 원자 간 결합(bond)에서 전자에 대한 원자의 친화도를 나타내며, 어떤 분자에서 원자가전자(原子價電子, valence electron)를 받아들이려는 원자의 능력으로 정의된다. 전기음성도의 값들을 결정할 때 가장 널리 이용되는 방법은 그림 6-25에 나타낸 폴링(Pauling)이 제안한 전기음성도 값이다.

전자친화도와 전기음성도는 모두 원자가전자를 받아들이려는 경향으로서 같은 의미로 사용된다. 전자친화도는 kJ · mol^{-1}의 단위로 나타내지만, 전기음성도는 단위가 없는 정량적인 척도로 표현된다. 전기음성도는 분자로 결합된 상태에서 원자의 성질이기 때문에 원자가 분자 결합에 사용한 궤도의 성질과 결합 원자의 수와 성질에 따라 달라진다. 따라서 어떤 원소의 전기음성도는 화합물에 따라 약간씩 달라진다. 전기음성도는 오른쪽 상단에 위치한 F가 4.0으로 가장 크며, 왼쪽 하단에 위치한 Fr이 0.7로 가장 작다. 전기음성도와 분자 결합 종류 사이에는 그림 6-26에 나타낸 것과 같은 관계가 있다.

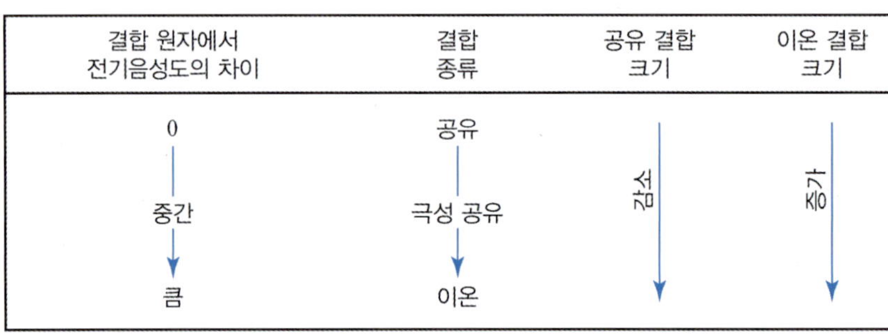

그림 6-26 전기음성도와 결합 종류 사이의 관계

불활성 원소의 전자 구조는 최외각 껍질이 전자로 모두 채워진 전자 구조(s^2p^6)를 가지고 있기 때문에 화학적으로 안정하며, 다른 원소들과 화학적 결합을 하지 않으려는 특성을 나타낸다. 불활성 원소의 원자보다 원자 번호가 1 또는 2만큼 작거나 또는 이보다 큰 원소들은 최외각에 있는 전자들을 버리거나 또는 받아들여 불활성 원소의 전자 구조를 이루려는 경향이 있다.

불활성 원자의 전자 구조를 만들기 위해 자신이 가지고 있는 최외각의 전자를 버리려는 경향이 큰 원소들을 전기양성적인 원소(electropositive element)라고 한다. 예를 들어, Li 원자($1s^22s^1$)는 $2s$ 궤도에 있는 전자 1개를 버리고 불활성 원소 He의 전자 구조($1s^2$)를 이루려고 한다. 전자를 1개 잃은 Li 원자는 Li^+ 이온으로 된다. Na 원자($1s^22s^22p^63s^1$)도 $3s$ 궤도에 있는 전자 1개를 버리고 불활성 원소 Ne의 전자 구조($1s^2 2s^2 2p^6$)를 이루려고 한다. 전자를 1개 잃은 Na 원자는 Na^+ 이온으로 된다. 또한 Mg 원자($1s^2 2s^2 2p^6 3s^2$)도 3s 궤도에 있는 전자 2개를 버리고 불활성 원소 Ne의 전자 구조($1s^2 2s^2 2p^6$)를 이루려고 한다. 전자를 2개 잃은 Mg 원자는 Mg^{2+} 이온으로 된다. 전기양성적인 원소들은 일반적으로 같은 원소 간에 결합하여 금속 결합을 만드는 원소들이다.

또한 불활성 원자의 전자 구조를 만들기 위해 전자를 받아들이려는 경향이 큰 원소들을 전기음성적인 원소(electronegative element)라고 한다. 예를 들어, F 원자($1s^2 2s^2 2p^5$)는 $2p$ 궤도에 전자가 5개 있다. F 원자는 $2p$ 궤도에 전자 1개를 받아들여 불활성 원소 Ne의 전자 구조($1s^2 2s^2 2p^6$)를 이루려고 한다. 전자를 1개 받아들인 F 원자는 F^- 이온으로 된다. O 원자($1s^2 2s^2 2p^4$)는 $2p$ 궤도에 전자가 4개 있다. O 원자는 $2p$ 궤도에 전자 2개를 받아들여 불활성 원소 Ne의 전자 구조($1s^2 2s^2 2p^6$)를 이루려고 한다. 전자를 2개 받아들인 O 원자는 O^{2-} 이온으로 된다. 전기음성적인 원소들은 전기양성적인 원소들로부터 전자를 받아들여 이온 결합을 하는 원소들이다.

이와 같은 원리에 따라 원자 결합에 사용되는 식 중의 하나가 루이스(Lewis)가 제안한 경험 법칙인 8중 공식(Octet rule)이다. 이는 화합물을 형성할 때, 화학 결합에 참여한 각각의 원자가 불활성 원소(inert 또는 noble element)의 전자 구조를 만드는 방식으로 전자를 잃거나, 전자를 얻거나 또는 전자를 공유한다는 법칙이다. 불활성 원소의 전자 구조는 다음과 같다.

표 6-13 불활성 원소의 전자 구조

원자 번호	원소	전자 구조	8중 공식
2	He	$1s^2$	2
10	Ne	$1s^2 2s^2 2p^6$	8
18	Ar	$1s^2 2s^2 2p^6 3s^2 3p^6$	8
36	Kr	$1s^2 2s^2 2p^6 3s^2 3p^6 4s^2 3d^{10} 4p^6$	18
54	Xe	$1s^2 2s^2 2p^6 3s^2 3p^6 4s^2 3d^{10} 4p^6 5s^2 4d^{10} 5p^6$	18
86	Rn	$1s^2 2s^2 2p^6 3s^2 3p^6 4s^2 3d^{10} 4p^6 5s^2 4d^{10} 5p^6 6s^2 4f^{14} 5d^{10} 6p^6$	32

헬륨(He)과 같이 $1s$ 궤도에 전자를 모두 채우기 위해서는 2개의 전자가 필요하므로 8중(octet)은 2가 되며, 네온(Ne)과 아르곤(Ar)이 s, p 궤도를 채우기 위해서는 8개의 전자가 필요하므로 8중은 8이 된다. 이러한 이유로 주기율표에서 기본 주기는 8이 된다. 크립톤(Kr), 제논(Xe)과 같이 모두 채워진 전자 구조를 이루기 위해서는 s, p, d 궤도에 모두 18개의 전자가 필요하며, 8중(octet)은 18이 된다. 라돈(Rn)과 같이 모두 채워진 전자 구조를 이루기 위해서는 s, p, d, f 궤도에 모두 32개의 전자가 필요하며, 8중은 32가 된다.

6.2 원자 사이의 결합

6.1절에서 결정체를 구성하고 있는 원자 내에 있는 전자 구조와 원자의 화학적 성질에 대해 살펴보았다. 이 절에서는 같은 종류의 원자 사이의 결합 또는 다른 원자 사이의 결합에 대해 알아보자. 원자들 사이에서 형성되는 결합은 이온 결합(ionic bond), 공유 결합(covalent bond), 금속 결합(metallic bond), 반데르발스 결합(van der Waals bond), 수소 결합(hydrogen bond) 등으로 분류한다.

이 5가지 결합은 방향성의 유무에 따라 방향성 결합(directional bond)과 비방향성 결합(nondirectional bond)으로 구분된다. 방향성 결합은 결합력(bonding force)이 특정한 방향으로 아주 강한 특성을 가지는 결합을 의미한다. 공유 결합(s 궤도만을 포함하고 있는 공유 결합은 제외함)과 모든 영구 쌍극자 결합(permanent dipole bond)이 방향성 결합에 속한다. 비방향성 결합은 우선하는 결합 방향이 없는 결합으로, 결합력이 모든 방향으로 같은 결합이다. 금속 결합, 이온 결합, s 궤도만을 포함하고 있는 공유 결합, 반데르발스 결합이 비방향성 결합으로 분류된다.

또한 결합을 형성하는 원자 사이에 인력(결합력)의 크기에 따라서 1차 결합(primary bond 또는 주결합)과 2차 결합(secondary bond)으로 구분할 수 있다. 1차 결합의 결합력은 2차 결합의 결합력보다 상대적으로 매우 크다. 이온 결합, 공유 결합, 금속 결합이 1차 결합으로 분류되며, 반데르발스 결합, 수소 결합이 2차 결합으로 분류된다. 상대적인 결합 강도는 다음과 같다.

표 6-14 상대적인 결합 강도

결합의 종류	상대적인 강도
이온 결합	1,000
수소 결합	100
쌍극자-쌍극자 결합	10
반데르발스 결합	1

1) 이온 결합

이온 결합은 두 개의 원자(전기적으로 중성)가 모두 불활성 기체 원소의 전자 구조와 같은 꽉 채워진 전자껍질 구조를 가지기 위해 각각의 원자가 1개 이상 서로 필요한 만큼의 전자를 서로 주고받음으로써(electron transfer) 생기는 결합을 말한다. 강한 전기양성적인 원소[electropositive element(금속 원소)]와 강한 전기음성적인 원소[electronegative element(비금속 원소)] 사이에서 형성되는 결합이다. 이온 결합에 참여한 2개의 원자 중에서 전자를 잃은 원소는 양이온이 되며, 전자를 얻은 원소는 음이온이 된다. 이온 결합의 결합력은 양이온과 음이온 사이의 정전기적인 인력(electrostatic attraction)의 결과이다. 전기음성도를 나타내는 그림 6-25에서 왼쪽에 위치한 1족, 2족 등에 속한 전기음성도가 작은 금속 원소들이 양이온이 되고, 오른쪽에 위치한 16족, 17족 등에 속한 전기음성도가 큰 비금속 원소들이 음이온이 된다.

이온 결합을 설명하기 위해 원자 번호 3번인 리튬(Li)과 원자 번호 9번인 불소(F)가 플루오린화리튬(LiF)을 만드는 경우를 살펴보자. Li와 F의 전자 구조는 각각 다음과 같다. 화학 결합에 참여하는 전자는 원소의 최외각에 있는 원자가전자(Li의 L 껍질과 F의 L 껍질)이다. 원자의 바깥 껍질이 모두 전자로 채워져 있지 않으면 화학 결합에 참여할 수 있는 전자이다. 원자의 안쪽 껍질에 있는 전자는 코어(핵심부) 전자(core electron)라고 하며, 코어전자는 화학 결합에 참여하지 않는다.

$$\text{Li: } 1s^2\,2s^1$$

$$\text{F: } 1s^2\,2s^2\,2p^5$$

리튬(Li)이 이온 결합하는 방법은 L 껍질($2s$ 궤도)에 있는 1개의 전자를 잃고 불활성 원소인 헬륨(He)의 전자 구조를 이루는 방법과 L 껍질($2s$ 궤도와 $2p$ 궤도)에 7개의 전자를 얻고 불활성 원소 네온(Ne)의 전자 구조를 이루는 방법이 있다. 6.1절에서 살펴본 이온화에너지와 전자친화도를 고려해보면, Li 원자는 1개의 전자를 잃고 리튬 양이온(Li^+)이 되는 것이 7개의 전자를 얻어 리튬 음이온(Li^{7-})이 되는 것보다 훨씬 더 에너지적으로 유리하다.

불소(F)가 이온 결합하는 방법은 L 껍질($2s$ 궤도와 $2p$ 궤도)에 1개의 전자를 얻고 불활성 원소 네온(Ne)의 전자 구조를 이루는 방법과 L 껍질($2s$ 궤도와 $2p$)에 7개의 전자를 잃고 불활성 원소 헬륨(He)의 전자 구조를 이루는 방법이 있다. 불소(F) 원자는 1개의 전자를 얻어 불소 음이온 (F^-)이 되는 것이 7개의 전자를 잃어 불소 양이온(F^{7+})이 되는 것보다 훨씬 더 에너지적으로 유리하다. 따라서 Li 원소는 $2s$에 있는 전자를 1개 잃어 Li^+ 양이온이 되고, F 원소는 $2s\,2p$ 궤도에 전자를 1개 얻어 F^- 음이온이 되며, 그림 6-27과 같이 이온 결합을 형성한다.

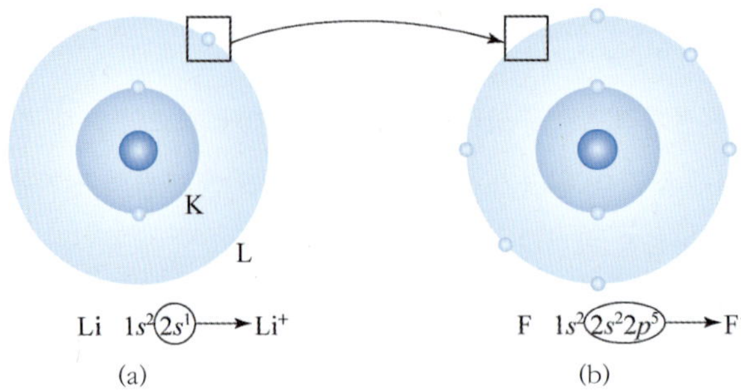

그림 6-27 리튬 원자와 불소 원자의 전자 구조(이온 결합)

이때 일어나는 Li과 F의 에너지 변화를 살펴보자. Li에는 2*s* 궤도(L 껍질)에 1개의 전자가 Li 원자에 결합되어 있으며, Li 원자로부터 이 전자를 떼어내기 위한 이온화에너지는 표 6-12로부터 5.4 eV이다. 이에 해당하는 이온화 반응식은 다음과 같다.

$$\mathrm{Li} + 5.4\ \mathrm{eV} \rightarrow \mathrm{Li}^{+} + e^{-} \tag{6.115}$$

이 식은 Li 원자의 최외각 2*s* 궤도로부터 전자를 떼어내려면 5.4 eV가 Li 원자에 흡수되어야 한다는 것을 의미한다. 또한 F는 2*p* 궤도(L 껍질)에 7개의 전자가 있으며, 2*p* 궤도에 전자를 받아들이는 데 필요한 전자친화도는 표 6-12로부터 3.6 eV이다. 이에 해당하는 이온화 반응식은 다음과 같다.

$$\mathrm{F} + e^{-} \rightarrow \mathrm{F}^{-} + 3.6\ \mathrm{eV} \tag{6.116}$$

이 식은 F 원자가 1개의 전자를 받아들이려면 3.6 eV가 F 원자로부터 방출되어야 한다는 것을 의미한다. Li 원자로부터 떼어낸 1개의 전자를 F 원자가 받아들여 LiF 화합물을 만들 때, 전체 화학 반응식은 다음과 같다.

$$\mathrm{Li} + \mathrm{F} + 1.8\ \mathrm{eV} \rightarrow \mathrm{Li}^{+} + \mathrm{F}^{-} \tag{6.117}$$

Li 원자와 F 원자가 각각 Li^{+}와 F^{-}로 이온화하는 데 필요한 에너지는 전체적으로 1.8 eV가 흡수되어야 하며, 결과적으로 1.8 eV에 해당하는 에너지의 증가가 초래된다는 의미이다. 두 이온(Li 양이온과 F 음이온) 사이에 작용하는 쿨롱 인력을 고려하면, 결합에너지에 대한 어떤 아이디어를 얻을 수 있다. 만약 2개의 이온이 각각 $+e$와 $-e$의 전하를 가진다면, 인력은 $\frac{e^2}{r^2}$이다. 여기서 r은 두 이온이 서로 떨어져 있는 거리이다. 두 이온이 무한대의 거리로부터 어떤 거리 r_0(평형거리)로 서로 가까워짐에 따라 위치에너지(potential energy) V의 감소는 다음과 같다.

$$V=\int_{\infty}^{r_0}\frac{e^2}{r^2}dr=-\frac{e^2}{r_0}\approx-7.2\ \text{eV} \tag{6.118}$$

즉,

$$Li^{+}+F^{-}\longrightarrow LiF+7.2\ \text{eV} \tag{6.119}$$

이다. Li^{+} 이온과 F^{-} 이온이 결합하면 7.2 eV의 에너지가 방출된다. 따라서 이 식을 이온화 반응식과 결합하면 다음과 같다.

$$Li+F\longrightarrow LiF+5.4\ \text{eV} \tag{6.120}$$

이 식은 Li 원자와 F 원자가 이온화됨에 따른 에너지의 증가(+1.8 eV)는 Li^{+} 이온과 F^{-} 이온이 결합으로 인한 에너지 감소(−7.2 eV)를 고려하면 전체적으로 −5.4 eV에 해당하는 에너지(위치에너지)가 방출된다는 의미이다. 결론적으로 Li 원자와 F 원자가 이온 결합을 하면, 전체에너지가 감소한다는 의미이다. 그러므로 이온의 정전기적 인력은 원자를 이온화하는 데 필요한 에너지를 더 많이 보상하여 에너지의 감소를 일으켜 안정한 이온 결합이 형성된다.

이온 결합을 형성하는 2개의 원자(다른 원자는 없다고 가정)가 무한히 떨어져 있는 거리로부터 서로 가까워져 결합할 때, 2개 원자 사이의 거리에 따른 결합력과 에너지의 변화에 대해 살펴보자.

2개의 원자가 서로 멀리 떨어져 있을 때, 원자 간의 상호 작용은 무시할 수 있다. 그러나 2개의 원자가 서로 가까워지면서 서로 상대 원자에 대한 힘을 발휘한다. 이들 힘은 인력(attractive force)과 척력(repulsive force)의 2가지이며, 이들 힘의 크기는 원자 사이의 분리 거리(separation distance) 또는 원자 간 거리(interatomic distance)에 의존하는 함수이다. 2개의 원자 간 거리가 r_0(평형 거리)일 때 2개의 원자는 서로 전자를 주고받으며, 양이온(금속 원소)과 음이온(비금속 원소)으로 되어 이온 결합을 형성하게 된다. 이때 원자 사이의 거리 r에 따른 힘과 에너지의 변화를 그림 6-28에 나타냈다.

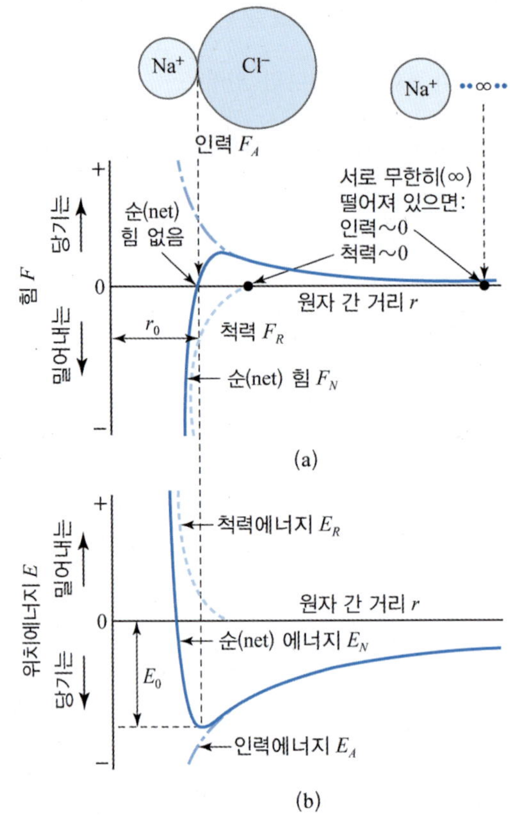

그림 6-28 이온 결합 물질(예 NaCl)에서 이온 사이의 거리에 따른 힘(인력, 척력)과 위치에너지(인력에너지, 척력에너지)의 변화

2개의 원자 사이에 작용하는 순 힘(net force) F_N은 그림 6-28(a)와 같이 인력 F_A과 척력 F_R의 합으로 나타난다.

$$F_N = F_A + F_R \tag{6.121}$$

여기서, F_N: 2개의 원자 사이에 작용하는 순 힘(net force),

F_A: 2개의 원자 사이에 작용하는 쿨롱 인력(Coulombic attraction force),

F_R: 2개의 원자 사이에 작용하는 척력(repulsion force)

인력 F_A와 척력 F_R이 균형을 이루거나 같을 때, 순(net) 힘은 0이다.

$$0 = F_A + F_R \tag{6.122}$$

이때 2개의 원자는 평형 상태를 유지하며, 2개 원자의 중심은 평형 간격 r_0만큼 떨어져 있게 된다. 많은 원자에 대해 r_0는 대략 0.3 nm(3 Å)이다. 일단 두 원자가 이 위치(r_0)에서 평형을 유지하면, 인력에 의해 그들을 당기려는 힘에 반작용으로 원자를 분리하려고 하거나, 척력에 의해 원자들을 밀어내는 힘에 반작용으로 원자를 잡아당긴다. 이온 결합에 대한 인력 F_A과 척력 F_R은 각각 다음 식과 같이 표현된다.

$$F_A \propto -\frac{1}{r^2} \tag{6.123}$$

$$F_R \propto e^{-\frac{r}{\rho}} \tag{6.124}$$

여기서, r: 2개의 원자 사이의 거리,

ρ: 주어진 이온쌍에 대해 지수 함수적으로 결정되는 상수

이 두 가지 식은 오직 이온 결합에 대해서만 성립한다. 때때로 2개의 원자 사이에 작용하는 힘 대신에 위치에너지로 표현하는 것이 더욱 편리하다. 힘(F)과 에너지(E)는 수학적으로 다음과 같이 관련되어 있다.

$$E = \int F dr \tag{6.125}$$

여기서, F: 두 물체 사이에서 작용하는 힘(force),

E: 두 물체 사이에서 작용하는 위치에너지(potential energy)

식 (6.125)는 원자 시스템에 대해 다음과 같이 쓸 수 있다.

$$\begin{aligned} E_N &= \int_{\infty}^{r} F_N\, dr \\ &= \int_{\infty}^{r} F_A\, dr + \int_{\infty}^{r} F_R\, dr \\ &= E_A + E_R \end{aligned} \qquad (6.126)$$

여기서, E_N: 2개의 원자 사이에 작용하는 순 위치에너지(net potential energy),

E_A: 2개의 원자 사이에 작용하는 인력 위치에너지(attractive potential energy),

E_R: 2개의 원자 사이에 작용하는 척력 위치에너지(repulsive potential energy)

2개의 원자에 대해 원자 간 거리의 함수로서 위치에너지는 그림 6-28(b)와 같이 표현된다. 오직 이온 결합에 대한 인력 위치에너지 E_A과 척력 위치에너지 E_R은 각각 다음 식과 같이 표현된다.

$$E_A \propto -\frac{1}{r} \qquad (6.127)$$

$$E_R \propto \frac{1}{r^{12}} \text{ 또는 } E_R \propto e^{-\frac{r}{\rho}} \qquad (6.128)$$

순 위치에너지(E_N)는 인력 위치에너지(E_A)와 척력 위치에너지(E_R)의 합이다. 2개 원자 사이의 평형 간격 $r_0(r=r_0)$에서 위치에너지(또는 결합에너지) 곡선의 값은 최소가 된다. 즉, $E_A+E_R=E_0$이다. $r<r_0$인 경우, 인력 위치에너지는 $\frac{1}{r}$에 따라 거동하지만, 척력 위치에너지는 $\frac{1}{r^{12}}$ 또는 $e^{-\frac{r}{\rho}}$에 따라 거동한다. 따라서 척력 위치에너지 값이 에너지의 변화 곡선에 더욱더 영향을 미친다(곡선을 지배하게 된다). 또한 $r>r_0$인 경우, r이 크기 때문에 인력 위치에너지 값이 에너지의 변화 곡선에 더욱더 많은 영향을 미친다.

원자들이 서로 접근할 때, 위치에너지 E의 감소는 결합에너지, 즉 원자쌍을 각각의 이온으로 분리하기 위해 필요한 에너지로부터 측정된다. 여러 가지 원자 간 결합을 가지는 물질에 대한 결합에너지의 값을 표 6-15에 나타냈다.

표 6-15 여러 가지 물질에 대한 용융점 및 결합에너지

결합 유형	물질	결합에너지		녹는점(°C)
		kJ/mol	eV/원자, 이온, 분자	
이온 결합	NaCl	640	3.3	801
	MgO	1,000	5.2	2,800
공유 결합	Si	450	4.7	1,410
	C(다이아몬드)	713	7.4	> 3,550
금속 결합	Hg	68	0.7	−39
	Al	324	3.4	660
	Fe	406	4.2	1,538
	W	849	8.8	3,410
반데르발스 결합	Ar	7.7	0.08	−189
	Cl_2	31	0.32	−101
수소 결합	NH_3	35	0.36	−78
	H_2O	51	0.52	0

표에서 결합에너지 값이 $\frac{\text{kJ}}{\text{mol}}\left(\frac{\text{kcal}}{\text{mole}}\right)$과 $\frac{\text{eV}}{\text{원자(이온 또는 분자)}}$로 표현되었음을 유의해야 한다. 이 값은 1몰(mole)의 물질(6.02×10^{23} 분자)에 대해 원자(이온 또는 분자)를 서로 분리하는 데 필요한 에너지를 의미한다. 1개의 분자 내에서 원자 또는 이온을 분리하기 위해 필요한 에너지로서 결합에너지는 단위 eV로 표시해야 한다.

이온 결합에 참여하고 있는 양이온과 음이온의 전자 구조는 불활성 기체(또는 원소)의 전자 구조와 동일하다. 즉, 최외각의 전자껍질이 전자로 채워져서 원자들이 구형적으로 대칭인 전자 구름 분포(electron cloud distribution)를 이루며, 각 원자는 구형의 대칭 전하(symmetric charge, 즉 전자)로 표시된다. 구형으로 대칭적인 전하 사이에 정전기적인 인력은 전하(전자)의 방향성과는 관계가 없기 때문에, 이온 결합에서 우선 방향 특성(preferred directional character)은 없다. 이온 결합은 인력이 작용하는 양이온과 음이온의 2개 이온만 고려하면 방향성이 있는 것처럼 보인다. 그러나 결정체(crystalline)를 구성하고 있는 다수의 양이온과 음이온을 고려할 때, 각 이온은 여러 개의 이온들로 둘러싸여 있기 때문에 거시적으로 보면 결정에서 이온 결합은 방향성이 없다. 이온 결합 고체(ionic bond solid)에서 원자 배열은 다음과 같은 2가지 인자에 의해 기술된다.

❶ 원자들은 국부적인 전하 중성(local charge neutrality)을 유지하도록 원자 스스로 배열해야 한다.
❷ 적층 순서(packing sequence)는 이온의 크기와 일치해야 한다.

양이온은 가능한 한 여러 개의 음이온에 의해 둘러싸이려는 경향이 있으며, 반대로 음이온은 가능한 한 여러 개의 양이온에 의해 둘러싸이려는 경향이 있기 때문에 이온의 크기가 중요하다. 이온 결합에 참여하는 2개 원자(또는 2개 이상) 사이에 존재하는 배위수(양이온을 둘러싸는 최인접 음이온의 수 또는 음이온을 둘러싸는 최인접 양이온의 수)는 2가지 이온(또는 2개 이상)의 반경의 차이에 의존하며, 이는 폴링(Pauling)의 법칙으로부터 구할 수 있다.

2) 공유 결합

이온 결합은 강한 전기양성적인 원소와 강한 전기음성적인 원소 사이에서 형성되는 결합이다. 그러나 공유 결합에 참여하는 원소는 전기음성도가 큰 비금속 원소들이 주로 가지는 결합 형태이다. 공유 결합은 원자 번호가 유사한 원자 또는 동일한 원자 사이에 형성된다. 이온 결합에 참여한 원소는 불활성 원소(기체)와 같은 안정된 꽉 찬 전자껍질 구조를 만들기 위해 2개의 원소가 서로 전자를 주고받는다(electron transfer).

반면, 공유 결합에서는 공유 결합에 참여한 원자가전자를 공유(electron sharing)함으로써 불활성 기체 원소의 전자 구조와 같은 꽉 찬 전자껍질 구조를 만든다. 공유 결합에서는 원자들이 최외각에 있는 궤도(s 또는 p)에 있는 전자를 잃지 않으며, 대신 다른 원자들과 전자를 공유함으로써 각 원자가 최외각을 전자로 모두 채우게 된다. 공유 결합의 결합력은 두 원자 사이에 1개 또는 그 이상의 전자쌍을 공유함으로써 발생하는 두 원자 사이의 인력이다. 원자가 만드는 공유 결합의 수는 그 원자가 불활성 원소(또는 기체)의 전자 구조를 만드는 데 필요한 전자의 수와 같다.

그림 6-29와 같이 수소 분자 H_2는 공유 결합의 가능한 가장 간단한 예이다.

원자 번호가 1인 수소(H) 원자는 K 껍질의 $1s$ 궤도에 1개의 전자가 있다.

$$\text{H: } 1s^1$$

수소 원자는 이 전자가 속해 있는 K 껍질이 최외각 껍질이며, K 껍질에 있는 1개의 전자가 원자가전자로서 다른 수소 원자와 공유 결합에 참여하게 된다. 수소 원자가 불활성 기체인 헬륨(He)의 전자 구조($1s^2$)를 이루기 위해서는 다른 수소 원자로부터 1개의 전자를 필요로 한다. 따라서 수소 원자는 자신의 전자 1개를 공유 결합을 위해 내놓게 되고, 다른 수소 원자가 내놓은 전자 1개를 공유하여 H_2 분자를 만든다. 따라서 각각의 수소 원자는 불활성 기체인 헬륨의 전자 구조를 이루게 된다.

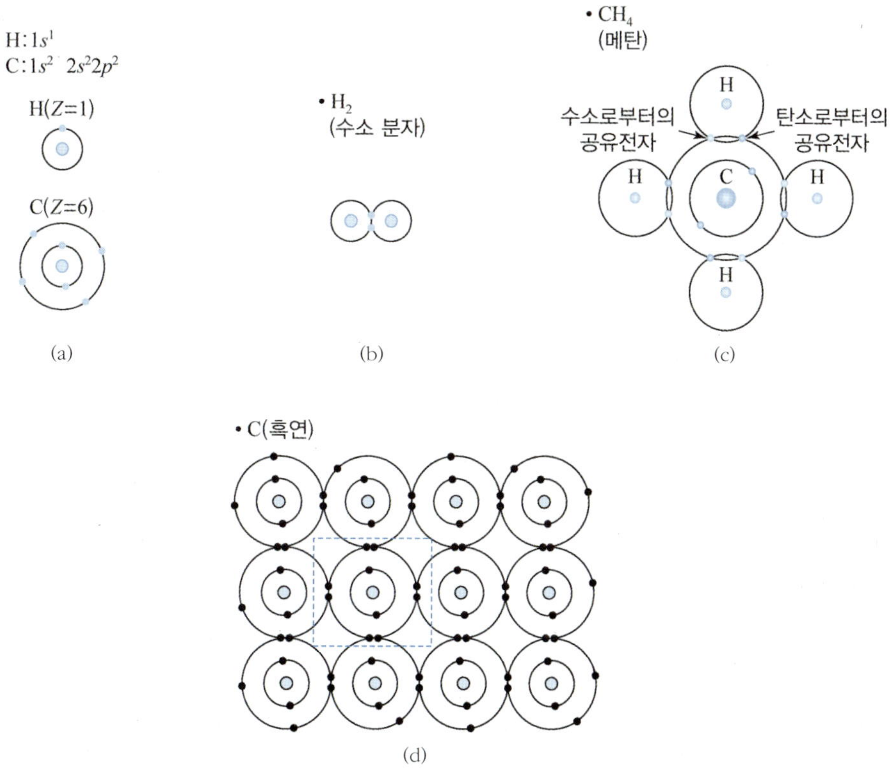

그림 6-29 여러 가지 물질의 공유 결합

메탄(CH_4, methane)을 예로 들어 공유 결합을 살펴보자. 메탄을 구성하는 원소인 탄소(C)의 전자 구조는 다음과 같다.

$$C:\ 1s^2\ 2s^2\ 2p^2$$

원자 번호가 6번인 탄소 원자는 K 껍질인 $1s$ 궤도에 2개의 전자, L 껍질인 $2s$ 궤도와 $2p$ 궤도에 각각 2개의 전자를 가지고 있다. 탄소 원자의 경우 K 껍질의 $1s$ 궤도에 있는 2개의 전자가 코어전자(core electron)이고, L 껍질의 $2s$ 궤도와 $2p$ 궤도에 있는 4개의 전자가 원자가전자(valence electron)로서 다른 원자와 화학 결합(공유 결합)에 참여하게 된다. 탄소 원자의 L 껍질($2s\,2p$)에는 탄소 원자 자신이 가지고 있는 4개의 전자가 있으며, L 껍질을 모두 채우려면 4개의 전자가 더 필요하다. 따라서 1개의 탄소 원자는 1개의 전자를 가지고 있는 4개의 수소 원자들과 공유 결합을 한다. 1개의 수소 원자는 탄소 원자와 공유 결합을 하기 위해 자신이 가지고 있는 1개의 전자를 공유 결합에 내놓는다. 탄소는 수소 원자와 공유 결합하기 위해 자신의 L 껍질에 있는 4개의 전자 중에서 전자를 1개 내놓는다. 탄소 원자의 L 껍질에는 4개의 전자가 있기 때문에, 4개의 수소 원자와 공유 결합을 하여 탄소 원자의 L 껍질을 전자로 모두 채우게 된다.

공유 결합에서는 원자와 원자 사이에 공유하고 있는 전자쌍 하나가 1개의 결합을 만든다. 또한 공유 결합에서는 결합을 형성하기 위해 적어도 1개의 반만 채워진 궤도(half-filled orbital)가 존재해야 한다. 반만 채워진 궤도가 있는 경우에 다른 원자로부터 하나씩의 결합전자를 얻어 결합을 만들 수 있기 때문이다. 일반적으로 공유 결합에서 결합의 수는 반만 채워진 궤도의 수와 같다. 그러나 반만 채워진 궤도의 수와 결합의 수가 항상 일치하는 것은 아니다.

이를 이해하기 위해 결합에 참여하는 원자가전자(valence electron)가 궤도(s 및 p 궤도)에 재배치되는 혼성화(hybridization)를 살펴보자. 앞에서 언급한 메탄 분자에서 탄소 원자는 4개의 수소 원자와 공유 결합하기 위해 최외각 껍질($2s\,2p$)에 있는 4개의 전자가 그림 6-30과 같은 재배치가 일어난다.

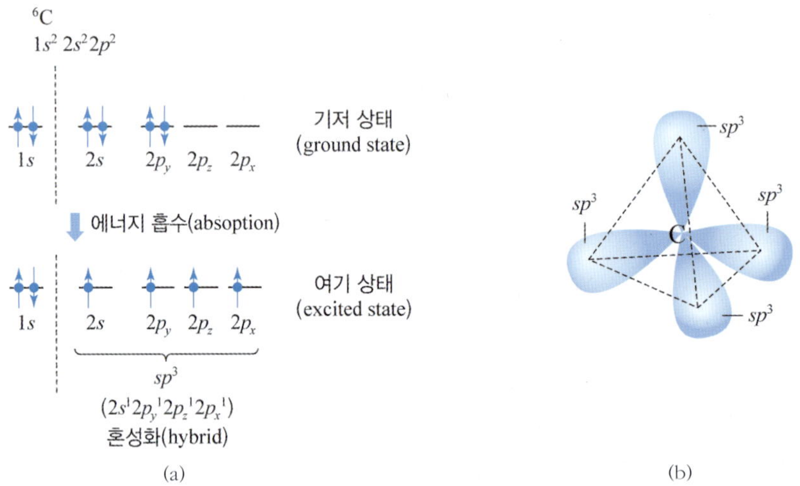

그림 6-30 탄소 원자가 공유 결합을 할 때, sp^3 혼성화 모식도
(a) 혼성화 궤도, (b) 혼성화 궤도 모식도

탄소 원자가 기저 상태에 있을 때, 최외각 L 껍질에 있는 전자들은 $2s$ 궤도에 2개의 전자가 있으며, $2p$ 궤도에 2개의 전자가 있다. 그러나 다른 원자와 공유 결합을 하기 위해 에너지를 흡수하여 들뜬 상태로 되면 $2s$ 궤도에 있는 1개의 전자가 $2p$ 궤도로 올라간다. 물론 이 과정에서는 에너지가 더 필요하지만, 공유 결합을 형성하게 되어 결합에 따른 에너지 감소가 더 크면, 전체적인 에너지 감소가 일어나 결합이 형성될 수 있다.

공유 결합을 하기 위해 탄소 원자가 에너지를 흡수하여 $2s$ 궤도에 있는 전자 중 1개가 $2p$ 궤도로 올라가면, 그림 6-30(a)와 같이 반만 채워진 궤도가 $2s$ 궤도에 1개, $2p$ 궤도에 3개가 만들어져 총 4개가 만들어진다. 따라서 s 궤도에서 생기는 비교적 약한 구면대칭인 결합 1개와 p 궤도(p_x, p_y, p_z)에서 생기는 3개의 강한 방향성 결합이 만들어진다. 그러나 실제로 결합을 관찰한 결과, 4개의 동등한 결합이 있는 것으로 판명되었다. 이것은 혼성화(hybridization)라고 하는 전자의 재배치가 일어났기 때문이라고 할 수 있다. 탄소 원자의 1개의 $2s$ 궤도 및 3개의 $3p$ 궤도는 혼성화를 통해 그림 6-30(b)와 같이 4개의 새로운 sp^3 궤도를 만든다. 4개의 sp^3 궤도는 사면체(tetragonal)로 배치되며, 궤도 사이의 결합각(bond angle)은 109.5°이다.

그림 6-31에 공유 결합에 의해 형성된 메탄 분자와 다이아몬드 등의 구조를 나타냈다.

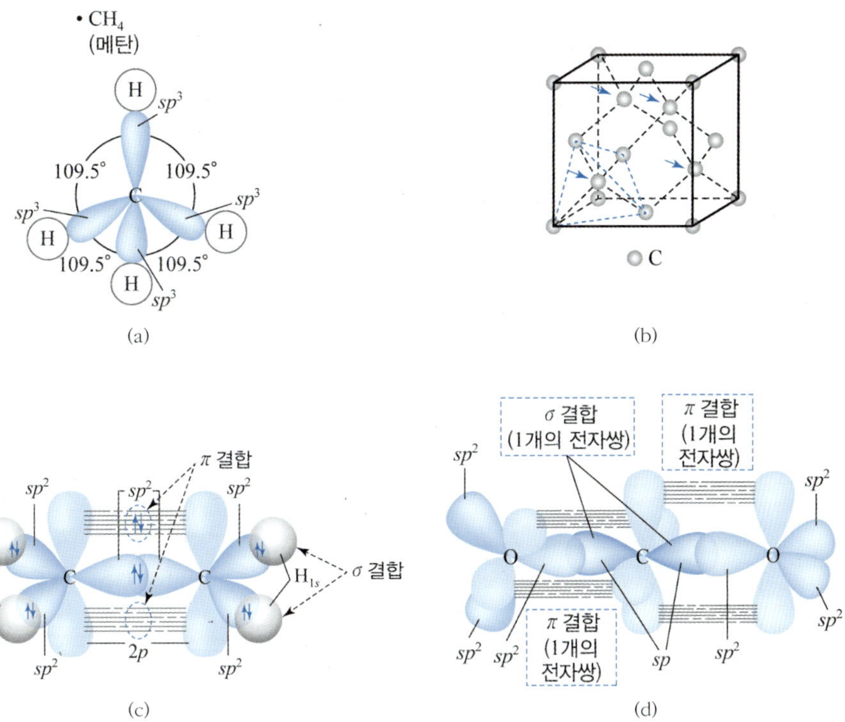

그림 6-31 탄소 원자가 공유 결합을 할 때, 혼성화 모식도
(a) CH_4에서 sp^3 혼성화
(b) 다이아몬드에서 sp^3 혼성화
(c) C_2H_4에서 sp^2 혼성화
(d) CO_2에서 sp 혼성화

메탄 분자는 탄소가 4개의 전자($2s^1 2p_x^1 2p_y^1 2p_z^1$)를 공유 결합을 하기 위해 내놓으며, 4개 수소 원자가 각각 1개의 전자($1s^1$)를 내놓아 공유 결합을 하는 데 사용한다. 이 경우 탄소의 s 궤도($2s^1$) 1개와 3개의 p 궤도($2p_x^1 2p_y^1 2p_z^1$)가 공유 결합을 위해 사용되었기 때문에 sp^3 혼성화 궤도(hybridization orbital)라고 한다.

그림 6-31(a)에 탄소 원자의 $2s$, $2p_x$, $2p_y$, $2p_z$ 궤도로부터 4개의 등가인 sp^3 궤도(4 equivalent sp^3 orbital)의 형성을 보여주는 궤도 에너지 준위 모식도를 나타냈다. 탄소 원자의 4개 sp^3 궤도가 만드는 4면체(tetrahedral)가 4개 수소 원자의 $1s$ 궤도와 전자쌍(electron pair)을 공유하여 등가인 4개의 C-H 결합을 형성하게 된다. 탄소만으로 구성된 다이아몬드의 경우에는 각 탄소 원자에서 4개의 sp^3 혼성화 궤도가 만들어지며, 그림 6-31(b) 와 같이 1개의 탄소 원자가 주변에 있는 다른 4개의 탄소 원자와 전자를 공유하여 공유 결합을 만든다.

에틸렌(C_2H_4, ethylene) 분자의 경우에는 각각의 탄소가 L 껍질($2s^2 2p^2$)에 가지고 있는 4개의 전자 중에서 2개의 전자는 다른 탄소와 공유 결합하는 데 사용하고, 나머지 2개의 전자는 2개의 H와 공유 결합하는 데 사용한다. 이 경우 탄소의 s 궤도($2s$) 1개와 2개의 p 궤도($2p_x$, $2p_y$)가 공유 결합을 위해 사용되며, 그림 6-31(c)와 같이 xy면에 중심을 둔 3개의 새로운 sp^2 혼성화 궤도(hybridization orbital)를 만든다. 공유 결합에 참여하지 않은 1개의 p 궤도(아령 모양의 lobe)는 혼성화 궤도로 바뀌지 않은 채 혼성화 궤도와 수직으로 놓여 있다. 3개의 새로운 sp^2 혼성화 궤도는 120°의 결합각을 가지는 평면 삼각형(trigonal planar) 배열을 나타낸다.

다른 형태의 혼성화는 이산화탄소(CO_2, carbon dioxide) 분자에서 발생한다. 이산화탄소 분자는 탄소 원자의 L 껍질($2s^2 2p^2$)에 있는 4개의 전자가 2개의 산소 원자와 공유 결합을 하는 데 사용된다. 이 경우 탄소의 s 궤도($2s$) 1개와 1개의 p 궤도($2p_x$) 1개가 공유 결합을 하는 데 사용되며, 그림 6-31(d)와 같이 180°의 결합각을 가지는 2개의 새로운 sp 혼성화 궤도(hybridization orbital)를 만든다. 공유 결합에 참여하지 않은 2개의 p 궤도는 혼성화 궤도로 바뀌지 않은 채 탄소 원자에 남아 있다.

한편 이산화탄소에 있는 각 산소 원자의 전자 구조는 다음과 같다.

$$\text{O: } 1s^2 2s^2 2p^4$$

산소 원자의 L 껍질($2s^2 2p^4$)에 있는 전자는 6개이며, 이 중에서 2개를 탄소와 공유 결합하는 데 사용하고, 나머지 4개의 전자는 다른 원자와 결합하지 않는 2개의 고립 전자쌍(孤立 電子雙, lone pair)을 만든다. 고립 전자쌍은 분자를 만드는 두 원소가 전자를 공유하지 않는 전자쌍을 말한다. 산소 원자는 $2s$ 궤도 1개와 2개의 p 궤도($2p_x$, $2p_y$)가 3개의 새로운 sp^2 혼성화 궤도를 만들고, 120°의 결합각을 가지는 평면삼각형(trigonal planar) 배열을 나타낸다. 3개의 sp^2 혼성화 궤도 중에서 1개의 sp^2 혼성화 궤도는 탄소와 공유 결합하고, 나머지 2개의 sp^2 혼성화 궤도는 공유 결합에 참여하지 않는 고립 전자쌍으로 존재한다. 혼성화 궤도를 만들지 않은 1개의 p 궤도도 공유 결합에 참여하지 않는다.

아주 적은 수의 일부 화합물만이 순수한 이온 결합 또는 순수한 공유 결합을 나타내며, 원자 간 결합이 부분적으로 이온 결합 특성이나 공유 결합 특성을 나타낼 수 있다. 화합물의 경우에 2가지(공유 결합과 이온 결합) 결합 종류의 정도는 주기율표(그림 6-24)를 구성하는 원소의 상대적인 위치 또는 전기음성도(그림 6-25)의 차이에 따라 달라진다. 주기율표에서 왼쪽 아래 모서리로부터 오른쪽 위 모서리까지 떨어진 정도가 크면 클수록[수평적(IA족으로부터 VIIA족까지) 및 수직적(7주기로부터 1주기까지)으로 모두를 의미함], 결합은 더욱 이온 결합의 특성을 가진다. 반대로, 원자의 위치가 서로 가까울수록(즉, 전기음성도의 차이가 작을수록), 공유 결합 특성의 정도는 더욱 커진다. 원소 A와 B 사이에서 이온 결합 특성 %는 다음 식으로 계산할 수 있다.

$$\% \text{ 이온 결합 특성} = \{1 - \exp[-0.25(X_A - X_B)^2]\} \times 100 \tag{6.129}$$

여기서, X_A: 원자 A의 전기음성도 값,
X_B: 원자 B의 전기음성도 값

3) 금속 결합

금속 결합은 이온화퍼텐셜(원자로부터 전자를 하나 떼어내는 데 필요한 에너지)이 작은 금속이 최외각 껍질에 있는 전자를 쉽게 방출하여 꽉 채워진 전자 구조(예 He, Ne, Ar 등과 같은 불활성 원소의 전자 구조)를 가지는 금속 이온(예 Li^+, Na^+, Mg^{2+} 등)과 어떤 금속 이온에도 속하지 않으면서 금속 내에 있는 많은 방출된 전자(자유전자, free electron)들 사이의 결합을 말한다. 즉, 금속 결합은 각 금속 원자가 자신의 최외각 s와 p 궤도에 있는 1개나 2개 또는 최대 3개의 원자가전자(valence electron)를 잃음으로써 만들어지는(전자를 잃은) 금속 이온과 많은 방출된 전자들 사이의 결합이다.

그림 6-32에 금속 결합을 하고 있는 마그네슘(Mg)과 구리(Cu)의 원자 구조를 나타냈다.

그림 6-32(a)와 같이 Mg 원자(원자 번호 12번)는 최외각 $3s$ 궤도에 있는 2개의 전자를 잃어, Mg^{2+} 이온($1s^2 2s^2 2p^6 3s^0$)으로 바뀌며, Ne 원자(원자 번호 10번)의 꽉 채워진 불활성 원소의 전자 구조를 나타낸다.

Mg: $1s^2 2s^2 2p^6 3s^2$

Ne: $1s^2 2s^2 2p^6$

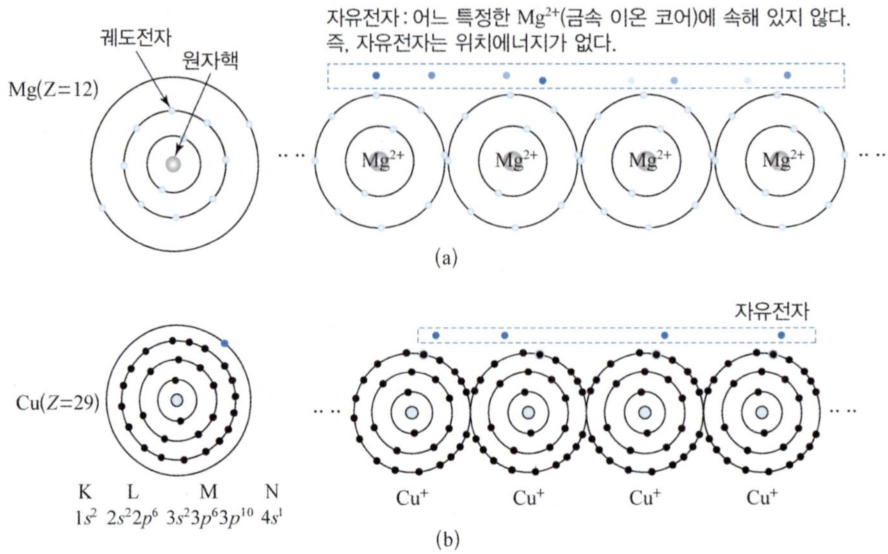

그림 6-32 금속(예 Mg, Cu)에서 자유전자의 형성

Mg 원자의 최외각 $3s$ 궤도로부터 떨어져 나온 2개의 전자는 어느 Mg^{2+} 이온에도 속하지 않은 상태로, Mg 금속 내를 자유롭게 돌아다니는 자유전자처럼 생각할 수 있다. 다음 식과 같이 크기 1 cm^3인 정육면체 Mg 결정에는 4.304×10^{22}개의 Mg 원자가 존재한다.

$$\text{Mg의 밀도}\left(\frac{\text{g}}{\text{cm}^3}\right)\times\frac{1\text{ mole}}{\text{Mg의 원자 무게(g)}}\times\frac{6.02\times10^{23}\text{ atoms}}{1\text{ mole}}$$

$$=1.738\frac{\text{g}}{\text{cm}^3}\times\frac{1\text{ mole}}{24.305\text{ g}}\times\frac{6.02\times10^{23}\text{ atoms}}{1\text{ mole}}=\frac{4.304\times10^{22}\text{ atoms}}{\text{cm}^3} \quad \textbf{(6.130)}$$

1개의 Mg 원자는 2개의 전자를 자유전자로 만들기 때문에, 1 cm^3의 Mg 결정에는 $2\times 4.304\times 10^{22}$개의 자유전자가 존재한다. 이 많은 수의 전자를 자유전자 구름(free electron cloud) 또는 원자가전자의 바다(sea of valence electrons)라고 부른다. 또한 그림 6-32(b)와 같이 각각의 Cu 원자는 1개의 자유전자를 만들며, 이 자유전자가 모여 금속 Cu 결정에서 자유전자 구름을 만든다. 이 자유전자 구름을 만들고 남은 비외각(nonvalence) 전자와 원자핵을 Cu^+ 이온 코어(ion core)라고 부르며, Cu 원자당 1개의 원자가 전자와 같은 1개의 양전하(positive charge)를 가진다. 금속 결합은 자유전자 구름이 양이온들을 둘러싸고 있다고 묘사된다. 금속 결합의 결합력(bonding force)은 자유전자 구름과 금속 이온 사이에 작용하는 정전기적 인력(electrostatic attraction)이다. 금속 결합에 참여하고 있는 결합 전자(bonding electron)들은 공유 결합에 참여하고 있는 전자처럼 어떤 금속 이온에 국한되지 않기 때문에, 금속 결합은 비방향성 결합이라고 간주된다. Mg, Cu, Zn와 같이 최외각 전자를 잃고 꽉 채워진 내부 껍질을 가지고 있는 원자들은 비방향성 결합을 가진다.

$$\text{Mg: } 1s^2\ 2s^2\ 2p^6\ 3s^2$$

$$\text{Cu: } 1s^2\ 2s^2\ 2p^6\ 3s^2\ 3p^6\ 3d^{10}\ 4s^1$$

$$\text{Zn: } 1s^2\ 2s^2\ 2p^6\ 3s^2\ 3p^6\ 3d^{10}\ 4s^2$$

그러나 전이 금속 Fe, W, Ti 등과 같이 d 궤도가 꽉 채워지지 않은 내부 껍질을 가지고 있는 원자들은 약한 방향성 결합 특성을 가진다.

$$\text{Ti: } 1s^2\ 2s^2\ 2p^6\ 3s^2\ 3p^6\ 3d^2\ 4s^2$$

$$\text{Fe: } 1s^2\ 2s^2\ 2p^6\ 3s^2\ 3p^6\ 3d^6\ 4s^2$$

$$\text{W: } 1s^2\ 2s^2\ 2p^6\ 3s^2\ 3p^6\ 3d^{10}\ 4s^2\ 4p^6\ 4d^{10}\ 4f^{14}\ 5s^2\ 5p^6\ 5d^4\ 6s^2$$

이 완전히 채워지지 않은 궤도들이 공유 결합을 할 수 있도록 하며, 일부 방향성 결합 특성은 이들 내부 껍질 궤도에 의해 형성되는 공유 결합에 기인한다. 이들 공유 결합은 방향성 결합이 되는 것 이외에 결합에너지를 증가시키며, 일반적으로 높은 용융점(Fe: 1,535℃, W: 3,370℃, Ti: 1,725℃)을 초래한다. 전이 금속은 부분적인 공유 결합의 특성으로 인해 원자 사이의 결합이 강하므로 일반 금속에 비해 소성 변형이 어렵다.

금속은 자유전자를 가지고 있어, 여러 독특한 특성을 나타낸다. 금속에 있는 자유전자들이 금속으로 입사하는 빛 광자(light photon)를 흡수하며, 여기된 자유전자가 보다 낮은 에너지 상태로 되돌아가며, 흡수된 에너지를 다시 방출할 수 있으므로 불투명하다. 또한 금속은 방향성 결합을 하지 않으며, 국부적인 전하 중성에 대한 조건이 없어, 금속 원자들이 서로 매우 쉽게 미끄러질 수 있으므로 쉽게 소성적으로(plastically) 변형될 수 있다.

4) 반데르발스 결합

반데르발스 결합은 불활성 기체(He, Ne, Ar 등)와 같은 전자로 꽉 채워진 전자껍질을 가지고 있는 원자들 사이에 일어날 수 있는 매우 약한 결합 또는 전자의 공유(공유 결합) 및 이동(이온 결합)이 없는 분자와 분자 사이에 일어나는 매우 약한 결합을 말한다.

그림 6-33과 같이 아르곤(Ar) 원소에서 전자 위치의 순간적인 치우침으로 인한 전기 쌍극자(electric dipole)의 형성 및 이웃에 형성되어 있는 Ar 원소의 전기 쌍극자 사이에 생기는 약한 결합력을 의미한다. 이들 순간적인 전기 쌍극자 사이에 일어나는 정전기적인 인력을 런던 힘(London force)이라고 하며, 2개의 전기 쌍극자 사이에 반데르발스 결합이 형성된다.

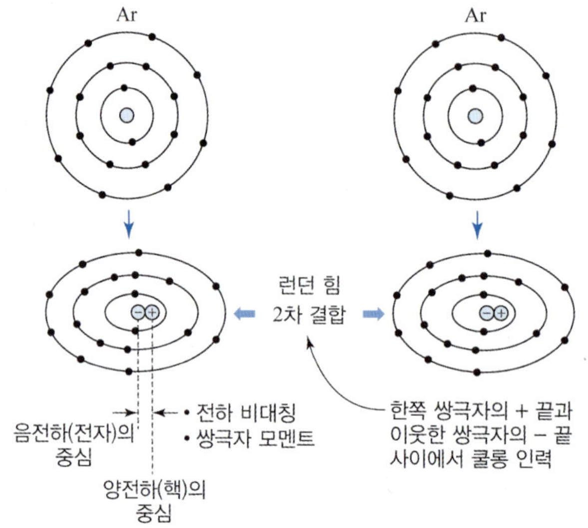

그림 6-33 2개의 아르곤(Ar) 원자에서 전자의 치우침으로 인해 형성되는 순간적인 전기 쌍극자(electric dipole)의 형성으로 인한 van der Waals 결합의 모식도

분자 사이에 작용하는 힘에는 쌍극자-쌍극자 상호 작용(dipole-dipole interaction), 수소 결합(hydrogen bond), 런던 힘(London force)과 같은 3가지 종류가 있다. 쌍극자-쌍극자 상호 작용은 극성 분자(polar molecule, 쌍극자라고 부름) 사이에 일어나는 정전기적 인력을 의미한다. 예로는 극성 HCl 분자 사이에 일어나는 상호 작용이 있다. 수소 결합은 매우 전기음성적인 원소(F, O, N 등)에 결합되어 있는 1개의 분자가 수소를 포함하고 있을 때 극성 분자 사이에서 발생하는 쌍극자-쌍극자 상호 작용의 특별한 종류이다. 런던 힘은 모든 원자와 분자, 극성 분자뿐만 아니라 비극성 분자(nonpolar molecule) 사이에 존재하는 순간적인 쌍극자-순간적인 쌍극자 상호 작용을 말한다.

3가지 종류의 분자 사이의 힘(쌍극자-쌍극자 상호 작용, 수소 결합, 런던 힘)에서 런던 힘이 가장 일반적이고 대부분 경우에서 가장 중요하다. 런던 힘은 비극성 분자 사이에 존재하는 유일한 인력이다. 극성 HCl 분자에서 존재하는 전체 분자 간 힘의 85%가 런던 힘에 기인한다고 추정되며, 수소 결합은 런던 힘이 기여하는 것에 비하면 작은 역할을 한다. 그러나 물(H_2O)의 경우 분자 간 인력의 약 80%가 수소 결합에 기인하며, 단지 20%만이 런던 힘에 기인한다.

공유 결합으로 된 분자에서 서로 공유하고 있는 전자는 대부분 시간을 두 원자 사이에서 보낸다. 이로 인해 분자의 한쪽 끝은 양전하를 띤 영역이 되고, 다른 한쪽 끝은 음전하를 띤 영역이 되어 영구 전기 쌍극자(permanent electric dipole)를 만들게 된다.

이와 같이 한 분자에 존재하는 영구 전기 쌍극자와 옆에 있는 분자의 영구 쌍극자에 의해 쌍극자-쌍극자 사이에 반데르발스 힘이 생겨 결합이 만들어진다. 반데르발스 결합의 결합에너지는 단지 수 $\frac{\text{kJ}}{\text{mol}}$ (또는 $\frac{\text{kcal}}{\text{mole}}$)로서 매우 약하며, 결합을 일으키는 쌍극자의 위치 변동성 때문에 비방향성이다. 반데르발스 결합의 낮은 결합에너지는 매우 낮은 용융점을 초래한다.

5) 수소 결합

매우 전기음성적인 원소(F, O, N 등)에 결합되어 있는 1개의 분자가 수소를 포함하고 있을 때, 극성 분자 사이에서 발생하는 쌍극자-쌍극자 상호 작용의 특별한 종류를 수소 결합이라고 하였다. 그림 6-34에 수소 결합을 하는 HCl, HF, H_2O의 분자 구조를 나타냈다. HCl 분자에서는 H 원자와 Cl 원자 사이의 공유 결합으로 인해 영구적인 전기 쌍극자가 만들어진다. 이웃하는 다른 HCl 사이에 존재하는 이들 영구 쌍극자 사이에 형성되는 정전기적 인력에 의해 분자 HCl이 서로 수소 결합을 한다. HF 분자 역시 HCl과 동일한 원리로 수소 결합을 한다. 또한 물 분자는 산소 원자에서 반만 전자로 채워진 2개의 p 궤도 ($2p_x^2\ 2p_y^1\ 2p_z^1$)에 2개의 수소로부터 나온 전자를 공유하고 있다.

$$\text{O: } 1s^2\ 2s^2\ 2p^4$$

$$\text{H: } 1s^1$$

물 분자에서 2개의 수소 원자는 산소를 중심으로 104.45°로 공유 결합되어 있다. 물 분자에서 산소 쪽은 전기 쌍극자의 음극이 되며, 2개의 수소 원자는 전기 쌍극자의 양극이 되어 영구 전기 쌍극자를 만든다. 수소 원자의 양극 쪽은 다른 물 분자의 음극 쪽인 산소와 결합하려 하기 때문에 수소 결합이 만들어진다. 수소 결합은 영구 쌍극자에 의한 극성이 있기 때문에 방향성 결합이다. 수소 결합의 결합력은 수소 원자의 양극 쪽과 이웃하는 원자의 음극 쪽 사이의 인력이다.

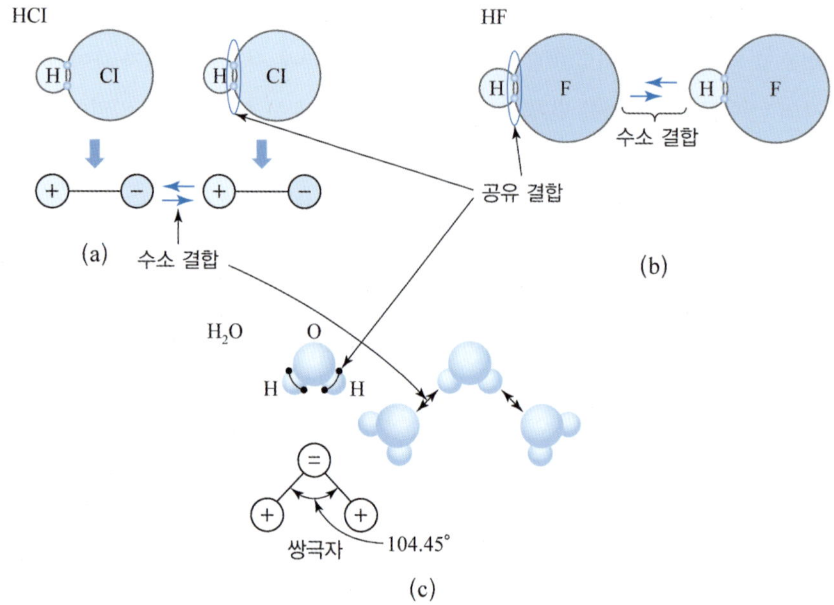

그림 6-34 2개 또는 2개 이상의 분자에서 일어나는 수소 결합의 모식도
(a) 염산(HCl), (b) 불산(HF), (c) 물(H_2O) 분자

표 6-15에 여러 가지 결합의 종류에 따른 결합에너지를 비교하여 나타낸 것과 같이, 수소 결합의 결합에너지는 다른 종류의 결합에서 관찰되는 결합에너지에 비해 매우 낮음을 알 수 있다.

연습문제

1. 수소 원자에 대한 보어 원자 모형과 파동역학 원자 모형을 그리고, 차이점을 설명하시오.

2. 수소 원자에 자기장을 가하지 않은 경우와 자기장을 가한 경우에 에너지 준위에 미치는 영향을 설명하시오.

3. 수소 원자의 보어 원자 모형을 가지고, 기저 상태와 여기된 상태를 설명하시오.

4. 파동 함수(Ψ)의 물리적인 의미를 설명하시오.

5. 1차원에서 시간 의존 슈뢰딩거 파동 방정식은 다음과 같이 표현된다.

$$-\frac{\hbar^2}{2m_e}\frac{\partial^2}{\partial x^2}\Psi(x,t)+E_p(x)\Psi(x,t)=i\hbar\frac{\partial}{\partial t}\Psi(x,t)$$

이 식의 물리적인 의미를 설명하시오.

6. Hund's rule을 사용하여 탄소(C), 질소(N), 산소(O), 불소(F), 네온(Ne) 원자들의 p 궤도에서 전자 배치를 설명하시오.

7. 다음 용어를 설명하시오.

(a) 원소의 이온화퍼텐셜

(b) 전자친화도

(c) 이온화에너지

(d) 전기음성도

(e) 양전기적 원소

(f) 음전기적 원소

8. 이온 결합 물질에서 두 이온 사이의 거리(r)에 따른 힘(F, 인력 · 척력)과 위치에너지(E, 인력에너지 · 척력에너지)에 대한 그래프[(F vs. r), (E vs. r)]를 그리고, 이에 대해 설명하시오.

9. 탄소 원자를 사용하여 혼성화 sp, sp^2, sp^3 궤도에 대해 설명하고, 예를 드시오.

10. 1 cm^3 크기의 마그네슘(Mg) 정육면체 주사위를 가지고 있다. 다음 정보를 이용하여 이 마그네슘 정육면체 주사위에 몇 개의 자유전자가 존재하는지를 계산해 보시오. 1개의 Mg 원자는 2개의 자유전자를 만든다고 가정하시오.

- Mg의 밀도: 1.738 $\frac{g}{cm^3}$
- Mg의 원자량: 24.305 g
- 24.305 g Mg = 1 mole Mg atoms = 6.02×10^{23} Mg atoms

정답

1. 그림 6-2에서 왼쪽은 수소 원자에 대한 보어 원자 모형이고, 오른쪽은 파동역학 원자 모형이다. 보어 원자 모형에서는 수소 원자의 K 껍질에 존재하는 전자가 가지는 전체에너지(전체에너지 = 위치에너지 + 운동에너지)는 −13.6 eV이며, −13.6 eV일 가능성은 1, 즉 100%라고 하였다.
   그러나 파동역학 원자 모형에서는 수소 원자 K 껍질에 존재하는 전자가 가지는 전체에너지가 −13.6 eV일 가능성은 약 0.4, 즉 40%라고 하였다. 파동역학에서는 원자 내에 있는 전자가 가지는 에너지를 표시할 때, 어떤 특정한 값(−13.6 eV)을 가질 가능성이 100%가 아닌 확률로 표시하는 점이 다르다.

2. 그림 6-3(b) 참고
   자기장을 가하지 않은 경우, 수소 원자에 있는 전자가 가지는 에너지 준위는 K 껍질(−13.6 eV), L 껍질(−3.4 eV), M 껍질(−1.5 eV)이며, L 껍질과 M 껍질의 에너지 레벨의 분리가 일어나지 않는다. 따라서 L 껍질과 M 껍질의 에너지 레벨은 K 껍질과 마찬가지로 각각 1개의 에너지 레벨로 존재한다.
   그러나 자기장을 가한 경우, L 껍질의 에너지 레벨은 $2s$와 $2p$로 분리되고, $2p$ 에너지 레벨은 $2p_x$, $2p_y$, $2p_z$로 분리된다(Zeeman 분리). 또한 M 껍질의 에너지 레벨은 $3s$, $3p$, $3d$로 분리되고, $3p$ 에너지 레벨은 $3p_x$, $3p_y$, $3p_z$로 분리되고, $3d$ 에너지 레벨은 $3d_{xy}$, $3d_{yz}$, $3d_{zx}$, $3d_{x^2-y^2}$, $3d_{z^2}$으로 분리된다.

3. 그림 6-21(b), (c) 참고
   그림 6-21(b)는 기저 상태에 해당하며, 수소 원자 내에 있는 1개의 전자는 K 껍질에 존재한다. 이 K 껍질에 있는 전자가 외부로부터 광자(photon), 열 등에 의해 K 껍질과 L 껍질 사이의 에너지 차이(energy gap)에 해당하는 에너지를 얻으면, 그림 6-21(c)와 같이 L 껍질로 여기될 수 있다. 그림 6-21(c)는 여기된 상태이다.

4. 그림 6-7 참고

원자 내에 존재하는 전자가 가지는 전체에너지(total energy)는 위치에너지(potential energy)와 운동에너지(kinetic energy)의 합이다. 따라서 파동 함수(Ψ)는 전자가 원자의 궤도를 따라 공전할 때, 그 전자가 가지고 있는 전체에너지를 의미하며, 전자의 위치가 원자핵 쪽으로 가까워지면, 전체에너지가 커진다(핵이 전자를 더 강하게 끌어당긴다는 의미). 또한 전자의 위치가 원자핵 쪽으로부터 멀어지면, 전체에너지가 작아진다(핵과 전자 사이의 인력이 작아진다는 의미).

5. 문제의 식은 원자 내에 있는 전자가 가지고 있는 에너지를 수학적으로 나타낸 것이다. 왼쪽에 있는 2개의 항은 각각 전자가 가지고 있는 운동에너지(kinetic energy)와 위치에너지(potential energy)를 나타낸다. 이 2가지 에너지의 합이 전자가 가지는 전체에너지로서 오른쪽 항에 해당된다. $-\frac{\hbar^2}{2m_e}\frac{\partial^2}{\partial x^2}\Psi(x,t)$은 원자 내의 어떤 궤도를 도는 전자의 운동에너지(kinetic energy)이며, $E_p(x)\Psi(x,t)$가 원자 내의 어떤 궤도를 도는 전자의 위치에너지(potential energy)이다. $i\hbar\frac{\partial}{\partial t}\Psi(x,t)$는 원자 내의 어떤 궤도를 도는 전자의 전체에너지(total energy)이다.

6. 그림 6-23 참고

탄소는 $1s^2 2s^2 2p^2$의 전자 구조를 가지나, 훈트의 법칙(Hund's rule)에 의해 $2p^2$에 있는 전자가 $2p_x$와 $2p_z$에 1개의 전자를 가져, 반만 채우는 구조로 된다. 질소는 $1s^2 2s^2 2p^3$의 전자 구조를 가지나, $2p^3$에 있는 전자가 $2p_x$, $2p_z$, $2p_y$에 1개의 전자를 가져, 반만 채우는 구조로 된다. 산소는 $1s^2 2s^2 2p^4$의 전자 구조를 가지나, $2p^4$에 있는 전자가 $2p_x$에 2개의 전자를 가지고, $2p_z$와 $2p_y$에 1개의 전자를 가져, 반만 채우는 구조로 된다. 불소는 $1s^2 2s^2 2p^5$의 전자 구조를 가지나, $2p^5$에 있는 전자가 $2p_x$와 $2p_z$에 각각 2개의 전자를 가지고, $2p_y$에 1개의 전자를 가져, 반만 채우는 구조로 된다. 네온은 $1s^2 2s^2 2p^6$의 전자 구조를 가지며, $2p^6$에 있는 전자가 $2p_x$, $2p_z$, $2p_y$에 각각 2개의 전자를 가지는 구조로 된다.

7. (a) 원소의 이온화퍼텐셜

독립된 기체 상태의 (전기적으로) 중성인 원자로부터 최외각 껍질(최외각 에너지 레벨)에 있는 전자를 떼어내는 데 필요한 에너지의 양을 말한다.

(b) 전자친화도(electron affinity)

어떤 원소가 불활성 기체의 전자 구조를 이루기 위해 자신의 최외각에 전자를 받아들이려고 하는 성질이다. 이때 전자를 받아들인 원자는 음이온으로 바뀐다. 전자친화도의 단위는 $\frac{\text{kJ}}{\text{mol}}$이다.

(c) 이온화에너지

원소의 이온화퍼텐셜과 같다.

(d) 전기음성도(electronegativity)

전기음성도는 전자친화도와 의미가 같다. 즉, 어떤 원소가 불활성 기체의 전자 구조를 이루기 위해 자신의 최외각에 전자를 받아들이려고 하는 성질이다. 전자친화도의 단위는 $\frac{\text{kJ}}{\text{mol}}$로 나타나지만, 전기음성도에는 단위가 없다.

(e) 양전기적 원소(electropositive element)

어떤 원소가 불활성 기체의 전자 구조를 이루기 위해 자신의 최외각에 있는 전자를 버리려고 하는 성질이다.

(f) 음전기적 원소(electronegative element)

어떤 원소가 불활성 기체의 전자 구조를 이루기 위해 자신의 최외각에 전자를 받아들이려고 하는 성질이다.

8. 그림 6-28 참고

이온 결합을 형성하는 양이온과 음이온이 서로 무한히 떨어져 있는 경우, 그림 6-28(a)와 같이 두 이온 사이에 작용하는 인력과 척력이 모두 0이다. 두 이온이 서로 가까워짐에 따라($r \rightarrow r_0$), 인력(F_A)은 $-\frac{1}{r^2}$에 비례하며, 척력(F_R)은 $e^{-\frac{r}{\rho}}$에 비례하여 변하게 된다.

두 이온 사이의 거리가 평형거리 r_0일 때, 순 힘(net force)은 0이 된다. 이온 결합 힘과 에너지는 $E = \int F dr$에 의해 서로 연결되며, 인력 위치에너지(E_A)는 $-\frac{1}{r}$에 비례하며, 척력 위치에너지(E_R)은 $\frac{1}{r^{12}}$ 또는 $e^{-\frac{r}{\rho}}$에 비례하여 변하게 된다. 두 이온 사이의 거리가 평형거리 r_0일 때, 순 위치에너지(net potential energy)는 최솟값 E_0을 가지게 된다.

9. 그림 6-31 참고

원자 번호가 6인 탄소 원자는 $1s^2\,2s^2 2p^2$의 전자 구조를 나타낸다. 1개의 탄소 원자가 2개의 산소 원자와 공유 결합을 하여 CO_2(이산화탄소)를 만들 때, 탄소 원자에서 1개의 $2s$ 에너지 준위와 1개의 $2p$ 에너지 준위($2p_x$)가 결합에 참여하여, 그림 6-31(d)와 같이 2개의 sp 혼성화 궤도를 만들며, 180°의 결합각을 만들어 양쪽에서 산소 원자와 공유 결합을 한다. 이때 $2p_y$와 $2p_z$는 결합에 참여하지 않는다.

또한 2개의 탄소 원자가 4개의 수소 원자와 공유 결합을 하여 C_2H_4(에틸렌)을 만들 때, 탄소 원자에서 1개의 $2s$ 에너지 준위와 2개의 $2p$ 에너지 준위($2p_x$, $2p_y$)가 결합에 참여하여, 그림 6-31(c)와 같이 3개의 sp^2 혼성화 궤도를 만든다. 이때 120°의 결합각을 만들어 한쪽 끝은 다른 탄소 원자와 결합하고, 2개의 끝은 수소 원자와 공유 결합을 한다. 이때 $2p_z$는 결합에 참여하지 않는다.

마지막으로 1개의 탄소 원자가 4개의 수소 원자와 공유 결합을 하여 CH_4(메탄)을 만들 때, 탄소 원자에서 1개의 $2s$ 에너지 준위와 3개의 $2p$ 에너지 준위($2p_x$, $2p_y$, $2p_z$)가 결합에 참여하여, 그림 6-31(a)와 같이 4개의 sp^3 혼성화 궤도를 만든다. 각각의 끝에 수소 원자가 결합을 이룬다.

10. $\text{Mg의 밀도}\left(\frac{\text{g}}{\text{cm}^3}\right) \times \frac{1\text{ mole}}{\text{Mg의 원자무게(g)}} \times \frac{6.02 \times 10^{23}\text{ atoms}}{1\text{ mole}}$

$$= 1.738\frac{\text{g}}{\text{cm}^3} \times \frac{1\text{ mole}}{24.305\text{ g}} \times \frac{6.02 \times 10^{23}\text{ atoms}}{1\text{ mole}} = \frac{4.305 \times 10^{22}\text{ atoms}}{\text{cm}^3}$$

chapter 7

결정질 고체의 구조

(원자 결합과 고체의 구조)

6장에서 여러 가지 원자 결합(이온 결합, 공유 결합, 금속 결합, 반데르발스 결합, 수소 결합)에 대해 알아보았다. 고체는 매우 많은 수의 원자, 이온 또는 분자가 결합하여 형성된다. 특히, 결정질 고체는 원자 등이 결합하여 매우 규칙인 배열을 유지하고 있다. 결정질 고체에서 원자 배열의 구조와 원자 결합과의 관계를 이해하기 위해, 6장에서 알아본 원자 결합들을 방향성 결합과 비방향성 결합으로 나누어 살펴보자.

공유 결합, 영구 쌍극자에 의한 반데르발스 결합, 수소 결합은 방향성 결합으로, 원자들이 특정한 각도 관계(결합각)를 유지하면서 결합하여 고체를 만든다. 특정한 결합각으로 만들어지는 결합 다면체(bonding polyhedron)의 3차원적 연결이 방향성 결합에 의한 고체의 원자 배열에 해당한다. 반면, 금속 결합, 이온 결합, 순간 쌍극자에 의한 반데르발스 결합은 비방향성 결합으로, 원자당 결합수가 가능한 한 최대가 되도록 결합하여 고체를 만든다. 따라서 결합하는 원자의 크기 차이는 결합수를 결정하는 매우 중요한 요소다. 어떤 원자 주위에서 이 원자와 가장 가까이에서 결합하고 있는 모든 원자의 중심을 연결하면 다면체가 만들어진다. 이 다면체를 배위 다면체(coordination polyhedron)라고 한다. 배위 다면체의 3차원적 연결이 비방향성 결합에 의한 고체의 원자 배열이다.

금속 결합, 이온 결합, 공유 결합은 원소의 전자 구조와 가전자수에 의해 다양한 특성을 보인다. 특히, 이종 원소 간의 결합은 단일 결합보다는 이온-공유 또는 금속-공유 등의 혼합된 결합을 한다. 따라서 여기서는 혼합 결합의 경우 주된 결합(금속 결합, 이온 결합, 공유 결합)만 고려하며, 주된 원자 결합에 의한 결정질 고체의 원자 배열에 대해 알아보도록 하겠다.

이 장에서는 단일 원소의 결정 구조와 몇 가지 간단한 화합물 결정 구조에 대해 살펴보고자 한다. 또한 높은 대칭을 가지는 결정 구조만 고려할 것이며, 종종 이 결정 구조를 강구가 조밀 충전되어 모여 있는 것으로 취급할 것이다. 분자는 그 자체가 낮은 대칭이기 때문에 분자들로 구성된 결정은 높은 대칭을 가질 수 없다. 그렇지만 몇 가지 간단한 구조들에 대한 이해가 더 복잡한 물질의 결정 구조 해석에 도움이 될 것이다.

7.1 금속 결합 고체

이 절에서는 합금이 아닌 순금속만 고려한다. 6장에서 알아본 금속 결합은 양의 전하를 가지는 이온 코어(ion core)들과 그 사이에 음의 전하를 가지는 자유전자 구름에 의한 정전기적 인력이다. 자유전자는 금속에서 균일하게 분포하고 있으므로 비방향성 결합을 만든다. 따라서 금속 결합 결정은 단위 체적당 결합에너지가 최소가 되는 방법으로 원자가 배열된다. 원자 간의 결합에너지는 음의 값이므로 결합수가 많을수록 단위 체적당 에너지가 작아져서 안정하게 된다. 즉, 금속 결합 결정은 원자의 결합수를 최대로 해야 하므로 단위 체적당 원자의 수가 최대가 되는 원자 배열로 구성된다. 대부분 금속은 상온에서 3가지 결정 구조인 체심 입방(BCC, Body-Centered Cubic) 구조, 면심 입방(FCC, Face-Centered Cubic) 구조, 육방 조밀 충전(HCP, Hexagonal Close-Packed) 구조 중 하나이다. 따라서 이 절에서는 이 3가지 구조에 대해 알아본다.

금속 원자에서 최외각 전자를 떼어내면 불활성가스 원자와 같이 최외각 s(He의 $1s^2$) 또는 최외각 s와 p 전자 궤도(Ne의 $2s^22p^6$, Ar의 $3s^23p^6$ 등)가 모두 채워진 전자 배치를 가지게 된다. 이 전자 배치는 구대칭 전자 분포를 형성하며, 이를 이온 코어(He 이온 코어: $1s^2$, Ne 이온 코어: $1s^22s^22p^6$, Ar 이온 코어: $1s^22s^22p^63s^23p^6$ 등)라고 한다. 금속 결합 결정에서 원자 배치는 이 이온 코어의 배치를 의미하며, 이온 코어를 편의상 강구(hard sphere)로 생각할 수 있다. 순금속은 하나의 원소로만 구성되어 있으므로 양전하를 띠고 있는 동일한 크기의 강구 배열로 간주할 수 있다.

강구 한 층을 가장 조밀하게 배열하는 방법은 그림 7-1과 같으며, 이 위치를 A자리(위치)라고 하자. 임의의 강구 주위에 최대 6개의 강구가 접할 수 있다. 이 한 층(A자리)의 강구 위에 두 번째 이후의 층을 조밀하게 쌓는 방법은 아래층(A 위치)의 3개의 강구가 만드는 오목한 곳에 두 번째 강구가 위치하도록 쌓는 것으로서, 두 가지 방법(B자리 또는 C자리)이 있다. 하나는 그림 7-2와 같이 두 번째 층을 그림 7-1의 B자리에 강구가 놓이도록 위치시키고, 세 번째 층은 첫 번째 층과 같은 자리(A자리)에 위치시키는 것이다. 이 과정이 반복되면 적층 순서가 $ABABABAB\cdots$가 되며, 이러한 적층 순서를 가지는 충전을 육방 조밀 충전(HCP, Hexagonal Close-Packed) 구조라고 한다.

적층 순서가 $ACACACAC\cdots$도 될 수 있다. HCP 구조는 같은 크기의 강구가 가장 조밀하게 배열되는 조밀 충전 방법이다. 이 구조는 1개의 강구가 같은 평면에 6개, 윗면에 3개, 아랫면에 3개의 강구와 접하여 총 12개의 결합수(배위수 = 12)를 가진다. 이는 그림 7-2와 같이 HCP의 (0001)면을 무한히 적층하는 것과 같은 모양이다.

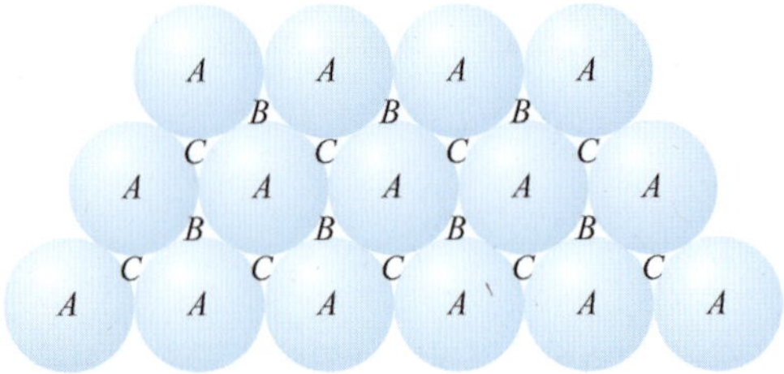

그림 7-1 강구 한 층을 가장 조밀하게 배열하는 방법

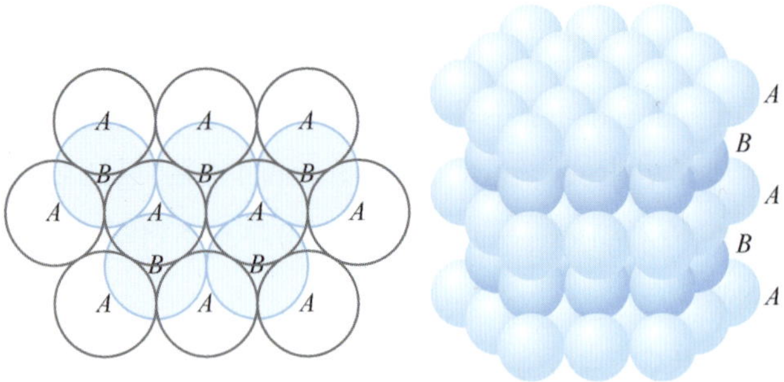

그림 7-2 강구의 육방 조밀 충전 배열

또 다른 조밀 충전을 하는 방법은 그림 7-3과 같이 두 번째 층을 그림 7-1의 *B*자리에 위치시키고, 세 번째 층을 *C*자리에 위치시키는 것이다. 이 과정이 반복되면 적층 순서가 *ABCABCABC*⋯가 되며, 이를 입방 조밀 충전(CCP, Cubic Close-Packed) 구조라고 한다.

적층 순서가 *ACBACBACB*⋯도 될 수 있다. CCP 구조도 HCP 구조와 마찬가지로 1개의 강구가 총 12개의 이웃하는 강구와 접하고 있으며(배위수=12), 같은 크기의 강구가 가장 조밀하게 배열되는 조밀 충전 방법이다. 이는 FCC의 (111)면의 원자 배열과 정확히 같으며, (111)면을 무한히 적층하는 것과 같은 구조이다. 따라서 FCC의 (111)면과 HCP의 (0001)면은 동일한 조밀 충전면을 가진다.

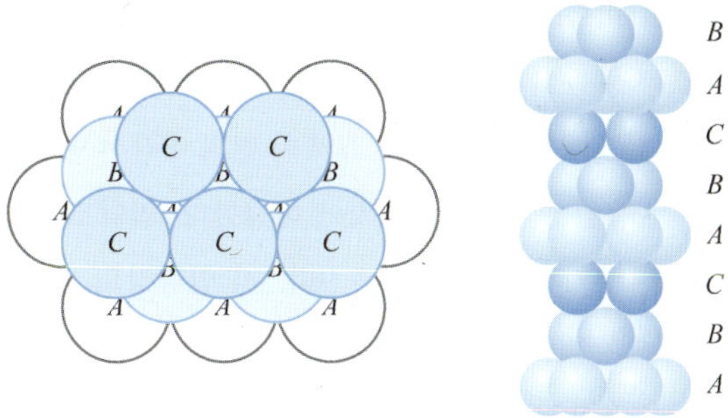

그림 7-3 강구의 입방 조밀 충전 배열

그림 7-4는 입방 조밀 충전(CCP) 배열의 면심 입방(FCC) 격자 구조와 원자 배열을 나타낸 것이다.

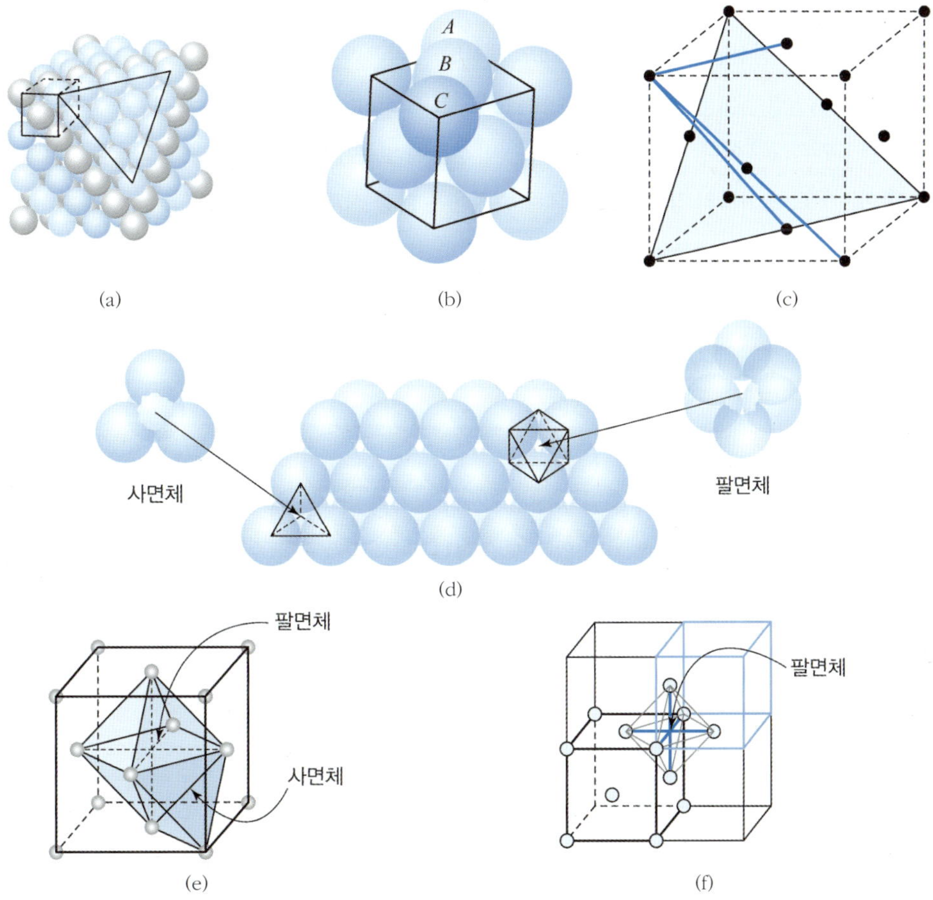

그림 7-4 (a), (b) 입방 조밀 충전 배열의 면심 입방 격자 구조와 원자 배열, (c) 면심 입방 격자의 단위포와 격자점, (d) 입방 조밀 충전에서 사면체 자리와 팔면체 자리, (e), (f) 면심 입방 구조의 팔면체 공극과 사면체 공극

CCP 구조는 그림 7-4(a)와 같이 적층 방향이 입방체의 체심 대각선 방향이 되도록 입방체를 고려하면[(111)면을 정육면체를 가로지르는 [111] 방향으로 적층], 면심 입방(FCC, Face-Centered Cubic) 격자 구조가 된다. 그림 7-4(b)에서 알 수 있듯이, FCC 구조의 한 면의 대각선 방향을 따라 놓인 3개의 원자는 서로 다른 위치에 놓여 있는 세 층인 A, B, C층 원자에 해당한다. 입방 조밀 충전(CCP) 구조에서 원자의 배열은 입방 대칭을 가지는 주기적인 구조를 가진다. 이 입방정의 단위정(unit cell)은 면심 입방(FCC) 구조이며, 공간군 기호는 $Fm3m$이고, 점군은 $m3m$이다.

그림 7-4(b)에서 단위정은 입방정에 있는 3-중 회전대칭축 중 하나의 방향인 ⟨111⟩ 방향에서 내려다 보는 형태이다. ⟨100⟩ 방향으로 4-중 회전축이 있고, 이 축에 수직한 경영대칭면이 있다. ⟨110⟩ 방향으로 2-중 회전축이 있으며, 이 축에 수직한 경영대칭면이 있다. 단일 원소로 이루어진 면심 입방 구조의 결정은 각 격자점에 원자 하나가 있으며, 총 4개의 원자가 FCC 단위정에 존재한다. 즉, FCC 단위정에서 4개 원자의 위치는 (0,0,0), $(\frac{1}{2},\frac{1}{2},0)$, $(\frac{1}{2},0,\frac{1}{2})$, $(0,\frac{1}{2},\frac{1}{2})$이다. 단위포의 격자상수가 a라면 단위포의 체적은 a^3이고, 단위정당 원자의 수는 4개로 채움률은 약 74%이다. 즉, 그림 7-4(b)의 입방 조밀 충전(CCP) 구조[또는 면심 입방(FCC) 구조]에서 한 변의 길이가 a인 정육면체를 생각하면 구의 반경 R과 a의 관계는 $4R = a\sqrt{2}$이다. FCC 정육면체에는 꼭짓점에 있는 강구의 합이 1개이고 면의 중심에 있는 강구의 합이 3개로, 총 4개의 강구가 있으므로 충진율은 다음 식과 같이 계산된다.

$$\frac{4\left(\frac{4}{3}\pi R^3\right)}{\left(\frac{4}{\sqrt{2}}R\right)^3} = \frac{\pi\sqrt{2}}{6} = 0.74 \tag{7.1}$$

이 구조는 그림 7-4(b)와 같이 조밀 충전된 3개의 원자가 단위정 표면 중 하나의 면[(001) 또는 (010) 또는 (100)]에서 대각선 방향으로 놓여 있는 모습[(111)면]으로 생각할 수 있다. 따라서 면대각선 방향인 ⟨110⟩ 방향이 최조밀 방향이다. 그림 7-4(c)와 같이 이 구조에서 각 원자는 $\frac{a}{\sqrt{2}}$만큼 거리에 최인접 원자가 있으며, 그 수는 12개이므로 최조밀 방향도 12개가 있다. 원자 반지름을 R이라고 하면 두 번째로 인접한 원자는 $a = 2\sqrt{2}R$ 거리에 6개가 있다. 세 번째로 인접한 원자는 $\sqrt{\frac{3}{2}}a$ 거리에 24개가 있다. 또한 네 번째로 인접한 원자는 $\sqrt{2}a$ 거리에 12개가 있다. 3-중 회전대칭축에 수직인 {111}면은 그림 7-4(c)와 같이 단위정 내에서 정삼각형으로 표시되며 이 면이 최조밀 면이다. 단위정에서 {111}면은 4개가 있으며, 각 면은 3개의 최조밀 방향을 포함하고 있다. {111}면의 면간 거리는 $\frac{a}{\sqrt{3}}$이다. 면심 입방 구조에서 채움률은 약 74%이므로 체적의 26%는 원자들 사이의 비어 있는 공간이다. 강구의 조밀 충전에서 만들어지는 비어 있는 공간, 즉 공극은 그림 7-4(d)와 같이 4개의 구에 의해서 만들어지는 사면체 자리(tetrahedral site)와 6개의 구에 의해서 만들어지는 팔면체 자리(octahedral site)가 있다. 사면체 자리와 팔면체 자리로 명명된 이유는, 각각의 공극을 만드는 구의 중심을 꼭짓점으로 하여 연결하면 각각 사면체와 팔면체가 만들어지기 때문이다.

면심 입방 구조에서 팔면체 자리는 그림 7-4(e)와 같이 단위정의 중심인 $(\frac{1}{2},\frac{1}{2},\frac{1}{2})$ 위치에 있다. 또한 그림 7-4(f)와 같이 단위정에서 변의 중심인 $(\frac{1}{2},0,0)$, $(0,\frac{1}{2},0)$, $(0,0,\frac{1}{2})$ 위치에도 있으나, 이 세 자리는 모두 중심인 $(\frac{1}{2},\frac{1}{2},\frac{1}{2})$과 동등한 위치이다. 팔면체 공극은 단위정에 4개가 있으므로 원자 1개당 1개가 있는 것으로 생각할 수 있다. 그림 7-4(d)에서 반경 R인 원자에 의해 만들어지는 팔면체 자리에 변형을 주지 않고 들어갈 수 있는 최대 구의 반경은 $r_{Octa}=(\sqrt{2}-1)R$이다. 사면체 자리는 단위포의 체대각선에 있는 $(\frac{1}{4},\frac{1}{4},\frac{1}{4})$ 위치 및 이와 동등한 자리에 있다. 그림 7-4(e)와 (f)는 면심 입방 구조에서 팔면체 공극과 사면체 공극을 나타낸 것이다. 사면체 공극은 단위정에 8개가 있으므로 원자 1개당 2개가 있다. 반경 R의 원자에 의해 만들어지는 사면체 자리에 변형을 주지 않고 들어갈 수 있는 최대 구의 반경은 $r_{Tet}=\left(\sqrt{\frac{3}{2}}-1\right)R$이다. 면심 입방 구조에서는 r_O가 r_T보다 크므로 팔면체 공극이 최대 공극이다.

육방 조밀 충전(HCP) 구조와 입방 조밀 충전(FCC) 구조에서 단위 체적당 강구가 차지하는 체적 비율인 충진율(packing fraction)은 0.74(74%)이고, 0.74는 동일한 크기의 강구를 쌓아 얻을 수 있는 최댓값이다. 그림 7-5는 육방 조밀 충전(HCP) 구조와 육방 조밀 충전에서 원자의 배열을 나타낸 것이다.

이 배열의 브라베(Bravias) 격자는 그림 2-24의 단순 육방정(hexagonal)[그림 7-5(a)]이다. HCP의 단위정은 밑면 $ABDC$(마름모), 윗면 $EFHG$(마름모), 높이 c로 만들어지는 육면체이다. 이 육방정의 공간군 기호는 $P6_3/mmc$이고 점군은 $\frac{6}{m}mm$이다. 그림 7-5(c)와 (d)는 육방정 격자의 단위정을 나타낸 것이다. 단일 원소의 육방정 구조 결정은 단순 육방정 격자의 각 격자점에 원자 2개가 있으며, 그 위치는 (0,0,0), $(\frac{2}{3},\frac{1}{3},\frac{1}{2})$이다. 단위포의 격자상수가 a와 c라면 축비 $\frac{c}{a}=\sqrt{\frac{8}{3}}=1.633$이다. 단위정당 원자의 수는 2개이고, 채움률은 조밀 충전 구조인 면심 입방 구조와 같이 약 74%이다. 여기서, 한 변의 길이가 a인 마름모 $ABDC$를 밑면으로 하고, 마름모 $EFHG$를 윗면으로 하며, 높이 c인 육면체(HCP)의 체적을 구해보자. 밑면의 면적은 다음 식과 같이

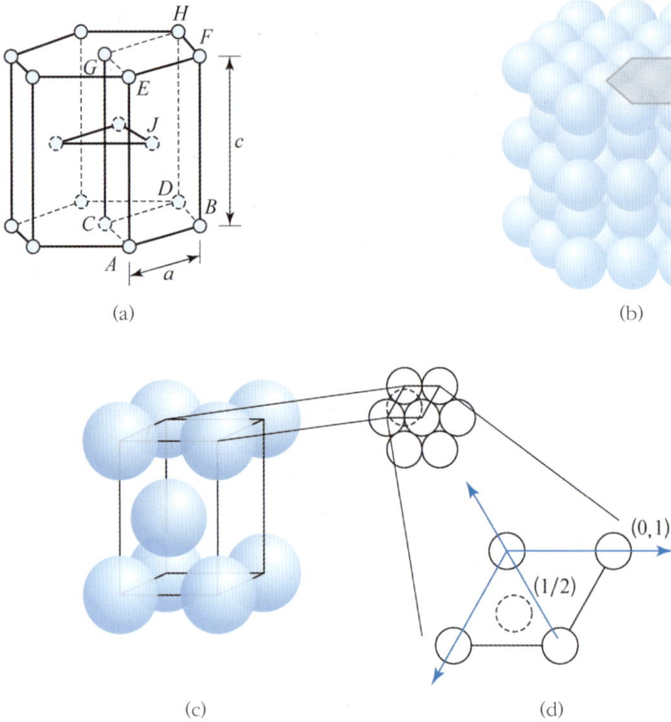

그림 7-5 육방 조밀 충전 배열의 단순 육방정 격자 구조와 원자 배열

$$a \times a\sin 60^\circ = \frac{a^2\sqrt{3}}{2} \tag{7.2}$$

이고, 높이 c는 밑면에서 중간층까지 높이의 2배이다. 따라서 강구 $ABCJ$로 만들어지는 정사면체에서 밑면 ABC로부터 꼭짓점 J까지의 높이는 변의 길이 a의 $\sqrt{\frac{2}{3}}$ 배($0.8165a$)로, 축비는 $a : c = 1.633$이다. 이 육면체에는 꼭짓점에 있는 강구의 합이 1개이고, 중간층에 강구 1개가 있어, 총 2개의 강구가 있다. 따라서 충진율은 다음 식과 같다.

$$\frac{2\left(\frac{4}{3}\pi R^3\right)}{\frac{(2R)^2\sqrt{3}}{2}\,\frac{2(2R)\sqrt{2}}{\sqrt{3}}} = \frac{\pi}{3\sqrt{2}} = 0.74 \tag{7.3}$$

HCP 구조는 그림 7-5(b)와 같이 {0001}면이 최조밀 면이며, 3개의 원자가 직선으로 맞닿는 $\langle 11\bar{2}0 \rangle$이 최조밀 방향이다.

면심 입방 구조와 마찬가지로 육방 조밀 충전도 강구의 조밀 충전으로 인해 생기는 비어 있는 공간, 즉 공극이 있다. 이 공극에는 그림 7-4(d)와 같이 4개의 구에 의해서 만들어지는 사면체 자리와 6개의 구에 의해서 만들어지는 팔면체 자리가 있다. 육방 조밀 구조에서 단위정당 팔면체 공극은 2개가 있으며, 그 위치는 $(\frac{1}{3}, \frac{2}{3}, \frac{1}{4})$과 $(\frac{1}{3}, \frac{2}{3}, \frac{3}{4})$이다. 사면체 공극은 단위정당 4개가 있으며, $(0,0,\frac{3}{8})$, $(0,0,\frac{5}{8})$, $(\frac{2}{3}, \frac{1}{3}, \frac{1}{8})$, $(\frac{2}{3}, \frac{1}{3}, \frac{7}{8})$ 위치에 있다. 팔면체와 사면체 공극에 변형 없이 들어갈 수 있는 최대 구의 반경은 각각 $r_{Octa} = (\sqrt{2} - 1)R$와 $r_{Tet} = \left(\sqrt{\frac{3}{2}} - 1\right)R$이며, 면심 입방 구조의 공극 크기와 같다.

표 7-1에 FCC, HCP 및 BCC의 결정 구조를 가지는 금속을 정리하였다.

표 7-1 금속과 불활성 원소의 결정 구조

결정 구조	원소	비고
면심 입방 구조 (FCC)	Ac, Ag, Al, Am, Ar, Au, Ca, Ce, Cu, Ir, Kr, Ne, Ni, Pb, Pd, Pt, Rh, Sr, Th, Xe, Yb	전이 금속, 불활성 원소
육방 조밀 구조 (HCP)	Be, Cd, Co, Dy, Er, Gd, He, Hf, Ho, La, Lu, Mg, Nd, Os, Pr, Re, Ru, Sc, Tb, Ti, Tl, Tm, Y, Zn, Zr	알칼리 토금속, 전이 금속
체심 입방 구조 (BCC)	Ba, Cr, Cs, Eu, Fe, K, Li, Mo, Na, Nb, Ta, V, W	알칼리 금속, 전이 금속

육방 조밀 충전 구조를 가지는 금속들의 대부분은 이상적인 축비$(\frac{c}{a})$인 $\sqrt{\frac{8}{3}} = 1.633$과는 약간 다르다. 그중에서 코발트(Co)가 1.623으로 이상적인 축비에 가장 근접하며, 베릴륨(Be)이 1.567로 가장 작고, 가돌리늄(Gd)이 1.886으로 가장 크다. 불활성 원소인 헬륨(He)은 육방 조밀 구조를 가지며, 1.45K 온도에서 축비가 1.633으로 이상적인 값과 같다.

금속 결합 결정은 단위 체적당 결합에너지가 최소가 되기 위해 12개의 결합수를 가지는 최대 조밀 충전을 해야 하나, 금속 종류의 약 $\frac{1}{3}$은 그림 7-6과 같이 8개의 결합수를 가지는 체심 입방(BCC, Body-Centered Cubic) 격자 구조를 가진다.

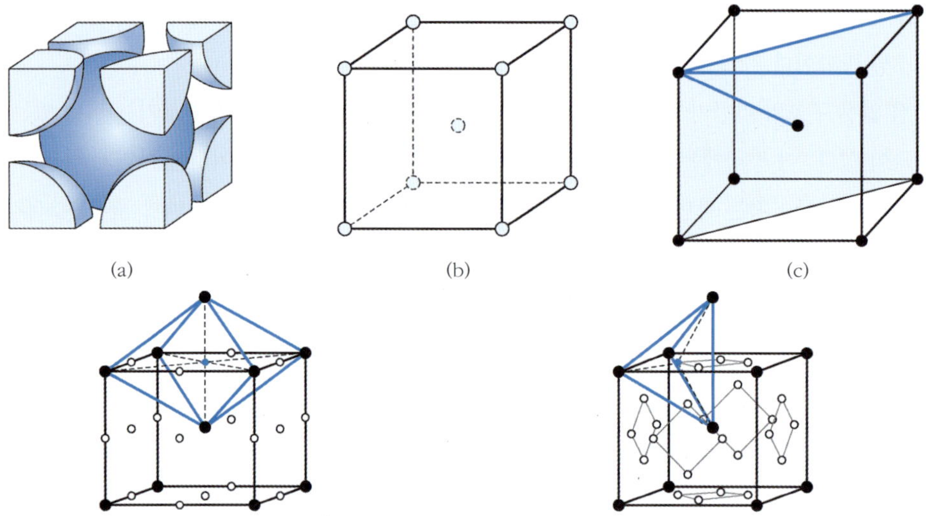

그림 7-6 체심 입방 격자의 구조와 원자 배열 및 팔면체 공극과 사면체 공극의 위치

체심 입방 구조의 공간군 기호는 $Im3m$이고, 점군은 $m3m$이다. 입방 구조이므로 ⟨100⟩ 방향으로 4-중 회전축이 있고 이 축에 수직한 경영대칭면이 있다. ⟨111⟩ 방향으로 $\bar{3}$ 대칭축이 있고 ⟨110⟩ 방향으로 2-중 회전축이 있으며, 이 축에 수직한 경영대칭면이 있다. 그림 7-6은 체심 입방 격자의 단위정을 나타낸 것으로, 단일 원소의 체심 입방 구조 결정은 각 격자점에 원자가 1개 있다. 단위정에서 원자의 위치는 (0,0,0), $(\frac{1}{2}, \frac{1}{2}, \frac{1}{2})$이다. 단위포의 격자상수가 a라면 단위정의 체적은 a^3이고, 단위정당 원자의 수는 2개로 채움률은 약 68%이다. 체심 입방 구조에서 한 변의 길이가 a인 정육면체를 생각하면 구의 반경 R과 a의 관계는 $4R = a\sqrt{3}$이다. 체심 입방 구조에는 꼭짓점에 있는 강구의 합이 1개이고 중심에 1개의 구가 있으므로, 총 2개의 강구가 있다. 따라서 충진율은 다음과 같이 계산된다.

$$\frac{2\left(\frac{4}{3}\pi R^3\right)}{\left(\frac{4R}{\sqrt{3}}\right)^3} = \frac{\pi\sqrt{3}}{8} = 0.68 \tag{7.4}$$

이 구조는 3개의 원자가 단위포의 체대각선 방향인 ⟨111⟩ 방향으로 연결되어 놓여 있는 모습이며, 각 원자는 $\frac{\sqrt{3}}{2}a = 2R$만큼 거리에 있는 8개의 최인접 원자에 의해 둘러싸여 있다. 따라서 이 구조에서는 체대각선 방향인 ⟨111⟩ 방향이 최조밀 방향이다. 두 번째로 인접한 원자는 $a=\frac{4}{\sqrt{3}}R$ 거리에 6개가 있다. 세 번째로 인접한 원자는 $\sqrt{2}a$ 거리에 12개가 있다. 이 구조는 그림 7-6(c)에 표시한 {110}면이 원자 밀도가 가장 높으며, 단위포당 6개의 {110}면이 있고 면간격은 $\frac{a}{\sqrt{2}}$ 이다.

체심 입방 구조에서 채움률은 약 68%이므로, 체적의 32%는 원자들 사이의 비어 있는 공간이다. 이 구조에서 팔면체 자리는 단위정에서 면 중심인 $(\frac{1}{2},\frac{1}{2},0)$ 위치에 있다. 또한 단위정에서 변의 중심인 $(\frac{1}{2},0,0)$, $(0,\frac{1}{2},0)$, $(0,0,\frac{1}{2})$ 위치에도 있으나, 이 세 자리는 모두 면 중심인 $(\frac{1}{2},\frac{1}{2},0)$와 동등한 위치이다. 팔면체 공극은 단위정에 6개가 있으므로 원자 1개당 3개가 있는 것으로 생각할 수 있다. 그림 7-6(d)에서 반경 R의 원자에 의해 만들어지는 팔면체 자리에 변형을 주지 않고 들어갈 수 있는 최대 구의 반경은 $r_{Octa}=\left(\frac{2}{\sqrt{3}}-1\right)R$이다.

사면체 자리는 단위포에서 변의 중심에서 단위포의 면을 따라 $\frac{1}{4}$만큼 내부로 들어간 $(\frac{1}{2},\frac{1}{4},0)$ 위치 및 이와 동등한 자리에 있다. 체심 입방 구조에서 사면체 공극은 단위포에 12개가 있으므로 원자 1개당 6개가 있다. 그림 7-6(e)에서 반경 R의 원자에 의해 만들어지는 사면체 자리에 변형을 주지 않고 들어갈 수 있는 최대 구의 반경은 $r_{Tet}=\left(\sqrt{\frac{5}{3}}-1\right)R$이다. 체심 입방 구조에서는 r_{Tet}가 r_{Octa}보다 크므로 사면체 공극이 최대 공극이다.

FCC 구조를 가지는 금속에는 Ag, Al, Au, β-Co, Cu, Ir, Ni, Pb, Pd, Pt, Rh 등이 있으며, Ne, Ar, Kr, Xe과 같은 불활성 원소들이 있다. HCP 구조를 가지는 금속에는 Be, Cd, α-Co, Hf, Lu, Mg, Sc, α-Ti, Y, Zn, α-Zr 등이 있다. 또한 BCC 구조를 가지는 금속에는 Ba, Cs, Cr α-Fe, Li, Mo, K, Na, Nb, V 등이 있다. 전이 금속은 d 궤도에 전자가 일부만 채워져 있다. 이렇게 1개의 에너지 준위에 2개의 전자가 쌍을 이루지 못하고 반만 채워진 d 궤도는 약간의 공유 결합 성질을 나타내며, 전이 금속의 결합에 약간의 방향성을 가지도록 한다. 결과적으로 최대 결합수(배위수=12)보다 적은 결합수를 가지며, 충진율이 낮은 BCC 구조를 만든다.

BCC 구조의 전이 금속들은 결합력이 강하고, HCP나 CCP(FCC)와 같은 조밀 충전 구조의 금속들보다 용융점이 높으며, 변형시키는 데 더 큰 힘이 필요하다. HCP, FCC, BCC 구조를 가지는 금속 이외에도 폴로늄(Po)은 현재까지 알려진 유일한 단순 입방(SC, Simple Cubic) 격자 구조의 금속이다. 그림 7-7과 같이 단순 입방 구조는 정육면체의 꼭짓점에 원자가 위치하는 간단한 구조로 단위정당 1개의 원자가 존재한다. 또한 결합수는 6으로 적고, 충진율도 0.52로 조밀하지 못하다.

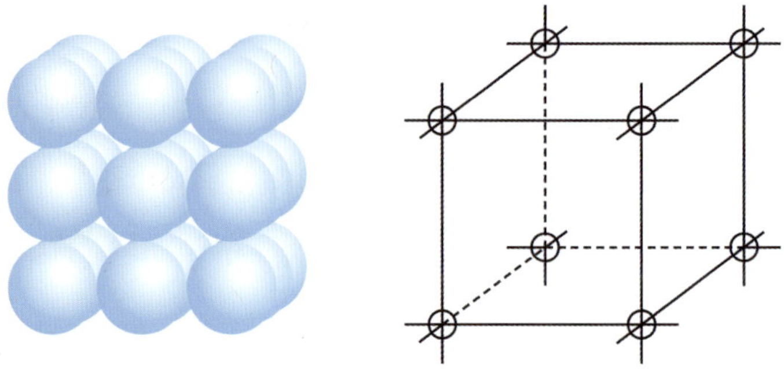

그림 7-7 단순 입방 격자의 구조에서 원자 배열

앞에서 설명한 몇 가지 간단한 구조로 매우 많은 원소의 결정 구조를 나타낼 수 있었다. 다원자 분자를 형성하는 원소들의 결정(예 N_2, O_2, S_8 등)은 복잡한 구조를 가지는데, 일반적으로 각각의 구조는 유일하며 서로 다르다. 수은과 같은 몇 가지 원소들은 면심 입방 구조를 체대각선 방향으로 찌그러트린 구조이다. 원소 붕소는 12개의 원자가 20면체를 만드는 복잡한 공유 결합 구조를 가진다. 폴로늄(Po)은 단순 입방 구조를 가지며, 인듐(In)은 체심 정방정으로, 약간 변형된 면심 입방 구조로 볼 수도 있다. 원소 결정에서는 동질이상(polymorphism)이 흔하게 관찰된다. 예를 들어, 철(Fe)은 체심 입방정과 면심 입방정의 두 가지 상이 있지만, 망간(Mn)은 네 가지의 상이 있다.

7.2 이온 결합 고체

금속 결합을 하는 고체(합금이 아닌 순금속만 고려함)와 마찬가지로 이온 결합을 하는 고체에서도 이온 결합은 비방향성 결합을 한다. 따라서 이온당 결합수(배위수)를 가능한 한 최대가 되도록 결합하여 이온 결합 고체를 만든다. 금속 결합을 하는 고체는 한 종류의 원소로만 이루어져 있다. 반면, 이온 결합을 하는 고체는 2종류 이상의 원소로 이루어져 있다.

이 절에서는 주로 2종류 원소만으로 이루어진 이온 결합을 살펴본다. 이온 결합은 전기적으로 양성인 양이온과 음성인 음이온의 정전기적 인력에 의해 이루어진다. 6장의 이온 결합에서 서술한 것과 같이 금속 원자는 최외곽 전자를 잃고(예 Na), 안정한 불활성 원자의 전자 배치[Na^+는 Ne의 전자 배치

$(1s^2 2s^2 2p^6)$를 가짐]를 가지는 양이온(Na^+)이 된다. 비금속 원자(예 Cl)는 금속 원자(Na)로부터 전자를 받아 안정한 불활성 원자[Cl^-는 Ar의 전자 배치$(1s^2 2s^2 2p^6 3s^2 3p^6)$를 가짐]의 전자 배치를 가지는 음이온($Cl^-$)이 된다. 일반적으로 전자를 잃은 양이온은 전자를 얻은 음이온보다 크기가 작다. 양이온과 음이온은 모두 안정한 불활성 원자의 전자 배치를 가지므로 서로 크기가 다른 강구공(sphere steel ball)으로 생각할 수 있다.

비방향성 결합에 의한 고체의 원자 배열은 배위 다면체의 3차원적 연결로 이루어진다. 이온 결합 고체에서는 양이온에 가장 가까이에서 결합하고 있는 음이온들로 만들어지는 배위 다면체 또는 음이온에 가장 가까이에서 결합하고 있는 양이온들로 만들어지는 배위 다면체를 생각할 수 있다. 이 배위 다면체의 구조를 결정하는 가장 중요한 인자는 양이온과 음이온의 상대적 크기이다. 즉, 이온 결합 고체의 조밀 충전 구조를 결정하는 가장 중요한 인자는 양이온과 음이온의 상대적 크기이다. 또한 이온 결합 물질에서 고려해야 하는 요소는 전기적인 중성도이다. 양이온 A(A^+)와 음이온 B(B^-)가 서로 이온 결합을 할 때, 전기적인 중성을 만족시키기 위해 양이온과 음이온의 비가 1:1로 결합하여 AB 화합물(NaCl, CsCl, ZnS 등)을 만든다. 이 경우 AB 화합물의 배위수 비는 1:1, 2:2, 3:3, 4:4, 6:6, 8:8, 12:12이며, 배위수 비에 따른 안정된 양이온과 음이온 사이의 반경비$\left(\frac{r_C}{r_A}\right)$ 범위는 표 7-2와 같다.

표 7-2 화합물 AB의 배위수 비에 따른 안정된 반경비 범위

배위수 비	반경비 범위
$CN_A : CN_B = 1:1$	0～∞
$CN_A : CN_B = 2:2$	0～∞
$CN_A : CN_B = 3:3$	0.155～6.45
$CN_A : CN_B = 4:4$	0.225～4.44
$CN_A : CN_B = 6:6$	0.414～2.41
$CN_A : CN_B = 8:8$	0.732～1.37
$CN_A : CN_B = 12:12$	1

여기서 r_C는 양이온(cation)의 이온 반경을 나타내며, r_A는 음이온(anion)의 이온 반경을 나타낸다. 또한 CN_A는 A 원자 주위의 인접 원자(B 원자)수인 배위수(Coordination Number, CN)이고, CN_B는 B 원자 주위의 인접 원자(A 원자)수인 배위수를 각각 나타낸다. 양이온과 음이온의 이온 반경비 외에도 배위수를 가능한 한 크게 하면, 한 이온 주위에서 반대 전하를 가진 이온을 효율적으로 둘러쌀 수 있다. 따라서 이온 주위의 배위수를 최대로 하려는 경향을 보인다.

그림 7-8은 스팔러라이트(sphalerite, $\alpha-$ZnS) 구조를 나타낸 것이다.

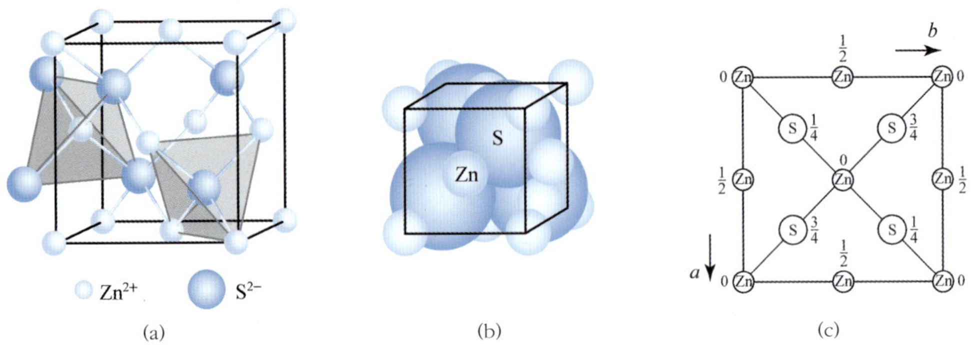

그림 7-8 스팔러라이트($\alpha-$ZnS) 구조

이 구조의 다른 이름은 징크 블렌드(zinc blende) 구조이다. 공간군은 $F\bar{4}3m$ 이고, 브라베 격자는 면심 입방이다. 격자점에 놓이는 기저는 (0,0,0)과 $(\frac{1}{4},\frac{1}{4},\frac{1}{4})$에 각각 다른 이온이 위치한다. 그림 7-8은 (0,0,0)에 Zn^{2+}, $(\frac{1}{4},\frac{1}{4},\frac{1}{4})$에 S^{2-}가 놓인 입방 ZnS 구조를 나타낸 것이다. Zn과 S가 동일한 원소이면 이 구조는 다이아몬드 구조와 같다. 각각의 이온은 다른 부호의 이온이 만드는 정사면체에 의해 둘러싸여 있다. 그림 7-8에서 아연은 면심 입방 구조이고, 황은 아연이 만드는 면심 입방 구조의 사면체 공극 8개 중 4개에 놓여 있다. (111)면에 평행한 원자의 적층을 표시하면 아연층과 황층이 교대로 놓이는 $A\alpha B\beta C\gamma A\alpha B\beta C\gamma\cdots$로 나타낼 수 있다. GaAs, InAs, GaP, InP, CdTe, AgI 등과 Cu 할로겐화물, Be, Zn, Cd, Hg의 황화물, 셀렌화물, 텔루륨화물의 대부분이 이 구조이다.

그림 7-9는 우르짜이트(Wurzite, $\beta-$ZnS) 구조를 나타낸 것이다.

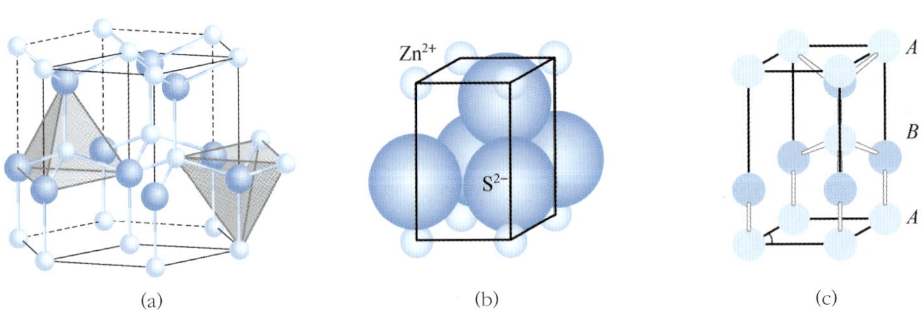

그림 7-9 우르짜이트($\beta-$ZnS) 구조

이 구조의 공간군은 $P6_3mc$이며, 브라베 격자는 육방정이다. 원자들의 위치는 $(0,0,u)$, $(\frac{2}{3},\frac{1}{3},\frac{1}{2}+u)$로, 한 종류의 원자가 $u=0$에 있으며 다른 종류의 원자는 $u=\frac{3}{8}$에 있다. 그림 7-9는 (0,0,0)과 $(\frac{2}{3},\frac{1}{3},\frac{1}{2})$에 Zn^{2+}, $(0,0,\frac{3}{8})$과 $(\frac{2}{3},\frac{1}{3},\frac{7}{8})$에 S^{2-}가 놓인 육방 ZnS 구조를 나타낸 것이다. 각각의 이온은 다른 부호의 이온이 만드는 정사면체에 의해 둘러싸여 있다. 그림 7-9에서 아연은 육방 조밀 구조이고, 황은 아연이 만드는 육방 조밀 구조의 사면체 공극에 놓여 있다. 반대로 아연도 황이 만드는 정사면체에 의해 둘러싸여 있다. (0001)면에 평행한 원자의 적층을 표시하면, 아연층과 황층이 교대로 놓이는 $A\alpha B\beta A\alpha B\beta\cdots$로 나타낼 수 있다. α-ZnS와 β-ZnS는 조성은 동일하나, 결정 구조가 다른 동질이상이다. 특히, 이 경우 적층되는 층은 같으나, 적층 순서가 달라서 다른 결정 구조가 되는 것을 다형성(polytypism)이라고 한다. 이러한 다형성은 층 구조를 가지는 결정에서 자주 나타난다. GaN, AlN, BeO, ZnO, β-SiC 등이 우르짜이트 구조이다.

그림 7-10은 염화나트륨(NaCl) 구조를 나타낸 것이다.

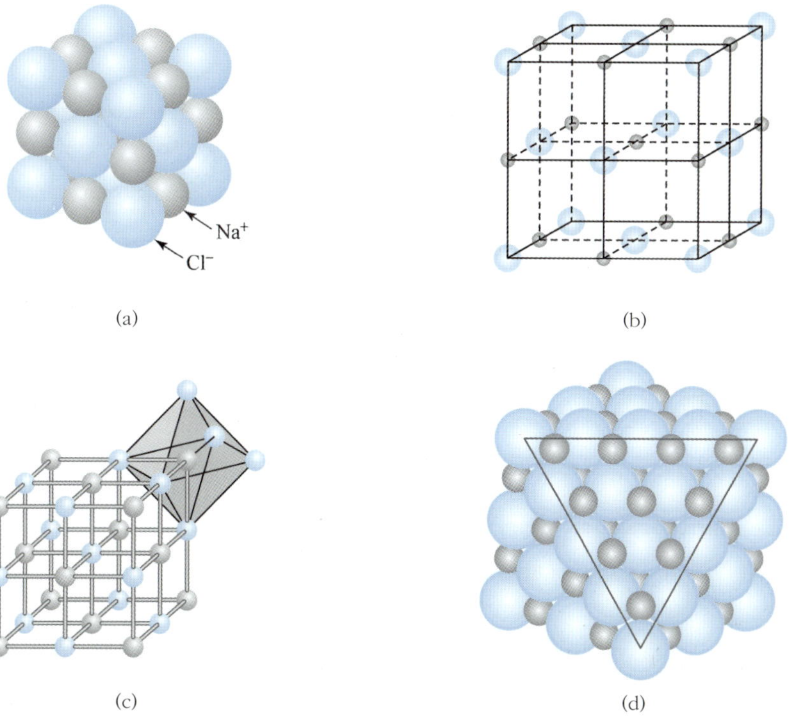

그림 7-10 염화나트륨 구조

이 구조의 공간군은 $Fm3m$이고, 브라베 격자는 면심 입방이다. 격자점에 놓이는 기저는 (0,0,0)과 $\left(0,0,\frac{1}{2}\right)$에 각각 다른 이온이 위치한다. 그림 7-10(b)에서 알 수 있듯이 (0,0,0)에 Cl^-, $\left(0,0,\frac{1}{2}\right)$에 Na^+가 놓인 구조이다. 양이온만으로 구성된 면심 입방 격자와 음이온만으로 구성된 면심 입방 격자에서 한 격자를 $\left(\frac{1}{2},\frac{1}{2},\frac{1}{2}\right)$만큼 병진 이동시켜 겹쳐 놓은 것으로도 생각할 수 있다. 각 이온은 $\frac{a}{2}$ 거리(최인접)에 있는 6개의 반대 전하 이온에 둘러싸여 있다. 이는 같은 전하의 이온이 만드는 면심 입방 격자의 팔면체 공극에 반대 전하 이온이 위치하는 것으로 생각할 수 있다. 그리고 각 이온 주위에는 정육면체 단위정의 면대각선 방향으로 $\frac{a}{\sqrt{2}}$ 거리(두 번째로 인접)에 동일한 전하의 이온 12개가 있다. 이 구조는 이온 반경비가 $0.414 \le \frac{r_{Na^+}}{r_{Cl^-}} < 0.732$가 되어야 한다.

염화나트륨(NaCl)은 화학식으로부터 A와 B의 원자 수가 같음을 알 수 있다. 따라서 이온 결합으로 만들어진 AB 화합물(NaCl)에서 A 이온(Na^+)의 배위수와 B 이온(Cl^-)의 배위수는 같다. 나트륨 양이온(Na^+)의 반경은 0.095 nm이고, 염소 음이온(Cl^-)의 반경은 0.180 nm이다. 따라서 양이온-음이온 반경비$\left(\frac{r_C}{r_A}\right)$는 0.527이다. 이온 반경비 0.527이 안정한 양이온과 음이온의 배위수를 표 7-2와 비교해보면, 배위수 비는 1:1, 2:2, 3:3, 4:4, 6:6이다. 이 중에서 배위수가 최대일 때 가장 안정하므로 양이온의 배위수와 음이온의 배위수가 각각 6이 된다. 염화나트륨 결정에서 나트륨 양이온(Na^+)은 6개의 염소 음이온(Cl^-)에 의해 둘러싸여 있으며, 염소 음이온(Cl^-)은 6개의 양이온(Na^+)에 의해 둘러싸여 있음을 알 수 있다. 양이온과 음이온의 배위수를 6으로 하면서 계속 충전하게 되면 그림 7-10(d)와 같은 구조가 만들어진다. [111] 방향으로의 원자 적층 순서는 $A\gamma B\alpha C\beta A\gamma B\alpha C\beta\cdots$이다.

AB형 화합물의 약 $\frac{1}{3}$은 염화나트륨 구조이다. 대부분의 알칼리 할로겐화물, 알칼리 토금속, Pb, Mn의 황화물, 셀렌화물, 텔루륨화물의 대부분이 염화나트륨 구조이다. 또한 금속 산화물(MO), 금속 탄화물(MC), 금속 질화물(MN)도 염화나트륨 구조를 가지는 것이 많다. 여기서 M은 metal을 의미하며, O는 oxygen, C는 carbon, N은 nitrogen을 의미한다.

그림 7-11은 비소화니켈(nickel arsenide) 구조를 나타낸 것이다.

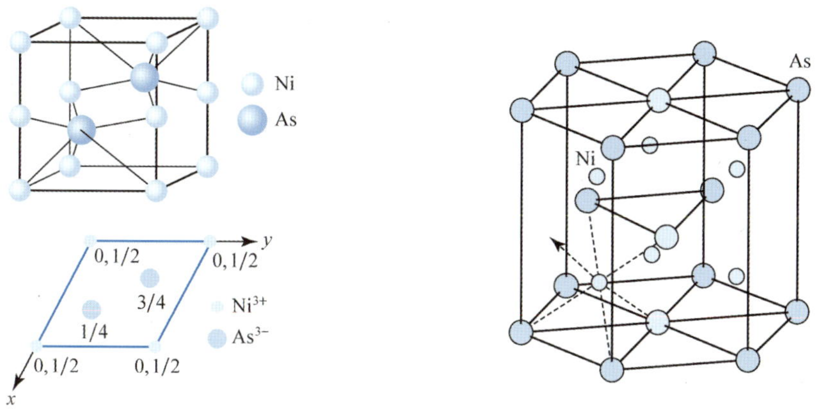

(a) (b)

그림 7-11 비소화니켈(NiAs) 구조
(a) Ni 육방 조밀 구조로 표현한 NiAs 구조, (b) As 육방 조밀 구조로 표현한 NiAs 구조

이 구조의 공간군은 $P6_3/mmc$이며, 브라베 격자는 육방정이다. 그림 7-11(a)는 (0,0,0)과 $(0,0,\frac{1}{2})$에 Ni^{3+}, $(\frac{2}{3},\frac{1}{3},\frac{1}{4})$과 $(\frac{1}{3},\frac{2}{3},\frac{3}{4})$에 As^{3-}가 놓인 비소화니켈(NiAs) 구조를 나타낸다. Ni은 단순 육방정 격자 배열을 하고 있다. 그림 7-11(b)는 As가 육방 조밀 충전 배열을 하고 있고 팔면체 공극에 Ni이 놓여 있는 배열로 NiAs 구조를 표시한 것이다. 따라서 NiAs 구조에서 두 종류 원소 모두 배위수는 6이다. [0001] 방향으로 적층 순서는 $A\gamma A\beta A\gamma A\beta\cdots$로 나타낼 수 있다. 여기서 그리스 문자로 표시한 층의 원자(As)는 로마자로 나타낸 층의 6개 원자로 구성된 삼각형 프리즘의 중심에 위치하고, 로마자로 표시한 층의 원자(Ni)는 그리스 문자로 표시한 층의 6개 원자가 만드는 팔면체의 중심에 위치한다. CrS, NiS, CoS, FeS 등이 비소화니켈 구조를 가진다.

그림 7-12는 염화세슘(CsCl) 구조를 나타낸 것이다.

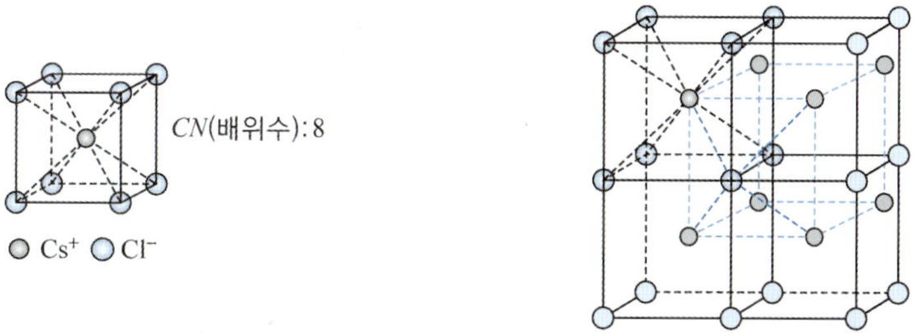

(a) (b)

그림 7-12 염화세슘 구조

이 구조의 공간군은 $Pm3m$이다. 브라베 격자는 단순 입방이고, 격자점에 놓이는 기저는 (0,0,0)과 $(\frac{1}{2},\frac{1}{2},\frac{1}{2})$에 각각 다른 이온이 위치한다. 그림 7-12(a)에서 알 수 있듯이, CsCl 구조는 (0,0,0)에 Cl^-, $(\frac{1}{2},\frac{1}{2},\frac{1}{2})$에 Cs^+가 놓여 있다. 양이온만으로 구성된 단순 입방 격자와 음이온만으로 구성된 단순 입방 격자에서 한 격자를 $(\frac{1}{2},\frac{1}{2},\frac{1}{2})$만큼 병진 이동시켜 겹쳐 놓은 것으로도 생각할 수 있다. 각 이온은 $\frac{\sqrt{3}}{2}a$ 거리에 있는 8개의 반대 전하 이온에 둘러싸여 있다. 그리고 각 이온 주위에는 a 거리에 동일한 전하의 이온 6개가 있다.

염화세슘(CsCl)에서 세슘 양이온(Cs^+)의 반경은 0.174 nm이고, 염소 음이온(Cl^-)의 반경은 0.180 nm이다. 양이온-음이온 반경비($\frac{r_C}{r_A}$)는 0.967이다. 그러므로 이온 반경비 0.967이 안정한 양이온과 음이온의 배위수를 표 7-2와 비교해보면, 배위수 비는 1:1, 2:2, 3:3, 4:4, 6:6, 8:8이다. 이 중에서 배위수가 최대일 때 가장 안정하므로 양이온의 배위수와 음이온의 배위수가 각각 8이 된다. 세슘이온(Cs^+)의 배위수는 8이며, 그림 7-12(b)의 단위정을 주변으로 같은 면에 3개의 단위정과 뒤쪽 면으로 4개의 단위정을 가상으로 확장해보면, 염소 음이온(Cl^-)의 배위수도 8임을 알 수 있다. CsI, CsBr과 같은 화합물과 CoBr, FeAl, CuBe, NiAl, AgCd 등의 금속간화합물이 염화세슘 구조이다.

한편, 화합물 AB_2(예 SiO_2)에서는 음이온(B)의 수가 양이온(A)의 수보다 2배이므로 배위수 비는 2:1, 4:2, 8:4, 12:6이다. 배위수 비에 따른 안정된 반경비 범위는 표 7-3과 같다.

표 7-3 화합물 AB_2의 배위수 비에 따른 안정된 반경비 범위

배위수 비	반경비 범위
$CN_A : CN_B = 2:1$	0～∞
$CN_A : CN_B = 4:2$	0.225～∞
$CN_A : CN_B = 8:4$	0.732～4.44
$CN_A : CN_B = 12:6$	1～2.41

SiO_2의 경우, 실리콘 양이온(Si^{4+})의 반경은 0.041 nm이고, 산소 양이온(O^{2-})의 반경은 0.135 nm이다. 양이온-음이온 반경비($\frac{r_C}{r_A}$)는 0.340이다. 그러므로 이온 반경비 0.340이 안정한 양이온과 음이온의 배위수를 표 7-3과 비교해 보면 배위수 비는 2:1, 4:2이다. 이 중에서 배위수가 최대일 때 가장 안정하므로 실리콘 양이온(Si^{4+})의 배위수는 4이고, 산소 음이온(O^{2-})의 배위수는 2가 된다.

그림 7-13은 SiO_2의 구조를 나타낸 것이다. 실리콘 이온(Si^{4+})에 대한 배위수는 4이고, 산소 이온(O^{2-})에 대한 배위수는 2이다. 이 방식으로 충전을 하면, SiO_2의 여러 가지 동질이상(polymorphism)을 얻을 수 있다.

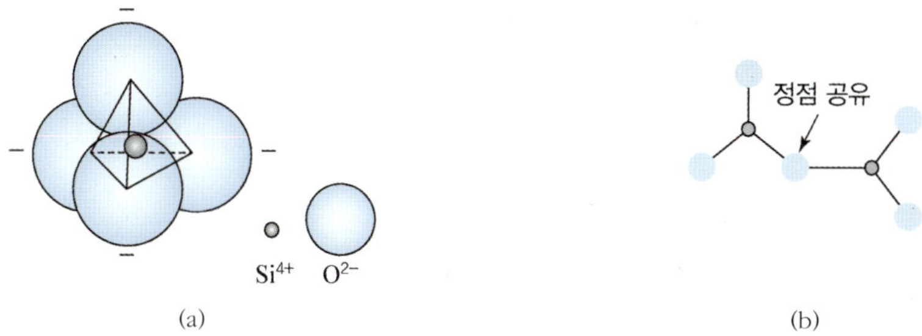

그림 7-13 SiO_2 구조
(a) 규소-산소(SiO_4^{4-}) 사면체(3차원 구조)
(b) 규소-산소(SiO_4^{4-}) 사면체[2차원 구조: (a)의 위쪽 산소 이온을 생략한 구조]

그림 7-14는 SiO_2의 동질이상 중 하나인 β-크리스토발라이트(β-cristobalite)를 나타낸 것이며, β-크리스토발라이트는 고온(1,470~1,713℃)에서 안정한 구조이다.

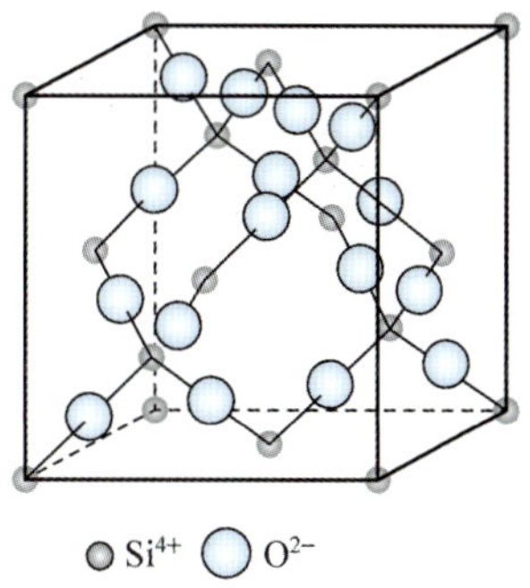

그림 7-14 β-크리스토발라이트 구조

그림 7-15는 불화칼슘(CaF_2) 구조를 나타낸 것이며, 이 구조를 형석(fluorite) 구조라고도 한다.

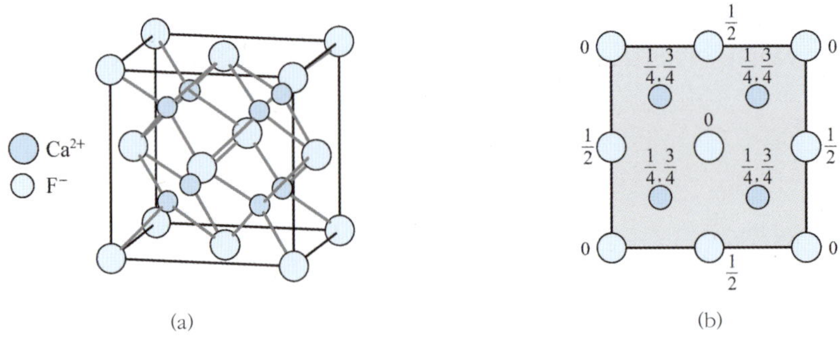

그림 7-15 Ca 원자 단위정 형태로 나타낸 불화칼슘(CaF_2) 구조

이 구조의 공간군은 면심 입방 구조와 같은 $Fm3m$이며, 브라베 격자는 면심 입방이다. 기저는 (0,0,0)과 $(0, \frac{1}{2}, 0)$에 Ca, $(\frac{1}{4}, \frac{1}{4}, \frac{1}{4})$과 $(\frac{1}{4}, \frac{1}{4}, \frac{3}{4})$에 F가 있는 구조이다. 그림 7-15는 면심 입방 격자점에 Ca^{2+}가 놓여 있고 면심 입방 격자의 모든 사면체 공극 자리에 F^{-}가 놓여 있는 CaF_2 구조를 나타낸 것이다. 단위정당 Ca 원자는 4개, F 원자는 8개가 있다. F 원자의 배위수는 4이고, Ca 원자의 배위수는 8이다.

그림 7-16은 단순 입방 격자점에 F^{-}가 놓여 있는 8개의 단위정과 그중 4개의 단위정 중심에 Ca^{2+}가 놓여 있는 형태로 나타낸 불화칼슘 구조이다.

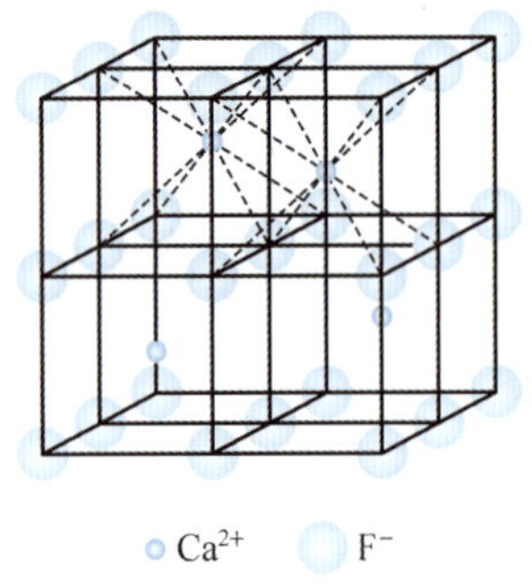

그림 7-16 F 원자 단위정 형태로 나타낸 불화칼슘(CaF_2) 구조

알칼리 토금속인 Ba, Sr, Ca의 불화물과 Zr, Hf, Th, U의 산화물 등이 불화칼슘 구조이다. 알칼리 금속인 Na, K 등의 산화물과 황화물 등은 불화칼슘 구조에서 양이온 자리에 음이온이, 음이온 자리에 양이온이 들어간 역형석(antifluorite) 구조를 가진다.

그림 7-17은 루틸(rutile) 구조의 단위정을 나타낸 것이다.

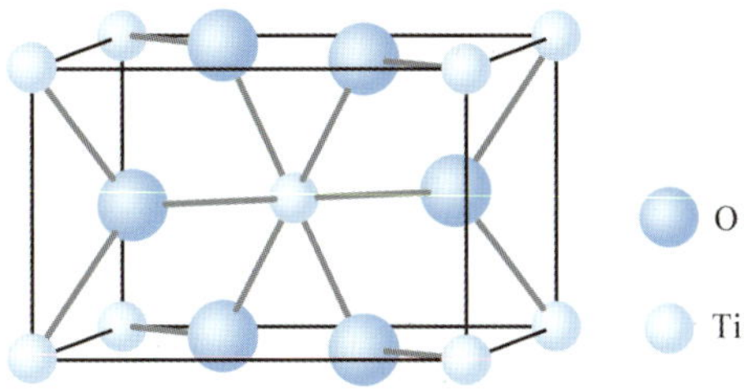

그림 7-17 루틸(TiO_2) 구조

이 구조의 공간군은 $P4_2/mmm$이며, 브라베 격자는 단순 정방정이다. 루틸 구조의 TiO_2의 격자상수는 $a=b=4.584$ Å이고 $c=2.953$ Å로 $c/a=0.644$이다. 기저는 Ti 원자가 (0,0,0)과 $(\frac{1}{2},\frac{1}{2},\frac{1}{2})$에, O 원자가 $\pm(u,u,0)$과 $\pm(\frac{1}{2}+u,\frac{1}{2}-u,\frac{1}{2})$에 있는 구조이다. 여기서 u는 0.3에 가까운 값이다. 그림에서 루틸 구조의 단위정에는 2개의 Ti 원자와 4개의 O 원자가 있다. Ti 원자의 배위수는 6이며, 주위에는 6개의 O 원자가 배치되어 있다. 이 O 원자들은 정팔면체가 아닌, 팔면체를 형성한다. O 원자는 배위수가 3이며, 주위에 3개의 Ti 원자가 삼각형 배열로 놓여 있다.

그림 7-18은 [010] 방향에서 보는 루틸 구조를 나타낸 것이다.

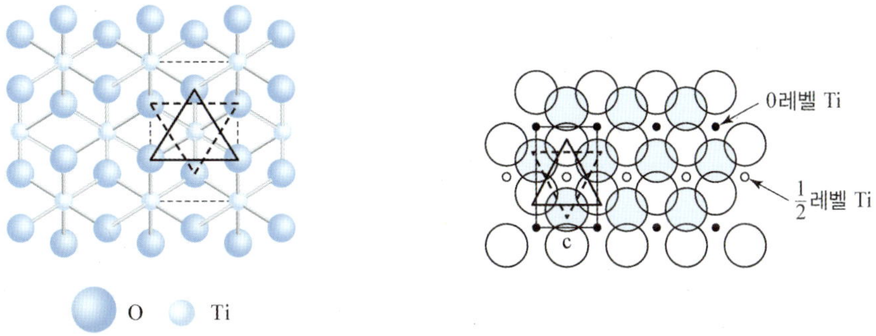

그림 7-18 [010] 방향에서 보는 루틸(TiO_2) 구조

그림에서 O 원자들이 만드는 팔면체 자리 중 Ti 원자가 팔면체 자리를 반만 채우고 있음을 알 수 있다. Ti 원자는 번갈아 가며 팔면체 자리를 한 줄씩 채우고 있다. Ti, V, Mn, Ge, Nb, Ru, Sn, Ta, Os, Ir, Pb의 이산화물과 Mg, Mn, Fe, Co, Ni, Zn의 불화물이 루틸 구조를 가진다.

또한 화합물 A_2B_3(예 Al_2O_3)에서는 양이온(A)수와 음이온(B)수의 비가 2:3이기 때문에 가능한 A와 B의 배위수 비는 3:2, 6:4, 12:8이다. 배위수 비에 따른 안정된 반경비 범위는 표 7-4와 같다.

표 7-4 화합물 A_2B_3의 배위수 비에 따른 안정된 반경비 범위

배위수 비	반경비 범위
$CN_A : CN_B = 3:2$	0.155～∞
$CN_A : CN_B = 6:4$	0.414～4.44
$CN_A : CN_B = 12:8$	1～1.37

그림 7-19는 산화알루미늄(Al_2O_3) 구조를 나타낸 것이다.

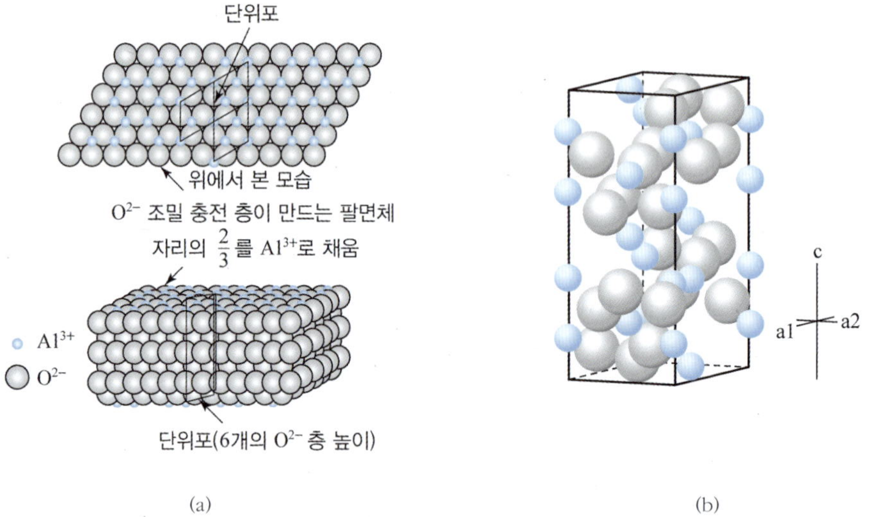

그림 7-19 알루미나(Al_2O_3) 단위정의 구조

산화알루미늄(Al_2O_3)은 알루미나(alumina), 사파이어(sapphire) 또는 커런덤(corundum)이라고 부른다. 이 구조의 공간군은 $R\bar{3}c$이며, 브라베 격자는 삼방정이다. 커런덤 구조의 O 이온(O^{2-})은 그림 7-19와 같이 육방 조밀 충전 배열을 하고, Al 이온(Al^{3+})은 O 이온이 만드는 팔면체 공극의 $\frac{2}{3}$를 채우고 있다. 그림 7-19(a)와 같이 (0001)면의 적층 순서는 $A\beta_1 B\beta_2 A\beta_3 B\beta_1 A\beta_2 B\beta_3$가 반복되며, 6개의 산소층이 육방정 단위포의 높이가 된다. 단위포에는 화학식 단위(formula unit)인 Al_2O_3가 6개 있으며, 단위포의 $a=4.75$ Å이고 $c=12.982$ Å이다. 산화알루미늄의 경우, 알루미늄 양이온(Al^{3+})의 반경은

0.052 nm이고, 산소 양이온(O^{2-})의 반경은 0.135 nm이다. 양이온-음이온 반경비$\left(\frac{r_C}{r_A}\right)$는 0.385이다. 그러므로 이온 반경비 0.385가 안정한 양이온과 음이온의 배위수를 표 7-4와 비교해보면, 배위수 비는 3:2이다. 따라서 알루미늄 양이온의 배위수는 3(산소 음이온, O^{2-}에 대해)이고, 산소 음이온의 배위수는 2(알루미늄 양이온, Al^{3+}에 대해)가 된다. 그러나 산화알루미늄(Al_2O_3)은 그림 7-19와 같이 알루미늄 양이온은 6개의 산소 음이온으로 둘러싸여 있고, 산소 음이온은 4개의 알루미늄 양이온으로 둘러싸여 있다. 조밀 충전된 O^{2-} 이온의 층에 있는 팔면체 공극 자리의 $\frac{2}{3}$만큼 Al^{3+} 이온들이 채우고 있다. 알루미나 단위정은 조밀 충전 O^{2-} 이온의 층이 6개 중첩되어 있으며, 단위정에는 12개의 Al^{3+} 이온과 18개의 O^{2-} 이온이 포함되어 있다.

$\alpha-Fe_2O_3$, Ti_2O_3, V_2O_3, Cr_2O_3 등은 커런덤 구조를 가지며, 화합물 A_2B_3와 같은 화학식을 나타낸다. 커런덤은 $\alpha-Al_2O_3$의 광물명이다. 사파이어($\alpha-Al_2O_3$)는 보통 Fe, Ti, V, Cr 불순물을 포함하고 있다. 커런덤은 주로 루비와 사파이어로 나뉜다. 루비는 크롬(Cr) 불순물이 포함된 경우 붉은색을 띠며, 사파이어는 전이 금속 불순물의 종류에 따라 다양한 색을 나타낸다.

폴링(Pauling)은 이온 결합에서 양이온과 음이온이 충전될 때 대부분의 이온 결합 결정 구조를 성공적으로 설명하는 일반적인 법칙 5가지를 제시하였다. 첫 번째 법칙은 음이온의 배위 다면체가 각각의 양이온 주위에 형성되며, 양이온과 음이온 사이의 거리는 양이온과 음이온의 반경의 합으로 구할 수 있다. 배위수는 두 이온의 반경 비에 따라 결정된다(표 7-2～표 7-4). 또한 배위수는 가능한 한 크게 하려고 하며, 음이온과 음이온이 중첩되는 것을 피하면서 결합 길이는 가능한 한 짧게 하려고 한다. 두 번째 법칙은 전기음성도에 관한 것으로, 안정된 배위 구조에서 음이온 주위에 인접하는 모든 양이온의 결합 강도에 부호를 반대로 하면 그 값은 음이온의 전하와 같아진다. 세 번째 법칙은 배위 다면체의 연결에 대한 것으로, 배위 다면체가 연결되어 충전될 때, 그림 7-20과 같이 가능하면 2개의 다면체가 꼭짓점(corner), 변(edge), 면(face)의 순서로 서로 공유하며 충전된다. 네 번째 법칙은 배위수가 작을수록, 양이온의 전하가 클수록 2개의 다면체가 꼭짓점을 공유하려는 경향이 커진다. 다섯 번째 법칙은 한 구조에서 구성 원소 종류의 수를 가능한 한 적게 하려는 것이다.

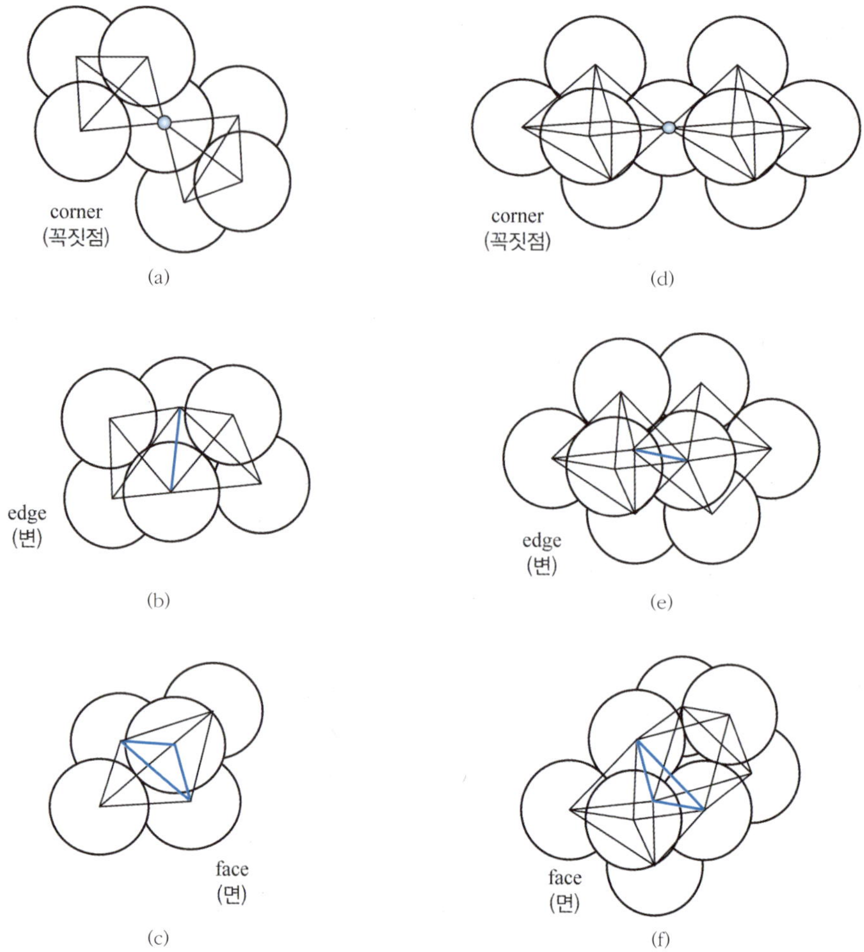

그림 7-20 사면체 쌍과 팔면체 쌍이 꼭짓점, 변, 면을 공유하는 그림

그림 7-21은 페로브스카이트(perovskite) 구조의 단위정을 나타낸 것이다.

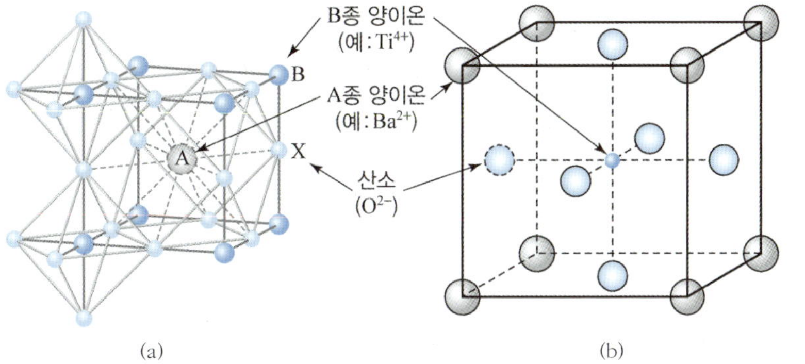

그림 7-21 페로브스카이트의 구조
(a) A종 양이온을 단위정의 중심에 놓고 표시한 모습
(b) B종 양이온을 단위정의 중심에 놓고 표시한 모습

페로브스카이트 구조는 ABX_3 형태의 산화물이 많이 가지는 구조이다. 여기서 A는 +2가 이온 금속이고, B는 +4가 이온 금속이다. 이 구조의 공간군은 $Pm3m$이다. 그림 7-21(a)와 같이 브라베 격자는 단순 입방정이며, 기저는 A 원자가 $(\frac{1}{2}, \frac{1}{2}, \frac{1}{2})$, B 원자가 (0,0,0), X 원자가 $(\frac{1}{2},0,0)$, $(0,\frac{1}{2},0)$, $(0,0,\frac{1}{2})$에 있는 구조이다. 이 구조는 그림 7-21(b)와 같이 A 원자가 꼭짓점을 구성하고, X 원자가 면심에 위치하여 면심 입방 격자를 구성하며, X 원자 6개가 만드는 팔면체 공극 자리에 B 원자가 위치하는 구조로도 생각할 수 있다. A 원자 주위에는 12개의 X 원자가 있고, B 원자 주위에는 6개의 X 원자가 있다. X 원자 주위에는 4개의 A 원자와 2개의 B 원자가 있다. $BaTiO_3$, $CaTiO_3$, $PbTiO_3$, $PbZrO_3$, $SrTiO_3$, $SrSnO_3$, $SrZrO_3$ 등이 페로브스카이트 구조를 가진다. 이 구조를 가지는 결정은 높은 온도에서는 입방정이나, 상온 근처의 낮은 온도에서는 정방정 등으로 변태하여 압전성(piezoelectricity)과 초전성(pyroelectricity)을 나타낸다.

그림 7-22는 스피넬(spinel) 구조의 단위정을 나타낸 것이다.

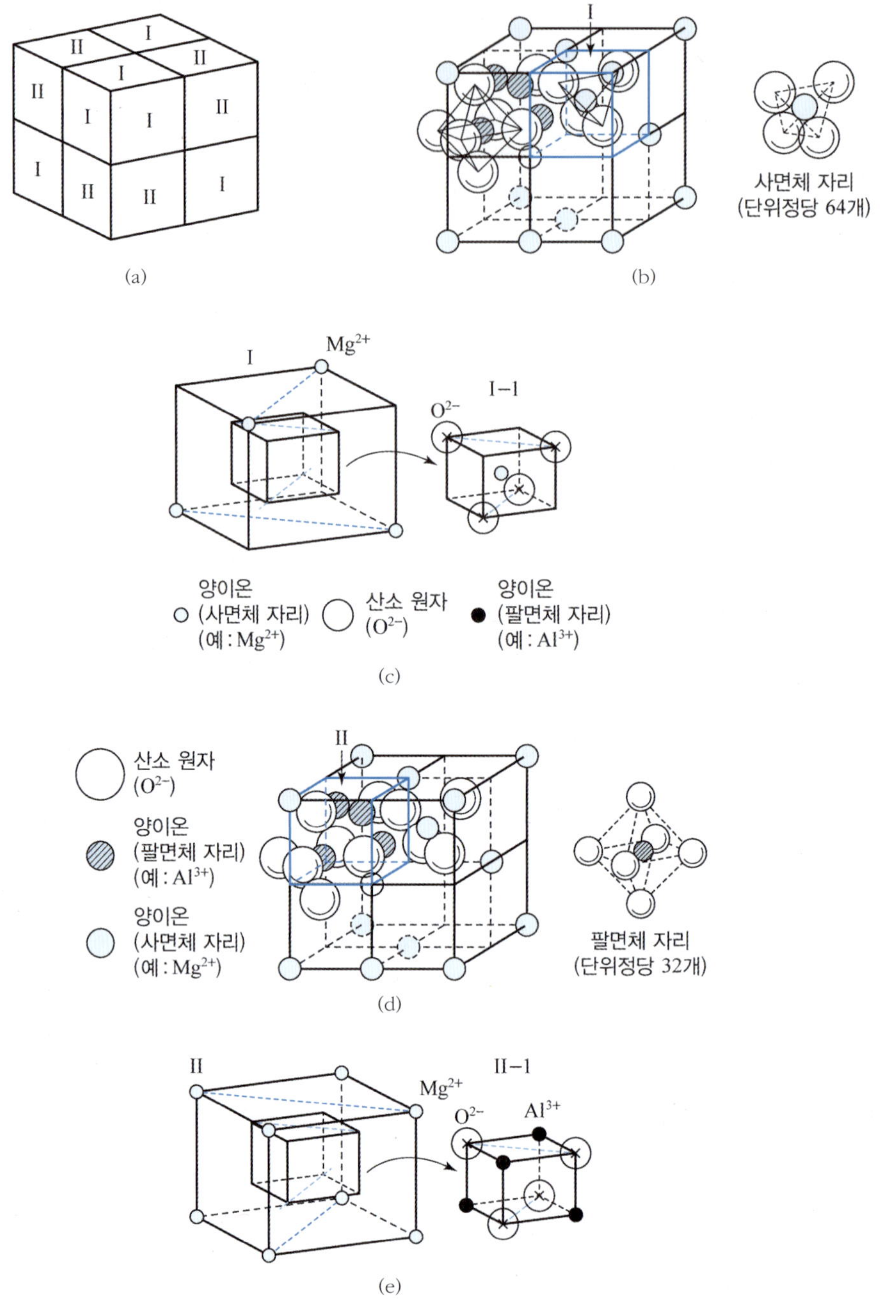

그림 7-22 스피넬 구조(예 $MgAl_2O_4$)

스피넬 구조는 AB_2X_4(예 $MgAl_2O_4$) 형태의 산화물이 많이 가지는 구조이다. 여기서 A는 +2가 이온 금속(예 Mg^{2+})이고, B는 +3가 이온 금속(예 Al^{3+})이다. 이 구조의 공간군은 다이아몬드 구조와 같은 $Fd3m$이다. 그림과 같이 단위정 내에 32개의 산소 원자가 면심 입방 배열을 나타낸다. A 원자는 산소 원자가 만드는 사면체 공극 64개 중 8개에 놓여 있고, B 원자는 산소 원자가 만드는 팔면체 공극 32개 중 16개에 놓여 있다. A 원자는 (0,0,0), $(\frac{3}{4},\frac{1}{4},\frac{3}{4})$과 그 면심 병진 자리에 있고, B 원자는 $(\frac{5}{8},\frac{5}{8},\frac{5}{8})$, $(\frac{3}{8},\frac{7}{8},\frac{1}{8})$, $(\frac{7}{8},\frac{1}{8},\frac{3}{8})$, $(\frac{1}{8},\frac{3}{8},\frac{7}{8})$과 그 면심 병진 자리에 있다.

그림 7-22(a)와 (b)는 단위포에서 사면체 공극과 팔면체 공극을 [001] 방향으로 단위 길이의 $\frac{1}{8}$층으로 나누어, 각 층별 원자 배치를 나타낸 것이다. $MgAl_2O_4$, $FeAl_2O_4$, $CoAl_2O_4$, $NiAl_2O_4$, $MnAl_2O_4$, $ZnAl_2O_4$, $CdFe_2O_4$, $ZnFe_2O_4$ 등이 스피넬 구조를 가진다. 스피넬 구조의 금속 원소들은 쌍을 이루지 못한 d 궤도 전자에 의한 자기 모멘트로 인해 스피넬 구조 결정들은 자성 재료로 많이 사용된다. 스피넬 구조에서 B 원자의 절반이 산소 원자가 만드는 사면체 공극 중 8개에 놓이고, 나머지 B 원자와 A 원자가 팔면체 공극 16개에 놓이게 되면 역스피넬(inverse spinel) 구조가 된다. 팔면체 공극에 위치하는 A 원자와 B 원자는 위치 구분 없이 무작위로 놓인다. 역스피넬 구조가 정상 스피넬 구조와 다른 원자 배열을 하는 것을 나타내기 위해 $B(AB)O_4$ 또는 $M'(MM')O_4$로 표기하기도 한다. 또한 이상적인 스피넬 구조와 달리 실제 결정에서 팔면체 공극에 놓인 B 원자의 수와 사면체 공극에 놓인 B 원자의 수가 반드시 일치하지는 않는다. $Fe(MgFe)O_4$, $Fe(NiFe)O_4$, Fe_3O_4, $Fe(NiFe)O_4$, $MgFe_2O_4$ 등이 역스피넬 구조를 가진다.

7.3 공유 결합 고체

공유 결합은 방향성이므로 공유 결합을 하는 고체에서 각 원자는 결합각을 만족하며 충전된다. 공유 결합에는 원자 하나에 대한 결합의 수가 정해져 있으며, 원자 배열은 결합각에 의해 정해진다. 이 결합각으로 정해지는 결합 다면체(bonding polyhedron)가 연결되어 충전된다. 결합 방향은 결합에 참여하는 전자의 양자 상태(quantum number)에 따라 결정된다. 결합 다면체의 중심에서 꼭짓점 방향이 최대 결합 강도를 가지는 방향이다.

1) 다이아몬드 구조

공유 결합을 하는 대표적인 물질은 그림 7-23과 같은 다이아몬드이다.

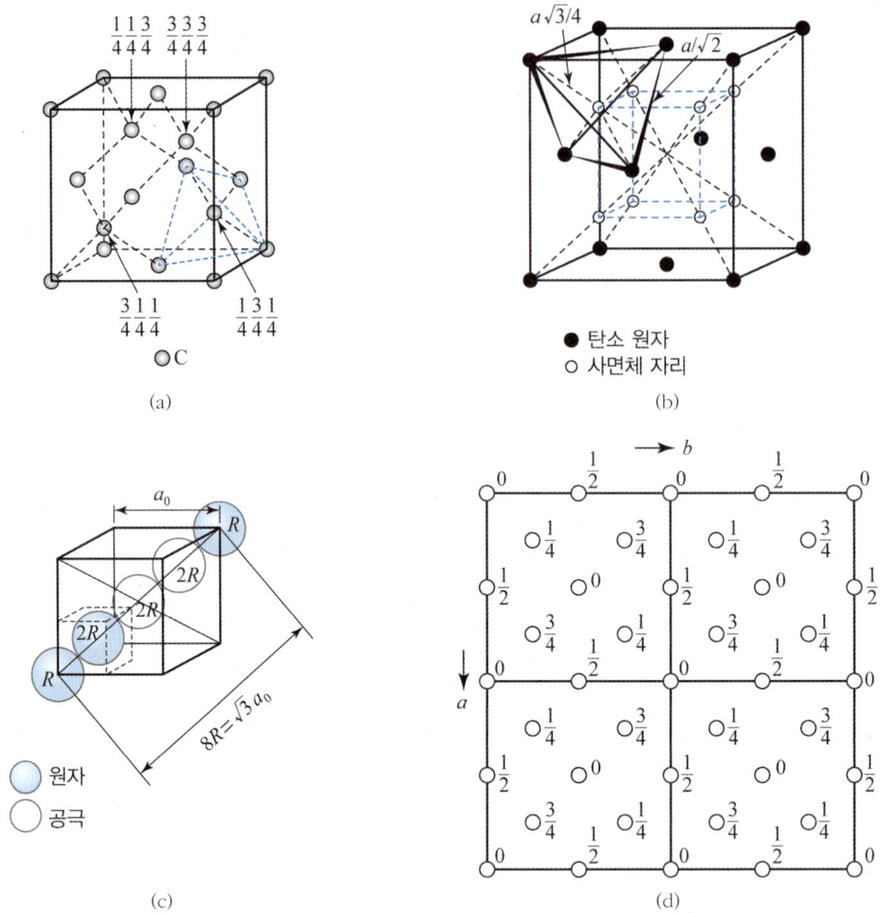

그림 7-23 다이아몬드의 구조 및 원자 배열
(a) 단위정, (b) FCC에서 사면체 자리, (c) 체대각선 방향에서의 원자와 공극의 위치
(d) 다이아몬드 구조 단위포 4개를 [001] 방향에서 평면에 나타냈을 때 원자의 위치(숫자는 [001] 방향 격자상수 비율)

다이아몬드 구조의 공간군은 $Fd3m$이며, 브라베 격자는 면심 입방이다. 기저는 (0,0,0)과 $(\frac{1}{4},\frac{1}{4},\frac{1}{4})$에 각각 원자 1개가 위치한다. 그림 7-23(a)는 다이아몬드 구조의 단위포를 나타낸 것이다. 다이아몬드의 단위정에는 8개의 탄소 원자가 존재한다. 즉, 단위정의 꼭짓점에 있는 1개의 탄소 원자는 주변

에 있는 8개의 단위정과 공유를 하고 있기 때문에, $\frac{1}{8}$에 해당하는 원자 부피를 가지고 있다. 다이아몬드의 단위정 꼭짓점에 8개의 탄소 원자가 존재하므로 다이아몬드의 단위정당 1개의 탄소 원자가 존재한다($\frac{1}{8} \times 8 = 1$). 또한 각 면의 중앙에 있는 탄소 원자는 주변의 2개 단위정에 의해 공유되고 있기 때문에 $\frac{1}{2}$에 해당하는 원자 부피를 가지고 있다. 따라서 다이아몬드의 단위정에는 6개의 면이 있기 때문에, 단위정당 3개의 탄소 원자가 존재한다($\frac{1}{2} \times 6 = 3$).

한편, 면심 입방 격자에는 그림 7-23(b)와 같은 8개의 사면체 자리가 존재한다. 8개의 사면체 자리 중에서 위쪽의 4개 사면체 위치 중에서 2개($\frac{1}{4}, \frac{1}{4}, \frac{3}{4}$), ($\frac{3}{4}, \frac{3}{4}, \frac{3}{4}$)가 탄소 원자에 의해 점유되어 있으며, 아래쪽의 4개 사면체 위치 중에서 2개($\frac{3}{4}, \frac{1}{4}, \frac{1}{4}$), ($\frac{1}{4}, \frac{3}{4}, \frac{1}{4}$)가 탄소 원자에 의해 점유되어 있다. 정육면체의 바로 윗면에서 내려다보면 위쪽에 위치한 2개의 탄소 원자와 아래쪽에 위치한 2개의 탄소 원자는 서로 X자 모양으로 위치하고 있다. 단위정의 격자상수가 a라면 단위정의 체적은 a^3이고, 단위정당 원자의 수는 8개이며, 채움률은 $\frac{\pi\sqrt{3}}{16}$로 약 34%이다. 최인접 원자수는 4개이고, $\frac{\sqrt{3}}{4}a$ 거리에서 정사면체를 이루며 둘러싸고 있다. 다이아몬드를 구성하는 모든 탄소(C) 원자는 강한 공유 결합으로 결합되어 있기 때문에 결정 중에서 상대적으로 경도가 가장 높다. 그림 7-23(d)는 다이아몬드 구조 단위정 4개를 [001] 방향에서 볼 때 원자 위치를 평면에 나타낸 것이다. 그림에서 숫자는 [001] 방향의 격자상수 비율이다.

다이아몬드는 경도가 매우 커서 암석과 같은 단단한 재료를 절단·절삭하는 용도로 사용된다. 다이아몬드 구조에서 면심 입방의 단위정의 모서리와 면의 중앙에 위치해 있는 원자와 8개의 사면체 자리 중에서 4개의 사면체 자리($\frac{1}{4}, \frac{1}{4}, \frac{3}{4}$), ($\frac{3}{4}, \frac{3}{4}, \frac{3}{4}$), ($\frac{3}{4}, \frac{1}{4}, \frac{1}{4}$), ($\frac{1}{4}, \frac{3}{4}, \frac{1}{4}$)에 서로 다른 원자가 위치하면 일부 화합물 반도체[$\alpha-$ZnS(sphalerite 또는 zinc blende), GaAs]의 단위정이 되기 때문에 다이아몬드 구조는 기억할 필요가 있다. 다이아몬드 구조를 가지는 원자로는 실리콘(Si), 게르마늄(Ge), 회주석(Sn) 등이 있다.

2) 흑연 구조

같은 원소지만 여러 가지 결정 구조가 있는 동질이상(polymorphism)은 상당히 흔하다. 다이아몬드 구조의 탄소는 사실 상온과 상압의 통상적 조건에서 열역학적으로 불안정하지만, 더 안정한 형태로 변화되는 속도가 다행스럽게도 매우 느려서 다이아몬드로 존재한다. 탄소 결정의 안정한 동질이상은 흑연으로, 그 구조는 그림 7-24(a)와 같다.

흑연(graphite)은 탄소(C) 원자만으로 구성되어 있다. 그림 7-24(b)와 (c)는 (0001)면에서 2차원으로 탄소 원자들의 배열을 그린 것이다.

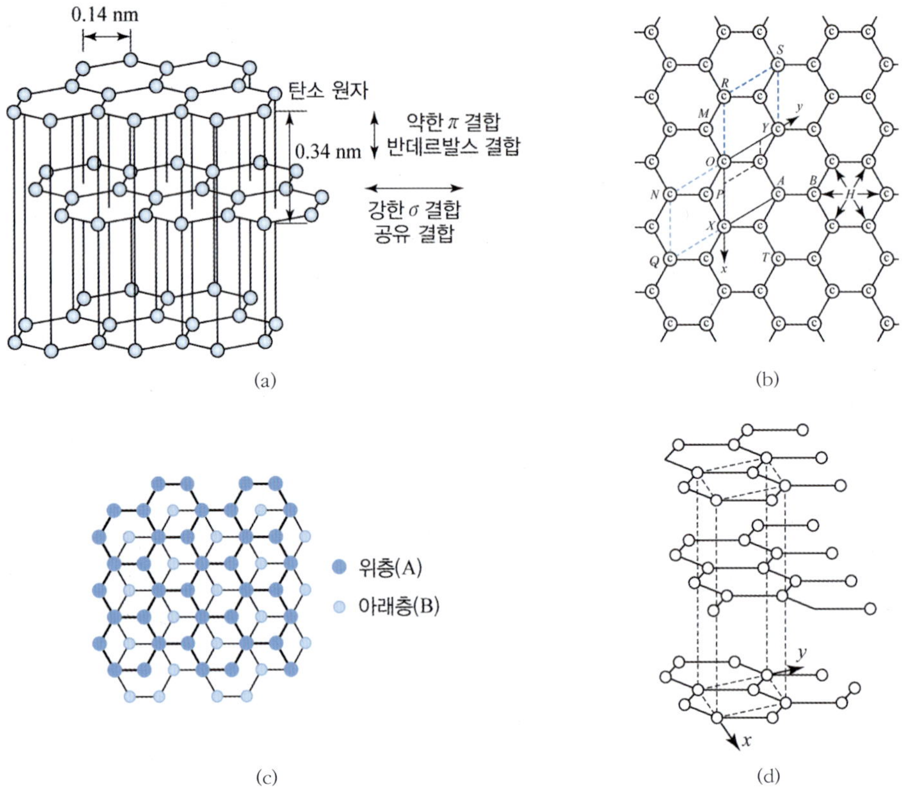

그림 7-24 흑연 구조

흑연 구조의 공간군은 $P6_3/mmc$이다. 흑연의 좌표는 2가지 방법으로 표현할 수 있다. 첫 번째 표현 방법에서는 격자점당 좌표 $(0,0,\frac{1}{4})$, $(0,0,\frac{3}{4})$, $(\frac{1}{3},\frac{2}{3},\frac{1}{4})$, $(\frac{2}{3},\frac{1}{3},\frac{3}{4})$의 위치에 각각 탄소 원자가 들어가 단위정(포)당 4개 원자가 존재한다. 두 번째 표현 방법에서는 흑연 구조의 브라베 격자는 단순 육방정이다. 격자점당 좌표 (0,0,0), $(0,0,\frac{1}{2})$, $(\frac{1}{3},\frac{2}{3},0)$, $(\frac{2}{3},\frac{1}{3},\frac{1}{2})$의 위치에 각각 원자가 들어가서 그림 7-24(d)와 같이 단위정(포)당 4개의 원자가 존재한다. 그림 7-24(a)와 같이 각 층을 구성하는 탄소 원자들은 3개의 다른 원자와 공유 결합을 하여 육각형 네트워크를 형성한다. 흑연에서 (0001)면의 적층 순서는 $ABABAB\cdots$ 또는 $ACACAC\cdots$가 된다. 같은 층 안에 있는 이웃하는 탄소 원자와는 강한 공유 결합(강한 σ 결합)을 하고 있으나, 층과 층 원자들 사이에는 상대적으로 약한 반데르발스 결합(약한 π 결합)을 이루고 있는 층상 구조이다. 층내의 원자 간 거리는 0.14 nm이고, 층간 거리는 0.34 nm로, 격자상수 c의 $\frac{1}{2}$이다. 따라서 흑연의 각 층은 상대적으로 멀리 떨어져 있으며, 층간에는 매우 약한 반데르발스 결합만 있다. 이러한 구조로 인해 흑연의 경도는 매우 작다. 따라서 연필심으로 사용되거나, 고온에서 기계 사이의 마찰을 줄이기 위한 윤활제 또는 주형과 주물 제품 사이의 소착(또는 융착)을 방지하기 위한 윤활제로 사용된다. 따라서 흑연은 층간 벽개(cleavage)가 쉽게 발생하며, 마찰계수가 작고, 전기전도성을 나타내며, 검은색을 띠고 있다.

3) 그래핀 구조

그래핀(graphene)은 그림 7-25와 같이 탄소(카본) 원자 1개 층만으로 이루어진 두께(graphene sheet)를 가지는 소재를 말한다.

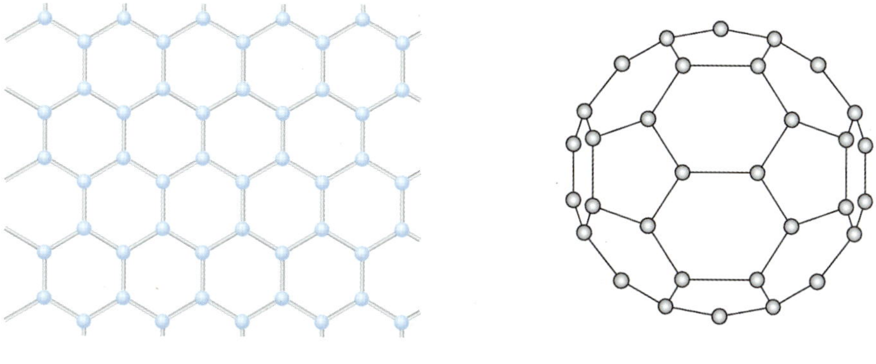

그림 7-25 그래핀 구조

그래핀은 탄소 동소체 중 하나이며, 탄소 원자들이 2차원 평면을 이루고 있는 구조이다. 탄소의 다른 동소체에는 흑연(graphite), 탄소 나노 튜브(CNT, carbon nanotube), 풀러렌(fullerene), 다이아몬드(diamond) 등이 있다. 그래핀에서 각각의 탄소 원자들은 공유 결합으로 결합되어 있으며, 탄소 원자 한 층의 두께(0.2 nm)이면서 가장 강한 강도를 가지고 있는 강철(steel)보다 100배 정도 높은 강도를 나타낸다. 또한 그래핀은 전기[구리(Cu)보다 100배 이상의 전기전도도] 및 열(다이아몬드보다 2배 이상의 열전도도)의 도체이다. 그래핀은 2004년에 러시아 출신 물리학자인 안드레 가임(Andre Konstantin Geim)과 콘스탄틴 노보셀로프(Sir Konstantin Sergeevich Novoselov)가 처음으로 분리하였으며, 이 공로로 2010년에 노벨 물리학상을 받았다.

그래핀을 튜브 모양으로 말면, 그림 7-26과 같은 탄소 나노 튜브가 만들어진다.

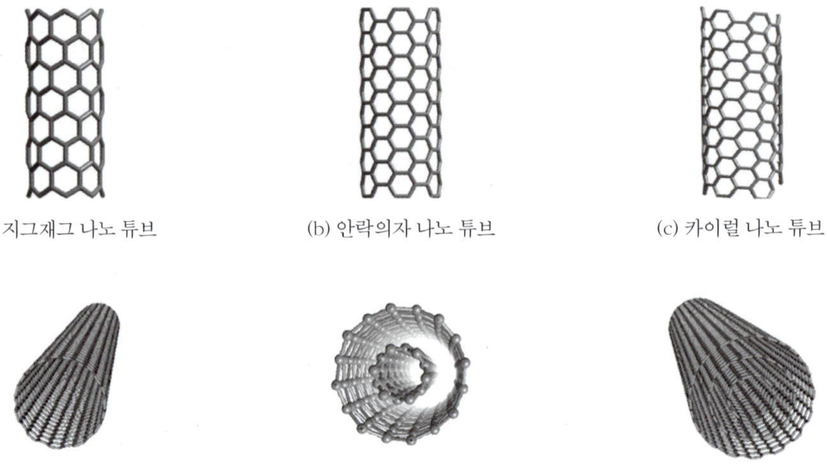

(a) 지그재그 나노 튜브 (b) 안락의자 나노 튜브 (c) 카이럴 나노 튜브

(d) 단일벽 나노 튜브 (e) 이중벽 나노 튜브 (f) 다중벽 나노 튜브

그림 7-26 탄소 나노 튜브 구조

탄소 나노 튜브는 1991년에 일본 NEC 연구소의 이지마 스미오(飯島澄男) 박사가 전자 현미경을 통해 처음 확인하였다. 탄소 나노 튜브에서 탄소 원자 하나는 주위의 다른 탄소 원자 3개와 sp^2 결합을 하여 육각형 벌집무늬를 형성(sp^2 bond structure) 한다. 탄소 나노 튜브는 '지그재그'와 '안락의자'라고 알려진 2가지 대칭 구조와 벌집 모양의 육각형이 튜브축을 따라서 나선형으로 배열된 '카이럴' 구조의 3가지 구조를 나타낸다. 탄소 나노 튜브의 벽이 1겹이면 단일벽 나노 튜브(single wall nanotube)라고 하며, 벽이 2겹인 경우를 이중벽 나노 튜브(double-wall nanotube), 벽이 2겹 이상 여러 겹으로 되어 있으면 다중벽 나노 튜브(multi-wall nanotube)라고 한다.

4) 질화보론 구조

육방정 질화보론(h-BN)의 결정 구조는 그림 7-27과 같이 흑연 구조와 유사하다.

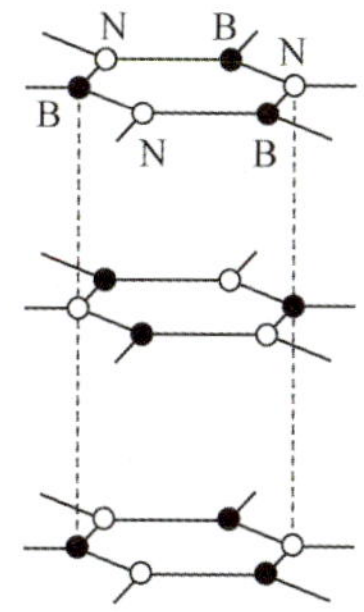

그림 7-27 질화보론(BN) 구조

육방정 질화보론 구조의 공간군은 흑연의 구조와 같은 $P6_3/mmc$이다. 그림 7-27과 같이 h-BN의 브라베 격자는 육방정이다. 격자점당 좌표 $(\frac{1}{2}, \frac{2}{3}, \frac{1}{4})$, $(\frac{2}{3}, \frac{1}{3}, \frac{2}{3})$의 위치에 보론(B) 원자가 위치하며, $(\frac{1}{3}, \frac{2}{3}, \frac{3}{4})$, $(\frac{2}{3}, \frac{1}{3}, \frac{1}{4})$의 위치에 질소(N) 원자가 위치하여 단위포당 4개의 원자가 존재한다. [0001] 축을 따라 다른 원자가 서로 교대로 배열되며, 적층 순서는 $AAAAAA\cdots$가 된다. 질화보론(BN)은 흑연과 구조가 유사하여 백색 흑연이라고 하며, 매우 부드럽고, 마찰계수가 낮아 고온용 고체 윤활제와 금형의 이형제로 사용된다.

7.4 반데르발스 결합 고체

6장에서 언급했듯이, 반데르발스 결합에서 결합력은 기체, 액화된 기체, 고체화된 기체, 거의 모든 유기물 액체, 거의 모든 유기물 고체에서 중성 분자가 서로 끌어당기는 상대적으로 약한 전기적인 힘이다. 반데르발스 힘에 의해 결합되어 있는 고체는 낮은 용융점(melting point)을 가지고 있고, 보다 강한 이온 결합, 공유 결합, 금속 결합에 의해 서로 묶여 있는 고체보다 연한(soft) 특성이 있다. 7.3절에서 언급한 흑연 구조에서도 층과 층 탄소 원자들 사이에는 상대적으로 약한 반데르발스 결합(또는 약한 π 결합)을 하고 있다.

그림 6-29(c)와 같은 구조를 가지는 메탄(methane, CH_4)은 구조가 가장 간단한 탄소 화합물로, 탄소 하나에 4개의 수소가 공유 결합으로 결합되어 있다. 메탄 분자 하나만을 고려하면, 탄소의 4개 전자($2s^2$ $2p^2$)를 수소 4개와 결합하는 데 사용하고 있기 때문에 더 이상의 탄소 원자 또는 수소 원자 사이에 공유 결합을 할 전자가 없다. 따라서 고체 메탄에서 CH_4 분자들끼리는 약한 반데르발스 힘으로 결합된다. 이 반데르발스 힘은 매우 약하기 때문에 고체 메탄은 매우 낮은 온도에서 분자들 사이의 결합이 끊어져 녹게 된다. 고체 CO_2, N_2, F_2, BCl_3 등에서도 분자와 분자 사이의 결합은 약한 반데르발스 힘으로 결합되어 있다.

순간적 쌍극자(instantaneous dipole)로 반데르발스 결합을 하고 있는 불활성 원소들(He, Ne, Ar, Kr, Xe, Rn)은 아래와 같이 K 각(He), L 각(Ne), M 각(Ar), N 각(Kr), O 각(Xe), P 각(Rn)이 꽉 차 있는 전자 배치(electron configuration)를 가지며, 원자핵 주위 전자의 분포가 대칭을 이루고 있다.

$$\text{He: } 1s^2$$

$$\text{Ne: } 1s^2\,2s^2\,2p^6$$

$$\text{Ar: } 1s^2\,2s^2\,2p^6\,3s^2\,3p^6\,3d^{10}$$

따라서 불활성 원소의 기하학적인 충전은 강구공(hard sphere ball)의 충전으로 생각할 수 있다. 이는 금속 결합을 하고 있는 금속과 마찬가지로 한 원자 주위에 12개의 원자가 접하도록 충전되어 최대한의 충전 밀도를 가지는 조밀 충전이 된다. 조밀 충전 층의 적층 순서가 $ABABAB\cdots$가 되면, 육방 조밀 충전이 되고, 적층 순서가 $ABCABCABC\cdots$가 되면 입방 조밀 충전인 면심 입방이 된다. 헬륨(He)은 고압에서 결정화되면 육방 조밀 충전이 되고, Ne, Ar, Kr, Xe, Rn과 같은 불활성 원소는 면심 입방이 된다.

7.5 수소 결합 고체

6장에서 수소 결합(hydrogen bond 또는 H-bond)에서 결합력은 질소(N, 전기음성도 값 : 3.0), 산소(O, 전기음성도 값 : 3.5), 불소(F, 전기음성도 값 : 4.0)와 같은 전기음성도가 큰 원소와 공유 결합을 하고 있는 수소(예 HF, HCl, H_2O, NH_3 등)와 이웃하는 다른 분자의 음이온 사이에 서로 끌어당기는 정전기적 인력이라고 하였다. 수소 결합을 하고 있는 물질 중에서 대표적인 물 분자 사이의 결합에 대해 살펴보자.

그림 7-28은 물 분자의 구조를 나타낸 것이다.

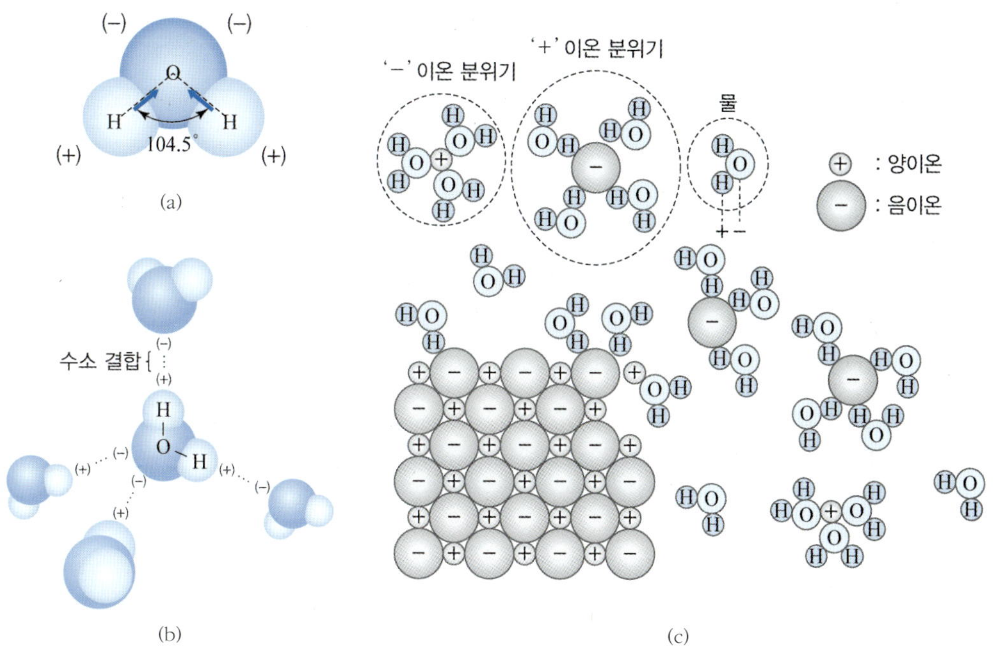

그림 7-28 물(H_2O) 분자의 구조 및 물 분자 사이의 수소 결합

그림 7-28(a)와 같이 물 분자는 2개의 수소 원자가 1개의 산소 원자와 공유 결합으로 결합되어 있으며, 2개의 수소 원자는 서로 104.5°의 각도를 가진다. 1개의 수소와 산소에 의해 공유되어 있는 전자는 산소 원자와 수소 원자 사이에 있을 확률이 높다. 이로 인해 2개의 수소 원자 쪽은 전기 쌍극자(electric dipole)의 '+'를 띠고, 1개의 산소 원자 쪽은 '−'를 띠게 되어 1개의 전기 쌍극자를 만들게 된다. 따라서

물 분자는 영구적인 전기 쌍극자(permanent electric dipole)를 만들며, 이로 인해 물 분자를 극성 용매라고 부른다. 여러 개의 물 분자가 서로 결합하는 경우, 다른 극성[물 분자의 '+' 쪽(수소 원자)이 '−' 쪽(산소 원자)]끼리는 서로 끌어당기는 수소 결합이 만들어진다. 또한 물 분자의 같은 극성끼리는 서로 밀어내게 되어 그림 7-28(b)와 같은 배열을 나타낸다. 어떤 금속염(metal salt, 예 NaCl)을 물에 녹이는 경우, 그림 7-28(c)와 같이 물 분자의 산소 쪽이 금속 염(NaCl)의 양이온(Na^+)을 끌어당겨 수화(hydration)하고, 물 분자의 수소 쪽이 금속염의 음이온(Cl^-)을 끌어당겨 수화한다. 실제로 Na^+ 양이온 하나는 6개의 물 분자가 주변을 둘러싸 수화하며, Cl^- 음이온 하나도 6개의 물 분자가 주변을 둘러싸 수화하여 이온 분위기를 만든다.

그림 7-28(b)에서 각 물 분자에 있는 산소 원자를 연결하면 그림 7-29(a)와 같은 사면체 모양이 된다. 4개의 수소 결합을 계속 연결하면 일반적으로 알고 있는 그림 7-29(b)와 같은 물 결정의 구조가 된다.

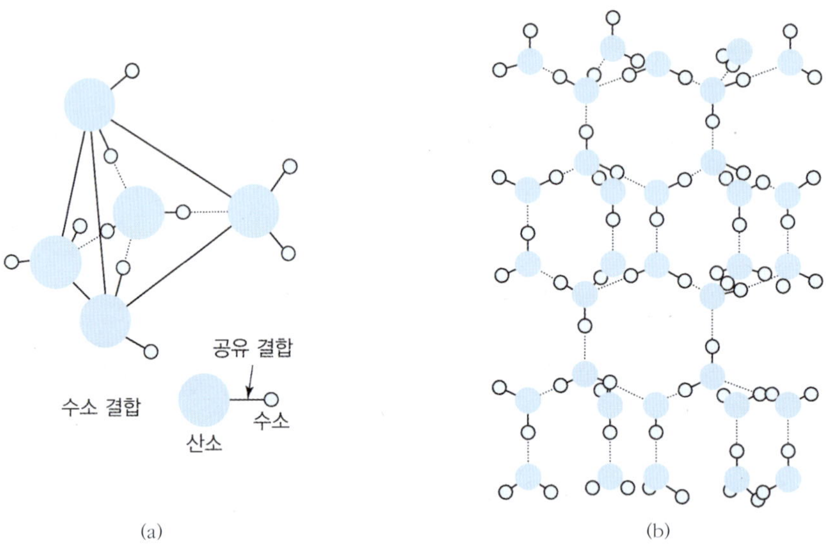

그림 7-29 여러 개의 물(H_2O) 분자로 이루어진 구조
(a) 사면체 물 분자의 구조, (b) 물 결정의 구조

그림 7-30(a)는 물의 단위정(포)을 나타낸다. 물 결정은 그림 7-30(b)와 같이 산소 원자로 만들어진 사면체의 적층으로 생각할 수 있으며, 이때 적층 순서는 $ABABAB\cdots$이다. 이러한 적층 순서는 온도와 압력의 조건에 따라 그림 7-30(c)와 같이 $ABCABC\cdots$의 적층 순서를 가지는 입방 얼음(cubic ice, I_c)으로 바뀔 수 있다. 입방 얼음 구조의 얼음 결정은 입방정의 {111}면으로 이루어진 팔면체 모양을 나타내거나 이 팔면체에서 {001}면이 잘려 나간 모양을 나타낸다. 입방 얼음은 육방 얼음(hexagonal ice, I_h)보다 증기압이 약간 높다.

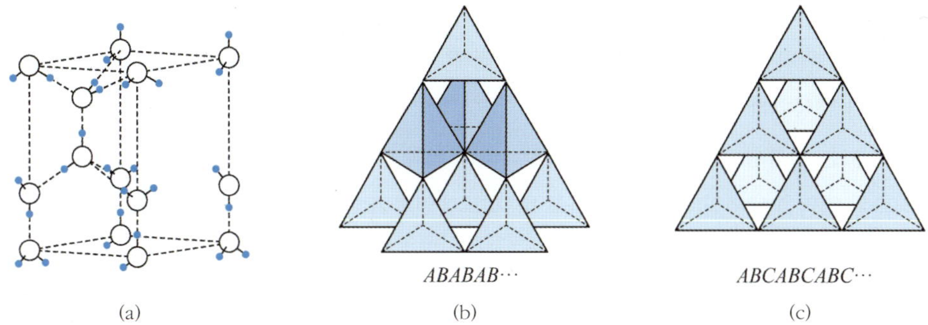

그림 7-30 물 결정의 구조를 단위정으로 나타낸 그림

7.6 고용체(solid solution)

많은 금속은 다른 원소와 섞여서 고용체가 된다. 고용체는 용액과 같이 전체적으로 조성이 균일하며, 상(phase)을 구분할 수 없는 고체 상태이다. 고용체에도 용액과 같이 용매와 용질의 개념을 적용할 수 있다. 치환형 고용체(substitutional solid solution)는 용매 원소의 크기와 용질 원소의 크기 차이가 크지 않은 경우로, 용질 원소는 용매 원소를 치환하며 고용된다. 침입형 고용체(interstitial solid solution)는 용질 원소의 크기가 용매 원소보다 현저히 작은 경우 용매 원소 사이로 들어가서 고용된다.

그림 7-31은 치환형 및 침입형 고용체를 나타낸 것이다.

그림 7-31 금속 고용체의 종류
(a) 치환형 고용체, (b) 침입형 고용체

고용체는 전체적으로 조성이 균일하나, 구성 성분 원소들의 배열이 특정되지 않으며, 원소들은 무작위(random)로 위치한다. 그러나 고용체별로 특정 온도 이하에서는 구성 성분 원소들 배열에 규칙화(ordering)가 발생한다.

그림 7-32는 치환형 고용체에서 불규칙 상태와 규칙화 상태를 개념적으로 나타낸 것이다. 고용체에서 규칙화된 영역을 도메인(domain)이라고 하고, 도메인과 도메인이 만나는 경계선(domain boundary)에서는 규칙을 만족할 수 없게 된다.

그림 7-32 치환형 고용체에서 (a) 불규칙 상태, (b) 규칙화 상태

그림 7-33(a)는 AB형 고용체가 불규칙 상태에서 체심 입방 구조를 지니는 경우 규칙화가 일어나, 단위정의 꼭짓점과 체심에 각각 다른 성분 원소가 위치하게 된다. 이로 인해 CsCl 구조인 단순 입방 격자가 되며, 이 형태를 $L2_0$형 초격자라고 한다. 불규칙 상태의 단격자 단위정의 크기에 비해 규칙화가 일어난 후 단격자 단위정의 크기가 일반적으로 훨씬 더 크기 때문에 초격자(superlattice)라고 한다. AgMg, CoAl, CuZn, FeAl, FeCo, NiAl 등이 이 초격자 구조를 가진다.

그림 7-33(b)는 AB형 고용체가 불규칙 상태에서 면심 입방 구조를 지니는 경우, 꼭짓점과 C-면심에 있는 성분 원소끼리 같고, 나머지 면심에 있는 성분 원소끼리 같은 형태로 규칙화가 되면 $L1_0$형 초격자가 된다. AuCu, FePt, TiAl 등이 이 초격자 구조를 가진다.

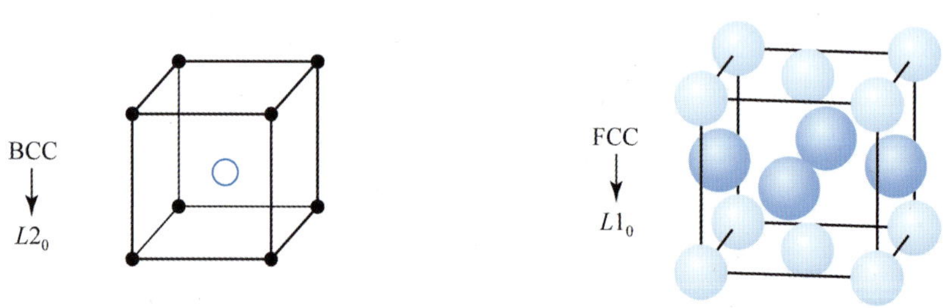

그림 7-33 AB형 고용체의 규칙화
(a) $L2_0$형 초격자, (b) $L1_0$형 초격자

AB_3형 고용체의 규칙화에는 DO_3, DO_{19}, $L1_2$형 초격자가 있다. 그림 7-34는 불규칙 상태에서는 체심 입방 구조인 고용체가 규칙화가 일어난 DO_3형 초격자에서 A성분 원소들은 면심 입방 격자에 위치하고, B성분 원소들은 면심 입방 격자의 사면체 공극과 팔면체 공극에 위치하고 있는 것을 나타낸다. 초격자에서 세 축의 길이는 각각 불규칙 합금의 세 축의 2배가 된다. $AlCu_3$, $SbCu_3$, $AlFe_3$, $SiFe_3$, $AlMg_3$ 등이 DO_3형 초격자 구조를 가진다.

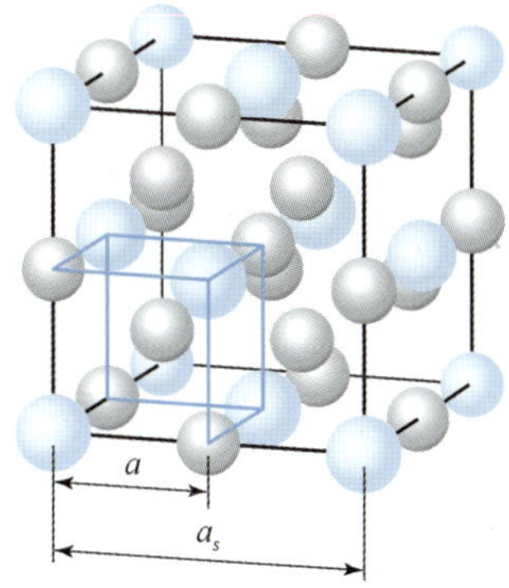

그림 7-34 DO_3형 초격자

그림 7-35는 불규칙 상태에서 육방 조밀 충전 구조인 고용체가 규칙화된 DO_{19}형 초격자를 나타낸다. 초격자에서 a축의 길이는 불규칙 합금 a축의 두 배이고, c축 길이는 불규칙 합금과 같다. $InAg_3$, $MgCd_3$, $CdMg_3$, $SnNi_3$, $AlTi_3$ 등이 DO_{19}형 초격자 구조를 가진다.

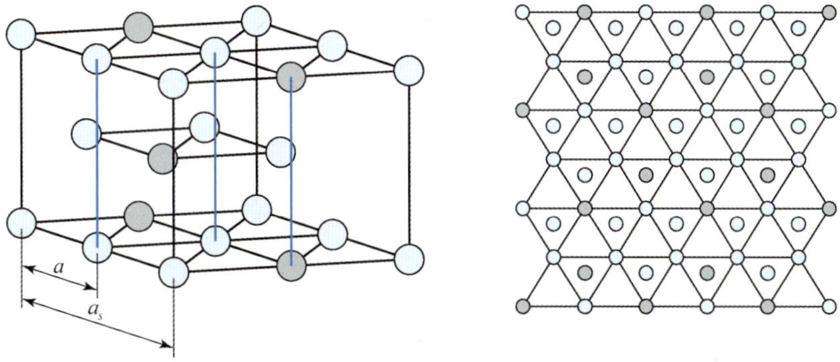

그림 7-35 DO_{19}형 초격자

그림 7-36은 불규칙 상태에서 면심 입방 구조인 고용체가 규칙화된 $L1_2$형 초격자를 나타낸다. 단위정의 꼭짓점에 A 원자가 위치하고, 면심에 B 원자가 위치한다. $AuCu_3$, $AlNi_3$, $FeNi_3$, $MnNi_3$, $FePt_3$ 등이 $L1_2$형 초격자 구조를 가진다.

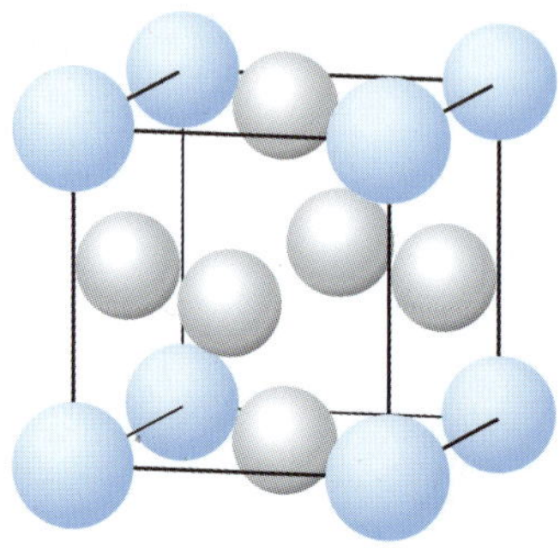

그림 7-36 $L1_2$형 초격자

표 7-5는 불규칙 고용체의 규칙화로 만들어지는 초격자를 정리한 것이다.

표 7-5 고용체의 규칙화

격자	표기	격자상수	
		불규칙 고용체	규칙 초격자
BCC = $A2$	$A2 \rightarrow L2_0$	a	a
	$A2 \rightarrow DO_3$	a	$2a$
FCC = $A1$	$A1 \rightarrow L1_2$	a	a
HCP = $A3$	$A3 \rightarrow DO_{19}$	$a,\ c$	$2a,\ c$
FCC = $A1$	$A1 \rightarrow L1_0$	$a,\ a,\ a$	$a,\ a,\ c$

연습문제

1. 육방 조밀 충전 구조에서 $\frac{c}{a} = \frac{2\sqrt{2}}{\sqrt{3}}$ 임을 증명하시오.

2. 육방 조밀 충전 구조에서 충진율을 계산하시오.

3. 다음 자료를 이용하여 금속 Co의 밀도를 계산하시오.

성분	a(Å)	c(Å)	c/a
Co	2.507	4.069	1.623

4. 체심 입방 구조의 충진율을 계산하시오.

5. 금속 Nb은 체심 입방 구조이며, 단위포의 격자상수는 3.300 Å이다. 금속 Nb의 밀도와 원자 반경을 계산하시오.

6. 다이아몬드의 밀도를 계산하시오.

7. 다이아몬드 구조의 충진율을 계산하시오.

8. 그림 7-23의 다이아몬드 구조를 참고하여 다음 물음에 답하시오.
   (a) 어떤 원자들이 결합을 하고 있는지 선을 그리시오.
   (b) 다이아몬드에서 C-C 결합의 길이를 계산하시오.
   (c) C-C-C 결합의 각도를 계산하시오.

9. CsCl 구조에서 $\frac{r_{Cl^-}}{r_{Cs^+}}$가 $\frac{(\sqrt{3}+1)}{2}$을 초과할 수 없음을 증명하시오.

10. 불화칼슘 구조에 대한 다음 물음에 답하시오.

(a) 각 Ca^{2+} 이온의 최인접 이온의 개수를 구하시오.

(b) Ca^{2+}–F^- 간의 거리를 구하시오.

(c) 각 F^- 이온의 최인접 이온의 개수를 구하시오.

11. 루틸 구조에서 $(\frac{1}{2}, \frac{1}{2}, \frac{1}{2})$ 자리에 있는 Ti^{4+} 이온으로부터 이웃하고 있는 6개의 O^{2-} 이온까지의 거리를 계산하시오.

12. 다음 고체는 음이온이 접촉하고 있는 구조로 설명할 수 있다. 고체의 화학식을 쓰시오.

(a) 산화리튬, 음이온 배열은 입방 조밀 구조, 모든 사면체 공극에 Li^+가 위치

(b) 산화철티타늄, 음이온 배열은 육방 조밀 구조, 팔면체 공극의 $\frac{2}{3}$를 Fe^{3+}와 Ti^{4+} 공유

(c) 황화갈륨, 음이온 배열은 육방 조밀 구조, 사면체 공극의 $\frac{1}{3}$에 Ga^{3+}가 위치

(d) 염화카드뮴, 음이온 배열은 입방 조밀 구조, 번갈아 놓이는 층의 모든 팔면체 공극에 Cd^{2+}가 위치

13. 다음 화합물의 밀도를 계산하시오.

(a) 루틸 구조의 불화철(FeF_2), 격자상수 $a=0.4697$ nm, $c=0.3309$ nm, Fe의 원자량은 55.847 g/mol, F의 원자량은 18.998 g/mol이다.

(b) 불화칼슘 구조의 불화바륨(BaF_2), 격자상수 $a=0.6200$ nm, Ba의 원자량은 137.327 g/mol, F의 원자량은 18.998 g/mol이다.

14. 어떤 금속불화물(MF_2)이 루틸 구조를 가진다. 격자상수는 $a = 0.4621$ nm, $c = 0.3052$ nm이고 이 화합물의 밀도는 3,148 kg/m^{3}이며, F의 원자량은 18.998 g/mol이다. 금속의 원자량을 추정하고, 어떤 금속인지를 판단하시오.

정답

1. 생략
2. 74.05%
3. 8.84 g/mol
4. 0.6802
5. 8.59 g/mol, 1.429 Å
6. 3.515 g/mol
7. 0.3401
8. (a) 생략, (b) 1.545 Å, (c) 109.47°
9. 생략
10. (a) 8개, (b) 2.366 Å, (c) 4개
11. 2개는 1.95 Å, 4개는 1.97 Å
12. (a) Li_2O, (b) $FeTiO_3$, (c) Ga_2S_3, (d) $CdCl_2$
13. (a) 4,270 kg/m^3, (b) 4,886 kg/m^3
14. 23.8 g/mol, Mg

chapter 8

결정 결함

결정(crystal 또는 crystalline solid)은 결정을 구성하고 있는 원자의 배열이 공간적으로(3차원, 3D) 규칙적이고 반복적인 형태를 가지고 있는 고체 물질이다. 결정은 격자(lattice)와 기저(basis)를 기본으로 이루어져 있다. 결정 전체에 걸쳐, 결정에 존재하고 있는 모든 원자가 격자와 기저를 기본으로 하여 반복적이고 규칙적인 방식으로 이루어져 완전한 형태로 존재하는 경우를 완전 결정(perfect crystal) 또는 이상 결정(ideal crystal)이라고 한다. 단결정(single crystal)은 완전 결정의 한 예로, 결정을 이루고 있는 모든 원자가 3차원으로 규칙적이고 주기적으로 배열된 고체이다. 단, 이 경우 단결정 표면에서 원자의 결합이 끊어져 만드는 표면 결함은 고려하지 않는다. 반도체 재료에서 주로 쓰이는 실리콘(Si) 잉곳(ingot) 또는 GaAs 화합물 웨이퍼는 단결정의 한 예로, 표면 결함 외에 가능한 한 결함을 최소로 한(거의 결함이 없는) 결정이다.

결함(defect)은 결정 내의 원자 자체(0차원), 격자 또는 기저의 구조(1~3차원)가 규칙적이고 반복적이지 못한 형태 또는 상태를 의미한다. 실제 결정 내에는 격자 결함(lattice defect) 또는 결정 결함(crystal defect)이 존재하고, 자연에 존재하는 모든 결정은 결함을 가지고 있으며, 완전 결정은 자연계에서 발생되기 어렵다. 또한 완전 결정을 인공적으로 제조할 수 있지만, 이를 위해서는 상당한 비용이 발생한다.

결정 내에 존재하는 결함을 차원(dimension)에 따라 다음과 같이 분류할 수 있다.

❶ 0차원 결함: 점 결함(point defect)

❷ 1차원 결함: 선 결함(line defect)

❸ 2차원 결함: 면 결함(planar defect)

❹ 3차원 결함: 부피(용적) 결함[volume(bulk) defect]

이 장에서 원자 주위의 전자에서 생기는 결함은 다루지 않는다. 이러한 결함들은 결정의 형태를 바꾸어, 결과적으로 기계적 성질[영률(Young's modulus), 인장강도(tensile strength), 연신율(ductility) 등], 화학적 성질[부식성, 합금에서 원자의 이동도(확산) 등], 전기적 성질(전기전도도 등), 열적 성질(열전도도 등) 등을 변화시킨다. 따라서 결함은 재료의 특성에 영향을 미치기 때문에, 이에 대해 학습하는 것은 매우 중요하다.

8.1 점 결함

점 결함은 완전 결정을 구성하고 있는 격자와 기저에 있어야 할 원자가 없거나, 불순물 원자가 존재하거나 또는 제 위치가 아닌 잘못된 자리에 원자가 존재함으로써 만들어지는 결함이다. 점 결함은 0차원 결함으로서 다음과 같이 분류할 수 있다.

(1) 공공(vacancy)

① 양이온 공공(cation vacancy): 금속 재료와 세라믹 재료에 존재함

② 음이온 공공(anion vacancy): 세라믹 재료에만 존재함

(2) 자기 침입형 원자(self-interstitial atom)

① 양이온 침입형 원자(cation interstitial atom): 금속 재료와 세라믹 재료에 존재함

② 음이온 침입형 원자(anion interstitial atom): 세라믹 재료에만 존재함

(3) 불순물 원자(impurity atom)

① 침입형 불순물 원자(interstitial impurity atom)

② 치환형 불순물 원자(substitutional impurity atom)

(4) 쇼트키 결함(Schottky defect) 및 프렌켈 결함(Frenkel defect): 세라믹 재료에만 존재함

공공(vacancy)은 완전 결정에서 자리를 차지하고 있던 원자 또는 이온이 없어져 비어 있게 된 것을 말한다. 공공은 점 결함의 가장 간단한 결함으로, 모든 결정질 고체는 공공을 함유하고 있다. 또한 금속 결합 또는 이온 결합을 하고 있는 물질에서 기지(용매, matrix) 원자(또는 이온)가 자신의 자리가 아닌 다른 위치에 존재할 때, 자기 침입형 원자(또는 이온)라고 한다. 자기 침입형 원자(또는 이온)에는 양이온 침입형 원자(cation interstitial atom)와 음이온 침입형 원자(anion interstitial atom)의 2가지 종류가 있다. 금속 결합 또는 이온 결합을 하고 있는 물질에서 기지(용매) 원자가 있던 자리에 들어온 외부 원자(또는

이온)를 불순물 원자(또는 이온)라고 한다. 기지 원자가 있던 자리에 들어와 있는 불순물 원자를 치환형 불순물 원자라고 하며, 기지 원자와 기지 원자 사이의 빈 공간(공극)에 들어온 외부 원자를 침입형 불순물 원자라고 한다.

그림 8-1은 금속(예 Cu)에 존재하는 공공의 예로, 규칙적으로 배열되어 있는 Cu 양이온(Cu^{+}) 사이에 1개의 Cu 양이온이 없어져 형성된 금속의 점 결함이다. 또한 Cu 양이온 사이의 틈에 존재하는 자기 침입형(Cu 양이온) 점 결함을 생각할 수 있으나, Cu 양이온들 사이에 존재하는 공간의 크기가 작기 때문에 자기 침입형 점 결함의 존재는 거의 불가능하다.

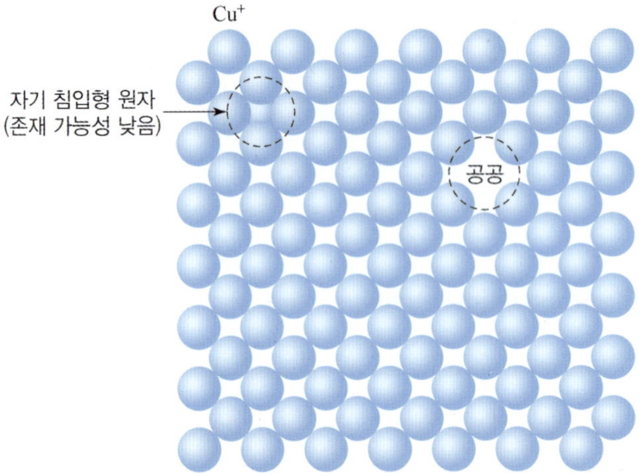

그림 8-1 금속 재료의 결함

한편, 이온 결정(세라믹)은 그림 8-2와 같이 양이온과 음이온으로 구성되어 있다. 이온 결정에는 양이온이 양이온의 자리에서 없어져 형성되는 양이온 공공과, 음이온이 음이온의 자리에서 없어져 형성되는 음이온 공공이 존재한다. 그림 8-3은 이온 결정에 존재하는 프렌켈 결함과 쇼트키 결함을 나타낸 것이다. 이온 결정에 존재하는 양이온 공공과 침입형 양이온으로 구성된 쌍을 프렌켈 결함(Frenkel defect)이라고 하며, 양이온 공공과 음이온 공공으로 구성된 쌍을 쇼트키 결함(Schottky defect)이라고 한다.

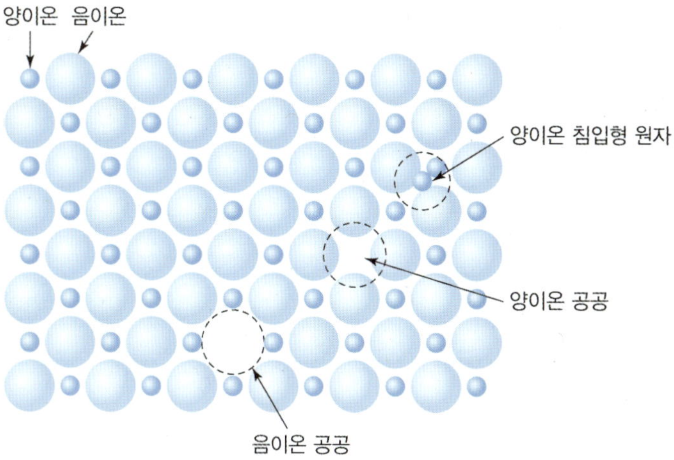

그림 8-2 세라믹 재료의 결함

일반적으로 침입형 양이온이 격자의 변형 없이 들어갈 만큼 큰 공극을 지닌 이온 결정은 드물기 때문에 프렌켈 결함보다 쇼트키 결함이 생길 가능성이 커진다.

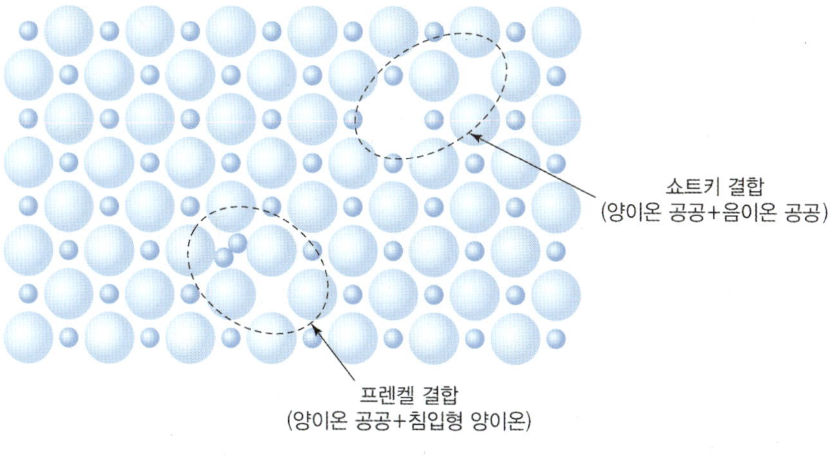

그림 8-3 세라믹 재료의 쇼트키 결함 및 프렌켈 결함

그림 8-4는 금속 재료와 세라믹 재료에서 발생할 수 있는 침입형 불순물 원자와 치환형 불순물 원자의 예를 나타낸 것이다.

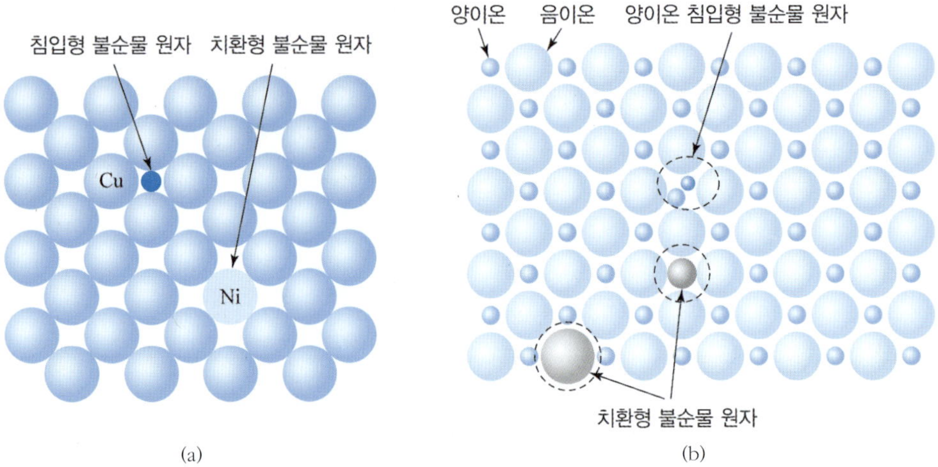

그림 8-4 금속 재료와 세라믹 재료에서 결함의 비교
(a) 금속 재료의 침입형 불순물 원자 및 치환형 불순물 원자
(b) 세라믹 재료의 침입형 불순물 원자 및 치환형 불순물 이온(양이온, 음이온)

그림 8-4(a)와 같이 금속 재료에서는 기지 원자(matrix atom)와 용질 원자(solute atom)의 크기가 비슷하면, 용질 원자가 기지 원자에 치환형 불순물 원자로 존재하게 된다. 예를 들어, Cu(구리) 원자의 원자 반경은 0.128 nm이고, Ni(니켈) 원자의 원자 반경은 0.125 nm로, 원자 반경이 비슷하다. 따라서 Cu 기지 원자 자리에 Ni 용질 원자가 들어가는 경우에는 Ni 원자가 치환형 불순물 원자로 존재하게 된다. 그러나 기지 원자와 용질 원자의 크기가 서로 상당한 차이를 나타내는 경우, 용질 원자는 기지 원자에 침입형 불순물 원자로 존재하게 된다. 예를 들어, Fe(철) 원자의 원자 반경은 0.124 nm이고, C(탄소) 원자의 원자 반경은 0.077 nm로, 이 두 원자의 원자 반경은 큰 차이를 나타낸다. 따라서 Fe 기지 원자 자리에 C 용질 원자가 들어가는 경우, C 원자가 침입형 불순물 원자로 존재하게 된다.

또한 그림 8-4(b)와 같이 세라믹 재료에서 양이온 침입형 불순물 원자가 존재할 수 있으며, 외부 원자가 세라믹 재료를 구성하는 양이온과 음이온을 대체하는 경우 치환형 불순물 이온이 될 수 있다. 이온 결정에서는 양전하(positive charge)와 음전하(negative charge) 사이에 전기중성도(electric neutrality)가 유지되어야 하므로 점 결함이 생성되기 위해서는 전기중성도 조건도 만족해야 한다.

재료에서 존재하는 공공의 수(농도)는 온도에 따라 변하며, 다음의 아레니우스(Arrhenius) 식으로 나타낼 수 있다. 즉, 재료를 가열하면 재료 내에 존재하는 공공의 농도 N_V는 지수 함수(exponential function)의 거동을 나타낸다.

$$N_V = N\exp\left(-\frac{Q_V}{kT}\right) \tag{8.1}$$

여기서, N: 원자가 존재하는 자리(site)의 전체 수,

Q_V: 공공을 만드는 데 필요한 에너지,

T: 절대 온도,

k: 볼츠만 상수(Boltzmann's constant)

위 식에 의하면 상온에 있는 순수한 재료에서 존재하는 공공의 농도는 1억 개의 자리당 1개의 공공이 존재한다. 그러나 용융점(melting point) 바로 아래 온도에서 대부분 금속은 1만 개의 자리당 1개의 공공이 존재한다.

마찬가지로 이온 결합 물질(세라믹)에서도 프렌켈 결함의 농도 N_{fr}과 쇼트키 결함의 농도 N_s도 다음 2개 식에 의해 나타나며, 온도의 변화에 따라 모두 지수 함수적으로 거동한다.

$$N_{fr} = N\exp\left(-\frac{Q_{fr}}{2kT}\right) \tag{8.2}$$

여기서, Q_{fr}: 프렌켈 결함을 만드는 데 필요한 에너지

$$N_s = N\exp\left(-\frac{Q_s}{2kT}\right) \tag{8.3}$$

여기서, Q_s: 쇼트키 결함을 만드는 데 필요한 에너지

8.2 선 결함

1) 전위

선 결함은 점 결함과 마찬가지로 결함의 존재로 인해 완전한 공간 격자의 파손(손상)이 일어난다는 방식으로 정의할 수 있다. 선 결함이라는 말에서 알 수 있듯이, 선 결함 주위에서 손상은 선을 따라서 집중된다. 즉, 선 결함은 완벽한 한 면과 이웃한 다른 완벽한 한 면의 사이에 있는 경계(boundary)라고 간주할 수 있다. 이는 완전한 격자로 되어 있는 영역 가운데에 선 모양으로 형성되어 있는 격자의 손상이라고 할 수 있다. 선 결함은 1차원 결함이라고 하며, 전위(dislocation)라고도 부른다.

결정이 완전 결정이 아닌 일반적으로 사용되는 상용 금속 결정인 경우에는, 소성 변형이 일어나는 전단 응력은 이 결정이 완전 결정(perfect crystal)이라고 가정하여 얻은 이론적인 임계 분해 전단 응력(CRSS, theoretical Critical Resolved Shear Stress)보다 10배 정도 훨씬 낮은 응력에서 소성 변형이 일어난다. 이러한 실험 결과를 설명하기 위해 도입된 개념이 전위의 개념이다. 전위에 대한 개념은 전위가 발견되기 전인 1934년에 테일러(G. I. Tayler), 오로완(Von E. Orowan), 폴라니(Von M. Polanyi)에 의해 독립적으로 제안되었다. 그들은 소성 변형(plastic deformation)이 전위의 이론으로 설명될 수 있다고 주장하였다. 1950년에 헤지(J. M. Hedges)와 미첼(J. W. Mitchell)은 AgCl 결정에서 장식법(decoration technique)을 사용하여 처음으로 전위를 발견하였다. 이후 허시(Hirsch)와 볼만(Ballman)에 의해 투과전자 현미경(TEM, Transmission Electron Microscope)으로 관찰된 결정 내 전위의 존재가 하나의 정설로 받아들여졌다.

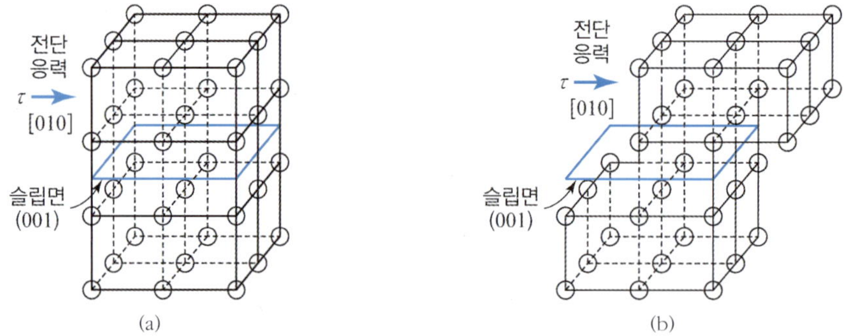

그림 8-5 금속 재료에서 전단 응력에 의해 일어나는 소성 변형
(a) 전단 변형 발생 전, (b) 전단 변형 발생 후

그림 8-5와 같이 8개의 단순 입방 단위정(simple cubic unit cell)으로 구성된 가상의 결정에 힘(전단 응력)을 가한다고 가정해보자.

이때 위쪽 4개의 단위정과 아래쪽 4개의 단위정 사이에 가상의 어떤 면(슬립이 일어나는 면)이 있다고 가정하자. 그리고 응력은 위쪽에 있는 4개의 단위정에 있는 원자에만 작용하여 그 원자들을 한 원자 거리만큼 모두 오른쪽으로 움직이게 한다고 가정하자. 또한 응력은 나머지 아래쪽에 있는 4개의 단위정에 있는 원자들에게는 힘을 미치지 못해, 원자들은 그대로 있다고 가정한다. 이때 8개의 단위정의 중앙에 있는 가상의 어떤 면에 평행하게 작용하는 힘의 성분을 전단 응력(shear stress)이라고 한다. 이 전단 응력에 의해 위쪽에 있는 4개의 단위정에 속한 원자들이 모두 오른쪽으로 한 원자 거리만큼 이동하는 현상을 소성 변형(plastic deformation)이라고 한다. 여기서 2개의 (001)면 사이의 중간에서 소성 변형이 일어나는 면을 슬립면(slip plane)이라고 한다. 이 슬립면의 위쪽에 있는 4개의 단위정이 모두 오른쪽으로 한 원자 거리만큼 이동하는 현상을 슬립(slip)이라고 한다. 그 결과, 결정 오른쪽 표면에는 계단이 만들어지며 그림 8-5(b)의 형태로 전단 변형이 일어난다.

전위는 생긴 모양에 따라 칼날 전위(인상 전위, edge dislocation), 나사 전위(screw dislocation), 혼합 전위(mixed dislocation)와 같이 3가지 종류로 구분된다. 혼합 전위는 1개의 결정에 칼날 전위 성분과 나사 전위 성분을 모두 가지고 있는 전위를 말한다.

그림 8-6은 단순 입방 격자에서 슬립이 일어날 때 슬립면 위쪽에 있는 원자들과 아래쪽에 있는 원자들의 움직임을 원자 규모(atomic scale)의 크기로 나타낸 것이다.

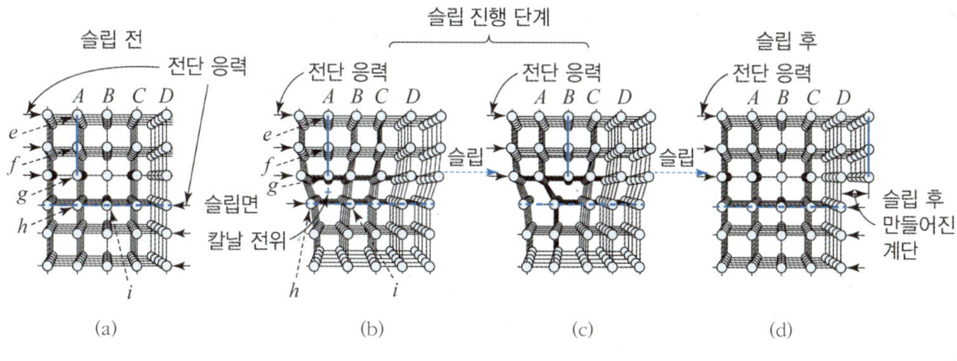

그림 8-6 금속 재료에서 슬립에 의해 일어나는 소성 변형

슬립면 위쪽에 있는 영역에는 전단 응력이 오른쪽으로 가해진다고 가정하고, 슬립면 아래쪽에 있는 영역에는 전단 응력이 왼쪽으로 가해진다고 가정하자. 이 경우 g로 표시한 원자열(g 원자의 뒤쪽에 있는 원자 모두를 포함)과 h로 표시한 원자열(h원자의 뒤쪽에 있는 원자를 모두 포함) 사이에 결합이 끊

어지게 되어, 그림 8-6(a)처럼 슬립면 위쪽에 있는 A열의 3개의 원자가 동시에 오른쪽으로 이동한다고 가정하자. 이렇게 생긴 슬립면 위쪽에 있는 A열의 3개의 원자(e, f, g)와 그 뒤에 있는 원자들은 슬립면 아래쪽에 있는 원자와 결합이 없는 상태이며, 이 불완전한 여분의 원자면을 잉여 반(평)면(extra half-plane)이라고 부른다. 이 잉여 반면의 아래쪽 끝(g)의 근처에서 형성된 격자 변형을 만드는 선형 결정 결함을 칼날 전위라고 한다. 잉여 반면은 슬립이 끝날 때까지 동시에 오른쪽으로 함께 이동하게 된다. 잉여 반면(A열의 3개 원자와 그 뒤에 있는 원자들)의 가장 아래쪽 끝(edge)이 전위이며, 원자 g의 뒤쪽을 따라서 배열되어있는 원자들을 전위선(dislocation line)이라고 부른다.

전단 응력이 결정에 계속 가해짐에 따라, 그림 8-6(b)처럼 잉여 반면의 g원자 및 그 뒤쪽(전위선을 만들고 있는 원자)에 있는 원자는 순차적으로 슬립면 아래쪽에 있는 i원자 및 그 뒤쪽에 있는 원자들과 결합을 만들게 된다. 이 과정을 소성 변형이라고 하며, 잉여 반면을 구성하고 있는 모든 원자(e, f, g 원자 및 뒤쪽에 있는 모든 원자)가 그림 8-6(d)와 같이 결정을 완전히 빠져나올 때까지 반복된다.

그림 8-6(b)와 (c)에 나타낸 전위를 칼날 전위라고 하며, ⊥[또는 ⊤: 잉여 반면이 슬립면의 아래쪽으로 존재하는 경우: 그림 8-8(b)]의 기호로 표시한다. 칼날 전위에서 잉여 반면이 슬립면의 위쪽 결정 내에 존재하면, 양의 칼날 전위(positive edge dislocation, ⊥)라고 하고, 잉여 반면이 슬립면의 아래쪽 결정 내에 존재하면, 음의 칼날 전위(negative edge dislocation, ⊤)라고 한다.

그림 8-7은 단순 입방 격자에서 슬립에 의해 형성되는 칼날 전위와 나사 전위를 나타낸 것이다. 그림 8-7(a)는 슬립에 의한 전단 변형이 일어나기 전을 나타내며, 슬립은 면 $ABCD$를 따라 일어난다고 가정하자. 또한 이때 전단 응력은 [010] 방향으로 가해지며, 이 전단 응력에 의해 면 $ABCD$의 아래쪽에 있는 직육면체를 구성하고 있는 원자들은 슬립되지 않고, 면 $ABCD$의 위쪽에 있는 직육면체에 있는 원자들만 슬립된다고 가정하자.

그림 8-6(b)와 (c)의 상태는 그림 8-7(b)와 같이 그릴 수 있으며, 이때 만들어지는 전위를 칼날 전위라고 한다. 여기서 면 $ABCD$[면 (001)]는 슬립면이다. 아랫면 (001)의 위에서 방향 [010]을 따라 전단 응력이 가해지며, 위쪽 면의 슬립에 의해 칼날 전위가 형성됨을 나타낸다. 면 $EFGH$는 잉여 반면이며, 잉여 반면의 아래쪽에 있는 선 EF는 전위선이다. 이 경우 슬립이 [010] 방향으로 $ABFE$에서 일어났다고 생각할 수 있다. 따라서 전위선 EF를 따라 결정 격자의 변형이 발생하며, 이러한 변형은 $ABFE$에서 일어나고, 슬립의 양이 감소하면 변형량도 감소한다. $ABFE$에서 변위 방향은 [010]으로 이 결정 구조에서 적층 결함이 만들어지지 않는 가장 작은 변위이다. 이 변위는 전위선 EF에서 몇 개 원자 거리에 있는 원자를 제외한 $ABFE$ 전 영역에 걸친 일정한 벡터량으로 전위의 특징을 나타내는 양이다. 이 양을 전위의 버거스 벡터(Burgers vector)라고 하며, 일반적으로 $\vec{b}$로 표시한다. 결정에서 버거스 벡터의 크기는 한 원자 간 이동 거리라고 생각하면 된다. 칼날 전위에는 잉여 반면이 존재하며, $\vec{b}$의 방향([010] 방향)과 슬립면($ABCD$)은 서로 평행하다. 또한 $\vec{b}$의 방향([010] 방향)과 전위선(EF)은 서로 수직 관계(90°)

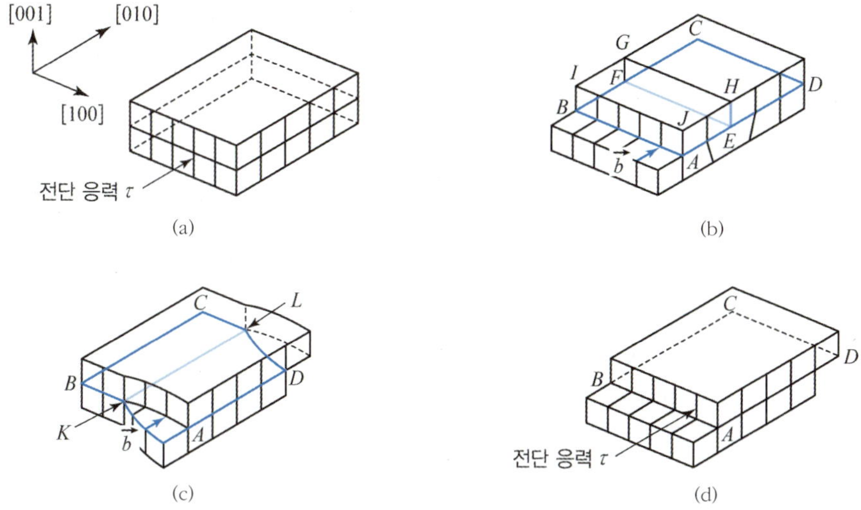

그림 8-7 금속 재료에서 전위에 의해 일어나는 소성 변형
(a) 전단 변형 발생 전, (b) 칼날 전위에 의한 변형
(c) 나사 전위에 의한 변형, (d) 전단 변형 발생 후

이다.

그림 8-7(c)와 같이 서로 평행한 두 판이 수직 방향으로 나선형 램프(또는 경사로) 모양으로 변형된 격자를 형성하는 선형 결정 결함을 나사 전위라고 한다. 나사 전위에서는 슬립면 *ABCD*의 위에 있는 전위선 *KL*이 $\vec{b}$의 방향([010] 방향)과 평행 관계이다. 즉, 전단 응력이 가해지는 $\vec{b}$의 방향으로 슬립이 일어나지만, 슬립의 진행 방향이 $\vec{b}$의 방향에 수직 방향으로 진행되는 점이 칼날 전위와 다르다. 즉, 나사 전위에서는 $\vec{b}$의 방향과 슬립의 진행 방향은 서로 수직(90°) 방향으로 진행된다.

칼날 전위[그림 8-7(b)]에서는 전단 응력이 슬립면 위에 있는 모든 결정에 동일하게 가해진다. 따라서 *ABEF*와 *GHIJ*로 만들어지는 직육면체 내에 있는 모든 원자가 동시에 $\vec{b}$의 방향으로 슬립이 일어나며, 그 결과 잉여 반면(*EFGH*)이 만들어진다. 이 잉여 반면은 왼쪽에서 오른쪽으로 동시에 이동하며 슬립이 진행된다. 그러나 나사 전위에서는 전단 응력이 슬립면 위에 있는 전체 결정에 동시에 가해지는 것이 아니라, 오른쪽 부분(*ADKL*)에 속한 원자들에 먼저 가해진 후 왼쪽 부분(*KLBC*)으로 순차적으로 전달된다. 따라서 슬립 진행 방향은 $\vec{b}$의 방향과 수직으로 진행된다. 나사 전위에서 *KL*은 전위선이며, 잉여 반면은 존재하지 않는다. 따라서 나사 전위는 잉여 반면이 없고, $\vec{b}$의 방향([010] 방향)과 슬립면(*ABCD*)은 서로 수직하며, $\vec{b}$의 방향([010] 방향)과 전위선(*KL*)은 서로 평행 관계이다.

나사 전위에는 나선의 성질에 따라 오른손 나사 전위(right-handed screw dislocation, S)와 왼손 나사 전위(left-handed screw dislocation, Ƨ)의 2가지가 있다. 그림 8-7(b)의 칼날 전위에 의한 슬립과 그림 8-7(c)의 나사 전위에 의한 슬립으로 만들어지는 결정의 형상은 동일하며, 이 결과를 그림 8-7(d)에 나타냈다. 그림 8-7(d)에서 전위가 왼쪽에서 오른쪽으로 움직이면 결정에서 슬립이 일어난 영역이 증가한다. 전위가 CD에서 표면에 도달한 후 결정을 빠져나가면, 슬립면 위에 있는 전체 결정이 슬립면 아래에 있는 결정에 대해 [010] 방향으로 한 원자 간 이동된다.

그림 8-8은 2가지 종류의 칼날 전위와 2가지 종류의 나사 전위를 나타낸 것이다.

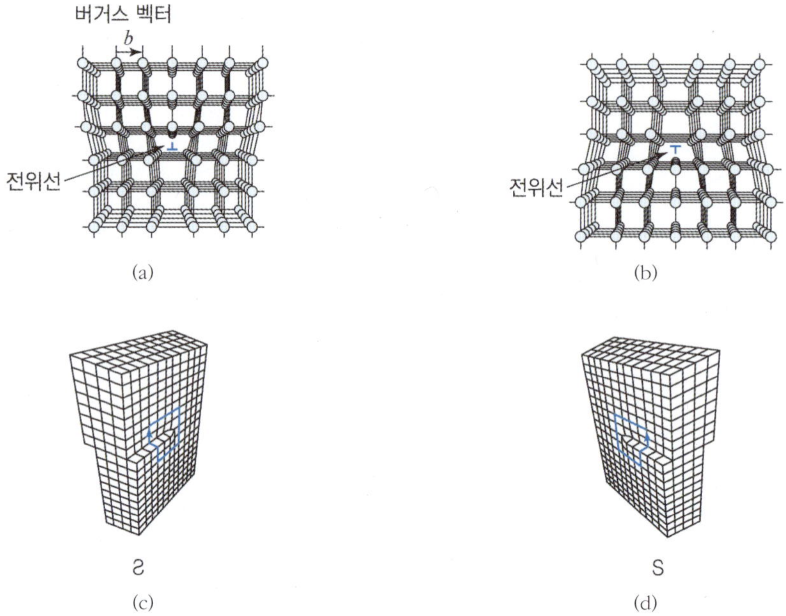

그림 8-8 칼날 전위와 나사 전위 비교
(a) 양의 칼날 전위, (b) 음의 칼날 전위
(c) 왼손 나사 전위, (d) 오른손 나사 전위

그림 8-9는 혼합 전위의 모습을 나타낸 것이다.

한 결정 내에 존재하는 전위가 칼날 전위와 나사 전위 성분을 모두 가지고 있을 때 혼합 전위라고 한다. 실제 결정 재료에서 발견되는 대부분의 전위는 순수한 칼날 전위도 아니고, 순수한 나사 전위도 아닌, 2가지 전위(칼날 전위 및 나사 전위)의 성분을 모두 가지는 혼합 전위를 나타낸다.

그림 8-9에서 $ABCD$면이 슬립이 일어나는 면이고, EF가 칼날 전위의 잉여 반면이다. IF는 칼날 전위의 전위선이고, GH는 나사 전위의 전위선에 해당된다(여기서, GH는 직선이라고 가정한다). 이 결정 앞면의 G에서 시작된 나사 전위의 전위선(GH)은 직선을 유지하다가, 점 H에서 휘어지기 시작하여 임의의 점 I로 연결된다. 그리고 점 I에서 칼날 전위의 전위선(IF)은 직선을 유지하며 잉여 반면 EF로 연결된다. 결과적으로, 이 결정의 우측 옆면에 칼날 전위를 만들게 된다. 따라서 그림 8-9의 결정

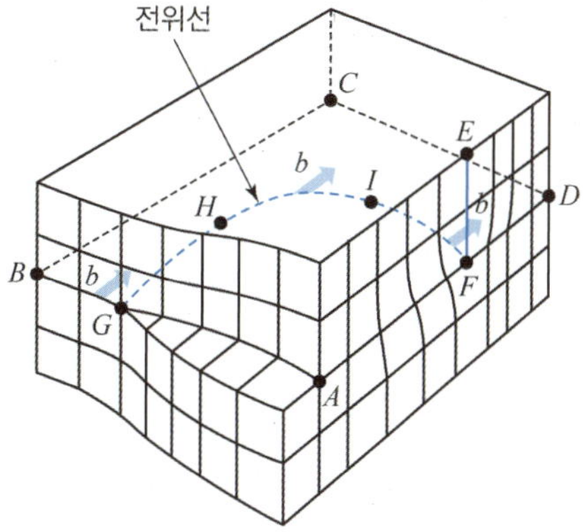

그림 8-9 혼합 전위: 1개의 결정 내에 칼날 전위와 나사 전위가 함께 존재한다.

은 칼날 전위의 성분과 나사 전위의 성분을 모두 가지고 있는 혼합 전위가 된다.

일반적으로 전위선과 버거스 벡터는 임의의 각을 만들 수 있고, 그림 8-9와 같이 전위선은 곡선이 될 수 있다. 결정의 앞면에서는 $\vec{b}$의 방향과 전위선(GH)이 평행하여 나사 전위의 형상을 나타내지만, 결정의 오른쪽면의 표면에서는 $\vec{b}$의 방향과 전위선(IF)이 수직하여 칼날 전위의 형상을 나타냄을 알 수 있다.

2) 버거스 회로

일반적으로 결정(특히, 금속)에는 소성 변형을 하지 않아도 다수의 전위가 포함되어 있다. 1 cm^3의 체적을 가지는 결정에 존재하는 전위의 길이는 약 10^8 cm 정도이며, 이는 결정의 종류나 여러 조건에 따라 달라진다. 결정 내에서 전위의 존재 유무는 그림 8-10과 같이 버거스 회로(Burgers circuit)를 그려서 판

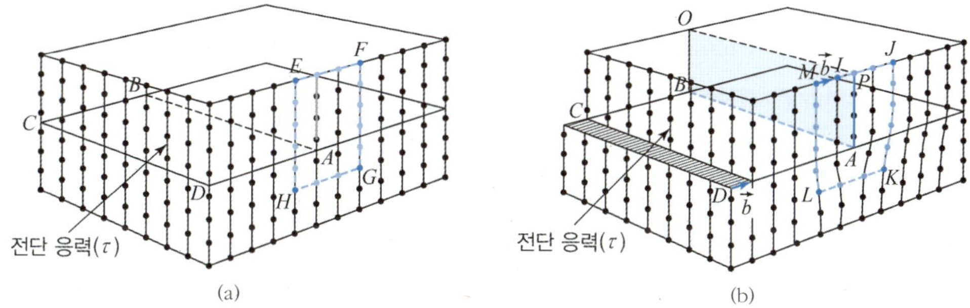

그림 8-10 전단 응력에 의한 소성 변형 시 만들어지는 칼날 전위에서 버거스 회로
(a) 소성 변형 전, (b) 소성 변형 후

단할 수 있다.

여기서 그림 *ABCD* 면이 슬립이 일어나는 면이고, 슬립에 의해 칼날 전위가 만들어진다고 가정하자. 전위가 존재하지 않는 그림 8-10(a)에서 한 격자점(*E*)을 시작점으로 하여 각 방향으로[오른쪽으로 3칸 이동(격자점 *F*) → 아래쪽으로 5칸 이동(격자점 *G*) → 왼쪽으로 3칸 이동(격자점 *H*) → 위쪽으로 5칸 이동(격자점 *E*)] 격자 병진을 같은 길이만큼 행하면, 시작점과 끝점이 일치하게 된다.

그러나 슬립에 의해 전위가 만들어지는 경우인 그림 8-10(b)에서는 한 격자점(*I*)을 시작점으로 하여 각 방향으로[오른쪽으로 3칸 이동(격자점 *J*) → 아래쪽으로 5칸 이동(격자점 *K*) → 왼쪽으로 3칸 이동(격자점 *L*) → 위쪽으로 5칸 이동(격자점 *M*)] 격자 병진을 같은 길이만큼 행하면, 시작점(*I*)과 끝점(*M*)이 서로 일치하지 않게 된다. 즉, 칼날 전위의 잉여 반면(*ABOP*)의 존재로 인해 격자 병진 이동을 한 후, 시작점(*I*)과 끝점(*M*)이 서로 만나지 않는다. 그림 8-10(a)와 같이 격자 병진 이동을 한 후에 출발점과 시작점이 일치하면, 결정의 그 부분에는 칼날 전위가 존재하지 않는 것이며, 그림 8-10(b)와 같이 격자 병진 이동을 한 후에 출발점과 시작점이 일치하지 않으면, 그 부분에 칼날 전위가 존재하는 것이다.

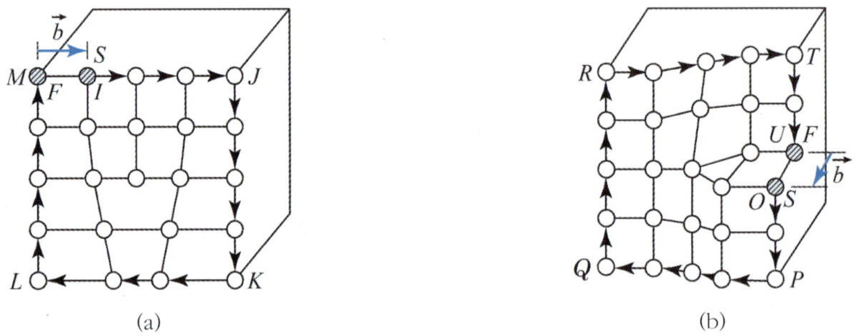

그림 8-11 칼날 전위와 나사 전위에서 만들어지는 버거스 회로의 비교
(a) 칼날 전위의 버거스 회로, (b) 나사 전위의 버거스 회로

그림 8-11(a)는 그림 8-10(b)에서 결정의 옆부분만을 다시 나타낸 것이다. 그림 8-11(a)와 같이 칼날 전위의 잉여 반면이 존재하는 결정에서 시작점(*I*)에서 격자 병진 이동하여 끝점(*M*)까지 연결하면, 회로가 닫히지 않고 열려 있다. 끊어져(열려) 있는 회로를 연결하여 닫으려면, 시작점(*I*)과 끝점(*M*) 사이를 연결할 한 개의 [010] 방향 벡터를 더해야 한다. 회로를 닫아주는 이 [010] 방향 벡터를 버거스 벡터[Burgers vector 또는 병진 벡터(translation vector)]라고 한다. 즉, 시작점과 끝점이 일치하지 않을 때, 결정에서 회로를 닫아(연결)주는 격자 벡터를 그 전위의 버거스 벡터라고 하며, 이는 한 원자 간 이동 거리를 의미한다. 또한 한 격자점에서 옆에 있는 격자점으로 연결을 계속하여 처음 출발점까지 이어진 회로를 버거스 회로(Burgers circuit)라고 한다.

그림 8-11(b)는 나사 전위에서 버거스 회로와 버거스 벡터를 나타낸 것이며, 칼날 전위에 나타낸 것과 같은 원리로 그리면 된다. 즉, 나사 전위가 만들어진 결정에서 버거스 회로를 그리면, 한 격자점(O)을 시작점으로 하여 각 방향으로[아래쪽으로 2칸 이동(격자점 P) → 왼쪽으로 4칸 이동(격자점 Q) → 위쪽으로 4칸 이동(격자점 R) → 오른쪽으로 4칸 이동(격자점 T) → 아래쪽으로 2칸 이동(격자점 U)] 격자 병진을 같은 길이만큼 하면 시작점(O)과 끝점(U)이 서로 일치하지 않게 된다.

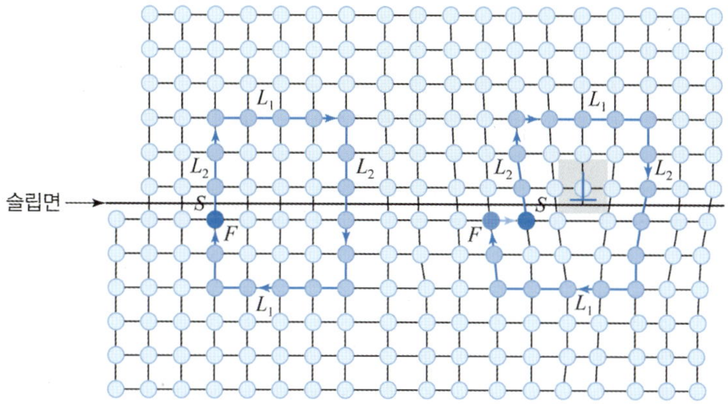

그림 8-12 버거스 회로와 버거스 벡터

그림 8-12는 버거스 회로와 버거스 벡터를 나타낸 것이다. 왼쪽[이상(ideal) 결정] 그림과 같이 버거스 회로를 그리는 방향을 오른손 나사(RH screw, right-hand screw) 방향으로 하고, 버거스 벡터의 방향을 오른쪽 그림의 칼날 전위가 있는 결정에서 F에서 S로 하는 것처럼, 경로의 끝점에서 시작점(FS, from the finish to the start)으로 잡아주는 관습(convention)을 FS/RH 관습이라고 한다.

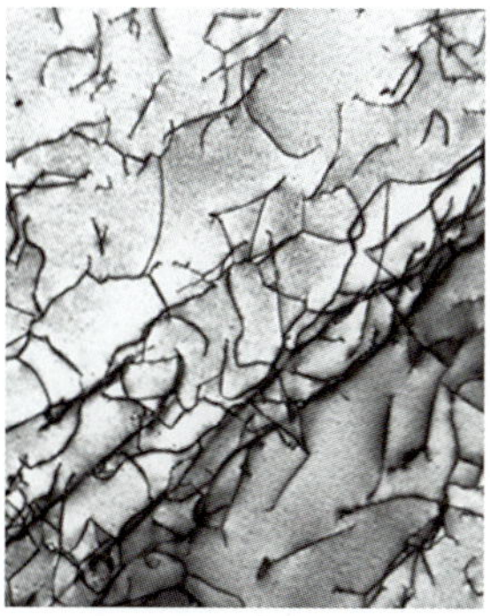

그림 8-13 Ti 합금에서 소성 변형에 의해 일어나는 전위의 모습(배율: 51,450)
출처: https://www.youtube.com/watch?v=BV1cxwxnhPs

그림 8-13은 Ti 합금에서 실제로 투과 전자 현미경(TEM)으로 관찰한 전위의 모습을 나타낸 것이다. 검은색의 실선들이 전위의 모습이다.

3) 전위의 상승

그림 8-6과 같이 결정에 전단 응력이 가해지면, 슬립에 의해 전위가 결정 내에서 움직인다(칼날 전위). 이 경우, 슬립면의 위쪽에 있는 원자 g와 아래쪽에 있는 원자 h 사이에 결합이 끊어지고, 다시 원자 g가 원자 i와 결합된다. 이 과정이 순차적으로 진행되면서 전위가 오른쪽으로 움직인다. 이렇게 원자의 추가나 제거가 없이 전위가 움직이는 것을 슬립이라고 한다. 그러나 원자의 추가 또는 제거에 의해 전위가 움직이는 경우를 고려해보자.

그림 8-14는 잉여 반면을 가지고 있는 칼날 전위의 단면을 나타낸 것이다.

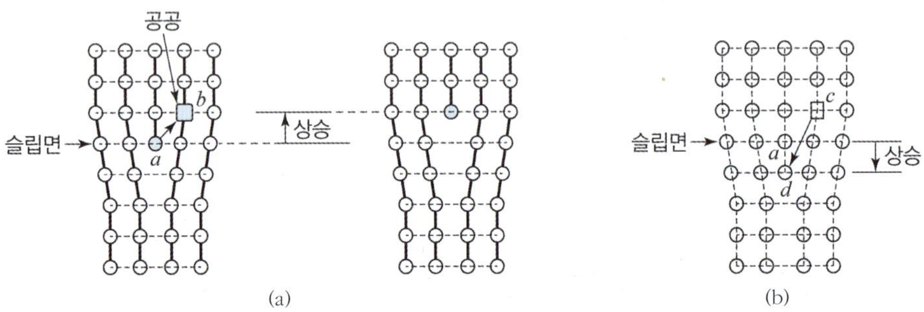

그림 8-14 칼날 전위에서 전위의 상승(climb)에 의해 잉여 반면이 (a) 짧아지는 모습, (b) 길어지는 모습

잉여 반면의 가장 아래에 있는 원자(a)가 주변에 있는 공공(b)으로 움직이면 이 칼날 전위의 잉여 반면의 길이가 짧아지며, 칼날 전위가 슬립면의 위쪽으로 움직인다[그림 8-14(a)]. 반대로, 하나의 원자가 원자(a)의 아래로 추가되어 원자(d)가 만들어지면 이 칼날 전위의 잉여 반면의 길이가 길어지며, 칼날 전위가 슬립면의 아래쪽으로 움직인다[그림 8-14(b)]. 두 경우에서 전위가 슬립면의 위쪽으로 움직이면 잉여 반면의 길이가 짧아지고, 슬립면의 아래쪽으로 움직이면 잉여 반면의 길이가 길어진다.

이러한 두 가지 경우는 모두 원자의 확산 과정에 의해 일어나며, 잉여 반면의 아래로부터 원자가 제거되거나 추가됨으로써 전위가 움직이는 현상을 전위 상승(dislocation climb)이라고 한다. 전위 상승은 원자의 확산 과정에 의해 일어나므로 잉여 반면의 주위에 공공의 존재와 원자의 확산에 필요한 적당한 온도가 필수적이다. 그러나 전위가 슬립에 의해 움직일 때는 잉여 반면 아래쪽으로 여분의 원자가 만들어지거나 또는 잉여 반면으로부터 원자가 제거되어야 할 필요가 없다. 따라서 슬립에 의한 전위의 움직임이 전위 상승에 의한 전위의 움직임보다 훨씬 빨리 이루어진다.

4) 슬립계

슬립 현상에서 결정면을 구성하고 있는 원자의 조밀함(조밀도)에 따라 슬립이 얼마나 쉽게 일어나는지가 달라진다. 즉, 어떤 특정한 결정면에서 슬립이 가장 쉽게 일어나면, 슬립의 대부분은 주로 그 결정면에서 일어난다. 슬립은 원자가 가장 조밀하게 배열된 결정면에서 일어나며, 원자가 가장 조밀하게 배열되어 있는 방향으로 일어난다. 슬립이 일어나는 가장 조밀한 면(close-packed plane)과 그 면에 있는 가장 조밀한 방향(close-packed direction)을 슬립계(slip system)라고 한다. 금속에서 슬립은 원자 밀도가 가장 높은 면에서 일어난다. 또한 금속에서 슬립이 일어나는 방향은 원자들이 가장 조밀하게 배열된 방향으로, 이 방향에서 한 원자 간 이동 거리($\vec{b}$, 버거스 벡터)가 가장 짧기 때문에 슬립이 일어난다.

그림 8-15와 같이 면심 입방(FCC) 구조를 예로 들어 슬립계를 설명하겠다.

그림 8-15(a)의 FCC 구조에서 가장 조밀한 면은 (111)면이고, 그림 8-15(b)는 이를 나타낸 것이다. 물론 FCC 단위정에는 (111)면 외에도 {111}면족(plane family)에 속하는 다른 면들이 있지만, 편의상 (111)면으로 설명하겠다. 1개의 FCC (111)면에는 3개의 가장 조밀한 [110] 방향이 존재한다. 물론 {111}면족(plane family)에 속해 있는 어떤 (111)면에 존재하는 가장 조밀한 방향도 ⟨110⟩ 방향족(direction family)의 한 방향이 될 것이다. 따라서 FCC에서 슬립은 가장 조밀한 면인 어떤 (111)면에서 가장 조밀한 방향인 어떤 [110] 방향으로 일어나게 될 것이다. 또한 비교를 위해 그림 8-15(c)에 가장 조밀한 면이 아닌 FCC (100)면을 나타냈다. (100)면에도 가장 조밀한 방향이 있지만, (100)면이 가장 조밀한 면이 아니므로 (100)면에서 [011] 방향으로 슬립은 일어나지 않는다. 그림 8-15(a)에 나타낸 (111)면에서 가장

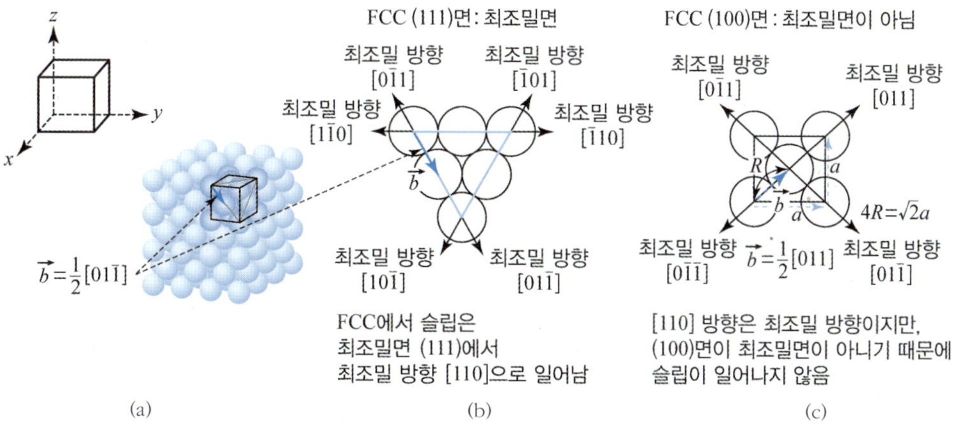

그림 8-15 면심 입방(FCC) 구조에서 최조밀면인 (111)면과 최조밀면이 아닌 (100)면의 비교

조밀한 방향인 $[01\bar{1}]$ 방향으로 슬립이 일어나는 경우 버거스 벡터 $\vec{b}$의 크기는 다음과 같이 표현된다.

$$\vec{b} = \frac{1}{2}[01\bar{1}] \tag{8.4}$$

식 (8.4)는 FCC의 가장 조밀한 면인 (111)면에서 가장 조밀한 방향인 $[01\bar{1}]$ 방향으로 $\frac{1}{2}$만큼의 거리를 가면 FCC에서 버거스 벡터 $\vec{b}$에 해당된다는 의미이다. 이 경우 버거스 벡터 $\vec{b}$의 크기는 격자상수 a와 다음과 같은 관계가 있다.

$$\vec{b} = \frac{\sqrt{2}\,a}{2} = 0.707a \tag{8.5}$$

대부분 금속은 상온에서 3가지 결정 구조인 체심 입방(BCC, Body-Centered Cubic) 구조, 면심 입방(FCC, Face-Centered Cubic) 구조, 육방 조밀 충전(HCP, Hexagonal Close-Packed) 구조 중에서 한 가지를 가진다. 표 8-1은 이들 결정 구조에서의 주요 슬립계를 나타낸 것이다.

첫 번째로 면심 입방 구조의 슬립계를 살펴보자. 그림 8-16과 같이 면심 입방 구조에서 원자 배열이 가장 조밀한 면은 {111}이며, 이 면에서 슬립이 일어난다. 또한 면심 입방 구조에서 에너지가 가장 작은 완전 전위의 버거스 벡터는 가장 짧은 격자 병진 벡터인 $\vec{b} = \frac{1}{2}\langle 110\rangle$이다. 이 ⟨110⟩ 방향은 {111}면에 속하면서 원자 배열이 가장 조밀한 방향이므로 슬립이 일어나는 방향이 되어, FCC의 슬립계는 {111}⟨110⟩이 된다. FCC의 슬립면은 4개이며[(111), $(\bar{1}11)$, $(1\bar{1}1)$, $(11\bar{1})$], 각 슬립면은 3개의 조밀한 방향을 가지고 있다. 따라서 FCC의 주요 슬립계는 12개이다.

표 8-1 일반 금속 재료에서 주요 슬립계

결정 구조	슬립면	슬립 방향	슬립계의 수 (슬립면 수×슬립 방향)	단위정에서 슬립계의 모양	예
BCC	{110} {112} {123}	$\langle \bar{1}11 \rangle$ $\langle 11\bar{1} \rangle$ $\langle 11\bar{1} \rangle$	6×2=12 12×1=12 24×1=24	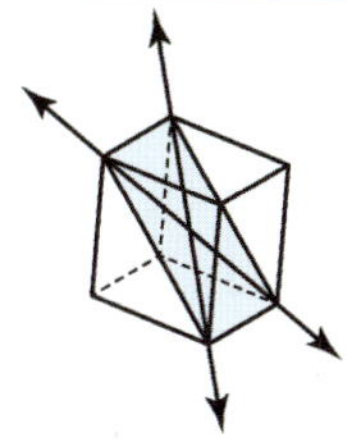	α-Fe, Mo, W
FCC	{111}	$\langle 1\bar{1}0 \rangle$	4×3=12	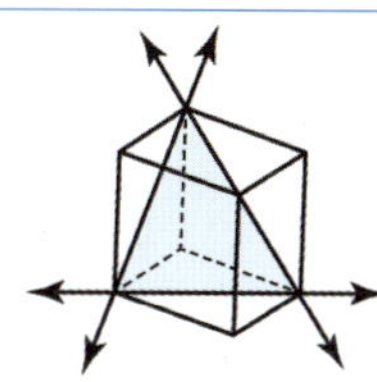	Al, Cu, γ-Fe, Ni
HCP	(0001) $(10\bar{1}0)$	$\langle 11\bar{2}0 \rangle$ $\langle 1\bar{2}10 \rangle$	1×3=3 3×1=3	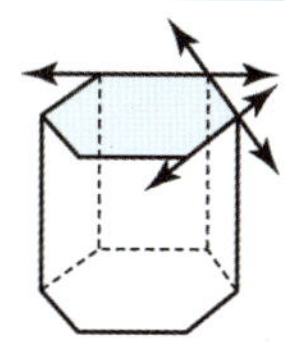	Cd, Mg, α-Ti, Zn

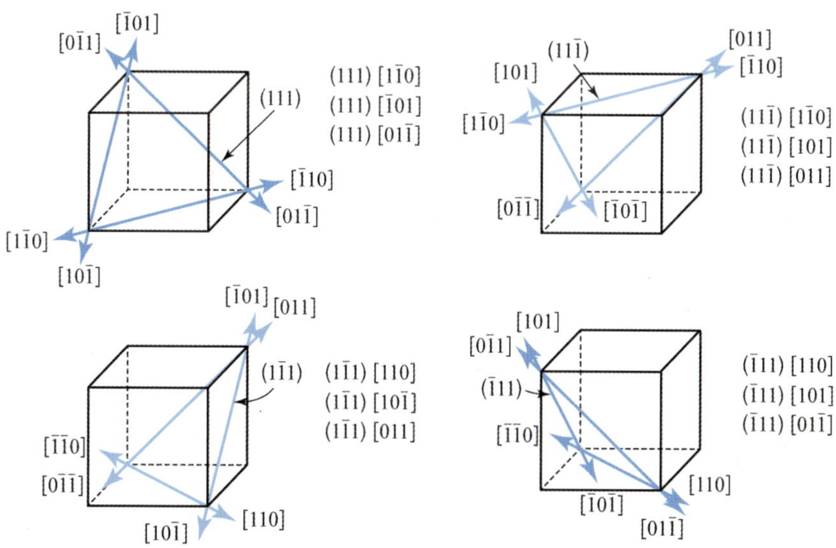

그림 8-16 면심 입방(FCC) 구조에 존재하는 12개의 슬립계(슬립면과 슬립 방향)

두 번째로 체심 입방(BCC) 구조의 슬립계를 살펴보자.

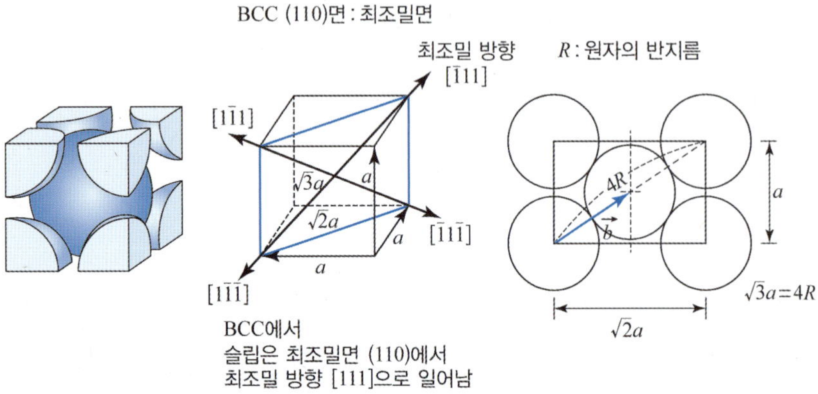

그림 8-17 체심 입방(BCC) 구조에서 최조밀면인 (110)면과 최조밀 방향인 [111] 방향

체심 입방에서 원자 배열이 가장 조밀한 면은 그림 8-17과 같이 {110}이다. 그러나 체심 입방에서는 {110}면 외에도 {112}면, {123}면의 원자 밀도가 {110}면과 거의 비슷하다. 따라서 이 3개의 면에 대해 고려해보자.

먼저, {110}면을 조밀면으로 하는 슬립계를 살펴보자. 체심 입방 구조에서 {110}면을 조밀면으로 하는 경우 슬립계는 6개가 존재한다. 각각의 면에 속하는 가장 조밀한 방향은 ⟨$\bar{1}$11⟩로, 슬립계는 면당 2개가 존재한다. 따라서 슬립면은 {110}이고, 슬립 방향이 ⟨$\bar{1}$11⟩인 슬립계는 12개이다.

그림 8-18(a)는 {110}⟨$\bar{1}$11⟩의 슬립계를 나타낸 것이다. 다음으로 슬립면이 {112}이고 슬립 방향이 ⟨11$\bar{1}$⟩인 슬립계를 살펴보자. {112}면이 12개가 있으며, 이 면 위에 ⟨11$\bar{1}$⟩의 조밀한 방향이 1개 존재하므로 그림 8-18(b)와 같이 12개의 슬립계가 존재한다. 마지막으로 슬립면이 {123}이고, ⟨11$\bar{1}$⟩인 슬립계를 살펴보자. 슬립면 {123}이 24개 존재하며, 이 면 위에 ⟨11$\bar{1}$⟩의 조밀 방향이 1개이다. 따라서 24개의 슬립계가 존재한다. 그림 8-18(c)는 {123}⟨11$\bar{1}$⟩의 슬립계를 나타낸 것이다.

지금까지 살펴본 바와 같이 체심 입방에서 주요 슬립계는 3가지 조밀면 {110}, {112}, {123}에서 존재하는 조밀 방향을 고려하면, 총 48개의 슬립계가 존재한다.

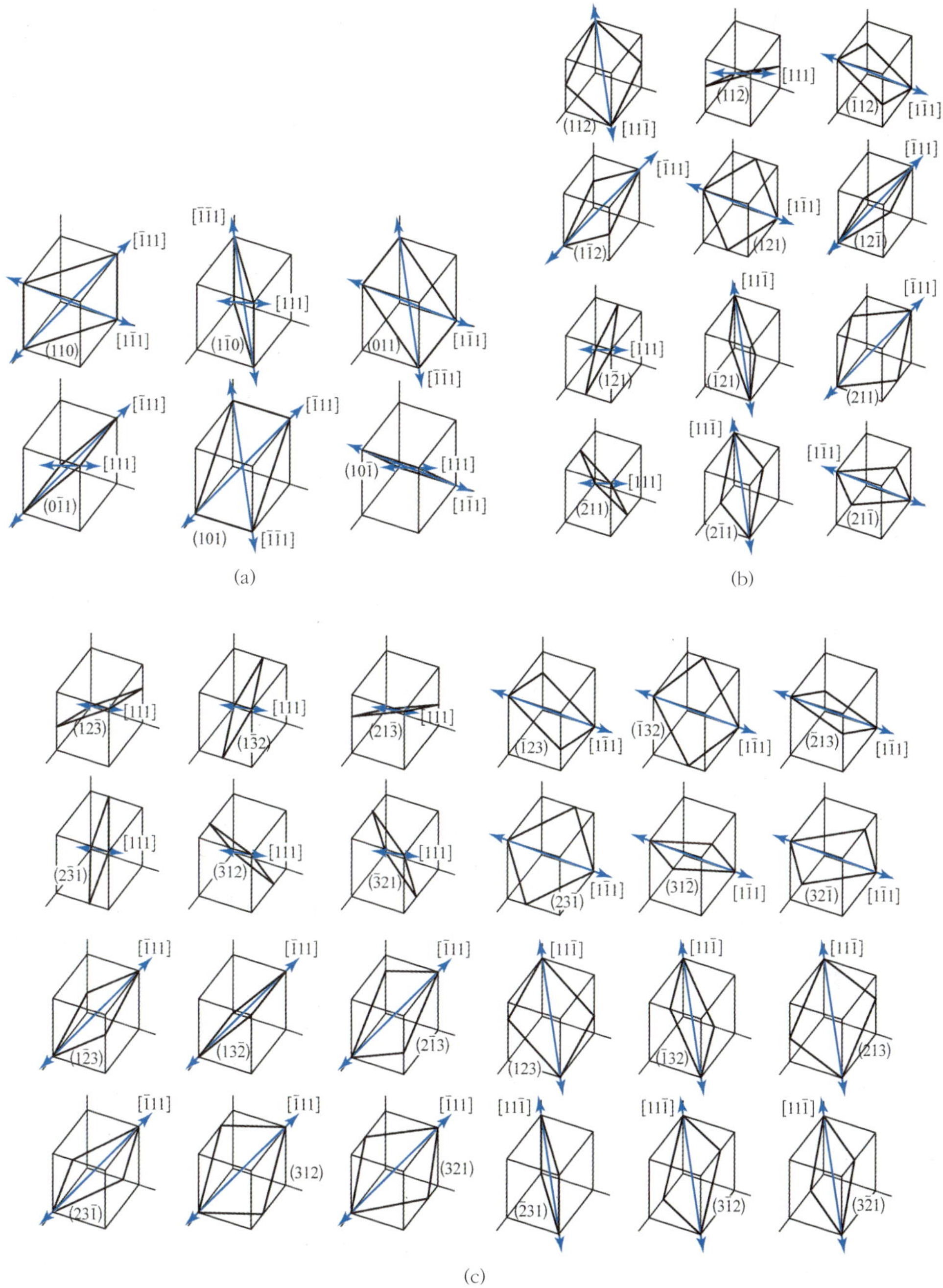

그림 8-18 체심 입방(BCC) 구조에 존재하는 48개의 슬립계[슬립면과 슬립 방향]

(a) 총 12개의 슬립계: 6개의 슬립면 {110}면, 각 슬립면당 2개의 슬립 방향 ⟨$\bar{1}11$⟩

(b) 총 12개의 슬립계: 12개의 슬립면 {112}면, 각 슬립면당 1개의 슬립 방향 ⟨$11\bar{1}$⟩

(c) 총 24개의 슬립계: 24개의 슬립면 {123}면, 각 슬립면당 1개의 슬립 방향 ⟨$11\bar{1}$⟩

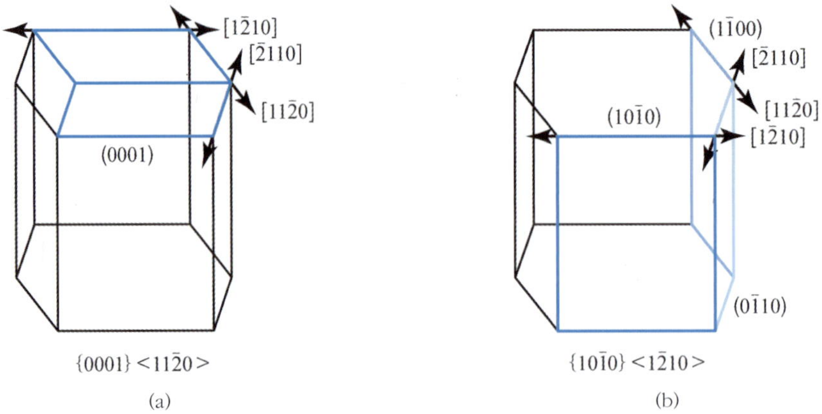

그림 8-19 육방 조밀 충전(HCP) 구조에 존재하는 6개의 슬립계(슬립면과 슬립 방향)
(a) 총 3개의 슬립계: 1개의 슬립면 $\{0001\}$면, 슬립면당 3개의 슬립 방향 $\langle 11\bar{2}0\rangle$
(b) 총 3개의 슬립계: 3개의 슬립면 $\{10\bar{1}0\}$면, 각 슬립면당 1개의 슬립 방향 $\langle 1\bar{2}10\rangle$

마지막으로 육방 조밀 충전(HCP)의 슬립계를 살펴보자.

그림 8-19와 같이 육방 조밀 충전 구조에서 최대 원자 조밀면은 $\{0001\}$과 $\{10\bar{1}0\}$이다. $\{0001\}$에 속하는 면은 (0001)의 1개이며, 이 면에 속하는 원자 조밀 방향은 $\langle 1\bar{2}10\rangle$이다. 육방 조밀 충전에서 (0001)면당 3개의 원자 조밀 충전 방향($[11\bar{2}0]$, $[\bar{2}110]$, $[1\bar{2}10]$)이 있다. 따라서 슬립면이 (0001)이고, 슬립 방향이 $\langle 1\bar{2}10\rangle$인 슬립계는 3개이다.

또한 슬립면이 $\{10\bar{1}0\}$인 경우를 살펴보자. 슬립면 $\{10\bar{1}0\}$에 속하는 면은 3개가 존재하며, 각 면당 1개의 원자 조밀 방향 $\langle 1\bar{2}10\rangle$이 존재한다. 따라서 슬립면이 $\{10\bar{1}0\}$이고 슬립 방향이 $\langle 1\bar{2}10\rangle$인 슬립계는 3개이다. 육방 조밀 충전의 슬립계의 전체 수는 6개이다.

대부분 금속은 3가지 구조(면심 입방 구조, 체심 입방 구조, 육방 조밀 충전 구조)에 속하며, 앞에서 언급한 슬립계를 가진다. 육방 조밀 충전 구조에서 슬립계의 수는 면심 입방 구조의 슬립계의 수에 비해 적다. 따라서 육방 조밀 충전 구조를 가지는 금속들은 면심 입방 구조를 가지는 금속에 비해 변형(슬립)이 상대적으로 일어나기 어렵다. 또한 체심 입방 구조를 가지는 금속에서 슬립계의 수는 48개이며, 이는 면심 입방 구조를 가지는 금속들의 슬립계 수(12개)에 비해 많지만, 체심 입방 구조의 슬립면이 면심 입방 구조에 비해 덜 조밀하기 때문에, 체심 입방 구조를 가지는 금속은 면심 입방 구조를 가지는 금속에 비해 슬립이 상대적으로 일어나기 어렵다.

그림 8-20은 FCC, BCC, HCP에서 버거스 벡터의 크기 $\vec{b}$를 격자상수 a와 비교하여 나타낸 것이다.

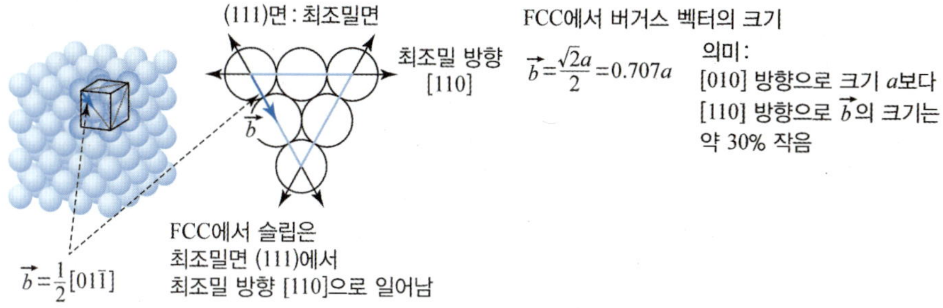

(a)

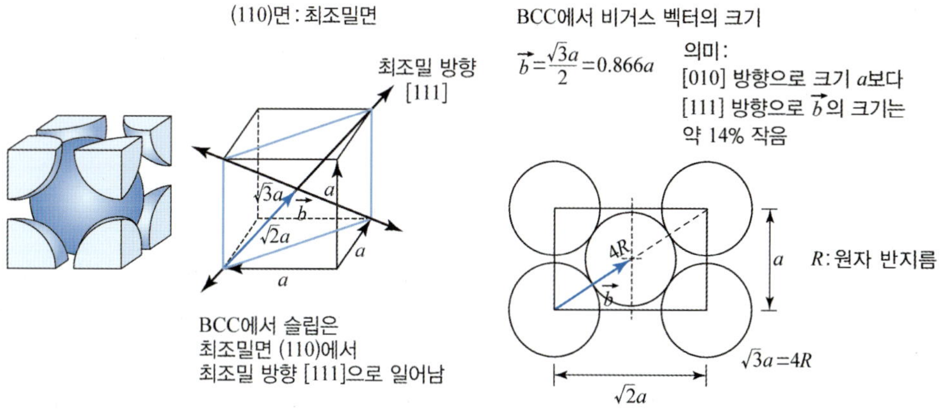

(b)

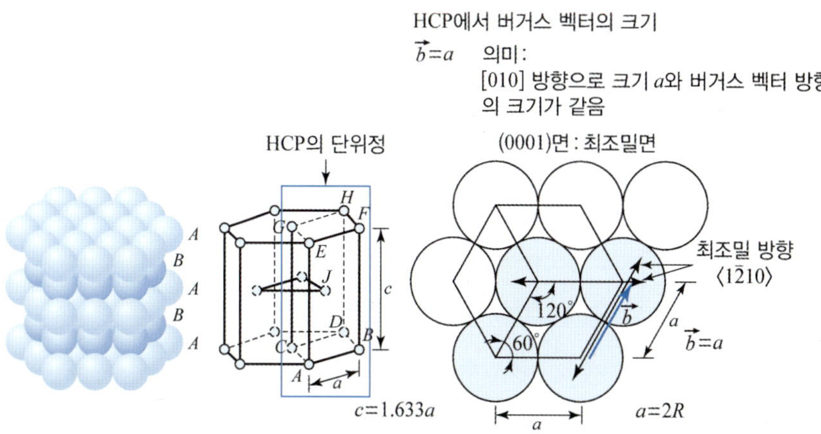

(c)

그림 8-20 버거스 벡터 $\vec{b}$의 크기 비교
(a) 면심 입방(FCC) 구조, (b) 체심 입방(BCC) 구조, (c) 육방 조밀 충전(HCP) 구조

전위가 결정 내에 존재할 경우 전위의 탄성에너지로 인해 자유에너지가 증가한다. 이때 에너지의 크기는 버거스 벡터 크기의 제곱에 비례한다. 따라서 버거스 벡터의 크기가 작을수록 자유에너지의 증가가 작아지므로 전위는 최대 조밀 방향으로 이동한다. 원자가 조밀하게 배열되어 있는 방향일수록 원자 사이의 거리가 짧아서 원자 변위 벡터, 즉 버거스 벡터의 크기(한 원자 간 이동 거리)를 최소로 할 수 있기 때문이다. 따라서 완전 전위의 버거스 벡터는 격자 병진 벡터 중에서 가장 짧은(크기가 작은) 벡터가 된다.

표 8-2는 FCC, BCC, HCP에서 버거스 벡터의 크기를 비교하여 나타낸 것이다.

표 8-2 면심 입방(FCC), 체심 입방(BCC), 육방 조밀 충전(HCP) 구조에서 버거스 벡터 $\vec{b}$의 크기 비교

결정 구조	버거스 벡터의 크기
FCC	$\vec{b}=\frac{\sqrt{2}a}{2}=0.707a$
BCC	$\vec{b}=\frac{\sqrt{3}a}{2}=0.866a$
HCP	$\vec{b}=a$

FCC에서 버거스 벡터의 크기($\vec{b}=0.707a$)가 BCC에서 버거스 벡터의 크기($\vec{b}=0.866a$)보다 작기 때문에 FCC에서 슬립이 더욱 잘 일어나며, 이 때문에 FCC 구조를 가지는 금속의 연성(ductility)이 BCC 구조를 가지는 금속보다 우수하다. 물론 FCC의 {111}면이 BCC의 {110}면에 비해 더욱 조밀한 면이므로, FCC에서 슬립이 더 잘 일어난다. 또한 HCP에서 버거스 벡터의 크기($\vec{b}=a$)는 격자상수 a와 같고, FCC의 버거스 벡터의 크기에 비해 크기 때문에 HCP에서 변형이 일어나기 어렵다.

표 8-3은 여러 가지 금속의 슬립계를 나타낸 것이다.

표 8-3 여러 가지 금속의 슬립계

결정 구조	금속	슬립면	슬립 방향	슬립계의 수
FCC	Cu, Al, Ni, Ag, Au	{111}	$\langle 1\bar{1}0\rangle$	12
BCC	α-Fe, W, Mo	{110}	$\langle \bar{1}11\rangle$	12
	α-Fe, W	{211}	$\langle \bar{1}11\rangle$	12
	α-Fe, K	{321}	$\langle \bar{1}11\rangle$	24
HCP	Cd, Zn, Mg, Ti, Be	{0001}	$\langle 11\bar{2}0\rangle$	3
	Ti, Mg, Zr	$\{10\bar{1}0\}$	$\langle 11\bar{2}0\rangle$	3
	Ti, Mg	$\{10\bar{1}1\}$	$\langle 11\bar{2}0\rangle$	6

- FCC & BCC: 슬립계가 많음. 상당한 소성 변형(연성)
  ※ BCC의 일부 슬립계는 고온에서만 작용
- HCP: 슬립계가 적음. 취성이 강함

금속 이외의 결정에서 슬립계를 고려할 때는 원자 충전 구조뿐만 아니라, 다른 요소들도 함께 고려해야 한다. 예를 들어, 세라믹과 같은 이온 결합을 하고 있는 결정에서 전위가 움직일 때, 이온이 지니고 있는 전하도 함께 움직이므로 이온의 전하도 고려해야 한다.

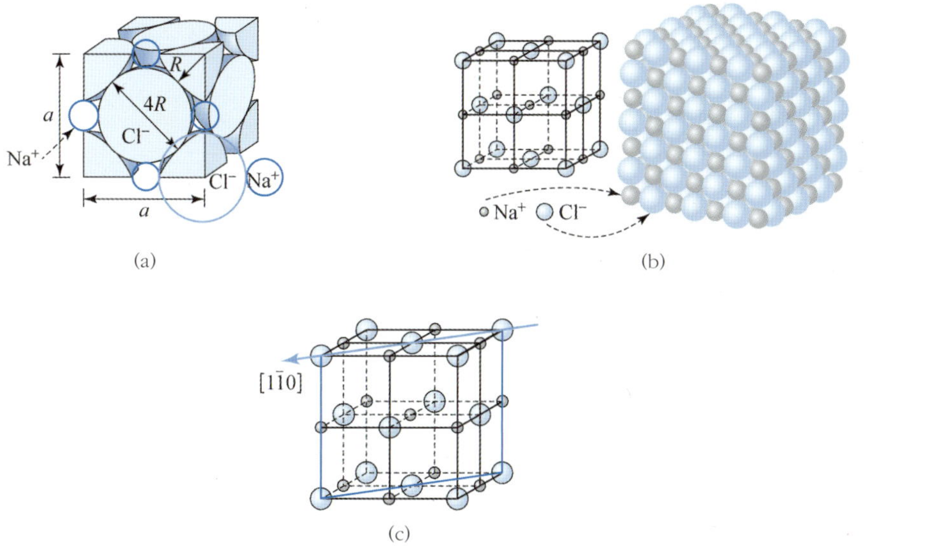

그림 8-21 이온 결합 물질인 NaCl과 슬립계
(a) (100)에서 양이온(Na^+)과 음이온(Cl^-)의 위치
(b) NaCl의 단위정과 결정의 모습
(c) NaCl의 슬립계 {110}⟨1$\bar{1}$0⟩

NaCl 구조는 그림 8-21과 같이 면심 입방 구조이며, 조밀면은 {100}이고, 조밀 방향은 ⟨100⟩이다. 따라서 NaCl에서 슬립은 조밀면인 {100}에서 조밀 방향인 ⟨100⟩로 일어날 것 같지만, 실제로 그렇지는 않다. 만약 NaCl 결정에서 슬립이 {100}의 조밀면에서 ⟨100⟩의 조밀 방향으로 일어나려면, 한 층에 있는 Na 이온이 바로 아래층에 있는 Na 이온과 바로 위층에 있는 Na 이온의 사이로 이동되어 서로 가까워지는 움직임을 보여야 한다. 또한 Cl 이온도 바로 아래층에 있는 Cl 이온과 바로 위층에 있는 Cl 이온의 사이로 이동되어 서로 가까워지는 움직임을 보여야 한다. 이것은 에너지적으로 일어날 수 없으며, 실제로 일어나지도 않는다. 따라서 실제 슬립이 일어나는 면은 {110}이다. 이 면에서는 같은 전하로 구성되어 있는 이온(양이온 또는 음이온)이 연결된 선(line)에 평행한 방향 중에서 지수(밀러 지수)가 가장 낮은 ⟨1$\bar{1}$0⟩ 방향으로 슬립이 일어난다. NaCl 결정에서 슬립계는 {110}⟨1$\bar{1}$0⟩이다. 그러나 이온 결합을 하는 물질(세라믹)에서는 상온에서 슬립(즉, 소성 변형)이 일어나지 않는다. 세라믹 재료에서 슬립은 상당한 고온에서만 가능하다.

기타 결정의 슬립계를 살펴보면, 다이아몬드 구조의 슬립계는 {111}⟨1$\bar{1}$0⟩이고, 흑연 같은 층상 구조 결정은 층 사이의 결합이 약하기 때문에 {0001}에 속하는 임의의 방향으로 슬립이 일어난다.

8.3 면 결함

면 결함(planar defect) 또는 경계면 결함(interfacial defect)은 결정에서 하나의 규칙적인 영역(결함이 없는 완전한 결정)과 다른 규칙적인 영역(결함이 없는 다른 완전한 결정) 사이의 경계 역할을 하는 2차원 결함으로 정의할 수 있다. 경계면(interface, boundary)은 일반적으로 결정의 규칙성이 중단되는 전이 영역(transition region)이며, 결정에서 원자의 적층 배열이 불연속적이 되는 면이다. 여기서 '규칙'은 자기의 상태(magnetic state), 전자의 상태(electronic state), 화학 성분, 원자의 배열 등에 관한 일반적인 용어이다.

고체 내에 존재하는 여러 가지 다른 형태의 면(planar) 결함 또는 경계면(interface) 결함은 다음과 같은 종류로 구분할 수 있다.

❶ 결정립계(grain boundary 또는 입계): 경계면을 가로지르는 원자 배열에서 서로 다른 방위(orientation 또는 결정 방향)를 가지고 있는 2개의 결정 사이에서 경계면 또는 같은 상(phase)의 2개의 결정립(grains) 사이에서 경계면

❷ 상간 계면(상경계, interphase boundary, phase interface): 경계면을 가로질러서 화학 성분과 원자 배열의 변화가 있는 다른 상들 사이의 경계면

❸ 구역 경계(domain boundary): 원자 배열의 규칙성에는 변화는 없으나, 전자(자기) 구조에서는 변화가 있는 영역들 사이의 경계면

❹ 자유 표면(free surface): 고체들 또는 기체들 사이에서 경계면(고상/기상 계면 또는 액상/기상 계면 등)

결정립계는 결정질 고체(crystalline solids)에서만 존재하는 반면, 자유 표면, 구역 경계, 상경계는 결정질 고체와 비정질 고체(amorphous solids)에서 모두 관찰된다. 여기서는 결정립계, 상간 계면 그리고 자유 표면에 대해서만 살펴보겠다.

1) 결정립계

결정립(grain)은 어떤 재료에서 동일한 원자 배열을 가지고 있는 한 영역(부분)으로 정의할 수 있다. 문헌에 따라 결정립을 결정이라고도 혼용하여 쓰고 있다. 재료에서 결정립의 크기는 재료의 종류 또는 용도에 따라 작을 수도 있고, 클 수도 있다. 일반적으로 쓰이는 금속 재료의 경우, 수많은 작은 결정립으로 구성 되어 있는 다결정체(polycrystalline) 재료이며, 결정립의 크기는 수십 μm 정도로 상대적으로 작다. 그러나 반도체에서 쓰이는 실리콘(Si) 잉곳(ingot)은 1개의 결정립으로 구성되어 있는 단결정이며, 이 경우 결정립의 크기는 300 mmΦ × ~2 m 정도로 매우 크다.

한 가지 결정 구조를 지니면서 모든 원자들의 배열이 같은 방향성을 가지고 있는 결정을 단결정(single crystal)이라고 한다. 즉, 결정 고체에서 원자의 규칙성과 반복성이 재료 전체에 걸쳐 어떠한 끊어짐 없이 이어질 때 이를 단결정이라고 한다. 이 경우 결정 고체의 표면은 원자 결합이 표면에서 끊어진 표면 결함으로 보지 않는다. 단결정에서도 때로는 원자 배열 방향이 다른 영역과 약간 다른 부결정립(sub-grain)이라고 하는 영역을 포함하는 경우도 있다.

그림 8-22는 CZ(Czochralski)법을 이용하여 인공적으로 만든 Si 잉곳 단결정 및 일반 용해, 주조 공정으로 만든 Fe-Cr 합금 다결정을 나타낸 것이다.

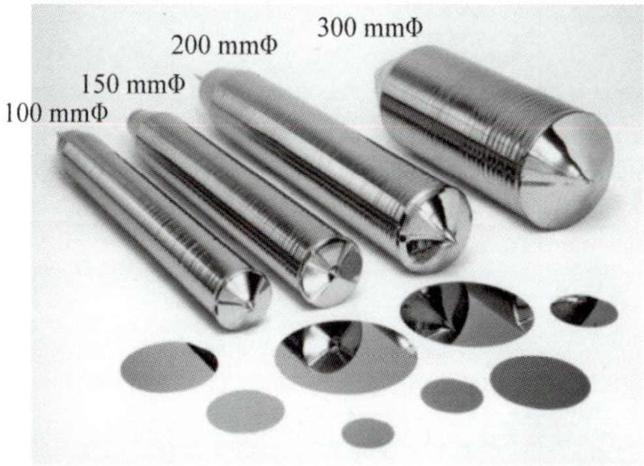

(a)

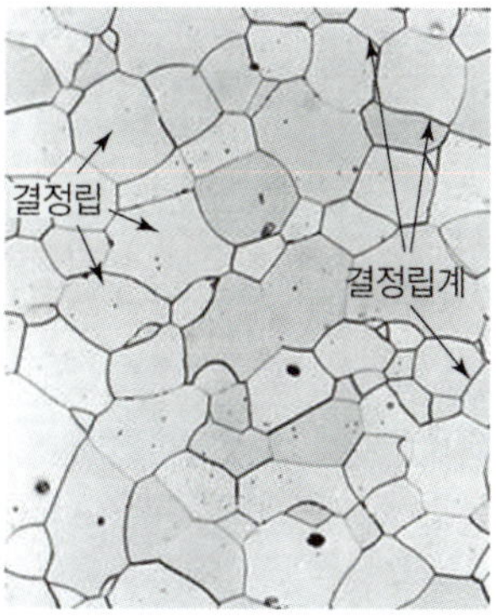

(b)

그림 8-22 (a) 일본 섬코(sumco)의 실리콘 잉곳과 실리콘 웨이퍼. 실리콘 잉곳은 실리콘을 정제해 단결정으로 만든 것이며, 이것을 백 마이크로미터(μm) 정도의 두께로 잘라 표면을 거울처럼 연마한 것이 실리콘 웨이퍼다.
(b) Fe-Cr 합금 다결정 금속의 표면 조직
출처: (a) https://www.sumcosi.com (b) https://www.chegg.com

Si 잉곳 단결정은 전체 크기에 걸쳐 동일한 방향([111] 또는 [100] 등)으로 성장시키며, 내부 결함이 없는 완전 결정(perfect crystal)이다. 반면에 Fe–Cr 합금 다결정은 표면 연마(polishing)를 한 후, 적절한 화학약품을 사용하여 에칭(etching, 부식)하면 Fe–Cr 합금의 표면이 수십 μm 크기의 작은 결정립으로 구성되어 있음을 관찰할 수 있다. 개개의 결정립은 결정립계(입계)에 의해 구분될 수 있고, 여기서 모든 결정립은 한 가지 상으로 이루어져 있다. 각 결정립의 성장 방향은 무질서하며, 각각 다를 수도 있고, 같을 수도 있다. 또한 상은 일정한 화학 성분과 구조를 가진 재료에서 균일하고, 물리적으로 다르며, 기계적으로 분리 가능한 부분을 말한다.

같은 상을 가지고 있지만, 계면을 가로지르는 원자 배열에서 다른 방향을 나타내는 2개의 결정 또는 결정립 사이에 있는 계면을 결정립계 또는 입계(grain boundary)라고 한다. 다결정에서 결정립 간의 계면 중 가장 단순한 계면은 같은 상으로 된 결정립 사이의 계면이다. 여러 결정립 사이의 차이점은 액상에서 고상으로 응고될 때, 결정립의 성장 방향이 각각 다르다는 점이다. 다른 상으로 이루어진 2개의 결정립 사이의 계면은 상간계면(interphase interface)이라고 부른다.

그림 8-23은 액상에서 고상(FCC라고 가정)으로 응고될 때, 형성되는 결정립과 결정립계의 형성 과정을 나타낸 것이다.

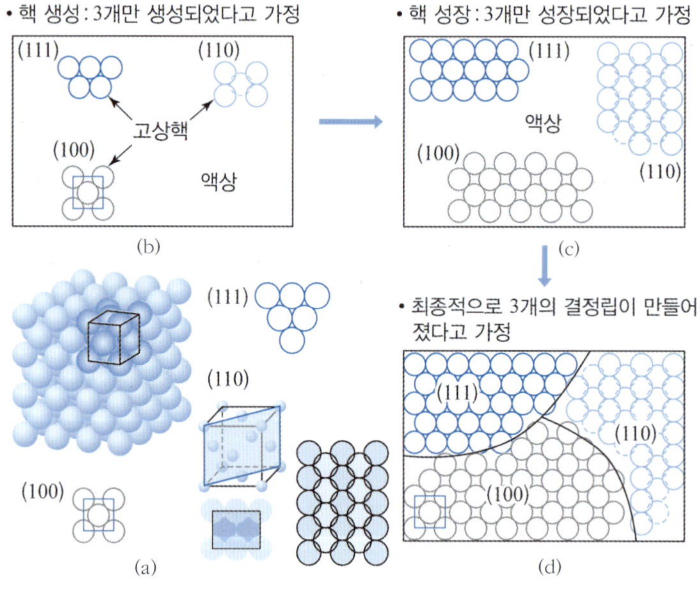

그림 8-23 용융된 금속 용탕의 응고에 따른 3개의 결정립과 결정립계의 형성 과정

이때 액상에서 고상으로 응고될 때 3개의 핵생성으로부터 이루어진다고 가정하였으며, 각 결정립의 성장면은 3개의 임의의 면들[(111), (110), (100)]로 이루어졌다고 가정하였다. 그림 8-23(d)에서 알 수 있듯이, 각 결정립 내에서 원자 배열은 모두 같다. 그러나 이웃하는 결정립 사이의 원자 배열은 서로 다르다는 것을 알 수 있으며, 이는 결정립 사이에 성장 방향이 서로 다르다는 것을 의미한다. 그림 8-23(d)와 같이 결정립계는 서로 다른 결정학적인 방향을 가지고 있는 영역인 결정립들을 서로 분리한다. 따라서 어떤 재료(특히, 금속)를 구성하고 있는 결정립들은 일반적으로 서로 다른 여러 가지 성장 방향을 가지고 있으며, 이로 인해 결정에는 다수의 결정립계가 존재한다.

그림 8-24는 상간 계면의 예를 나타낸 것이다.

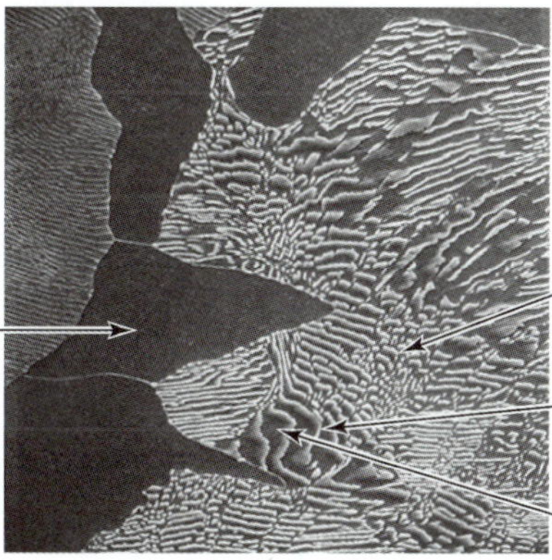

그림 8-24 일반 탄소강(Fe-0.44 wt%C)에서 여러 가지 상의 모습

결정립계를 경계로 각각의 결정립은 다른 결정학적인 방향 또는 다른 화학 성분을 가지고 있다. 반면에 상간 경계를 경계로 각 결정립은 다른 화학 성분을 나타낸다.

그림 8-25(a)와 같이 2개 결정립 사이의 각도가 10° 미만인 경우를 소각 결정립계 또는 저각 결정립계(small-angle grain boundary, low-angle grain boundary)라고 한다. 또한 2개 결정립 사이의 각도가 10° 또는 15° 이상인 경우를 대각 결정립계(high-angle grain boundary) 또는 고각 결정립계라고 한다. 저각 결정립계에는 순수 경각 경계(tilt boundary)와 순수 뒤틀림 경계(twist boundary)의 2가지가 있다. 그림 8-25(b)와 같이 2개 결정립 사이의 회전축이 입계면에 포함되면 이를 경각 경계라고 하고, 그림 8-25(c)와 같이 회전축이 입계면에 수직이면 뒤틀림 경계라고 한다.

가장 단순한 경각 경계는 그림 8-26과 같이 2개의 결정립이 경계를 중심으로 서로 대칭으로 되어 있으며, 작은 회전각을 이루는 저각 대칭 경각 경계(low-angle symmetrical tilt boundary)이다.

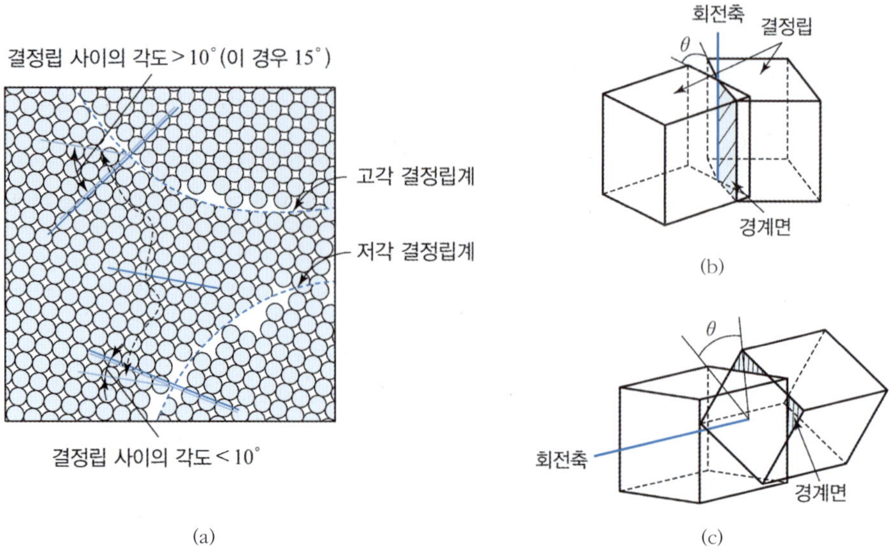

그림 8-25 결정립계의 모식도
(a) 저각 결정립계와 고각 결정립계
(b) 순수 경각 경계
(c) 순수 뒤틀림 경계

이 경계는 그림 8-26(b)와 같이 서로 평행한 칼날 전위군(dislocation group)으로 이루어져 있다고 생각할 수 있다. 이에 비해 뒤틀림 경계는 그림 8-26(c)와 같이 2조(set)의 오른손 나사 전위가 십자 형태로

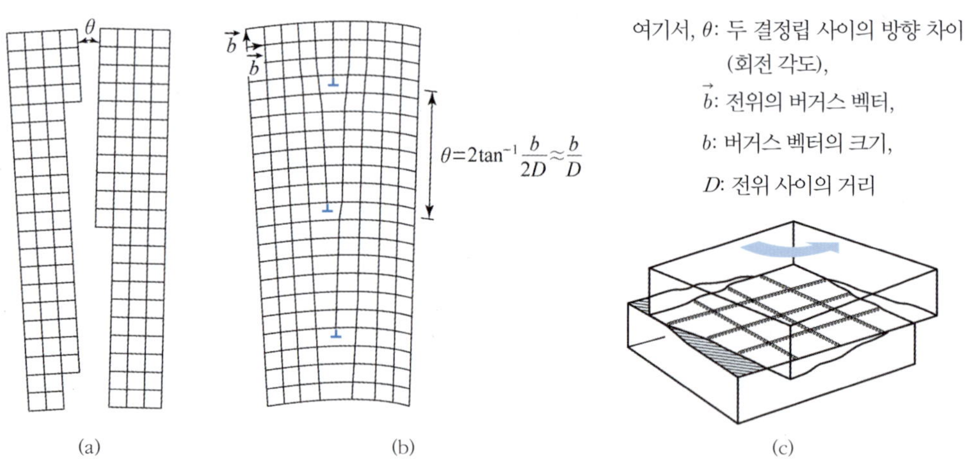

그림 8-26 저각 경각 경계
(a), (b) 단순 입방 격자에서 대칭인 칼날 전위로 이루어진 저각 대칭 경각 경계
(c) 칼날 전위로 이루어진 저각 뒤틀림 경계

얽힌 그물망 모양으로 되어 있다. 뒤틀림 경계에서 각 결정립 사이의 방위 차이(misorientation)는 전위면에 수직한 축에 대한 단순한 회전이다. 뒤틀림 경계에서 전위 중심(dislocation core)이 있는 곳은 결정 구조의 뒤틀림이 심하고, 전위와 전위 사이의 중간에 있는 원자는 뒤틀림이 거의 없다.

그림 8-27과 같이 경각 경계는 대칭이 아니라, 비대칭일 수도 있다.

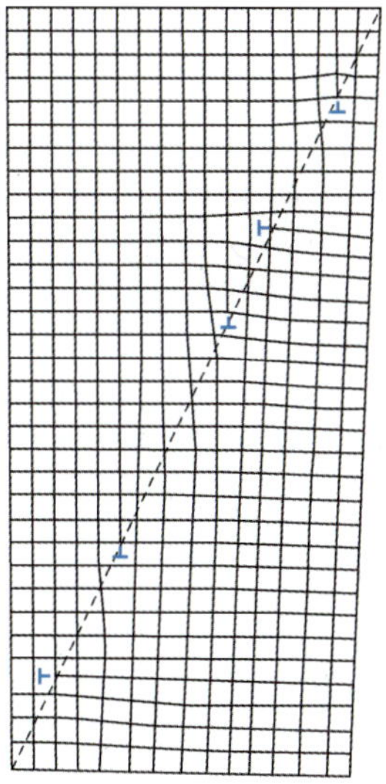

그림 8-27 비대칭 저각 경각 경계

이 경계는 대칭이 아니며, 다른 버거스 벡터를 가진 2가지 전위로 이루어져 있다. 일반적인 경계는 경각 경계 형태와 뒤틀림 경계 형태가 혼합된 형태이며, 몇 가지의 다른 칼날 전위와 나사 전위로 구성되어 있다.

저각 입계의 에너지는 입계의 단위 면적당 전위의 전체에너지와 같으므로 입계의 에너지는 입계를 이루고 있는 전위의 밀도에 따라 다르다. 그림 8-26과 같은 저각 대칭 경계에서는 다음의 관계가 성립한다.

$$b = 2D\sin\frac{\theta}{2} \tag{8.6}$$

회전각 θ가 작을 경우 $\sin\theta = \theta$로 쓸 수 있으므로, 경계의 단위 길이당 전위의 수는

$$\frac{1}{D} \cong \frac{\theta}{b} \tag{8.7}$$

이 되며, 두 결정립 사이의 회전각이 커지면 길이당 전위의 수도 많아진다. 따라서 입계에너지 γ는 입계에서 전위의 밀도($\frac{1}{D}$)에 거의 비례하며, 다음과 같이 쓸 수 있다.

$$\gamma \propto \theta \tag{8.8}$$

식 (8.8)에서 입계의 에너지는 회전각에 비례하고, 경계에 있는 전위 밀도에 비례한다. 회전각이 점차로 증가하면 입계의 에너지도 증가하지만, 전위 사이의 변위장이 점점 서로 상쇄되어 증가율은 그림 8-28과 같이 감소하게 된다.

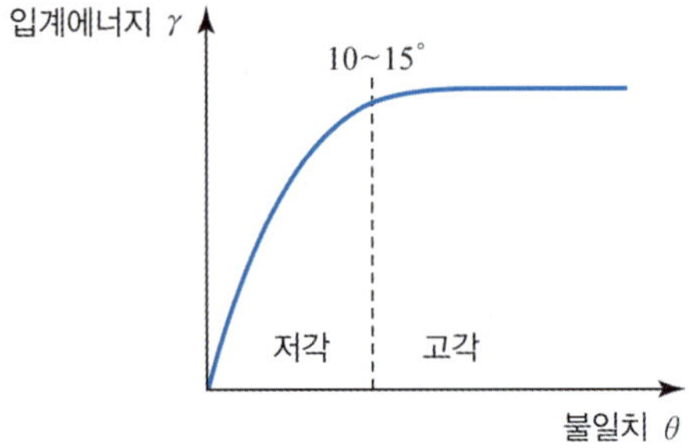

그림 8-28 회전각의 변화에 따른 결정립계 에너지의 변화

일반적으로 회전각이 10~15°를 넘으면(대각 결정립계) 경계가 전위들로 구성되어 있다고 볼 수 없다. 왜냐하면, 전위 간격이 너무 작아 전위의 중심이 중첩되어 개개의 전위를 물리적으로 구분하기 어려워지기 때문이다.

고각 경계는 서로 잘 들어맞지 않는 부분이 많고, 비교적 틈이 많은 구조(open structure)로 되어 있다. 경계에 있는 원자 사이의 결합은 깨져 있거나 뒤틀려 있는 것이 많기 때문에 고각 경계는 비교적 높은 에너지를 가진다. 반면, 저각 경계에 있는 원자는 대부분이 두 결정립의 격자와 잘 맞아 들어가기 때문에, 빈틈이 적고 원자 간 결합도 약간만 뒤틀려 있으므로 비교적 낮은 에너지를 가진다.

2) 상간 계면(상경계)

상(phase)은 치환형 고용체(solid solution), 침입형 고용체, 규칙 합금 또는 규칙 화합물, 비정질 물질 또는 순수한 원소일 수 있다. 또한 고체 상태에서 결정질 상(crystalline phase)은 다결정(polycrystalline)일

수도 있고, 단결정(single crystal)으로 존재할 수도 있다. 서로 다른 상 사이의 계면을 상간 계면[또는 상 경계(interphase boundary, interphase interface)]이라고 한다. 1개 이상의 원소로 구성된 고체들은 여러 개의 상이 혼합된 상태로 존재할 수 있으며, 종종 여러 상이 혼합된 형태로 구성되어 있다.

여기서는 고체 내에서 서로 다른 상 사이의 계면(경계)만을 고려한다. 고체 내에서 상 사이의 계면은 상이 서로 다르기 때문에 결정 구조가 다른 2개의 결정립 또는 조성이 다른 2개의 결정립이 만나서 이루어진 계면이다. 고체의 상간 계면은 2개 상의 계면을 가로지르는 원자 구조에 따라 정합 계면(coherent interface), 반정합 계면(semicoherent interface) 및 부정합 계면(incoherent interface)으로 구분할 수 있다.

(1) 정합 계면

정합 계면은 서로 다른 2개의 상에서 각 상을 구성하고 있는 격자가 계면을 가로질러 격자의 연속성이 유지되어 정확히 계면에서 짝을 이루고 있는 경우의 계면을 말한다.

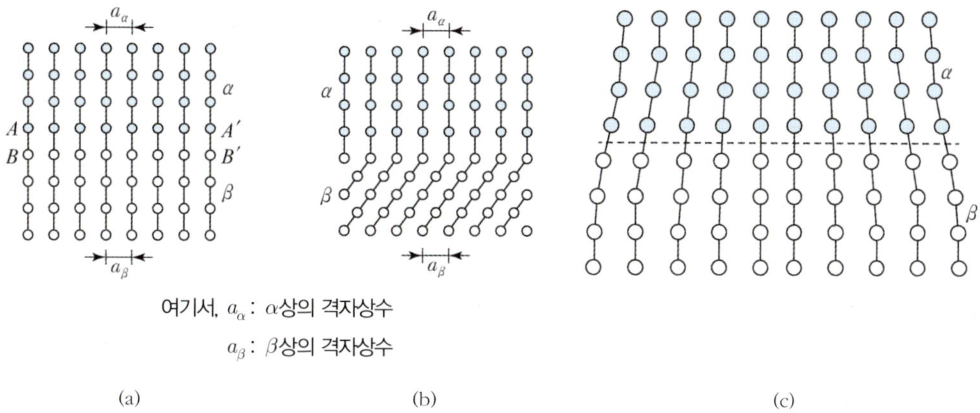

그림 8-29 정합 계면
(a) 응력이 없는 정합 계면: 각 결정은 다른 화학 조성이나 같은 결정 구조를 나타낸다.
(b) 응력이 없는 정합 계면: 2개 상이 다른 결정 구조를 나타낸다.
(c) 응력이 있는 정합 계면: 2개 결정이 같은 결정 구조이며, 격자상수 차이가 작을 때 형성된다.

정합 계면은 그림 8-29와 같이 2개의 결정이 계면을 가로질러 완전히 서로 짝을 이룰 때 형성되며, 2상을 구성하고 있는 원소의 종류와 관계없이 계면에 있는 2상의 격자가 똑같은 원자 배열을 가질 때 형성된다[그림 8-29(a), (b)].

이 경우, 2개의 결정은 특별한 방향 관계를 가지게 된다. 예를 들어, Cu-Si 합금에서 FCC 구조를 가지는 Cu 원자를 많이 함유한 α-기지(Cu-rich α-matrix)와 HCP 구조를 가지는 Si 원자를 많이 함유한 κ상(Si-rich κ-phase) 사이에 형성되는 계면이 있다. 이때 α-기지의 $(111)_{FCC}$ 면이 κ상의 $(0001)_{HCP}$ 면과 일치하는 격자상수(lattice parameter)를 나타낸다. FCC의 (111)면의 원자 구조와 HCP의 (0001)면의 원자 구조는 그림 8-30과 같이 같은 조밀면(close-packed plane)을 가지기 때문이다.

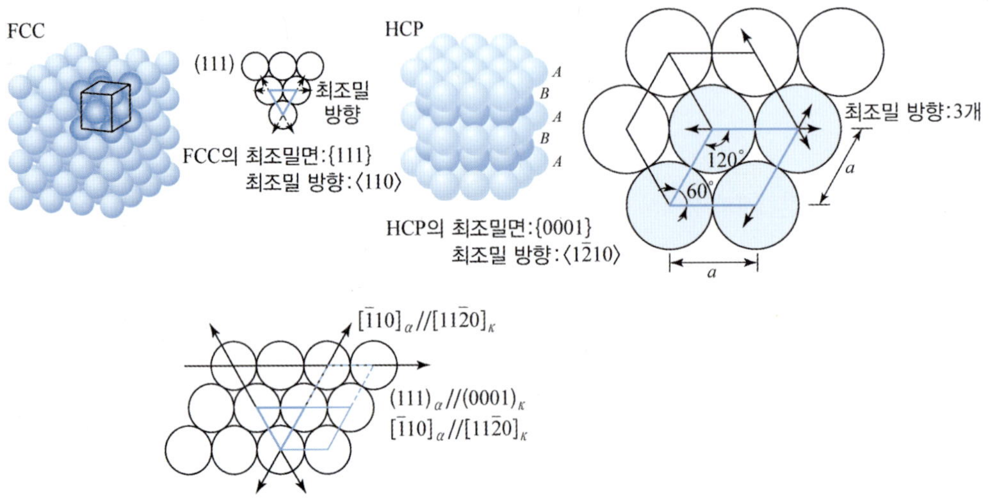

그림 8-30 정합 계면의 예. FCC {111}면과 HCP {0001}면 사이에 이루어지는 정합 계면

또한 이 경우에 원자 간 거리(interatomic distance)는 동일하다. 따라서 2개의 결정이 서로 평행한 조밀한 방향(close-packed direction)을 가지는 그들의 조밀면을 따라서 결합될 때, 정확히 정합 계면을 만든다. 조밀면과 조밀한 방향이 서로 평행하려면 2개 면 사이의 방향 관계는 다음과 같아야 한다.

$$(111)_{\alpha} // (0001)_{\kappa}$$
$$[\bar{1}10]_{\alpha} // [11\bar{2}0]_{\kappa}$$

여기서, 2개 결정의 상대적인 방향은 항상 같은 면에 놓여 있는 두 개의 평행한 면들(hkl)과 2개의 평행한 방향들에$[uvw]$ 의해 정해질 수 있다. 각 상의 부피 내에 있는 모든 원자는 가장 이웃해 있는 원자와 낮은 에너지를 만드는 최적의 배열을 가진다. 그러나 계면에는 항상 성분의 변화가 존재하므로 개개의 원자는 계면을 가로질러 부분적으로 다른 이웃 원자와 결합하게 된다. 즉, α-기지(Cu-rich α-matrix)의 원자가 κ-상(Si-rich κ-phase)의 원자와 정합 관계를 유지하면서, 서로 다른 원자 종류와 결합한다는 의미이다. 이로 인해 계면 원자의 에너지가 증가하며, 계면에너지에 화학적인 기여(γ_{ch})를 야기한다. 이것은 정합 계면에 대한 유일한 기여이다.

$$\gamma(\text{coherent}) = \gamma_{ch}$$

Cu-Si 합금에서 α-기지와 κ-상 계면의 경우에 계면에너지는 1 $\frac{\text{mJ}}{\text{m}^2}$ 정도로 낮게 측정되었다. 일반적으로 정합 계면에너지는 약 200 $\frac{\text{mJ}}{\text{m}^2}$ 까지의 범위를 나타낸다. FCC와 HCP에서 존재하는 계면에서 정합 계면을 만들 수 있는 면은 1개의 면[FCC의 (111)면과 HCP의 (0001)면]뿐이며, FCC와 HCP의 2개의 결정 격자에서 동일한 다른 면은 존재하지 않는다. 그러나 2개의 이웃하는 상들이 성분의 차이는 있지만 결정 구조와 격자상수가 같으면, 모든 격자면들은 동일하다.

정합 계면에서 원자들 사이의 거리가 같지 않을 때, 1개의 격자 또는 2개 격자 모두 변형함으로써 정합성을 유지할 수 있다. 이를 그림 8-29(c)에 나타냈으며, 이때 생기는 격자 변형(lattice distortion)을 정합 변형(coherency strain)이라고 한다.

(2) 반정합 계면

두 결정에서 격자상수의 차이가 큰 경우, 2개의 상 사이의 계면에서 형성되는 정합 변형에 의한 에너지는 점점 증가한다. 반정합 계면은 이를 감소시키기 위해 불일치 전위를 도입하여 그림 8-31과 같이 형성된 계면을 말한다.

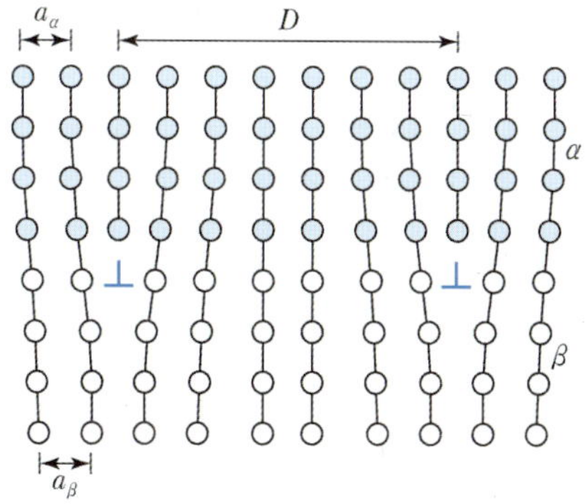

여기서, a_α : α상의 격자상수
a_β : β상의 격자상수

그림 8-31 반정합 계면

계면에서 격자 변형에 의한 에너지를 줄이기 위해 도입한 전위를 불일치 전위(misfit dislocation)라고 한다. 정합 계면에서 변형이 발생하면 계(결정)의 전체에너지가 증가한다. 충분히 큰 원자적 불일치(atomic misfit) 또는 계면 면적(interface area)의 경우, 주기적으로 불일치 전위를 중간에 하나씩 넣어 정합 계면을 반정합 계면(semicoherent interface)으로 대체하는 것이 에너지적으로 유리하다. 이때 불일치 전위가 생기면 전위에 의한 에너지가 증가하지만, 정합 변형에 의한 에너지를 감소시킬 수 있다.

만약 a_α와 a_β가 각각 응력을 받지 않은 α상과 β상의 격자상수라면, 2개의 격자 사이에 불일치도(misfit) δ는 다음과 같이 정의된다.

$$\delta = \frac{a_\beta - a_\alpha}{a_\alpha} \tag{8.9}$$

1차원에서 간격 D를 가지는 1조(set)의 칼날 전위를 도입하면, 장범위 변형장(long-range strain fields)을 만들지 않으면서 격자 불일치(lattice misfit)를 완전히 감소시킬 수 있다. 여기서 전위 사이의 간격 D는 다음과 같이 주어진다.

$$D = \frac{a_\beta}{\delta} \tag{8.10}$$

작은 δ에 대해 근사적으로

$$D \simeq \frac{b}{\delta} \tag{8.11}$$

이다. 여기서 b는 전위의 버거스 벡터 크기로, 다음 식과 같다.

$$b = \frac{a_\alpha + a_\beta}{2} \tag{8.12}$$

이제 불일치 전위의 도입으로 계면의 정합성(일치도)은 격자 구조가 높게 왜곡되어 있고, 격자면은 불연속적인 전위 중심(dislocation core) 주위를 제외하면 거의 완벽하다.

실제로 불일치는 보통 2차원으로 존재한다. 그림 8-31과 같이 계면이 간격 $D_1 = \dfrac{b_1}{\delta_1}$과 $D_2 = \dfrac{b_2}{\delta_2}$를

가지는 2개의 비평행한 전위의 조(set)를 가지고 있다면, 정합 변형장(coherency strain field)이 완전히 제거될 수 있다. 만약 전위 간격 D가 식 (8.11)에 주어진 것보다 크다면, 정합 변형은 불일치 전위에 의해 부분적으로만 제거될 것이며, 잔류 장범위 변형장(residual long-range strain field)은 여전히 존재하게 될 것이다.

반정합 계면의 계면에너지(interfacial energy)는 대체로 2가지 기여의 합으로 생각할 수 있다. 즉, ① 완전히 정합 계면에 관한 화학적 기여 γ_{ch}, ② 불일치 전위에 의해 생기는 구조적 왜곡으로 인한 잉여의 에너지를 의미하는 구조적 기여 γ_{st}이며, 반정합 계면에너지 γ(semicoherent)는 다음과 같다.

$$\gamma(\text{semicoherent}) = \gamma_{ch} + \gamma_{st} \qquad \textbf{(8.13)}$$

식 (8.11)로부터 불일치도 δ가 증가하면, 전위 간격 D는 감소한다. 불일치도 δ가 작은 경우, 계면에너지에 대한 구조적인 기여 γ_{st}는 계면에서 전위 밀도에 거의 비례하여 다음과 같이 생각할 수 있다.

$$\gamma_{st} \propto \delta \qquad (\text{작은 불일치도 } \delta\text{의 경우}) \qquad \textbf{(8.14)}$$

그러나 불일치도 δ가 보다 커지면, γ_{st}는 덜 빠르게 증가하며, $\delta = 0.25$일 때 γ_{st}는 그림 8-28과 같이 θ 값에 따른 결정립계 에너지의 변화와 같은 유사한 방식으로 평평하게 된다. 이러한 거동을 하는 이유는 불일치 전위 사이의 간격이 감소함에 따라 관련된 변형장의 겹침이 증가하여 서로 상쇄되기 때문이다. 반정합 계면의 에너지는 일반적으로 $200 \sim 500\ \frac{\text{mJ}}{\text{m}^2}$의 범위이다.

(3) 부정합 계면

이웃하는 2개의 상 사이의 계면면(interfacial plane)에서 매우 다른 원자 배열이 나타날 경우, 계면을 가로질러 격자가 정합하게 일치할 가능성은 없다. 이때 형성되는 계면을 부정합 계면이라고 한다. 4개의 면간 간격(interplanar spacing)당 1개의 전위가 삽입되는 $\delta > 0.25$일 때, 전위 중심 주위에서 엉성한 일치(poor fit)의 영역들이 겹쳐지므로 계면은 정합으로 간주될 수 없다. 이때 계면은 부정합 계면으로 된다. 부정합 계면에서 원자의 배열은 2개의 상에서 매우 다르거나, 같더라도 원자 간 거리는 25% 이상 차이가 난다. 두 경우 모두 계면은 부정합이라고 말한다.

일반적으로 부정합 계면은 그림 8-32와 같이 2개의 임의의 방향으로 되어 있는 결정이 계면면

(interfacial plane)을 가로질러 결합될 때 형성된다. 부정합 계면의 상세한 원자 구조는 잘 알려지지 않았지만, 계면면의 방향에 상대적으로 민감하지 않은 높은 에너지(약 500~1,000 $\frac{mJ}{m^2}$)를 나타낸다.

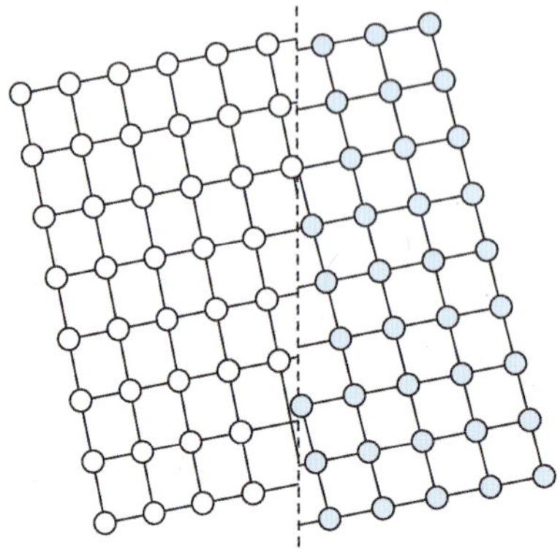

그림 8-32 부정합 계면

3) 적층 결함

적층 결함(stacking fault)은 1개의 원자면이 다른 원자면의 적층에서 빠져 발생하는 국부적인 영역을 가

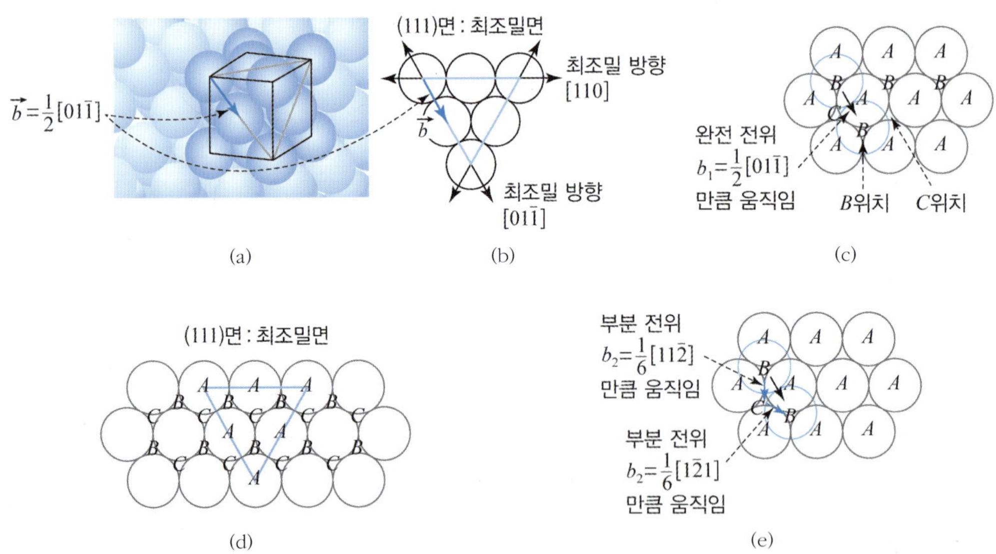

그림 8-33 면심 입방(FCC) 구조에서 완전 전위와 부분 전위

지는 면 결함을 말한다. 적층 결함은 결정 성장 중 완전 전위가 분해되어 부분 전위로 이동하는 소성 변형 과정에서, 또는 고속 소성 변형 중 점 결함들이 집합하여 발생할 수 있다.

그림 8-33은 면심 입방(FCC) 구조를 나타낸 것이다. 그림 8-33(b)와 같이 면심 입방 구조의 {111}면은 최조밀 충전을 하고 있는 면(close-packed plane)이다. 면심 입방 구조에서 {111}면에 있는 원자들은 원자들이 놓여 있는 위치에 따라 3가지 형태의 위치로 구분할 수 있다. 가장 아래층(1층)에 있는 원자의 위치를 A위치라고 하면, 바로 위층(2층)에 조밀한 층[(111)면]을 쌓는 방법은 그림 8-33(d)와 같이 B위치에 원자를 놓거나, C위치에 원자를 놓는 두 가지 방법이 있다. B위치에 원자를 놓으면 원자의 크기 때문에 C위치에는 원자를 놓을 수 없다. 마찬가지로 C위치에 원자를 놓으면 B위치에는 원자를 놓을 수 없다. 적층 순서를 $\cdots ABCABCABC \cdots$로 하면 FCC에서 (111) 조밀면이 쌓이는 적층 순서가 되며, $\cdots ABABAB \cdots$로 하면 HCP에서 (0001) 조밀면이 쌓이는 적층 순서가 된다.

FCC 구조에서 슬립은 그림 8-33(a)와 같이 가장 조밀한 (111)면에서 가장 조밀한 $[01\bar{1}]$ 방향으로 일어나게 되며, 이때 버거스 벡터의 크기는 다음과 같다.

$$\vec{b} = \frac{1}{2}[01\bar{1}]$$

그림 8-33(c)와 같이 슬립이 1층에 있는 (111)면과 2층에 있는 (111)면 사이에서 일어난다고 가정하자. 또한 1층에 있는 (111)면은 그대로 있고, 2층에 있는 (111)면이 움직인다고 가정하자. 즉, B위치에 있는 1개의 원자가 바로 아래 오른쪽에 있는 B위치로 슬립을 한다고 생각할 수 있다. 이때 전위의 크기는 $\vec{b_1} = \frac{1}{2}[01\bar{1}]$이며, FCC에서 이 전위가 가장 짧은 격자 병진 벡터로서 완전 전위(perfect dislocation)에 해당된다. 즉, $\vec{b_1} = \frac{1}{2}[01\bar{1}]$는 FCC에서 가장 조밀한 (111)면에서 가장 조밀한 $[01\bar{1}]$ 방향으로 슬립이 일어날 때, 한 원자 간 이동(슬립)하는 거리로, 버거스 벡터에 해당된다. 버거스 벡터가 맞닿아 있는 원자 사이의 거리와 같은 경우에 이를 완전 전위라고 한다. 또한 전위가 가지는 버거스 벡터가 맞닿아 있는 원자 사이의 거리보다 작거나 큰 경우에 이를 불완전 전위(imperfect dislocation) 또는 부분 전위(partial dislocation)라고 한다. 일반적으로 완전 전위가 부분 전위로 분해되기 위해서는 부분 전위의 버거스 벡터의 합이 완전 전위의 버거스 벡터와 일치해야 한다. 또한 완전 전위의 탄성에너지보다 부분 전위의 탄성에너지와 적층 결함 에너지의 합이 작아야 한다. 완전 전위와 부분 전위의 탄성에너지를 비교하기 위해 전위의 탄성에너지가 버거스 벡터의 제곱에 비례한다는 프랭크 법칙(Frank's rule)을 사용한다. 전위는 에너지적으로 불안정하기 때문에 다음과 같이 분해되려고 한다.

$$b_1 \rightarrow b_2 + b_3 \tag{8.15}$$

$$|b_1|^2 < |b_2|^2 + |b_3|^2 \tag{8.16}$$

$$|b_1|^2 > |b_2|^2 + |b_3|^2 \tag{8.17}$$

여기서, b_1: 완전 전위,

b_2, b_3: 완전 전위에서 분해된 부분 전위

버거스 벡터가 분해될 때, 식 (8.16)과 같이 분해된 버거스 벡터(b_2, b_3) 제곱의 총합이 초기의 버거스 벡터(b_1) 크기의 제곱보다 큰 경우는 에너지가 커지기 때문에 분해되지 않는다. 반면에 식 (8.17)과 같이 분해된 버거스 벡터(b_2, b_3) 제곱의 총합이 초기의 버거스 벡터(b_1) 크기의 제곱보다 작은 경우는 에너지가 작아지므로 완전 전위가 부분 전위로 분해된다. 기본적으로 전위들은 더 작은 버거스 벡터를 가지는 방향으로 변화하려고 한다. 즉, 완전 전위가 더 작은 버거스 벡터를 가지는 부분 전위로 분해되면 탄성 변형에너지(elastic strain energy)를 더 줄일 수 있다. 이는 B위치에 있는 한 개의 원자가 바로 아래 오른쪽에 있는 B위치로 슬립할 때($\overrightarrow{b_1}=\frac{1}{2}[01\bar{1}]$), 한 번에 움직이는 것이 아니라, 그림 8-33(e)와 같이 B위치에 있는 원자가 C위치로 움직인 후 바로 C위치에서 B위치로 움직이면 탄성 변형에너지를 최소화할 수 있다는 의미이다. 이때 B위치에서 C위치로 이동할 때, 부분 전위의 크기는 $\vec{b}_2 = \frac{1}{6}[11\bar{2}]$가 된다. 또한 C위치에서 B위치로 이동할 때, 부분 전위의 크기는 $\overrightarrow{b_3}=\frac{1}{6}[\bar{1}2\bar{1}]$이 된다.

그림 8-34(a)는 FCC의 2개의 (111) 조밀면(1층의 원자 위치: A, 2층의 원자 위치: B)을 나타낸 것이다.

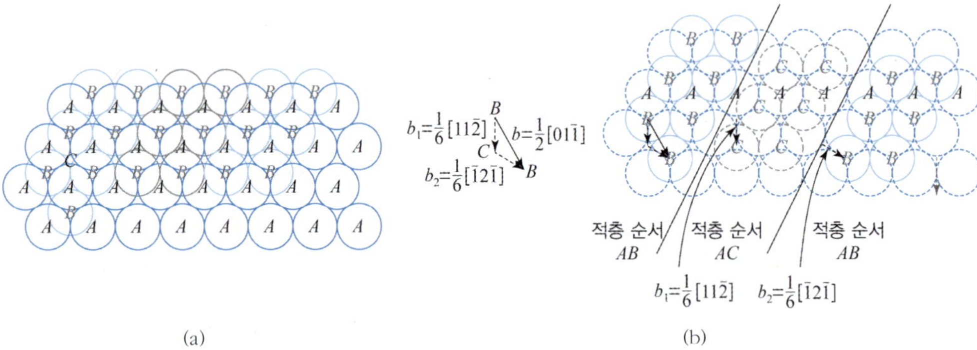

그림 8-34 면심 입방(FCC) 구조에서 적층 결함의 형성

그림 8-34(b)와 같이 슬립에 의해 2층에 있는 일부의 원자들(6개의 원자, B위치에 있음)이 $b_1 = \frac{1}{6}[11\bar{2}]$ 만큼 움직여 바로 아래 C위치로 움직였다고 가정하고, 우측에 있는 일부의 원자들은(6개의 원자, C위치에 있음) 아래 오른쪽에 있는 B위치로 움직였다고 가정하자.

적층 순서는 왼쪽 부분은 AB이고, 가운데 부분은 AC이며, 오른쪽 부분은 AB이다. 3층 이상에 가상의 (111)면들이 적층되어 있다고 가정하면, 적층 순서는 왼쪽 부분은 $\cdots ABCABCABC\cdots$이고, 중간 부분은 $\cdots ABCACABC\cdots$이며, 오른쪽 부분은 $\cdots ABCABCABC\cdots$이다. 따라서 왼쪽 부분과 오른쪽 부분의 적층 순서는 FCC 구조를 가지는 완전 결정이다. 그러나 중간 부분은 적층 순서에 오류가 생긴다. 완전 결정에서 면들의 적층 순서와는 달리 결정의 일부 영역에서 적층 순서의 차이에 의해 생기는 면 결함을 적층 결함이라고 한다. 또한 C위치에 있는 원자가 $b_2 = \frac{1}{6}[\bar{1}2\bar{1}]$만큼 움직여 아래 오른쪽에 있는 B위치로 움직이는 경우, 오른쪽 부분의 완전 결정의 적층 순서와 같아지게 되어 적층 결함은 사라진다.

이와 같이 1개의 완전 전위가 2개의 부분 전위$\{b_1 = \frac{1}{6}[11\bar{2}],\ b_2 = \frac{1}{6}[\bar{1}2\bar{1}]\}$로 분해되는 반응은 다음과 같이 쓸 수 있다.

$$b \rightarrow b_1 + b_2 \tag{8.18}$$

$$\frac{1}{2}[01\bar{1}] = \frac{1}{6}[11\bar{2}] + \frac{1}{6}[\bar{1}2\bar{1}] \tag{8.19}$$

위의 반응에서 $\frac{1}{6}\langle 112\rangle$인 부분 전위를 쇼클리 부분 전위(Shockley's partial dislocation)라고 한다. 완전 전위$\{b = \frac{1}{2}[01\bar{1}]\}$의 버거스 벡터의 제곱이 부분 전위$\{b_1 = \frac{1}{6}[11\bar{2}],\ b_2 = \frac{1}{6}[\bar{1}2\bar{1}]\}$의 버거스 벡터의 제곱의 합보다 크므로 완전 전위의 탄성에너지가 2개 부분 전위의 탄성에너지 합보다 크다는 것을 알 수 있다.

면심 입방 구조에서 적층 순서는 $\cdots ABCABCABC\cdots$이며, 이 층들 사이의 거리는 $\frac{1}{3}\langle 111\rangle$이다. 어떤 면심 입방 구조에서는 공공이나 여분 원자의 집합 등으로 인해 버거스 벡터가 $\frac{1}{3}\langle 111\rangle$인 부분 전위도 관찰된다. 이러한 $\frac{1}{3}\langle 111\rangle$ 부분 전위에 의해 적층면의 위층이 바로 아래층으로 내려와 적층 순서가 바뀌어서 적층 결함이 생기기도 한다. 버거스 벡터가 $\frac{1}{3}\langle 111\rangle$인 부분 전위를 프랭크 부분 전위(Frank's partial dislocation)라고 한다.

적층 결함에서 새로운 원자층이 원래의 적층 사이에 들어가서 생기는 결함을 외부 적층 결함(extrinsic stacking fault)이라고 하고, 한 개의 원자층이 원래의 적층에서 빠져 생기는 결함을 내부 적층 결함(intrinsic stacking fault)이라고 한다.

그림 8-35는 면심 입방 구조에서 관찰되는 2가지 적층 결함 형태를 나타낸 것이다.

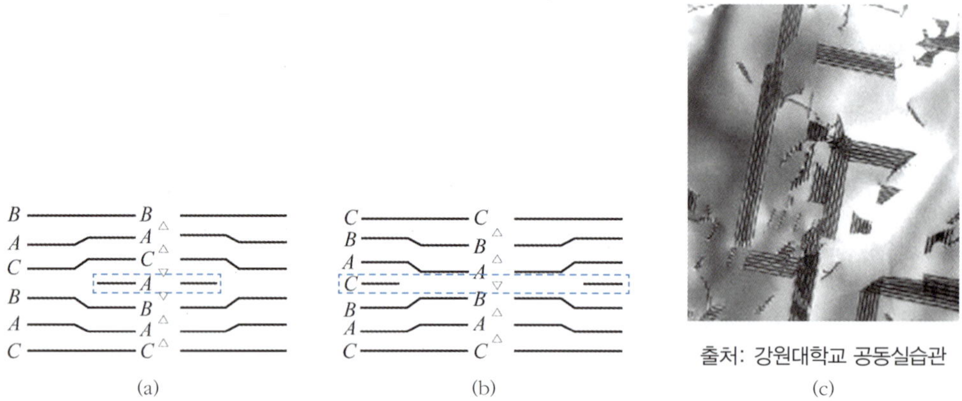

그림 8-35 면심 입방(FCC) 구조에서 2가지 적층 결함의 형성
(a) 외부 적층 결함, (b) 내부 적층 결함, (b) 투과 전자 현미경으로 관찰된 적층 결함

그림 8-35에서 (a)는 A면이 B면과 C면 사이에 들어가서 생기는 외부 적층 결함이고, (b)는 A면과 B면 사이에 있는 C면이 빠져서 생기는 내부 적층 결함이다. 그림 8-35(c)는 투과 전자 현미경으로 관찰한 적층 결함의 모습이다.

그림 8-36은 고분해능 전자 현미경을 사용하여 CdTe 박막에서 관찰된 적층 결함을 나타낸 것이다. (a)에서는 {111}면의 적층이 위에서부터 $\cdots ABCACBCABC \cdots$로 되어 있으므로 외부 적층 결함이며,

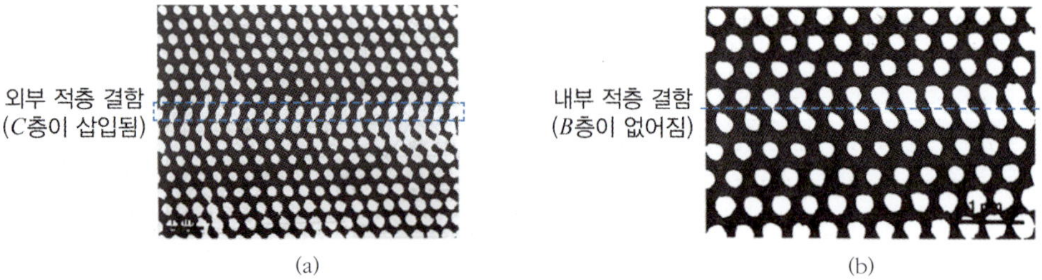

그림 8-36 2가지 적층 결함의 예. (a) 외부 적층 결함, (b) 내부 적층 결함
출처: 이정용(2013), 재료결정학, 청문각, pp. 265~266.

그림 (b)에서는 {111}면의 적층이 위에서부터 $\cdots ABCACABC \cdots$로 되어 있으므로 B층이 없어져 생긴 내부 적층 결함이다.

4) 쌍정

쌍정(twinning, twin)은 어떤 결정립계(grain boundary)를 가로질러서 거울에 비친 모양의 격자 대칭을 나타내는 결정립계의 특수한 형태를 말한다. 즉, 결정 내에서 어떤 결정립계를 경계로 하여 격자의 원자 배열이 서로 대칭 관계에 있는 경우를 의미한다. 결정에서 소성 변형은 쌍정에 의해서도 발생할 수 있으며, 쌍정은 결정의 변형된 부분이 변형되지 않은 부분에 상대적으로 거울-형상(mirror-image) 방향으로 일어나도록 원자층이 움직여 발생한다. 가장 많이 관찰되는 쌍정의 형태는 한 부분의 결정 구조가 다른 부분의 결정 구조와 경영대칭(mirror symmetry)으로 되어 있는 경우이다. 이때 경영대칭면을 쌍정면(twinning plane) 또는 합성면(composition plane)이라고 하며, 이 면은 대체로 슬립면과 일치한다. 슬립처럼 쌍정도 쌍정 방향(twinning direction)이라고 하는 특별한 방향으로 일어난다.

그림 8-37은 쌍정을 나타낸 것이다.

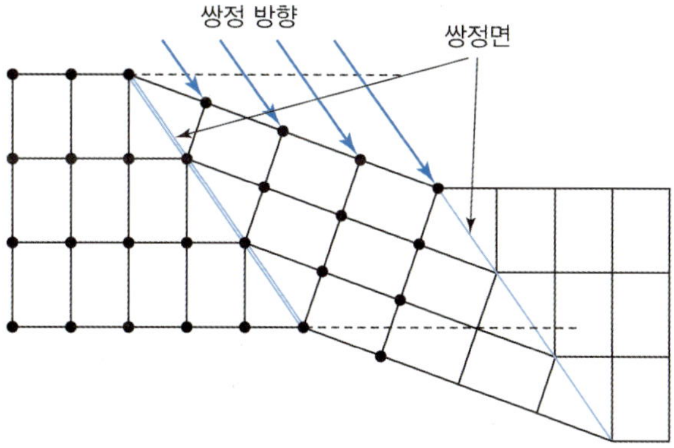

그림 8-37 쌍정(원자 스케일)

쌍정은 외부로부터 결정에 가해지는 전단 응력에 의해 쌍정을 구성하는 원자들이 이동하여 생기는 기계적 쌍정(mechanical twin)과, 압연 또는 단조와 같은 냉간 가공(cold working)에 의한 변형 후에 행하는 어닐링 열처리(annealing heat treatment)에 의해 생기는 어닐링 쌍정(annealing twin)으로 구분할 수 있다. 기계적 쌍정은 BCC 구조와 HCP 구조를 가지는 금속에서 관찰되며, 어닐링 쌍정은 FCC 구조를 가지는 금속에서 관찰된다. 이를 그림 8-38에 나타냈다.

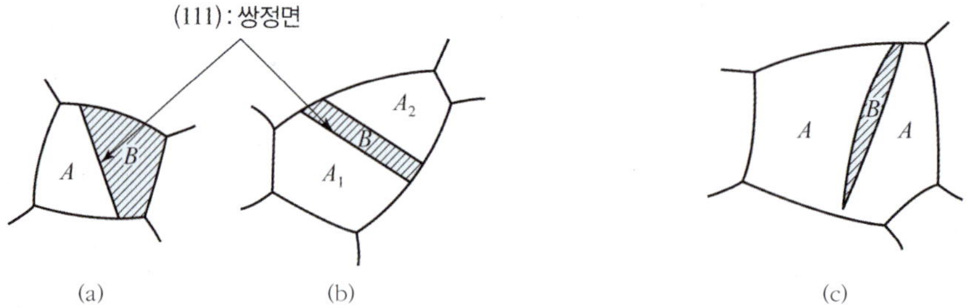

그림 8-38 쌍정의 종류
(a), (b) FCC에서 소둔(annealing)에 의한 쌍정
(c) HCP에서 소성 변형에 의한 쌍정

구리(Cu)와 알루미늄(Al)과 같은 FCC 금속에서 쌍정을 일으키는 응력은 슬립을 일으키는 데 필요한 응력보다 매우 높아서 일반적으로 쌍정이 관찰되지 않는다. 아연(Zn), 마그네슘(Mg), 베릴륨(Be)과 같은 HCP 구조를 가지는 금속들은 대부분 온도에서 쌍정에 의해 매우 쉽게 변형을 일으킨다. 쌍정은 극히 일부의 비금속 고체에서만 관찰된다.

쌍정으로 된 결정은 기상, 액상 또는 고상에서 성장할 때 자주 만들어진다. 또한 단결정도 기계적으로 변형을 하면 쌍정이 만들어지기도 한다. 자연적인 광물질에서도 쌍정이 많이 관찰되며, 이 경우 쌍정이 결정립의 성장 과정에서 만들어졌는지, 아니면 기계적인 변형에 의해 만들어졌는지는 불분명하다.

5) 자유 표면

모든 고체 재료들은 크기가 한정되어 있기 때문에 고상/기상 계면 또는 고상/액상 계면 등의 자유 표면(free surface)을 가진다. 고체의 표면에 있는 원자의 배열은 표면 원자가 한쪽에 이웃하는 원자들을 가지지 않기 때문에 고체 내부에 있는 원자 구조와는 약간 다르다. 일반적으로 표면 근처에 있는 원자들은 결정 내부에 있는 원자들과 결정 구조가 동일하지만, 내부 원자들보다 약간 큰 격자상수를 가진다. 자유 표면의 가장 중요한 특징은 어떤 고체의 표면과 관련된 표면에너지(surface energy)이다. 이러한 표면에너지의 원천은 고체의 표면에 있는 원자들의 주위와 고체의 내부에 있는 원자들의 주위를 고려함으로써 알 수 있다. 한 개의 원자를 고체 내부에서 표면으로 이동시키기 위해서는 일부 결합을 파괴하거나 변형해야 하며, 이로 인해 에너지가 증가한다. 표면에너지는 형성된 새로운 표면의 단위 면적당 에너지의 증가($1\frac{\text{ergs}}{\text{cm}^2}=10^{-3}\frac{\text{J}}{\text{m}^2}$)로 정의된다.

결정질 고체에서 표면에너지는 표면의 결정학적인 방향에 의존한다. 즉, 가장 조밀한 원자 적층을 이루는 면들로 된 표면들이 가장 낮은 표면에너지를 가지는 면들이다. 가장 조밀한 원자 적층을 이루는 면들로 된 표면에 있는 원자들이 가장 작은 깨진 결합을 가지기 때문이다(또는 동등하게 표면의 면 내에서 가장 많은 최인접 이웃 원자들을 가지고 있기 때문이다). 표면에너지 대푯값들의 범위는 수백 $\frac{ergs}{cm^2}$ 로부터 수천 $\frac{ergs}{cm^2}$ 에 이른다. 일반적으로 결정에서 결합이 강할수록 표면에너지가 높다.

표 8-4는 불활성 분위기에서 측정된 여러 가지 고체 재료들의 표면에너지를 나타낸 것이다.

표 8-4 여러 가지 고체에 대해 불활성 기체 분위기에서 측정된 표면에너지

물질	온도(℃)	표면에너지*($ergs/cm^2$)
Soda-lime-silica-glass	650	300
Al_2O_3	1,850	905
MgO	25	1,000
Silver	750	1,140
TiC	1,100	1,190
Gold	≈900	1,400
Copper	≈1,000	1,430
Iron	1,450	2,100

* 결정질 재료에 대해 보고된 값은 모든 결정학적 방향에 대한 평균값이다.

8.4 부피(용적) 결함

부피 결함(volume defect, bulk defect)은 결정의 격자 구조에 큰 규모의 빈 공간(void) 또는 개재물(이물질)이 존재하여 생기는 결함을 말하며, 이는 3차원 결함에 속한다. 부피 결함은 재료의 제조(예 철광석으로부터 철의 생산), 가공 공정[예 주조(casting), 단조(forging), 압연(rolling)] 중에 도입되거나 발생된다. 재료의 생산 공정에서 발생되는 가장 흔한 부피 결함은 개재물(inclusion)이라고 불리는, 원하지 않는 제2상의 입자들이다.

개재물은 거의 모든 재료에서 다양한 모양과 크기로 관찰된다. 예를 들어, 일반적인 유리그릇에 존재하는 흔한 개재물은 유리 생산에 사용된 원재료, 내화 벽돌의 조각 또는 용융된 유리를 담기 위해 사

용된 용기(그릇)에서 생긴다. 서서히 느리게 녹는 이러한 물질들은 함유된 입자로서 최종 제품에서 나타날 수 있다.

금속 재료에서 가장 흔한 개재물은 산화물 입자들이지만, 황화물(sulfides), 수소화물(hydrides) 등도 발견된다. 이들 입자는 금속이 용융되어 있는 초기의 정련 작업(refining operations)에서 생기며, 일반적으로 산화물 입자들이 금속에 불용성이기 때문에 응고 공정 동안에 금속 기지(matrix) 내에 포함되었을 것이다. 재료의 제조 과정에서 도입되는 부피 결함은 다양한 형태를 띨 수 있으며, 몇 가지 흔한 결함의 예는 다음과 같다.

❶ 주조 결함(casting defect): 수축공(shrinkage cavities), 기공(gas holes)
❷ 가공 결함(working defects) 또는 단조 결함(forging defects): 균열(cracks)
❸ 용접 결함(welding defects) 또는 접합 결함(joining defects)

주조 결함은 일반적으로 2가지 요인에 기인한다.

- 수축공: 응고 과정에서 부피(체적) 수축
- 기공: 응고 과정에서 기체 방출

수축공은 일반적으로 응고가 일어나고, 액체로부터 고체로 부피(체적) 변화에 의해 발생하는 틈(void)을 메우기 위한 뜨거운 용융 물질(금속)이 부족한 곳인 주물(casting)의 중심에 발견되는 경향이 있다. 주물에서 기공(gas hole)은 미세한 기포(porosity)로부터 큰 공동(cavity)까지의 범위를 나타낼 수 있다. 미세한 기포와 큰 공동은 용융된 물질에 포획되어 있다가, 응고 과정에서 방출되는 기체들에 의해 발생된다.

가공(working) 작업 및 단조(forging) 작업[물질(주로 금속)을 소성적으로 만드는 작업 공정], 용접(welding) 작업, 접합(joining) 작업 과정에서 발생하는 가장 흔한 부피 결함은 크랙(crack, 균열)의 형태이다. 크랙은 [모서리(sharp bend)와 같이] 재료가 심하게 변형된 영역이나 [수축공 또는 노치(notch)와 같은 불균일한 표면과 같은] 이전에 존재하는 결함이 있는 영역에서 성형(forming) 작업 동안 발생한다. 0.1 cm보다 작은 크랙도 재료의 최대 강도(ultimate strength)에 매우 나쁜 영향을 줄 수 있다. 또한 작은 표면 크랙[또는 스크래치(scratch, 긁힌 자국)]은 중요한 부피 결함이다. 크랙(스크래치)은 유리와 같은 세라믹 재료에서는 더욱 치명적인 영향을 준다. 유리에서 100 μm(10^{-4} cm)의 깊이인 표면 스크래치는 스크래치가 없는 유리의 파괴 강도(fracture strength)를 100배까지 낮출 수 있다.

용접된 금속이 빠르게 냉각하고 응고함에 따라, 용접 부위에서 큰 열적 응력이 만들어질 수 있기 때문에 용접에서 크랙이 일반적으로 발생한다. 용접 부위가 열적으로 수축하며 응고함에 따라 기지 금속(base metal)이 용접된 금속에 구속 효과(restraining effect)를 발휘하기 때문에, 열적 응력이 발생한다. 용접된 금속은 기지 금속보다 일반적으로 취성(brittle)이 더 크기 때문에, 크랙은 용접 부위에서 발생한다. 이 크랙은 나중에 응력이 가해졌을 때 소지 금속으로 전파된다.

연습문제

1. 세라믹 재료에서 다음을 설명하시오.
   (a) 쇼트키(Schottky) 결함
   (b) 프렌켈(Frenkel) 결함

2. 칼날 전위(edge dislocation), 나사 전위(screw dislocation), 혼합 전위(mixed dislocation)에 대해 설명하시오.

3. 칼날 전위(edge dislocation)에서 전위의 상승(climb)에 대해 설명하시오. 또한 온도가 전위의 상승에 어떤 영향을 주는지 설명하시오.

4. 면심 입방(FCC) 구조, 체심 입방(BCC) 구조, 육방 조밀 충전(HCP) 구조의 슬립계(slip system)를 비교 설명하시오.

5. 면심 입방(FCC) 구조, 체심 입방(BCC) 구조, 육방 조밀 충전(HCP) 구조에서 격자상수 a가 모두 같다고 가정하고, 각 구조에서 버거스 벡터($\vec{b}$)의 크기를 계산하시오. 또한 버거스 벡터($\vec{b}$)의 크기가 슬립에 미치는 영향을 비교하여 설명하시오.

6. NaCl 결정의 슬립계는 무엇이며, NaCl 결정에서 슬립이 일어나기 어려운 이유를 설명하시오.

7. 정합 계면(coherent interface), 반정합 계면(semicoherent interface), 부정합 계면(incoherent interface)에 대해 설명하시오.

8. 면심 입방(FCC) 구조에서 완전 전위와 부분 전위에 대해 설명하시오.

9. 쌍정의 정의 및 쌍정의 종류에 대해 설명하시오.

정답

1. 세라믹 재료에서 다음을 설명하시오.

(a) 쇼트키(Schottky) 결함 그림 8-3 참고

이온 결정에서 양이온 공공(비어 있는 양이온 자리)과 음이온 공공(비어 있는 음이온 자리)으로 이루어진 쌍을 말한다.

(b) 프렌켈(Frenkel) 결함 그림 8-3 참고

이온 결정에서 양이온 공공(비어 있는 양이온 자리)과 침입형 양이온으로 이루어진 쌍을 말한다.

2. 그림 8-7, 그림 8-9 참고

칼날 전위는 그림 8-7(b)와 같이 잉여 반면(extra half-plane)이 존재하며, 버거스 벡터($\vec{b}$)의 방향이 슬립면과 서로 평행하고, 버거스 벡터($\vec{b}$)의 방향과 전위선(dislocation line)과 서로 수직(90°) 관계이다. 나사 전위는 그림 8-7(c)와 같이 잉여 반면(extra half-plane)이 존재하지 않으며, 버거스 벡터($\vec{b}$)의 방향이 슬립의 진행 방향과 서로 수직(90°) 관계이다. 버거스 벡터($\vec{b}$)의 방향과 전위선(dislocation line)은 서로 평행하다. 혼합 전위는 한 결정 내에 존재하는 전위가 칼날 전위 성분과 나사 전위 성분을 모두 가지고 있을 때를 말한다.

3. 그림 8-14 참고

그림 8-14(a)의 왼쪽 그림에 잉여 반면(extra half-plane)을 가지고 있는 칼날 전위의 단면을 나타냈다. 칼날 전위에서 잉여 반면에 원자의 추가 또는 제거에 의해 전위가 움직이는 경우를 전위의 상승(climb)이라고 한다. 잉여 반면의 가장 아래에 있는 원자(a)가 주변에 있는 공공(b)으로 움직이면 이 칼날 전위의 잉여 반면의 길이가 짧아지게 되며, 칼날 전위가 슬립면의 위쪽으로 움직이게 된다. 이 경우 잉여 반면의 주변에 공공이 존재해야 한다. 또한 하나의 원자가 원자(a)의 아래로 추가되어 원자(d)가 만들어지면 이 칼날 전위의 잉여 반면의 길이가 길어지며, 칼날 전위가 슬립면의 아래쪽으로 움직이게 된다.

두 경우에서 전위의 운동은 슬립면의 위쪽으로 움직일 때는 잉여 반면의 길이가 짧아지고, 슬립면의 아래쪽으로 움직일 때는 잉여 반면의 길이가 길어진다. 이러한 두 가지 경우는 모두 원자의 확산 과정에 의해 일어나며, 잉여 반면의 아래로부터 원자의 제거 또는 잉여 반면의 아래로 원자의 추가에 의해 전위가 움직이는 현상을 전위 상승(dislocation climb)이라고 한다. 전위 상승은 원자의 확산 과정에 의해 일어나므로 잉여 반면의 주위에 공공의 존재와 원자의 확산에 필요한 적당한 온도가 필수적이다. 그러나 전위가 슬립에 의해 움직일 때는 잉여 반면 아래쪽으로 여분의 원자가 만들어지거나 또는 잉여 반면으로부터 원자가 제거되어야 할 필요가 없다. 따라서 슬립에 의한 전위의 움직임이 전위 상승에 의한 전위의 움직임보다 훨씬 빨리 이루어진다.

4. 표 8-1, 그림 8-15, 그림 8-16, 그림 8-17, 그림 8-18, 그림 8-19 참고

슬립은 원자가 가장 조밀하게 배열된 결정면에서 일어나며, 원자가 가장 조밀하게 배열되어있는 방향으로 일어난다. 슬립이 일어나는 가장 조밀한 면(close-packed plane)과 그 면에 있는 가장 조밀한 방향(close-packed direction)을 슬립계(slip system)라고 한다.

① 면심 입방(FCC) 구조에서 슬립이 일어나는 면은[그림 8-15(a), (b)와 같이] 원자 배열이 가장 조밀한 면 $\{111\}$이고, 이 면에서 슬립이 일어난다. 또한 면심 입방 구조에서 에너지가 제일 작은 완전 전위의 버거스 벡터는 제일 짧은 격자 병진 벡터인 $\vec{b}=\frac{1}{2}<110>$이다. 이 $\langle 110\rangle$ 방향은 $\{111\}$면에 속하면서 원자 배열이 가장 조밀한 방향이므로 슬립이 일어나는 방향이 되어, FCC의 슬립계는 $\{111\}\langle 1\bar{1}0\rangle$이 된다. FCC의 슬립면은 4개이며[$(111)$, $(\bar{1}11)$, $(1\bar{1}1)$, $(11\bar{1})$], 각 슬립면은 3개의 조밀한 방향을 가지고 있다. 따라서 FCC의 주요 슬립계는 12개이다.

② 체심 입방(BCC) 구조에서 슬립이 일어나는 면은 그림 8-17과 같이 $\{110\}$이다. 그러나 체심 입방에서는 $\{110\}$면 외에도 $\{112\}$면, $\{123\}$면의 원자 밀도가 $\{110\}$면과 거의 비슷하며, 이 2개의 면도 슬립면이 된다. 체심 입방 구조에서 $\{110\}$면을 조밀면으로 하는 경우 6개가 존재한다. 각각의 면에 속하는 가장 조밀한 방향은 $\langle\bar{1}11\rangle$로서 면당 2개가 존재한다. 따라서 슬립면은 $\{110\}$이고, 슬립 방향은 $\langle\bar{1}11\rangle$인 슬립계는 12개이다. 그림 8-18(a)는 $\{110\}\langle\bar{1}11\rangle$의 슬립계를 나타낸다.

다음으로 슬립면이 {112}이고 슬립 방향이 ⟨11$\bar{1}$⟩인 슬립계의 경우, 12개의 {112}면이 있으며, 이 면 위에 ⟨11$\bar{1}$⟩의 조밀한 방향이 1개 존재하므로 그림 8-18(b)와 같이 12개의 슬립계가 존재하다.

마지막으로 슬립면이 {123}이고, ⟨11$\bar{1}$⟩인 슬립계의 경우, 슬립면 {123}이 24개 존재하며, 이 면 위에 ⟨11$\bar{1}$⟩의 조밀 방향이 1개이다. 따라서 24개의 슬립계가 존재한다. 그림 8-18(c)에 {123}⟨11$\bar{1}$⟩의 슬립계를 나타낸다.

지금까지 살펴본 바와 같이 체심 입방에서 주요 슬립계는 3가지 조밀면[{110}, {112}, {123}]에서 존재하는 조밀 방향을 고려하면, 총 48개의 슬립계가 존재한다.

③ 육방 조밀 충전(HCP) 구조에서 슬립이 일어나는 면은 그림 8-19와 같이, 최대 원자 조밀면 {0001}과 {10$\bar{1}$0}이다. {0001}에 속하는 면은 (0001)의 1개이며, 이 면에 속하는 원자 조밀 방향은 ⟨1$\bar{2}$10⟩이다. 육방 조밀 충전에서 (0001)면당 3개의 원자 조밀 충전 방향([11$\bar{2}$0], [$\bar{2}$110], [1$\bar{2}$10])이 있다. 따라서 슬립면이 (0001)이고, 슬립 방향이 ⟨1$\bar{2}$10⟩인 슬립계는 3개이다.

또한 슬립면이 {10$\bar{1}$0}인 경우를 살펴보자. 슬립면 {10$\bar{1}$0}에 속하는 면은 3개가 존재하며, 각 면당 1개의 원자 조밀 방향 ⟨1$\bar{2}$10⟩이 존재한다. 따라서 슬립면이 {10$\bar{1}$0}이고 슬립 방향이 ⟨1$\bar{2}$10⟩인 슬립계는 3개이다. 육방 조밀 충전(HCP) 슬립계의 전체 수는 6개이다.

표 8-1은 면심 입방(FCC) 구조, 체심 입방(BCC) 구조, 육방 조밀 충전(HCP) 구조의 슬립계(slip system)를 비교하여 나타낸 것이다.

5. 표 8-2, 그림 8-20 참고

그림 8-20은 FCC, BCC, HCP에서 버거스 벡터의 크기 $\vec{b}$를 격자상수 a와 비교하여 나타낸 것이다. 전위가 결정 내에 존재할 경우 전위의 탄성에너지로 인해 자유에너지가 증가한다. 이때 에너지의 크기는 버거스 벡터 크기의 제곱에 비례한다. 따라서 버거스 벡터의 크기가 작을수록 안정하므로 전위는 최대 조밀 방향으로 이동한다. 원자가 조밀하게 배열되어 있는 방향일수록 원자 사이의 거리가 짧아서 원자 변위 벡터, 즉 버거스 벡터의 크기(한 원자 간 이동 거리)를 최소로 할 수 있기 때문이다. 따라서 완전 전위의 버거스 벡터는 격자 병진 벡터 중에서 제일 짧은(크기가 작은) 벡터가 된다.

표 8-2는 FCC, BCC, HCP에서 버거스 벡터의 크기를 비교하여 나타낸 것이다. FCC에서 버거스 벡터의 크기($\vec{b}$= 0.707a)가 BCC에서 버거스 벡터의 크기($\vec{b}$= 0.866a)보다 작기 때문에 FCC에서 슬립이 더욱 잘 일어나며, 이 때문에 FCC 구조를 가지는 금속의 연성(ductility)이 BCC 구조를 가지는 금속보다 우수하다. 물론 FCC의 {111}면이 BCC의 {110}면에 비해 더욱 조밀한 면이므로, FCC에서 슬립이 더 잘 일어난다. 또한 HCP에서 버거스 벡터의 크기($\vec{b}$= a)는 격자 상수 a와 같고, FCC의 버거스 벡터의 크기에 비해 크기 때문에 HCP에서 변형(slip)이 일어나기 어렵다.

6. 그림 8-21 참고

NaCl은 그림 8-21과 같이 면심 입방 구조를 가지고 있으며, 조밀면은 {100}이고, 조밀 방향은 ⟨100⟩이다. 따라서 NaCl에서 슬립은 조밀면인 {100}에서 조밀 방향인 ⟨100⟩로 일어날 것 같지만, 실제로 그렇지는 않다. NaCl 결정에서 슬립이 {100}의 조밀면에서 ⟨100⟩의 조밀 방향으로 일어나려면, 한 층에 있는 Na 이온이 바로 아래층에 있는 Na 이온과 바로 위층에 있는 Na 이온의 사이로 이동되어 서로 가까워지는 움직임을 보여야 한다. 또한 Cl 이온도 바로 아래층에 있는 Cl 이온과 바로 위층에 있는 Cl 이온의 사이로 이동되어 서로 가까워지는 움직임을 보여야 한다. 이것은 에너지적으로 일어날 수 없으며, 실제로 일어나지도 않는다.

NaCl 결정에서 실제 슬립이 일어나는 면은 {110}이고, 같은 전하로 구성된 이온(양이온 또는 음이온)이 연결된 줄(line)에 평행한 방향 중에서 지수(밀러 지수, Miller index)가 가장 낮은 방향인 $\langle 1\bar{1}0 \rangle$으로 슬립이 일어난다. NaCl 결정에서 슬립계는 $\{110\}\langle 1\bar{1}0 \rangle$이다. 이온 결합을 하는 물질(세라믹)의 경우, 상온에서 슬립(즉, 소성 변형)은 일어나지 않는다. 세라믹 재료에서 슬립은 상당한 고온에서만 가능하다.

7. 그림 8-29, 그림 8-31, 그림 8-32 참고

① 정합 계면은 그림 8-29와 같이 서로 다른 2개의 상에서 각 상을 구성하고 있는 격자가 계면을 가로질러 격자의 연속성이 유지되어 정확히 계면에서 짝을 이루고 있는 경우의 계면을 말한다. 정합 계면은 2개 결정이 계면을 가로질러 완전히 서로 짝을 이룰 때 형성되며, 2상을 구성하고 있는 원소의 종류와 관계없이 계면에 있는 2상의 격자가 똑같은 원자 배열을 가질 때 형성된다[그림 8-29(a), (b)].

이 경우 2개의 결정은 특별한 방향 관계를 가지게 된다. 또한 정합 계면에서 원자들 사이의 거리가 같지 않을 때, 1개의 격자 또는 2개 격자 모두 변형함으로써 여전히 정합성을 유지하는 것이 가능하다. 이를 그림 8-29(c)에 나타냈으며, 이때 생기는 격자 변형(lattice distortion)을 정합 변형(coherency strain)이라고 한다.

② 두 결정에서 격자상수의 차이가 큰 경우, 2개 상 사이의 계면에서 형성되는 정합 변형에 의한 에너지는 점점 증가한다. 반정합 계면은 이를 감소시키기 위해 불일치 전위를 도입하여 그림 8-31에 나타낸 것과 같이 형성된 계면을 말한다. 이때 2개의 계면에서 격자 변형에 의한 에너지를 줄이기 위해 도입한 전위를 불일치 전위(misfit dislocation)라고 한다. 정합 계면에서 변형은 계(결정)의 전체에너지를 증가시킨다. 충분히 큰 원자적 불일치(atomic misfit) 또는 계면 면적(interface area)의 경우, 주기적으로 불일치 전위를 중간에 하나씩 넣어 정합 계면을 반정합 계면(semicoherent interface)으로 대체하는 것이 에너지적으로 유리하다. 이때 불일치 전위가 생기면 전위에 의한 에너지가 증가하지만, 정합 변형에 의한 에너지를 감소시킬 수 있다.

③ 그림 8-32와 같이 2개의 이웃하는 상에서 계면면(interfacial plane)에서 매우 다른 원자 배열이 나타날 경우, 계면을 가로질러 격자가 정합하게 일치할 가능성은 없다. 이때 형성되는 계면을 부정합 계면이라고 한다.

4개의 면간 간격(interplanar spacing)당 1개의 전위가 삽입되는 $\delta > 0.25$일 때, 전위 중심(dislocation core) 주위에서 엉성한 일치(poor fit)의 영역들이 겹쳐지므로 계면은 정합으로 간주될 수 없다. 이때 계면은 부정합(incoherent) 계면으로 된다.

부정합 계면에서 원자의 배열은 2개의 상에서 매우 다르거나, 같더라도 원자 간 거리는 25% 이상 차이가 난다. 두 경우 모두 계면은 부정합이라고 말한다. 일반적으로 부정합 계면은 그림 8-32와 같이 2개의 임의의 방향으로 되어 있는 결정이 계면면(interfacial plane)을 가로질러 결합될 때 부정합 계면이 형성된다.

8. 그림 8-33 참고

FCC 구조에서 슬립은 그림 8-33(a)와 같이 가장 조밀한 (111)면에서 가장 조밀한 방향인 $[01\bar{1}]$ 방향으로 일어나게 되며, 이를 그림 8-33(b)에 나타냈다. 이때 버거스 벡터의 크기는 다음과 같다.

$$\vec{b} = \frac{1}{2}[01\bar{1}]$$

그림 8-33(c)와 같이 슬립이 1층에 있는 (111)면(A위치)과 2층에 있는 (111)면(B위치) 사이에서 일어난다고 가정하자. 편의상 1층에 있는 (111)면은 그대로 있고, 2층에 있는 (111)면이 움직인다고 가정하자. 즉, B위치에 있는 1개의 원자가 바로 아래 오른쪽에 있는 B위치로 슬립을 한다고 생각할 수 있다. 이때 전위의 크기는 $\vec{b_1} = \frac{1}{2}[01\bar{1}]$이며, FCC에서 이 전위가 제일 짧은 격자 병진 벡터로서 완전 전위(perfect dislocation)에 해당한다.

즉, $\vec{b_1} = \frac{1}{2}[01\bar{1}]$는 FCC에서 가장 조밀한 (111)면에서 가장 조밀한 $[01\bar{1}]$ 방향으로 슬립이 일어날 때, 한 원자 간 이동(슬립)하는 거리로서 버거스 벡터에 해당된다. 버거스 벡터가 맞닿아 있는 원자 사이의 거리와 같은 경우에 이를 완전 전위(perfect dislocation)라고 한다. 또한 전위가 가지는 버거스 벡터가 맞닿아 있는 원자 사이의 거리보다 작거나 큰 경우에 이를 불완전 전위(imperfect dislocation) 또는 부분 전위(partial dislocation)라고 한다. 일반적으로 완전 전위가 부분 전위로 분해되기 위해서는 부분 전위의 버거스 벡터의 합이 완전 전위의 버거스 벡터와 일치해야 하며, 완전 전위의 탄성에너지보다 부분 전위들의 탄성에너지와 적층 결함 에너지의 합이 작아야 한다. 완전 전위와 부분 전위의 탄성에너지를 비교하기 위해 전위의 탄성에너지가 버거스 벡터의 제곱에 비례한다는 프랭크 법칙(Frank's rule)을 사용한다. 전위는 에너지적으로 불안정하기 때문에 다음과 같이 분해되려고 한다.

$$b_1 \rightarrow b_2 + b_3 \quad \textbf{(8.15)}$$

$$|b_1|^2 < |b_2|^2 + |b_3|^2 \quad \textbf{(8.16)}$$

$$|b_1|^2 > |b_2|^2 + |b_3|^2 \quad \textbf{(8.17)}$$

버거스 벡터가 분해될 때, 식 (8.16)과 같이 분해된 버거스 벡터(b_2, b_3)의 제곱의 총합이 초기의 버거스 벡터(b_1)의 크기의 제곱보다 큰 경우는 에너지가 커지기 때문에 분해되지 않는다. 식 (8.17)과 같이 분해된 버거스 벡터(b_2, b_3)의 제곱의 총합이 초기의 버거스 벡터(b_1)의 크기의 제곱보다 작은 경우는 에너지가 작아지므로 완전 전위가 부분 전위로 분해된다. 기본적으로 전위들은 더 작은 버거스 벡터를 가지는 방향으로 변화하려고 한다. 즉, 완전 전위가 더 작은 버거스 벡터를 가지는 부분 전위(partial dislocation)로 분해하면 탄성 변형에너지(elastic strain energy)를 더 줄일 수 있다. B위치에 있는 1개의 원자가 바로 아래 오른쪽에 있는 B위치로 슬립을 할 때($\vec{b_1} = \frac{1}{2}[01\bar{1}]$) 한 번에 움직이는 것이 아니라, 그림 8-33(e)와 같이 B위치에 있는 원자가 C위치로 움직인 후 바로 C위치로부터 B위치로 움직이면 탄성 변형에너지를 최소화할 수 있다는 의미이다. 이때 B원자 위치로부터 C원자 위치로 이동할 때, 부분 전위의 크기는 $\vec{b_2} = \frac{1}{6}[11\bar{2}]$가 된다. 또한 C원자 위치로부터 B원자 위치로 이동할 때, 부분 전위의 크기는 $\vec{b_3} = \frac{1}{6}[\bar{1}2\bar{1}]$이 된다.

9. 그림 8-37, 그림 8-38 참고

쌍정(twinning, twin)은 그림 8-37과 같이 어떤 결정립계(grain boundary)를 가로질러 거울에 비친 모양의 격자 대칭을 나타내는 결정립계의 특수한 형태를 말한다. 즉, 결정 내에서 어떤 결정립계를 경계로 하여 격자의 원자 배열이 서로 대칭 관계에 있는 경우를 의미한다. 결정에서 소성 변형은 쌍정에 의해서도 발생할 수 있으며, 쌍정은 결정의 변형된 부분이 변형되지 않은 부분에 상대적으로 거울-형상(mirror-image) 방향으로 일어나도록 원자층이 움직여 발생한다. 가장 많이 관찰되는 쌍정의 형태는 한 부분의 결정 구조가 다른 부분의 결정 구조와 경영대칭(mirror symmetry)으로 되어 있는 경우이다. 이때 경영대칭면을 쌍정면[twinning plane 또는 합성면(composition plane)]이라고 하며, 이 면은 대체로 슬립면과 일치한다. 슬립처럼 쌍정도 쌍정 방향(twinning direction)이라고 하는 특별한 방향으로 일어난다.

그림 8-38은 쌍정의 종류를 나타낸다. 쌍정은 외부로부터 결정에 가해지는 전단 응력에 의해 쌍정을 구성하는 원자들이 이동하여 생기는 기계적 쌍정(mechanical twin)과, 압연 또는 단조와 같은 냉간 가공(cold working)에 의한 변형 후에 행하는 어닐링 열처리(annealing heat treatment)에 의해 생기는 어닐링 쌍정(annealing twin)으로 구분할 수 있다. 기계적 쌍정은 BCC 구조와 HCP 구조를 가지는 금속에서 관찰되며, 어닐링 쌍정은 FCC 구조를 가지는 금속에서 관찰된다.

chapter 9

빛의 회절과 X-선의 회절

9.1 빛의 회절

9.2 X-선의 회절

9.1 빛의 회절

우리가 일반적으로 말하는 빛(light)은 그림 9-1과 같이 전자기 복사(EMR, electromagnetic radiation)의 스펙트럼(spectrum)에서 극히 일부 파장(wavelenght)의 영역(~0.4 μm로부터 ~0.7 μm까지의 파장 영역)에 있는 가시광선(visible light)이다.

전자기 복사는 에너지(eV)가 매우 큰 영역(약 10^8 eV 또는 파장이 매우 짧은 약 10^{-14} m)의 방사선인 γ-선에서 시작하여, 에너지가 작아지는 순서로 X-선, 자외선(ultraviolet rays), 가시광선(visible light), 적외선(infrared rays), 마이크로파(microwave), 그리고 에너지가 매우 작은 영역(약 10^{-10} eV 또는 파장이 매우 긴 약 1 km)의 TV파와 라디오파(radio waves)로 구성되어 있다. 빛, 열, 레이더, 라디오파, X-선 등은 모두 전자기 복사의 종류이다.

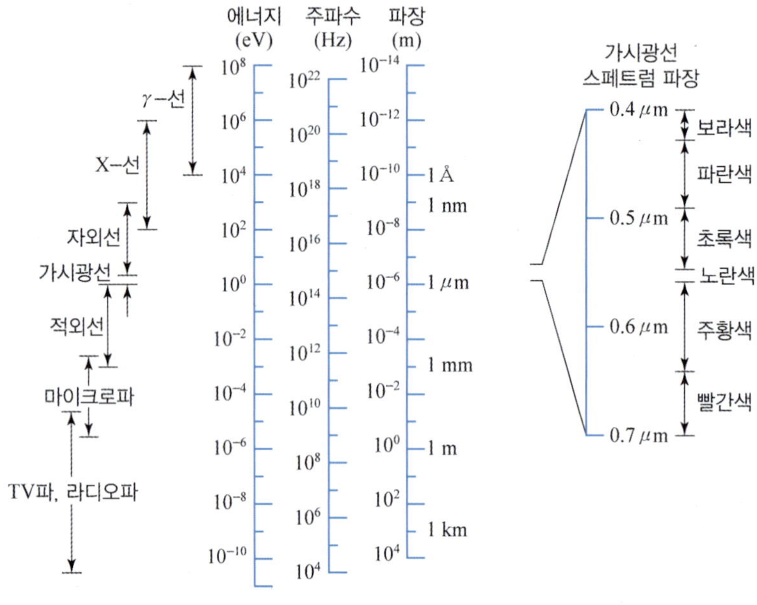

그림 9-1 전자기 복사의 스펙트럼(가시광선의 스펙트럼에서 여러 가지 색에 대한 파장 영역을 포함하고 있음)

빛은 여러 가지 파장의 광자(photon) 또는 광양자(light quantum)로 구성되어 있으며, X-선도 광자이다. 빛은 입자성(particle property)뿐만 아니라, 파동성(wave property)을 가지고 있으며, 이를 빛의 이중성(duality of light, wave-particle duality)이라고 한다. 빛의 입자성에 대한 이론(particle theory of light)은 뉴턴(Newton)에 의해 제안되었고, 이 제안을 이용하여 반사(reflection)와 굴절(refraction)을 설명할 수 있었다. 그러나 굴절 법칙을 유도할 때, 뉴턴이 범한 오류는 빛이 공기보다 물과 유리에서 더 빠르게 전파된다고 잘못 가정한 데서 기인하였다.

한편, 빛의 파동성에 대한 이론(wave theory of light)은 호이겐스(Huygens)와 훅(Hooke)에 의해 제안되었으며, 빛이 공기보다 물과 유리에서 더 느리게 전파된다는 가정으로 반사와 굴절을 설명할 수 있었다. 빛의 파동성은 1801년에 영(Young)에 의해 입증되었다. 이후 프레넬(Fresnel)에 의해 빛의 파동성에 대한 큰 수학적 진보가 이루어졌다. 허츠(Hertz)는 빛의 입자성에 의해서만 설명할 수 있는 광전효과(photoelectric effect)를 발견하였다. 1905년에 아인슈타인(Einstein)에 의해 광전 효과가 증명되었으며, 이 과정에서 빛의 입자성이 입증되었다. 빛 입자(light particle)는 광자라고 불리며, 광자의 에너지 E는 빛의 주파수(frequency, ν)와 관련이 있다. 이에 대한 유명한 아인슈타인 관계식은 다음과 같다.

$$E = h\nu \tag{9.1}$$

여기서, h: 플랑크 상수(Plank's constant)

1) 전자기 복사

전자기 복사[EMR(electromagnetic radiation), 전자기파 또는 전자파]는 전자기장(electromagnetic field, 벡터장인 전기장과 자기장을 총칭)의 흐름에서 발생하는 일종의 전자기 에너지를 말한다. 전자기장의 변동이 파동으로서 공간을 통해 전파되는 현상을 전자기 복사라고 한다. 전자기 복사는 그림 9-2와 같이 전자기파가 진행하는 방향(x 방향)에 수직하면서, 전기장(electric field) 성분(y 방향)과 자기장(magnetic field) 성분(z 방향)이 서로 수직한 형태로 진행하는 파(wavelike)로 여겨지며, 두 가지 성분이 주기적으로 바뀌면서 생기는 파동(wave)을 말한다. 빛(광자 또는 광양자), 열[또는 복사에너지(radiant energy)], 레이더(radar), 라디오파(또는 전파, radio wave), X-선은 모두 전자기 복사에 해당된다. 전자기파는 넓은 영역의 주파수(frequency, ν) 또는 파장(wavelength, λ)에 걸쳐 있으며, 전자기파를 생성하는 근원(source)에 따라 분류될 수 있다. 각기 다른 근원이 주파수의 겹치는 범위에 있는 파장을 만들기 때문에 매우 정확한 경계(범위)로 분류되지는 않는다. 전자기 스펙트럼에서 파장에 따른 빛 성분(영역 또는 띠)의 분포는 일반적으로 다음과 같이 분류된다.

❶ 라디오(방사 또는 무선) 주파수파(radiofrequency waves) 또는 전파

- 수 km ~ 0.3 m의 범위를 가지는 파장
- 수 Hz ~ 10^9 Hz의 범위를 가지는 주파수

❷ 극초단파(microwaves)

- $0.3\ m \sim 10^{-3}\ m$의 범위를 가지는 파장
- $10^{9}\ Hz \sim 3\times10^{11}\ Hz$의 범위를 가지는 주파수

  라디오 주파수와 비교하여 UHF(ultrahigh frequency, 극초단파)라고 한다.

❸ 적외선 스펙트럼(infrared spectrum)

- $10^{-3}\ m \sim 7.8\times10^{-7}\ m$(또는 7,800 Å)의 범위를 가지는 파장
- $3\times10^{11}\ Hz \sim 4\times10^{14}\ Hz$의 범위를 가지는 주파수
- 3가지 영역으로 세분화된다.
  - 원적외선(far infrared)

    $10^{-3}\ m \sim 3\times10^{-5}\ m$의 범위를 가지는 파장
  - 중적외선(middle infrared)

    $3\times10^{-5}\ m \sim 3\times10^{-6}\ m$의 범위를 가지는 파장
  - 근적외선(near infrared)

    $3\times10^{-6}\ m \sim$ 약 $7.8\times10^{-7}\ m$의 범위를 가지는 파장

❹ 빛(light) 또는 가시 스펙트럼(visible spectrum)

- $7.8\times10^{-7}\ m \sim 3.8\times10^{-7}\ m$의 범위를 가지는 파장
- $4\times10^{14}\ Hz \sim 8\times10^{14}\ Hz$의 범위를 가지는 주파수

❺ 자외선(ultraviolet rays)

- $3.8\times10^{-7}\ m \sim$ 약 $6\times10^{-10}\ m$의 범위를 가지는 파장
- $8\times10^{14}\ Hz \sim$ 약 $3\times10^{17}\ Hz$의 범위를 가지는 주파수

❻ X-선(X-rays)

- 약 $10^{-9}\ m \sim$ 약 $6\times10^{-12}\ m$의 범위를 가지는 파장
- $3\times10^{17}\ Hz \sim 5\times10^{19}\ Hz$의 범위를 가지는 주파수
- X-선은 원자에서 내부 전자껍질 또는 더욱 단단하게 붙어 있는 전자들에 의해 생성되거나, 제동 복사(bremsstrahlung) 또는 감속하는 방사(decelerating radiation)에 의해 발생한다.

❼ 감마선(γ-rays)

- 약 $10^{-10}\ m \sim 10^{-14}\ m$의 범위를 가지는 파장
- $3\times10^{18}\ Hz \sim$ 약 $3\times10^{22}\ Hz$의 범위를 가지는 주파수

• γ-선의 방출 근원은 원자의 핵(nuclear)이며, X-선 스펙트럼의 위쪽 경계와 겹친다. γ-선은 많은 방사성 물질로부터 발생한다.

모든 전자기파는 진공 내에서 빛과 똑같은 속도로 진행한다. 빛의 속도는 3×10^8 m/s(또는 300,000 km/s)이다. 빛의 속도 c는 진공의 전기 유전율 ϵ_0과 진공의 자기 투자율 μ_0에 대해 다음의 관계를 나타낸다.

$$c = \frac{1}{\sqrt{\epsilon_0 \mu_0}} \tag{9.2}$$

여기서, c: 빛의 속도(velocity of light),

ϵ_0: 진공의 전기 유전율(electric permittivity of vacuum),

μ_0: 진공의 자기 투자율(magnetic permeability of vacuum)

이 식은 전자기적(electromagnetic) 상수 c와 전기적(electric) 상수 ϵ_0 및 자기적(magnetic) 상수 μ_0 사이에는 일정한 관계가 있음을 나타낸다. 또한 전자기파의 주파수 ν와 파장 λ는 다음 식과 같이 빛의 속도 c의 함수이다.

$$c = \lambda\nu \tag{9.3}$$

양자역학적(quantum mechanical) 관점에서 보면 전자기파(또는 전자기 복사)는 파동으로 구성되어 있다기보다는 광자[photon 또는 광양자: 전자기파의 양자(quantum)]라고 불리는 에너지의 묶음(group 또는 packet)으로 구성되어 있다고 보는 것이 더 적절하다. 1905년에 아인슈타인은 빛에너지는 공간에 연속적으로 분포되어 있는 것이 아니라, 광자라고 불리는 작은 묶음으로 양자화되어 있음(quantized)을 광전 효과 실험을 통해 증명하였다. 빛뿐만 아니라 전자(및 다른 입자)도 입자성(particlelike)과 파동성(wavelike)을 동시에 나타내는 이중성(dual nature, wave-particle duality)을 가진다. 따라서 빛 입자(light particle)는 광자(photon)라고 불린다. 또한 X-선 역시 가시광선 빛보다 파장이 짧은 광자이다.

아인슈타인은 광전 효과 실험을 통해 빛이 금속 원자에 있는 전자에 운동량(momentum)을 전달하여 금속이 광전자(photoelectron)를 방출한다는 사실을 발견하였다. 그는 이 실험을 통해 빛의 입자성을 입증하였다. 또한 빛의 파동성은 1678년에 호이겐스(Huygens)에 의해 빛이 공기보다 유리 또는 물에서 더욱더 느리게 전파되는 것을 가정하여 반사(reflection)와 굴절(refraction)을 설명함으로써 입증되었다. 1801년에 영(Young)은 이중 슬릿(double slit)을 이용하여 스크린에 나타난 밝고 어두운 무늬가 연속적으로 나타나는 것을 관찰하였으며, 이 간섭(interference) 현상을 통해 빛의 파동성을 입증하였다. 1818년 프레넬(Fresnel)은 호이겐스가 제안한 빛의 파동성을 확장하여 2차 파의 간섭으로부터 회절(diffraction) 현상을 설명하였다. 또한 1913년에 브래그(Bragg)는 결정과 같은 주기적인 원자 배열을 하고 있는 물질에 일정한 파장의 빛(X-선)을 다양한 각도에서 입사시키면, 어느 각도에서는 강한 빛의 반사가 일어나지만, 다른 각도에서는 반사가 거의 일어나지 않는 것을 관찰하였다. 이러한 실험 결과로부터 그는 빛의 회절, 반사에 대한 물리 법칙으로서 브래그의 법칙(Bragg's law)을 발표하였으며, 이는 X-선 결정학의 시초가 되었다. 브래그의 법칙은 뒤에서 자세히 살펴볼 것이다.

드브로이(de Broglie)는 1924년에 전자 같은 입자들은 식 (6.4)와 같이 파장은 입자의 운동량에 반비례하고, 주파수는 입자의 운동에너지에 비례한다는 다음과 같은 드브로이 가설을 발표하였다.

$$\lambda = \frac{h}{p} \quad \text{또는} \quad p = \frac{h}{\lambda} \tag{6.4}$$

$$\nu = \frac{E}{h} \quad \text{또는} \quad E = h\nu \tag{9.1}$$

1927년 데이비슨-거머(Davisson-Germer)는 전자 같은 입자들이 파동성을 가진다는 드브로이 가설을 입증하였다. 그들은 전자 빔(electron beam)을 얇은 Ni 결정 시료에 입사시켜 회절상을 만들었으며, 이 회절상은 전자가 파동이므로 Ni 결정 격자에 의한 회절과 간섭에 의해 형성되는 것을 입증하였다.

광자 한 개의 에너지 E는 양자화되어 있다고 할 수 있으며, 식 (9.1)과 식 (9.3)으로부터 다음 식과 같이 특정한 값을 가질 수 있다.

$$E = h\nu = \frac{hc}{\lambda} \tag{9.4}$$

여기서, E: 광자의 에너지(energy of a photon),

h: 플랑크 상수(Planck's constant, 6.63×10^{-34} J · s),

ν: 전자기파의 주파수(frequency of electromagnetic radiation),

c: 빛의 속도(speed of light),

λ: 전자기파의 파장(wavelength of electromagnetic radiation)

따라서 광자의 에너지는 전자기파의 주파수 ν에 비례하고, 전자기파의 파장 λ에 반비례한다.

2) 광자

빛 입자는 광자라고 불린다. 광자의 에너지 E는 다음의 유명한 아인슈타인 관계식에 의해 광파(light wave)의 주파수 ν와 관계된다.

$$E = h\nu \tag{9.1}$$

기초 물리학에서 빛은 파동으로 구성된다고 여겨진다. 간섭(interference), 회절(diffraction), 굴절(refraction), 반사(reflection)와 같은 현상은 모두 파동 이론으로 설명될 수 있다. 간섭, 회절, 굴절, 반사의 모든 현상에서 빛의 광선은 그림 9-2와 같이 일정한 주파수를 가지는 전자기파라고 여겨진다.

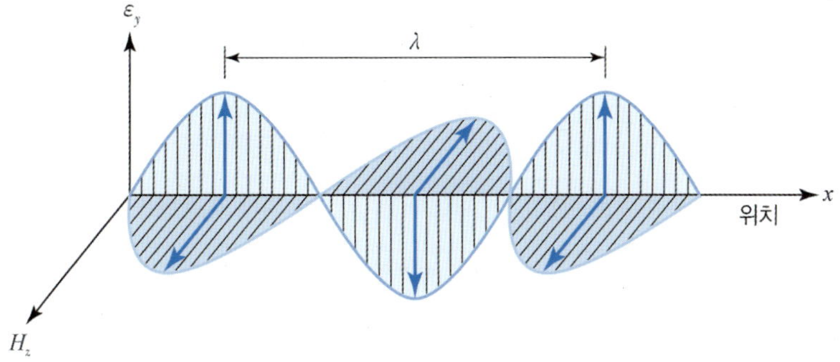

그림 9-2 전기장 ε_y 성분, 자기장 H_z 성분, 파장 λ를 나타내는 전자기파

이 전자기파의 전기장 ε_y와 자기장 H_z는 서로 수직하고, 전자파의 진행 방향 x에 수직하다. 어떤 시간 t, 위치 x에서 전기장 ε_y는 다음과 같은 사인 함수(sine function)로 표현될 수 있다.

$$\varepsilon_y(x, t) = \varepsilon_0 \sin(kx - \omega t) \tag{9.5}$$

여기서, ε_y: 전기장, x: 위치,

t: 시간, ε_0: 전기장의 진폭(amplitude),

k: 파수(wave number 또는 wave vector) $[k = \frac{2\pi}{\lambda}$, λ: 파장(wavelength)] 또는 전파상수(propagation constant),

ω: 파의 각도 주파수(wave's angular frequency) [또는 $2\pi\nu$, ν : 주파수(frequency)]

또한 시간 t, 위치 x에서 자기장 H_z는 다음과 같은 사인 함수(sine function)로 표현된다.

$$H_z(x,t) = H_0 \sin(kx - \omega t) \tag{9.6}$$

여기서, H_0: 자기장의 진폭(amplitude)

식 (9.5)와 식 (9.6)은 x 방향으로 진행파(traveling wave)를 나타내며, 이 진행파는 정현적으로(sinusoidally, 사인 함수처럼 또는 코사인 함수처럼) 변하는 함수이다. 파의 속도(위상 속도, phase velocity) c는 식 (9.3)과 같다.

$$c = \frac{\omega}{k} = \nu\lambda \tag{9.7}$$

여기서, c: 빛(파)의 속도, ν : 주파수

단위 면적당, 단위 시간당 흐르는 에너지인 파(빛)[식 (9.5)에 의해 표현된]의 강도 I_{classic}는 다음과 같이 표현된다.

$$I_{\text{classic}} = \frac{1}{2} c \epsilon_0 \varepsilon_0^2 \tag{9.8}$$

여기서, ϵ_0: 진공의 전기 유전율(electric permittivity of vacuum),

ε_0: 전기장의 진폭(amplitude)

빛은 9.1절에 기술했듯이, 파동성과 입자성을 동시에 가지는 이중성을 나타낸다. 빛의 간섭 현상에 대한 실험과 회절 현상에 대한 실험을 통해 빛의 파동성은 입증되었다. 먼저 빛의 파동성에 대해 살펴보자. 빛의 파동성을 증명하기 위한 실험으로는 이중 슬릿 실험(double-slit experiment)과 프리드리히(Friedrich)와 니핑(Knipping)에 의해 수행된 실험이 있다.

그림 9-3은 1801년에 영(Young)에 의해 수행된 이중 슬릿 실험에 대한 개략도이다. 영은 이 실험을 통해 가시광선(visible light, 400∼700 nm 범위의 파장을 가지는 빛)의 파동성을 입증하였다.

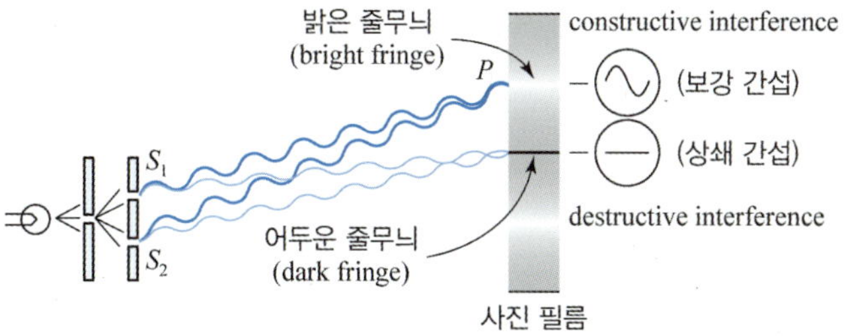

그림 9-3 영(Young)에 의해 수행된 이중 슬릿 실험의 개략도

이 그림은 2개의 슬릿 S_1, S_2로부터 나온 2차 파들의 간섭이 슬릿으로부터 어떤 거리에 놓인 스크린에 어떻게 어두운 줄무늬(dark fringe)와 밝은 줄무늬(bright fringe, Young's fringe)를 만드는지를 나타낸다. 만약 S_1, S_2로부터 나온 파들이 스크린 위에 있는 점 P에서 같은 위상(in-phase)이면, 보강 간섭(constructive interference)을 일으키며, 밝은 줄무늬(bright fringe)가 관찰된다. 이 경우 2개의 빛 사이의 경로 차(path difference)가 파장 λ의 정수배임을 의미하며, 다음 식과 같이 쓸 수 있다.

$$S_1P - S_2P = n\lambda \tag{9.9}$$

여기서, S_1: 슬릿 1,

S_2: 슬릿 2,

P: 스크린 위에 있는 점,

n: 정수,

λ: 빛의 파장(wavelength)

만약 S_1, S_2로부터 나온 2개의 파가 $\frac{\lambda}{2}$의 경로 차에 의해 다른 위상(out-of-phase)이면, 다음 식과 같이 쓸 수 있다.

$$S_1P - S_2P = \left(n + \frac{1}{2}\right)\lambda \tag{9.10}$$

이때 2개의 파는 상쇄 간섭을 일으키고, 점 P에서 빛의 강도는 없어지며, 어두운 줄무늬가 관찰된다. 따라서 스크린의 y 방향으로 밝은 줄무늬와 어두운 줄무늬의 형상(pattern)이 나타난다.

9.2 X-선의 회절

1912년에 라우에(Laue)는 X-선의 파장이 결정 내에 있는 원자의 간격과 같은 정도의 크기이기 때문에, 결정에 있는 원자의 규칙적인 배열이 X-선 회절(X-ray diffraction)을 위한 3차원 회절 격자(diffraction grating)처럼 작용하게 될 것이라고 주장하였다. 이 주장에 대해 프리드리히와 니핑은 X-선의 조준된 빔을 결정에 통과시킨 후 사진판에 부딪히게 하는 실험을 수행하였다. 그들은 사진판의 한가운데 있는 빔 외에도 규칙적으로 배열된 점들을 관찰하였다. 그들은 점들의 위치를 분석하여 조준된 X-선 빔이 약 0.01~0.05 nm 범위를 가지는 파장을 가진다고 계산할 수 있었다.

그림 9-4는 X-선을 결정에 통과하여 얻은 회절 형상(diffraction pattern)을 나타낸 것이다.

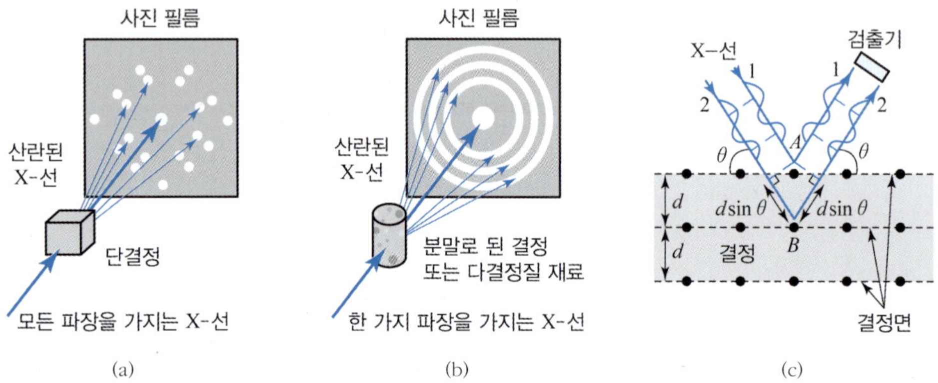

그림 9-4 X-선을 결정에 통과시켜 얻은 회절 형상
(a) 단결정 시료로부터 X-선의 회절은 사진 필름 위에 밝은 점 회절 형상을 만든다.
(b) 분말로 된 결정 시료 또는 다결정 시료로부터 X-선의 회절은 사진 필름 위에 밝은 고리(ring)의 회절 형상을 만든다.
(c) X-선 회절은 결정 내에 있는 여러 가지 원자면에 의해 반사되는 파의 보강 간섭을 포함한다.

X-선이 결정 시료에 입사되면, X-선은 사진판 위에 전형적인 회절 형상을 만들며, 이 회절 형상은 X-선의 파동성 개념을 이용해야 설명된다. 그림 9-4(a)는 단결정으로부터 X-선의 회절은 사진 필름 위에 밝은 점의 회절 형상을 만드는 결과를 나타낸다. 그림 9-4(b)는 분말로 된 결정질 재료 또는 다결정질 재료로부터 X-선의 회절은 사진 필름 위에 밝은 고리(ring)의 회절 형상을 만드는 결과를 나타낸다. 그림 9-4(c)는 결정에 있는 여러 가지 면에 의해 반사되는 파의 보강 간섭을 나타낸다.

여기서, X-선 빔에 있는 2개의 X-선 1, 2를 생각해보자. 처음에 2개의 파는 같은 위상이다. 파 1은 결정에 있는 원자의 첫 번째 면으로부터 반사하고, 파 2는 결정에 있는 원자의 두 번째 면으로부터 반사한다고 가정하자. 반사 후에 파 2는 파 1에 도달하기 전에 $2d\sin\theta$에 해당하는 거리를 더 이동한다. 이때 2개의 파 간의 경로 차는 $2d\sin\theta$이고, 여기서 d는 원자면의 간격이다. 보강 간섭이 일어나려면, $2d\sin\theta$의 값은 $n\lambda$이어야 한다. 여기서, n은 정수이므로 $2d\sin\theta$는 파장의 정수배여야 한다. 파장의 정수배가 아닌 경우, 상쇄 간섭이 일어나 서로 상쇄한다. 파 사이의 경로 차가 파장의 정수배인 경우에만 이웃하는 원자면으로부터 반사된 파가 보강 간섭을 하여 회절된 빔을 만들며, 이 또한 특정 방향에 대해서만 가능하다. 따라서 회절된 빔의 존재에 대한 조건은 다음 식으로 표현된다. 브래그 법칙으로 알려진 이 식은 뒤에서 상세히 설명하겠다.

$$2d\sin\theta = n\lambda \qquad (n = 1, 2, 3, 4, \cdots : \text{정수}) \tag{9.11}$$

빛은 파동성을 나타내는 것 외에도, 정지 질량이 0인 입자의 흐름처럼 거동할 수 있다. 빛의 입자성에 대해 살펴보면, 빛의 입자성을 증명하기 위한 실험으로는 광전 효과(photoelectric effect)와 컴프톤 효과(Compton effect)가 있다. 컴프톤 효과는 10.4절에서 살펴보기로 하고, 먼저 광전 효과를 살펴보자.

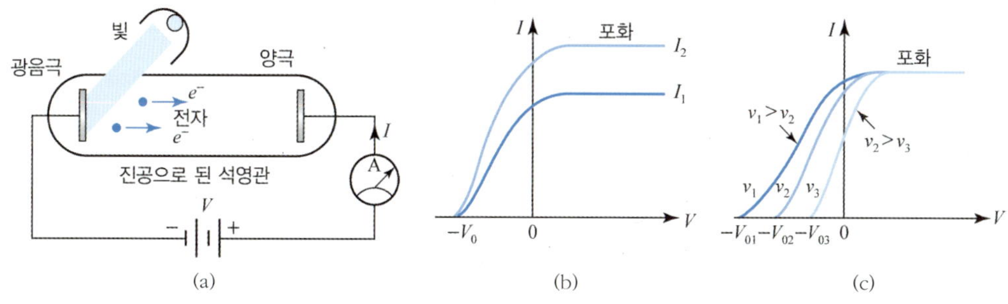

그림 9-5 광전 효과의 실험 장치와 광전 효과의 실험 결과
(a) 광전 효과의 실험 장치
(b) 광음극에 동일한 파장이지만, 다른 강도를 가지는 2개의 빛을 쪼여서 얻은 광전류와 전압 곡선 비교
(c) 멈춤 전압(stopping voltage)과 광음극으로부터 방출된 전자의 최대 운동에너지는 빛의 주파수 ν에 따라 증가한다.

그림 9-5(a)는 빛의 입자성을 나타내는 증거인 광전 효과를 설명하기 위한 진공 석영관(vacuum quartz tube)을 나타낸 것이다. 진공 석영관 내에는 광음극(photocathode)과 양극(anode)의 금속 전극 2개가 있으며, 2개 금속 전극은 전류계(ammeter)를 통해 전압 공급기 V(가변 및 가역 전압)에 연결되어

있다. 양극 전압이 0(전원이 연결되지 않은 경우)일 때도, 전류계는 전류 I를 표시한다. 어떤 임계 주파수값 ν_0보다 큰 주파수값 ν를 가지는 빛을 음극에 쪼이면(빛이 음극을 때리면), 전자가 충분한 에너지를 가지고 광음극으로부터 방출되며, 이 전자들은 진공 석영관을 가로질러 반대편 전극(양극)에 도달한다. 양극에 '+' 전압을 가하면, 더 많은 전자가 양극에 모이므로 전류가 증가한다. 모든 빛에 의해 방출된 전자들이 모이면 전류 I는 포화된다. 만약 양극에 '−' 전압을 가하면, 빛에 의해 방출된 광전자들을 음극으로 되돌아가게 할 수 있으며, 그로 인해 전류가 감소한다.

그림 9-5(b)는 빛의 강도 I의 변화에 따라 얻는 포화 광전류의 의존성을 나타내며, 그림 9-5(c)는 빛에 의해 방출된 전자의 최대 운동에너지가 음극으로 입사되는 빛의 주파수($\nu_1 < \nu_2 < \nu_3 : \lambda_1 > \lambda_2 > \lambda_3$)에 따라 증가함을 나타낸다. 광음극으로부터 빛에 의해 방출된 전자가 방출된 직후에 가지는 운동에너지 KE_m은 다음과 같은 식으로 표현된다.

$$eV = \frac{1}{2} m_e v^2 = KE_m \tag{9.12}$$

여기서 e: 전자의 전하(1.6×10^{-19} C),

V: 양극과 음극 사이의 전압의 차이,

m_e: 전자의 무게(9.11×10^{-31} kg),

v: 전자의 속도,

KE_m: 빛에 의해 광음극으로부터 방출된 직후 전자(photoemitted electron)가 가지는 최대 운동에너지(maximum kinetic energy)

빛의 에너지는 공간에 연속적으로 분포되어있는 것이 아니라, 광자(photon)라고 부르는 작은 묶음(bundle)으로 양자화되어 있다. 즉, 빛은 이 에너지 묶음(energy packet)으로 구성되어 있으며, 각각 빛의 크기는 $h\nu$이다. 1개의 광자가 광음극에 있는 전자와 부딪칠 때, 광자의 에너지가 전자로 전달되고, 전체 광자가 전자에 의해 흡수된다. 금속 내에서 전자는 그림 9-6과 같이 전자가 진공에 있는 경우보다 Φ만큼 낮은 위치에너지(PE, Potential Energy) 상태에 존재한다.

Φ는 어떤 금속의 일함수(work function)라고 불린다. Φ만큼 낮은 위치에너지로 인해 전자는 금속 내에 존재하게 된다. 이 낮은 위치에너지는 양으로 대전된(positively charged) 금속 이온과 전자 사이에 존재하는 쿨롱 인력의 결과이다. 따라서 전자가 금속으로부터 방출되기 위해서는 광자(빛) 에너지 $h\nu$의 일부가 금속 내에 있는 전자가 위치에너지 장벽(PE barrier) Φ를 넘는 데 사용된다. 따라서 빛이 전자를 금속 밖으로 방출하고 남은 에너지인 $(h\nu - \Phi)$가 전자의 운동에너지가 된다. Φ는 금속의 종류에 따라 다르며, 금속으로부터 빛에 의한 전자의 방출(photoemission)은 $h\nu$가 Φ보다 클 때만 발생한다.

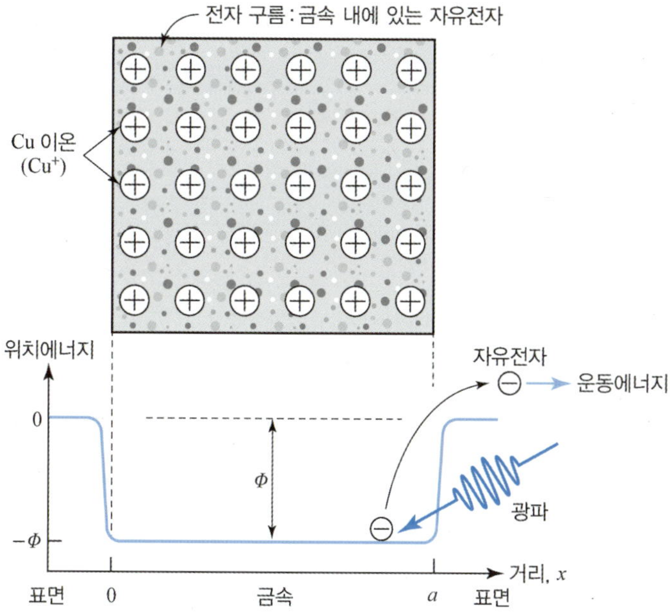

그림 9-6 금속 Cu 내에 자유전자의 위치에너지
금속 내에 있는 자유전자의 위치에너지는 금속의 일함수라고 불리는 에너지 Φ로 나타나며, 금속으로부터 전자를 떼어내려면 일이 행해져야 한다.

고전적인 빛의 강도는 다음 식으로 주어진다.

$$I_{\text{classic}} = \frac{1}{2}c\epsilon_0\varepsilon_0^2 \tag{9.8}$$

그러나 빛을 광자로 설명할 때 식 (9.8)은 분명히 적절하지 않다. 광전 효과 실험에서 광음극에 쪼이는 빛의 강도 I가 증가하면 포화 전류가 증가하며, 이 포화 전류의 증가는 빛의 강도가 더 클 때, 더 많은 전자가 단위 시간에 방출된다는 것을 의미한다. 따라서 빛의 강도가 커지면, 단위 시간당 더 많은 광자를 음극이 받아야 한다는 사실을 추론할 수 있다. 빛의 강도는 단위 시간당, 단위 면적을 통해 흐르는 에너지의 양으로 정의된다. 단위 시간당, 단위 면적을 통과하는 광자의 수를 광자의 유속(photon flux) Γ_{ph}라고 하면, 단위 시간당, 단위 면적을 통한 에너지의 양(flow)인 빛의 강도(light intensity)는 다음 식과 같이 광자의 유속과 광자당 에너지의 곱으로 표현된다.

$$I = \Gamma_{ph} h\nu \tag{9.13}$$

$$\Gamma_{ph} = \frac{\triangle N_{ph}}{A\triangle t} \tag{9.14}$$

여기서 I: 빛의 강도,

Γ_{ph} : 광자의 유속(photon flux),

$\triangle N_{ph}$: 시간 $\triangle t$ 동안 단면적 A를 지나가는 순(net) 광자의 수

식 (9.13)에서 알 수 있듯이, 광자의 에너지가 $h\nu$로 주어지고, 빛의 강도가 $\Gamma_{ph} h\nu$로 표현됨으로써 광전 효과에 대한 설명을 잘할 수 있게 되었다. 결론적으로 광전 효과에 관한 실험이나 10.4절에서 언급될 컴프톤 효과는 빛이 입자로서의 성질을 가지고 있음을 증명한 실험이다. 또한 영(Young)에 의한 이중 슬릿 실험과 라우에에 의해 제안된 가설을 입증한 프리드리히와 니핑의 실험은 빛이 파동으로서의 성질을 가지고 있음을 증명한 실험이다. 여기서, 우리는 빛이 파동으로 거동할지, 입자로 거동할지를 어떻게 알 수 있는지에 대한 딜레마에 직면한다. 빛에 의해 나타나는 이중성(파동성 또는 입자성)이라는 특성은 실험의 성격에 영향을 많이 받는다. 어떤 실험은 빛의 파동성 모델을 필요로 하지만, 다른 실험은 빛의 입자성 모델을 필요로 한다. 빛이 입자성과 파동성의 2가지 성질을 동시에 이용하여 해석해야 하는 실험은 존재하지 않는다. 빛이 물질과 반응할 때, 빛은 2가지 성질을 모두 가지고 있으며, 빛의 거동에 대한 완전한 설명은 2가지 성질을 상호 보완적으로 사용해야 할 필요가 있다는 점이다.

9.1절에서 설명한 가시광선의 파장 범위는 7.8×10^{-7} m ~ 3.8×10^{-7} m[0.78 μm(7,800 Å) ~ 0.38 μm(3,800 Å)]이므로, 결정 구조의 분석에 이용하기에는 파장이 너무 크다. 따라서 여기에서는 파장의 크기가 결정의 원자 배열과 비슷한 X-선에 대해 논의한다. 결정에서 단위정은 주기적이고, 반복적으로 쌓여 있으며, 이들 단위정의 크기는 대략 2~5 Å 정도이다. 실제로 Al과 Cu는 FCC 구조를 가지며, 각각 4.050 Å과 3.615 Å의 격자상수(lattice parameter)를 가지고 있다. 결정에서 원자 배열과 결정 결함의 크기는 약 0.1 nm(1 Å) 정도이다. 따라서 이와 비슷한 크기의 파장을 가지는 X-선($Cu_{k\alpha_1}$ = 1.54 Å)이나 전자 빔을 이용한 회절 실험을 통해 회절상으로부터 결정의 원자 배열과 결함을 알아낼 수 있다. 회절은 파(예 X-선)와 결정의 상호 작용으로 일어나므로 X-선의 회절에 대해 알아보자.

결정의 표면으로 입사하는 파동(wave motion, 예 X-선)의 파장이 산란 중심(예 결정 내의 원자) 사이에서 반복되는 거리와 같은 정도의 크기를 가지면, 파동이 일련의 규칙적인 간격으로 놓인 산란 물체(scattering center, 예 결정 내의 원자)를 만날 때마다 회절이 일어난다. 1912년에 라우에는 '만약 결정이 X-선에 대한 산란 중심으로 작용할 수 있는 규칙적인 간격으로 된 원자로 구성되어 있고, 만약 X-선이 결정에 있는 원자 간 거리와 거의 비슷한 파장의 전자기파라면, X-선이 결정에 의해 회절되는 것이 가

능해야 한다.'라고 추정하였다.

라우에, 프리드리히, 니핑은 좁은 파장 범위를 가지는 X-선 빔을 황산동(copper sulfate, $CuSO_4 5H_2O$) 결정에 입사시켜 회절된 빔의 존재를 기록하는 실험에 성공하였다. X-선은 황산동 결정에 의해 회절되었으며, 감광판(사진) 위에 점무늬를 형성하는 1차 빔으로 결정을 빠져나왔다. 이 실험은 X-선의 파동성과 결정 내에 있는 원자 배열의 주기성을 입증하였다. 이 실험은 1912년 결정학을 연구한 브래그(W. H. Bragg)와 그의 아들 브래그(W. L. Bragg)에 의해 연구되었다. 당시 젊은 학생이었던 아들 브래그는 라우에 실험을 성공적으로 해석하였고, 라우에에 의해 사용된 수학적인 식보다도 상당히 간단한 수식으로 회절에 대한 필요 조건을 표현하였다. 아들 브래그는 당시 X-선 회절이라는 새로운 도구로 결정 구조를 해석하는 데 도전하여, NaCl 구조를 가지고 있는 모든 결정, 즉 NaCl, KCl, KBr, KI의 구조를 성공적으로 해석하였다.

회절은 파두면(wavefront)의 일부가 장애물이나 장벽(예 결정 내 어떤 면에 있는 원자)에 의해 진행하는 데 방해를 받을 때, 그 장애물이나 장벽(예 원자) 주위에서 파가 휘어지는 현상을 말한다. 회절은 2개 또는 2개 이상의 파동 사이에 어떤 위상 관계(phase relation)가 존재하기 때문에 생긴다.

그림 9-7은 단순 입방 격자(simple cubic lattice)로 구성되어 있는 결정과 이 결정에 입사하는 X-선과 결정 내에 있는 어떤 면(001)에 있는 원자에 회절되어 나오는 X-선의 궤적을 나타낸 것이다.

그림 9-7(a)와 같이 X-선 빔이 단순 입방 격자를 가지고 있는 결정의 (001)면에 각도 θ로 입사한다고 가정해보자. X-선 1은 결정의 가장 위층에 있는 (001)면에 있는 원자 P에 부딪힌 후, 같은 각도 θ로 회절되어 X-선 1'로 나온다. X-선 2는 바로 아래층에 있는 (001)면에 있는 원자 Q에 부딪힌 후, 같은 각도 θ로 회절되어 X-선 2'으로 나온다. 여기서 위층의 (001)면과 아래층의 (001)면 사이의 면간 거리는 d'_{001}이다. 입사된 X-선 1과 회절된 X-선 1' 및 X-선 2와 회절된 X-선 2' 사이는, 경로 차의 크기가 1개 파장

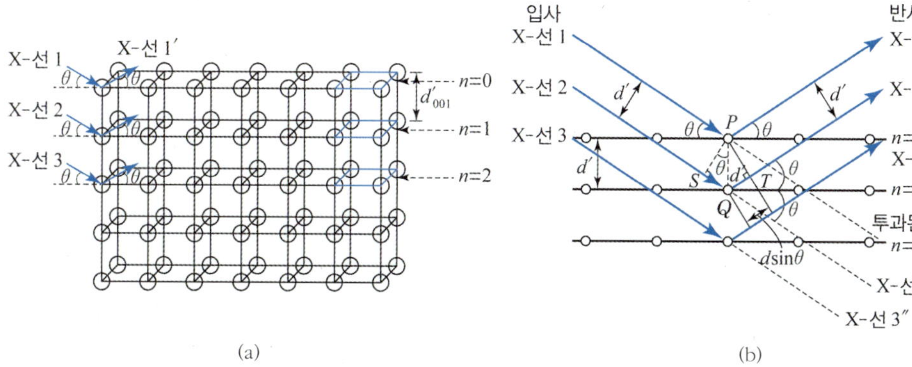

그림 9-7 단순 입방 격자로 입사하는 X-선 1, X-선 2, X-선 3이 (001)면에 있는 원자에 의해 회절되는 현상
(a) 단순 입방 격자와 입사하는 X-선
(b) X-선 1, X-선 2, X-선 3의 회절

(정수배, $n=1$)인 경우에는 회절된 X-선 1′과 X-선 2′이 같은 위상이며, X-선 1과 X-선 2 사이에는 보강 간섭이 일어나며 회절된다. 이 경우에 X-선 2는 X-선 1보다 1개 파장만큼 더 길게($1 \cdot \lambda$) 이동하며, 이것을 수학적으로 표현하면 다음과 같이 된다.

$$\lambda = \overline{SQ} + \overline{QT} \tag{9.15}$$

삼각 함수의 관계식에 의해 $\overline{SQ} = d'_{001}\sin\theta$이고, $\overline{QT} = d'_{001}\sin\theta$이다. 여기서, θ는 브래그 각도(Bragg angle)라고 한다. 따라서 위 식은 다음과 같이 된다.

$$\lambda = 2d'_{001}\sin\theta \tag{9.16}$$

또한 입사된 X-선 1과 회절된 X-선 1′ 및 X-선 3과 회절된 X-선 3′ 사이는 경로 차의 크기가 2개 파장(정수배, $n=2$)이고, 회절된 X-선 1′과 X-선 3′은 같은 위상이며, X-선 1과 X-선 3 사이에는 보강 간섭이 일어나고 회절된다. 이 경우에 X-선 3은 X-선 1보다 2개 파장만큼 더 길게($2 \cdot \lambda$) 이동한다. 두 개 X-선의 경로 차가 정수배인 일반적인 형태로 바꾸어주면($n = 1, 2, 3, \cdots$), 위 식은 다음과 같이 된다.

$$n\lambda = 2d'_{hkl}\sin\theta \tag{9.17}$$

여기서 n: 2개 X-선 사이에 존재하는 경로 차(path difference)의 정수배,

d'_{hkl}: (hkl)면 사이의 면간 거리(plane-spacing)

n은 반사의 차수(order of reflection)라고 하며, $\sin\theta$의 값이 1을 넘지 않는 범위에서 정수를 취할 수 있다. 2개의 X-선의 경로 차가 0이거나 파장의 정수배($n = 1, 2, 3, \cdots$)일 때, 2개의 X-선의 위상은 완전히 일치하고(in-phase, 같은 위상), 회절이 일어난다. 그러나 2개의 X-선의 경로 차가 파장의 정수배가 아닌 경우(파장의 $\frac{1}{2}, \frac{1}{4}, \cdots$: $n = \frac{1}{2}, \frac{1}{4}, \cdots$), 2개의 X-선의 위상은 일치하지 않으며(out-of-phase, 다른 위상), 회절이 일어나지 않는다. 이 식은 브래그(W. L. Bragg)에 의해 처음으로 발표되었으며, 이를 브래그 법칙(Bragg's law)이라고 부른다. 이 식은 회절이 일어나기 위한 필수 조건을 나타낸다.

그림 9-7과 같이 브래그 법칙에는 다음과 같은 2가지 기하학적인 사실이 존재한다. 첫째, '입사하는 X-선 빔, 반사면에 법선(수직선), 회절된 빔은 모두 항상 같은 평면(coplanar)에 있다.' 둘째, '회절된 빔(diffracted beam)과 투과된 빔(transmitted beam) 사이의 각도는 항상 2θ이다.'라는 사실이다. 여기서

2θ는 회절각(diffraction angle)이며, 실험적으로는 브래그 각도 θ보다는 회절된 각도 2θ가 일반적으로 측정된다. 회절은 입사하는 파동(X-선)의 파장이 시료를 구성하고 있는 원자(산란 중심) 사이의 반복 거리(원자 간격)와 같은 정도의 크기일 때 일어난다. 이러한 필요 조건은 브래그 법칙으로부터 나오며, $\sin\theta$값은 1(unity)을 넘을 수 없으므로 다음과 같이 표현된다.

$$\frac{n\lambda}{2d'} = \sin\theta < 1 \tag{9.18}$$

따라서 $n\lambda$는 반드시 $2d'$보다 작아야 한다. 즉, 분모값 $2d'$이 분자값 $n\lambda$보다 반드시 커야 한다. 회절에서 가장 작은 n값은 1이다. $n=0$은 투과된 빔과 같은 방향으로 회절된 X-선 1″에 해당되며, X-선 1″은 관찰될 수 없다. 결정에 입사하는 X-선이 결정의 첫 번째 (001)면에 있는 원자에 부딪힌 후 회절된 X-선 1′과, 결정에 입사하는 X-선이 결정의 첫 번째 (001)면의 바로 아래에 있는 두 번째 (001)면 위에 있는 원자에 부딪힌 후 회절된 X-선 2′($n=1$) 사이의 경로 차가 1개 파장의 차이일 때, 서로 보강 간섭(같은 위상)이 일어나 회절되므로, 관찰할 수 있는 어떤 각 2θ에서 회절이 일어나는 조건은 다음과 같이 표현된다.

$$\lambda < 2d' \tag{9.19}$$

즉, 입사하는 빔의 파장 λ가 면간 거리 d'의 2배보다 작아야 회절이 일어난다는 의미이다. 대부분의 결정면의 면간 거리 d'는 3 Å 정도 또는 그 이하이며, 이는 λ가 대략 6 Å을 넘을 수 없음을 의미한다. 예를 들어, 파장이 약 500 Å인 자외선은 결정에서 절대로 회절을 일으킬 수 없다. 한편, 입사하는 빔의 파장 λ가 매우 작으면, 회절각이 너무 작아져 쉽게 측정되지 않는다.

브래그 법칙은 다음과 같이 쓸 수 있다.

$$\lambda = 2\frac{d'_{hkl}}{n} sin\theta \tag{9.20}$$

이 식에서 λ의 계수가 1(unity)이므로, 결정면으로부터 어떤 차수(order)의 반사라도 실제면 또는 가상[즉, 간격 d'의 $\frac{1}{n}\left(n=\frac{1}{2}, \frac{1}{3}, \cdots\right)$인 간격으로 되어 있는]면으로부터 1차 반사라고 생각할 수 있다. 이와 같은 아이디어는 매우 유용하며, $d=\frac{d'}{n}$으로 놓으면 브래그 법칙은 다음과 같이 된다.

$$\lambda = 2d\sin\theta \tag{9.21}$$

그림 9-8과 같이 보강 간섭이 일어나는 경우, 입사된 X-선 1과 X-선 2의 진폭(amplitude) A는 회절 후 2배로 되어 $2A$가 된다. 그러나 상쇄 간섭이 일어나는 경우, 입사된 X-선 3과 X-선 4의 진폭 A는 회절 후 서로 상쇄되거나 없어져 회절이 일어나지 않는다. 회절 빔은 많은 산란된 X-선이 서로 합쳐져서 강화된 빔이라고 정의할 수 있다. 그러므로 회절은 결정의 표면으로 입사하는 X-선과 결정 내의 단위정에 있는 원자들 사이의 산란 현상이다.

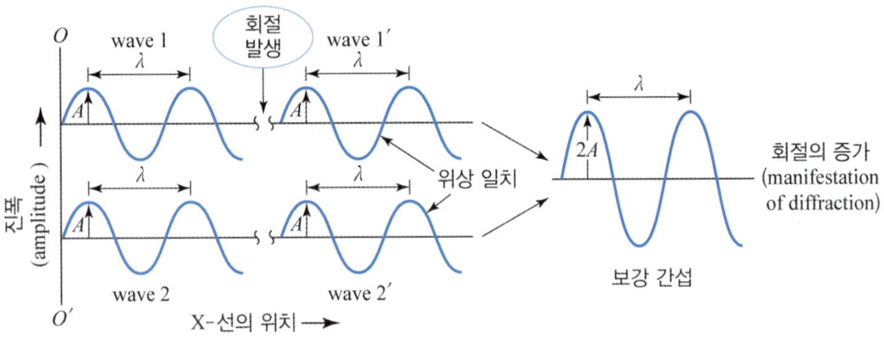

(a)

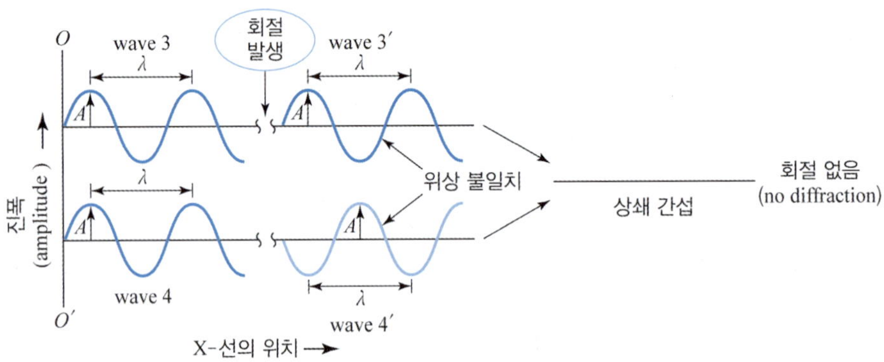

(b)

그림 9-8 (a) 보강 간섭, (b) 상쇄 간섭

연습문제

1. 광전 효과에 대해 설명하시오.

(a) 빛의 강도(I) 변화에 따른 전류(I)-전압(V) 곡선을 그리고 설명하시오.

(b) 전압(V)의 변화에 따른 전류(I)-전압(V) 곡선을 그리고 설명하시오.

2. 단색 X-선이 결정에 입사하는 경우에 일어나는 보강 간섭과 상쇄 간섭에 대해 설명하시오.

정답

1. 그림 9-5 참고

(a) 그림 9-5(a)는 빛의 입자성을 나타내는 증거인 광전 효과를 설명하기 위한 진공 석영관(vacuum quartz tube)을 나타낸 것이다. 진공 석영관 내에는 광음극(photocathode)과 양극(anode)의 금속 전극 2개가 있으며, 2개 금속 전극은 전류계(ammeter)를 통해 전압 공급기 V(가변 및 가역 전압)에 연결되어 있다. 양극 전압이 0(전원이 연결되지 않은 경우)일 때도, 전류계는 전류 I를 표시한다. 어떤 임계 주파수값 ν_0보다 큰 주파수값 ν를 가지는 빛을 음극에 쪼이면(빛이 음극을 때리면), 전자가 충분한 에너지를 가지고 광음극으로부터 방출되며, 이 전자들은 진공 석영관을 가로질러 반대편 전극(양극)에 도달한다. 양극에 '+' 전압을 가하면, 더 많은 전자가 양극에 모이므로 전류가 증가한다. 모든 빛에 의해 방출된 전자들이 모이면 전류 I는 포화된다. 만약 양극에 '−' 전압을 가하면, 빛에 의해 방출된 광전자들을 음극으로 되돌아가게 할 수 있으며, 그로 인해 전류가 감소한다.

(b) 그림 9-5(b)는 빛의 강도 I의 변화에 따라 얻는 포화 광전류의 의존성을 나타낸다. 빛의 주파수 ν는 일정한 상태($-V_0$)에서 양극에 인가하는 빛의 강도 I가 증가하면 포화 광전류가 I_1로부터 I_2로 증가한다. 이 포화 광전류의 증가는 빛의 강도가 더 클 때, 음극으로부터 더 많은 전자가 단위 시간에 방출된다는 것을 의미한다.

또한 그림 9-5(c)와 같이 포화 광전류를 일정하게 유지한 상태에서 빛의 주파수 ν가 ν_3로부터 ν_1로 증가하면, 빛의 파장은 λ_3으로부터 λ_1으로 감소하며, 음극으로부터 방출되는 전자의 최대 운동에너지가 증가한다. 즉, 빛에 의해 방출된 전자의 최대 운동에너지가 음극으로 입사되는 빛의 주파수($\nu_1 < \nu_2 < \nu_3 : \lambda_1 > \lambda_2 > \lambda_3$)에 따라 증가함을 나타낸다. 따라서 빛의 주파수 ν가 증가하면 멈춤 전압(stopping voltage)

은 $-V_{03}$으로부터 $-V_{01}$로 증가하여 음극으로부터 나오는 전자를 멈추기 위해 더 큰 전압이 필요하다.

2. 그림 9-7, 그림 9-8 참고

그림 9-7(a)와 같이 결정에 입사하는 X-선 1이 결정의 첫 번째 (001)면에 있는 원자($n=0$)에 부딪힌 후 회절된 X-선 1′과 결정에 입사하는 X-선 2가 결정의 첫 번째 (001)면의 바로 아래에 있는 두 번째 (001)면 위에 있는 원자($n=1$)에 부딪힌 후 회절된 X-선 2′ 사이의 경로 차가 한 개 파장의 차이일 때 서로 보강 간섭[같은 위상(in-phase)]이 일어나 회절이 일어난다. 또한 결정에 입사하는 X-선 3이 결정의 첫 번째 (001)면의 두 번째 아래에 있는 세 번째 (001)면 위에 있는 원자($n=2$)에 부딪힌 후 회절된 X-선 3′ 사이의 경로 차는 2개 파장이다. 이때도 서로 보강 간섭[같은 위상(in-phase)]이 일어나 회절이 일어난다. 즉, 회절된 두 X-선 사이의 파장이 정수배일 때 서로 보강 간섭[같은 위상(in-phase)]이 일어난다.

만약 회절된 두 X-선 사이의 파장이 정수배가 아닌 분수배(예 $\frac{1}{2}, \frac{1}{3}, \cdots$ 또는 $1\frac{1}{2}, 1\frac{1}{3}\ \frac{1}{3}, \cdots$ 등)일 때, 서로 상쇄 간섭[다른 위상(out-of-phase)]이 일어난다. 그림 9-8(a)와 같이 보강 간섭이 일어나는 경우, 입사된 X-선 1과 X-선 2의 진폭(amplitude) A는 회절 후 2배로 되어 $2A$가 된다. 그러나 그림 9-8(b)와 같이 상쇄 간섭이 일어나는 경우, 입사된 X-선 3과 X-선 4의 진폭 A는 회절 후 서로 상쇄되거나 없어져 회절이 일어나지 않는다. 회절 빔은 많은 산란된 X-선이 서로 합쳐져서 강화된 빔이라고 정의할 수 있다. 그러므로 회절은 결정의 표면으로 입사하는 X-선과 결정 내의 단위정에 있는 원자들 사이의 산란 현상이다.

chapter 10

X-선 회절법

X-선은 1895년에 독일 물리학자 뢴트겐(Roentgen)에 의해 발견되었으며, 당시에 X-선의 특성이 알려지지 않았기 때문에, 'X-선'이라고 이름을 지었다. X-선은 일반적인 빛(가시광선)과는 다르게 인간의 눈에는 보이지 않으며, 인간의 눈에 보이는 가시광선보다 파장이 짧은 빛이다. X-선은 직선으로 진행하며, 빛처럼 사진 필름에 영향(감광)을 미친다. 빛은 광자(또는 광양자, photon)로 구성되어 있으며, 또한 X-선도 광자이다. X-선은 가시광선보다 훨씬 더 강한 투과력을 가지고 있어, 인체, 나무, 매우 얇은 두께의 금속, 다른 불투명한 물체를 쉽게 투과할 수 있다. X-선의 회절 현상은 물질의 내부 미세 구조를 밝히는 데 사용할 수 있는 아주 유용한 도구이다.

즉, 이러한 X-선의 투과력을 이용하여 10^{-1} cm 정도의 해상력(resolution)이 필요한 뢴트겐(방사선) 사진술(radiography)뿐만 아니라, 원자 구조 수준인 10^{-8} cm(1 Å) 정도의 물질의 내부 구조를 밝히는 데 이용할 수 있다. 역사적으로 X-선 회절 현상의 확립은 1912년 독일의 라우에(Laue)에 의해 이루어졌다. 라우에에 의한 X-선 회절 이론의 확립으로 인해 X-선의 파동성(wavelike nature)과 결정 내에 있는 원자의 규칙적인 배열이 동시에 입증되었다.

한편, 라우에에 의한 X-선 회절 현상 및 이론은 같은 해인 1912년에 영국의 브래그(Bragg)가 성공적으로 다른 각도로 해석하였으며, 라우에가 사용했던 수식보다 더 간단한 수식으로 회절에 필요한 조건(Bragg 법칙)을 나타냈다. 초기에 X-선 회절법은 비교적 단순한 형태의 결정 구조를 알아내는 데 사용되었으나, 이후 많은 해석 기법의 발전에 따라 오늘날 고분자의 구조를 연구하는 데 이용 가능한 가장 강력한 도구 중 하나가 되었다. 1953년에 왓슨(Watson)과 크릭(Creek)이 X-선 회절법을 이용하여 DNA의 이중 나선 구조를 분석하였다. 이후 X-선 회절법은 인슐린, 헤모글로빈, 리소자임의 구조를 해석하는 데 사용되었으며, 단백질이나 핵산의 결정 등 다양한 고분자 물질의 구조를 분석하는 데 활용되고 있다.

10.1 X-선의 발생 원리

X-선 회절 장치는 분석하려는 시료의 상태에 따라 분말법용과 단결정용으로 분류할 수 있다. 시료가 분말 상태인 경우 데바이-셰러 카메라(Debye-Scherrer camera, powder camera)를 사용한다. 시료가 단결정 상태인 경우에는 바이센베르크(Weissenberg) 카메라, 단결정 자동 X-선 회절 장치(XRD, X-ray diffractometer) 등을 사용할 수 있다.

또한 회절된 X-선을 검출하는 방법에는 필름을 사용하는 사진법과 검출기(counter)를 이용하는 방법이 있다. 사진법에는 데바이-셰러 카메라, 라우에 카메라가 있으며, 카운터법에는 디프랙토미터(diffracto-meter)가 있다. 디프랙토미터는 검출기에 의해 자동 기록 방식으로 작동하는 X-선 회절 장치로, 주로 분말법에 사용된다.

오늘날 X-선을 이용하여 결정 구조를 분석하기 위한 도구로 가장 많이 사용되고 있는 X-선 회절 분석기(XRD, X-ray diffractometer)를 예로 들어 X-선의 발생 원리를 살펴보자. 그림 10-1은 XRD의 개략도를 나타낸 것이다. X-선 디프랙토미터는 크게 4가지 부분으로 나눌 수 있다. 이는 단색 특성 X-선(monochromatic characteristic X-ray) 또는 특성선을 발생시키는 X-선 발생 장치(X-ray generator), 시료로 입사하여 회절되는 X-선 빔의 각도 2θ를 측정하는 고니오미터(Goniometer), 2θ로 회절되어 나오는 X-선의 강도(X-ray intensity)를 측정하는 계수 기록 장치(electronic circuit panel) 및 이들을 제어하고 연산하는 제어 연산 장치(control/data processing unit, computer)이다.

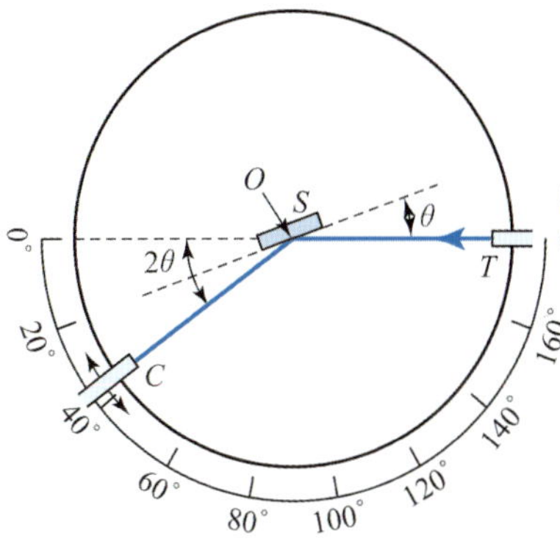

그림 10-1 X-선 디프랙토미터

1) X-선관

열음극[예 텅스텐(W) 필라멘트]으로부터 방출된 열전자는 양극 타깃(예 Cu, Mo, Fe 등)에 걸린 전압에 의해 빠른 속도로 가속되며, 이 가속된 전자들이 금속 타깃(양극)과 충돌할 때, X-선이 발생한다. 따라서 X-선관은 열전자를 방출하는 공급원(음극), 높은 가속 전압, 금속 타깃(양극)으로 구성된다. 가속된 열전자가 가지고 있는 운동에너지(KE, Kinetic Energy)의 대부분은 양극 타깃에서 열로 전환되며, 금속 양극 타깃은 이 열로 인한 타깃의 용융을 막기 위해 항상 수냉(water-cooling)을 해야 한다.

X-선관(X-ray tube)은 가속될 전자를 만드는 방식에 따라 가스관(gas tube)과 필라멘트관(filament tube)의 두 가지 종류로 구분될 수 있다. 가스관에서 전자는 적은 양의 기체(부분적으로 진공으로 된 관에 남아 있는 기체)의 이온화에 의해 전자가 만들어진다. 필라멘트관에서 전자의 공급원은 가열된 필라멘트이다. 현재 X-선관으로서 가스관은 사용되지 않고, 필라멘트관이 주로 사용되고 있다.

그림 10-2는 전형적인 X-선관(X-ray tube)의 구조를 나타낸 것이다.

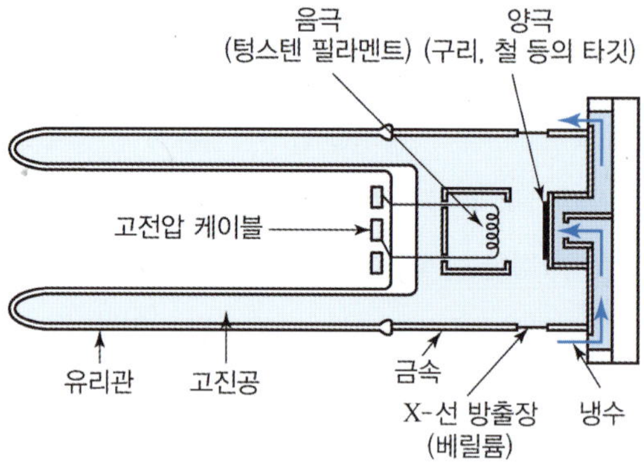

그림 10-2 X-선관의 구조

X-선관은 열전자를 방출하기 위해 가열되는 음극[일반적으로 W filament(텅스텐 필라멘트)를 사용]과 음극으로부터 나온 열전자를 가속하여 양극(anode) 타깃에 충돌시켜 X-선을 방출하는 양극으로 구성되어 있다. 텅스텐 필라멘트로 된 음극을 가열하면 금속 텅스텐에 있는 자유전자가 열로부터 텅스텐

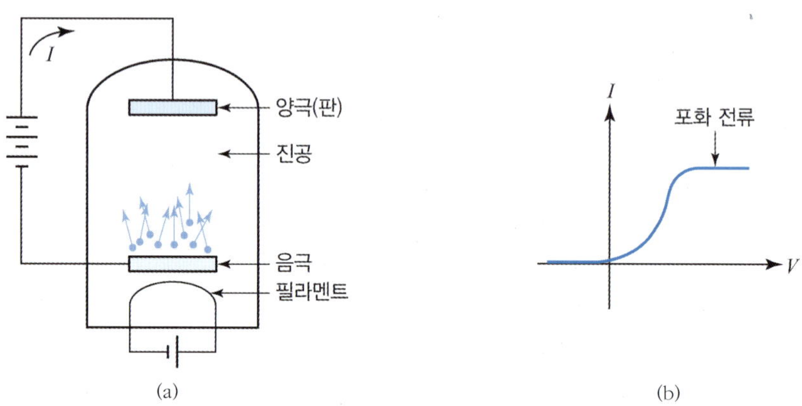

그림 10-3 진공관에서 열전자 방출
(a) 열전자 방출 장치
(b) 진공관에서 양전극 사이에 가한 전압(V)과 열전자 방출로 얻는 전류(I)의 관계

의 일함수[work function, 어떤 고체에서 1개의 전자를 고체 밖의 자유 공간(진공)으로 떼어내는 데 필요한 최소의 에너지]보다 큰 에너지를 얻게 되며, 텅스텐 금속 밖으로 방출되어 나온다. 이렇게 음극으로 사용되는 금속(W)으로부터 전자를 방출하기 위해 열(heat)을 사용했기 때문에, 이 현상을 열전자 방출(thermionic emission)이라고 한다.

그림 10-3은 진공관 내에서 열전자 방출을 하기 위한 장치를 나타낸 것이다.

금속이 가열되면, 페르미-디락(Fermi-Dirac)의 분포 함수가 보다 높은 온도로 확장되면서 전자들은 에너지를 더 얻는다. 이들 전자 중 일부는 열로부터 금속을 떠날 만큼 충분히 큰 에너지를 얻고 금속을 떠나 진공 중으로 방출되며, 자유롭게 된다. 금속 밖으로 방출된 전자들은 금속 밖 근처에 축적되며, 이로 인해 더 많은 전자가 금속을 떠나는 것을 방해한다. 따라서 이 현상은 자기 제한적(self-limiting) 과정이다. 즉, 금속 밖으로 방출된 전자들은 방출된 영역에 속한 금속 이온을 남기게 되며, 이 금속 이온은 금속을 떠난 열전자를 끌어당기는 '+' 전하[positive charge, 정공(hole): 금속 양이온]가 된다. 따라서 잃어버린 전자를 다시 보충해주고 방출된 전자를 모아야 하며, 이는 그림 10-3과 같이 폐회로에서 진공관 내의 필라멘트, 음극, 양극의 배치를 통해 가장 쉽게 할 수 있다. 필라멘트에 의해 가열된 음극이 전자를 방출하고, 음극과 양극 사이에 연결된 전지(battery)가 전자를 보충해준다. 또한 전지는 양극에 '+' 전압(positive bias)을 가해 음극으로부터 열적으로 방출된 전자들을 모은다. 관(tube) 내의 진공은 전자가 공기 분자와 부딪혀 산란되고, 충돌에 의해 일부 전자가 음극으로 되돌아가는 것을 막아준다. 그러므로 진공은 필수적이다. 음극으로부터 양극으로 방출된 전자의 양은 양극 전압에 따라 달라진다. 열전자 방출에 의해 고체로부터 떨어져 나오는 전하 운반체는 전자(electron) 또는 이온(ion)이 될 수 있다.

일반적으로 X-선관에서 열전자를 방출하기 위해 사용되는 W 필라멘트에 걸리는 전류는 3 A 정도이다. 열전자 방출 후에 부호가 반대이고, 전체 전하의 크기와 같은 전하(정공: W 양이온)가 열전자(electron)가 방출된 영역(음극)에 남아 있게 된다. 그러나 W 필라멘트는 높은 음(−)전압(회절 실험에 필요한 특성 X-선을 만드는 데 필요한 전압으로, 30∼50 kV)에서 유지되는 금속제 캡에 의해 둘러싸여 있으며, 맞은편에 있는 금속 타깃(anode, 양극)은 접지(어스)되어 있기 때문에 W 필라멘트로부터 나온 열전자는 가속된다. W 필라멘트(음극)와 타깃(양극) 사이에 걸리는 전압의 크기는 30∼50 kV(30,000∼50,000 V) 정도이며, 이 전압에 의해 가속된 열전자들은 타깃(양극)을 구성하고 있는 원자에 부딪히게 된다. W 필라멘트(음극)를 둘러싸고 있는 것은 필라멘트와 같은 높은 음(−)전압으로 유지되고 있는 작은 금속 컵(metal cup)이며, 이 금속 컵이 W 필라멘트로부터 나온 열전자를 진공 속으로 밀어내고, 가속된 후에 초점(focal spot)이라고 부르는 금속 타깃(양극)의 좁은 영역으로 모여 충돌하게 된다.

W 필라멘트의 음극과 금속 양극에 걸린 가속 전압이 클수록, 양극 타깃에 충돌되는 열전자들의 속도(운동에너지)가 커진다. 양극에 충돌할 때 가속된 열전자의 운동에너지는 다음 식으로 표현된다.

$$KE = eV = \frac{1}{2}mv^2 \quad \textbf{(10.1)}$$

여기서 e: 전자의 전하량(1.60×10^{-19} coulomb),

V: 두 전극(음극과 양극) 사이의 전압,

m: 전자의 질량(9.11×10^{-31} kg),

v: 양극에 충돌 직전인 전자의 속도($\frac{\text{m}}{\text{sec}}$)

식 (10.1)에서 가속된 열전자의 운동에너지는 가속 전압에 직접적으로 비례함을 알 수 있다. 실제로 X-선관의 (가속)전압이 30 kV인 경우, 양극에 충돌 직전인 열전자의 속도는 빛의 속도의 약 $\frac{1}{3}$ 정도이다. 양극 타깃에 충돌하는 열전자의 운동에너지 대부분은 열로 변하며, 1% 이하의 에너지가 양극에서 X-선으로 변한다. 즉, 운동에너지의 약 1% 정도만이 X-선을 방출하는 데 사용된다.

2) 연속 스펙트럼과 특성 스펙트럼

X-선은 충분한 운동에너지를 가지고 있고, 전기적으로 대전된 어떤 입자(여기서는 열전자)의 속도가 급격히 감속될 때 발생한다. X-선의 방사(방출)는 열전자의 공급원(W 필라멘트)과 2개의 금속 전극[여기서는 금속 W(음극) 자체와 타깃 금속(양극)]을 포함하고 있는 X-선관에서 만들어진다. X-선관에서 열전자 방출로 인해 음극 금속(W)으로부터 방출된 열전자는 양극과 음극 사이에 걸린 전압에 의해 가속되며, 가속 전압(5～30 kV)의 크기에 따른 운동에너지를 가지고 양극 타깃에 충돌하게 된다. 가속된 전자가 양극(양극 재료: Cu, Fe, Mo 등), 즉 타깃 내에 있는 원자와 충돌하게 되면, X-선은 충돌한 지점에서 발생하여 모든 방향으로 방사(radiation)한다.

방사하는 X-선은 발생 방법에 따라 그림 10-4와 같이 연속 스펙트럼(continuous spectrum)과 특성 스펙트럼(characteristic spectrum)의 두 가지로 구분된다.

그림 10-4(a)와 같이 가속된 열전자가 타깃 금속에 있는 원자나 원자핵에서 받는 쿨롱 힘에 의해 갑자기 진로를 바꾸며 감속을 할 때 그 감속된 차이만큼의 전자파(electromagnetic wave)를 방출한다. 이러한 방식으로 발생하는 X-선을 연속 스펙트럼이라고 하며, 다양한 파장을 가지는 X-선이 방사된다. 이렇게 감속하는 열전자에 의해 방출되는 X-선을 독일어로 '브레이크를 거는 방사'라는 뜻을 가진 bremsstrahlung이라고 한다. 또한 이 X-선은 여러 가지 파장이 섞여 있기 때문에 다색(heterochromatic, polychromatic)이며, 파장이 연속적이어서 연속 또는 백색(white) 방사라고 한다. 이 백색 방사 X-선을 이용하여 촬영된 X-선 사진은 일반 병원 또는 치과 병원에서 환자의 진료에 이용하고 있다. 속도가 느

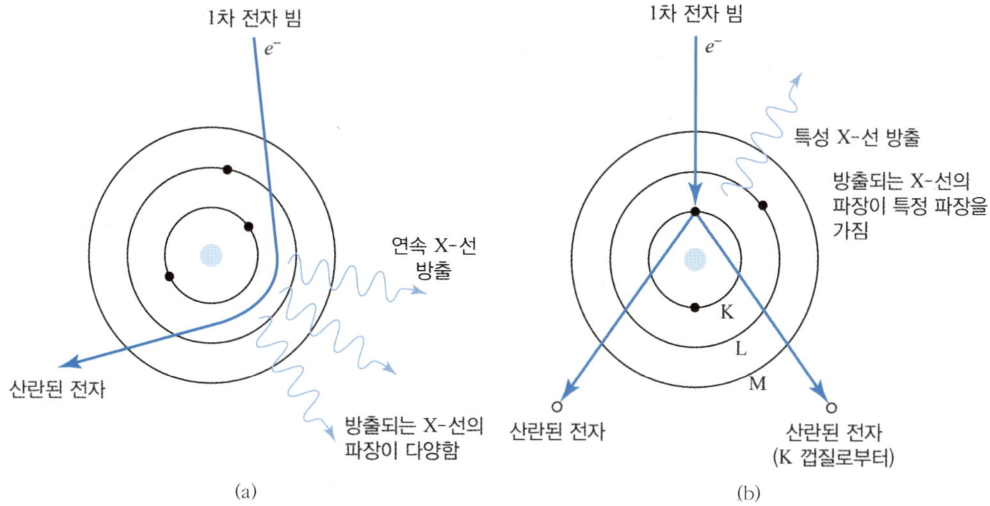

그림 10-4 연속 X-선과 특성 X-선의 발생 기구
(a) 연속 X-선: 제동 복사(braking radiation)에 의해 만들어지는 X-선
(b) 특성 X-선: 원자 속의 낮은 에너지 준위(K 껍질)에 있는 전자가 방출되었을 때, 그 공백을 메우려고 바깥쪽 궤도(L 껍질, M 껍질 등)에서 전자가 이동할 때 발생하는 X-선

려지는(감속하는) 어떠한 전하(charge, 예 열전자)도 에너지를 방출하기 때문에, 연속 스펙트럼은 양극 타깃에 있는 원자를 때리는 열전자가 급격하게 감속(속도 감소)하면서 발생한다. 따라서 열전자는 양극 타깃을 구성하고 있는 여러 원자와 잇달아 충돌하면서 열전자가 모든 에너지를 방출할 때까지 열전자가 가지고 있는 총 운동에너지의 일부를 연속적으로 잃는다.

그러나 모든 열전자가 X-선의 연속 스펙트럼과 같은 방법으로 감속되지는 않는다. 즉, 어떤 열전자는 그림 10-4(b)와 같이 한 번의 충돌로 정지하며, 그 열전자가 가지고 있는 에너지를 즉시 한 번에 방출한다. 한 번의 충돌로 정지되는 열전자는 최대 에너지(maximum energy)를 가지는 광자(광양자, photon), 즉 최소 파장(minimum wavelength)을 가지는 X-선을 만든다. 이러한 열전자는 자신이 가지고 있는 모든 운동에너지 eV를 광자에너지(photon energy)로 전달하며, 이것은 다음과 같은 식으로 표현된다.

$$eV = h\nu_{\max} \tag{10.2}$$

여기서, V: 두 전극(음극과 양극) 사이의 전압,

h: 플랑크 상수(6.626×10^{-34} J · s),

ν: 전자기파의 주파수

가해진 어떤 전압 V에서 양극에 있는 원자에 부딪히는 열전자가 단 1회의 충돌로 완전히 정지하는 경우에 얻을 수 있는 단파장의 한계(SWL, Short Wavelength Limit) λ_{SWL}는 다음 식으로 표현된다. 이에 대한 자세한 설명은 다음 그림 10-5에서 할 예정이다.

$$\lambda_{SWL} = \lambda_{min} = \frac{c}{\nu_{max}} \tag{10.3}$$

여기서, c: $2.998 \times 10^8 \ \frac{m}{s}$

식 (10.2)로부터 $\nu_{max} = \frac{eV}{h}$이므로 식 (10.3)은 다음과 같이 된다.

$$\lambda_{SWL} = \frac{hc}{eV} = \frac{(6.626 \times 10^{-34})(2.998 \times 10^8)}{(1.602 \times 10^{-19})V}(m) = \frac{12{,}400}{V}(Å) \tag{10.4}$$

이 식은 단파장의 한계(SWL), λ_{SWL}를 음극과 양극 사이에 가해진 가속 전압의 함수로 나타내고 있다. 어떤 열전자가 양극에 있는 원자와 한 번의 충돌로 완전히 정지하지 않고, 여기저기에 있는 원자에 부딪히며 열전자의 속도가 부분적으로만 감소한다면, 이로 인해 운동에너지의 방사와 생성된 광자는 $h\nu_{max}$보다 작다. 따라서 열전자가 가지고 있는 운동에너지 eV의 일부가 방출된다. 파동의 관점에서 보면, 이에 해당하는 X-선은 ν_{max}보다 낮은 주파수를 가지며, λ_{SWL}보다 긴 파장을 나타낸다. 따라서 파장이 λ_{SWL}로부터 시작되어, 여러 가지 길이를 가지는 긴 파장들이 방사되어 연속 스펙트럼을 만들게 된다.

그림 10-5는 몰리브덴(Mo) 양극 타깃을 사용하여 가속 전압의 크기를 변화시켰을 때 얻는 X-선 스펙트럼을 나타낸 것이다.

양극 타깃으로부터 나오는 X-선에는 여러 가지 파장을 가지는 X-선들이 혼합되어 있으며, 음극과 양극에 가한 가속 전압의 크기에 따라 X-선의 강도는 그림 10-5와 같이 변한다. 이 연속적인 곡선을 다색 X-선, 연속 X-선 또는 백색 X-선이라고 부른다. 이러한 연속 X-선은 음극(W 필라멘트)과 양극(타깃) 사이에 걸리는 전압의 크기(Mo 타깃의 경우 20 kV 이하)에 따라 파장의 강도가 연속적으로 변하고 있음을 관찰할 수 있다. X-선의 강도가 0이 되는 파장(예 25 kV의 가속 전압에서 0.496 Å, 20 kV의 가속 전압에서 0.62 Å 등)을 단파장의 한계 λ_{SWL}이라고 부르며, 이때 얻는 X-선의 강도 곡선은 λ_{SWL}로부터 급격히 최대치로 증가한 후, 감소하는 곡선을 나타낸다.

긴 파장 쪽으로 곡선의 갑작스러운 한계(끝)는 관찰되지 않고, 강도가 서서히 감소함을 관찰할 수 있

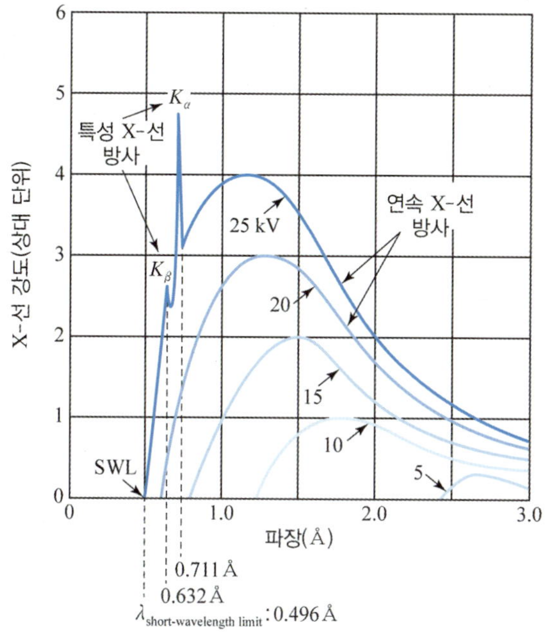

그림 10-5 여러 가지 가속 전압에 따라 발생하는 Mo 양극 타깃의 연속 X-선과 특성 X-선 곡선

다. X-선관에서 음극과 양극 사이에 걸리는 가속 전압을 5 kV(5,000 V)로부터 20 kV(20,000 V)로 증가시킬 때, 연속 스펙트럼의 곡선만 관찰되며, 모든 파장의 강도 증가가 관찰된다. 또한 단파장의 한계 λ_{SWL}와 최대치 강도의 위치 모두, 보다 짧은 파장 쪽으로 이동함을 관찰할 수 있다. Mo 타깃을 양극으로 사용한 경우, 20 kV(20,000 V) 이하의 가속 전압에서는 연속 스펙트럼만 관찰되고, 특성 스펙트럼은 관찰되지 않는다. 따라서 X-선관의 가속 전압을 높이면 매초당 만들어지는 광자의 수가 증가하며, 광자 1개의 평균 에너지도 증가한다. 이 때문에, 가속 전압이 증가하면 연속 스펙트럼 X-선의 강도 곡선은 위쪽으로 이동하며(강도가 높아지고), 단파장의 한계 λ_{SWL}가 왼쪽(파장이 짧아짐)으로 이동함을 관찰할 수 있다.

그림 10-5에서 1초에 방출되는 X-선의 총에너지는 X-선관에 가해진 가속 전압에 해당하는 곡선의 아래에 있는 면적에 비례한다. 즉, 가속 전압이 커지면 X-선 강도 곡선의 아래에 있는 면적이 증가하며, 이는 X-선의 총에너지가 증가함을 의미한다. 또한 여기서는 그림으로는 나타내지 않았지만, 연속 스펙트럼의 강도 $I_{\text{continuous spectrum}}$는 가속 전압뿐만 아니라, 타깃 금속(양극)의 원자 번호 Z와 X-선관의 전류 i에 의존하며, 다음 식으로 표현할 수 있다.

$$I_{\text{continuous spectrum}} = AiZV^m \quad \textbf{(10.5)}$$

여기서, A: 비례상수,

i: X-선관의 전류,

Z: 타깃 금속(양극)의 원자 번호,

m: 상숫값(약 2)

X-선관의 전류 i는 매초당 타깃 금속(양극)에 충돌하는 전자의 수의 크기이다. 만약 강한 백색 방사(X-선)를 원한다면, 식 (10.5)로부터 텅스텐 같은 무거운 금속($Z=74$)을 양극 타깃으로 사용하고, 가능한 한 높은 전압을 사용할 필요가 있다. 그러나 여기서 양극 타깃 재료의 종류는 X-선의 전체 강도에는 영향을 미치지만, 연속 스펙트럼의 파장 분포에는 영향을 미치지 않는 것에 유의해야 한다.

한편, 그림 10-4(b)와 같이 음극으로부터 방출되어 가속된 열전자가 양극 내에 있는 원자의 낮은 에너지 준위(예 K 껍질)에 있는 어떤 전자와 충돌하여, 이 전자를 원자 밖으로 한 번에 방출하는 경우를 살펴보자. 가속된 열전자에 의해 낮은 에너지 준위(K 각)에 있는 전자를 잃은 원자는 불안정한(들뜬) 상태(excited state)로 된다. 이 들뜬 상태에 있는 원자는 매우 불안정하며, 보다 바깥쪽에 있는 높은 에너지 껍질(예 L 껍질 또는 M 껍질)로부터 낮은 에너지 껍질(예 K 껍질)로 전자의 천이가 일어난다. 전자가 높은 에너지 껍질로부터 낮은 에너지 껍질로 천이될 때, 식 (6.21)과 같은 두 껍질 사이의 에너지 값의 차이, $\Delta E = h\nu$에 해당하는 에너지를 가지는 X-선이 방출된다. 두 껍질 사이의 에너지 값의 차이는 항상 일정하기 때문에, 항상 특정한 파장만을 가지는 X-선이 방출된다. 이 특정한 파장을 가지는 X-선을 특성 스펙트럼이라고 한다.

그림 10-5와 같이 양극에 Mo 타깃을 사용하면, 25 kV의 가속 전압에서 다양한 파장을 가지는 연속 스펙트럼(0.496 Å~3.0 Å)뿐만 아니라, 특성 스펙트럼(0.632 Å의 K_β과 0.711 Å의 K_α)이 동시에 관찰된다. 가속 전압이 25 kV 이상으로 증가하면, 25 kV의 가속 전압에서 나타나는 것과 같은 연속 스펙트럼과 특성 스펙트럼이 나타나며, 각 스펙트럼의 강도는 증가하지만, λ_{SWL}이 보다 짧은 파장으로 이동해 나타나게 된다. 즉, 가속 전압이 35 kV로 증가하면, 0.354 Å~3.0 Å의 범위를 가지는 파장의 연속 스펙트럼뿐만 아니라, 0.632 Å의 K_β와 0.711 Å의 K_α의 특성 스펙트럼도 나타난다. 이때 연속 스펙트럼과 특성 스펙트럼 곡선의 강도는 전체적으로 증가하며, 곡선의 아래에 있는 면적도 넓어진다. 결론적으로 20 kV 이하의 가속 전압에서는 특성 스펙트럼은 관찰되지 않고, 연속 스펙트럼만이 관찰된다. 25 kV 이상의 가속 전압에서 관찰되는 X-선 곡선에는 0.632 Å과 0.711 Å의 파장에서 예리한 X-선 피크(peak) 2개가 존재한다.

이와 같이 어떤 특정한 파장에서 X-선 강도가 주변의 연속 스펙트럼의 파장들과 비교하여 극대치를 나타내는 X-선을 특성 스펙트럼이라고 한다. 이러한 극대치의 강도를 가지는 X-선은 파장 범위가 매우 좁으며, 이 파장 값은 양극으로 사용된 타깃 금속에 따라 달라지는 특성이므로 특성선(characteristic lines) 또는 특성 스펙트럼이라고 부른다.

그림 10-6과 같이 양극 타깃에 금속 Mo을 사용하고, 특성 X-선을 얻기 위해 25 kV 의 가속 전압을 가한 경우를 상세히 살펴보자.

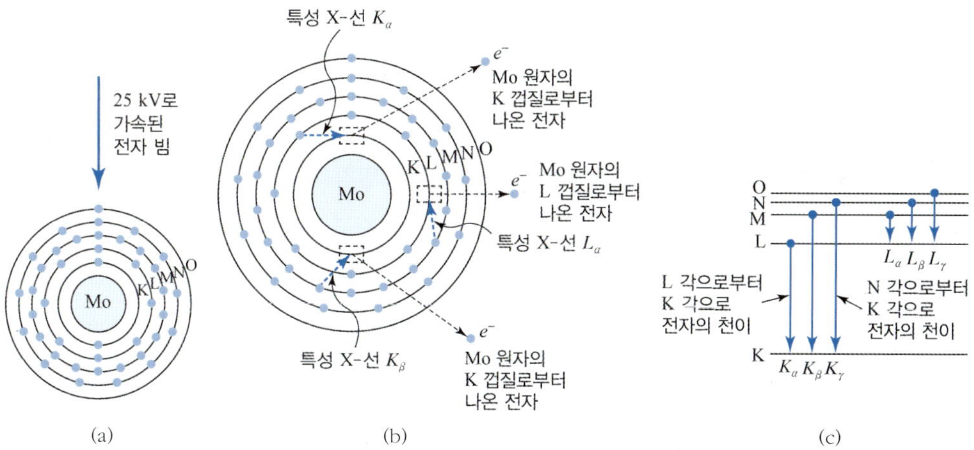

그림 10-6 Mo 양극 타깃에서 발생하는 특성 X-선
(a) Mo 타깃으로 가속된 전자 빔의 입사
(b) 특성 X-선의 발생 기구
(c) 특성 X-선의 분류

W 필라멘트로부터 방출된 열전자가 25 kV의 전압으로 가속되어, 양극 타깃을 구성하고 있는 Mo 원자에 충돌한다. Mo 원자에 충돌하는 가속된 열전자는 Mo 원자 내의 K 껍질 또는 L 껍질에 있는 전자를 원자로부터 떼어낼(knock out) 수 있을 만큼 충분한 운동에너지를 가지고 있다. 만약 Mo 원자의 K 껍질에 속해 있는 한 전자가 가속된 열전자와의 충돌로 인해 Mo 원자 밖으로 떨어져 나가면, Mo 원자는 K 껍질에서 1개 전자를 잃은 들뜬(여기된, excited) 상태로 되어 불안정해진다. 이후 에너지가 높은 바깥 껍질(L 껍질, M 껍질, N 껍질, O 껍질)에 있는 1개의 전자가 비어 있는 K 껍질로 천이되어 오며, Mo 원자는 다시 안정하게 된다. 이때 에너지가 높은 바깥 껍질로부터 에너지가 낮은 K 껍질로 천이되어 오는 전자는 그림 10-6(b)와 같이 바깥 껍질과 K 껍질 사이의 에너지 차이(에너지 갭, E_g) $\Delta E = h\nu$에 해당하는 파장의 에너지를 방출하게 된다.

즉, 그림 10-6(c)와 같이 높은 에너지 껍질에 속해 있는 전자가 비어 있는 낮은 에너지 껍질 상태로 천이된다. 이때 전자가 최종적으로 도착하는 껍질에 따라 K-선, L-선, M-선으로 구분한다. 예를 들어, 전자가 도착하는 껍질이 K 껍질이면 K-선, L 껍질이면 L-선, M 껍질이면 M-선이라고 부른다. 또한 K-선은 K 껍질로 천이되는 전자가 원래 속해 있던 껍질의 에너지 준위에 따라 구분된다. 한 단계 높은 에너지 껍질(L 껍질)에 있는 전자가 K 껍질로 천이하면 K_α-선(K_α-line), 두 단계 높은 에너지 껍질(M 껍질)에 있는 전자가 K 껍질로 천이하면 K_β-선(K_β-line), 세 단계 높은 에너지 껍질(N 껍질)에 있는 전자가 K 껍질로 천이하면 K_γ-선(K_γ-line)이라고 부른다. 마찬가지로 전자 1개가 비어 있는 껍질이 L 껍질이고, M 껍질로부터 전자가 천이되면 L-선이라고 한다. 한 단계 높은 에너지 껍질(M 껍질)에 있는 전자가 비어 있는 L 껍질로 천이하면 L_α-선(L_α-line), 두 단계 높은 에너지 껍질(N 껍질)에 있는 전자가 L 껍질로 천이하면 L_β-선(L_β-line)이라고 부른다.

전자는 양자화된 궤도 각운동량(quantized orbital angular momentum)을 가지므로, 전자와 광자가 상호 작용할 때, 전자는 각운동량(angular momentum)의 보존 법칙을 만족해야 한다. 모든 실험 결과로부터 광자는 $\hbar$에 해당하는 일정한 크기의 고유 각운동량을 가지고 있다는 사실이 입증되었다. 그러므로 에너지 $h\nu = E_2 - E_1$을 가지는 광자가 흡수되거나 방출되면 전자의 각운동량은 변해야 한다. 이는 광자가 흡수되거나 방출될 때, 주양자수 n과 궤도 각운동량 양자수(orbital angular momentum quantum number) l이 변해야 함을 의미한다. 광자의 흡수나 방출에 따라 한 상태로부터 다른 상태로 어떠한 천이가 가능한지를 결정하는 규칙을 선택 규칙(selection rule)이라고 하며, 광자의 흡수 또는 방출로 인한 전자파 방사[electromagnetic(EM) wave radiation]는 다음 식을 만족해야 한다.

$$\Delta l = \pm 1 \ \& \ \Delta m_l = 0, \pm 1 \tag{10.6}$$

선택 규칙을 설명할 때 복잡성을 피하기 위해, 전자가 1개만 있는 수소 원자를 예로 들어 선택 규칙을 설명하겠다.

그림 10-7은 수소 원자 내에서 광자(광양자) 방출에 따른 전자의 가능한 천이를 나타낸 것이다.

수소 원자 내의 전자가 기저 상태 E_1(K 껍질)에서 여기 상태 E_2(L 껍질)로 되는 경우를 살펴보자. 기저 상태에서 E_1의 에너지를 가지고 있던 전자가 광자를 흡수하여 여기 상태 E_2로 되는 경우, 광자의 에너지는 정확히 $E_2 - E_1$이어야 한다. 기저 상태 E_1에 있는 원자의 $1s$ 에너지 준위에 있는 전자의 파동 함수는 $\psi_{1,0,0}$이다. 반면, 여기 상태 E_2에 있는 원자의 1개의 $2s$ 에너지 준위 $\psi_{2,0,0}$와 3개의 $2p$ 상태 $\psi_{2,1,-1}$, $\psi_{2,1,0}$, $\psi_{2,1,1}$가 존재한다. 여기된 전자는 $\Delta l = \pm 1$이어야 하므로 $2s$ 상태로 여기될 수는 없으며, 따라서 3개의 $2p$ 상태 $\psi_{2,1,-1}$, $\psi_{2,1,0}$, $\psi_{2,1,1}$ 중 하나에 해당하는 $2p$ 상태로 들어가게 된다.

K-선, L-선, M-선 등의 특성선 중에서 K-선의 파장이 가장 짧으며, L-선, M-선으로 갈수록 파장이 길어진다. 이 모든 선을 타깃 금속의 특성 스펙트럼이라고 부른다. Mo 타깃의 경우, K-선의 파장은 0.709

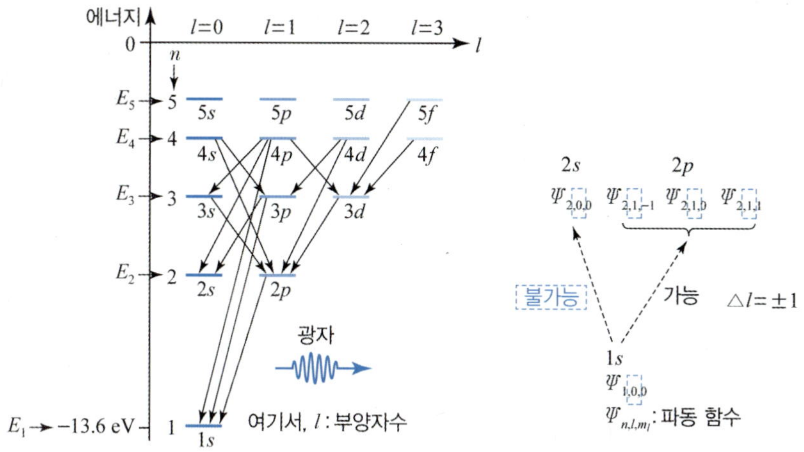

그림 10-7 허용되는 광자 방출 과정을 설명하는 선택 규칙

~0.713 Å이고, L-선의 파장은 약 5.406 Å이며, M-선의 파장은 L-선보다 더 길다. 파장이 긴 L-선과 M-선은 물질에 쉽게 흡수되기 때문에, 일반적으로 X-선 회절에는 K-선만을 사용한다.

Mo 원자의 L 껍질에는 $2s$ 부껍질과 $2p$ 부껍질이 존재하며, 다시 $2p$ 부껍질에는 $2p_x$, $2p_y$, $2p_z$의 3가

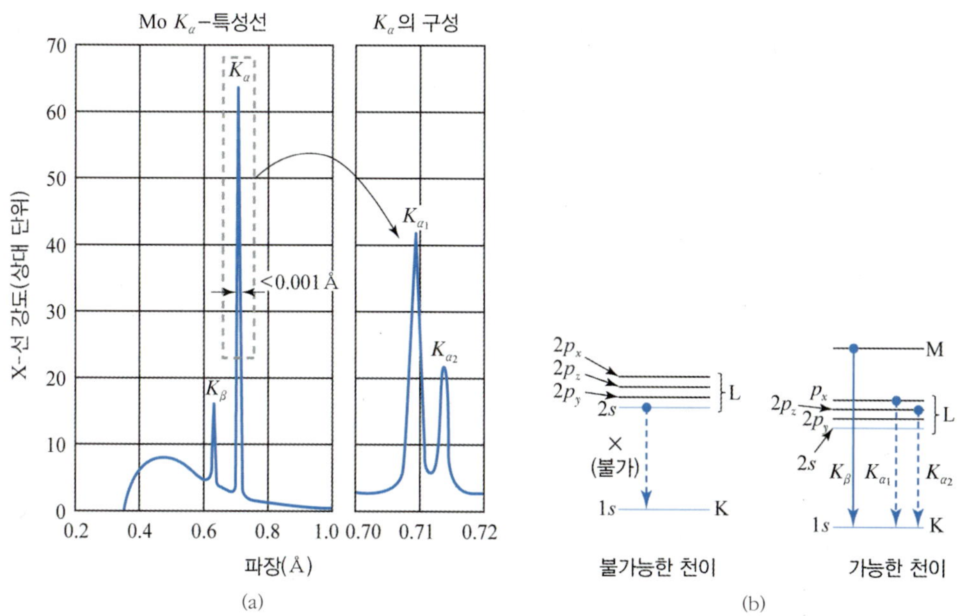

그림 10-8 연속 및 특성 X-선의 곡선
(a) 35 kV의 가속전압에서 Mo 양극 타깃에서 발생하는 연속 X-선과 특성 X-선 곡선
(b) 전자 천이에 의한 특성 X-선의 구분

지 $2p$ 부껍질이 존재한다. Mo 원자의 비어 있는 K 껍질로 천이하는 전자가 원래 속해 있던 부껍질에 따라 조금씩 다른 파장의 K-선이 방출되며, 그림 10-8과 같이 K-선은 다시 $2p_x$ 부껍질로부터 $1s$ 부껍질로 전자가 천이되어 나오는 $K_{\alpha1}$ X-선과, $2p_z$ 부껍질로부터 $1s$ 부껍질로 전자가 천이되어 나오는 $K_{\alpha2}$ X-선으로 분리된다.

Mo 타깃의 K-선 세트(set)에는 파장이 다른 X-선이 몇 개 있으나, 일반적인 회절 실험에서는 다음과 같은 파장을 가지는 가장 강한 3개의 선만 관찰된다. 표 10-1에 Mo 타깃 외에 일반적으로 많이 쓰이는 Cu, Fe의 파장을 나타냈다.

표 10-1 양극 타깃(Mo, Cu, Fe)의 특성 X-선의 파장

타깃 원소	X-선의 종류	파장의 길이(Å)
Mo	$K_{\alpha1}$	0.709
	$K_{\alpha2}$	0.713
	$K_{\beta1}$	0.632
Cu	$K_{\alpha1}$	1.541
	$K_{\alpha2}$	1.544
	$K_{\beta1}$	1.392
Fe	$K_{\alpha1}$	1.936
	$K_{\alpha2}$	1.940
	$K_{\beta1}$	1.756

$K_{\alpha1}$ X-선과 $K_{\alpha2}$ X-선의 파장 차는 약 0.004 Å로, 두 선이 너무 가깝게 위치하기 때문에, 2개의 X-선으로 분리되지는 않는다. 이렇게 $K_{\alpha1}$ X-선과 $K_{\alpha2}$ X-선이 서로 분리되지 않고 나타나면 단순히 K_α X-선이라고 부르지만, 서로 분리되어 나타나면 이중 K_α(K_α doublet) X-선이라고 부른다. 일반적으로 Mo K_α X-선의 파장은 Mo $K_{\alpha1}$ X-선과 Mo $K_{\alpha2}$ X-선의 파장을 더한 후 그 평균값을 취한 값인 0.711 Å이며, 일반적으로 아래첨자 1과 2를 빼고 K_α X-선이라고 부른다. 또한 $K_{\beta1}$ X-선에서도 일반적으로 아래첨자 1을 빼고 K_β X-선이라고 부른다.

$K_{\alpha1}$ X-선의 강도는 $K_{\alpha2}$ X-선의 강도보다 항상 약 2배 정도 크게 나타난다. 또한 $K_{\alpha1}$ X-선의 강도는 $K_{\beta1}$ X-선과 비교해보면 평균 약 5배 정도 크게 나타난다. 그러나 $K_{\alpha1}$ X-선의 강도와 $K_{\beta1}$ X-선의 5:1 비율은 타깃 재료(양극)의 원자 번호에 따라 다르다. 가속된 열전자를 양극으로 사용된 금속 타깃에 부딪쳐 K-특성선(K_α과 K_β)을 나오게 하는 임계 전압을 K 여기 전압(excitation voltage)이라고 부른다.

양극으로 Mo 타깃을 사용한 그림 10-5에서 관찰할 수 있는 것처럼 20.0 kV 이하에서는 K 여기 전압(K-특성선 : K_α과 K_β)이 관찰되지 않으며, 오로지 연속 스펙트럼만 관찰된다. 그러나 가속 전압을

20.01 kV 이상으로 증가시키면 K-특성 X-선이 관찰되기 시작하며, 물론 이 경우에도 연속 스펙트럼은 관찰된다. 가속 전압을 K 여기 전압 이상으로 더 증가시키면 연속 스펙트럼의 강도뿐만 아니라 특성 스펙트럼의 강도도 모두 증가한다. 그러나 가속 전압을 증가시키면 연속 스펙트럼과 특성 스펙트럼의 강도는 증가하지만, 특성선(특성 스펙트럼)이 나타나는 파장의 위치는 변하지 않고, 일정한 파장의 위치에서 관찰된다. 즉, Mo 타깃의 경우 K_α X-선은 0.711 Å의 파장에서 나타나고, K_β는 0.632 Å의 파장에서 관찰된다. 연속 스펙트럼과 특성 스펙트럼의 강도는 X-선관의 전류 i와 특성선(특성 스펙트럼)을 만들기 위한 임계 여기 전압(critical excitation voltage)을 초과하는 전압의 크기 V에 모두 의존하며, K-선에 대한 특성선의 강도는 다음 식으로 주어진다.

$$I_{K-l} = Bi(V - V_K)^n \tag{10.7}$$

여기서, I_{K-l}: K-선(K line)의 강도,

B: 비례상수,

i: X-선관의 필라멘트에 가해지는 전류,

V: 음극과 양극 사이에 가해지는 전압,

V_K: K-선 여기 전압(excitation voltage),

n: 상숫값(약 1.5)

X-선관에서 음극과 양극 타깃 사이에 걸리는 전압이 작은 경우를 살펴보자. 이 경우에는 타깃 금속에 충돌하는 가속된 열전자가 타깃 금속에 있는 원자의 K 껍질에 있는 전자를 떼어낼 만큼 충분한 에너지를 가지고 있지 않으며, K-특성선은 발생하지 않는다. 따라서 K-특성선을 얻기 위한 임계 여기 전압이 존재한다. 만약 타깃 금속에 있는 원자의 K 껍질에 있는 전자를 원자로부터 떼어내기 위한 일(work)을 W_K라고 하면, K-특성선을 만들기 위해 가속된 열전자가 가져야 하는 운동에너지는 다음과 같다.

$$\frac{1}{2}mv^2 = W_K \tag{10.8}$$

또한 L-특성선을 만들기 위해 L 껍질에 있는 전자를 원자로부터 떼어내기 위한 가속된 열전자의 운동에너지는 K 껍질에 있는 전자를 원자로부터 떼어내기 위한 운동에너지보다 작다. L 껍질에 있는 전자는 K 껍질에 있는 전자보다 원자핵으로부터 더 멀리 떨어져 있으며, 이로 인해 L 껍질에 있는 전자와 원자핵 사이의 (쿨롱)인력이 작기 때문이다. 따라서 L-특성선을 만들기 위한 전압은 K-특성선을 만들기 위한 전압보다 작으며, K-특성선은 L-특성선과 M-특성선 등이 없이는 만들어질 수 없다.

X-선관의 양극(금속) 타깃의 집중점(focal spot)으로부터 발생한 X-선은 모든 방향으로 방출(방사)되고, X-선관 하우징(tube housing)에 있는 2개(또는 2개 이상. X-선관 모델에 따라 다름)의 창(window)을 통해 X-선관으로부터 대기 중으로 빠져나온다. 일반적으로 이러한 창에 사용되는 재료는 가장 가벼운 금속 원소인 베릴륨(Be)이다. 베릴륨이 사용되는 이유는 양극에서 방출된 X-선에 대해 높은 투과성을 가질 뿐만 아니라, X-선관 내부의 진공이 새지 않게 하기 위해서이다.

10.2 필터에 의한 X-선의 흡수와 흡수단

원자 내에서 전자는 외부로부터 에너지 차이(갭)보다 큰 광자(광양자)를 흡수하는 경우, 낮은 에너지 껍질로부터 높은 에너지 껍질로 이동하거나, 원자 밖으로 떼어낼 수 있다. 이를 원자가 '여기되었다'라고 한다. 또한 원자 내에 있는 어떤 껍질(예 K 껍질)의 전자가 비어 있으면 높은 에너지의 껍질(예 L 껍질 또는 M 껍질 등)로부터 낮은 에너지 껍질로 전자가 천이된다. 이 경우 에너지 차이에 해당하는 파장의 빛을 방출한다. 이러한 전자의 천이를 이해하려면 전자와 원자 사이의 상호 작용뿐만 아니라, 원자와 X-선 사이의 상호 작용을 고려해야 한다. 전자기파 복사(electromagnetic radiation)에서 X-선은 광자이다.

만약 광자의 에너지(파장 또는 진동수)가 한계(문턱) 진동수보다 큰 X-선이 금속으로 입사되면 광자와 금속 내의 원자 사이에 일어나는 상호 반응(광자의 운동에너지를 원자 내에 있는 전자로 전달)으로 인해 원자로부터 전자가 원자를 떠나게 되는 광전 흡수(photoelectric absorption) 현상이 발생할 수 있다. 즉, 광자가 가지고 있던 에너지가 원자에 흡수되고, 그 에너지가 원자의 궤도(K 껍질, L 껍질 등)에 있는 전자에 광자가 가지고 있는 에너지를 완전히 전달한다. 이때 원자의 궤도에 있는 전자는 전자가 원자에 붙들려 있는 결합 에너지(critical ionization energy)를 뺀 광자에너지를 가지고 원자 밖으로 떨어져 나간다. 또한 금속 내로 입사하는 X-선(광자)은 산란에 의해 에너지를 잃을 수 있다. 따라서 X-선(광자)이 어떤 형태의 물질을 만나면, 일부분은 흡수되고, 일부분은 투과된다.

강도 I인 X-선이 어떤 균질한 물질을 지나는 경우를 생각해보자. 이때 X-선 빔 강도의 부분적인 감소는 X-선 빔이 지나가는 거리 x에 비례한다고 실험적으로 입증되었다. 이는 다음 식과 같이 표현된다.

$$-\frac{dI}{I} = \mu dx \tag{10.9}$$

여기서, μ는 선형 흡수 계수(linear absorption coefficient)라고 하는 비례상수이다. 선형 흡수 계수 μ는 X-선이 물질 내를 1 cm 통과하는 과정에서 흡수되는 정도를 나타낸다. μ는 X-선이 지나가는 물질의 종류, 물질의 밀도, X-선의 파장에 의존한다. 식 (10.9)를 X-선이 지나가는 거리 x에 대해 적분하면 다음과 같이 표현된다.

$$\int \frac{1}{I}dI = -\int \mu dx \tag{10.10}$$

$$I_x = I_0 e^{-\mu x} \tag{10.11}$$

여기서 I_x : X-선이 두께 x인 물체를 지나간 후에 투과된 X-선 빔의 강도,

I_0 : 물질에 입사하는 X-선 빔의 강도

선형 흡수 계수 μ는 물질의 밀도 ρ에 비례한다. 따라서 $\frac{\mu}{\rho}$는 물질의 상수이며, 물질의 물리적인 상태(고체, 액체 또는 기체)에 무관하다. $\frac{\mu}{\rho}$는 질량 흡수 계수(mass absorption coefficient)라고 부르며, X-선 회절에서 사용되고 있는 여러 가지 종류의 특성선에 대한 $\frac{\mu}{\rho}$는 다른 문헌에서 쉽게 찾을 수 있다.

만약 어떤 물질이 2종류 이상의 원소로 구성되어 있다고 가정하자. 이 경우 물질의 질량 흡수 계수는 그 물질을 구성하는 원소의 질량 흡수 계수의 가중 평균(weighted average)으로 간단히 계산할 수 있다. 이때 그 물질이 기계적 혼합물인지, 용액인지, 화학적 화합물인지 여부와 상관없다. 또한 그 물질이 고체, 액체, 기체 상태인지 여부와도 관계없다. 물질에 있는 원소 1, 원소 2,…의 무게 분율(weight fraction)이 w_1, w_2, w_3…이고, 질량 흡수 계수가 $\left(\frac{\mu}{\rho}\right)_1$, $\left(\frac{\mu}{\rho}\right)_2$, $\left(\frac{\mu}{\rho}\right)_3$…이라고 하면, 그 물질의 질량 흡수 계수는 다음 식으로 표현할 수 있다.

$$\frac{\mu}{\rho} = w_1\left(\frac{\mu}{\rho}\right)_1 + w_2\left(\frac{\mu}{\rho}\right)_2 + w_3\left(\frac{\mu}{\rho}\right)_3 + \cdots \tag{10.12}$$

질량 흡수 계수 $\frac{\mu}{\rho}$가 파장에 따라 변한다는 사실로부터, X-선과 원자 사이에서 일어나는 상호 작용에 대해 살펴보자. 그림 10-9는 Ni에서 일어나는 파장의 변화에 따른 질량 흡수 계수와 광자당 에너지의 변화 곡선을 나타낸다. Ni은 1.488 Å의 파장에서 질량 흡수 계수 곡선의 예리한 불연속점이 나타나며,

이 불연속점이 Ni에서 K 흡수단(K-absorption edge)에 해당된다. 질량 흡수 계수 곡선에서 관찰되는 예리한 불연속점을 흡수단(absorption edge)이라고 부른다. 이 흡수단은 물질로 입사하는 X-선의 에너지가 물질을 구성하고 있는 전자의 결합에너지보다 커서 K 껍질, L 껍질, M 껍질 등에 있는 전자를 떼어내기 위해 사용하는 에너지(광전 효과) 때문에 불연속적인 점이 발생한다. 따라서 질량 흡수 계수 곡선에서 흡수단은 여러 가지 파장에서 나타나게 된다.

원자 내의 K 껍질에 있는 전자를 떼어낼 때 나타나는 질량 흡수 계수 곡선의 불연속점은 K 흡수단, L 껍질에 있는 전자를 떼어낼 때의 불연속점은 L 흡수단, M 껍질에 있는 전자를 떼어낼 때의 불연속점은 M 흡수단이라고 한다. 따라서 그림 10-9에서 Ni의 K 흡수단인 1.488 Å의 파장은 Ni의 K 껍질로부터 전자를 떼어내는 데 필요한 X-선이 가져야 할 파장을 의미한다. 그림 10-9에서 2.5 Å 이상의 긴 파장 범위로 더욱 확대하면, K 흡수단 외에 여러 가지 다른 예리한 불연속 점(L 흡수단, M 흡수단 등)들이 관찰될 것이다.

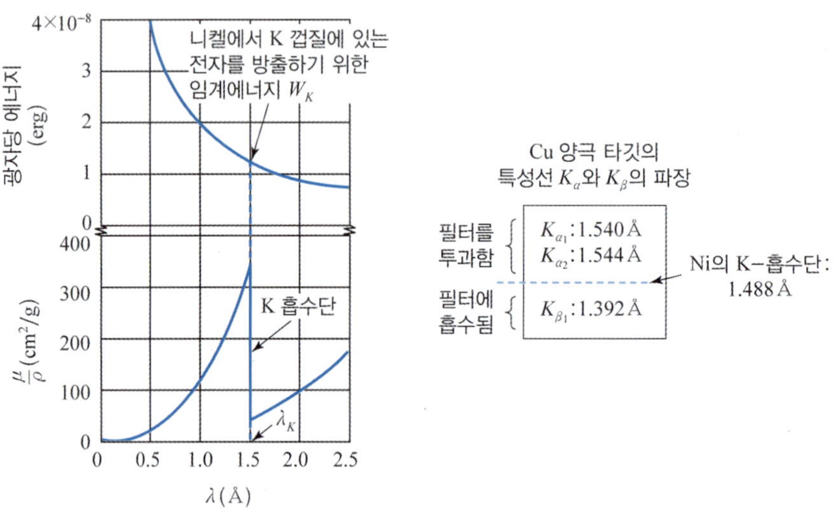

그림 10-9 파장에 따른 광자당 에너지와 Ni의 질량 흡수 계수의 변화

그림 10-10은 파장의 변화에 따른 납(Pb)의 질량 흡수 계수를 나타낸 것이다.

0.141 Å의 파장에서 1개의 K 흡수단, 약 0.8 Å ~0.951 Å의 파장 범위에서 3개의 L 흡수단(L_{I}, L_{II}, L_{III})이 관찰되고 있다. 또한 1.2 Å 이상의 긴 파장 범위로 확장하면, L 흡수단보다 큰 파장에서 5개의 M 흡수단이 관찰될 것이다. X-선의 파장이 짧을수록 물질을 잘 투과하며, 이를 경질(hard) X-선이라고 한다. 또한 파장이 긴 X-선은 물질에 쉽게 흡수되며, 이를 연질(soft) X-선이라고 한다.

질량 흡수 계수를 나타내는 곡선에서 관찰되는 날카로운 불연속점을 경계로 양쪽(좌측과 우측) 곡

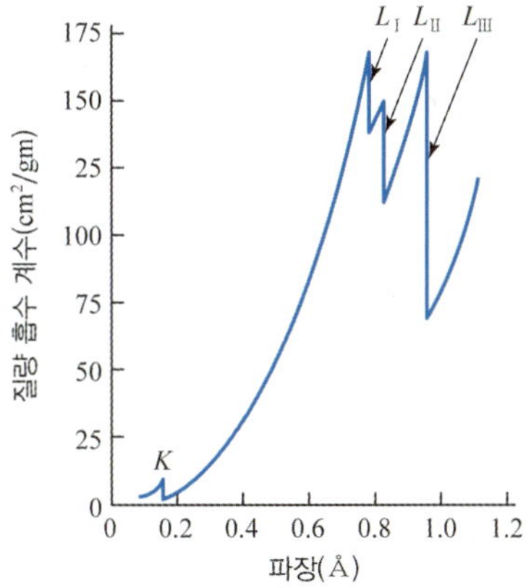

그림 10-10 Pb에서 파장에 따른 질량 흡수 계수(K & L 흡수단)

선은 파장에 따라서 근사적으로 변하며, 이는 다음 식과 같이 표현된다.

$$\frac{\mu}{\rho} = k\lambda^3 Z^3 \qquad (10.13)$$

여기서 k: 곡선의 양쪽에서 각각 다른 값을 가지는 상수,

λ: X-선의 파장,

Z: 흡수 물질의 원자 번호

어떤 물질에 입사하는 X-선은 산란(scattering)과 진흡수(true absorption)와 같은 2가지 다른 방법으로 흡수된다. 물질에 입사하는 X-선의 산란은 매우 복잡한 과정이다. 이러한 산란 과정을 이해하기 위해서는 우선 ① X-선이 1개의 전자에 의해 어떻게 산란되는지, ② X-선이 1개의 원자에 의해 어떻게 산란되는지, 최종적으로 ③ X-선이 단위정 내에 있는 모든 원자에 의해 어떻게 산란되는지를 알아야 한다. 이에 대한 상세한 설명은 뒤에서 다루겠다.

원자에 의해 이루어지는 X-선의 산란은 여러 가지 측면에서 공기 중에 존재하는 먼지 입자들에 의한 가시광선의 산란과 매우 유사하다. 즉, 원자에 의해 이루어지는 X-선의 산란이 모든 방향으로 일어나고, 산란된 X-선 빔에 있는 에너지가 투과된 빔에 나타나지 않기 때문에(투과된 빔에 관련되는 한) 산란된 X-선 빔에 있는 에너지는 원자에 의해 흡수되었다고 간주된다. 매우 가벼운 원소를 제외하면, 전체 흡수의 단지 작은 일부분만 산란에 의해 초래되었다고 생각된다.

한편, 진흡수는 원자 내에서 한 껍질로부터 다른 껍질로 전자가 천이로 인해 발생한다. 어떤 물질로 입사하는 전자(또는 광자)가 충분한 에너지를 가지고 있고, 원자로부터 K 껍질에 있는 전자를 떼어낼 수 있을 때, K-특성선의 방출이 일어나는 것처럼, 입사하는 X-선의 양자[quanta, 광(양)자]가 원자로부

터 K 껍질에 있는 전자를 떼어낼 수 있을 만큼의 최소 에너지 W_K를 가지고 있다면, 입사하는 X-선의 양자가 K-특성선을 방출할 수 있다.

어떤 물질을 구성하고 있는 원자에 입사하는 X-선의 양자에 의해 원자의 K 껍질로부터 방출된 전자를 광전자(photoelectron)라고 하며, 이렇게 방출된 특성선을 형광 (X-선) 방사[fluorescent (X-rays) radiation]라고 부른다. 형광 방사는 모든 방향으로 발산(방출)하며, 금속 타깃에 전자의 충돌에 의해 발생하는 특성 방사(characteristic radiation)와 정확하게 똑같은 파장을 가진다. 이는 K 껍질에 비어 있는 전자 자리가 어떻게 만들어졌는지, 즉 광자의 입사에 의한 것인지, 가속된 전자의 입사에 의한 것인지와 무관하게 원자가 동일한 K-특성선을 방출한다는 의미이다.

어떤 원자 내의 K 껍질에 있는 전자 1개를 떼어내기 위해 입사하는 양자(X-선)의 에너지가 어떤 값 W_K를 넘어야 한다는 것은 입사하는 양자의 파장이 어떤 값 λ_K보다 작아야 한다는 의미이다(광자의 파장이 작을수록 광자가 가지고 있는 에너지 값이 크기 때문이다). 양자당 에너지는 $h\nu$이고, 파장 λ는 주파수 ν에 반비례하므로 다음 식과 같이 쓸 수 있다.

$$W_K = h\nu_K = \frac{hc}{\lambda_K} \tag{10.14}$$

여기서 ν_K: K 흡수단의 주파수 또는 K-선 여기 주파수(excitation frequency),

λ_K: K 흡수단의 파장 또는 K-선 여기 파장(excitation wavelength)

X-선관에서 금속 양극 타깃에 있는 원자의 K 껍질로부터 전자를 떼어내는 데 필요한 여기 전압은 식 (10.4)와 같이 λ_{SWL}로부터 계산할 수 있다. 즉, X-선관의 금속 양극 타깃으로부터 K-특성선을 발생시키기 위해 양극을 구성하고 있는 원자로 충돌하는 가속된 열전자는 적어도 W_K에 해당하거나, W_K보다 큰 에너지 값을 가져야 하며, 이는 다음 식으로 표현된다.

$$e V_K = W_K = h\nu_K = \frac{hc}{\lambda_K} \tag{10.15}$$

$$V_K = \frac{hc}{e\lambda_K} \tag{10.16}$$

$$V_K = \frac{12,400}{\lambda_K} \tag{10.17}$$

여기서, V_K: K 여기 전압(K 껍질에 있는 전자를 여기시키는 데 필요한 전압),

λ_K: K 흡수단 파장(Å)(K absorption edge wavelength)

10.3 단색 X-선을 만들기 위한 필터

X-선관에서 특성선(K-특성선)을 방출할 만큼 충분한 전압(V_K)으로 가속된 열전자가 양극 금속 타깃을 구성하고 있는 원자에 충돌할 때, 금속 양극 타깃으로부터 특성 X-선이 방출된다. 이렇게 방출된 특성 X-선을 X-선 회절 실험에 이용하기 위해서는 가능한 한 단일 파장으로 구성되어 있는 단색 X-선(monochromatic X-ray)이어야 한다. 그러나 V_K 이상의 전압에서 작동되는 X-선관으로부터 나오는 X-선 빔은 강한 K_α-특성선뿐만 아니라, 강도가 K_α-특성선 강도의 크기의 절반 정도인 약한 K_β 특성선 및 연속 스펙트럼을 모두 포함하고 있다.

X-선 회절 실험에 이용하기 위해 단색 X-선을 만들려면, 양극 타깃 금속의 K_α-특성선의 파장과 K_β-특성선의 파장 사이에 K 흡수단이 놓여 있는 재료로 만들어진 필터에 금속 양극 타깃으로부터 방출된 X-선 빔을 통과시키면 된다. 이렇게 금속 양극 타깃으로부터 방출된 X-선 빔이 필터를 통과하면, X-선 회절 실험에 바람직하지 않은 K_β-특성선의 강도와 연속 스펙트럼의 강도를 거의 0 근처까지 감소시킬 수 있다. 즉, 필터를 통과한 K_α-특성선, K_β-특성선, 연속 스펙트럼의 강도는 모두 감소되며, 특히 K_β-특성선과 연속 스펙트럼 강도의 크기를 거의 0 근처까지 감소시킬 수 있다. 이때 K_α-특성선의 강도는 필터 두께를 조절하여 필터를 통과하기 전 강도의 $\frac{1}{2}$ 정도가 되도록 감소시킬 수 있다.

실제로 필터로 사용되는 재료는 원자 번호가 약 30인 금속의 경우, 양극 타깃 금속의 원자 번호보다 하나 작은 원소 번호를 가지는 재료를 선택하면 된다. 이렇게 선택된 필터는 K_β-특성선의 파장과 K_α-특성선의 파장 사이에서 급격한 흡수 계수의 변화(K 흡수단)를 나타낸다. 이로 인해 K_α-특성선과 K_β-특성선의 강도가 필터에 의해 모두 감소하지만, K_α-특성선의 강도의 크기가 K_β-특성선의 강도의 크기보다 2배 정도 크다. 따라서 K_β-특성선의 크기가 0 근처까지 감소해도, K_α-특성선의 강도는 여전히 필터를 통과하여 남아 있게 된다. 즉, 필터가 K_α-특성선보다 훨씬 더 강하게 K_β-특성선을 흡수했다고 간주할 수 있다.

그림 10-11은 구리(Cu) 타깃 금속으로부터 나온 여러 가지 X-선인 K_α-특성선, K_β-특성선 및 연속 스펙트럼을 Ni 필터에 통과시키기 전[그림 10-11(a)]과 후[그림 10-11(b)]에 얻은 Cu의 X-선의 스펙트럼을 나타낸 것이다.

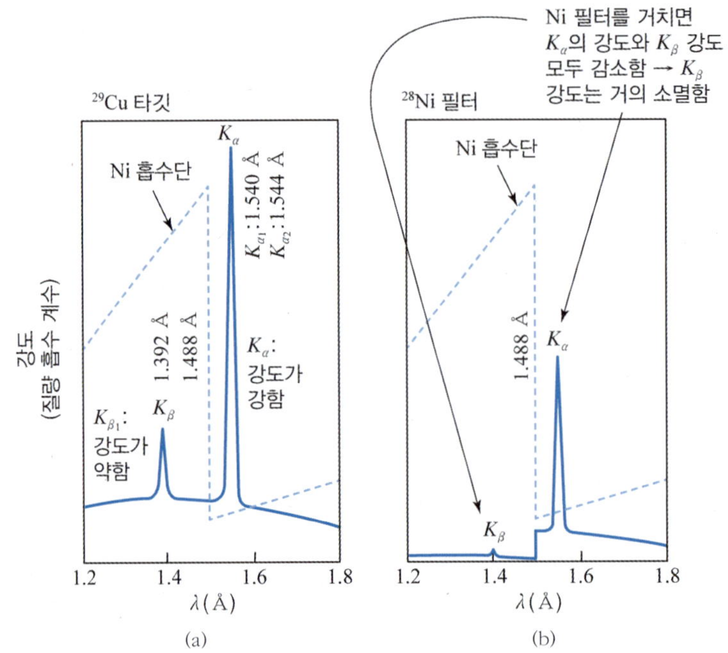

그림 10-11 Cu 양극 타깃의 특성선 K_α와 K_β의 위치 및 Ni 흡수단의 위치 비교
(a) Cu의 특성선 K_α와 K_β가 Ni 필터를 통과하기 전의 곡선
(b) Cu의 특성선 K_α와 K_β가 Ni 필터를 통과한 후의 곡선

Cu의 K_β-특성선은 1.392 Å의 파장에 위치하고, K_α-특성선($K_{\alpha 1}$의 파장: 1.540 Å 및 $K_{\alpha 2}$의 파장: 1.544 Å)은 1.540 Å ~1.544 Å 사이에 위치한다. 필터로 사용된 Ni의 K 흡수단은 1.488 Å인 파장에 위치하며, 이 파장(1.488 Å)의 위치는 Cu의 K_β-특성선(1.392 Å)과 K_α-특성선(1.540 Å ~1.544 Å) 사이의 중간이다. 따라서 Ni 필터를 통과한 후, Cu 타깃으로부터 발생한 K_β-특성선, K_α-특성선, 연속 스펙트럼 모두 강도가 감소한다.

하지만 그림 10-11(b)와 같이 K_α-특성선은 상대적으로 여전히 높은 강도를 나타낸다. 필터의 두께가 두꺼워질수록, 필터를 투과한 빔에서 Cu의 K_α-특성선에 대한 K_β-특성선의 강도의 비율은 낮아진다. 필터 재료는 일반적으로 얇은 (금속) 필름의 형태로 사용된다.

10.4 단색 X-선과 결정과의 상호 작용(회절)

여러 가지 파장이 섞여 있는 빛은 백색광(white light) 또는 다색광(polychromatic light)이라고 하며, 한 가지 파장으로 되어 있는 빛은 단색광(monochromatic light)이라고 한다. 레이저로부터 나온 빛은 단색광의 대표적인 예이고, 햇빛은 다색광의 대표적인 예이다. X-선관으로부터 나온 X-선이 (금속) 필터를 통과하면, 거의 하나의 파장으로 이루어져 있으므로 단색 X-선(monochromatic X-ray)이라고 부른다. 예를 들어, X-선관의 금속 양극 타깃에 Cu를 사용하고, Cu 타깃으로부터 나온 X-선을 Ni 필터에 통과시키면, 파장이 1.540(Cu $K_{\alpha1}$)~1.544(Cu $K_{\alpha2}$) Å인 Cu K_α 단색 X-선 빔(Cu $K_{\alpha1}$의 파장과 Cu $K_{\alpha2}$의 중간값인 1.542 Å의 파장)을 얻을 수 있다. 이 단색 X-선 빔이 결정으로 입사하면, 9.2절에서 설명했듯이 결정에 규칙적으로 배열된 원자에 의해 입사된 빔의 회절이 일어난다. 물론 이때 결정에 있는 원자에 의해 회절되는 Cu K_α 단색 X-선 빔은 브래그 법칙을 만족시켜야 한다. 즉, 회절은 본질적으로 2개 또는 그 이상의 파동 사이에 어떤 위상 관계(보강 간섭 또는 상쇄 간섭)의 존재에 기인하기 때문이다.

실험적으로 결정 구조를 분석하기 위해 브래그 법칙은 2가지 방법으로 사용할 수 있다. 첫 번째 방법은 이미 알고 있는 파장 λ의 X-선(결정에 입사되는 단색 X-선의 파장)을 사용하여, θ(입사된 단색 X-선이 결정에 입사한 후 회절된 각도)를 측정함으로써 결정에 있는 여러 가지 면의 간격 d를 결정할 수 있다. 이것을 구조 해석(structure analysis)이라고 한다. 두 번째 방법은 이미 알고 있는 면의 간격 d를 가지는 결정으로 θ를 측정하여, 사용된 X-선의 파장 λ를 결정하는 X-선 분광학(X-ray spectroscopy)이다. 이 책에서는 결정 구조를 분석하는 데 X-선 분광학보다는 구조 해석에 중점을 두고 설명하겠다.

1) 회절된 빔의 방향

결정 구조 해석에 X-선을 이용하는 방법으로는 디프랙토미터(diffractometer)법, 라우에(Laue)법, 결정 회전(rotating-crystal)법, 분말(powder)법 등과 같은 여러 가지 방법이 있다. 오늘날 이들 방법 중에서 디프랙토미터법이 결정 구조 해석에 가장 일반적으로 널리 사용되고 있다. 여기서는 현재 분석하려는 결정의 구조 해석에 가장 많이 사용되고 있는 X-선 디프랙토미터에서 얻게 되는 회절된 빔의 강도와 회절된 방향에 대해 좀 더 살펴보자.

결정의 어떤 결정면에 입사되는 단색 X-선이 회절을 일으키기 위해서는 9.2절에서 언급된 브래그 법칙을 만족해야 하며, 회절된 빔의 방향(2θ), 즉 X-선 디프랙토미터에서 2θ는 브래그 법칙으로부터 구할 수 있다. 만약 $n=1$(1차 반사, the 1st order reflection)이라고 가정하면, 브래그 법칙은 다음과 같은 식으로 표현된다.

$$\lambda = 2d_{hkl}\sin\theta \tag{10.18}$$

여기서, h, k, l: 면지수(plane index),

d_{hkl}: 시료로 사용된 결정의 (hkl)면에서 면간 거리(plane spacing)

분석 대상 시료로 사용된 물질이 입방정(cubic unit cell) 구조, 즉 단순 입방정(SC), 체심 입방정(BCC), 면심 입방정(FCC) 구조를 가지고 있다면, 어떤 면 (hkl)의 면간 거리 d를 나타내는 식은 다음과 같다.

$$\frac{1}{d^2} = \frac{h^2+k^2+l^2}{a^2} \tag{10.19}$$

여기서, a: 시료를 구성하고 있는 단위정의 격자상수

따라서 식 (10.18)과 (10.19)를 합치면 다음 식을 얻을 수 있다.

$$\sin^2\theta = \frac{\lambda^2}{4a^2}(h^2+k^2+l^2) \tag{10.20}$$

위 식으로부터 브래그 각도(Bragg angle) 2θ의 위치에 영향을 주는 인자는 λ, a, 면지수 (hkl)임을 알 수 있다. 만약 X-선 회절 실험에 사용된 양극 금속 타깃으로부터 발생된 단색 X-선의 파장 λ, 어떤 입방정의 격자상수 a값을 알고 있다면, 결정에 존재하는 여러 가지 면(hkl)에 대해 회절이 발생할 수 있는 모든 가능한 브래그 각도 2θ 값을 계산할 수 있다.

또한 시료의 단위정이 두 축 a, b로 각각 다른 격자상수를 가지는 정방정(tetragonal unit cell) 구조, 즉 단순 정방정(simple tetragonal), 체심 정방정(body-centered tetragonal) 구조를 갖는다면, 어떤 면 (hkl)의 면간 거리 d를 나타내는 식은 다음과 같다.

$$\frac{1}{d^2} = \frac{h^2+k^2}{a^2} + \frac{l^2}{c^2} \tag{10.21}$$

따라서 정방정 구조를 가지는 결정의 브래그 각도 2θ는 다음 식으로부터 얻을 수 있다.

$$\sin^2\theta = \frac{\lambda^2}{4}\left(\frac{h^2+k^2}{a^2}+\frac{l^2}{c^2}\right) \quad \textbf{(10.22)}$$

위의 2가지 결정 구조와 다른 구조를 가지는 결정 구조에 대해서도 유사한 방식으로 브래그 각도 2θ를 얻을 수 있으며, 다른 결정 구조의 면간 거리 공식은 다른 X-선 결정학 교재에서 쉽게 찾을 수 있다.

식 (10.20)과 식 (10.22)로부터 시료로 입사하는 빔의 회절 방향은 시료 결정의 단위정의 모양(입방정 또는 정방정 등)과 크기(격자상수)에 의해서만 결정된다. 즉, 주어진 파장(단색 특성 X-선)의 빔이 결정 내에 존재하는 일련의 어떤 결정면에 의해 회절되는 방향(2θ)은 결정이 속한 결정계(입방정, 정방정, 육방정 등)와 결정계의 격자상수(lattice parameter) a에 의해 결정된다는 의미이다.

2) 회절된 빔의 강도

결정으로 입사하는 단색 X-선 빔은 결정에 있는 원자와 상호 작용을 하며, 브래그 법칙에 의해 제시된 회절 조건을 만족하는 경우 회절한다. 이때 측정되는 회절된 빔의 강도 I는 디프랙토미터의 경우, 다음 식으로 표현된다.

$$I = |F|^2 p\left(\frac{1+\cos^2 2\theta}{\cos^2\theta\cos\theta}\right)e^{-2M} \quad \textbf{(10.23)}$$

또한 Debye-Scherrer 카메라의 경우, I는 다음 식으로 표현된다.

$$I = |F|^2 p\left(\frac{1+\cos^2 2\theta}{\cos^2\theta\cos\theta}\right)A(\theta)e^{-2M} \quad \textbf{(10.24)}$$

식 (10.23)과 식 (10.24)에 나타낸 회절된 빔의 강도 I에 영향을 주는 인자는 다음과 같이 6가지이다.

❶ 구조 인자(structure factor): F

❷ 다중도 인자(multiplicity factor): p

❸ 편광 인자(polarization factor)

❹ 로렌츠 인자(Lorentz factor)

❺ 흡수 인자(absorption factor): $A(\theta)$

❻ 온도 인자(temperature factor)

'1) 회절된 빔의 방향'에서 살펴본 것과 같이, 결정으로 입사하여 브래그 법칙을 만족하고 회절된 빔의 방향(2θ)은 단위정(격자)의 모양(FCC, BCC, SC 등), 단위정의 크기(격자상수 a), 면지수(hkl)에 의해 결정된다. 반면, 회절된 빔의 강도는 위의 6가지 중에서 특히 단위 격자 안에 있는 원자의 위치인 구조 인자에 의존한다. 구조 인자를 제외한 나머지 5가지 인자는 회절 강도 I를 감소시킬 수는 있지만 0으로 만들 수는 없다. 그러나 구조 인자(즉, 단위정 내에 있는 원자의 위치에 따라)는 회절된 빔의 강도를 0으로 만들 수 있다. 다음에서 회절된 빔의 강도에 영향을 주는 6가지 인자에 대해 살펴보겠다.

(1) 구조 인자

단색 X-선 빔이 결정 내에 있는 원자와 상호 작용을 하여 산란되는 경우를 이해하는 것은 수많은 변수가 포함되어 있기 때문에 매우 복잡하다. 이를 위해 먼저 X-선이 1개의 전자, 1개의 원자 및 단위정 내에 있는 모든 원자에 의해 어떻게 산란되는지를 이해해야 한다.

❶ 전자에 의한 X-선의 산란

전자가 X-선을 산란하는 방법은 간섭성 산란(coherent scattering)과 컴프톤 효과(Compton effect)에 의한 산란의 2가지가 있다. 간섭성 산란은 원자 내에서 원자핵에 단단하게 결합되어 있는 전자에 의해 X-선(광자)이 산란되는 것이며, 컴프턴 효과에 의한 산란은 도체 내에 있는 자유전자처럼 원자핵에 느슨하게 결합되어 있는 전자에 의해 X-선(광자)이 산란되는 것을 말한다.

먼저 간섭성 산란(coherent scattering)에 대해 살펴보자. 그림 10-12는 저심 사방정(base-centered orthorhombic unit cell)과 체심 사방정(body-centered orthorhombic unit cell)의 단위정과 입사하는 단색 X-선이 두 단위정의 (001)면으로부터 회절하는 모습을 나타낸 것이다.

두 단위정은 모두 사방정(orthorhombic unit cell)이며, 단위정 내에 같은 종류의 원자가 2개 존재한다. 저심 사방정은 그림 10-12(a)와 같이 1개의 원자가 단위정 아랫면(또는 윗면)의 중앙에 위치하고 있다. 체심 사방정은 그림 10-12(b)와 같이 1개의 원자가 단위정의 중앙에 위치하고 있다. 이 2가지 단위정의 (001)면의 원자 배열을 횡단면으로 표시하면 각각 그림 10-12(c)와 (d)로 나타낼 수 있다. X-선 빔은 빔에 있는 어떤 한 위치에서 시간에 따라 강도가 정현적으로(sinusoidally) 변하는 전기장(electric field)에 의해 묘사되는 전자파이다.

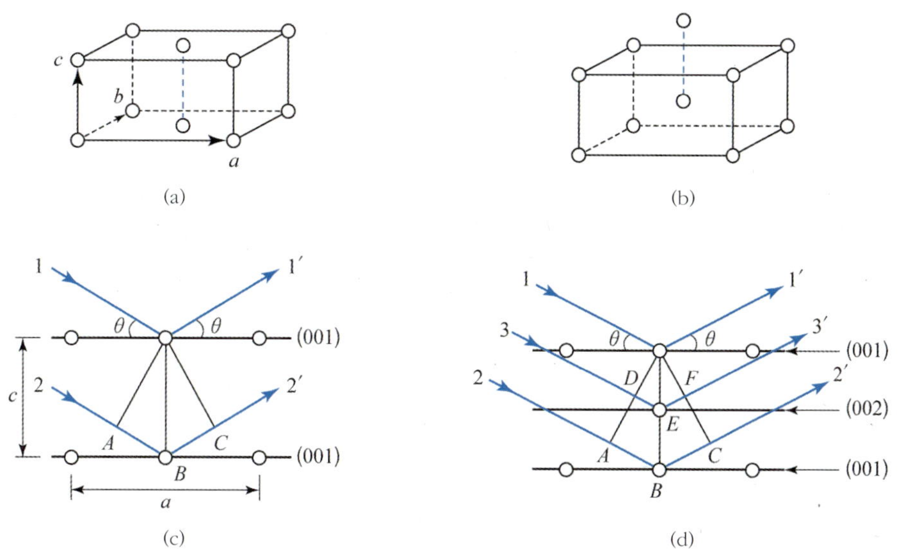

그림 10-12 저심 사방정 단위정과 체심 사방정 단위정에서 회절
(a) 저심 사방정 단위정, (b) 체심 사방정 단위정
(c) 저심 사방정 단위정의 (001)면에서 일어나는 회절
(d) 체심 사방정 단위정의 (001)면에서 일어나는 회절

전기장 E는 전자와 같은 대전된 입자에 힘을 미치며, 이 때문에 X-선 빔의 진동하고 있는 전기장은 진행 중에 마주치는 어떠한 전자라도 전자의 평균 위치에 대해 진동하게 한다. 또한 가속하는 전자 또는 감속하는 전자는 전자파를 방출한다. X-선 빔에 의해 진동하게 되는 전자는 전자가 움직이는 동안 연속적으로 속도가 커지거나 작아지며, 이에 해당하는 전자파를 방출한다. 이러한 의미에서 전자가 X-선을 산란한다고 말하며, 산란된 빔은 입사하는 빔과 전자의 상호 작용(서로 충돌로 인해 운동에너지를 주고받음)으로 인해 단순히 방사(방출)되는 빔이다.

산란된 빔은 입사하는 빔과 같은 파장(λ)과 같은 주파수(ν)를 가지며, 이때 산란된 빔은 입사하는 빔과 정합적 또는 간섭성(coherent)이라고 말한다. 이는 산란된 빔의 위상과 산란된 빔을 만든 입사 빔의 위상 사이에는 일정한 관계가 있기 때문이다. 그림 10-12(c)에서 빔 1은 단위정의 위에 있는 (001)면에 의해 빔 1′으로 회절되고, 빔 2는 아래에 있는 (001)면에 의해 빔 2′으로 회절된다. 이때 회절된 빔 1′과 빔 2′는 같은 파장(같은 주파수)을 가지고 있으며, 서로 1파장에 해당하는 경로 차만 존재한다. 즉, 회절된 빔 2′의 경로가 회절된 빔 1′의 경로보다 1파장에 해당하는 경로를 더 이동했다는 의미이다. 따라서 빔 1′과 빔 2′는 서로 보강 간섭(in-phase)을 일으키며, (001)면의 회절 강도를 얻는다.

그러나 그림 10-12(d)에서는 단위정의 위에 있는 (001)면과 아래에 있는 (001)면 사이의 중간에 (002)면이 존재한다. 여기에서 회절된 빔 1′과 빔 2′ 사이의 경로 차는 1파장이지만, 회절된 빔 1′과 빔

3′ 사이의 경로 차는 $\frac{1}{2}$파장($\frac{\lambda}{2}$)이다. 이렇게 입사 빔이 전자와 산란에 의해 회절된 빔 사이의 위상 변화가 $\frac{\lambda}{2}$가 되는 경우에는 [이 위상 변화 $\frac{\lambda}{2}$는 결정에서 (002)면에 있는 모든 원자에 있는 전자에 대해 정확하게 동일하다] 다른 (001)면에 있는 원자들에 존재하는 전자에 의해 산란되어 회절된 X-선(1′)과 위상 차이를 고려하면, 빔 1′과 빔 3′은 서로 상쇄된다. 따라서 빔 1′과 빔 3′는 상쇄 간섭(out-of-phase)을 일으키며, (002)면으로부터는 회절 강도를 얻을 수 없다. 그러므로 이 경우에는 브래그 법칙의 유도에 영향을 미치지 않는다.

X-선은 전자에 의해 모든 방향으로 산란되지만, 산란된 빔의 강도는 산란하는 각도에 의존한다. 톰슨(Thomson)은 전하가 e coulomb(C), 무게가 m kg인 1개의 전자에 의해 산란된 빔의 강도(거리 r m에서) I가 다음 식과 같이 표현될 수 있다고 하였다.

$$I = I_0\left(\frac{\mu_0}{4\pi}\right)^2\left(\frac{e^4}{m^2r^2}\right)\sin^2\alpha = I_0\frac{K}{r^2}\sin^2\alpha \tag{10.25}$$

여기서, I_0: 입사 빔의 강도,

μ_0: $4\pi\times10^{-7}$ m · kg · C^{-2},

K: 상수, $K=\left(\frac{\mu_0}{4\pi}\right)^2\left(\frac{e^4}{m^2}\right)$,

α: 산란하는 방향과 전자의 가속 방향 사이의 각도,

e: 전자의 전하량(1.60×10^{-19} C),

m: 전자의 무게(9.109×10^{-31} kg)

그림 10-13은 원자 내에서 원자핵에 강하게 결합되어 있는 1개의 전자에 의해 발생하는 X-선의 간섭성 산란을 나타낸 것이다.

그림 10-13(a)와 같이 강도 I_0를 가지는 X-선 빔이 $-x$ 방향으로부터 x 방향으로 진행하다가 원점 O에 위치한 전자에 충돌한다고 가정하자. X-선관으로부터 나오는 편광되지 않은 빔은 yz면에서 임의의 방향으로 전기장 벡터 E를 가진다. 이 편광되지 않은 빔은 다음과 같이 2개의 면편광(plane-polarized) 성분인 전기장 벡터 E_y와 E_z으로 분해될 수 있다.

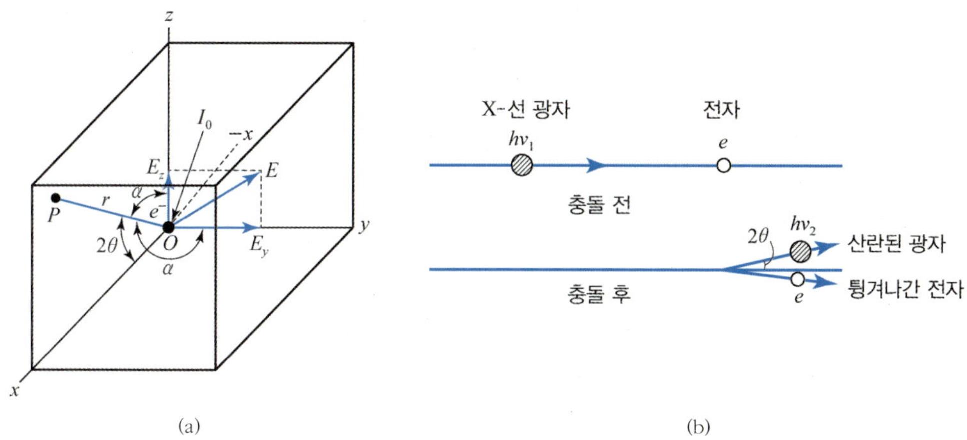

그림 10-13 전자에 의한 X-선의 산란
(a) 1개 전자에 의한 X-선의 간섭성 산란
(b) 컴프톤 효과: 광자와 도체 내의 자유전자의 충돌

$$E^2 = E_y^2 + E_z^2 \tag{10.26}$$

E의 방향은 완전히 무작위(random)이며, 이를 평균하면 E_y와 E_z는 다음 식과 같다.

$$E_y^2 = E_z^2 = \frac{1}{2}E^2 \tag{10.27}$$

전기장 벡터 E는 (파의) 진폭의 크기로 측정되며, 파의 강도는 진폭의 제곱에 비례한다. 따라서 입사 빔의 이들 2개 성분의 강도는 2개 성분의 전기장 벡터의 제곱에 비례하며, 다음과 같이 쓸 수 있다.

$$I_{0y} = I_{0z} = \frac{1}{2}I_0 \tag{10.28}$$

입사 빔의 y 성분은 전자를 Oy 쪽으로 가속하며, 육면체의 좌측면(xz면)에 있고, 원점 O로부터 떨어진 점 P에서 회절된 빔의 강도는 식 (10.25)로부터 다음과 같이 구할 수 있다.

$$I_{Py} = I_{0y}\frac{K}{r^2} \tag{10.29}$$

여기서, $\alpha = \measuredangle yOP = \frac{\pi}{2}(90^\circ)$이므로, $\sin 90^\circ = 1$이다. 유사하게 산란된 z 성분의 강도는 다음 식과 같다.

$$I_{Pz} = I_{0z}\frac{K}{r^2}\cos^2 2\theta \tag{10.30}$$

여기서, $\alpha = \measuredangle zOP = \frac{\pi}{2} - 2\theta$이므로, $\sin\left(\frac{\pi}{2} \pm \theta\right) = \cos\theta$이다. 따라서 xz 면에 있는 점 P에서 관찰되는 산란된 빔의 전체 강도는 다음 식과 같이 된다.

$$\begin{aligned} I_P &= I_{Py} + I_{Pz} \\ &= \frac{K}{r^2}(I_{0y} + I_{0z}\cos^2 2\theta) \\ &= \frac{K}{r^2}\left(\frac{I_0}{2} + \frac{I_0}{2}\cos^2 2\theta\right) \end{aligned}$$

$$I_P = I_0\frac{K}{r^2}\left(\frac{1+\cos^2 2\theta}{2}\right) \tag{10.31}$$

식 (10.31)은 1개의 전자에 의한 X-선 빔의 산란에 대한 톰슨식이다. 산란된 빔의 강도는 입사 빔의 강도에 비해 매우 작다. 이 식에서 상수 K는 $7.938 \times 10^{-30}\ \mathrm{m}^2$이며, 따라서 전자로부터 1 cm에 있는 전방에서 $\frac{I_P}{I_0}$는 7.938×10^{-26}이다. 또한 톰슨식은 산란된 강도는 산란하는 전자로부터 거리의 제곱에 반비례하고$\left(I_P \propto \frac{1}{r^2}\right)$, 산란된 빔은 입사 빔에 직각인 방향보다 전방 또는 후방으로 강하다는 것을 나타낸다. 실험하는 동안 대부분 경우에서 톰슨식의 괄호 안에 있는 $\left(\frac{1+\cos^2 2\theta}{2}\right)$를 제외한 모든 인자들은 일정하며, 이 때문에 상수로 간주될 수 있다. 식 (10.31)에 있는 $\left(\frac{1+\cos^2 2\theta}{2}\right)$를 편광 인자(polarization factor)라고 부른다.

전자가 X-선을 산란할 수 있는 또 다른 방법으로 1923년에 컴프톤(Compton)에 의해 발견된 컴프톤 효과(Compton effect)가 있다. 그림 10-13(b)는 컴프톤 효과를 나타낸 것이다. X-선이 원자에 약하게 결합되어 있는 전자나 자유전자(예 금속 내의 자유전자)와 부딪힐 때마다 컴프톤 효과가 발생한다. 이 현상은 입사 빔이 파동(wave motion)이 아니라, X-선 양자(또는 광자)의 흐름이라고 생각해야 이해할 수 있다. 원자에 약하게 결합된 전자에 부딪히는 각각의 X-선 양자의 에너지는 $h\nu_1$이다. 여기서, ν_1은 입사하는 X-선 양자의 주파수이다.

X-선 양자가 원자에 약하게 결합된 전자에 충돌하면, 이 충돌은 당구공 2개가 충돌하는 것과 같은 탄성 충돌에 해당된다. 즉, 전자는 옆으로 튕겨나가고, X-선 양자는 2θ의 각도로 빗나간다. 전자로 입사하는 X-선 양자가 가지고 있는 에너지의 일부는 전자에 운동에너지를 주는 데 사용된다. 이 때문에 충돌 후에 X-선 양자의 에너지는 충돌 전에 X-선 양자 또는 광자의 에너지 $h\nu_1$보다 작은 $h\nu_2$이다. 따라서 옆으로 튕겨나간 전자의 운동에너지는 다음과 같이 된다.

$$KE = h\nu_1 - h\nu_2 \tag{10.32}$$

여기서 ν_1: 입사하는 X-선 양자의 주파수,

ν_2: 전자에 충돌한 후 X-선 양자의 주파수

또한 전자에 의해 산란된 X-선 양자의 파장 λ_2는 입사된 X-선 양자의 파장 λ_1보다 약간 크며(파장이 커지므로 에너지가 작아짐을 의미함), 다음 식으로 나타낼 수 있다.

$$\Delta\lambda(\text{Å}) = \lambda_2 - \lambda_1 = 0.0486\sin^2\theta \tag{10.33}$$

따라서 이 식에서 알 수 있듯이, 파장의 증가 $\Delta\lambda$는 산란하는 각도 θ에 의존한다. 즉, $2\theta = 0°$인 전방일 때 $\Delta\lambda = 0$ Å으로부터 $2\theta = 180°$인 완전한 후방일 때 $\Delta\lambda = 0.05$ Å까지 변화한다. 이렇게 산란된 X-선 양자는 컴프톤 변조 X-선(Compton modified X-ray) 또는 컴프톤 변조 광자(Compton modified photon)라고 불린다. 컴프톤 변조 X-선은 컴프톤 변조 X-선의 파장이 증가하는 것(파장이 커지므로 에너지가 작아짐을 의미함) 이외에 컴프톤 변조 X-선의 위상이 입사하는 X-선의 위상과 일정한 관계를 갖지 않는다는 중요한 특성이 있다. 이 때문에 비간섭성(incoherent) X-선(혹은 광자)이라고 불린다. 컴프톤 변조 X-선의 위상은 입사하는 X-선의 위상에 불규칙하게 관련되며, 그로 인해 간섭 효과를 나타낼 수 없기 때문에 회절에 참여할 수 없다. 그러나 컴프톤 변조 산란은 막을 수 없으며, 이로 인해 회절 무늬(diffraction pattern)의 배경이 어두워지는 바람직하지 못한 효과가 발생한다.

❷ 원자에 의한 X-선의 산란

단색 X-선 빔이 원자에 부딪히면, 원자에 있는 각각의 전자는 톰슨식(식 10.31)대로 간섭적으로 X-선을 산란하게 된다. 원자에 있는 핵은 전하(양성자)를 가지며, 입사하는 단색 X-선 빔의 영향으로 진동할 수

있어야 한다. 이러한 가능성 때문에 원자에 있는 핵이 간섭성 산란에 참여할 것으로 생각할 수도 있다. 그러나 원자에 있는 핵(양성자와 중성자로 구성됨)의 질량은 전자의 질량에 비해 매우 크기 때문에 감지할 정도로 진동하지는 못한다. 톰슨식에 의하면 간섭성 산란의 강도 I_P는 다음 식과 같이 산란하는 입자 무게 m의 제곱에 반비례한다.

$$I_P \propto \frac{1}{m^2} \tag{10.34}$$

이 식에서 원자에 있는 핵의 질량이 원자에 있는 전자에 비해 매우 크기 때문에 간섭성의 산란 강도 I_P는 매우 작게 된다. 즉, 어떤 원자에 의한 간섭성 산란은 그 원자에 있는 핵에 의해서는 거의 일어나지 않고, 전자들에 의해서만 일어난다는 것을 의미한다. 그렇다면 한 원자에 의해 산란된 파는 단순히 원자를 구성하는 전자들에 의해 산란된 파들의 합인가 하는 의문이 생긴다. 즉, 원자 번호가 Z인 원자(Z개의 전자를 가지고 있는 원자)에서 산란된 파의 진폭이 1개 전자에 의해 산란된 파의 진폭에 그 원자가 가지고 있는 전자의 개수 Z를 곱한(Z배) 것인가 하는 의문이 제기된다. 만약 산란이 전방($2\theta = 0$)으로 일어나는 경우에는 답이 '그렇다'이다. 원자에 있는 모든 전자에 의해 산란된 파들은 위상이 일치하여, 산란된 모든 파의 진폭을 그대로 합할 수 있기 때문이다. 그러나 다른 방향으로 산란이 일어나는 경우에는 답이 '그렇지 않다'이다. 그 이유는 원자에 있는 전자가 공간적으로 다른 위치에 있을 경우, 다른 전자들에 의해 산란된 파들 사이에서 위상의 차이가 발생하기 때문이다.

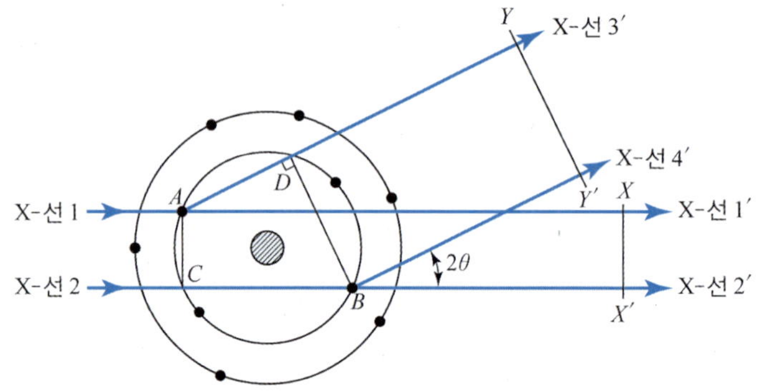

그림 10-14 원자에 의한 X-선의 산란

그림 10-14와 같이 전자가 중앙에 있는 핵의 주위에 배열된 점들로 나타난다고 가정하자. X-선 1은 전자 A에 의해 산란된 후, 전자 A의 전방으로 회절되어 X-선 1′이 되고, X-선 2도 전자 B

에 의해 산란된 후, 전자 B의 전방으로 회절되어 X-선 2′이 된다고 생각하자. 이 경우에 전자 A와 B에 전방으로 산란된 파들(X-선 1′과 X-선 2′)은 XX'와 같은 파두면(wave front)에서 정확하게 위상이 일치한다(in-phase). 왜냐하면, 2개의 파는 산란 전(X-선 1과 X-선 2)과 산란 후(X-선 1′과 X-선 2′)에 같은 파장으로, 같은 거리를 이동하였기 때문이다. 그러나 다른 방향으로 산란된 파들(X-선 3′과 X-선 4′)은 $(CB-AD)$에 해당하는 경로 차를 나타낸다. 그러므로 YY'와 같은 파두면을 따라서 서로 어느 정도 위상이 일치하지 않는다(out-of-phase). 이 경우 X-선 3′과 X-선 4′ 사이의 경로 차는 한 파장보다 작다. 따라서 전자 A와 B에 의해 산란된 파들(X-선 3′과 X-선 4′) 사이에 부분적인 간섭이 일어나고, 이 방향으로 산란된 파의 결과적인 진폭(net amplitude)은 같은 전자에 의해 전방으로 산란된 파의 진폭보다 작게 된다.

어떤 방향으로 산란하는 원자의 산란 효율은 원자 산란 인자(atomic scattering factor) f로 나타내며, 다음과 같은 크기의 비율로 표현된다.

$$f=\frac{\text{원자에 의해 산란된 파의 진폭}}{\text{1개의 전자에 의해 산란된 파의 진폭}} \qquad \textbf{(10.35)}$$

그림 10-14에서 알 수 있듯이, 전방으로 산란하는 원자에 대한 원자 산란 인자 f는 Z이다($f=Z$). 그러나 산란 각도 θ가 증가함에 따라, 개개의 전자들에 의해 산란된 파들은 위상이 점차적으로 일치하지 않게 되며, 그에 따라 f는 감소한다. 또한 원자 산란 인자는 입사하는 빔의 파장에 의존한다. 즉, 일정한 θ값에서 파장 λ가 짧아질수록 f는 작아질 것이다. 왜냐하면 파장에 비례하여 경로 차가 보다 커지고 (파장이 짧아지면, 2개의 X-선이 이동하는 거리가 증가한다), 이로 인해 산란된 빔 사이에 더 많은 간섭이 발생하기 때문이다.

f를 계산할 때 θ보다는 $\sin\theta$를 사용하며, 그 결과 $\dfrac{\sin\theta}{\lambda}$양이 증가함에 따라 f는 서서히 감소하는 경향을 나타낸다. 원자 산란 인자 f는 전자가 핵 주위에 분포되어 있는 방법에 의존하기 때문에 형인자(型因子, form factor)라고도 불린다.

그림 10-15는 Cu(구리)의 원자 산란 인자 f의 전형적인 변화 곡선을 나타낸 것이다.

원자 산란 인자 f_{Cu}의 곡선은 Cu의 원자 번호 29에서 시작하여, 후방으로(90° 근처의 θ) 산란하거나 매우 짧은 파장들에 대해 매우 낮은 값으로 감소한다. 어떤 파의 강도 I는 그 파의 진폭(A)의 제곱에 비례한다($I \propto A^2$). 따라서 어떤 원자로부터 산란된 강도의 곡선은 그림 10-15와 같은 곡선의 세로 좌표를 제곱함으로써 간단히 얻을 수 있다.

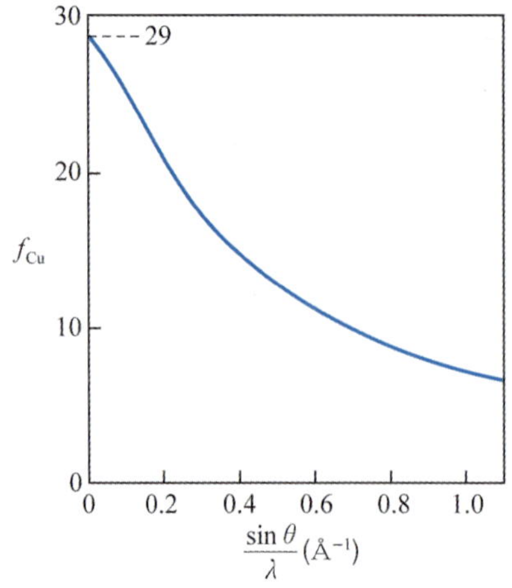

그림 10-15 θ 변화에 따른 Cu의 원자 산란 인자의 변화 곡선

원자에 의해 X-선이 산란될 때, 진폭이 원자 산란 인자 f로 표시된 산란을 간섭적 산란(coherent scattering) 또는 비변조된 산란(unmodified scattering)이라고 하며, 이 산란만이 회절을 일으킬 수 있다. 이때 간섭적 산란 외에 비간섭적 산란(컴프톤 변조된 산란)도 동시에 일어난다. 비간섭적 산란은 X-선 양자와 느슨하게 결합된 전자들과의 충돌에 따라 발생하기 때문에, 비간섭적 산란의 강도는 간섭적 산란의 강도에 비해 원자 내에 느슨하게 결합된 전자의 비율이(수가) 증가함에 따라 증가한다. 따라서 원자 번호 Z(원자 내에 있는 전자수)가 감소함에 따라, 컴프톤 변조된 산란의 강도는 증가한다. 이로 인해, 탄소(C), 산소(O), 수소(H)와 같은 가벼운 원소를 포함하는 유기물로부터 우수한 회절 사진을 얻기 어렵다. 유기물에서 발생하는 강한 비간섭성 산란(컴프턴 변조 산란) 때문에 사진의 배경이 어두워지며, 간섭성 산란(비변조된 산란)에 의해 형성된 회절선을 관찰하기 어려워진다.

앞에서 살펴본 내용을 종합해보면, 단색 X-선이 원자에 부딪히면 2가지 산란 과정이 일어난다. ① 단색 X-선이 원자에 입사함에 따라 원자 내에 있는 원자핵에 단단하게 결합된 전자는 진동을 시작하고, 입사한 빔의 파장과 같은 파장을 가지는 X-선을 방출한다. 이 산란을 간섭성 산란 또는 비변조된 산란이라고 부른다. ② 단색 X-선이 원자에 입사함에 따라 원자 내에 있는 원자핵에 느슨하게 결합된 전자(금속 내의 자유전자)는 입사한 빔의 일부를 산란하고, 그 과정에서 빔의 파장을 약간 증가시킨다(파장의 길이가 커지므로 에너지가 작아진다). 이때 파장의 정확한 증가량은 산란 각도에 따라 다르다. 이 산란은 비간섭성 산란 또는 변조된 산란이라고 부른다. 단색 X-선이 원자에 입사하면, 비간섭성 산란(변조된 산란)과 간섭성 산란(비변조된 산란)은 동시에 모든 방향으로 일어난다.

만약 산란을 일으키는 원자가 결정에 있는 것과 같이, 규칙적으로 주기적인 방식으로 공간에 배열된 원자들의 큰 그룹 중의 일부분이라면, 다른 현상이 발생한다. 모든 원자로부터 간섭성으로 산란된 X-선은 어떤 특정 방향으로 서로 강화(reinforcement)하고, 다른 방향으로 서로 상쇄하여 회절된 빔을 만든다. 회절은 근본적으로 서로 강화된 간섭성 산란이다.

그림 10-16은 원자 1개에 의한 X-선의 산란과, 결정에 의한 X-선의 회절을 나타낸 것이다.

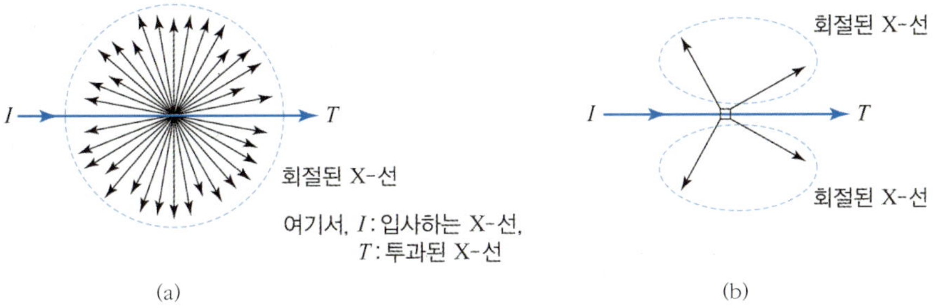

그림 10-16 X-선의 산란
(a) 1개 원자에 의한 X-선의 산란, (b) 1개 결정에 의한 X-선의 산란

X-선이 단 1개의 원자에 부딪혀 산란이 일어나는 경우, 그림 10-16(a)와 같이 원자는 입사한 X-선 빔을 공간의 모든 방향으로 산란시킨다. 그러나 결정을 만들며, 3차원으로 완벽하게 주기적인 배열로 정렬되어 있는 다수의 원자는 그림 10-16(b)와 같이 상대적으로 몇 개의 방향들로만 X-선을 산란(회절)시킨다. 즉, 결정 내에서 원자들의 주기적인 배열은 브래그 법칙에 의해 예측되는 방향들(브래그 법칙을 만족시키는 면) 외에는 모든 방향으로 산란된 X-선들의 상쇄 간섭을 일으키고, 브래그 법칙을 만족시키는 방향들로는 보강 간섭을 일으킨다.

그림 10-17은 단색 X-선이 결정질 고체, 비정질 고체 또는 액체, 단원자 기체에 입사할 때 산란되는 X-선을 서로 비교하여 나타낸 것이다.

결정질 고체(장범위 규칙성을 나타냄)에 대해 산란된 X-선의 강도를 나타내는 곡선에서는 브래그 법칙을 만족시키는 특정 각도(2θ)에서 높고 날카로운 최대 강도가 나타나며, 이 높고 날카로운 강도값들이 보강 간섭에 의해 얻은 회절된 빔이다. 그림 10-17(a)와 같이 이들 회절된 빔 외의 모든 각도(2θ)에서 X-선 빔의 강도 값은 거의 0(zero)을 나타낸다. 비정질 고체와 액체는 모두 원자들의 주기성이 거의(또는 완전히) 부족한 구조를 이루고 있다. 이들은 원자들이 매우 단단하게 충진되어 있고, 원자 간 거리가 통계적으로 일정하게 나타나는 규칙적인 단범위 배열을 특징으로 한다. 따라서 그림 10-17(b)와 같이 1개 또는 2개의 넓은 최댓값을 가지는 X-선 산란 곡선을 나타낸다. 전혀 구조적인 규칙성을 가지고 있지 않은 단원자 기체의 경우, 원자들은 완전히 무질서하게 배열되어 있으며, 원자들의 상대적인 시간에 따라 일정하게 변한다. 단원자 기체에 대한 X-선 산란 곡선은 그림 10-17(c)와 같이 최댓값은 나타내지 않고, 산란 각도의 증가에 따라 강도의 점진적인 감소만 나타난다. 고립된 원자들이 높은 2θ 각도보다 낮은 2θ 각도에서 더욱 강하게 X-선을 산란한다는 점만 제외하면, 단원자 기체에 대한 X-선 산란 곡선은 거의 특징이 없는 수평선에 가깝다.

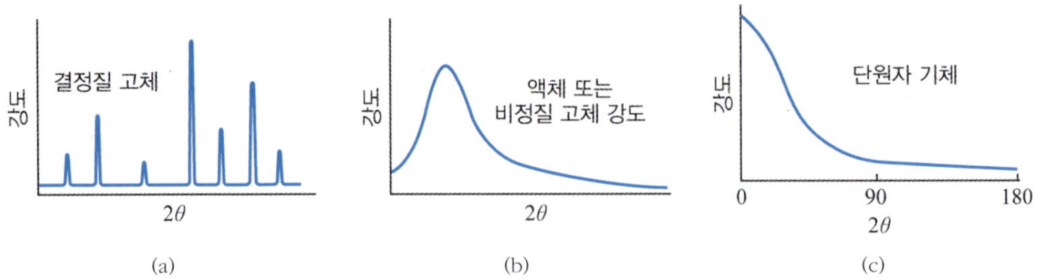

그림 10-17 X-선의 산란에 따른 산란 각도(2θ)와 (상대) 강도 곡선
(a) 결정질 고체에 의한 X-선의 산란
(b) 액체 또는 비정질 고체에 의한 X-선의 산란
(c) 단원자 기체에 의한 X-선의 산란

❸ 단위정에 의한 X-선의 산란

회절된 빔의 강도를 나타내는 식은 단독으로 있는 1개 원자가 아니라, 결정(수많은 단위정의 집합체)을 구성하고 있는 모든 원자로부터 간섭성(위상이 일치된, in-phase) 산란만 고려해야 한다. 결정은 단순히 기본적인 단위정의 반복이기 때문에, 1개의 단위정 내에 있는 원자 배열이 회절된 빔의 강도에 미치는 영향을 고려하는 것만으로도 충분하다. 단위정 내에 있는 각각의 원자들에 의해 산란된 파들은 앞쪽 방향(forward direction, $2\theta = 0$)으로 외에는 위상이 반드시 일치하지는 않는다(out-of-phase). 따라서, 위상 차이(phase difference)가 원자 배열에 따라 어떻게 달라지는지를 이해해야 한다. 그러나 이에 대한 상세한 설명은 다른 X-선 결정학 책을 참고하도록 하고, 여기에서는 생략한다.

결정에 있는 단위정에 입사하는 단색 X-선에 의해 회절된 어떠한 파는 다음과 같은 복소 지수 함수(complex exponential function) 형식으로 표현할 수 있다.

$$Ae^{i\phi} = fe^{2\pi i(hu + kv + lw)} \tag{10.36}$$

여기서, A: 어떤 파의 진폭,
ϕ: 어떤 파의 위상,
f: 원자의 산란 인자,
hkl: 어떤 면의 지수,
uvw: 단위정의 x, y, z축으로 단위정 내에 존재하고 있는 어떤 원자의 위치

결정 내로 입사하는 단색 X-선이 단위정 내에 있는 모든 원자에 의해 만들어지는 산란된 합성파(resultant wave)를 구조 인자, F라고 한다. '구조 인자'라고 부르는 이유는, 단위정 내에 있는 각 원자의 좌표 uvw가 회절된 빔에 어떻게 영향을 주는지를 나타내기 때문이다. 구조 인자 F는 단순히 단위정 내에 존재하는 개개의 원자에 의해 산란되는 모든 파를 함께 더하여 얻는다.

만약 단위정 내에 존재하는 원자의 개수가 N(원자 1, 원자 2, 원자 3,⋯, N)이고, 단위정 내에서 각 원자의 위치가 각각 $u_1v_1w_1$, $u_2v_2w_2$, $u_3v_3w_3$,⋯, $u_Nv_Nw_N$이며, 각 원자의 산란 인자가 $f_1, f_2, f_3, \cdots, f_N$이면, 면 hkl에 대한 구조 인자 F는 다음과 같다.

$$F = f_1 e^{2\pi i(hu_1 + kv_1 + lw_1)} + f_2 e^{2\pi i(hu_2 + kv_2 + lw_2)} + f_3 e^{2\pi i(hu_3 + kv_3 + lw_3)} + \cdots + f_N e^{2\pi i(hu_N + kv_N + lw_N)}$$

$$F_{hkl} = \sum_{1}^{N} f_n e^{2\pi i(hu_n + kv_n + lw_n)} \qquad \textbf{(10.37)}$$

여기서 합산 $\sum$는 단위정 내에 있는 모든 N개의 원자를 더하는 것을 뜻한다. 단위정에 있는 원자의 위치를 알면, 식 (10.37)으로부터 어떤 hkl면의 회절 강도를 계산할 수 있기 때문에, 매우 중요한 식이다. F는 일반적으로 복소수(complex number)이며, 합성파의 진폭 A와 다음 식과 같은 위상 ϕ를 나타낸다.

$$\phi = 2\pi(hu + kv + lw) \qquad \textbf{(10.38)}$$

식 (10.38)은 hkl면에 대한 단위정의 원점에 있는 원자 A와 임의의 위치에 있는 원자 B에 의해 산란된 파 사이에 존재하는 위상 차이를 나타내는 식이며, 이 식은 어떤 모양의 단위정에도 적용할 수 있는 일반적인 식이다. F의 절댓값인 $|F|$은 한 개의 전자에 의해 산란된 파의 진폭으로 환산한 합성파의 진폭을 나타낸다. 원자 산란 인자 f와 유사하게 $|F|$는 다음과 같이 크기의 비로 나타낸다.

$$|F| = \frac{\text{단위정 내에 있는 모든 원자에 의해 산란된 파의 진폭}}{\text{한 개의 전자에 의해 산란된 파의 진폭}} \qquad \textbf{(10.39)}$$

브래그 법칙에 의해 예측되는 방향으로 단위정 내에 있는 모든 원자에 의해 회절된 빔의 강도는 단순히 합성 빔의 진폭의 제곱인 $|F|^2$에 비례한다. 그리고 $|F|^2$은 F_{hkl}에 공액복소수(complex conjugate)를 곱하여 얻는다.

몇 가지 단위정에 대한 구조 인자를 실제로 계산해보자. 복소 지수 함수를 이용하여 구조 인자를 계산할 때 특수한 관계가 자주 나타나므로 다음 관계식을 참고하는 것이 도움이 된다.

- $e^0 = 1$
- $e^{\pi i} = e^{3\pi i} = e^{5\pi i} = -1$
- $e^{2\pi i} = e^{4\pi i} = e^{6\pi i} = 1$
- 일반적으로 $e^{n\pi i} = (-1)^n$ 여기서, n: 정수
- $e^{n\pi i} = e^{-n\pi i}$ 여기서, n: 정수
- $e^{ix} + e^{-ix} = 2\cos x$

㉠ 단순 입방정의 구조 인자

단순 입방정(simple cubic unit cell)은 단위정에 1개의 원자가 있다. 즉, 단위정의 모서리에는 8개의 원자들이 있으며, 모서리에 있는 1개의 원자는 주변의 8개 단위정들에 의해 공유되므로, 8개 원자 $\times \frac{1}{8\text{단위정}} = \frac{1\text{개 원자}}{\text{단위정}}$이다. 이 1개 원자의 분수 좌표 uvw는 000이며, 이 원자는 단순 입방정의 모든 모서리에 있는 원자를 대표한다. 따라서 단순 입방정의 구조 인자는 다음과 같이 계산된다.

$$F = fe^{2\pi i(h \cdot 0 + k \cdot 0 + l \cdot 0)} = fe^{2\pi i(0)} = f$$

이 식에서 구조 인자 F는 원자 산란 인자 f에 의해서만 달라지며, 면지수 hkl과는 무관함을 알 수 있다.

$$F^2 = f^2$$

이 식은 같은 의미를 나타낸다. 즉, 입방정의 구조 인자 F는 면지수 hkl과 무관하게 항상 f값을 나타낸다. 따라서 F^2도 면지수 hkl과 무관하며, 모든 반사에 대해 같은 값을 가진다.

표 10-2는 면에 대한 밀러 지수(Miller indices)의 2차 형식(quadratic form)을 나타낸 것이다.

표 10-2 입방 결정과 육방 결정에서 회절될 수 있는 면의 밀러 지수

$h^2+k^2+l^2$	입방 결정				육방 결정	
	hkl				h^2+hk+k^2	hk
	단순	면심	체심	다이아몬드		
1	100				1	10
2	110		110		2	
3	111	111		111	3	11
4	200	200	200		4	20
5	210				5	
6	211		211		6	
7					7	21
8	220	220	220	220	8	
9	300, 221				9	30
10	310		310		10	
11	311	311		311	11	
12	222	222	222		12	22
13	320				13	31
14	321		321		14	
15					15	
16	400	400	400	400	16	40
17	410, 322				17	
18	411, 330		411, 330		18	
19	331	331		331	19	32
20	420	420	420		20	
21	421				21	41
22	332		332		22	
23					23	
24	422	422	422	422	24	
25	500, 430				25	50
26	510, 431		510, 431		26	
27	511, 333	511, 333		511, 333	27	33
28					28	42
29	520, 432				29	
30	521		521		30	
31					31	51
32	440	440	440	440	32	
33	522, 441				33	
34	530, 433		530, 433		34	
35	531	531		531	35	
36	600, 442	600, 442	600, 442		36	60
37	610				37	43
38	611, 532		611, 532		38	
39					39	52

(계속)

$h^2+k^2+l^2$	입방 결정				육방 결정	
	hkl				h^2+hk+k^2	hk
	단순	면심	체심	다이아몬드		
40	620	620	620	620	40	
41	621, 540, 443				41	
42	541		541		42	
43	533	533		533	43	61
44	622	622	622		44	
45	630, 542				45	
46	631		631		46	
47					47	
48	444	444	444	444	48	44
49	700, 632				49	70, 53
50	710, 550, 543		710, 550, 543		50	
51	711, 551	711, 551		711, 551	51	
52	640	640	640		52	62
53	720, 641				53	
54	721, 633, 552		721, 633, 552		54	
55					55	
56	642	642	642	642	56	
57	722, 544				57	71
58	730		730		58	
59	731, 553	731, 553		731, 553	59	

단순 입방정은 밀러 지수의 2차 형식 $h^2+k^2+l^2$이 1, 2, 3, 4, 5, 6, 8, 9,⋯ 등을 나타내는 hkl면에서 회절된 빔의 강도가 관측된다. 여기서, $h^2+k^2+l^2$이 7에 해당되는 hkl 면지수를 만들 수 없으므로, 7은 없음에 유의해야 한다. 단순 입방정에서 $h^2+k^2+l^2=1$을 대표하는 면지수는 100(010, 001, $\bar{1}00$, $0\bar{1}0$, $00\bar{1}$: 100와 동일한 면으로 간주함)이며, 이는 (100)면에서 회절 빔의 강도 f^2을 관찰할 수 있다는 의미이다. 또한 유사하게 $h^2+k^2+l^2=2$를 대표하는 면지수는 110(011, 101, $\bar{1}\bar{1}0$, $0\bar{1}\bar{1}$, $\bar{1}0\bar{1}$: 110와 동일한 면으로 간주함)이며, 이는 (110)면에서 회절 빔의 강도 f^2을 관찰할 수 있다는 의미이다.

표 10-2에서 볼 수 있듯이 단순 입방정에서는 위의 2개 면지수(100, 110) 외에도 111, 200, 210, 211, ⋯ 등과 같은 면에서 회절된 빔의 강도를 얻는다.

㉡ 체심 입방정의 구조 인자

체심 입방정(body-centered cubic unit cell)은 단위정에 2개의 원자가 있다. 즉, 단위정의 모서리에는 8개의 원자들이 있으며, 모서리에 있는 1개의 원자는 주변의 8개 단위정들에 의해 공유되므로, 8개 원자 $\times \frac{1}{8\text{단위정}} = \frac{1\text{개 원자}}{\text{단위정}}$이다. 또한 단위정의 중앙에 1개의 원자가 있으며, 이 원자는 1개의 단위정에 속해 있다. 이 2개 원자(모서리에 위치한 원자와 단위정의 중앙에 위치한 원자)의 분수 좌표 uvw는 000,

$\frac{1}{2}\frac{1}{2}\frac{1}{2}$이다. 따라서 체심 입방정의 구조 인자는 다음과 같이 계산된다.

$$F = fe^{2\pi i(h \cdot 0 + k \cdot 0 + l \cdot 0)} + fe^{2\pi i(h \cdot \frac{1}{2} + k \cdot \frac{1}{2} + l \cdot \frac{1}{2})} = fe^{2\pi i(0)} + fe^{\pi i(h+k+l)} = f[1 + e^{\pi i(h+k+l)}]$$

이 식을 통해 구조 인자 F는 원자 산란 인자 f뿐만 아니라, $e^{\pi i(h+k+l)}$항에 의해 면지수 hkl에 의존하는 함수임을 알 수 있다.

면지수 hkl에 대한 구조 인자 F의 의존성은 다음과 같다.

㉮ $(h+k+l)$값이 짝수인 경우 F와 F^2은 다음과 같다.

$F = 2f$ [$(h+k+l)$값이 짝수인 경우]

$F^2 = 4f^2$

㉯ $(h+k+l)$값이 홀수인 경우 F와 F^2은 다음과 같다.

$F = 0$ [$(h+k+l)$값이 홀수인 경우]

$F^2 = 0$

체심 입방정에서 구조 인자 F는 $(h+k+l)$값이 짝수인 110, 200, 211, 220 등의 면에서 회절된 빔의 강도를 관찰할 수 있다. 반면, $(h+k+l)$값이 홀수인 100, 111, 210, 311인 경우에는 회절된 빔의 강도를 관찰할 수 없다.

ⓒ 면심 입방정의 구조 인자

면심 입방정(face-centered cubic unit cell)은 단위정에 4개의 원자가 있다. 모서리에 있는 1개의 원자는 주변의 8개 단위정들에 의해 공유되므로, 8개 원자$\times \frac{1}{8\text{단위정}} = \frac{1\text{개 원자}}{\text{단위정}}$이다. 또한 단위정의 각 면 중앙에 1개의 원자가 있으며, 이 원자는 2개의 단위정에 공유되므로 6개 원자$\times \frac{1}{2\text{단위정}} = \frac{3\text{개 원자}}{\text{단위정}}$이다. 면심 입방정의 단위정에 존재하는 4개 원자의 분수 좌표 uvw는 000, $\frac{1}{2}\frac{1}{2}0$, $\frac{1}{2}0\frac{1}{2}$, $0\frac{1}{2}\frac{1}{2}$이다. 따라서 면심 입방정의 구조 인자는 다음과 같이 계산된다.

$$F = fe^{2\pi i(h\cdot 0+k\cdot 0+l\cdot 0)} + fe^{2\pi i(h\cdot \frac{1}{2}+k\cdot \frac{1}{2}+l\cdot 0)} + fe^{2\pi i(h\cdot \frac{1}{2}+k\cdot 0+l\cdot \frac{1}{2})} + fe^{2\pi i(h\cdot 0+k\cdot \frac{1}{2}+l\cdot \frac{1}{2})}$$

$$= fe^{2\pi i(0)} + fe^{2\pi i(\frac{h}{2}+\frac{k}{2})} + fe^{2\pi i(\frac{h}{2}+\frac{l}{2})} + fe^{2\pi i(\frac{k}{2}+\frac{l}{2})} = f[1+e^{\pi i(h+k)}+e^{\pi i(h+l)}+e^{\pi i(k+l)}]$$

㉮ h, k, l이 비혼합 지수(h, k, l이 모두 짝수 또는 모두 홀수로만 되어 있는 경우)인 경우, $(h+k)$, $(h+l)$, $(k+l)$이 모두 짝수이므로 $e^{\pi i(h+k)}$, $e^{\pi i(h+l)}$, $e^{\pi i(k+l)}$의 값은 모두 1이 되며, F와 F^2은 다음과 같다.

$F = 4f$ (h, k, l이 비혼합 지수인 경우)

$F^2 = 16f^2$

따라서 h, k, l이 모두 홀수이거나 짝수인 (111), (200), (220), (311) 등과 같은 면은 회절된 빔의 강도가 관측된다.

㉯ h, k, l이 혼합 지수(h, k, l이 짝수와 홀수로 섞여 있는 경우)인 경우, 3개의 지수 함수 $e^{\pi i(h+k)}$, $e^{\pi i(h+l)}$, $e^{\pi i(k+l)}$의 총합은 −1이 된다. 이 경우 3개의 면지수 중에서 2개가 짝수이고, 1개가 홀수이거나 또는 1개가 짝수이고, 2개가 홀수이든 상관없이 총합은 −1이 된다. 예를 들어, h, k, l이 홀수와 짝수로 섞여 있는 (100), (110), (210)와 같은 면으로부터 회절된 빔의 강도는 0으로 관찰되지 않는다. 예를 들어, h, k, l 중에서 2개가 짝수이고, 1개가 홀수인 (100)인 경우 F와 F^2은 다음과 같다.

$$F = f[1+e^{\pi i(h+k)}+e^{\pi i(h+l)}+e^{\pi i(k+l)}] = f[1+e^{\pi i(1+0)}+e^{\pi i(1+0)}+e^{\pi i(0+0)}]$$

$$= f[1+e^{\pi i}+e^{\pi i}+e^{0}] = f[1-1-1+1] = 0$$

$$F^2 = 0$$

또한 h, k, l 중에서 1개가 짝수이고, 2개가 홀수인 (110)인 경우 F와 F^2은 다음과 같다.

$$F = f[1+e^{\pi i(h+k)}+e^{\pi i(h+l)}+e^{\pi i(k+l)}] = f[1+e^{\pi i(1+1)}+e^{\pi i(1+0)}+e^{\pi i(1+0)}]$$

$$= f[1+e^{2\pi i}+e^{\pi i}+^{\pi i}] = f[1+1-1-1] = 0$$

$$F^2 = 0$$

따라서 면심 입방정(FCC)의 경우, h, k, l이 비혼합 지수를 가지는 경우인 111, 200, 220, 311, 222, 400 등의 면에서 회절된 빔의 강도를 관찰할 수 있다. 반면, h, k, l이 혼합 지수를 가지는 100, 110, 210, 211, 310, 321 등의 면에서는 회절된 빔의 강도를 관찰할 수 없다.

그림 10-18은 면심 입방정(FCC) 구조를 가지는 납(Pb)에서 2θ값의 변화에 따른 회절 강도 I의 변화 측정 결과를 나타낸 것이다.

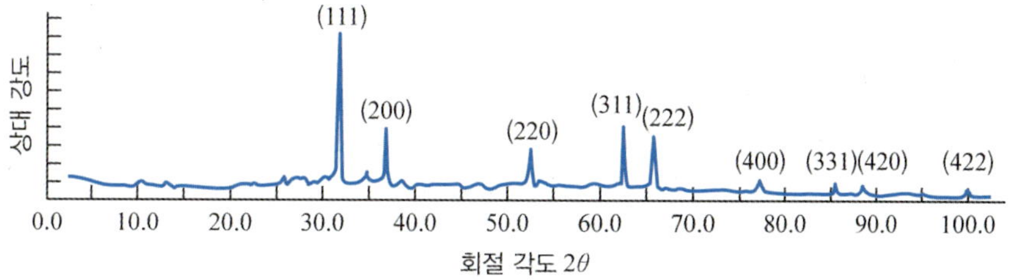

그림 10-18 Pb 분말의 회절 패턴[I(회절 강도)와 2θ(회설된 각도) 비교]

h, k, l이 비혼합 지수를 가지는 111, 200, 220, 311, 222, 400 등의 면에서는 회절된 빔의 강도가 관찰되나, h, k, l이 혼합 지수를 가지는 100, 110, 210, 211, 310, 321 등의 면에서는 회절된 빔의 강도가 관찰되지 않는다. 이는 면심 입방정의 구조 인자에 대한 결과와 일치한다.

㉣ NaCl(FCC)의 구조 인자

단위정에 2종류의 다른 원자가 각각 면심 입방정(FCC) 구조를 가지고 얽혀 있는(interwinding) NaCl에는 단위정에 4개의 Na 원자와 4개의 Cl 원자가 있다. Na 원자와 Cl 원자의 분수 좌표 uvw는 다음과 같다.

- Na 원자의 분수 좌표: 000, $\frac{1}{2}\frac{1}{2}0$, $\frac{1}{2}0\frac{1}{2}$, $0\frac{1}{2}\frac{1}{2}$
- Cl 원자의 분수 좌표: $\frac{1}{2}\frac{1}{2}\frac{1}{2}$, $00\frac{1}{2}$, $0\frac{1}{2}0$, $\frac{1}{2}00$

NaCl의 구조 인자는 Na 원자와 Cl 원자에 대한 원자 산란 인자를 구조 인자식에 대입하면 된다.

$$F = f_{\text{Na}} e^{2\pi i(h \cdot 0 + k \cdot 0 + l \cdot 0)} + f_{\text{Na}} e^{2\pi i(h \cdot \frac{1}{2} + k \cdot \frac{1}{2} + l \cdot 0)} + f_{\text{Na}} e^{2\pi i(h \cdot \frac{1}{2} + k \cdot 0 + l \cdot \frac{1}{2})} + f_{\text{Na}} e^{2\pi i(h \cdot 0 + k \cdot \frac{1}{2} + l \cdot \frac{1}{2})}$$
$$+ f_{\text{Cl}} e^{2\pi i(h \cdot \frac{1}{2} + k \cdot \frac{1}{2} + l \cdot \frac{1}{2})} + f_{\text{Cl}} e^{2\pi i(h \cdot 0 + k \cdot 0 + l \cdot \frac{1}{2})} + f_{\text{Cl}} e^{2\pi i(h \cdot 0 + k \cdot \frac{1}{2} + l \cdot 0)} + f_{\text{Cl}} e^{2\pi i(h \cdot \frac{1}{2} + k \cdot 0 + l \cdot 0)}$$

(계속)

$$F = f_{Na} e^{2\pi i(0)} + f_{Na} e^{2\pi i(\frac{h}{2}+\frac{k}{2})} + f_{Na} e^{2\pi i(\frac{h}{2}+\frac{l}{2})} + f_{Na} e^{2\pi i(\frac{k}{2}+\frac{l}{2})}$$

$$+ f_{Cl} e^{2\pi i(\frac{h}{2}+\frac{k}{2}+\frac{l}{2})} + f_{Cl} e^{2\pi i(\frac{l}{2})} + f_{Cl} e^{2\pi i(\frac{k}{2})} + f_{Cl} e^{2\pi i(\frac{h}{2})}$$

$$F = f_{Na}[1 + e^{\pi i(h+k)} + e^{\pi i(h+l)} + e^{\pi i(k+l)}] + f_{Cl}[e^{\pi i(h+k+l)} + e^{\pi il} + e^{\pi ik} + e^{\pi ih}]$$

NaCl 결정에서 Na 원자와 Cl 원자의 위치는 모두 면심 병진(face centering translation)을 나타낸다. 어떤 격자가 공통되는 병진을 포함하는 경우에 다음과 같이 구조 인자식으로부터 공통 병진에 해당하는 항을 인수로 빼낼 수 있다.

$$F = f_{Na}[1 + e^{\pi i(h+k)} + e^{\pi i(h+l)} + e^{\pi i(k+l)}] + f_{Cl} e^{\pi i(h+k+l)}[1 + e^{\pi i(-h-k)} + e^{\pi i(-h-l)} + e^{\pi i(-k-l)}]$$

$$= f_{Na}[1 + e^{\pi i(h+k)} + e^{\pi i(h+l)} + e^{\pi i(k+l)}] + f_{Cl} e^{\pi i(h+k+l)}[1 + e^{-\pi i(h+k)} + e^{-\pi i(h+l)} + e^{-\pi i(k+l)}]$$

$e^{n\pi i} = e^{-n\pi i}$ 이므로 위 식은 다음과 같이 쓸 수 있다.

$$F = [f_{Na} + f_{Cl} e^{\pi i(h+k+l)}][1 + e^{\pi i(h+k)} + e^{\pi i(h+l)} + e^{\pi i(k+l)}]$$

㉮ h, k, l이 혼합 지수(h, k, l이 짝수와 홀수로 섞여 있는 경우)인 경우, 2번째 인수에서 3개의 지수함수 $e^{\pi i(h+k)}$, $e^{\pi i(h+l)}$, $e^{\pi i(k+l)}$의 총합은 -1이 되므로 면심 입방 구조와 유사하게 된다.

$$F = [f_{Na} + f_{Cl} e^{\pi i(h+k+l)}][1 + e^{\pi i(h+k)} + e^{\pi i(h+l)} + e^{\pi i(k+l)}] = [f_{Na} + f_{Cl} e^{\pi i(h+k+l)}] \times 0 = 0$$

$$F^2 = 0$$

㉯ h, k, l이 비혼합 지수(h, k, l이 모두 짝수 또는 모두 홀수로만 되어 있는 경우)인 경우, $(h+k)$, $(h+l)$, $(k+l)$이 모두 짝수이므로 $e^{\pi i(h+k)}$, $e^{\pi i(h+l)}$, $e^{\pi i(k+l)}$의 값은 모두 1이 되며, F와 F^2은 다음과 같이 되지만, $(h+k+l)$이 짝수일 경우와 홀수일 경우 구조 인자가 달라진다.

$$F = 4(f_{Na} + f_{Cl}) \quad (h, k, l\text{이 비혼합 지수인 경우})$$

$$F^2 = 16(f_{Na} + f_{Cl})^2$$

㊉-1: $(h+k+l)$이 짝수일 경우 구조 인자는 다음과 같이 된다.

$$F = 4(f_{Na} + f_{Cl})$$
$$F^2 = 16(f_{Na} + f_{Cl})^2$$

㊉-2: $(h+k+l)$이 홀수일 경우 구조 인자는 다음과 같이 된다.

$$F = 4(f_{Na} - f_{Cl})$$
$$F^2 = 16(f_{Na} - f_{Cl})^2$$

따라서 $(h+k+l)$이 홀수일 때와 $(h+k+l)$이 짝수일 때를 비교해보면, $(h+k+l)$이 짝수인 경우에는 $F^2 = 16(f_{Na} + f_{Cl})^2$의 강한 회절이 일어나고, $(h+k+l)$이 홀수인 경우에는 $F^2 = 16(f_{Na} - f_{Cl})^2$의 약한 회절이 일어난다.

따라서 NaCl의 경우 면심 입방 구조와 같은 회절 강도를 나타내지만, $(h+k+l)$이 홀수일 때 회절 강도가 더 약해지는 특성을 나타낸다. 따라서 면심 입방정(FCC)의 경우와 같이, h, k, l이 혼합 지수를 가지는 100, 110, 210, 211, 310, 321면 등에서는 회절된 빔의 강도를 관찰할 수 없다. 반면, h, k, l이 비혼합 지수를 가지는 경우인 111, 200, 220, 311, 222, 400면 등에서는 회절된 빔의 강도를 관찰할 수 있다. 이때 $(h+k+l)$이 홀수인 111, 311, 331면의 회절 강도는 약하게 나타나지만, $(h+k+l)$이 짝수인 200, 220, 222, 400면 등의 회절 강도는 강하게 나타난다. 즉, $(h+k+l)$이 홀수일 때, Cl 원자에 의해 회절 강도가 감소하는 것을 알 수 있다.

표 10-3은 단순 입방정, 저심 입방정, 체심 입방정, 면심 입방정에 대해 구조 인자 F의 계산을 통해 회절이 가능한 결정면과 회절이 불가능한 결정면으로 구분하여 나타낸 것이다.

표 10-3 입방 결정에서 회절될 수 있는 면의 밀러 지수 관계

Bravais 격자	존재 가능한 반사면	존재 불가능한 반사면
단순(simple)	전부	없음
저심(base-centered)	h와 k는 비혼합*	h와 k는 혼합*
체심(body-centered)	$(h+k+l)$이 짝수	$(h+k+l)$이 홀수
면심(face-centered)	h, k, l이 비혼합	h, k, l이 혼합

* 이 관계를 C면의 중심에 격자점이 있는 단위정에 적용한다. 만일 반사가 h와 l이 비혼합이거나, k와 l이 비혼합일 때만 존재한다면, 그 단위정은 각각 B면이나 A면의 중심에 격자점이 있다.

이상의 경우에서 살펴보았듯이, 단위정을 구성하고 있는 원자의 위치에 따라 구조 인자 F가 0이 되는 경우가 발생할 수 있다. 구조 인자 F가 0인 경우에 회절 강도를 0($F=0$, $F^2=0$)을 얻을 수 없기 때문에 회절 강도에 영향을 미치는 6가지 인자 중에서 가장 큰 영향을 미치게 된다. 즉, 구조 인자 F를 제외한 나머지 5개 인자는 회절 강도의 크기를 낮출 수는 있으나, 0으로 만들 수는 없다는 의미이다. 다음에 회절 강도에 영향을 미치는 나머지 5가지 인자에 대해서도 살펴보기로 하자.

(2) 다중도 인자

어떤 반사에 기여하는 면들의 상대적인 비율인 다중도 인자(multiplicity factor) p는 같은 면간격을 가지는 면족(planes of a family, planes of a form 또는 family of planes)으로 있는 다른 면의 수로 정의한다. 예를 들어, 회절된 빔이 입방정의 (100)면에 의해 반사가 일어난다고 가정하자. 면족 {100}에는 다음과 같은 3쌍의 면들이 있다.

{100}: (100), (010), (001)
$(\bar{1}00)$, $(0\bar{1}0)$, $(00\bar{1})$

이들 3쌍의 면간격은 같지만, 방향은 다르다. 이들 면의 면간격이 모두 같기 때문에, 입사 빔은 이들 모든 면에 의해 회절된다. 다중도 인자에서는 (100), $(\bar{1}00)$와 같이 다른 밀러 지수를 가지는 평행한 면도 다른 면으로 계산한다. 따라서 입방정의 면족 {100}에 대한 다중도 인자의 수는 6이다. 또한 입방정의 (111)면에 의해 일어나는 반사(회절)를 살펴보면, 면족 {111}에는 다음과 같은 4쌍의 면들이 있다.

{111} : (111), $(\bar{1}11)$, $(1\bar{1}1)$, $(11\bar{1})$
$(\bar{1}\bar{1}\bar{1})$, $(1\bar{1}\bar{1})$, $(\bar{1}1\bar{1})$, $(\bar{1}\bar{1}1)$

따라서 입방정의 면족 {111}에 대한 다중도 인자의 수는 8이다.

(3) 편광 인자와 로렌츠(Lorentz) 인자

'2) 회절된 빔의 강도'에서 언급했듯이, X-선은 어떤 1개의 전자에 의해 모든 방향으로 산란되지만, 산란된 빔의 강도는 산란하는 각도(θ)에 의존한다. 톰슨은 1개의 전자에 의해 산란되는 X-선 빔의 강도에 대한 연구를 수행하였다. 톰슨에 의하면 입사한 X-선이 x 축에 있는 어떤 1개의 전자에 의해 2θ 각도로 산란되고, 이 전자로부터 거리 r만큼 떨어진 점 P에서 얻은 전체 산란 빔의 강도 I_P는 다음 식과 같이 표현된다고 하였다.

$$I_P = I_0 \frac{K}{r^2}\left(\frac{1+\cos^2 2\theta}{2}\right) \tag{10.31}$$

여기서 I_0: 입사하는 X-선의 강도,

K: 상수(7.94×10^{-30} m^2),

r: 산란이 일어난 전자로부터 거리,

θ: 입사한 X-선과 전자가 위치한 x축과의 각도

식 (10.31)에서 괄호 안에 있는 항$\left(\frac{1+\cos^2 2\theta}{2}\right)$은 편광 인자(polarization factor)라고 불리며, 입사하는 빔이 편광되지 않아서 회절된 빔의 강도 I에 들어가는 항이다. 전자에 의해 산란된 빔의 강도는 입사된 빔의 강도의 극히 일부분이다. 즉, 산란이 일어난 전자로부터 1 cm 전방에서 측정된 $\frac{I_P}{I_0}$는 7.94×10^{-26}이다. 산란된 빔의 강도는 산란이 일어난 전자로부터 떨어진 거리 r의 제곱에 반비례하여 감소한다.

회절된 빔의 강도를 계산할 때, 강도에 영향을 미치는 세 가지 기하학적 인자(trigonometrical factor)가 있다. 여기서는 이에 대한 상세한 설명은 생략한다. 이 기하학적 인자를 하나의 식으로 묶은 다음 식을 로렌츠 인자(Lorentz factor)라고 한다.

$$\text{로렌츠 인자} = \left(\frac{1}{\sin 2\theta}\right)(\cos\theta)\left(\frac{1}{\sin 2\theta}\right) = \frac{\cos\theta}{\sin^2 2\theta} = \frac{1}{4\sin^2\theta\cos\theta} \tag{10.40}$$

로렌츠 인자와 편광 인자를 하나로 결합하고, 상수 $\frac{1}{8}$을 생략하면, 다음 식과 같은 로렌츠 편광 인자(Lorentz-Polarization factor)를 얻는다.

$$\text{로렌츠 편광 인자} = \frac{1+\cos^2 2\theta}{\sin^2\theta\cos\theta} \tag{10.41}$$

로렌츠 편광 인자는 디프랙토미터에서 얻는 회절된 빔의 강도 I의 식 (10.23)과 Debye-Scherrer 카메라에서 얻는 회절된 빔의 강도 I의 식 (10.24)에 포함되어 있다.

(4) 흡수 인자

시료로 입사하는 단색 X-선이 시편 자체에서 흡수되고, 이로 인해 회절된 빔의 강도 I의 식 (10.23)과 식 (10.24)에 포함되는 인자를 흡수 인자(absorption factor) A라고 한다. 흡수 인자 A는 디프랙토미터에서는 회절된 빔의 강도 I에는 영향을 미치지 않고, Debye-Scherrer 카메라에서 회절된 빔의 강도에는 영향을 미친다.

그림 10-19와 같이 Debye-Scherrer 카메라 방법에서는 매우 얇은 실린더 형태(원통형)의 분말 시료를 카메라 축에 놓는다.

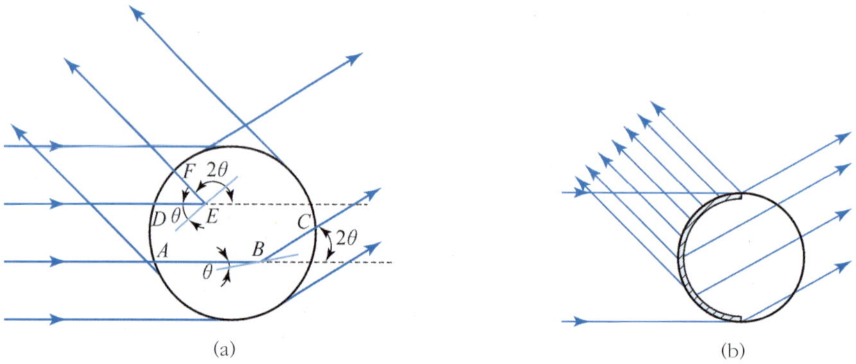

그림 10-19 Debye-Scherrer 카메라에서 시료에 의한 X-선의 흡수
(a) 일반적인 시료의 경우, (b) 흡수가 큰 시료의 경우

이때 분말 입자에 있는 어떤 결정면은 그림 10-19(a)와 같이 입사하는 단색 X-선 빔과 이루는 각도가 작을 수도 있고, 클 수도 있다. 먼저, 입사하는 단색 X-선 빔과 회절이 일어나는 결정면과의 각도 θ가 작을 때를 살펴보자. 저각 반사(low-angle reflection)의 경우, 입사하는 빔에 있는 특정한 X-선의 흡수가 AB의 경로를 따라서 일어난다. 즉, 입사하는 빔과 이를 반사하는 결정면 사이의 각도 θ가 작은 경우, B에서 입사하는 X-선 빔의 에너지 중에서 일부분이 분말 입자에 의해 회절되고, 이 회절된 빔의 흡수가 BC의 경로를 따라서 발생한다.

한편, 입사하는 빔과 회절이 일어나는 결정면과의 각도 θ가 클 때를 생각해보자. 고각 반사(high-angle reflection)의 경우, 입사하는 빔과 회절된 빔 모두에서 흡수가 (DE+ EF)의 경로를 따라 일어난다. 이로 인해 흡수가 없을 때 예측했던 회절된 빔의 강도보다 작은 강도를 얻게 된다. Debye-Scherrer 카메라 방법에서 흡수 계수 $A(\theta)$도 θ에 따라 변한다. 즉, 2θ가 증가하면 $A(\theta)$도 증가한다.

디프랙토미터법에서는 그림 10-1과 같이 일반적으로 입사하는 빔과 회절되는 빔이 같은 각도를 만드는 편평한 판의 형태의 시료가 사용된다. 디프랙토미터에서 흡수 인자 A는 θ와 무관하며, 시료의 선 흡수 계수 μ의 $\frac{1}{2}\left(\frac{1}{2}\mu\right)$이다. θ가 작으면 일정한 단면적을 가지는 입사 빔에 의해 조사되는(irradiated) 시료 면적은 크나, X-선 침투의 유효 깊이는 작다. 또한 θ가 크면 일정한 단면적을 가지는 입사 빔에 의해 조사되는 시료 면적은 작으나, X-선 침투의 유효 깊이는 크다. 따라서 디프랙토미터에서 유효 조사 부피(effective irradiated volume)는 일정하고, θ와 무관하다. 디프랙토미터에서 흡수는 모든 회절된 빔의 강도에 동일한 정도로 감소하며, 이로 인해 회절된 빔의 강도 I에 흡수 인자 A는 포함되지 않는다.

(5) 온도 인자

시료를 구성하는 원자는 격자 내의 주어진 위치에서 규칙적으로 배열하고 있다. 이 원자들은 절대 영도의 온도에서조차도 원자의 평균 위치에 대해 열적 진동을 하고 있다. 시료의 온도가 증가하면 온도 증가로 인해 세 가지 주요한 효과가 나타난다.

❶ 단위정의 팽창으로 인해 면간 거리 d가 변하고, 이로 인해 회절된 빔의 위치 2θ가 변함
❷ 회절된 X-선의 강도가 저하됨
❸ 회절된 빔 사이의 백그라운드 산란의 강도가 증가함

각 효과에 대한 상세한 설명은 생략한다. 원자의 열진동에 의한 영향을 나타내는 온도 인자는 e^{-2M}이며, 이 온도 인자를 회절된 빔의 강도에 곱한다. 정성적으로 2θ가 증가함에 따라, 온도 인자 e^{-2M}은 감소한다. 예를 들어 CuK_α 방사를 사용한 경우, 20℃에서 납(Pb)의 열적인 원자 진동으로 인한 가장 높은 각도의 회절 선($2\theta=\sim 161^\circ$)의 강도는 진동하지 않는 원자들에 대한 강도보다 18% 정도($e^{-2M}=0.18$)로 감소한다.

10.5 X-선의 검출

단색 X-선이 결정에 입사되고, 결정의 어떤 면에 의해 회절되어 나오는 X-선 빔을 검출하기 위한 주요한 수단에는 계수관, 사진 필름, 형광판이 있다. 계수관은 오늘날 X-선 회절 분석을 통한 결정 구조 해석에 가장 널리 쓰이고 있는 디프랙토미터에서 결정으로부터 회절된 X-선 빔의 강도를 측정하기 위해 사용된다. X-선 계수관은 X-선을 진동하는 전류(pulsating electric current)로 변환하는 장치이며, 단위 시간당 전류 펄스(current pulse)의 수는 계수관으로 들어오는 X-선의 강도에 비례한다. 이렇게 사용되는 계수관으로는 비례 계수관(proportional counter), 신틸레이션(섬광) 계수관(scintillation counter), 반도체 계수관(semiconductor counter)이 있다.

사진 필름은 가시광선뿐만 아니라 X-선에도 영향을 받는다. X-선 필름은 X-선의 총흡수를 증가시키기 위해 사진 필름의 양면에 다소 두꺼운 층의 감광유제(emulsion, photoemulsion: AgBr)로 만들어진다. 어떤 물질의 질량 흡수 계수는 파장에 따라 변하기 때문에, 같은 강도의 X-선 빔에 의해 흑화(blackening)하는 양인 사진 필름의 감도는 X-선의 파장에 따라 달라진다. 백색 X-선(white radiation)이 사진 필름으로 기록될 때마다 이러한 감도 변화는 연속 스펙트럼의 실제 모양을 변화시킨다는 점에 유의해야 한다. 형광판은 미량의 니켈(Ni)을 함유하는 얇은 층의 ZnS(zinc sulfide)를 보드지에 부착하여 만든다.

형광판에 X-선을 쪼이면 ZnS 화합물은 가시광선의 영역에서 노란색 형광을 방출한다. 회절된 빔의 대부분은 너무 약해서 형광판 방법으로는 검출되지 않지만, 회절 실험에서 주된 X-선 빔의 위치를 찾기 위해 장치를 조정할 때 형광판이 널리 사용된다. 사진 필름과 여러 가지 종류의 계수관은 X-선의 검출 및 강도의 측정에 모두 사용되지만, 형광판은 X-선 빔의 검출에만 사용되고, X-선의 강도 측정에는 사용되지 않는다. 특히, 사진 필름은 많은 회절된 빔을 한 번에 기록할 수 있고, 공간에서 X-선들의 상대적인 위치를 기록할 수 있는 장점을 가지고 있다. 또한 사진 필름은 강도 측정을 위한 기초로 사용될 수 있다. X-선의 강도는 계수관으로 훨씬 더 빠르게 측정될 수 있으며, 계수관은 정량적인 연구에 더 널리 사용되고 있다. 그러나 대부분의 계수관은 한 번에 1개의 회절된 빔만 기록한다.

10.6 X-선 회절법의 종류

재료의 결정 구조를 연구하기 위해 X-선 회절을 사용하는 실험 방법이 많이 있다. 이 중에서 X-선 회절 기법(X-ray diffraction method: X-ray diffractometer)이 오늘날 가장 널리 쓰이고 있으며, 이 외에도 라우에법(Laue method), 회전 결정법[또는 결정 회전법(rotating-crystal method)], 분말법과 같은 주요한 회절법이 있다. 결정으로 입사하는 X-선과 결정 내에 있는 어떤 결정면 사이에 브래그 법칙($\lambda = 2d\sin\theta$)이 만족될 때마다 회절이 발생한다. 따라서 회절을 발생시키기 위해서는 다음과 같이 입사하는 X-선의 파장을 고정하고, θ를 변화시키거나 고정하고, X-선의 파장을 변화시키면 된다.

표 10-4 여러 X-선 회절법의 비교

회절 방법	입사하는 X-선의 파장(λ)	θ
라우에법	변함	고정됨
회전 결정법	고정됨	(부분적으로)변함
X-선 회절 기법	고정됨	변함
분말법	고정됨	변함

X-선 회절 기법과 분말법은 입사하는 X-선 빔의 파장(예 금속 양극 재료의 K_α-선)은 고정하고(단색 X-선), 결정을 움직여서 θ값을 연속적으로 변화시켜 회절된 빔을 얻는 방법이다. 라우에법은 결정은 고정하고(θ값이 고정됨), 입사하는 X-선 빔의 파장을 변화시키는(연속 스펙트럼 X-선) 방법이다.

1) X-선 회절기

X-선 분광계(X-ray spectrometer)는 회절 분석에서 사용되는 도구이다. 이미 알고 있는 파장의 단색 X-선을 사용하여 결정에서 모르는 면간 거리를 측정할 때 사용하는 X-선 분광계를 디프랙토미터(diffractometer)라고 한다. 반대로 면간 거리를 이미 알고 있는 결정을 이용하여 단색 X-선의 모르는 파장을 결정할 때는 분광계(spectrometer)라고 부른다.

디프랙토미터에서는 항상 단색 X-선이 사용되며, 이 단색 X-선의 파장 λ의 크기는 양극 타깃의 종류에 따라 달라진다. 즉, 특성 스펙트럼(단색 X-선)을 만들기 위해 양극으로 구리(Cu)를 사용한 경우 Cu K_α의 파장 λ는 1.540 Å이다. 또한 양극으로 철(Fe)이 사용된 경우 단색 X-선의 파장(Fe K_α의 파장) λ

는 1.938 Å 이며, 몰리브덴(Mo)의 경우 단색 X-선의 파장(Mo K_α의 파장) λ는 0.711 Å 이다. 단결정 시료뿐만 아니라 다결정 시료도 디프랙토미터를 사용하여 분석할 수 있다.

그림 10-20은 X-선 회절 기법에 대한 개략도를 나타낸 것이다.

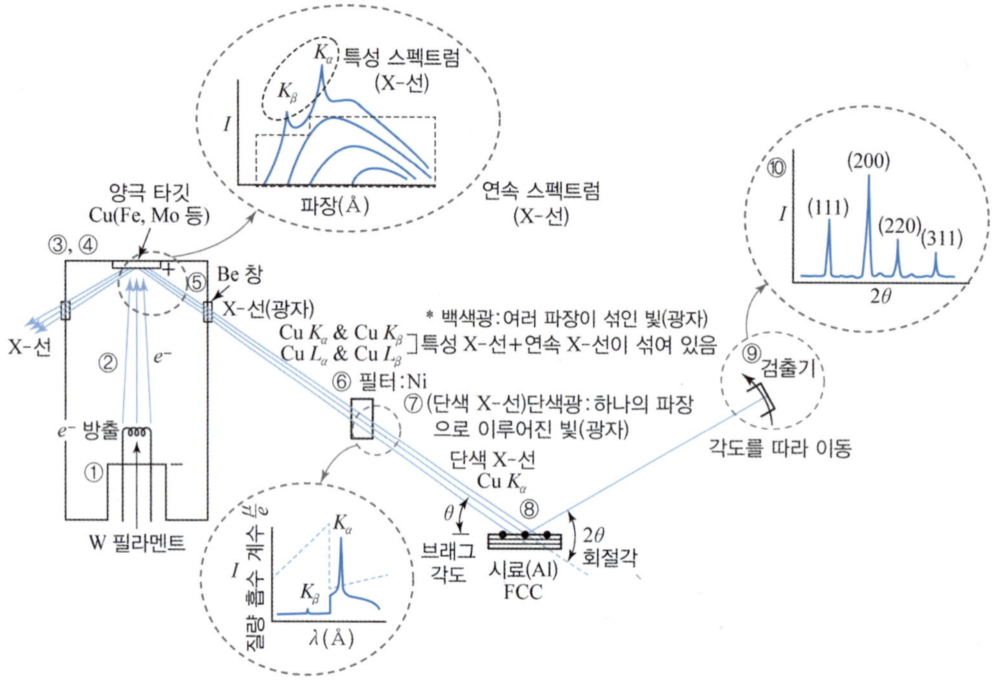

① 텅스텐 필라멘트: Thermionic emission에 의한 열전자 방출
② 전자의 가속
③ 양극 타깃의 K 껍질에 있는 전자의 이온화(분리)
④ 전자의 천이(L 또는 M 껍질로부터 K 껍질로)
⑤ (연속 / 특성)X-선 발생
⑥ 필터
⑦ 단색 X-선
⑧ 결정(시료)에 입사 / 회절: 브래그 법칙
⑨ 계수관: 회절된 전자들의 검출
⑩ $I-2\theta$ 그래프 분석

그림 10-20 X-선의 발생 원리와 검출 과정(X-ray diffractometer)

X-선 디프랙토미터는 X-선관으로부터 나온 단색 X-선이 시료에 있는 결정면에 부딪혀 상호 작용(산란 또는 회절)을 하고, 그에 따라 만들어진 회절 형상(diffraction pattern)을 얻는 장치이다. 이 장치에서는 시료에 입사하는 단색 X-선의 파장은 X-선을 발생시키기 위해 사용된 양극 타깃의 특성 스펙트럼

(예 Cu 양극 타깃이 사용된 경우 파장은 Cu $K_\alpha = 1.540$ Å)의 파장 λ이다. 이 단색 X-선이 결정에 있는 어떤 면에 부딪혀 브래그 법칙을 만족시키면 회절이 발생된다.

회절된 빔의 강도는 시료 주위를 회전할 수 있게 만든 X-선 계수관(counter)[또는 X-선 검출기(detector)]에 의해 측정할 수 있다. 여러 종류의 X-선 계수관이 있지만, 모두 계수관으로 연결된 회로에서 결정으로부터 회절되어 들어오는 X-선을 서지(surge: 전류 · 전압의 갑작스러운 상승) 또는 펄스(pulse: 지속시간이 극히 짧은 전류 또는 변조 전파)로 변환한다. 이 회로는 단위 시간당(dwell time) 측정되는 전류 펄스의 수를 세며, 이 숫자는 계수관으로 들어오는 X-선의 강도에 직접적으로 비례한다. 디프랙토미터는 기본적으로 Debye-Scherrer 카메라와 다소 비슷하게 설계되어 있으며, Debye-Scherrer 카메라에 필름 띠(strip)가 설치되어 있고, 디프랙토미터에는 필름 띠 대신에 움직일 수 있는 계수관이 설치되어 있다. Debye-Scherrer 카메라와 디프랙토미터에서 모두 단색 X-선이 사용되며, X-선 검출기(필름 또는 계수관)가 시료를 중심으로 원주상에 놓여 있다.

2) 라우에법

독일의 물리학자인 라우에가 발명한 라우에법은 첫 번째로 사용된 X-선 회절법이며, 결정 구조의 해석에 X-선을 사용한 시발점이 되었다. X-선관에서 나오는 백색 X-선 빔, 즉 연속 X-선 스펙트럼이 고정되어 있는 결정에 입사된 후, 결정을 투과하여 회절된 X-선 빔이 필름에 라우에 형상(Laue pattern)을 만들게 된다.

그림 10-21은 필름의 위치에 따라 구분되는 라우에법을 나타낸 것이다.

그림 10-21(a)와 같이 라우에 형상이 기록되는 필름이 결정 시료의 후면에 놓여 있는 경우를 투과 라우에법(transmission Laue method)이라고 하며, 최초의 라우에법이다. 투과 라우에법에서는 장치가 X-선 원, 결정질 시료, 필름의 순서로 배열되어 있다. 이 방법은 회절된 빔이 부분적으로 결정을 투과하여, X-선이 진행하는 방향과 같은 전방으로 진행하여 필름에 라우에 형상을 만들기 때문에 투과 라우에법이라고 한다. 또한 그림 10-21(b)와 같이 라우에 형상이 기록되는 필름이 결정 시료와 X-선원(X-ray source) 사이에 놓여 있는 경우를 배면 반사 라우에법(back-reflection Laue method)이라고 한다. 배면 반사 라우에법에서는 장치가 X-선원, 필름, 결정 시료의 순서로 배열되어 있다. 입사 빔은 필름 중간에 뚫린 구멍을 지나서 결정 시료에 입사하며, X-선 빔이 진행하는 반대 방향, 즉 후방으로 회절되어 필름에 라우에 형상을 만든다.

두 방법 모두 필름 위에 라우에 형상이라고 불리는 일련의 반점들을 만들며, 이 반점들은 어떤 곡선 위에 놓이게 된다. 투과 라우에법에서는 반점들이 나타내는 곡선은 타원(ellipse) 또는 쌍곡선(hyperbola)이 되고, 배면 반사 라우에법에서는 쌍곡선이 된다.

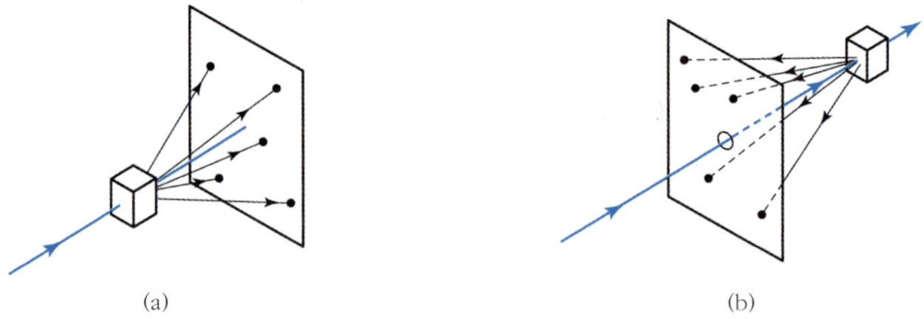

그림 10-21 Laue법에 의한 X-선 실험
(a) 투과 Laue법, (b) 배면 반사 Laue법

어떤 한 곡선 위에 놓여 있는 반점들은 하나의(같은) 정대(zone)에 속하는 면들(planes of a zone)로부터 반사된 것들이다. 이는 그림 10-22와 같이 라우에 반사(Laue reflection)는 어떤 정대에 있는 면들로부터 모두 축이 정대축(zone axis)인 가상의 원추(cone)의 표면 위에 있기 때문이다. 투과 라우에법에서는 그림 10-22(a)와 같이 원추의 한쪽이 투과된 빔에 접하고 있으며, 투과된 X-선 빔에 대한 정대축의 기울기 ϕ의 각도는 원추의 꼭지각[apex angle 또는 정점에서 각(정각, 頂角)]의 절반과 같다. 그림 10-22(a)와 같이 놓인 필름이 필름의 중심을 통과하는 가상의 타원으로 원추를 가로지르고, 하나의 정대면들로부터 회절된 반점들은 이 타원상에 배열된다. 각도 ϕ가 45° 이상일 때, 그림 10-22(b)와 같이 배면 반사 형상을 기록하기 위해 X-선원과 결정 사이에 놓인 필름은 쌍곡선으로 원추를 가로지른다.

투과 라우에법과 배면 반사 라우에법에서 필름 위에 있는 모든 반점들의 위치는 입사 X-선 빔에 대한 결정의 방위에 따라 달라진다. 결정이 굽어지거나 휘어지면, 반점들은 일그러지거나 흐려진다. 따라서 결정의 방위를 결정하거나 품질을 평가하는 데 라우에법이 이용된다.

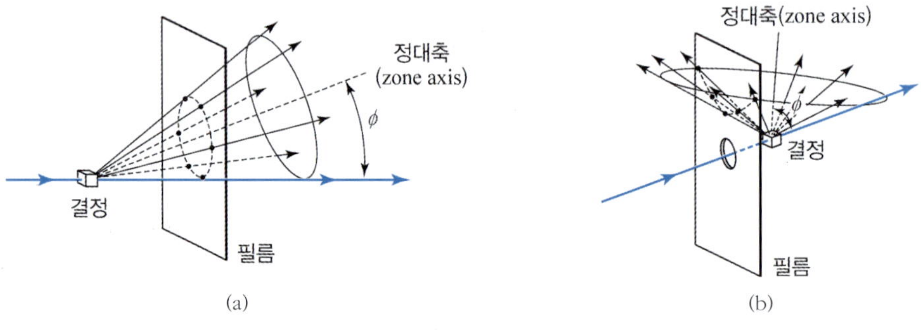

그림 10-22 Laue법에 의한 X-선 실험에서 얻는 Laue 반점의 위치
(a) 투과 Laue법, (b) 배면 반사 Laue법

3) 회전 결정법

결정 회전법 또는 회전 결정법(rotating-crystal method)은 단결정에 의해 회절된 X-선의 상을 얻는 방법이다. 회전 결정법에서는 단결정이 단결정의 축들 중 하나 또는 일부 중요한 결정학적 방향으로 단색 X-선이 수직이 되도록 설치한다.

그림 10-23과 같이 원통형 필름을 단결정 주위에 놓고, 특정 방향으로 회전시킨다. 이때 필름의 축과 단결정의 회전축은 서로 일치한다(평행하다). 단결정이 회전함에 따라 결정면들의 특정한 세트가 순간적으로 입사하는 단색 X-선 빔의 반사를 위해 정확한 브래그 각도를 형성하며, 그 즉시 반사된(회절된) 빔이 만들어진다. 반사된(회절된) 빔은 다시 가상의 원추(원뿔) 위에 위치하나, 이때 원추의 축은 회전축과 일치한다(평행하다).

그 결과 필름이 편평하게 놓였을 때 필름 위에 있는 반점은 가상의 수평선 위에 위치한다. 단결정은 오직 1개의 축에 대해 회전하기 때문에 브래그 각도 θ는 면의 모든 세트에 대해 0°와 90° 사이에 있는 모든 가능한 값을 가지지는 않는다. 그러므로 면의 모든 세트가 회절된 빔을 만드는 것은 아니다. 즉, 회전축에 거의 수직하거나, 수직한 면들의 세트는 회절된 빔을 만들지 않는다. 회절 결정법(변형된 회전 결정법)의 주 용도는 미지의 결정 구조를 분석하는 것이다. 회전 결정법(변형된 회전 결정법)은 이러한 목적을 위해 X-선 결정학자가 자유롭게 사용할 수 있는 가장 강력한 도구이다.

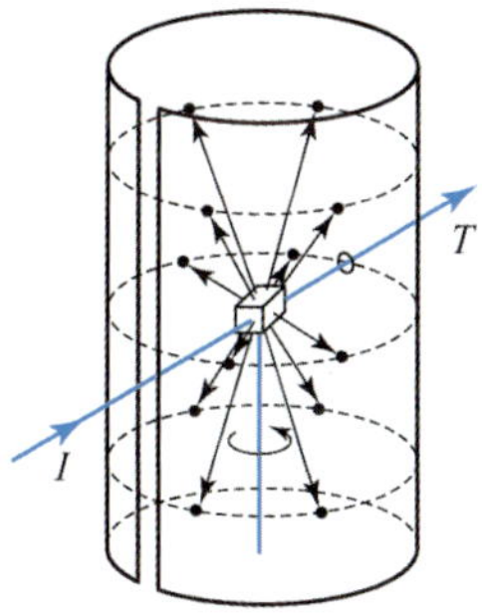

여기서, I: 결정에 입사되는 X-선,
T: 투과된 X-선

그림 10-23 결정 회전법에 의한 X-선 실험

4) 분말법

X-선 회절의 분말법은 1916년에 독일에서 Debye와 Scherrer에 의해 고안되었으며, 1917년에 미국에서 헐(Hull)에 의해 각각 독자적으로 고안되었다. 분말법은 주로 Debye-Scherrer법(Debye-Scherrer method), 집중법(focusing method), 핀홀법(pinhole method)과 같은 3가지 주요한 분말법이 사용되고 있다.

Debye-Scherrer법에서는 필름이 원통의 표면에 놓이고, 시료는 원통의 가운데 위치한 축에 놓인다. 집중법에서는 필름, 시료, X-선원(X-ray source)이 모두 원통의 표면에 놓인다. 핀홀법에서는 필름은 편평하고, 입사하는 X-선 빔에 수직하며, 시료로부터 어떤 적절한 위치에 놓인다. 여기서는 Debye-Scherrer법에 대해서만 살펴보기로 한다.

Debye-Scherrer법(분말법)에서는 분말로 만들어진 시료가 단색 X-선 빔에 놓이고, 회절 형상이 원통 모양의 필름에 기록된다. 원통 모양 필름의 축은 시료의 회전축에 평행하다. 그림 10-24는 Debye-Scherrer 분말법에서 가장 일반적인 분말 회절 방법을 나타낸 것이다.

Debye-Scherrer법에서는 가는 좁은 띠 모양의 필름이 짧은 원통형으로 휘어져 있고, 시료는 원통형의 축에 놓여 있다. 단색 X-선 빔은 이 축에 수직으로 입사한다. 분말법(powder method)에서는 단색 X-선이 미세한 분말의 형태로 된 시료에 부딪힌다. 분말 시료에 있는 각각의 분말 입자는 어떤 특정한 결정학적인 방향을 가지는 작은 결정으로 생각될 수 있다. 시료에 있는 모든 분말 입자들은 서로 무질서한 방향으로 되어 있다고 가정한다. 개별 분말 입자(결정)의 무질서한 방향으로 인해 모든 가능한 결정학적인 면들에 대해 적절한 브래그 각도가 형성된다. 이로 인해 아주 큰 회절된 빔이 만들어진다. 회절된 빔은 원추(원뿔) 모양의 X-선 방사로 존재하게 된다. 여기서 원추의 반각(semiangle)은 2θ이거나, 특정한 결정학적 면에 대한 브래그 각도 θ의 2배이다.

회절된 빔이 원추 모양이 되는 이유는 입사한 빔이 면들과 적절한 브래그 각도를 형성할 때, 입사한 빔 주위에 어떤 방향에 대해 면들이 회절된 빔을 만들기 때문이다. 따라서 입사한 빔의 방향에 대해 회절된 빔의 회전하는 대칭이 존재한다. 가장 큰 면간 간격(interplanar spacing)을 가지는 면들이 가장 작

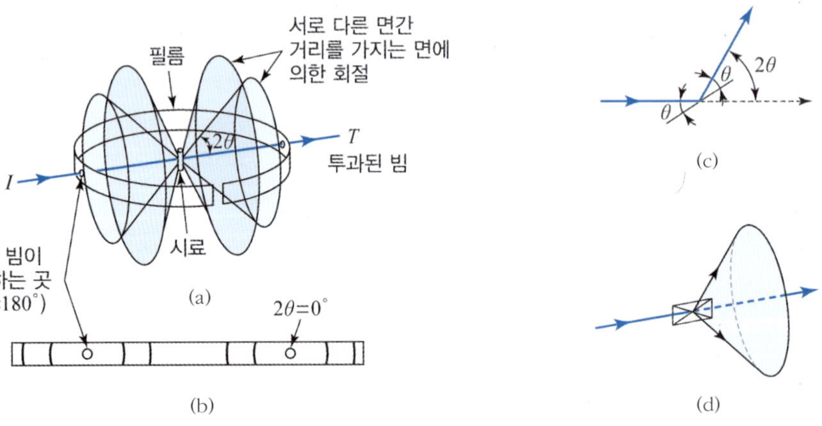

그림 10-24 Debye-Scherrer 분말법
(a) 입사 빔(I)과 시료의 관계 및 입사 빔과 필름의 관계
(b) 필름을 펼쳤을 때 모양
(c) 입사 빔(I)과 시료의 각도 관계
(d) 입사 빔(I)이 결정면에 의해 회절되어 형성하는 X-선 회절 원추

은 브래그 각도 θ를 나타낸다. 실제로 $d_{hkl} > \dfrac{\lambda}{2}$를 가지는 면들만이 θ가 90°를 넘을 수 없을 때, 회절된 빔들을 만들게 될 것이다. 그러므로 관찰된 회절 피크의 수에는 제한이 있으며, 이 피크의 수는 X-선의 파장에 따라 달라진다.

그림 10-24(c)와 (d)를 통해 회절 원추들이 반각 2θ를 가진다는 사실이 설명되며, 여기서 회절된 빔은 입사한 빔에 대해 2θ의 각도를 형성한다. 필름에 기록된 각각의 회절선은 다수의 작은 반점으로부터 만들어진 것이며, 따로따로 떨어져 있는 결정 입자로부터 나온 각각의 반점들이 매우 가까이 놓여 있어서 1개의 연속적인 선으로 보인다. 회절선이 직선일 때는 회절이 정확히 $2\theta = 90°$에서 발생하지만, 그 외에는 일반적으로 곡선이다. 필름 위에 있는 회절선의 위치를 측정함으로써 θ가 결정되며, λ를 알면 회절선을 만든 반사면의 간격 d를 계산할 수 있다.

반대로, 결정의 단위정의 모양과 크기를 알면, 필름에 나타나는 가능한 한 모든 회절선의 위치를 예측할 수 있다. 가장 작은 2θ값의 회절선은 가장 큰 간격(d)을 가지는 면으로부터 반사에 의해 만들어진다. 예를 들어, 입방정계(cubic system)에서 $(h^2 + k^2 + l^2)$이 최소일 때 면간격 d는 최대이며, (hkl)이 (100)와 같을 때 $(h^2 + k^2 + l^2)$의 최솟값은 1이다. 따라서 100 반사는 가장 낮은 2θ값 중 하나이다. 그다음의 가능한 반사는 다음으로 높은 $(h^2 + k^2 + l^2)$의 값이 2에 해당하는 hkl 밀러 지수를 가지게 되며, 이 경우에 (hkl)은 (110)과 같다.

Debye-Scherrer법 및 다른 변형된 분말법은 특히 금속학에서 매우 널리 사용된다. 분말법은 단결정 시료를 사용할 수 없을 때 적용할 수 있는 유일한 방법이며, 금속학에서 단결정을 얻을 수 없는 경우가 많다. 분말법은 특히 높은 정밀도로 격자상수를 결정하는 데 적합하며, 다상 합금, 부식 산화물, 내화물과 암석과 같은 혼합물로 되어 있는지, 단일 상인지를 구별하여 상을 확인하는 데 적합하다.

연습문제

1. X-선관에서 일어나는 열전자 방출에 대해 설명하시오.

2. X-선관을 빠져나오는 X-선은 베릴륨(Be) 창(window)을 통해 공기 중으로 방사된다. X-선관의 창에 베릴륨(Be) 원소를 쓰는 이유를 설명하시오.

3. 연속 스펙트럼(연속 X-선)과 특성 스펙트럼(특성 X-선)의 발생 기구를 설명하시오.

4. Mo 양극 타깃을 사용하여 연속 스펙트럼과 특성 스펙트럼을 발생시킬 때, X-선관에서 가속 전압을 변화시킴에 따라 얻는 X-선의 강도를 X-선의 파장 곡선[X-선 상대 강도 vs. 파장(λ)]으로 그리고, 이에 대해 설명하시오.

5. 특성 스펙트럼에서 다음을 구분하는 방법에 대해 설명하시오.
   (a) K_α, K_β, K_γ
   (b) L_α, L_β, L_γ
   (c) $K_{\alpha 1}$, $K_{\alpha 2}$

6. 선택 규칙(selection rule)에 대해 설명하시오.

7. 특성 X-선을 방출하기 위해 금속 양극 타깃으로 구리(Cu)를 사용하였다. 이 경우 단색 X-선을 만들기 위해서는 어떤 금속을 필터로 사용해야 하며, 그 이유를 설명하시오.

8. 질량 흡수 계수에 대해 설명하시오.

9. 컴프톤 효과에 대해 설명하시오.

10. 1개 원자에 의한 X-선의 산란과 1개 결정에 의한 X-선의 산란을 비교하여 설명하시오.

11. 결정질 고체, 액체 또는 비정질 고체, 단원자 기체에 의한 X-선의 산란을 비교하여 설명하시오.

12. 납(Pb)은 면심 입방(FCC) 구조를 가지고 있으며, 다음과 같은 상대 강도(I)-2θ 곡선을 얻는다. 납의 구조 인자를 계산하고, 다음의 회절 곡선이 나타나는 이유를 설명하시오.

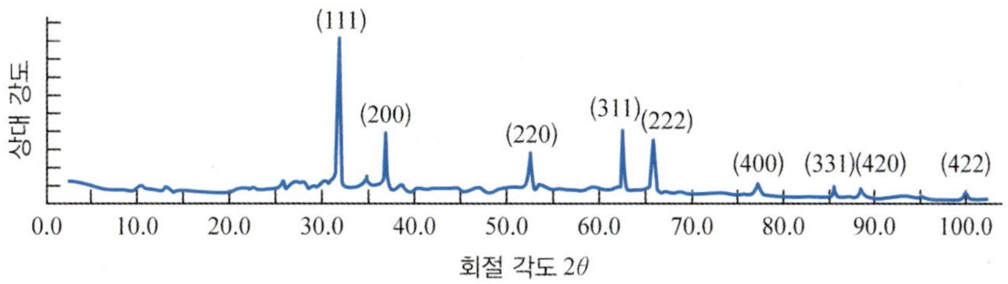

13. Debye-Scherrer 카메라의 경우, 상대 강도 I는 다음 식으로 표현된다.

$$I = |F|^2 p\left(\frac{1+\cos^2 2\theta}{\cos^2\theta\cos\theta}\right)A(\theta)e^{-2M}$$

상대강도 I에 영향을 주는 6가지 인자를 설명하시오.

14. 다이아몬드 입방의 결정 구조에 대한 구조 인자를 계산하고, 회절 강도를 얻는 면지수 조건과 회절 강도를 얻지 않는 면지수 조건을 설명하시오.

정답

1. 그림 10-2, 그림 10-3 참고

금속 음극으로부터 자유전자를 방출하는 방법은 음극에 빛을 쪼이는 방법(광전 효과)과 열을 사용하는 방법(열전자 방출 효과)으로 나눌 수 있다. 그림 10-2와 같이 X-선관은 열전자를 방출하기 위해 가열되는 음극[일반적으로 W filament(텅스텐 필라멘트)를 사용]과 음극으로부터 나온 열전자를 가속하여 양극(anode) 타깃에 충돌시켜 X-선을 방출하는 양극으로 구성되어 있다. 텅스텐 필라멘트로 된 음극을 가열하면 금속 텅스텐에 있는 자유전자가 열로부터 텅스텐의 일함수[work function: 어떤 고체에서 1개의 전자를 고체 밖의 자유 공간(진공)으로 떼어내는 데 필요한 최소의 에너지]보다 큰 에너지를 얻게 되며, 텅스텐 금속의 밖으로 방출되어 나온다. 이렇게 음극으로 사용되는 금속(W)으로부터 전자를 방출하기 위해 열(heat)을 사용했기 때문에, 이 현상을 열전자 방출(thermionic emission)이라고 한다.

그림 10-3은 진공관 내에서 열전자 방출을 하기 위한 장치를 나타낸 것이다.

금속이 가열되면, 페르미-디락(Fermi-Dirac)의 분포 함수가 보다 높은 온도로 확장되면서 전자들은 에너지를 더 얻는다. 이들 전자 중 일부는 열로부터 금속을 떠날 만큼 충분히 큰 에너지를 얻고 금속을 떠나 진공 중으로 방출되며, 자유롭게 된다. 금속 밖으로 방출된 전자들은 금속 밖 근처에 축적되며, 이로 인해 더 많은 전자가 금속을 떠나는 것을 방해한다. 따라서 이 현상은 자기 제한적(self-limiting) 과정이다. 즉, 금속 밖으로 방출된 전자들은 방출된 영역에 속한 금속 이온을 남기게 되며, 이 금속 이온은 금속을 떠난 열전자를 끌어당기는 '+' 전하[positive charge, 정공(hole): 금속 양이온]가 된다. 따라서 잃어버린 전자를 다시 보충해주고 방출된 전자를 모아야 하며, 이는 그림 10-3과 같이 폐회로에서 진공관 내의 필라멘트, 음극, 양극의 배치를 통해 가장 쉽게 할 수 있다. 필라멘트에 의해 가열된 음극이 전자를 방출하고, 음극과 양극 사이에 연결된 전지(battery)가 전자를 보충해준다. 또한 전지는 양극에 '+' 전압(positive bias)을 가해 음극으로부터 열적으로 방출된 전자들을 모은다. 관(tube) 내의 진공은 전자가 공기 분자와 부딪혀 산란되고, 충돌에 의해 일부 전자가 음극으로 되돌아가는 것을 막아준다. 그러므로 진공은 필수적이다. 음극으로부터 양극으로 방출된 전자의 양은 양극 전압에 따라 달라진다. 열전자 방출에 의해 고체로부터 떨어져 나오는 전하 운반체는 전자(electron) 또는 이온(ion)이 될 수 있다.

2. X-선관의 양극(금속) 타깃의 집중점(focal spot)으로부터 발생한 X-선은 모든 방향으로 방출(방사)되고, X-선관 하우징(tube housing)에 있는 2개(또는 2개 이상. X-선관 모델에 따라 다름)의 창(window)을 통해 X-선관으로부터 대기 중으로 빠져나온다. 일반적으로 이러한 창에 사용되는 재료는 가장 가벼운 금속 원소인 베릴륨(Be)이다. 베릴륨이 사용되는 이유는 양극에서 방출된 X-선에 대해 높은 투과성을 가질 뿐만 아니라, X-선관 내부의 진공이 새지 않게 하기 위해서이다.

3. 그림 10-4 참고

X-선은 충분한 운동에너지를 가지고 있고, 전기적으로 대전된 어떤 입자(여기서는 열전자)의 속도가 급격히 감속될 때 발생한다. X-선의 방사(방출)는 열전자의 공급원(W 필라멘트)과 2개의 금속 전극[여기서는 금속 W(음극) 자체와 타깃 금속(양극)]을 포함하고 있는 X-선관에서 만들어진다. X-선관에서 열전자 방출로 인해 음극 금속(W)으로부터 방출된 열전자는 양극과 음극 사이에 걸린 전압에 의해 가속되며, 가속 전압(5~30 kV)의 크기에 따른 운동에너지를 가지고 양극 타깃에 충돌하게 된다. 가속된 전자가 양극(양극 재료: Cu, Fe, Mo 등), 즉 타깃 내에 있는 원자와 충돌하게 되면, X-선은 충돌한 지점에서 발생하여 모든 방향으로 방사(radiation)한다.

방사하는 X-선은 발생 방법에 따라 그림 10-4와 같이 연속(continuous) 스펙트럼과 특성(characteristic) 스펙트럼의 두 가지로 구분된다.

그림 10-4(a)와 같이 가속된 열전자가 타깃 금속에 있는 원자나 원자핵에서 받는 쿨롱 힘에 의해 갑자기 진로를 바꾸며 감속을 할 때 그 감속된 차이만큼의 전자파(electromagnetic wave)를 방출한다. 이러한 방식으로 발생하는 X-선을 연속 스펙트럼이라고 하며, 다양한 파장을 가지는 X-선이 방사된다. 이렇게 감속하는 열전자에 의해 방출되는 X-선을 독일어로 '브레이크를 거는 방사'라는 뜻을 가진 bremsstrahlung이라고 한다. 또한 이 X-선은 여러 가지 파장이 섞여 있기 때문에 다색(heterochromatic, polychromatic)이며, 파장이 연속적이어서 연속 또는 백색(white) 방사라고 한다. 이렇게 발생한 백색 방사 X-선을 이용하여 촬영된 X-선 사진은 일반 병원 또는 치과 병원에서 환자의 진료에 이용하고 있다. 속도가 느려지는(감속하는) 어떠한 전하(charge, 열전자)도 에너지를 방출하기 때문에, 연속 스펙트럼은 양극 타깃에 있는 원자를 때리는 열전자가 급격하게 감속(속도 감소)하면서 발생한다. 따라서 열전자는 양극 타깃을 구성하고 있는 여러 원자와 잇달아 충돌하면서 열전자가 모든 에너지를 방출할 때까지 열전자가 가지고 있는 총 운동에너지의 일부를 연속적으로 잃는다.

그러나 모든 열전자가 X-선의 연속 스펙트럼과 같은 방법으로 감속되지는 않는다. 즉, 어떤 열전자는 그림 10-4(b)와 같이 한 번의 충돌로 정지하며, 그 열전자가 가지고 있는 에너지를 즉시 한 번에 방출한다. 한 번의 충돌로 정지되는 열전자는 최대 에너지(maximum energy)를 가지는 광자(광양자, photon), 즉 최소 파장(minimum wavelength)을 가지는 X-선을 만든다. 이러한 열전자는 자신이 가지고 있는 모든 운동에너지 eV를 광자에너지(photon energy)로 전달하며, 원자를 들뜬 상태(excited state)로 만든다. 즉, 음극으로부터 방출되어 가속된 열전자가 양극 내에 있는 원자의 낮은 에너지 준위(예 K 껍질)에 있는 어떤 전자와 충돌하여, 이 전자를 원자 밖으로 한 번에 방출하면, 가속된 열전자에 의하여 낮은 에너지 준위(K 각)에 있는 전자를 잃은 원자는 불안정한(들뜬) 상태(excited state)로 된다. 이 들뜬 상태에 있는 원자는 매우 불안정하며, 보다 바깥쪽에 있는 높은 에너지 껍질(예 L 껍질 또는 M 껍질)로부터 낮은 에너지 껍질(예 K 껍질)로 전자의 천이(transition)가 일어난다. 전자가 높은 에너지 껍질로부터 낮은 에너지 껍질로 천이될 때, 두 껍질 사이의 에너지 값의 차이(energy gap), $\Delta E = h\nu$에 해당하는 에너지를 갖는 X-선이 방출된다. 두 껍질 사이의 에너지 값의 차이(energy gap)는 항상 일정하기 때문에, 이때 방출되는 X-선은 항상 특정한 파장만을 갖는 X-선이 방출된다. 이 특정한 파장을 갖는 X-선을 특성 스펙트럼이라고 한다.

4. 그림 10-5 참고

그림 10-5는 X-선관에서 가속 전압을 5 kV로부터 25 kV까지 증가시켜 Mo 양극에 충돌시킬 때 얻는 연속 스펙트럼과 특성 스펙트럼 곡선을 나타낸다. 20 kV 이하의 가속 전압에서는 특성 스펙트럼은 관찰되지 않고, 연속 스펙트럼(0.496 Å~3.0 Å)만이 관찰된다. 25 kV 이상의 가속전압에서 관찰되는 X-선 곡선의 경우, 0.632 Å과 0.711 Å의 파장에서 예리한 X-선 피크(peak)가 2개 존재한다.

이와 같이 어떤 특정한 파장에서 X-선 강도가 주변의 연속 스펙트럼의 파장들과 비교하여 극대치를 나타내는 X-선을 특성 스펙트럼이라고 한다. 이러한 극대치의 강도를 가지는 X-선은 파장 범위가 매우 좁으며, 이 파장 값은 양극으로 사용된 타깃 금속에 따라 달라지는 특성이므로 특성선(characteristic lines) 또는 특성 스펙트럼이라고 부른다. 가속 전압이 25 kV 이상으로 증가하는 경우 25 kV의 가속 전압에서 나타나는 것과 같은 연속 스펙트럼과 특성 스펙트럼이 나타나며, 각 스펙트럼의 강도는 증가하지만 λ_{SWL}(단파장의 한계, short wavelength limit)이 보다 짧은 파장으로 이동해 나타나게 된다. 즉, 가속 전압이 35 kV로 증가하면, 0.354 Å~3.0 Å의 범위를 가지는 파장의 연속 스펙트럼뿐만 아니라, 0.632 Å의 K_β와 0.709 Å의 K_α의 특성 스펙트럼도 나타난다. 이때 연속 스펙트럼과 특성 스펙트럼의 곡선의 강도는 전체적으로 증가하며, 곡선의 아래에 있는 면적도 넓어진다.

5. 그림 10-6, 그림 10-8 참고

그림 10-6과 같이 양극 타깃에 금속 Mo을 사용하고, 특성 X-선을 얻기 위해 25 kV 의 가속 전압을 가해준 경우를 상세히 살펴보자.

W 필라멘트로부터 방출된 열전자가 25 kV의 전압으로 가속되어, 양극 타깃을 구성하고 있는 Mo 원자에 충돌한다. Mo 원자에 충돌하는 가속된 열전자는 Mo 원자 내의 K 껍질 또는 L 껍질에 있는 전자를 원자로부터 떼어낼(knock out) 수 있을 만큼 충분한 운동에너지를 가지고 있다. 만약 Mo 원자의 K 껍질에 속해 있는 한 전자가 가속된 열전자와의 충돌로 인해 Mo 원자 밖으로 떨어져 나가면, Mo 원자는 K 껍질에서 1개 전자를 잃은 들뜬(여기된, excited) 상태로 되어 불안정해진다. 이후 에너지가 높은 바깥 껍질(L 껍질, M 껍질, N 껍질, O 껍질)에 있는 1개의 전자가 비어 있는 K 껍질로 천이되어 오며, Mo 원자는 다시 안정하게 된다. 이때 에너지가 높은 바깥 껍질로부터 에너지가 낮은 K 껍질로 천이되어 오는 전자는 그림 10-6(b)와 같이 바깥 껍질과 K 껍질 사이의 에너지 차이(에너지 갭, E_g) $\Delta E = h\nu$에 해당하는 파장의 에너지를 방출하게 된다.

그림 10-6(c)와 같이 높은 에너지 껍질에 속해 있는 전자가 충돌(입사된 전자가 Mo 원자의 K 껍질, L 껍질 등에 속해 있는 전자와의 충돌)로 인해 비어 있는 낮은 에너지 껍질 상태로 천이됨에 따라, 전자가 천이되어 도착하

는 껍질이 K 껍질이면 K-선, L 껍질이면 L-선, M 껍질이면 M-선이라고 부른다.

(a) K-선은 K 껍질로 천이되는 전자가 원래 속해 있던 껍질의 에너지 준위에 따라 구분된다. 한 단계 높은 에너지 껍질(L 껍질)에 있는 전자가 K 껍질로 천이하면 K_α-선(K_α-line)이라고 한다. 두 단계 높은 에너지 껍질(M 껍질)에 있는 전자가 K 껍질로 천이하면 K_β-선(K_β-line), 세 단계 높은 에너지 껍질(N 껍질)에 있는 전자가 K 껍질로 천이하면 K_γ-선(K_γ-line)이라고 부른다.

(b) 만약 1개 전자가 비어 있는 껍질이 L 껍질이고, M 껍질로부터 전자가 천이되면 L-선이라고 한다. 한 단계 높은 에너지 껍질(M 껍질)에 있는 전자가 비어 있는 L 껍질로 천이하면 L_α-선(L_α-line)이라고 하며, 두 단계 높은 에너지 껍질(N 껍질)에 있는 전자가 L 껍질로 천이하면 L_β-선(L_β-line)이라고 부른다.

(c) Mo 원자의 L 껍질에는 $2s$ 부껍질(subshell)과 $2p$ 부껍질이 존재하며, 다시 $2p$ 부껍질에는 $2p_x$, $2p_y$, $2p_z$의 3가지 $2p$ 부껍질이 존재한다. Mo 원자의 비어 있는 K 껍질로 천이하는 전자가 원래 속해 있던 부껍질에 따라 조금씩 다른 파장의 K-선이 방출되며, 그림 10-8(b)와 같이 K-선은 다시 $2p_x$ 부껍질로부터 $1s$ 부껍질로 전자가 천이되어 나오는 $K_{\alpha1}$ X-선과, $2p_z$ 부껍질로부터 $1s$ 부껍질로 전자가 천이되어 나오는 $K_{\alpha2}$ X-선으로 분리된다.

6. 그림 10-7 참고

X-선관의 음극으로부터 방출되어 가속된 열전자가 양극 내에 있는 원자의 낮은 에너지 준위(예 K 껍질)에 있는 어떤 전자와 충돌하여, 이 전자를 원자 밖으로 한 번에 방출하면, 가속된 열전자에 의해 낮은 에너지 준위(K 각)에 있는 전자를 잃은 원자는 불안정한(들뜬) 상태(excited state)로 된다. 이 들뜬 상태에 있는 원자는 매우 불안정하며, 보다 바깥쪽에 있는 높은 에너지 껍질(예 L 껍질 또는 M 껍질)로부터 낮은 에너지 껍질(예 K 껍질)로 전자의 천이(transition)가 일어난다. 전자가 높은 에너지 껍질로부터 낮은 에너지 껍질로 천이될 때, 두 껍질 사이의 에너지 값의 차이(energy gap), $\Delta E = h\nu$에 해당하는 에너지를 가지는 X-선이 방출된다.

이때 전자는 양자화된 궤도 각운동량(quantized orbital angular momentum)을 가지므로, 전자와 광자가 상호작용할 때, 전자는 각운동량(angular momentum)의 보존 법칙을 만족해야 한다. 광자는 $\hbar$에 해당하는 일정한 크기의 고유 각운동량을 가지고 있다는 사실이 입증되었다. 그러므로 에너지 $h\nu = E_2 - E_1$을 가지는 광자가 흡수되거나 방출되면 전자의 각운동량은 변해야 한다. 이는 광자가 흡수되거나 방출될 때, 주양자수 n과 궤도 각운동량 양자수(orbital angular momentum quantum number) l이 변해야 함을 의미한다. 광자의 흡수나 방출에 따라 한 상태로부터 다른 상태로 어떠한 천이가 가능한지를 결정하는 규칙을 선택 규칙(selection rule)이라고 하며, 광자의 흡수 또는 방출로 인한 전자파 방사[electromagnetic(EM) wave radiation]는 다음 식을 만족해야 한다.

$$\Delta l = \pm 1 \ \& \ \Delta m_l = 0, \pm 1 \tag{10.6}$$

선택 규칙을 설명할 때, 복잡성을 피하기 위해, 전자가 1개만 있는 수소 원자를 예로 들어 선택 규칙을 설명하겠다.

그림 10-7은 수소 원자 내에서 광자(광양자) 방출에 따른 전자의 가능한 천이를 나타낸 것이다.

수소 원자 내의 전자가 기저 상태 E_1(K 껍질)에서 여기 상태 E_2(L 껍질)로 되는 경우를 살펴보자. 기저 상태에서 E_1의 에너지를 가지고 있던 전자가 광자를 흡수하여 여기 상태 E_2로 되는 경우, 광자의 에너지는 정확히 $E_2 - E_1$이어야 한다. 기저 상태 E_1에 있는 원자의 $1s$ 에너지 준위에 있는 전자의 파동 함수는 $\psi_{1,0,0}$이다. 반면, 여기 상태 E_2에 있는 원자의 1개의 $2s$ 에너지 준위 $\psi_{2,0,0}$와 3개의 $2p$ 상태 $\psi_{2,1,-1}$, $\psi_{2,1,0}$, $\psi_{2,1,1}$가 존재한다. 여기된 전자는 $\Delta l = \pm 1$이어야 하므로 $2s$ 상태로 여기될 수는 없으며, 따라서 3개의 $2p$ 상태 $\psi_{2,1,-1}$, $\psi_{2,1,0}$, $\psi_{2,1,1}$ 중 하나에 해당하는 $2p$ 상태로 들어가게 된다.

7. 그림 10-11 참고

특성 X-선을 방출하기 위해 금속 양극 타깃으로 구리(Cu)를 사용한 경우, 단색 X-선(monochromatic X-선)을 만들기 위해서는 Ni 금속을 필터로 사용해야 한다. Cu 타깃 금속으로부터 나온 여러 가지 X-선, 즉 K_α 특성선, K_β 특성선 및 연속 스펙트럼을 Ni 필터에 통과시키기 전[그림 10-11(a)]과 후[그림 10-11(b)]에 얻은 Cu의 X-선의 스펙트럼은 그림 10-11과 같다.

그림 10-11(a)와 같이 Cu의 K_β 특성선은 1.392 Å의 파장에 위치하고, K_α 특성선($K_{\alpha 1}$의 파장: 1.540 Å 및 $K_{\alpha 2}$의 파장: 1.544 Å)은 1.540 Å ~1.544 Å 사이에 위치한다. 여기서 필터로 사용된 Ni의 K 흡수단은 1.488 Å인 파장의 위치에 존재하며, 이 파장(1.488 Å)의 위치는 Cu의 K_β 특성선(1.392 Å)과 K_α 특성선(1.540 Å ~1.544 Å) 사이의 중간에 위치한다. 따라서 Ni 필터를 통과한 후, Cu 타깃으로부터 발생한 K_β 특성선, K_α 특성선, 연속 스펙트럼 모두 강도가 감소한다. 그럼에도 불구하고, K_β 특성선 및 연속 스펙트럼의 강도는 거의 감소하였으나, K_α 특성선은 상대적으로 여전히 높은 강도를 나타내고 있음을 알 수 있다. 필터의 두께가 두꺼워질수록, 필터를 투과한 빔에서 Cu의 K_α 특성선에 대한 K_β 특성선의 강도의 비율은 낮아진다. 필터 재료는 일반적으로 얇은 (금속) 필름의 형태로 사용된다.

8. 그림 10-9 참고

광자의 에너지(파장 또는 진동수)가 한계(문턱) 진동수보다 큰 X-선이 금속으로 입사되면 광자와 금속 내의 원자 사이에 일어나는 상호 반응(광자의 운동에너지를 원자 내에 있는 전자로 전달)으로 인해 원자로부터 전자가 원자를 떠나게 되는 광전 흡수(photoelectric absorption) 현상이 발생할 수 있다. 즉, 광자가 가지고 있던 에너지가 원자에 흡수되고, 그 에너지가 원자의 궤도(K 껍질, L 껍질 등)에 있는 전자에 광자가 가지고 있는 에너지를 완전히 전달한다. 이때 원자의 궤도에 있는 전자는 전자가 원자에 붙들려 있는 결합에너지(critical ionization energy)를 뺀 광자에너지를 가지고 원자 밖으로 떨어져 나간다. 또한 금속 내로 입사하는 X-선(광자)은 산란에 의해 에너지를 잃을 수 있다. 따라서 X-선(광자)이 어떤 형태의 물질을 만나면 일부분은 흡수되고, 일부분은 투과한다. 강도 I인 X-선이 어떤 균질한 물질을 지나는 경우, 이때 X-선 빔 강도의 부분적인 감소는 다음 식과 같이 X-선 빔이 지나가는 거리 x에 비례한다.

$$-\frac{dI}{I}=\mu dx$$

여기서, μ는 선형 흡수 계수(linear absorption coefficient)라고 하는 비례상수로, X-선이 물질 내를 1 cm 통과는 동안 흡수(absorption)되는 정도를 나타낸다. μ는 X-선이 지나가는 물질의 종류, 그 물질의 밀도, X-선의 파장에 의존한다. 위 식을 X-선이 지나가는 거리 x에 대해 적분하면 다음과 같다.

$$\int \frac{1}{I}dI=-\int \mu dx$$

$$I_x = I_0 e^{-\mu x}$$

선형 흡수 계수 μ는 물질의 밀도 ρ에 비례한다. 따라서 $\frac{\mu}{\rho}$는 물질의 상수이며, 물질의 물리적인 상태(고체, 액체 또는 기체)에 무관하다. $\frac{\mu}{\rho}$는 질량 흡수 계수(mass absorption coefficient)라고 한다.

9. 그림 10-13 참고

그림 10-13(a)는 원자 내에서 원자핵에 강하게 결합되어 있는 1개의 전자에 의해 발생하는 X-선의 간섭성 산란을 나타낸다. 전자가 X-선을 산란할 수 있는 또 다른 방법으로 X-선이 원자에 약하게 결합되어 있는 전자 또는 자유전자(예 금속 내의 자유전자)와 부딪힐 때마다 일어나는 산란을 그림 10-13(b)에 나타냈다. 이를 컴프톤 효과라고 한다. 이 현상은 입사 빔이 파동(wave motion)이 아니라, X-선 양자(quanta) 또는 광자(photon)의

흐름이라고 생각해야 이해할 수 있다. 원자에 약하게 결합된 전자에 부딪히는 각각의 X-선 양자 또는 광자의 에너지는 $h\nu_1$이다. 여기서, ν_1은 입사하는 X-선 양자 또는 광자의 주파수이다.

X-선 양자 또는 광자가 원자에 약하게 결합된 전자에 충돌하면, 이 충돌은 당구공 2개가 충돌하는 것과 같은 탄성 충돌에 해당된다. 즉, 전자는 옆으로 튕겨나가고, X-선 양자 또는 광자는 2θ의 각도로 빗나간다. 전자로 입사하는 X-선 양자 또는 광자가 가지고 있는 에너지의 일부는 전자에 운동에너지를 주는 데 사용된다. 이 때문에 충돌 후에 X-선 양자 또는 광자의 에너지는 충돌 전에 X-선 양자 또는 광자의 에너지 $h\nu_1$보다 작은 $h\nu_2$이다. 따라서 옆으로 튕겨나간 전자의 운동에너지(KE)는 다음과 같다.

$$KE = h\nu_1 - h\nu_2$$

또한 전자에 의해 산란된 X-선 양자의 파장 λ_2는 입사된 X-선 양자의 파장 λ_1보다 약간 크며(파장이 커지므로 에너지가 작아짐을 의미함), 다음과 같다.

$$\Delta\lambda(\text{Å}) = \lambda_2 - \lambda_1 = 0.0486\sin^2\theta$$

따라서 이 식에서 알 수 있듯이, 파장의 증가 $\Delta\lambda$는 산란하는 각도 θ에 의존한다. 즉, $2\theta = 0°$인 전방일 때 $\Delta\lambda = 0$ Å으로부터 $2\theta = 180°$인 완전히 후방일 때 $\Delta\lambda = 0.05$ Å까지 변화한다. 이렇게 산란된 X-선 양자는 컴프톤 변조 X-선(Compton modified X-ray) 또는 컴프톤 변조 광자(Compton modified photon)라고 불린다. 컴프톤 변조 X-선은 또는 컴프톤 변조 X-선의 파장이 증가하는 것(파장이 커지므로 에너지가 작아짐을 의미함) 이외에 컴프톤 변조 X-선의 위상이 입사하는 X-선의 위상과 일정한 관계를 갖지 않는다는 중요한 특성이 있다. 이 때문에 비간섭성(incoherent) X-선(또는 광자)이라고 불린다. 컴프톤 변조 X-선의 위상은 입사하는 X-선 또는 광자의 위상에 단지 불규칙하게 관련되며, 그로 인해 간섭 효과를 나타낼 수 없기 때문에, 회절에 참여할 수 없다. 그러나 컴프톤 변조 산란은 막을 수 없으며, 이로 인해 회절 무늬(diffraction pattern)의 배경이 어두워지는 바람직하지 못한 효과가 발생한다.

10. 그림 10-16 참고

그림 10-16(a)와 같이 X-선이 단 1개의 원자에 부딪혀 산란이 일어나는 경우, 원자는 입사한 X-선 빔을 공간의 모든 방향으로 산란시킨다. 그러나 결정을 만들며, 3차원으로 완벽하게 주기적인 배열로 정렬되어 있는 다수의 원자는 그림 10-16(b)와 같이 상대적으로 몇 개의 방향들로만 X-선을 산란(회절)시킨다. 즉, 결정 내에서 원자들의 주기적인 배열은 브래그 법칙에 의해 예측되는 방향들(브래그 법칙을 만족시키는 면) 외에는 모든

방향으로 산란된 X-선들의 상쇄 간섭을 일으키고, 브래그 법칙을 만족시키는 방향들로는 보강 간섭을 일으킨다.

11. 그림 10-17 참고

그림 10-17은 단색 X-선이 결정질 고체, 비정질 고체 또는 액체, 단원자 기체에 입사할 때 산란되는 X-선을 서로 비교하여 나타낸 것이다.

결정질 고체(장범위 규칙성을 나타냄)에 대해 산란된 X-선의 강도를 나타내는 곡선에서는 브래그 법칙을 만족시키는 특정 각도(2θ)에서 높고 날카로운 최대 강도가 나타나며, 이 높고 날카로운 강도값들이 보강 간섭에 의해 얻은 회절된 빔이다. 그림 10-17(a)와 같이 이들 회절된 빔 외의 모든 각도(2θ)에서 X-선 빔의 강도 값은 거의 0(zero)을 나타낸다. 비정질 고체와 액체는 모두 원자들의 주기성이 거의(또는 완전히) 부족한 구조를 이루고 있다. 이들은 원자들이 매우 단단하게 충진되어 있고, 원자 간 거리가 통계적으로 일정하게 나타나는 규칙적인 단범위 배열을 특징으로 한다. 따라서 그림 10-17(b)와 같이 1개 또는 2개의 넓은 최댓값을 가지는 X-선 산란 곡선을 나타낸다. 전혀 구조적인 규칙성을 가지고 있지 않은 단원자 기체의 경우, 원자들은 완전히 무질서하게 배열되어 있으며, 원자들의 상대적인 시간에 따라 일정하게 변한다. 단원자 기체에 대한 X-선 산란 곡선은 그림 10-17(c)와 같이 최댓값은 나타내지 않고, 산란 각도의 증가에 따라 강도의 점진적인 감소만 나타난다. 고립된 원자들이 높은 2θ 각도보다 낮은 2θ 각도에서 더욱 강하게 X-선을 산란한다는 점만 제외하면, 단원자 기체에 대한 X-선 산란 곡선은 거의 특징이 없는 수평선에 가깝다.

12. 납(Pb)은 면심 입방(FCC) 구조를 가지며, 면심 입방정은 단위정에 4개의 원자가 있다. 모서리에 있는 1개의 원자는 주변의 8개 단위정들에 의해 공유되므로, 8개 원자$\times\dfrac{1}{8\text{단위정}}=\dfrac{1\text{개 원자}}{\text{단위정}}$이다. 또한 단위정의 각 면의 중앙에 1개의 원자가 있으며, 이 원자는 2개의 단위정에 공유되므로 6개 원자$\times\dfrac{1}{2\text{단위정}}=\dfrac{3\text{개 원자}}{\text{단위정}}$이다. 면심 입방정의 단위정에 존재하는 4개 원자의 분수 좌표 uvw는 000, $\frac{1}{2}\frac{1}{2}0$, $\frac{1}{2}0\frac{1}{2}$, $0\frac{1}{2}\frac{1}{2}$이다. 따라서 면심 입방정의 구조 인자는 다음과 같이 계산된다.

$$F=fe^{2\pi i(h\cdot 0+k\cdot 0+l\cdot 0)}+fe^{2\pi i(h\cdot \frac{1}{2}+k\cdot \frac{1}{2}+l\cdot 0)}+fe^{2\pi i(h\cdot \frac{1}{2}+k\cdot 0+l\cdot \frac{1}{2})}+fe^{2\pi i(h\cdot 0+k\cdot \frac{1}{2}+l\cdot \frac{1}{2})}$$

$$=fe^{2\pi i(0)}+fe^{2\pi i(\frac{h}{2}+\frac{k}{2})}+fe^{2\pi i(\frac{h}{2}+\frac{l}{2})}+fe^{2\pi i(\frac{k}{2}+\frac{l}{2})}=f[1+e^{\pi i(h+k)}+e^{\pi i(h+l)}+e^{\pi i(k+l)}]$$

① 위 구조 인자 식 F에서 h, k, l이 비혼합 지수(h, k, l이 모두 짝수 또는 모두 홀수로만 되어 있는 경우)인 경

우, $(h+k)$, $(h+l)$, $(k+l)$이 모두 짝수이므로 $e^{\pi i(h+k)}$, $e^{\pi i(h+l)}$, $e^{\pi i(k+l)}$의 값은 모두 1이 되며, F와 F^2은 다음과 같다.

$$F = 4f \quad (h, k, l\text{이 비혼합 지수인 경우})$$

$$F^2 = 16f^2$$

따라서 h, k, l이 모두 홀수이거나 짝수인 (111), (200), (220), (311) 등과 같은 면은 회절된 빔의 강도가 관측된다.

② 위 구조 인자 식 F에서 h, k, l이 혼합 지수(h, k, l이 짝수와 홀수로 섞여 있는 경우)인 경우, 3개의 지수 함수 $e^{\pi i(h+k)}$, $e^{\pi i(h+l)}$, $e^{\pi i(k+l)}$의 총합은 −1이 된다. 이 경우 3개의 면지수 중에서 2개가 짝수이고, 1개가 홀수이거나 또는 1개가 짝수이고, 2개가 홀수이든 상관없이 총합은 −1이 된다. 예를 들어, h, k, l이 홀수와 짝수로 섞여 있는 (100), (110), (210)와 같은 면으로부터 회절된 빔의 강도는 0으로 관찰되지 않는다. 예를 들어, h, k, l 중에서 2개가 짝수이고, 1개가 홀수인 (100)인 경우 F와 F^2은 다음과 같다.

$$F = f[1 + e^{\pi i(h+k)} + e^{\pi i(h+l)} + e^{\pi i(k+l)}] = f[1 + e^{\pi i(1+0)} + e^{\pi i(1+0)} + e^{\pi i(0+0)}]$$

$$= f[1 + e^{\pi i} + e^{\pi i} + ^{\pi i(0)}] = f[1 - 1 - 1 + 1] = 0$$

$$F^2 = 0$$

또한 h, k, l 중에서 1개가 짝수이고, 2개가 홀수인 (110)인 경우 F와 F^2은 다음과 같다.

$$F = f[1 + e^{\pi i(h+k)} + e^{\pi i(h+l)} + e^{\pi i(k+l)}] = f[1 + e^{\pi i(1+1)} + e^{\pi i(1+0)} + e^{\pi i(1+0)}]$$

$$= f[1 + e^{2\pi i} + e^{\pi i} + ^{\pi i}] = f[1 + 1 - 1 - 1] = 0$$

$$F^2 = 0$$

이 식은 다음과 같은 의미를 나타낸다. 즉, 면심 입방정(FCC)의 경우, h, k, l이 비혼합 지수를 가지는 경우인 111, 200, 220, 311, 222, 400 등의 면에서 회절된 빔의 강도를 관찰할 수 있다. 반면, h, k, l이 혼합 지수를 가지는 100, 110, 210, 211, 310, 321 등의 면에서는 회절된 빔의 강도를 관찰할 수 없다.

문제의 그림은 면심 입방정(FCC) 구조를 가지는 납(Pb)에 대한 2θ값의 변화에 따른 회절 강도 I의 변화 측정 결과를 나타낸 것이다. h, k, l이 비혼합 지수를 가지는 경우인 111, 200, 220, 311, 222, 400 등의 면에서는 회절된 빔의 강도가 관찰되나, h, k, l이 혼합 지수를 가지는 100, 110, 210, 211, 310, 321 등의 면에서는 회절된 빔의 강도가 관찰되지 않는다. 이는 면심 입방정의 구조 인자에 대한 결과와 일치한다.

13. Debye-Scherrer 카메라의 경우, 위에 나타낸 회절된 빔의 강도 I에 영향을 주는 인자는 다음과 같이 6가지이다.

(1) 구조 인자(structure factor): F

(2) 다중도 인자(multiplicity factor): p

(3) 편광 인자(polarization factor)

(4) 로렌츠 인자(Lorentz factor)

(5) 흡수 인자(absorption factor): $A(\theta)$

(6) 온도 인자(temperature factor)

(1) 구조 인자(structure factor) : F

결정으로 입사하여 브래그 법칙을 만족하고 회절된 빔의 방향(2θ)은 단위정(격자)의 모양(FCC, BCC, SC 등), 단위정의 크기(격자상수 a), 면지수(hkl)에 의해 결정된다. 반면, 회절된 빔의 강도는 위의 6가지 중에서 특히 단위 격자 안에 있는 원자의 위치인 구조 인자에 의존한다. 구조 인자를 제외한 나머지 5가지 인자는 회절 강도 I를 감소시킬 수는 있지만 0으로 만들 수는 없다. 그러나 구조 인자(즉, 단위정 내에 있는 원자의 위치에 따라)는 회절된 빔의 강도를 0으로 만들 수 있다.

결정 내로 입사하는 단색 X-선이 단위정 내에 있는 모든 원자에 의해 만들어지는 산란된 합성파(resultant wave)를 구조 인자, F라고 한다. '구조 인자'라고 부르는 이유는 단위정 내에 있는 각 원자의 좌표 uvw가 회절된 빔에 어떻게 영향을 주는지를 나타내기 때문이다. 구조 인자 F는 단순히 단위정 내에 존재하는 개개의 원자에 의해 산란되는 모든 파를 더하여 얻는다.

만약 단위정 내에 존재하는 원자의 개수가 N(원자 1, 원자 2, 원자 3,⋯, N)이고, 단위정 내에서 각 원자의 위치가 각각 $u_1v_1w_1$, $u_2v_2w_2$, $u_3v_3w_3$,⋯, $u_Nv_Nw_N$이며, 각 원자의 산란인자가 $f_1, f_2, f_3, \cdots, f_N$이면, 면 hkl에 대한 구조 인자 F는 다음과 같다.

$$F = f_1 e^{2\pi i(hu_1 + kv_1 + lw_1)} + f_2 e^{2\pi i(hu_2 + kv_2 + lw_2)} + f_3 e^{2\pi i(hu_3 + kv_3 + lw_3)} + \cdots + f_N e^{2\pi i(hu_N + kv_N + lw_N)}$$

$$F_{hkl} = \sum_1^N f_n e^{2\pi i(hu_n + kv_n + lw_n)}$$

여기서 합산 $\sum$는 단위정 내에 있는 모든 N개의 원자를 더하는 것을 뜻한다. 단위정에 있는 원자의 위치를 알면, 위 식으로부터 어떤 hkl면의 회절 강도를 계산할 수 있다. F는 일반적으로 복소수(complex number)이며, 합성파의 진폭 A와 다음 식과 같은 위상 ϕ를 나타낸다.

$$\phi = 2\pi(hu + kv + lw)$$

이 식은 hkl면에 대한 단위정의 원점에 있는 원자 A와 임의의 위치에 있는 원자 B에 의해 산란된 파(wave) 사이에 존재하는 위상 차이를 나타내는 식이며, 이 식은 어떤 모양의 단위정에도 적용할 수 있는 일반적인 식이다. F의 절댓값인 $|F|$은 1개의 전자에 의해 산란 된 파의 진폭으로 환산한 합성파의 진폭을 나타낸다. 원자 산란 인자 f와 유사하게 $|F|$는 다음과 같이 크기의 비로 나타낸다.

$$|F| = \frac{\text{단위정 내에 있는 모든 원자에 의해 산란된 파의 진폭}}{\text{1개의 전자에 의해 산란된 파의 진폭}}$$

브래그 법칙에 의해 예측되는 방향으로 단위정 내에 있는 모든 원자에 의해 회절된 빔의 강도는 단순히 합성 빔의 진폭의 제곱인 $|F|^2$에 비례한다. 그리고 $|F|^2$은 F_{kkl}에 공액복소수(complex conjugate)를 곱하여 얻는다.

(2) 다중도 인자(multiplicity factor): p

다중도 인자(multiplicity factor) p는 어떤 반사에 기여하는 면들의 상대적인 비율을 나타낸다. 다중도 인자에서 같은 면간격을 가지는 면족(planes of a family, planes of a form 또는 family of planes)으로 있는 다른 면의 수로 정의한다. 예를 들어, 회절된 빔이 입방정(cubic unit cell)의 (100)면에 의해 반사(reflection)가 일어난다고 가정하자. 면족 {100}에는 다음과 같은 3쌍의 면들이 있다.

$$\{100\} : (100),\ (010),\ (001)$$
$$(\bar{1}00),\ (0\bar{1}0),\ (00\bar{1})$$

이들 3쌍은 면간격은 같지만, 방향은 다르다. 이들 면의 면간격이 모두 같기 때문에, 입사된 빔은 이들 모든 면에 의해 회절된다. 다중도 인자에서는 (100), $(\bar{1}00)$와 같이 다른 밀러 지수를 가지는 평행한 면도 다른 면으로 계산한다. 따라서 입방정의 면족 {100}에 대한 다중도 인자의 수는 6이다.

(3) 편광 인자(polarization factor)

X-선은 어떤 1개의 전자에 의해 모든 방향으로 산란되지만, 산란된 빔의 강도는 산란하는 각도(θ)에 의존한다. 톰슨은 1개의 전자에 의해 산란되는 X-선 빔의 강도에 대한 연구를 수행하였다. 톰슨에 의하면 입사한 X-선이 x 축에 있는 어떤 1개의 전자에 의해 2θ 각도로 산란되고, 이 전자로부터 거리 r만큼 떨어진 점 P에서 얻은 전체 산란 빔의 강도 I_P는 다음 식으로 표현된다고 하였다.

$$I_P = I_0 \frac{K}{r^2}\left(\frac{1+\cos^2 2\theta}{2}\right)$$

위 식에서 괄호 안에 있는 항$\left(\frac{1+\cos^2 2\theta}{2}\right)$는 편광 인자(polarization factor)라고 불리고, 입사하는 빔이 편광되지 않아서 회절 된 빔의 강도 I에 들어가는 항이다. 산란된 빔의 강도는 산란이 일어난 전자로부터 떨어진 거리 r의 제곱에 반비례하여 감소한다.

(4) 로렌츠 인자(Lorentz factor)

회절된 빔의 강도를 계산할 때, 강도에 영향을 미치는 세 가지 기하학적 인자(trigonometrical factor)가 있다. 이 세 가지 기하학적 인자를 하나의 식으로 묶은 다음 식을 로렌츠 인자(Lorentz factor)라고 한다.

$$\text{로렌츠 인자} = \left(\frac{1}{\sin 2\theta}\right)(\cos\theta)\left(\frac{1}{\sin 2\theta}\right) = \frac{\cos\theta}{\sin^2 2\theta} = \frac{1}{4\sin^2\theta\cos\theta}$$

로렌츠 인자와 편광 인자를 하나로 결합하고, 상수 $\frac{1}{8}$을 생략하면, 다음 식과 같은 로렌츠 편광 인자(Lorentz-Polarization factor)를 얻는다.

$$\text{로렌츠 편광 인자} = \frac{1+\cos^2 2\theta}{\sin^2\theta\cos\theta}$$

(5) 흡수 인자(absorption factor): $A(\theta)$

시료로 입사하는 단색 X-선 시편 자체에서 흡수되고, 이로 인해 회절된 빔의 강도 I에 포함된 인자를 흡수 인자(absorption factor) A라고 한다. 흡수 인자 A는 디프랙토미터에서는 회절된 빔의 강도 I에는 영향을 미치지 않고, Debye-Scherrer 카메라에서 회절된 빔의 강도에는 영향을 미친다.

그림 10-19와 같이 Debye-Scherrer 카메라 방법에서는 매우 얇은 실린더 형태(원통형)의 분말 시료를 카메라 축에 놓는다. 이때 분말 입자에 있는 어떤 결정면은 그림 10-19(a)와 같이 입사하는 단색 X-선 빔과 이루는 각도가 작을 수도 있고, 클 수도 있다. 먼저, 입사하는 단색 X-선 빔과 회절이 일어나는 결정면과의 각도 θ가 작을 때를 살펴보자. 저각 반사(low-angle reflection)의 경우, 입사하는 빔에 있는 특정한 X-선의 흡수가 AB의 경로를 따라서 일어난다. 즉, 입사하는 빔과 이를 반사하는 결정면 사이의 각도 θ가 작은 경우, B에서 입사하는 X-선 빔의 에너지 중에서 일부분이 분말 입자에 의해 회절되고, 이 회절된 빔의 흡수가 BC의 경로를 따라서 발생한다.

한편, 입사하는 빔과 회절이 일어나는 결정면과의 각도 θ가 클 때를 생각해보자. 고각 반사(high-angle reflection)의 경우, 입사하는 빔과 회절된 빔 모두에서 흡수가 $(DE+EF)$의 경로를 따라 일어난다. 이로 인해 흡수가 없을 때 예측했던 회절된 빔의 강도보다 작은 강도를 얻게 된다. Debye-Scherrer 카메라 방법에서 흡수 계수 $A(\theta)$도 θ에 따라 변한다. 즉, 2θ가 증가하면 $A(\theta)$도 증가한다.

(6) 온도 인자(temperature factor)

시료를 구성하는 원자는 격자 내의 주어진 위치에서 규칙적으로 배열하고 있다. 이 원자들은 절대 영도의 온도에서조차도 원자의 평균 위치에 대해 열적 진동을 하고 있다. 시료의 온도가 증가하면 온도 증가로 인해 다음의 세 가지 주요한 효과가 나타난다.

① 단위정의 팽창으로 인해 면간 거리 d가 변하고, 이로 인해 회절된 빔의 위치 2θ가 변함
② 회절된 X-선의 강도가 저하됨
③ 회절된 빔 사이의 백그라운드 산란의 강도가 증가함

각 효과에 대한 상세한 설명은 생략한다. 원자의 열진동에 의한 영향을 나타내는 온도 인자는 e^{-2M}이며, 이 온도 인자를 회절된 빔의 강도에 곱한다. 정성적으로 2θ가 증가함에 따라, 온도 인자 e^{-2M}은 감소한다.

14. 다이아몬드의 구조는 면심 입방(FCC) 구조와 FCC의 사면체 자리에 4개의 탄소 원자가 위치한다. 다이아몬드의 경우에는 단위정에 8개의 원자가 있다. 모서리에 있는 1개의 원자는 주변의 8개 단위정들에 의해 공유되므로, 8개 원자$\times\frac{1}{8\text{단위정}}=\frac{1\text{개 원자}}{\text{단위정}}$이다. 또한 단위정의 각 면의 중앙에 1개의 원자가 있으며, 이 원자는 2개의 단위정에 공유되므로 6개 원자$\times\frac{1}{2\text{단위정}}=\frac{3\text{개 원자}}{\text{단위정}}$이다. 다이아몬드의 단위정에 존재하는 8개 원자의 분수 좌표 uvw는 000, $\frac{1}{2}\frac{1}{2}0$, $\frac{1}{2}0\frac{1}{2}$, $0\frac{1}{2}\frac{1}{2}$, $\frac{1}{4}\frac{1}{4}\frac{1}{4}$, $\frac{3}{4}\frac{3}{4}\frac{1}{4}$, $\frac{3}{4}\frac{1}{4}\frac{3}{4}$, $\frac{1}{4}\frac{3}{4}\frac{3}{4}$이다. 따라서 다이아

몬드 구조의 구조 인자는 다음과 같이 계산된다.

$$F = fe^{2\pi i(h\cdot 0+k\cdot 0+l\cdot 0)} + fe^{2\pi i(h\cdot \frac{1}{2}+k\cdot \frac{1}{2}+l\cdot 0)} + fe^{2\pi i(h\cdot \frac{1}{2}+k\cdot 0+l\cdot \frac{1}{2})} + fe^{2\pi i(h\cdot 0+k\cdot \frac{1}{2}+l\cdot \frac{1}{2})}$$

$$+ fe^{2\pi i(h\cdot \frac{1}{4}+k\cdot \frac{1}{4}+l\cdot \frac{1}{4})} + fe^{2\pi i(h\cdot \frac{3}{4}+k\cdot \frac{3}{4}+l\cdot \frac{1}{4})} + fe^{2\pi i(h\cdot \frac{3}{4}+k\cdot \frac{1}{4}+l\cdot \frac{3}{4})} + fe^{2\pi i(h\cdot \frac{1}{4}+k\cdot \frac{3}{4}+l\cdot \frac{3}{4})}$$

$$= fe^{2\pi i(0)} + fe^{2\pi i(\frac{h}{2}+\frac{k}{2})} + fe^{2\pi i(\frac{h}{2}+\frac{l}{2})} + fe^{2\pi i(\frac{k}{2}+\frac{l}{2})} + fe^{\frac{\pi i}{2}(h+k+l)} + fe^{\frac{\pi i}{2}(3h+3k+l)} + fe^{\frac{\pi i}{2}(3h+k+3l)}$$

$$+ fe^{\frac{\pi i}{2}(h+3k+3l)}$$

$$= f[1+e^{\pi i(h+k)} + e^{\pi i(h+l)} + e^{\pi i(k+l)}] \times [1+e^{\frac{\pi i}{2}(h+k+l)}]$$

위 식에서 두 번째 대괄호 항만 없으면, 면심 입방(FCC) 결정 구조의 구조 인자 식과 같은 형태이다.

① 위 구조 인자 식 F에서 h, k, l이 혼합 지수(h, k, l이 짝수와 홀수로 섞여 있는 경우)인 경우, 면심 입방의 경우와 마찬가지로 위 식의 두 번째 대괄호 항이 0이 된다.

$$F = f\cdot 0 \times [1+e^{\frac{\pi i}{2}(h+k+l)}] = 0 \quad (h, k, l\text{이 혼합 지수인 경우})$$

$$F^2 = 0$$

따라서 2개의 지수가 홀수이고, 1개의 지수가 짝수인 (011), (211) 등과 같은 면은 회절된 빔의 강도가 관측되지 않는다. 또는 2개의 지수가 짝수이고, 1개의 지수가 홀수인 (012), (210) 등과 같은 면은 회절된 빔의 강도가 관측되지 않는다.

② 위 구조 인자 식 F에서 h, k, l이 비혼합 지수(h, k, l이 모두 짝수이거나 홀수)인 경우, 다음과 같다.

㉠ 모두 홀수인 경우

$$F = 4f \times [1+e^{\frac{\pi i}{2}(3)}] = 4f(1-i)$$

$$F^2 = 4f(1-i) \times 4f(1-i) = 32f^2$$

㉡ 모두 짝수인 경우

ⓐ h, k, l이 짝수이고, $(h+k+l)=4n$(n: 정수)인 경우

$$F=4f\times[1+e^{\frac{\pi i}{2}(4n)}]=8f$$

$$F^2=64f^2$$

ⓑ h, k, l이 짝수이고, $(h+k+l)=4(n+\frac{1}{2})$(n: 정수)인 경우

$$F=4f\times[1+e^{\frac{\pi i}{2}(2n+1)}]=4f(1-1)=0$$

$$F^2=0$$

h, k, l이 서로 홀수와 짝수가 섞여 있을 때, 회절이 일어나지 않으며, $(h+k+l)=4(n+\frac{1}{2})=4n+2$ 인 경우도 회절 강도가 0이 된다. 따라서 (111), (220) 등과 같은 면은 회절 강도를 얻으며, (100), (110), (200), (210), (211), (300), (221) 등과 같은 면은 회절 강도를 얻지 못한다.

chapter 11

X-선 회절법의 응용

X-선 회절법을 이용하여 다음과 같은 여러 가지 연구를 할 수 있다.

❶ 단결정의 방위와 품질
❷ 다결정 집합체의 구조
❸ 정확한 격자상수의 측정
❹ 상태도의 결정
❺ 규칙-불규칙 변태
❻ X-선 회절에 의한 화학 분석
❼ X-선 스펙트럼을 이용한 화학 분석
❽ 잔류 응력의 측정

X-선 회절법을 이용하여 이상과 같은 다양한 연구를 수행하기 위해서는 다양하게 개발되어 있는 장비의 특성을 파악하여 그에 맞는 기능을 사용해야 한다. 이 장에서는 이 중에서 가장 많이 사용되는 연구 분야인 격자상수의 측정, 결정립 크기의 측정, 결정립의 응력 상태에 대해 살펴본다. 나머지 연구 분야에 대한 상세한 설명은 X-선 회절을 다룬 책을 참고하기를 바란다.

11.1 격자상수의 측정

X-선 회절의 응용 분야 중에서 연구하는 재료의 격자상수(lattice parameter)를 정확하게 측정해야 하는 경우가 많다. 현재까지 격자상수를 높은 정밀도로 측정하는 방법이 많이 연구되어 왔다. Debye-Scherrer 카메라를 이용하는 방법, 배면 반사 집중 카메라(back-reflection focusing camera)를 이용하는 방법, 핀홀 카메라(pinhole camera)를 이용하는 방법, 디프랙토미터(diffractometer)를 이용하는 방법 등 여러 가지 방법이 있다. 여기서는 현재 가장 많이 사용되는 디프랙토미터를 이용하는 방법을 간단히 설명하겠다.

고용체에서는 정확한 격자상수의 측정이 특히 중요하다. 고용체의 격자상수는 용질 원자(solute atom)의 농도에 따라 변하기 때문에, 어떤 고용체의 성분은 그 고용체의 격자상수의 측정으로부터 결정될 수 있다. 일반적으로 용질 원자의 농도가 조금만 변해도 격자상수에 변화가 생기기 때문에, 고용체의 성분을 정확하게 측정하려면 우선 정밀한 격자상수 측정이 선행되어야 한다. 입방정(cubic) 물질이 가장 간단하기 때문에 먼저 언급하지만, 여기서 얻는 일반적인 결론은 비입방정(noncubic) 물질에도 적용될 것이다.

X-선 회절을 이용하여 격자상수를 측정하는 과정은 매우 간접적인 과정이지만, 다행히도 매우 높은 정밀도로 상당히 쉽게 얻을 수 있다. 입방정 구조를 가지는 물질의 격자상수를 측정하는 방법은 다음과 같다. 입방정 물질의 격자상수 a는 다음 식에 의해 어떤 격자면(hkl)의 면간 거리 d와 직접 비례한다.

$$\frac{1}{d^2} = \frac{h^2 + k^2 + l^2}{a^2} \quad \textbf{(10.19)}$$

또한 브래그 법칙은 다음과 같다.

$$n\lambda = 2d_{hkl}\sin\theta \quad \textbf{(11.1)}$$

식 (10.19)와 식 (11.1)로부터 $n = 1$이라고 가정하면 다음 식과 같이 격자상수 a를 얻을 수 있다.

$$a = \frac{\lambda\sqrt{h^2 + k^2 + l^2}}{2\sin\theta} \quad \textbf{(11.2)}$$

입방정 구조를 가지는 물질의 격자상수 a는 어떤 특정한 격자면의 면간 거리 d와 직접적으로 비례한다. 만약 이 특정한 격자면의 브래그 각도 θ를 측정한다면, 면간 거리 d를 구하기 위해 브래그 법칙을 사용할 수 있다. 따라서 d를 알면 a를 계산할 수 있다. 브래그 법칙에 있는 각은 θ가 아니라 $\sin\theta$이며, d 또는 a의 정확도는 θ로부터 계산한 $\sin\theta$값의 정밀도에 따라 달라진다.

θ값의 변화에 따른 $\sin\theta$의 값은 그림 11-1과 같으며, 90° 부근에서 매우 천천히 변화한다. 따라서 θ가 90°에 가까운 값이라면, 정확한 θ의 측정치가 아니더라도 매우 정확한 $\sin\theta$을 얻을 수 있다. θ =45°인 값에서 1%의 오차는 $\sin\theta$에서는 1.7%의 오차로 나타나서 영향을 미치지만, θ =85°인 값에서 1%의 오차는 $\sin\theta$에서는 0.15%의 오차로 나타나서 영향이 거의 없다. 따라서 격자상수를 측정할 때, θ값이 큰 면간 거리 d로부터 측정하면, 보다 더 정확한 격자상수를 측정할 수 있다.

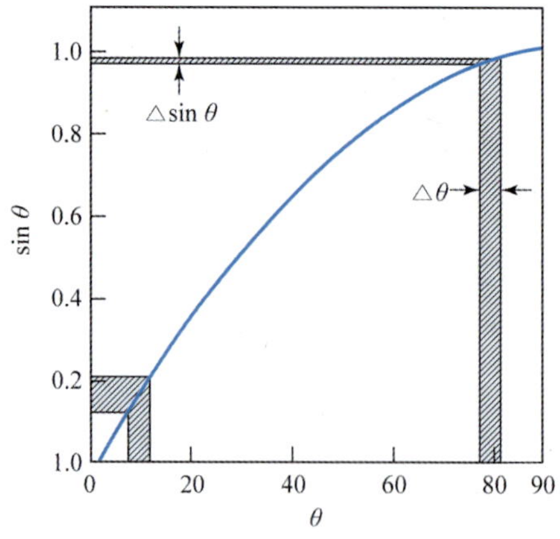

그림 11-1 회절각 θ에 따른 sinθ의 변화

11.2 결정립 크기의 측정

다결정 금속 또는 합금에서 결정립(grain)의 크기는 그 물질의 많은 특성에 큰 영향을 미친다. 가장 잘 알려진 예로는 결정립계(grain boundary)가 많을수록, 즉 결정립의 크기(grain size)가 작을수록 재료의 강도가 증가한다는 홀-페치(Hall-Petch) 관계식이다.

$$\sigma_y = \sigma_i + k_y d^{-n} \text{ 또는 } \sigma_y = \sigma_i + k_y d^{-\frac{1}{2}} \tag{11.3}$$

여기서, σ_y: 인장 항복 응력(the yield stress),

σ_i: 결정립 내에서 전위의 이동을 방해하는 마찰 응력(the resistance of the lattice to dislocation motion, a material constant for the starting stress for dislocation movement),

k_y: 결정립계의 상대적인 강화 기여도를 나타내는 상수(the strengthening coefficient: a constant specific to each material),

d: 결정립의 직경,

n: BCC 금속은 0.5, FCC 금속 또는 합금은 잘 정의되어 있지 않음

$\sigma_y \propto \frac{1}{\sqrt{d}}$에 따라 결정립의 크기가 작아질수록 재료의 인장 항복 응력이 증가한다. 다결정 금속 또는 합금의 기계적 특성(인장 항복 응력)이 결정립의 크기에 의존하기 때문에, 대부분의 금속 변형 작업을 조절하는 데 결정립 크기의 측정이 중요하다. 시중에 판매하는 금속 및 합금의 결정립 크기는 대략 1~1,000 μm 범위이며, 이는 전통적으로 광학 현미경을 사용하여 측정할 수 있다.

또한 필터를 사용한 X-선으로 투과(transmission) 핀홀(pinhole) 사진 또는 배면 반사(back-reflection) 핀홀 사진이나 디프랙토미터를 이용하여 얻은 회절 형상 그래프(2θ vs. I)와 같은 X-선 회절 방법으로 결정립 크기를 측정할 수 있다. 결정립 크기의 정확한 측정에서 광학 현미경에 의한 측정 방법이 X-선 회절 방법보다 우수하지만, 회절 사진 1장으로도 결정의 품질과 방향에 대한 정보뿐만 아니라, 결정립 크기에 대한 반정량적인(semi-quantitative) 정보를 얻을 수 있다. 이를 위해서는 투과 또는 배면 반사 핀홀 사진이 가장 적합하다. 이에 대한 자세한 설명은 X-선 회절을 다룬 책을 참고하기를 바란다.

한편, 디프랙토미터를 이용하여 얻은 회절 형상 그래프(2θ vs. I)로부터 입자의 크기를 구할 수 있다. 개개의 결정립의 크기가 약 0.1 μm(1,000 Å) 이하일 때, 결정립의 크기라는 용어 대신에 입자의 크기라는 용어가 사용된다. 이러한 입자의 크기는 셰러에 의해 제시된 다음의 데바이-셰러 공식(Debye-Scherrer formula)으로 측정할 수 있다.

$$t = \frac{0.9\lambda}{B\cos\theta_B} \text{ 또는 } B = \frac{0.9\lambda}{t\cos\theta_B} \tag{11.4}$$

여기서, t: 입자의 두께, 크기 또는 직경(particle thickness, size 또는 diameter),

λ: 디프랙토미터에서 회절에 사용된 단색 X-선의 파장,

B: 어떤 각도에서 얻은 회절 피크에서 최대 강도의 $\frac{1}{2}$에 해당하는 지점에서 회절 곡선의 폭,

θ_B: 특정한 파장(λ)과 면간 거리(d)에 대해 브래그 법칙을 정확히 만족시키는 브래그 각도

이 식은 고체 결정 내에 있는 입자의 크기 t를 디프랙토미터를 이용하여 얻은 회절 피크의 넓이 B와 관련시키는 공식이다. X-선의 산란을 일으키는 나노 크기, 즉 극도로 작은 미세 입자의 크기를 측정하는 데 식 (11.4)가 사용된다. 하지만 개개의 결정립 크기가 약 0.1~0.2 μm(1,000~2,000 Å) 이상일 때는 이 식을 적용하기 어렵다.

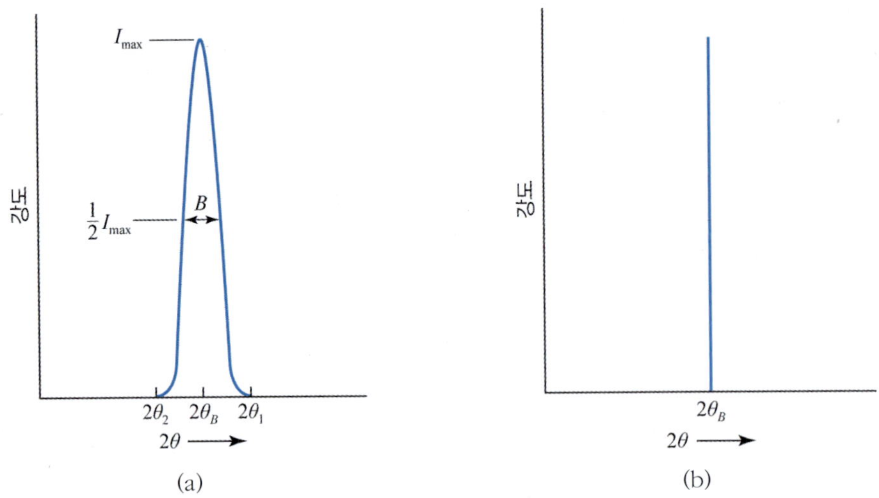

그림 11-2 회절각 θ의 넓이에 미치는 결정립 크기의 영향
(a) 입자 크기가 미세한 시료의 회절 곡선에서 회절 곡선 폭의 증가(line broadening)
(b) 이상적인 결정(ideal crystal)의 회절 곡선

그림 11-2는 미세한 크기를 가지는 분말 입자로부터 얻은 회절 곡선과 일반적인 크기의 결정으로부터 얻은 회절 곡선을 나타낸 것이다.

X-선이 미세한 분말 입자가 아닌 일반적인 크기인 결정의 어떤 면에 브래그 법칙을 정확히 만족시키는 브래그 각도 θ_B로 입사하는 경우, 회절 곡선(2θ vs. I)에서 회절 강도는 그림 11-2(b)와 같이 진폭 B가 거의 0에 가까운 이상적인 직선 피크로 관찰된다. 그러나 입자의 두께가 약 0.1 μm(1,000 Å) 이하로 감소함에 따라, 회절 곡선의 폭 B는 그림 11-2(a)와 같이 증가한다. 미세한 입자 크기의 감소로 인한 회절 곡선의 폭 B의 증가를 회절된 빔의 확대(line broadening, 회절각의 작은 발산)라고 하며, B는 최대 강도의 $\frac{1}{2}$을 나타내는 지점($\frac{1}{2}I_{max}$)에서 측정한다.

입자의 크기가 약 0.1 μm(1,000 Å)를 넘는 경우에도 모든 회절된 선들이 측정 가능한 폭 B를 나타낸다. 입사하는 빔의 발산(divergence)과 Debye-Scherrer 카메라에서 시료의 크기 및 디프랙토미터에서 X-선원의 폭 등의 요인의 영향을 받기 때문이다. 그러나 식 (11.4)에 있는 폭 B는 오직 입자의 크기 효과에 의한 여분의 폭 또는 확대(broadening)이다. 다시 말하면, 입자의 크기가 약 0.1 μm(1,000 Å)를 초과하면, 폭 B는 실질적으로 0이 된다.

11.3 결정립의 응력 상태

금속이나 합금을 상온에서 압연 또는 인발과 같은 공정으로 냉간 가공(냉간 압연 또는 냉간 인발)을 하게 되면, 금속과 합금을 구성하고 있는 결정립에 불균일한 변형이 생긴다. 다결정으로 이루어져 있는 금속판을 압연 공정을 이용하여 소성적으로(plastically) 변형시키면, 각각의 결정립에서는 전위의 슬립이 발생하고 결정립의 모양이 변한다. 즉, 압연 방향으로 결정립이 늘어나며, 편평해진다.

결정립 모양의 변화는 시료 전체에 가해진 힘(응력)뿐만 아니라, 개개의 결정립이 다른 결정립과 경계면(boundary surfaces)에 의해 접촉하고 있다는 사실에 의해서도 결정되어야 한다. 따라서, 결정립들 사이의 이러한 상호 작용 때문에 다결정체에 있는 한 개의 결정립은 단독으로 있는 결정이 압연에 의해 변형되는 것과 같은 방식으로 자유롭게 변형되지는 않는다. 이웃하고 있는 결정립들과의 구속력으로 인해 소성 변형된 결정립은 일반적으로 탄성적으로 굽어진 상태, 뒤틀린 상태, 보다 드물게 균일한 인

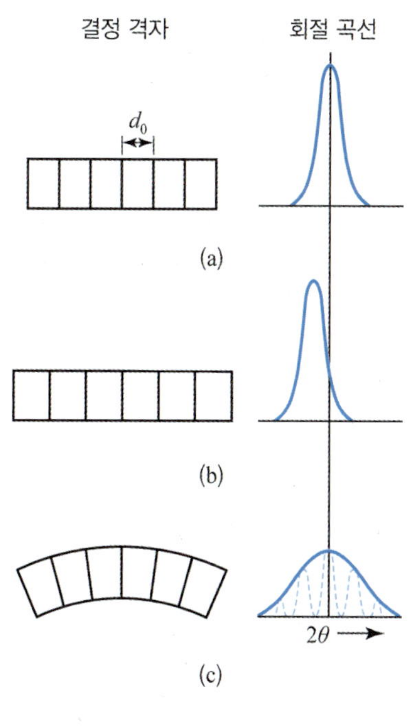

그림 11-3 결정 격자에서 격자 변형이 회절 각도 2θ에 미치는 영향
(a) 격자 변형이 없는 시료의 회절 곡선에서 2θ의 위치
(b) 균일한 격자 변형이 있는 시료의 회절 곡선에서 2θ의 이동(shifting)
(c) 불균일한 격자 변형이 있는 시료의 회절 곡선에서 2θ의 확대(broadening)

장 상태 또는 압축 상태로 된 격자의 영역을 나타낸다. 이때 금속이 잔류 응력(residual stress)을 가지고 있다고 말한다. 잔류 응력은 모든 외부적인 힘들이 제거된 후에 금속에 남아 있는 응력을 의미한다. 한편, 내부 응력(internal stress)은 잔류 응력 또는 외부에서 가해진 응력 모두를 말한다. 또한 이러한 종류의 응력은 한 결정립으로부터 다른 결정립으로 감에 따라 변하거나, 한 결정립의 한 부분으로부터 다른 부분으로 감에 따라 변하기 때문에 미시적 응력(미소 응력, microstress)이라고 한다. 넓은 범위에 걸쳐 있는 매우 균일한 응력은 거시적 응력(macrostress)이라고 한다.

그림 11-3은 X-선 회절 방향(2θ)에 미치는 균일한 변형과 불균일한 변형의 효과를 나타낸 것이다.

그림 11-3(a)의 왼쪽에는 변형되지 않은 결정립을 나타냈고, 일련의 횡단하는 반사면들이 평형 면간격 d_0를 가지고 있다. 그림 11-3(a)의 오른쪽에 이들 횡단하는 반사면들로부터 얻은 회절 곡선을 나타냈으며, 원래 관측되어야 하는 위치(2θ)에 회절 곡선이 나타난 것을 확인할 수 있다. 만약 반사면에 직각으로 균일한 인장 변형을 받으면, 횡단하는 반사면들의 면간격은 평형 면간격 d_0보다 커지며, 이에 따른 회절 곡선은 보다 작은 각(2θ)으로 이동하는 것 외에 변화는 없다[그림 11-3(b)]. 이러한 회절 곡선의 이동은 거시적 응력의 측정을 위한 X-선 방법의 기초를 이루고 있다.

그림 11-3(c)에서는 결정립이 휘었으며, 변형이 불균일하다. 위쪽(인장)에서 면간격은 d_0보다 크고, 아래쪽(압축)에서 면간격은 d_0보다 작으며, 위쪽(인장)과 아래쪽(압축) 사이에서 면간격은 d_0이다. 이러한 결정립은 면간격이 실질적으로 일정하지만, 이웃하는 영역과는 면간격이 다른 많은 작은 영역으로 구성되어 있다고 볼 수 있다. 이들 불균일하게 변형된 영역들은 오른쪽에 점선으로 나타낸 것과 같이 여러 개의 날카로운 회절 곡선들을 만든다. 각각의 위치가 서로 약간씩 다른 날카로운 곡선들의 합은 완전한 곡선(실선으로 표시된 곡선)으로 나타난 넓어진 회절 곡선이며, 이 곡선은 실험적으로만 관찰할 수 있다.

회절 곡선의 확대(broadening)와 변형의 불균일성 사이에 있는 관계는 브래그 법칙을 미분하여 다음과 같이 나타낼 수 있다.

$$b = \Delta 2\theta = -2\frac{\Delta d}{d}\tan\theta \qquad \textbf{(11.5)}$$

여기서, b: 불균일 변형에 의한 회절 곡선 폭에 나타나는 잉여의 확대

(면간격의 변화율 $\frac{\Delta d}{d}$에 기인함)

이 식으로부터 관찰된 회절 곡선의 확대로부터 변형의 변화율 $\frac{\Delta d}{d}$를 계산할 수 있다. $\frac{\Delta d}{d}$는 인장 변형과 압축 변형 모두를 포함하고 있다. 만약 인장 변형과 압축 변형이 같다고 가정할 경우, 최대 인장

변형이나 최대 압축 변형을 따로 구하려면 변형값을 2로 나누어야 한다. 이렇게 구한 최대 변형에 탄성 계수(elastic modulus) E를 곱하면 결정에 존재하는 최대 응력이 구해진다.

여러 연구자가 수행한 실험으로부터 회절 곡선 폭의 증가(line broadening)에 대한 원인으로는 작은 입자 크기, 불균일한 변형, 적층 결함과 같은 3가지가 있다고 알려져 있다. 전기 도금 공정으로 만들어진 박막(thin film), 후막(thick film)은 수십 nm 정도의 작은 입자 크기를 가지며, 회절 곡선 폭의 증가가 관찰된다. 또한 어닐링한 금속(annealed metal) 또는 합금을 냉간 가공하면 잔류 미소 응력에 의해 불균일한 변형이 일어나고, 회절 곡선 폭의 증가가 관찰된다. 냉간 가공에 의해 생긴 적층 결함도 회절 곡선 폭의 증가를 일으킨다고 알려져 있다.

회절 곡선의 모양에 대한 연구로부터 냉간 가공된 금속과 합금에서 회절 곡선의 폭이 증가하는 원인을 일반화하는 것은 불가능하다. 어떤 재료에서는 모든 3가지 원인이 회절 곡선 폭의 증가에 기여하는 반면, 다른 재료에서는 한 가지 원인만이 회절 곡선의 폭의 증가에 기여한다. 관찰된 모든 회절 곡선 폭의 증가가 미세 입자 크기에만 기인할 수 있는 재료는 없는 것으로 알려져 있다.

연습문제

1. 어떤 각도에서 얻은 회절 피크에서 최대 강도의 $\frac{1}{2}$에 해당하는 지점에서 회절 곡선의 폭 B에 영향을 미치는 인자에 대해 설명하시오.

2. 결정 격자에서 격자 변형이 회절 곡선에서 2θ에 미치는 영향에 대해 설명하시오.

정답

1. 그림 11-2 참고

그림 11-2는 미세한 크기를 가지는 분말 입자로부터 얻은 회절 곡선(a)과 일반적인 크기의 결정으로부터 얻은 회절 곡선(b)을 나타낸 것이다. X-선이 미세한 분말 입자가 아닌 일반적인 크기를 가지는 결정의 어떤 면에 브래그 법칙을 정확히 만족시키는 브래그 각도 θ_B로 입사하는 경우, 회절 곡선(2θ vs. I)에서 회절 강도는 그림

11-2(b)와 같이 진폭 B가 거의 0에 가까운 이상적인 직선 피크로 관찰된다. 그러나 입자의 두께가 약 0.1 μm (1,000 Å) 이하로 감소함에 따라, 회절 곡선의 폭 B는 그림 11-2(a)와 같이 증가한다. 미세한 입자 크기의 감소로 인한 회절 곡선의 폭 B의 증가를 회절된 빔의 확대(line broadening, 회절각의 작은 발산)이라고 하며, B는 최대 강도의 $\frac{1}{2}$을 나타내는 지점($\frac{1}{2}I_{\max}$)에서 측정한다.

입자의 크기가 약 0.1 μm(1,000 Å)를 넘는 경우에도 모든 회절된 선들이 측정 가능한 폭 B를 나타낸다. 입사하는 빔의 발산(divergence)과 시료의 크기(Debye-Scherrer 카메라에서), X-선 선원의 폭(디프랙토미터에서)과 같은 요인들 때문이다. 그러나 식 (11.4)에 있는 폭 B는 오직 입자의 크기 효과에 기인한 여분의 폭 또는 확대(broadening)이다. 다시 말하면, 입자의 크기가 약 0.1 μm(1,000 Å)를 초과하면, 폭 B는 실질적으로 0이 된다.

2. 그림 11-3 참고

그림 11-3은 결정 격자에서 균일한 변형과 불균일한 변형이 X-선 회절 방향(2θ)에 미치는 효과를 나타낸 것이다. 그림 11-3(a)의 왼쪽에는 변형되지 않은 결정립을 나타냈고, 일련의 횡단하는 반사면들이 평형 면간격 d_0를 가지고 있다. 이들 횡단하는 반사면들로부터 얻은 곡선은 원래 관측되어야 하는 위치(2θ)에 곡선이 나타난다. 그림 11-3(b)와 같이 반사면에 직각으로 균일한 인장 변형을 받는 경우, 횡단하는 반사면들의 면간격은 평형 면간격 d_0보다 커지며, 이에 따른 곡선은 보다 작은 각(2θ)으로 이동하는 것 외에 변화는 없다.

그림 11-3(c)에서는 결정립이 휘었으며, 변형이 불균일하다. 위쪽(인장)에서 면간격은 d_0보다 크고, 아래쪽(압축)에서 면간격은 d_0보다 작으며, 위쪽(인장)과 아래쪽(압축) 사이에서 면간격은 d_0이다. 이러한 결정립은 면간격이 실질적으로 일정하지만, 이웃하는 영역과는 면간격이 다른 많은 작은 영역으로 구성되어 있다고 볼 수 있다. 이들 불균일하게 변형된 영역들은 오른쪽에 점선으로 나타낸 것과 같이 여러 개의 날카로운 곡선들을 만든다. 각각의 위치가 서로 약간씩 다른 이들 날카로운 곡선들의 합은 완전한 곡선(실선으로 표시된 곡선)으로 나타난 넓은 곡선이며, 이 곡선은 실험적으로만 관찰할 수 있다.

참고문헌

국내문헌

이정용(2013), 재료결정학, 1, 5, 6, 7장, 청문각.

이정용(2017), 재료결정학(개정판), 4장, 청문각.

국외문헌

A. G. Jackson(1991), *Handbook of Crystallography for Electron Microscopists and Others*, Chapters 4, 6, Springer-Verlag New York Inc.

B. D. Cullity(1978), *Elements of X-ray Diffraction*, 2nd Edition, Chapters 1, 2, 3, 4, 9, Addison-Wesley Publishing Company, Inc.

Christopher Hammond(2015), *The Basics of Crystallography and Diffraction*, 4th Edition, Chapters 2, 12, Oxford Univ. Press.

Craig R. Barrett, William D. Nix and Alan S. Teleman(1973), *The Principles of Engineering Materials*, Chapters 2, 3, 8, Prentice-Hall, Inc.

D. A. Porter, K. E. Easterling(1981), *Phase Transformations in Metals and Alloys*, Chapter 3, Van Nostrand Reinhold Co. Ltd.

Donald E. Sands(1975), *Introdution to Crystallography*, Chapter 7, Dover Publications Inc.

E. J. W. Whittaker(1981), *Crystallography, An Introduction for Earth Science (and Other Solid State) Students*, Chapters 2, 3, 5, Pergamon Press.

George E. Dieter(1976), *Mechanical Metallurgy*, 2nd Edition, Chapter 6, McGraw-Hill, Inc.

James F. Shackelford(1988), *Introduction to Materials Science for Engineers*, 2nd Edition, Chapters 2, 4, Macmillan Publishing Company, Collier Macmillan Publishers.

Marcelo Alonso, Edward J. Finn(1975), *Physics*, Chapter 24, 4th Edition, Addison-Wesley Publishing Company, Inc.

Paul A. Tipler(1991), *Physics For Scientists and Engineer*, 3rd Edition, Chapter 30, Worth Publishers.

Richard J. D. Tilley(2006), *Crystals and Crystal Structures*, Chapters 1-5, John Wiley & Sons, Inc.

S. O. Kasap(2006), *Principles of Electronic Materials and Devices*, 3rd Edition, Chapters 3, 4, McGraw-Hill International Edition, McGraw-Hill, Inc.

Sanat K. Chatterjee(2008), *Crystallography and the World of Symmetry*, Chapters 1-5, Springer.

Steven S. Zumdahl(1986), *Chemistry*, Chapters 7, 9, D. C. Heath and Company.

William D. Callister, Jr.(1997), *Materials Science and Engineering An Introduction*, 4th Edition, Chapters 2, 3, 4, 7, 9, 13, 22 John Wiley & Sons, Inc.

Yoshio Waseda, Eiichiro Matsubara and Kozo Shinoda(2011), *X-ray Diffraction Crystallography*, Chapter 2, Springer.

인터넷 사이트

https://www.sumcosi.com/products/lineup.html

https://www.youtube.com/watch?v=BV1cxwxnhPs

https://www.chegg.com/homework-help/questions-and-answers/b-results-image-2-fecr-alloy-1-replace-fig-2-figure-shows-randomly-drawn-lines-used-analyz-q85660510

찾아보기

ㄹ

ㅁ

ㅂ

ㅅ

ㅇ

ㅊ

ㅋ

ㅌ

ㅍ

ㅎ

기타